Fehlerkorrektur Merkur 0339-01/ISBN 978-3-8120-1105-1

Mathematik – Jahrgangsstufen 1 und 2

Grundlegendes Anforderungsniveau

Berufliches Gymnasium Baden-Württemberg

<table>
<tr><th>Seite</th><th>Verbesserung</th></tr>
<tr><td>205</td><td>

Beispiel

Beschreiben Sie die besondere Lage der gegebenen Geraden im Koordinatensystem.

a) $g: \vec{x} = \begin{pmatrix}4\\1\\2\end{pmatrix} + t\begin{pmatrix}0\\3\\0\end{pmatrix};\ t \in \mathbb{R}$ b) $h: \vec{x} = \begin{pmatrix}4\\1\\2\end{pmatrix} + t\begin{pmatrix}2\\0\\0\end{pmatrix};\ t \in \mathbb{R}$ c) $k: \vec{x} = \begin{pmatrix}-2\\3\\1\end{pmatrix} + t\begin{pmatrix}1\\0\\2\end{pmatrix};\ t \in \mathbb{R}$

Lösung

a) Wegen $\begin{pmatrix}0\\3\\0\end{pmatrix}$ (Richtungsvektor von g) verläuft g parallel zur x_2-Achse.
g schneidet also die x_1x_3-Ebene senkrecht.
g verläuft parallel zur x_2x_3-Ebene.
g verläuft parallel zur x_1x_2-Ebene.

b) Wegen $\begin{pmatrix}2\\0\\0\end{pmatrix}$ (Richtungsvektor von h) verläuft h parallel zur x_1-Achse.
h schneidet also die x_2x_3-Ebene senkrecht.
h verläuft parallel zu x_1x_2-Ebene.
h verläuft parallel zu x_1x_3-Ebene.

c) Wegen $x_2 = 0$ im Richtungsvektor $\begin{pmatrix}1\\0\\2\end{pmatrix}$ von k verläuft k parallel zur x_1x_3-Ebene.

Skizze

</td></tr>
<tr><td>290</td><td>

Aufgaben

1 Ein Automat produziert 15 % Ausschuss. Es werden 3 produzierte Stücke zufällig entnommen. Geben Sie die Wahrscheinlichkeitsverteilung für die Anzahl der defekten Stücke in dieser Stichprobe als Tabelle an.

2 Bei der Abi-Abschlussfeier werden 100 Lose für jeweils 5 € verkauft.
Zu gewinnen gibt es den 1. Preis im Wert von 100 €, zwei Preise im Wert von jeweils 25 € und 4 Preise im Wert von jeweils 10 €.
Jeder, der keinen dieser Gewinne bekommt, erhält einen Trostpreis in Höhe von 1 €.
Frau Jung kauft sich ein Los. Die Zufallsvariable X beschreibt den Gewinn von Frau Jung.
Stellen Sie die zugehörige Wahrscheinlichkeitsfunktion durch eine Wertetabelle dar.

3 Die Wahrscheinlichkeit für die Geburt eines Jungen ist 0,514.
Eine Familie mit 3 Kindern wird zufällig ausgewählt. Die Zufallsvariable X legt die Anzahl der Jungen fest. Mit welcher Wahrscheinlichkeit ist $X = 0$; $X = 1$; $X = 2$; $X = 3$?

</td></tr>
</table>

Seite	Verbesserung
341	Test zur Überprüfung Ihrer Grundkenntnisse **Lehrbuch Seite 302** 1 a) $\binom{9}{5} = 126$ b) $\binom{2}{0}\binom{7}{5} + \binom{2}{1}\binom{7}{4} = 21 + 35 + 35 = 91$ Alternativen: $\binom{7}{5} + \binom{7}{4} + \binom{7}{4} = 91$ oder $\binom{9}{5} - \binom{7}{3} = 91$ c) $5! = 120$

Bohner | Ott | Deusch | Rosner

Mathematik – Jahrgangsstufen 1 und 2

Grundlegendes Anforderungsniveau

Berufliches Gymnasium
Baden-Württemberg

Bohner | Ott | Deusch | Rosner

Mathematik – Jahrgangsstufen 1 und 2

Grundlegendes Anforderungsniveau

Berufliches Gymnasium

Baden-Württemberg

Analysis

Vektorielle Geometrie

Stochastik

Geogebra interaktiv

Lern- und Erklärvideos

Merkur Verlag Rinteln

Wirtschaftswissenschaftliche Bücherei für Schule und Praxis
Begründet von Handelsschul-Direktor Dipl.-Hdl. Friedrich Hutkap †

Die Verfasser:

Roland Ott
Studium der Mathematik an der Universität Tübingen

Kurt Bohner
Lehrauftrag Mathematik am BSW Wangen
Studium der Mathematik und Physik an der Universität Konstanz

Ronald Deusch
Studium der Mathematik an der Universität Tübingen

Stefan Rosner
Lehrauftrag Mathematik an der Kaufmännischen Schule in Schwäbisch Hall
Studium der Mathematik an der Universität Mannheim

* * * * * * * * *

1. Auflage 2022

Gesamtherstellung: MERKUR VERLAG RINTELN Hutkap GmbH & Co. KG, 31735 Rinteln
E-Mail: info@merkur-verlag.de; lehrer-service@merkur-verlag.de
Internet: www.merkur-verlag.de

Merkur-Nr. 0339-01
ISBN 978-3-8120-1105-1

Vorwort

Vorbemerkungen

Der vorliegende Band „Mathematik für berufliche Gymnasien – Jahrgangsstufen 1 und 2“ ist ein Lehr- und Arbeitsbuch für alle beruflichen Gymnasien in Baden-Württemberg für das grundlegende Anforderungsniveau (gA).
Das Lehrbuch richtet sich exakt nach dem neuen Bildungsplan für die gymnasiale Oberstufe, Mathematik, in Baden-Württemberg, der am 01.08.2021 in Kraft getreten ist.

Dabei berücksichtigt das Autorenteam sowohl die im Lehrplan geforderten inhalts- als auch die prozessbezogenen Kompetenzen (modellieren, Werkzeuge und mathematische Darstellungen nutzen, kommunizieren, innermathematische Probleme lösen, Umgang mit formalen und symbolischen Elementen, argumentieren).

Von den Autoren wurde bewusst darauf geachtet, dass die im Bildungsplan aufgeführten Kompetenzen und Zielformulierungen inhaltlich vollständig und umfassend thematisiert werden. Dabei bleibt den Lehrkräften genügend didaktischer Freiraum, eigene Schwerpunkte zu setzen.

Hinweise und Anregungen, die zur Verbesserung beitragen, werden dankbar aufgegriffen.

Die Verfasser

Der Aufbau dieses Buches

Der Stoff in den einzelnen Kapiteln wird schrittweise anhand von **Musterbeispielen mit ausführlichen Lösungen** erarbeitet. Dabei legen die Autoren großen Wert auf die Verknüpfung von Anschaulichkeit und sachgerechter mathematischer Darstellung. Die übersichtliche Präsentation und die methodische Aufarbeitung beeinflusst den Lernerfolg positiv und bietet dem Schüler die Möglichkeit, Unterrichtsinhalte selbstständig zu erschließen bzw. sich anzueignen.

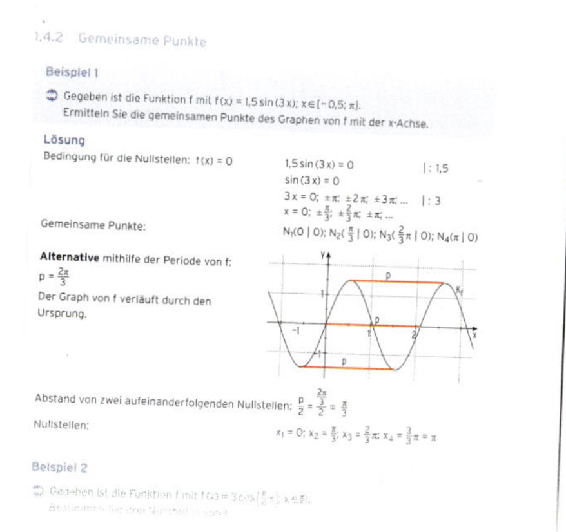

1.4.2 Gemeinsame Punkte

Beispiel 1

Gegeben ist die Funktion f mit $f(x) = 1{,}5\sin(3x)$; $x \in [-0{,}5; \pi]$.
Ermitteln Sie die gemeinsamen Punkte des Graphen von f mit der x-Achse.

Lösung

Bedingung für die Nullstellen: $f(x) = 0$

$1{,}5\sin(3x) = 0 \quad | : 1{,}5$

$\sin(3x) = 0$

$3x = 0;\ \pm\pi;\ \pm2\pi;\ \pm3\pi;\ \dots \quad | : 3$

$x = 0;\ \pm\frac{\pi}{3};\ \pm\frac{2}{3}\pi;\ \pm\pi;\ \dots$

Gemeinsame Punkte: $N_1(0 \mid 0)$; $N_2(\frac{\pi}{3} \mid 0)$; $N_3(\frac{2}{3}\pi \mid 0)$; $N_4(\pi \mid 0)$

Alternative mithilfe der Periode von f:
$p = \frac{2\pi}{3}$
Der Graph von f verläuft durch den Ursprung.

Abstand von zwei aufeinanderfolgenden Nullstellen: $\frac{p}{2} = \frac{\frac{2\pi}{3}}{2} = \frac{\pi}{3}$

Nullstellen: $x_1 = 0$; $x_2 = \frac{\pi}{3}$; $x_3 = \frac{2}{3}\pi$; $x_4 = \frac{3}{3}\pi = \pi$

Beispiel 2

Jede Lerneinheit schließt mit einer ausreichenden Anzahl von **Aufgaben** ab. Diese sind zur Ergebnissicherung und Übung gedacht, aber auch als Hausaufgaben geeignet. Kompetenzorientierte Aufgaben mit unterschiedlichem Schwierigkeitsgrad ermöglichen es dem Schüler, den Stoff zu festigen und zu vertiefen. Beispiele und Aufgaben aus dem Alltag, aus der Wirtschaft und der Technik stellen einen praktischen Bezug her. Eine Differenzierung der Aufgaben ist durch Farben gegeben:
grün: Lösung ohne Hilfsmittel
blau: keine Vorgabe zur Lösung

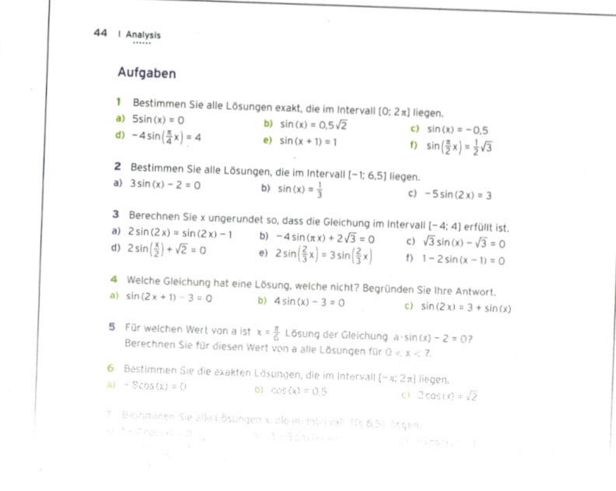
44 | Analysis

Aufgaben

1 Bestimmen Sie alle Lösungen exakt, die im Intervall $[0; 2\pi]$ liegen.
a) $5\sin(x) = 0$ b) $\sin(x) = 0{,}5\sqrt{2}$ c) $\sin(x) = -0{,}5$
d) $-4\sin\left(\frac{\pi}{4}x\right) = 4$ e) $\sin(x+1) = 1$ f) $\sin\left(\frac{\pi}{2}x\right) = \frac{1}{2}\sqrt{3}$

2 Bestimmen Sie alle Lösungen, die im Intervall $[-1; 6{,}5]$ liegen.
a) $3\sin(x) - 2 = 0$ b) $\sin(x) = \frac{1}{3}$ c) $-5\sin(2x) = 3$

3 Berechnen Sie x ungerundet so, dass die Gleichung im Intervall $[-4; 4]$ erfüllt ist.
a) $2\sin(2x) = \sin(2x) - 1$ b) $-4\sin(\pi x) + 2\sqrt{3} = 0$ c) $\sqrt{3}\sin(x) - \sqrt{3} = 0$
d) $2\sin\left(\frac{x}{2}\right) + \sqrt{2} = 0$ e) $2\sin\left(\frac{2}{3}x\right) = 3\sin\left(\frac{2}{3}x\right)$ f) $1 - 2\sin(x-1) = 0$

4 Welche Gleichung hat eine Lösung, welche nicht? Begründen Sie Ihre Antwort.
a) $\sin(2x+1) - 3 = 0$ b) $4\sin(x) - 3 = 0$ c) $\sin(2x) = 3 + \sin(x)$

5 Für welchen Wert von a ist $x = \frac{\pi}{6}$ Lösung der Gleichung $a \cdot \sin(x) - 2 = 0$?
Berechnen Sie für diesen Wert von a alle Lösungen für $0 < x < 7$.

6 Bestimmen Sie die exakten Lösungen, die im Intervall $[-\pi; 2\pi]$ liegen.
a) $-8\cos(x) = 0$ b) $\cos(x) = 0{,}5$ c) $2\cos(x) = \sqrt{2}$

Definitionen, Festlegungen, Merksätze und mathematisch wichtige **Grundlagen** sind in Rot gekennzeichnet.

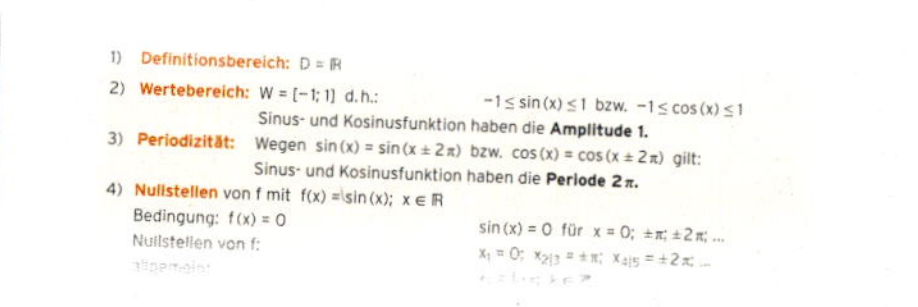
1) **Definitionsbereich:** $D = \mathbb{R}$
2) **Wertebereich:** $W = [-1; 1]$ d.h.: $-1 \le \sin(x) \le 1$ bzw. $-1 \le \cos(x) \le 1$
Sinus- und Kosinusfunktion haben die **Amplitude 1.**
3) **Periodizität:** Wegen $\sin(x) = \sin(x \pm 2\pi)$ bzw. $\cos(x) = \cos(x \pm 2\pi)$ gilt:
Sinus- und Kosinusfunktion haben die **Periode 2π.**
4) **Nullstellen** von f mit $f(x) = \sin(x)$; $x \in \mathbb{R}$
Bedingung: $f(x) = 0$ $\sin(x) = 0$ für $x = 0; \pm\pi; \pm 2\pi; \dots$
Nullstellen von f: $x_1 = 0$; $x_{2|3} = \pm\pi$; $x_{4|5} = \pm 2\pi$; ...

Die Aufgaben **„Test zur Überprüfung Ihrer Grundkenntnisse"** sind zur Ergebnissicherung und Übung gedacht, aber auch als Hausaufgaben geeignet. Sie werden im Anhang ausführlich gelöst.

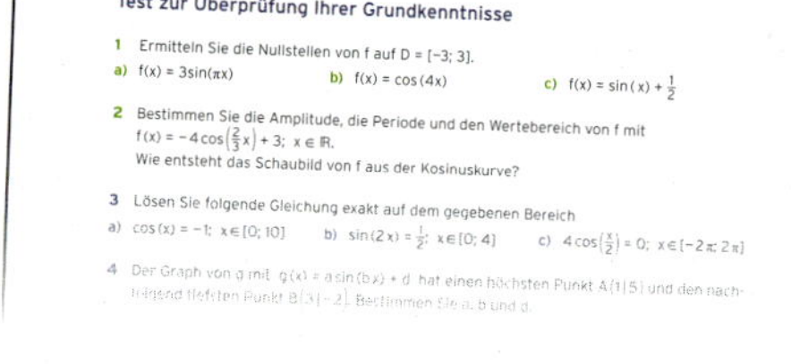
Test zur Überprüfung Ihrer Grundkenntnisse

1 Ermitteln Sie die Nullstellen von f auf $D = [-3; 3]$.
a) $f(x) = 3\sin(\pi x)$ b) $f(x) = \cos(4x)$ c) $f(x) = \sin(x) + \frac{1}{2}$

2 Bestimmen Sie die Amplitude, die Periode und den Wertebereich von f mit
$f(x) = -4\cos\left(\frac{2}{3}x\right) + 3$; $x \in \mathbb{R}$.
Wie entsteht das Schaubild von f aus der Kosinuskurve?

3 Lösen Sie folgende Gleichung exakt auf dem gegebenen Bereich
a) $\cos(x) = -1$; $x \in [0; 10]$ b) $\sin(2x) = \frac{1}{2}$; $x \in [0; 4]$ c) $4\cos\left(\frac{x}{2}\right) = 0$; $x \in [-2\pi; 2\pi]$

4 Der Graph von g mit $g(x) = a\sin(bx) + d$ hat einen höchsten Punkt $A(1|5)$ und den nachfolgend tiefsten Punkt $B(3|-2)$. Bestimmen Sie a, b und d.

Für **Aufgaben mit dem Download-Logo** stehen ausführliche Lösungen zum Download bereit. Sie finden diese in der Mediathek zum Buch auf unserer Webseite https://www.merkur-verlag.de.

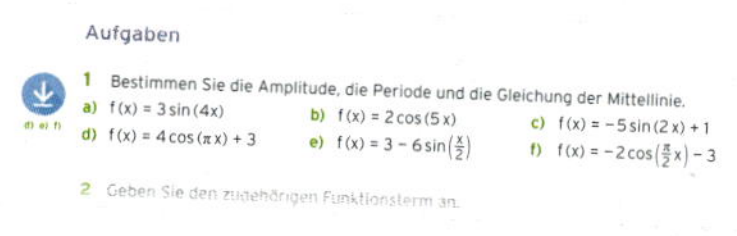
Aufgaben

1 Bestimmen Sie die Amplitude, die Periode und die Gleichung der Mittellinie.
a) $f(x) = 3\sin(4x)$ b) $f(x) = 2\cos(5x)$ c) $f(x) = -5\sin(2x) + 1$
d) $f(x) = 4\cos(\pi x) + 3$ e) $f(x) = 3 - 6\sin\left(\frac{x}{2}\right)$ f) $f(x) = -2\cos\left(\frac{\pi}{2}x\right) - 3$

2 Geben Sie den zugehörigen Funktionsterm an.

Die Entwicklung mathematischer Kompetenzen wird durch den sinnvollen Einsatz digitaler Mathematikwerkzeuge unterstützt. Im Buch wird **Geogebra** in vielfältiger Weise, zur Erarbeitung von mathematischen Inhalten und zur Lösung von Aufgaben eingesetzt.

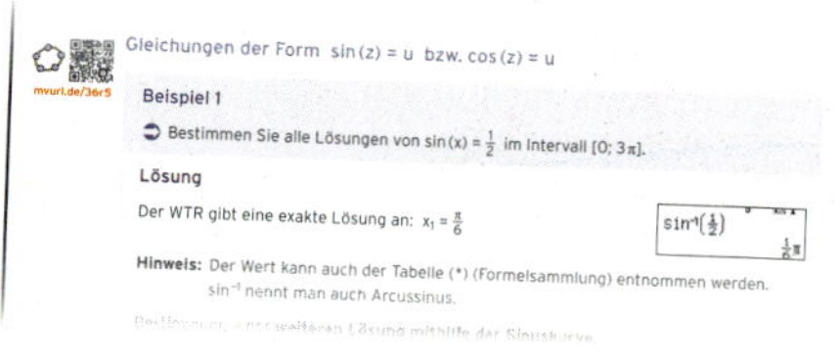
mvurl.de/36r5

Gleichungen der Form $\sin(z) = u$ bzw. $\cos(z) = u$

Beispiel 1
Bestimmen Sie alle Lösungen von $\sin(x) = \frac{1}{2}$ im Intervall $[0; 3\pi]$.

Lösung
Der WTR gibt eine exakte Lösung an: $x_1 = \frac{\pi}{6}$

Hinweis: Der Wert kann auch der Tabelle (*) (Formelsammlung) entnommen werden.
$\sin^{-1}$ nennt man auch Arcussinus.

Videos dienen der Veranschaulichung von Problemen und Erläuterung von Lösungswegen. Sie unterstützen die Lernenden beim Entdecken mathematischer Zusammenhänge.

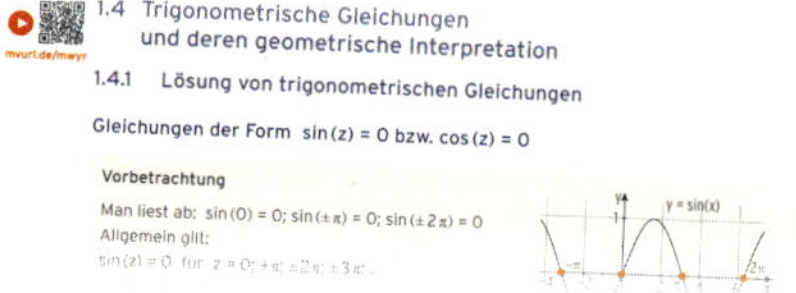
mvurl.de/mwyr

1.4 Trigonometrische Gleichungen und deren geometrische Interpretation

1.4.1 Lösung von trigonometrischen Gleichungen

Gleichungen der Form $\sin(z) = 0$ bzw. $\cos(z) = 0$

Vorbetrachtung
Man liest ab: $\sin(0) = 0$; $\sin(\pm\pi) = 0$; $\sin(\pm 2\pi) = 0$
Allgemein gilt:

Inhaltsverzeichnis

I Analysis

1 Trigonometrische Funktionen und zugehörige Gleichungen

Viele Vorgänge in der Natur laufen periodisch ab:
Gondel auf einem Riesenrad, Wasserstand bei Ebbe und Flut, Lungenatmung, Schallwelle, Pendeluhr, Mondphasen.
Mithilfe von Messungen erhält man Daten. Durch die grafische Darstellung dieser Daten erkennt man den periodischen Verlauf.

mvurl.de/mab9

Qualifikationen & Kompetenzen

- Graphen von trigonometrischen Funktionen erkennen
- Transformationen durchführen
- Funktionsterme aufstellen
- Trigonometrische Gleichungen lösen
- Gemeinsame Punkte bestimmen
- Realitätsbezogene Zusammenhänge mit trigonometrischen Funktionen beschreiben, darstellen und interpretieren

Beispiel 1

Sonnenaufgang und -untergang

Tageslänge im Laufe eines Jahres

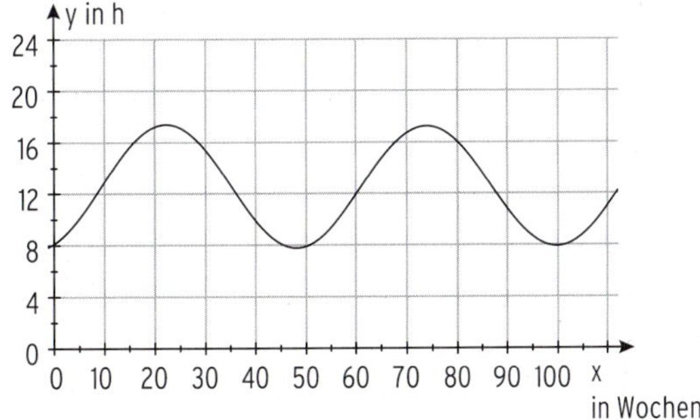

Die Tageslänge (Zeit zwischen Sonnenaufgang und Sonnenuntergang) ändert sich im Laufe eines Jahres. Am Diagramm erkennt man, dass sich dieser Ablauf jedes Jahr wiederholt. Die Funktion, die die Veränderung der Tageslänge beschreibt, hat die Periode ein Jahr.

Beispiel 2

Gezeiten

Wasserstand

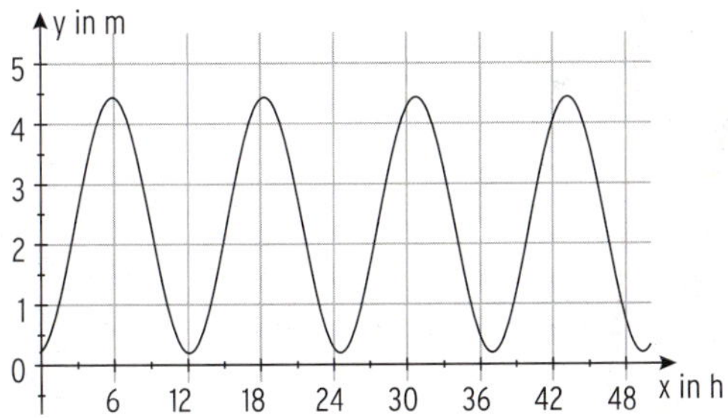

Die Gezeiten verhalten sich nahezu periodisch. Damit lässt sich der Wasserstand vorausberechnen. Das Diagramm zeigt die Änderung des Wasserstands an der Nordsee für zwei Tage im März 2021. Dabei ist x die Zeit in Stunden, $x = 0$ entspricht 0:30 Uhr am 9.03.2021, y der Wasserstand in Meter über Seekartennull.

1.1 Definition der Winkelfunktionen

1.1.1 Definition der Winkelfunktionen für Winkel von 0° bis 90°

In der Trigonometrie beschäftigt man sich mit Dreiecken, insbesondere mit rechtwinkligen Dreiecken.

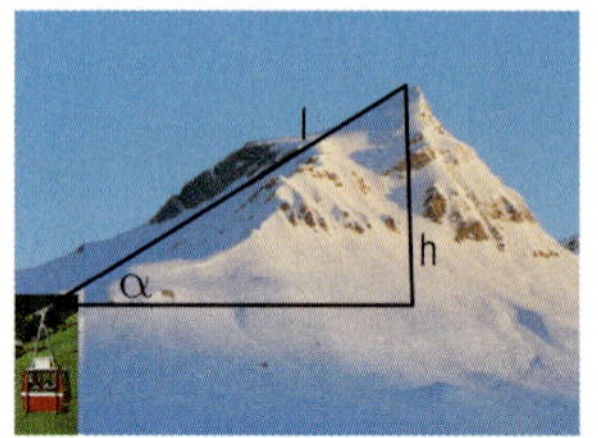

Im **rechtwinkligen Dreieck** nennt man die dem rechten Winkel gegenüberliegende Seite **Hypotenuse,** die anderen beiden Seiten heißen **Katheten.**
Die Kathete, die dem Winkel α anliegt, nennt man **Ankathete** von α, die dem Winkel α gegenüberliegende Seite nennt man **Gegenkathete** von α.

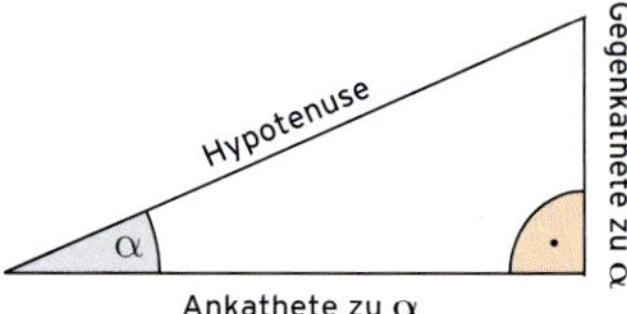

Rechtwinkliges Dreieck mit $\alpha = 36{,}9°$
Aus der Abbildung ersieht man, dass die Verhältnisse von Gegenkathete zu Hypotenuse im Dreieck ABC und im Dreieck AB'C' gleich sind: $\frac{3}{5} = \frac{6}{10}$.
Beide Dreiecke haben den gleichen Winkel α, der durch das Verhältnis von Gegenkathete zu Hypotenuse eindeutig festgelegt ist.
Dieses Verhältnis nennt man den Sinus des Winkels α: $\sin(\alpha) = \frac{3}{5} = \frac{6}{10}$

Auch das Verhältnis von Ankathete zu Hypotenuse legt den Winkel α fest, man nennt es den Kosinus des Winkels α: $\cos(\alpha) = \frac{4}{5} = \frac{8}{10}$

Das Verhältnis von Gegenkathete zu Ankathete nennt man den Tangens des Winkels α:
$\tan(\alpha) = \frac{3}{4} = \frac{6}{8}$

Definition der Winkelfunktionen

$$\sin(\alpha) = \frac{\text{Gegenkathete von } \alpha}{\text{Hypotenuse}}$$

$$\cos(\alpha) = \frac{\text{Ankathete von } \alpha}{\text{Hypotenuse}}$$

$$\tan(\alpha) = \frac{\text{Gegenkathete von } \alpha}{\text{Ankathete von } \alpha}$$

Beispiel 1

➲ Wie bestimmt man aus einem Seitenverhältnis im rechtwinkligen Dreieck den zugehörigen Winkel?

Lösung

Man legt die Spitze A des rechtwinkligen Dreiecks in den Ursprung eines rechtwinkligen Koordinatensystems.

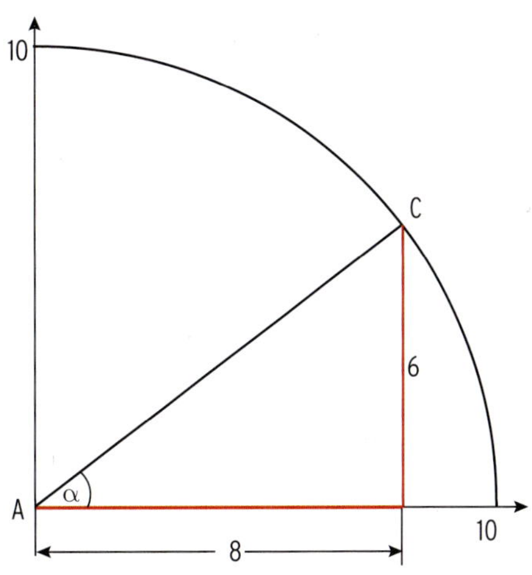

Legt man den Eckpunkt C auf einen Kreis mit Radius 10 LE (= Länge der Hypotenuse), erhält man ein Dreieck mit einem Winkel α von 0° bis 90° und jedem Seitenverhältnis ist eindeutig ein Winkel zugeordnet.

Dem Seitenverhältnis $\frac{\text{Gegenkathete}}{\text{Hypotenuse}} = \frac{6}{10}$ wird der Winkel 36,9° zugeordnet.

$\sin(\alpha) = \frac{6}{10} \Rightarrow \alpha = 36{,}9°$

Entsprechend erhält man für das Verhältnis $\frac{\text{Ankathete}}{\text{Hypotenuse}}$: $\cos(\alpha) = \frac{8}{10} \Rightarrow \alpha = 36{,}9°$

Wählt man für die Länge der Hypotenuse eine Längeneinheit (1 LE), erhält man $\sin(\alpha) = \frac{0{,}6\text{ LE}}{1\text{ LE}} = 0{,}6$.

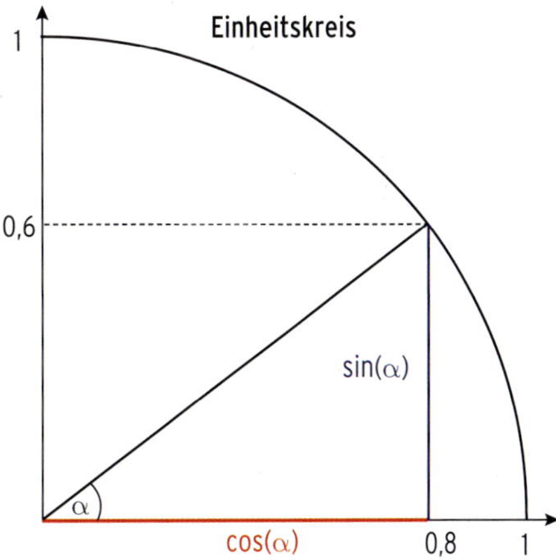

Für $0° \leq \alpha \leq 90°$ gilt:
$0 \leq \sin(\alpha) \leq 1$
$0 \leq \cos(\alpha) \leq 1$

Festlegung: $\sin(0°) = 0$; $\sin(90°) = 1$
$\cos(0°) = 1$; $\cos(90°) = 0$

Am Einheitskreis kann man bei gegebenen Winkeln **sin(α)** als Maßzahl der Länge der **Gegenkathete**, **cos(α)** als Maßzahl der Länge der **Ankathete** ablesen.

Beispiel 2

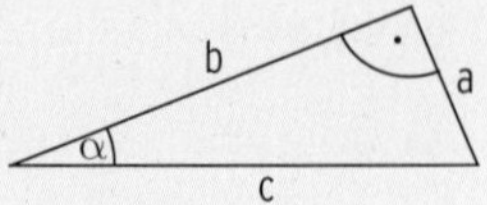

➲ Bestimmen Sie $\sin(\alpha)$ und $\cos(\alpha)$ im nebenstehenden Dreieck mithilfe von a, b und c.

Lösung

Im rechtwinkligen Dreieck ist c die Hypotenuse, a und b sind die Katheten von α.
Der Sinus des Winkels α ist das Verhältnis von Gegenkathete zur Hypotenuse.

Also gilt: $\sin(\alpha) = \frac{a}{c}$

Der Kosinus des Winkels α ist das Verhältnis von Ankathete zur Hypotenuse.

Also gilt: $\cos(\alpha) = \frac{b}{c}$

Beispiel 3

➲ Bestimmen Sie den exakten Wert von $\sin(30°)$ und $\cos(30°)$.

Lösung

Man zeichnet ein rechtwinkliges Dreieck mit den Winkeln 30° bzw. 60°.
Im gleichseitigen Dreieck sind alle Winkel 60° groß.
Die Höhe im Dreieck halbiert das Dreieck und es gilt für die Winkel:
$\alpha = 30°$ und $\beta = 60°$
Im rechtwinkligen Dreieck ist a die Hypotenuse.
Die Gegenkathete von α ist $\frac{a}{2}$.

Also gilt: $\sin(\alpha) = \sin(30°) = \frac{\frac{a}{2}}{a} = \frac{1}{2}$

Für $\cos(30°)$ braucht man die Höhe h.

Mit dem Satz von Pythagoras ergibt sich: $h^2 = a^2 - \left(\frac{a}{2}\right)^2 = \frac{3}{4}a^2$

Die Höhe h erhält man durch Wurzelziehen: $h = a\sqrt{\frac{3}{4}} = \frac{a}{2}\sqrt{3}$

Also gilt: $\cos(\alpha) = \cos(30°) = \frac{\frac{a}{2}\sqrt{3}}{a} = \frac{1}{2}\sqrt{3}$

Tabelle der wichtigsten Werte:

α	0°	30°	45°	60°	90°
$\sin(\alpha)$	0	$\frac{1}{2}$	$\frac{1}{2}\sqrt{2}$	$\frac{1}{2}\sqrt{3}$	1
$\cos(\alpha)$	1	$\frac{1}{2}\sqrt{3}$	$\frac{1}{2}\sqrt{2}$	$\frac{1}{2}$	0

Beispiel 4

a) Ermitteln Sie mit dem TR: • $\sin(65°)$ • $\cos(12°)$

b) Bestimmen Sie den zugehörigen Winkel. • $\sin(\alpha) = 0{,}850$ • $\cos(\alpha) = 0{,}625$

Lösung

Mit der Einstellung DEG (wie degree = Grad)

```
1:Mth2D  2:Linear
3:Deg    4:Rad
5:Gra    6:Fix
7:Sci    8:Norm
```

a) Tastenfolge
- SIN (65) = 0,90631
  d. h., $\sin(65°) = 0{,}91$
- COS (12) = 0,97815
  d. h., $\cos(12°) = 0{,}98$

```
sin(65)
              0,906307787
cos(12)
             0,9781476007
```

b) Tastenfolge
- SHIFT SIN (0,850) = 58,21
  d. h., $\sin(\alpha) = 0{,}850$
  $\alpha = 58{,}2°$
- $\cos(\alpha) = 0{,}625$
  $\alpha = 51{,}32°$

```
sin⁻¹(,850)
              58,21166938
cos⁻¹(,625)
              51,31781255
```

Aufgaben

1 Bestimmen Sie mit dem TR. Runden Sie auf 2 Dezimalen.

a) $\sin(54°)$ b) $\sin(18{,}5°)$ c) $\cos(88{,}2°)$ d) $\cos(9{,}4°)$ e) $\sin(4{,}2°)$

2 Ermitteln Sie den zugehörigen Winkel α mit $0° \leq \alpha \leq 90°$.

a) $\sin(\alpha) = 0{,}380$ b) $\sin(\alpha) = 0{,}922$ c) $\cos(\alpha) = 0{,}185$ d) $\cos(\alpha) = 0{,}788$

3 Bestimmen Sie den zugehörigen Winkel zeichnerisch und mit dem TR.

a) $\sin(\alpha) = 0{,}5$ b) $\sin(\alpha) = \frac{1}{3}$ c) $\cos(\alpha) = \frac{2}{3}$ d) $\cos(\alpha) = \frac{4}{5}$

4 In einem rechtwinkligen Dreieck ABC ist $c = 6\,\text{cm}$ und $\alpha = 50°$.
Berechnen Sie die fehlenden Winkel und Seiten im Dreieck.

5 Eine Zahnradbahn steigt auf einer Strecke von 1250 m mit einen Neigungswinkel von 10,5° (gegen die Horizontale gemessen).
Wie viel m Höhendifferenz bewältigt sie?

6 Bestimmen Sie den exakten Wert von $\sin(45°)$.

1.1.2 Definition der Winkelfunktionen für beliebige Winkel

Der Winkel α liegt zwischen 0° und 90° (I. Quadrant)

Der Winkel α_1 liegt zwischen 90° und 180° (II. Quadrant)

Es gilt: $\alpha_1 = 180° - \alpha$ für $0° < \alpha < 90°$.

Einheitskreis

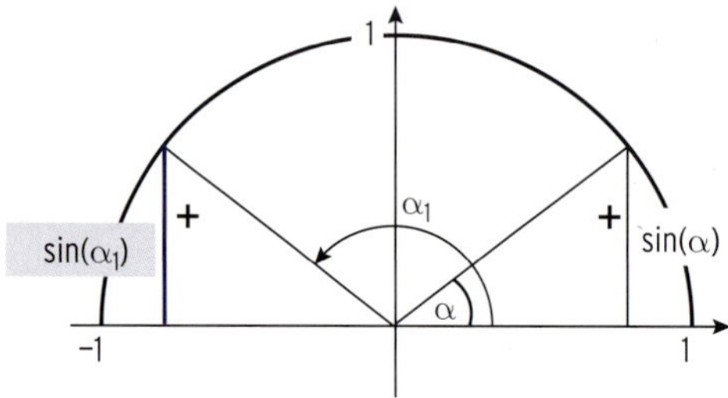

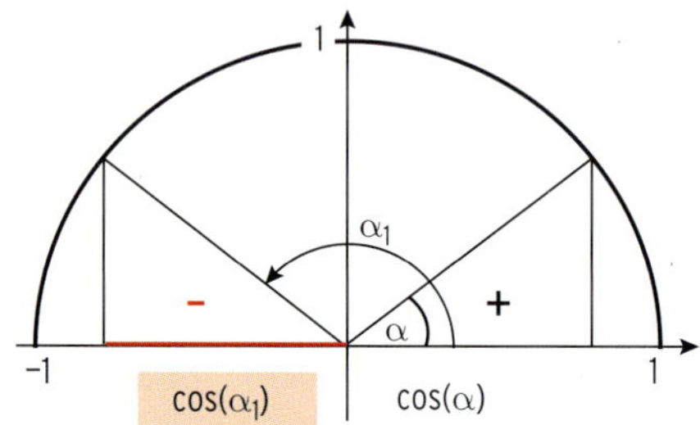

Der Winkel α_1 legt im II. Quadrant ein kongruentes Dreieck fest.
sin (α_1) wird festgelegt als die Länge der blau markierten Strecke.

Es gilt: $\sin(\alpha_1) = \sin(180° - \alpha) = \sin(\alpha)$

Da die Länge der Ankathete in beiden Dreiecken gleich ist, sie aber auf der positiven bzw. negativen x-Achse liegen, gilt:

$$\cos(\alpha_1) = \cos(180° - \alpha) = -\cos(\alpha)$$

Beispiele

$\sin(150°) = \sin(180° - 30°) = \sin(30°)$; Bestätigen Sie mit dem TR.

$\cos(110°) = \cos(180° - 70°) = -\cos(70°)$

Der Winkel α_1 liegt zwischen 180° und 270° (III. Quadrant)

Es gilt: $\alpha_1 = 180° + \alpha$ für $0° < \alpha < 90°$

$\sin(\alpha_1) = \sin(180° + \alpha) = -\sin(\alpha)$
$\cos(\alpha_1) = \cos(180° + \alpha) = -\cos(\alpha)$

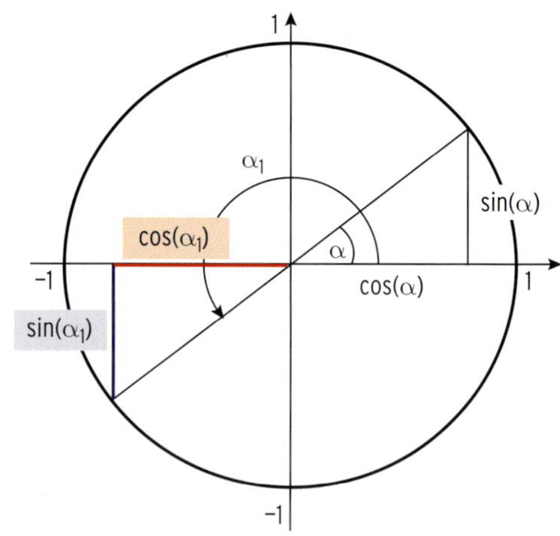

Beispiele

$\sin(200°) = \sin(180° + 20°)$
$= -\sin(20°)$

$\cos(240°) = \cos(180° + 60°)$
$= -\cos(60°)$

Der Winkel α_1 liegt zwischen 270° und 360° (IV. Quadrant)

Es gilt:

$\alpha_1 = 360° - \alpha$ für $0° < \alpha < 90°$

Für Sinus und Kosinus gilt:

$\sin(\alpha_1) = \sin(360° - \alpha) = -\sin(\alpha)$
$\cos(\alpha_1) = \cos(360° - \alpha) = \cos(\alpha)$

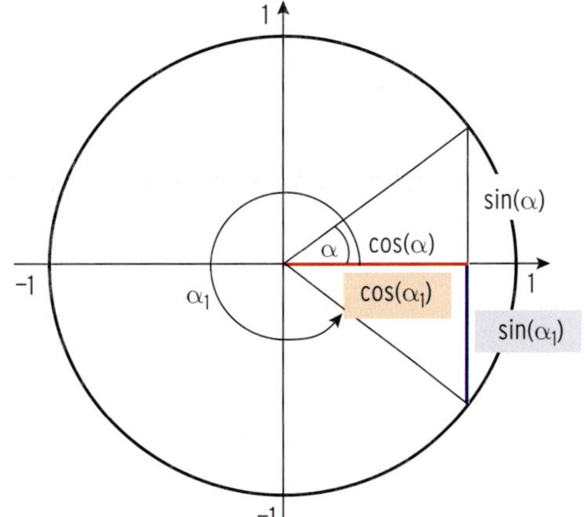

Beispiele

$\sin(300°) = \sin(360° - 60°)$
$= -\sin(60°)$
$\cos(310°) = \cos(360° - 50°)$
$= \cos(50°)$

Bemerkung: Trägt man einen Winkel gegen die Drehrichtung des Uhrzeigers ab, ist der Winkel **positiv.**
In Drehrichtung des Uhrzeigers abgetragene Winkel sind **negativ.**

Für Sinus und Kosinus gilt:

$\sin(360° - \alpha) = \sin(-\alpha) = -\sin(\alpha)$
$\cos(360° - \alpha) = \cos(-\alpha) = \cos(\alpha)$

Für Winkel größer als 360° gilt:

$\sin(360° + \alpha) = \sin(\alpha)$
$\cos(360° + \alpha) = \cos(\alpha)$

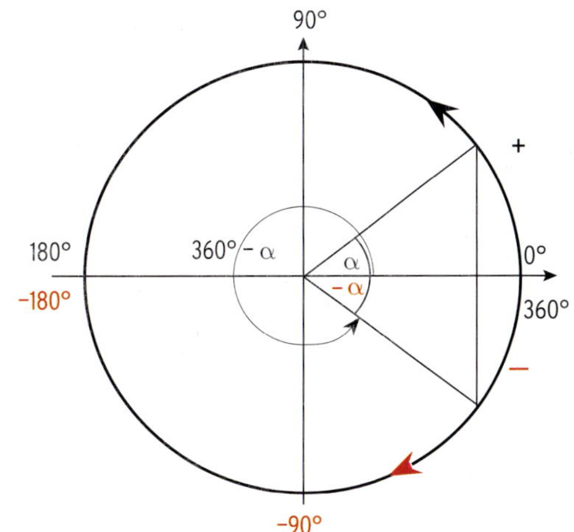

Beispiele

$\sin(-50°) = \sin(360° - 50°)$
$= -\sin(50°)$
$\cos(-30°) = \cos(360° - 30°)$
$= \cos(30°)$
$\sin(-150°) = \sin(360° - 150°) = \sin(210°)$
$= -\sin(150°) = -\sin(180°$
$30°)$
$= -\sin(30°)$
$\cos(-100°) = \cos(360° - 100°)$
$= \cos(100°)$

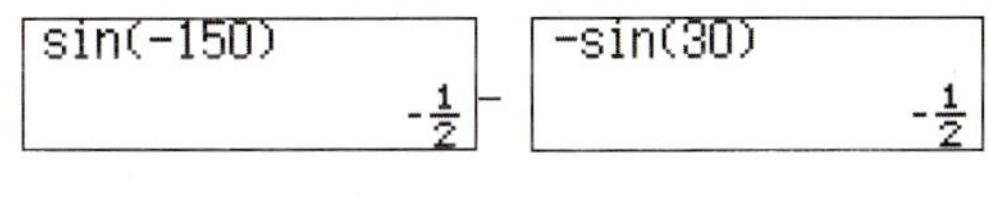

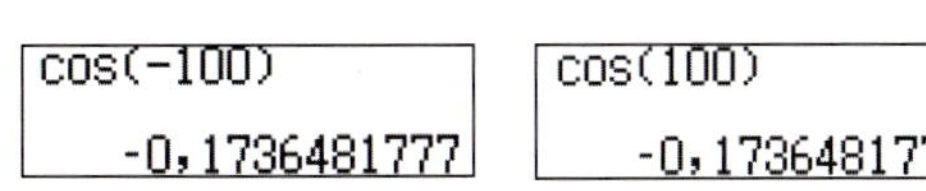

Zusammenfassung

Wie lassen sich die Sinuswerte (Kosinuswerte) beliebiger Winkel auf die Sinuswerte (Kosinuswerte) spitzer Winkel α zwischen 0° und 90° zurückführen?

I. Quadrant: $0° \leq \alpha \leq 90°$

$\sin(0°) = 0$; $\sin(90°) = 1$
$\cos(0°) = 1$; $\cos(90°) = 0$

II. Quadrant: $90° \leq \alpha_1 \leq 180°$

$\sin(\alpha_1) = \sin(180° - \alpha) = \sin(\alpha)$
$\cos(\alpha_1) = \cos(180° - \alpha) = -\cos(\alpha)$
$\sin(180°) = 0$
$\cos(180°) = -1$

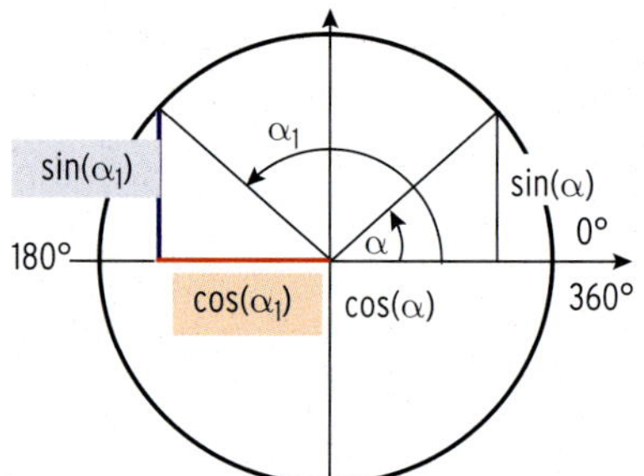

III. Quadrant: $180° \leq \alpha_1 \leq 270°$

$\sin(\alpha_1) = \sin(180° + \alpha) = -\sin(\alpha)$
$\cos(\alpha_1) = \cos(180° + \alpha) = -\cos(\alpha)$
$\sin(270°) = -1$
$\cos(270°) = 0$

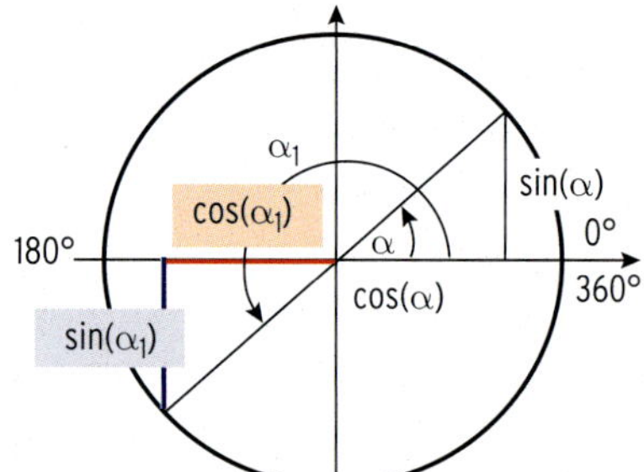

IV. Quadrant: $270° \leq \alpha_1 \leq 360°$
bzw. $-90° \leq \alpha_1 \leq 0°$

$\sin(\alpha_1) = \sin(360° - \alpha)$
$= \sin(-\alpha) = -\sin(\alpha)$
$\cos(\alpha_1) = \cos(360° - \alpha)$
$= \cos(-\alpha) = \cos(\alpha)$
$\sin(360°) = 0$
$\cos(360°) = 1$

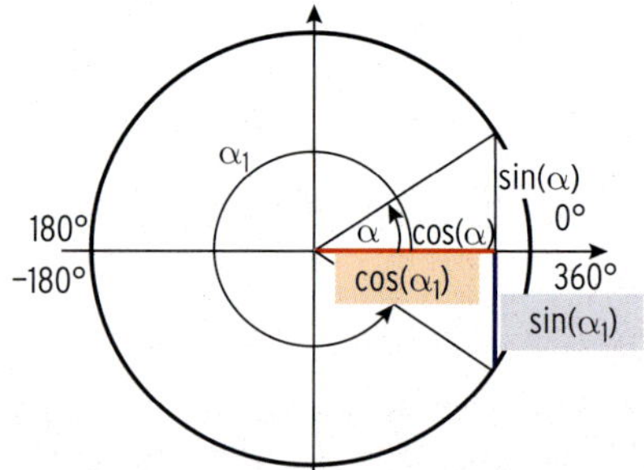

Winkel und Quadrant

2. Quadrant $180° - \alpha$	1. Quadrant α
3. Quadrant $180° + \alpha$	4. Quadrant $360° - \alpha$ $-\alpha$

Vorzeichen von Sinuswerten und Kosinuswerten in den 4 Quadranten:

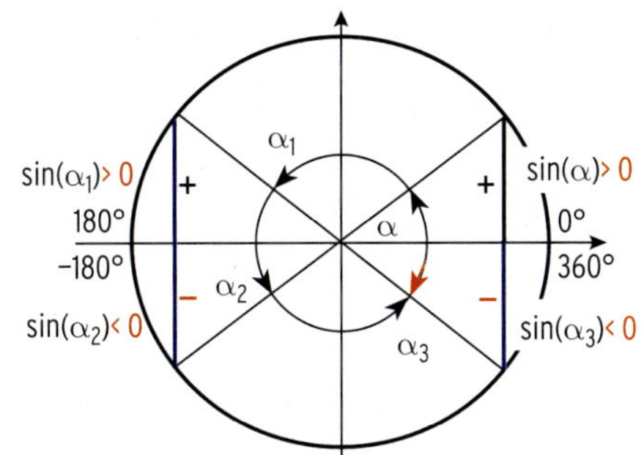

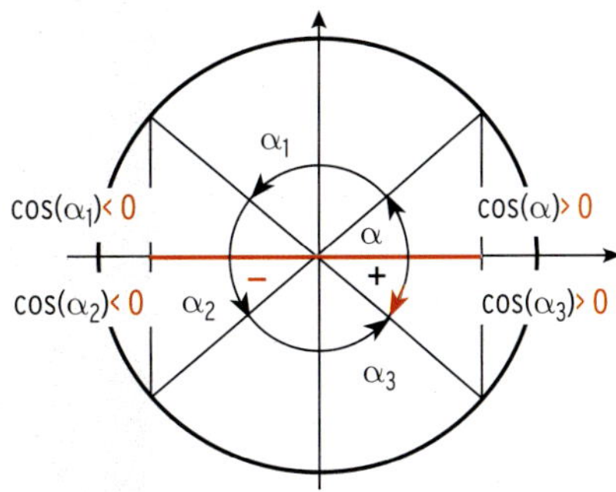

Vorzeichentabelle für die Sinuswerte

+	+
−	−

für die Kosinuswerte

−	+
−	+

Aufgaben

1 Ermitteln Sie mit dem TR. Runden Sie ggf. auf 2 Dezimalen.

a) sin (145°) b) sin (225°) c) sin (312,5°)

d) sin (−105°) e) cos (165°) f) cos (195,2°)

g) cos (345°) h) cos (−30°) i) sin (423°)

j) cos (500°) k) sin (−220°) l) cos (−468,3°)

2 Für welche Winkel α ist

a) $\sin(\alpha)$ positiv und $\cos(\alpha)$ negativ? b) $\sin(\alpha)$ positiv und $\cos(\alpha)$ positiv?

c) $\sin(\alpha)$ negativ und $\cos(\alpha)$ negativ? d) $\sin(\alpha)$ negativ und $\cos(\alpha)$ positiv?

3 Bestimmen Sie die zwischen −360° und 360° liegenden Werte von α, wenn

a) $\sin(\alpha) = 0{,}707$ b) $\sin(\alpha) = 0{,}866$ c) $\sin(\alpha) = -0{,}5$

d) $\cos(\alpha) = -0{,}707$ e) $\sin(\alpha) = -0{,}245$ f) $\cos(\alpha) = 0{,}909$

g) $\cos(\alpha) = 0{,}5$ h) $\sin(\alpha) = 0$ i) $\cos(\alpha) = -1$

j) $\cos(\alpha) = -0{,}866$ k) $\sin(\alpha) = -0{,}5\sqrt{3}$ l) $\cos(\alpha) = -0{,}5\sqrt{2}$

m) $\sin(\alpha) = -\frac{3}{4}$ n) $\cos(\alpha) = \frac{5}{16}$ o) $\cos(\alpha) = 1 - \sqrt{3}$

1.1.3 Das Bogenmaß eines Winkels

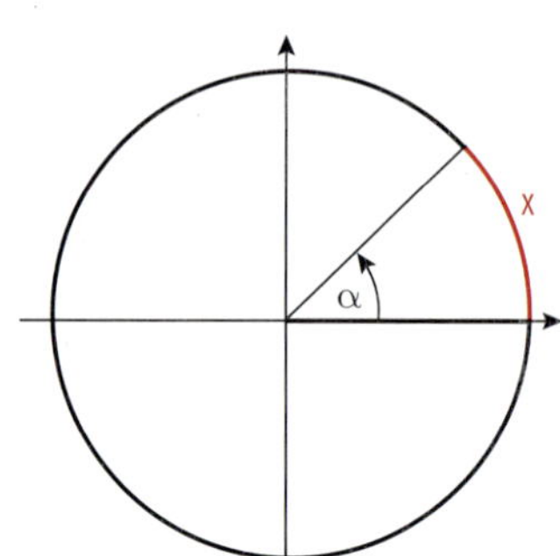

Der **Winkel** α wird in der Einheit **Grad** angegeben, z. B. $\alpha = 45°$. Ein anderes Winkelmaß ist das **Bogenmaß x**. Die Größe eines Winkels wird durch die **Länge** des entsprechenden **Bogens im Einheitskreis** gemessen. Man ordnet dem Winkel 360° den Umfang des Einheitskreises $U = 2 \cdot \pi \cdot 1 = 2\pi$ zu, d. h., $360° \mathrel{\hat{=}} 2\pi = 6{,}28$ zu.

Beispiele für die Zuordnung von Winkel und Bogenlänge:

Winkel α in Grad	180°	90°	60°	45°	30°
Maßzahl der Bogenlänge x (x ist eine reelle Zahl)	$\pi = 3{,}14$	$\frac{\pi}{2} = 1{,}57$	$\frac{\pi}{3} = 1{,}05$	$\frac{\pi}{4} = 0{,}79$	$\frac{\pi}{6} = 0{,}52$

Jedem Winkel α lässt sich eindeutig eine reelle Zahl x (Bogenmaß) zuordnen.

Umrechnungsformel: $\frac{2\pi}{360°} = \frac{x}{\alpha}$ ergibt $x = \frac{\pi\alpha}{180°}$ oder $\alpha = \frac{x \cdot 180°}{\pi}$

Beispiele

Gradmaß $\alpha = 36{,}7°$ Bogenmaß $x = \frac{36{,}7° \cdot \pi}{180°} = 0{,}64$

Bogenmaß $x = \frac{\pi}{10}$ Gradmaß $\alpha = \frac{\pi \cdot 180°}{10\pi} = 18°$

Mit dem TR:

$\sin(0{,}5) = 0{,}48$ $\cos(0{,}5\pi) = 0$

$\sin(-2{,}5) = -0{,}60$ $\cos(\pi) + 1 = 0$

```
1:Mth2D  2:Linear
3:Deg    4:Rad
5:Gra    6:Fix
7:Sci    8:Norm
```

```
sin(,5)
         0,4794255386
```

```
cos(,5π)
                    0
```

Hinweis: Ist der Winkel im – **Gradmaß (α)** gegeben, rechnet man im **Modus DEG,**
– **Bogenmaß (x)** gegeben, rechnet man im **Modus RAD.**

Aufgaben

1 Bestimmen Sie.

a) $\sin(1{,}8)$ b) $\cos(0{,}9)$ c) $\sin(3{,}14)$ d) $\cos(1{,}57)$ e) $\sin(-1{,}57)$

2 Welcher Winkel α gehört zum Bogenmaß x oder umgekehrt?

a) $x = 1{,}5$ b) $\alpha = 45°$ c) $x = 3$ d) $\alpha = 120°$ e) $x = -1$

3 Übertragen Sie die Abbildung in Ihr Heft. Kennzeichnen Sie am Einheitskreis das Bogenmaß x, sin (x) und cos (x).

a)
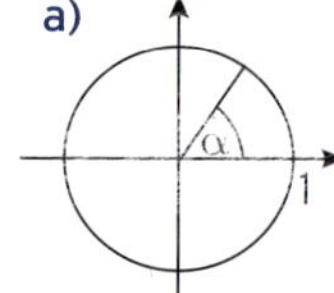

b)
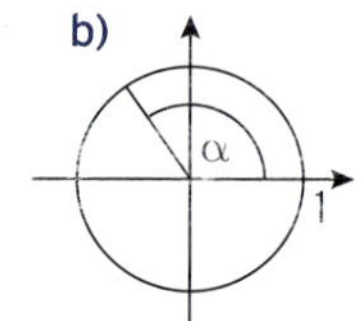

c)
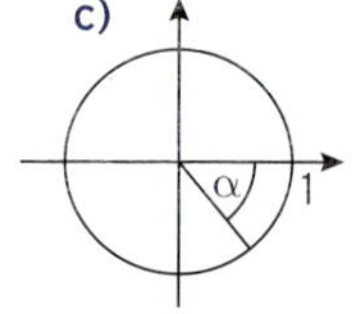

4 Schätzen Sie ab: $\sin(1{,}5°)$ und $\sin(1{,}5)$. Erläutern Sie.

1.2 Trigonometrische Funktionen

1.2.1 Sinus- und Kosinusfunktion

Die Funktion f mit $f(x) = \sin(x)$; $x \in \mathbb{R}$, heißt **Sinusfunktion.**

Schaubild (Sinuskurve) mithilfe des Einheitskreises

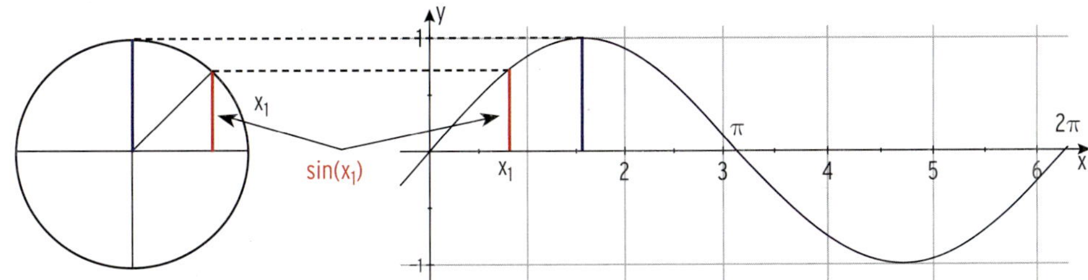

mvurl.de/bnq2

mvurl.de/2rqq

Die Funktion g mit $g(x) = \cos(x)$; $x \in \mathbb{R}$, heißt **Kosinusfunktion.**

Schaubild (Kosinuskurve) mithilfe einer Wertetabelle

Wertetabelle
(Schrittweite 1):

x	g(x)
-1	0,5403
0	1
1	0,5403
2	-0,416
3	-0,989

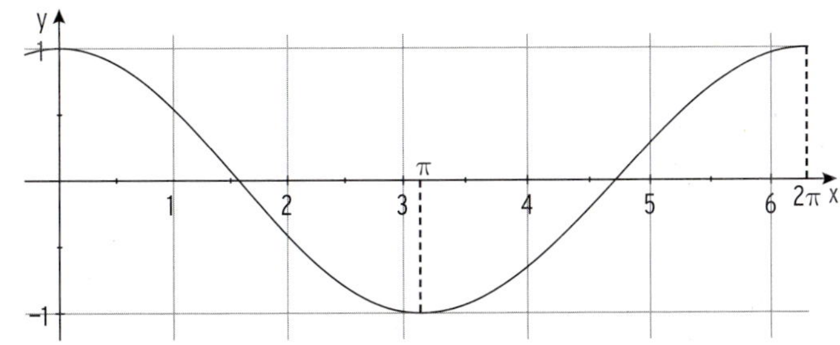

Aufgaben

1 Bestimmen Sie mithilfe der obigen Abbildungen.

a) $\sin(\pi)$ b) $\cos(\pi)$ c) $\cos\left(\frac{3}{2}\pi\right)$ d) $\sin\left(\frac{\pi}{2}\right)$

2 Geben Sie zwei Lösungen der Gleichung $\sin(x) = \frac{1}{2}$ an.

3 $\frac{\pi}{6}$ ist eine Lösung der Gleichung $\cos(x) = 0{,}866...$
Ermitteln Sie eine zweite Lösung auf $[0; 2\pi]$.

Eigenschaften der Sinus- und der Kosinusfunktion

f mit $f(x) = \sin(x)$

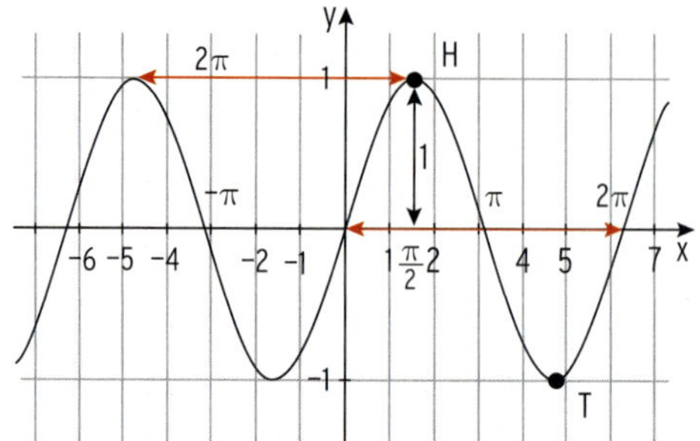

Amplitude: 1
Periode: 2π
Hochpunkt: $H(\frac{\pi}{2} \mid 1)$
Tiefpunkt: $T(\frac{3}{2}\pi \mid -1)$

g mit $g(x) = \cos(x)$

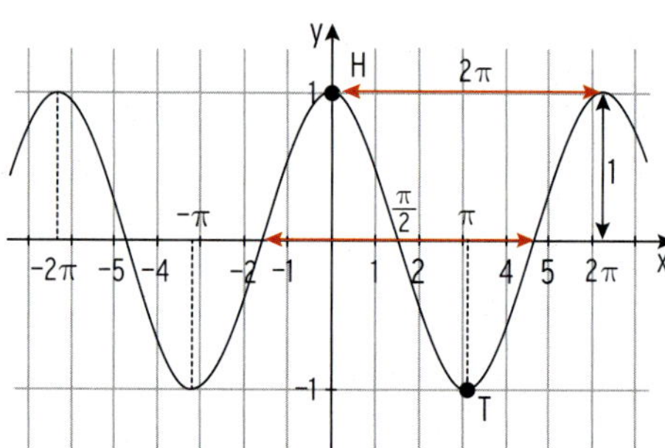

Amplitude: 1
Periode: 2π
Hochpunkt: $H(0 \mid 1)$
Tiefpunkt: $T(\pi \mid -1)$

1) **Definitionsbereich:** $D = \mathbb{R}$

2) **Wertebereich:** $W = [-1; 1]$ d. h.: $-1 \leq \sin(x) \leq 1$ bzw. $-1 \leq \cos(x) \leq 1$
Sinus- und Kosinusfunktion haben die **Amplitude 1.**

3) **Periodizität:** Wegen $\sin(x) = \sin(x \pm 2\pi)$ bzw. $\cos(x) = \cos(x \pm 2\pi)$ gilt:
Sinus- und Kosinusfunktion haben die **Periode 2π.**

4) **Nullstellen** von f mit $f(x) = \sin(x)$; $x \in \mathbb{R}$
Bedingung: $f(x) = 0$ — $\sin(x) = 0$ für $x = 0; \pm\pi; \pm 2\pi; \ldots$
Nullstellen von f: $x_1 = 0$; $x_{2|3} = \pm\pi$; $x_{4|5} = \pm 2\pi$; ...
allgemein: $x_k = k \cdot \pi$; $k \in \mathbb{Z}$
Nullstellen von g mit $g(x) = \cos(x)$; $x \in \mathbb{R}$
Bedingung: $g(x) = 0$ — $\cos(x) = 0$ für $x = \pm\frac{\pi}{2}; \pm\frac{3}{2}\pi; \ldots$
Nullstellen von g: $x_{1|2} = \pm\frac{\pi}{2}$; $x_{3|4} = \pm\frac{3}{2}\pi$; $x_{5|6} = \pm\frac{5}{2}\pi$; ...
allgemein: $x_k = \frac{\pi}{2} + k \cdot \pi$; $k \in \mathbb{Z}$

5) **Symmetrie:** Das Schaubild der Sinusfunktion ist symmetrisch zum Ursprung.
Das Schaubild der Kosinusfunktion ist symmetrisch zur y-Achse.

Aufgaben

1 Bestimmen Sie mithilfe der obigen Abbildungen.

a) $\sin\left(-\frac{\pi}{2}\right)$ b) $\cos(-\pi)$ c) $\sin(-2)$ d) $\cos(-1)$

2 Geben Sie drei Lösungen an.

a) $\sin(x) = 1$ b) $\sin(x) = -1$ c) $\cos(x) = 1$ d) $\cos(x) = -\frac{1}{2}$

1.2.2 Transformationen

Funktionen der Form $f(x) = a\sin(x) + d$ bzw. $f(x) = a\cos(x) + d$

Beispiel 1

➲ Gegeben ist die Funktion f für $x \in \mathbb{R}$.
Wie entsteht das Schaubild K von f aus der Sinuskurve?
Bestimmen Sie die Amplitude und den Wertebereich von f und zeichnen Sie K.

a) $f(x) = 3\sin(x)$ **b)** $f(x) = \sin(x) + 2$ **c)** $f(x) = 0{,}5\sin(x) - 1$

Lösung

a) $f(x) = 3\sin(x)$
Die Sinuskurve $(y = \sin(x))$
wird mit Faktor 3 in y-Richtung gestreckt.
Amplitude: a = 3 (größter „Ausschlag" von der x-Achse)
Hochpunkt $H(\frac{\pi}{2} \mid 3)$; Tiefpunkt $T(\frac{3}{2}\pi \mid -3)$
Wertebereich: $W = [-3; 3]$
Hinweis: Nullstellen von f: π; 2π; 3π; ...
alle Nullstellen: $x_k = k \cdot \pi$; $k \in \mathbb{Z}$

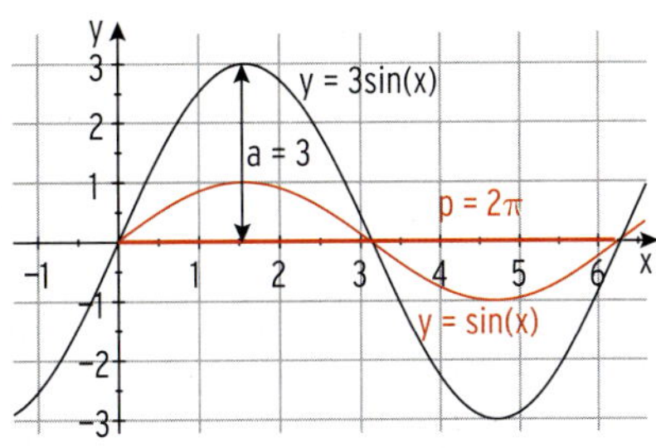

b) $f(x) = \sin(x) + 2$
Die Sinuskurve $(y = \sin(x))$ wird um 2 nach oben verschoben.
Amplitude: a = 1 (größter „Ausschlag" von der Mittellinie mit der Gleichung y = 2)
$H(\frac{\pi}{2} \mid 3)$; $T(\frac{3}{2}\pi \mid 1)$
Wertebereich von $-1 + 2$ bis $1 + 2$: $W = [1; 3]$
Hinweis: f hat keine Nullstellen, da $1 \leq f(x) \leq 3$

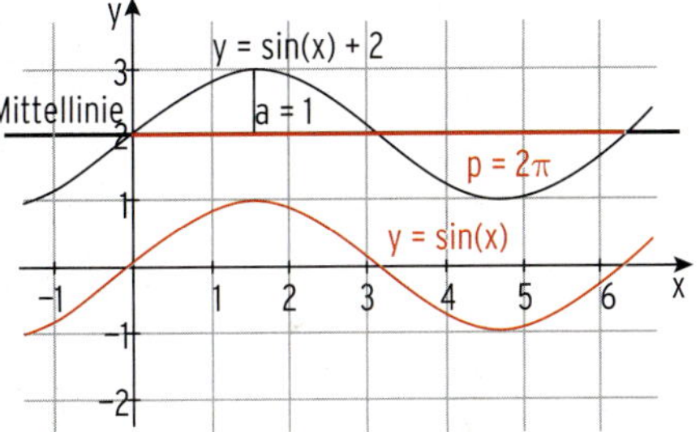

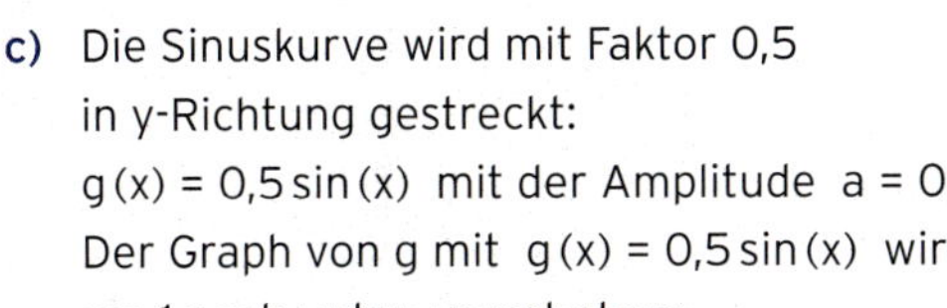

c) Die Sinuskurve wird mit Faktor 0,5 in y-Richtung gestreckt:
$g(x) = 0{,}5\sin(x)$ mit der Amplitude $a = 0{,}5$.
Der Graph von g mit $g(x) = 0{,}5\sin(x)$ wird um 1 nach unten verschoben:
$H(\frac{\pi}{2} \mid -0{,}5)$; $T(\frac{3}{2}\pi \mid -1{,}5)$
$f(x) = 0{,}5\sin(x) - 1$; $y_H = -0{,}5$; $y_T = -1{,}5$

Amplitude: $a = \frac{y_H - y_T}{2} = \frac{-0{,}5 - (-1{,}5)}{2} = 0{,}5$

Wertebereich von $-0{,}5 - 1$ bis $0{,}5 - 1$:

$$W = [-1{,}5; -0{,}5]$$

Hinweis: f hat keine Nullstellen,
da $-1{,}5 \leq f(x) \leq -0{,}5$.

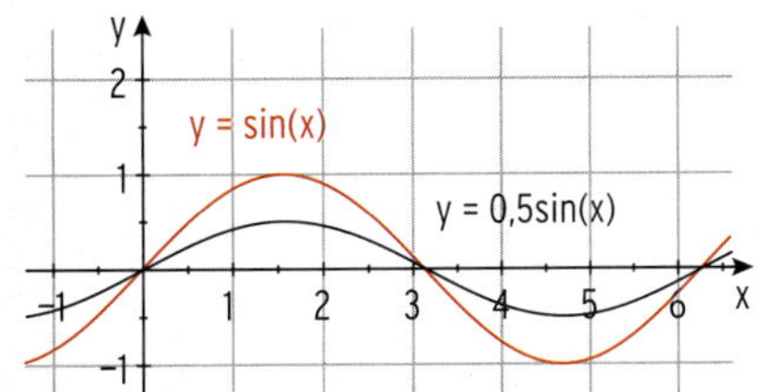

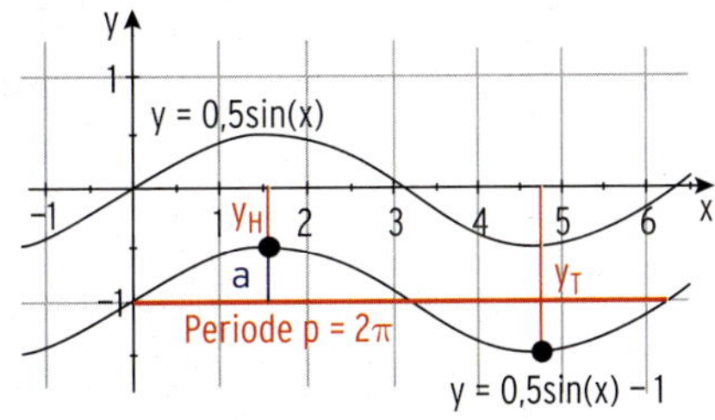

Die **Amplitude** ist die halbe Differenz der y-Werte des höchsten und des tiefsten Punktes: $\frac{y_H - y_T}{2}$. Hochpunkt $H(x_H \mid y_H)$; Tiefpunkt $T(x_T \mid y_T)$

Beispiel 2

➲ Gegeben ist die Funktion f für $x \in \mathbb{R}$.
Wie entsteht das Schaubild K von f aus der Kosinuskurve?
Bestimmen Sie die Amplitude und den Wertebereich von f.

a) $f(x) = -2\cos(x)$ **b)** $f(x) = 2 + 3\cos(x)$

Lösung

a) $f(x) = -2\cos(x)$
Die Kosinuskurve $(y = \cos(x))$ wird an der x-Achse gespiegelt: $h(x) = -\cos(x)$
Der Graph von h mit $h(x) = -\cos(x)$ wird mit Faktor 2 in y-Richtung gestreckt:
$f(x) = -2\cos(x)$ mit Amplitude 2

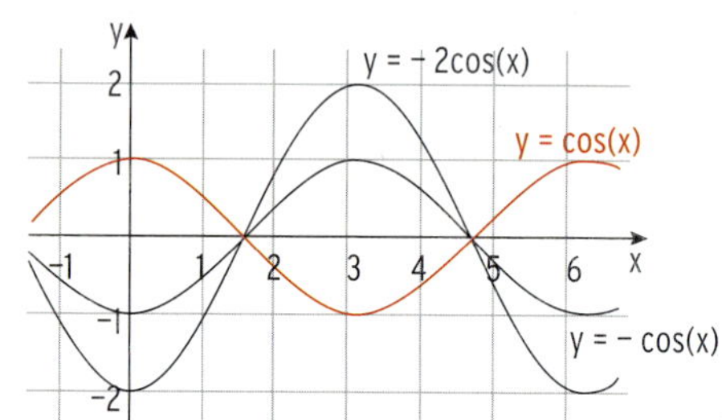

Hinweis: $a = -2$, aber die Amplitude ist 2 (immer eine positive Zahl).
Schreibweise für die Amplitude: $|a| = |-2| = 2$
Wertebereich von f: $W = [-2; 2]$
Nullstellen von f: $x_{1|2} = \pm\frac{\pi}{2}$; $x_{3|4} = \pm\frac{3}{2}\pi$; $x_{5|6} = \pm\frac{5}{2}\pi$; ...
Unendlich viele Nullstellen: $x_k = \frac{\pi}{2} + k\cdot\pi$; $k \in \mathbb{Z}$

b) $f(x) = 2 + 3\cos(x)$
Die Kosinuskurve $(y = \cos(x))$ wird mit Faktor 3 in y-Richtung gestreckt:
$h(x) = 3\cos(x)$
Der Graph von h mit $h(x) = 3\cos(x)$ wird um 2 nach oben verschoben:
$f(x) = 3\cos(x) + 2$; Mittellinie mit der Gleichung $y = 2$
Amplitude $|a| = 3$; Periode $p = 2\pi$
Wertebereich: $2 - 3 = -1$; $2 + 3 = 5$; $W = [-1; 5]$

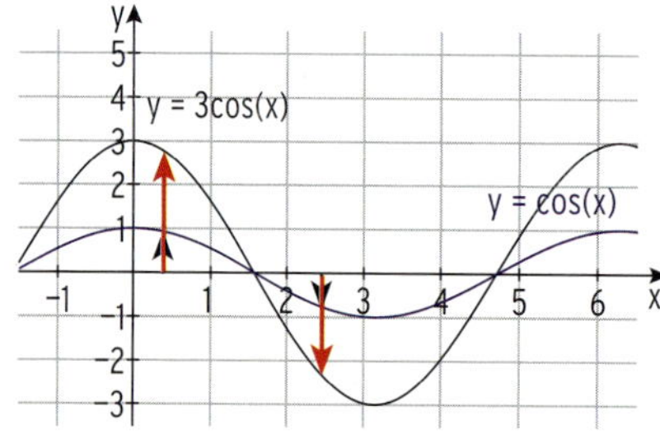

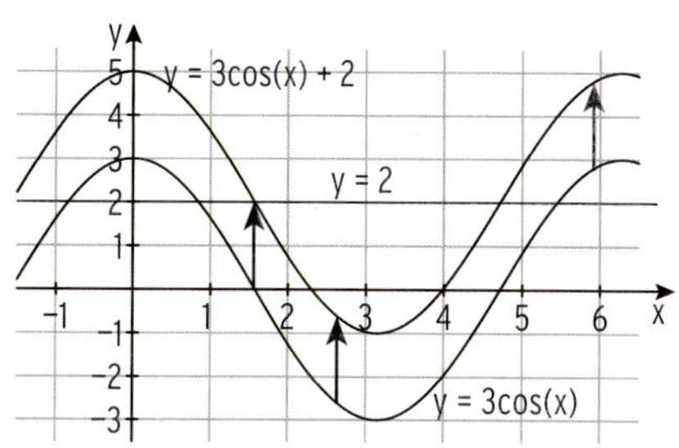

Der Graph K_f entsteht aus der Sinus- bzw. Kosinuskurve durch
- Spiegelung an der x-Achse: $f(x) = -\sin(x)$ (bzw. $f(x) = -\cos(x)$)
- Verschiebung in y-Richtung: $f(x) = \sin(x) + d$ (bzw. $f(x) = \cos(x) + d$)
- Streckung in y-Richtung: $f(x) = a\cdot\sin(x)$ (bzw. $f(x) = a\cdot\cos(x)$); $a > 0$

Die trigonometrische Funktion f mit $f(x) = a\cdot\sin(x) + d$ bzw. $f(x) = a\cdot\cos(x) + d$; $a \neq 0$ hat die **Amplitude** $|a|$ und die **Periode** $p = 2\pi$.

Beispiel 3

➲ Das Schaubild K_f einer Funktion f mit der Gleichung $y = -2\sin(x)$ entspricht keinem der dargestellten Schaubilder.
Begründen Sie obige Aussage, indem Sie je eine Eigenschaft der Schaubilder nennen, die mit den Funktionseigenschaften nicht vereinbar ist.

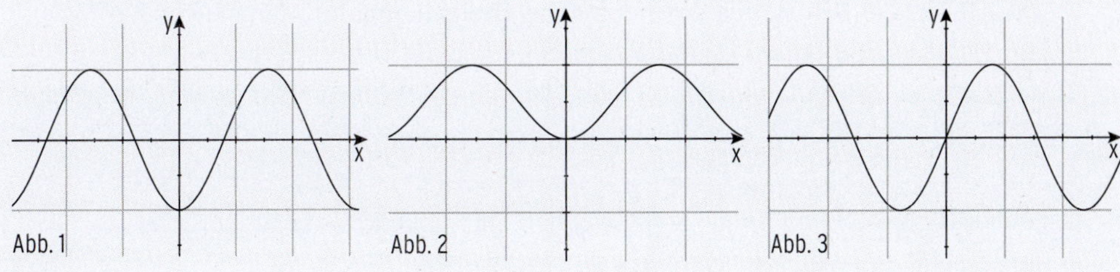

Lösung

Eigenschaften von K_f: K_f schneidet die x-Achse im Ursprung.
f(x) wechselt im Ursprung das Vorzeichen von + nach −.

Schaubild 1 verläuft nicht durch den Ursprung.

Schaubild 2 berührt die x-Achse im Ursprung.

Schaubild 3: Die y-Werte der Kurvenpunkte wechseln im Ursprung das Vorzeichen von − nach +.

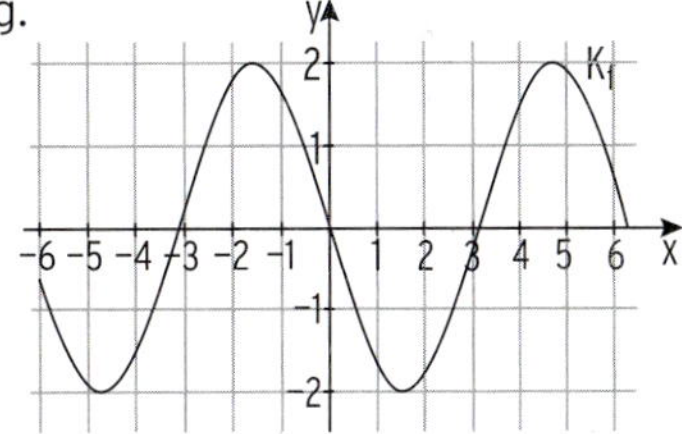

Beispiel 4

➲ Das Schaubild einer Funktion f mit $f(x) = a\cos(x) + b$ ist dargestellt.
Bestimmen Sie den Funktionsterm aus der Abbildung.

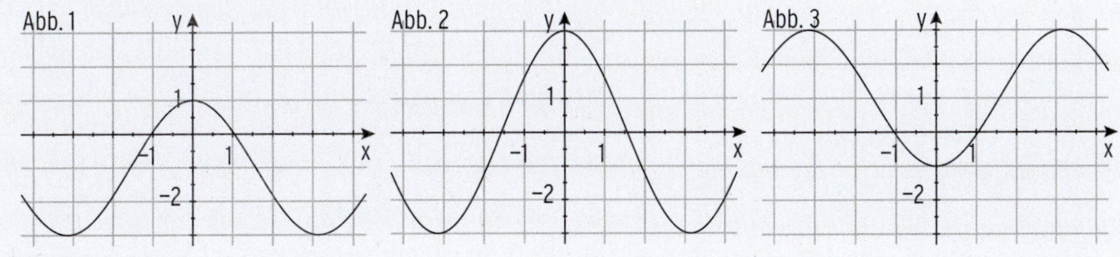

Lösung

Alle Schaubilder haben die Periode $p = 2\pi$.

Schaubild 1 hat die Amplitude $a = 2$ und K: $y = 2\cos(x)$ ist um 1 in negativer y-Richtung verschoben worden. K_1: $f(x) = 2\cos(x) - 1$

Schaubild 2 hat die Amplitude $a = 3$ und K: $y = 3\cos(x)$ ist nicht in y-Richtung verschoben. K_2: $f(x) = 3\cos(x)$

Schaubild 3 hat die Amplitude 2 und K: $y = 2\cos(x)$ ist an der x-Achse gespiegelt und danach um 1 nach oben verschoben worden. K_3: $f(x) = -2\cos(x) + 1$ $(a = -2)$

Oder: K_3 erhält man durch Spiegelung von K_1 an der x-Achse.

Aufgaben

1 Bestimmen Sie die Amplitude, die Mittellinie und den Wertebereich.

a) $f(x) = 5\sin(x)$ **b)** $f(x) = -4\cos(x)$ **c)** $f(x) = 3\sin(x) + 2$

d) $f(x) = 6\cos(x) - 4$ **e)** $f(x) = 8 - 5\sin(x)$ **f)** $f(x) = -7\sin(x) - 3$

2 K entsteht aus der Sinuskurve durch folgende Abbildungen.
Geben Sie den zugehörigen Funktionsterm an.

a) Streckung in y-Richtung mit Faktor 3,5 und Verschiebung um 2 nach unten.

b) Spiegelung an der x-Achse und Verschiebung um 5 nach oben.

3 Gegeben ist die Funktion f mit $x \in \mathbb{R}$. Zeichnen Sie K im angegebenen Intervall.
Wie entsteht K aus der Sinuskurve bzw. Kosinuskurve?

a) $f(x) = 3\sin(x) + 1$; $D = [-1; 7]$ **b)** $f(x) = -0{,}5\cos(x) + 2$; $D = [-0{,}5; 2\pi]$

c) $f(x) = 4 - 2\cos(x)$; $D = [-4; 4]$ **d)** $f(x) = 2\sin(x) - 1{,}5$; $D = [-2; 6]$

4 Das Schaubild einer Funktion f mit $f(x) = a\sin(x) + b$ ist dargestellt.
Bestimmen Sie den Funktionsterm aus der Abbildung.

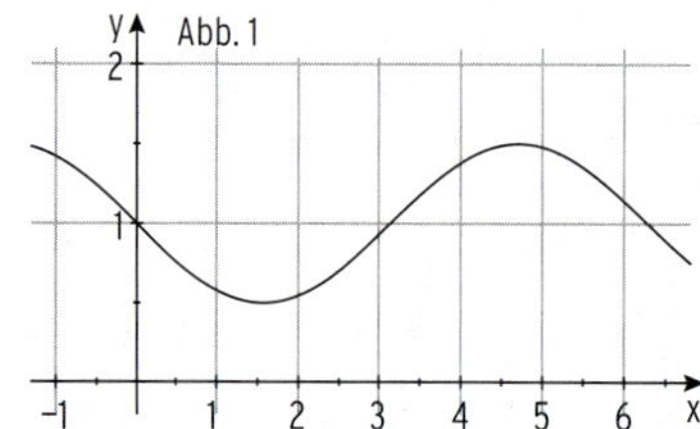

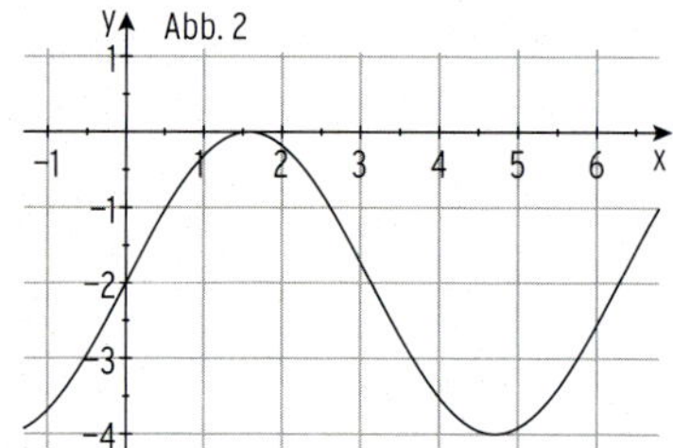

5 Das Schaubild einer Funktion f mit der Gleichung $y = -2\cos(x)$ entspricht keinem der dargestellten Schaubilder.
Begründen Sie obige Aussage, indem Sie je eine Eigenschaft der Schaubilder nennen, die mit den Funktionseigenschaften von f nicht vereinbar ist.

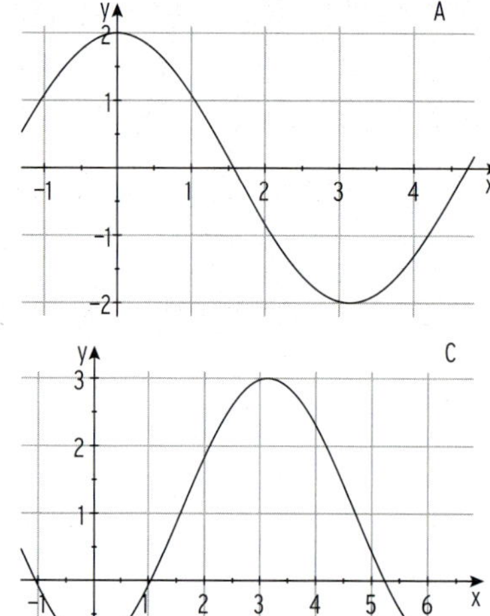

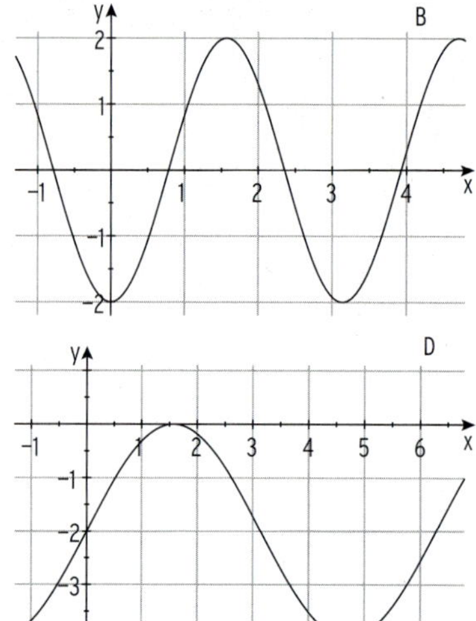

Funktionen der Form $f(x) = a\sin(bx) + d$ bzw. $f(x) = a\cos(bx) + d$

Beispiel 1

Gegeben ist die Funktion f mit $x \in \mathbb{R}$.
Wie entsteht K_f aus der Sinuskurve bzw. Kosinuskurve?

a) $f(x) = \sin(2x)$ b) $f(x) = \cos(\pi x)$

Lösung

a)

	$y = \sin(x)$	$y = \sin(2x)$
Periode p	2π	π
Nullstellen	$0; \pi; 2\pi; \ldots$	$0; \frac{\pi}{2}; \pi; \ldots$

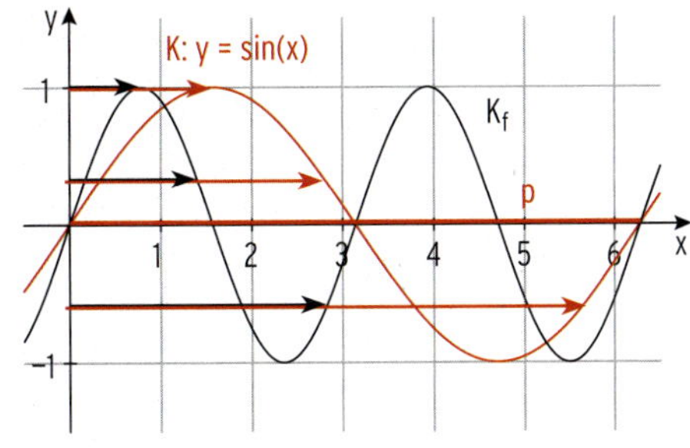

Die **Periode** hat sich **halbiert.**
K_f entsteht aus der Sinuskurve ($y = \sin(x)$) durch Streckung in x-Richtung mit Faktor $\frac{1}{2}$.

Hinweis: Eine **Periode** ist der **Abstand** von einer Nullstelle bis zur übernächsten Nullstelle, wenn keine Verschiebung in y-Richtung vorliegt.

b)

	$y = \cos(x)$	$y = \cos(\pi x)$
Periode p	2π	$2 = \frac{2\pi}{\pi}$
Nullstellen	$\frac{\pi}{2}; \frac{3}{2}\pi; \ldots$	$\frac{1}{2}; \frac{3}{2}; \ldots$

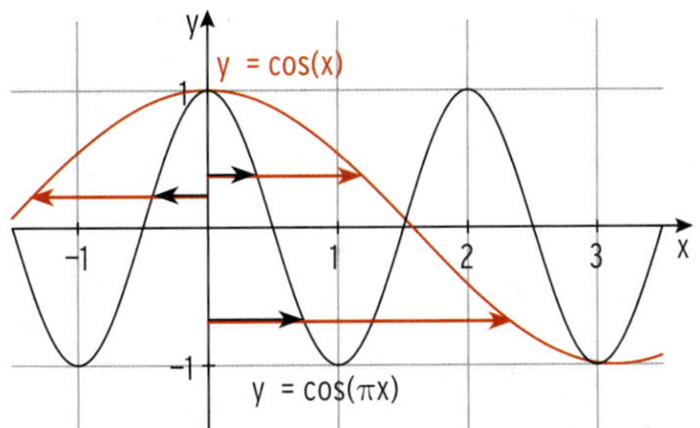

Die Periode hat sich mit dem Faktor $\frac{1}{\pi}$ verändert. K_f entsteht aus der Kosinuskurve ($y = \cos(x)$) durch Streckung in x-Richtung mit Faktor $\frac{1}{\pi}$.

Hinweis: Eine **Periode** ist der **Abstand** der x-Werte von zwei aufeinanderfolgenden „Hochpunkten" bzw. „Tiefpunkten".

Zusammenhang von Faktor b und Periode p

Faktor $b > 0$	1	2	0,5	3	π	4	allgemein: b
Periode p	2π	π	4π	$\frac{2}{3}\pi$	2	$\frac{\pi}{2}$	$\frac{2\pi}{b}$
Streckung von K: $y = \sin(x)$ bzw. K: $y = \cos(x)$ in x-Richtung mit Faktor	1	$\frac{1}{2}$	2	$\frac{1}{3}$	$\frac{1}{\pi}$	$\frac{1}{4}$	$\frac{1}{b}$

Für die **Periode p** von f mit $f(x) = \sin(bx)$ bzw. f mit $f(x) = \cos(bx)$ gilt $\mathbf{p = \frac{2\pi}{b}}$; $\mathbf{b > 0}$

K_f entsteht aus der Sinus- bzw. Kosinuskurve durch **Streckung in x-Richtung** mit Faktor $\frac{1}{b}$.

Hinweis: Der Graph von f mit $f(x) = \sin(-x)$ entsteht aus der Sinuskurve durch Spiegelung an der y-Achse.

Beispiel 2

Gegeben ist die Funktion f mit $f(x) = \frac{1}{2} - \cos\left(\frac{x}{2}\right)$; $x \in \mathbb{R}$.

Bestimmen Sie die Amplitude und die Periode.

Wie entsteht K_f aus der Kosinuskurve?

Lösung

K_f hat die Amplitude $|a| = 1$ und ist symmetrisch zur y-Achse; f hat die Periode $p = 4\pi$.
Das Schaubild mit der Gleichung $y = \cos(x)$ wird in folgender Reihenfolge abgebildet:

1. in x-Richtung mit Faktor 2 gestreckt $\left(y = \cos\left(\frac{x}{2}\right)\right)$,
2. an der x-Achse gespiegelt $\left(y = -\cos\left(\frac{x}{2}\right)\right)$
3. um $\frac{1}{2}$ nach oben verschoben. Mittellinie mit der Gleichung $y = \frac{1}{2}$

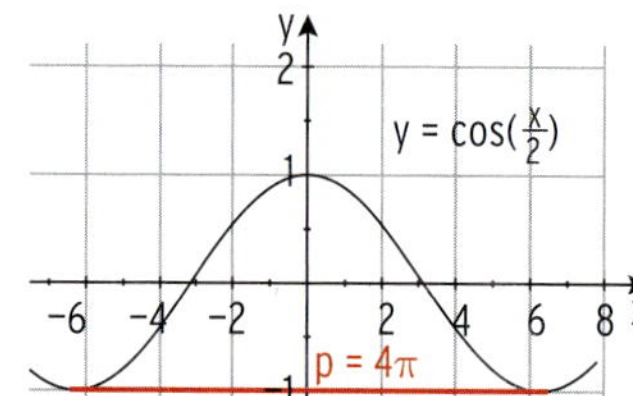

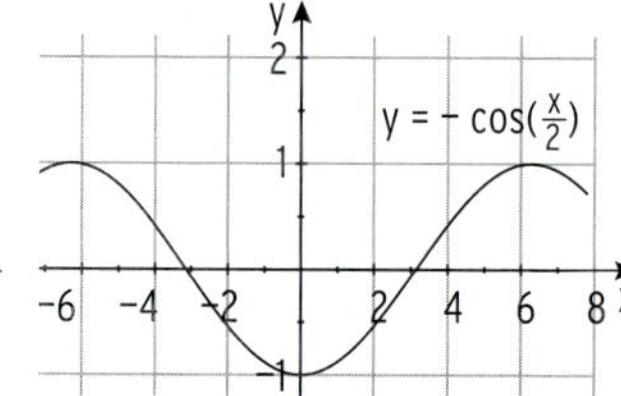

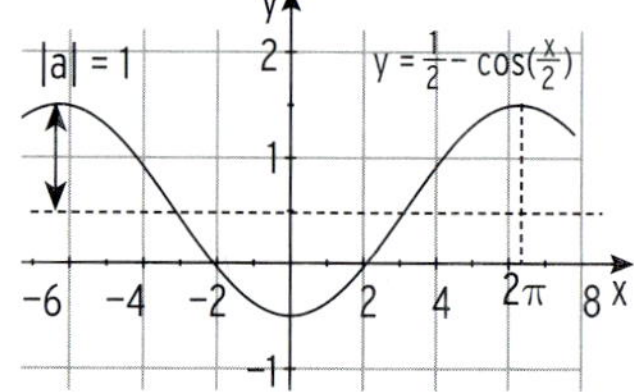

Beispiel 3

Das gezeichnete Schaubild hat die Gleichung $y = a\sin(bx) + d$.
Bestimmen Sie a, b und d sowie die Periodenlänge. Begründen Sie.

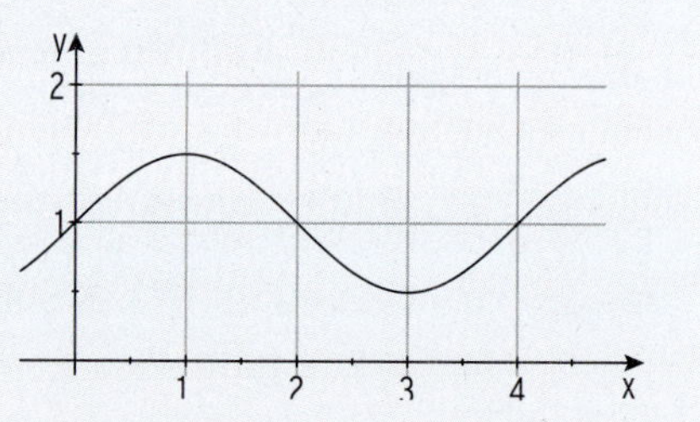

Lösung

Mittellinie mit der Gleichung $y = 1$,

d. h.: $d = 1$

y-Differenz von höchstem und tiefstem Punkt:

$y_H - y_T = 1{,}5 - 0{,}5 = 1$

Amplitude: $a = \frac{y_H - y_T}{2} = 0{,}5$

Periode: $p = 4$

Faktor: $b = \frac{2\pi}{p} = \frac{2\pi}{4} = \frac{\pi}{2}$

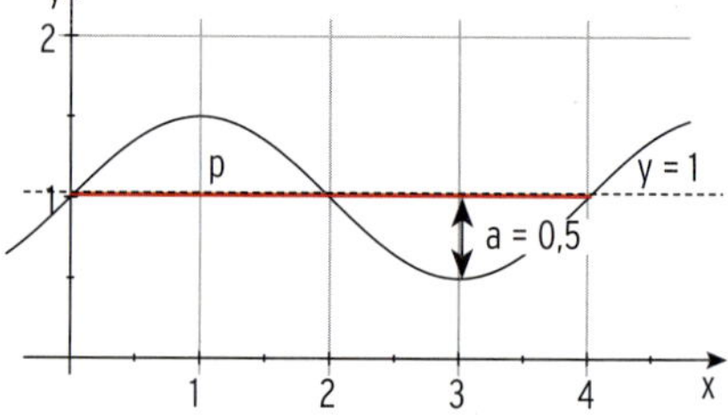

Aufgaben

d) e) f)

1 Bestimmen Sie die Amplitude, die Periode und die Gleichung der Mittellinie.

a) $f(x) = 3\sin(4x)$ b) $f(x) = 2\cos(5x)$ c) $f(x) = -5\sin(2x) + 1$

d) $f(x) = 4\cos(\pi x) + 3$ e) $f(x) = 3 - 6\sin\left(\frac{x}{2}\right)$ f) $f(x) = -2\cos\left(\frac{\pi}{2}x\right) - 3$

2 Geben Sie den zugehörigen Funktionsterm an.
K entsteht aus der Kosinuskurve durch folgende Abbildungen.

a) Streckung in y-Richtung mit Faktor 4 und Streckung in x-Richtung mit Faktor 3.

b) Streckung in x-Richtung mit Faktor π und Verschiebung um 6 nach unten.

3 K ist das Schaubild der Funktion f. Zeichnen Sie K im angegebenen Intervall D.

a) $f(x) = \sin(\frac{1}{2}x)$; $D = [-2\pi; 2\pi]$ b) $f(x) = 3\cos(2x)$; $D = [-\pi; \pi]$

c) $f(x) = -\cos(3x)$; $D = [-3; 3]$ d) $f(x) = 4\sin(\pi x)$; $D = [-2; 2]$

4 K_f ist das Schaubild der Funktion f mit $x \in \mathbb{R}$.
Wie entsteht K_f aus der Sinus- bzw. der Kosinuskurve?
Bestimmen Sie die Periodenlänge und den Wertebereich.
Geben Sie die Gleichung der Mittellinie an.

a) $f(x) = 1 - 3\sin(\pi x)$ b) $f(x) = 2\cos(3x) + 1$

5 K_f ist das Schaubild der Funktion f mit $f(x) = 1 - \frac{4}{5}\sin(2x)$; $x \in \mathbb{R}$

a) Zeigen Sie: Das Schaubild K_f hat keinen gemeinsamen Punkt mit der x-Achse.

b) Verschieben Sie K_f so, dass die verschobene Kurve mindestens einen gemeinsamen Punkt mit der x-Achse hat.

6 Das gezeichnete Schaubild (siehe Abb.) hat die Gleichung $y = a\sin(0{,}5x) + d$. Bestimmen Sie a und d sowie die Periodenlänge. Begründen Sie.

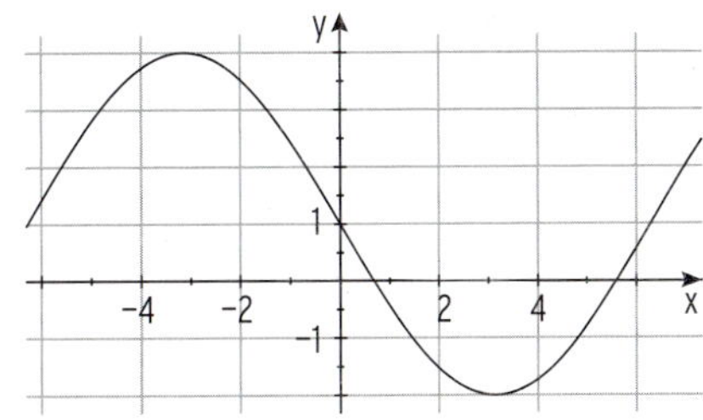

7 Das gezeichnete Schaubild hat die Gleichung $y = a\cos(bx) + d$.
Bestimmen Sie a, b und d sowie die Periodenlänge. Begründen Sie.

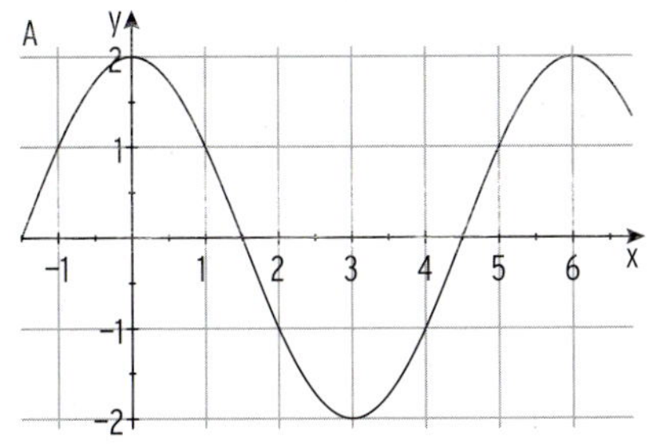

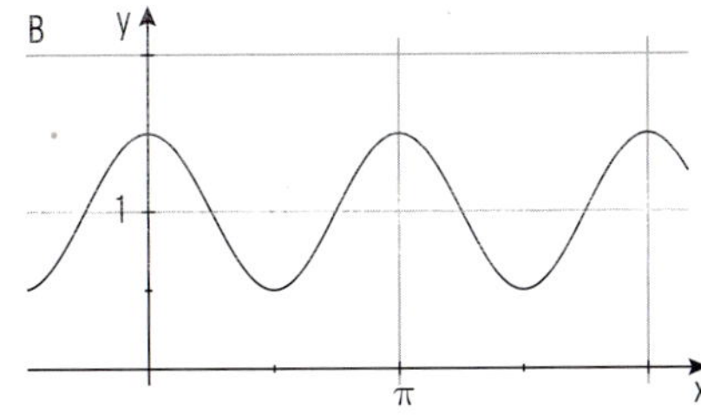

8 Wie entsteht das Schaubild K_g aus K_f?

a) $f(x) = \cos(x)$; $g(x) = 3\cos(0{,}5x)$

b) $f(x) = \sin(x)$; $g(x) = -0{,}5\sin(2x) - 2$

c) $f(x) = 2\sin(3x)$; $g(x) = \sin(3x) - 1$

d) $f(x) = -\cos(4x)$; $g(x) = \cos(4x) + 5$

9 Ermitteln Sie den Term einer trigonometrischen Funktion.
Gegeben sind die Amplitude a und die Periode p.

a) $a = 3$; $p = \pi$

b) $a = 0{,}5$; $p = 6$

c) $a = 2{,}5$; $p = 3\pi$

10 Welche Funktion gehört zu welchem Graphen? Begründen Sie Ihre Wahl.

a) $f(x) = 2\cos(2x)$

b) $f(x) = -1{,}5\cos(2x)$

c) $f(x) = 2\cos\left(\frac{2\pi}{3}x\right)$

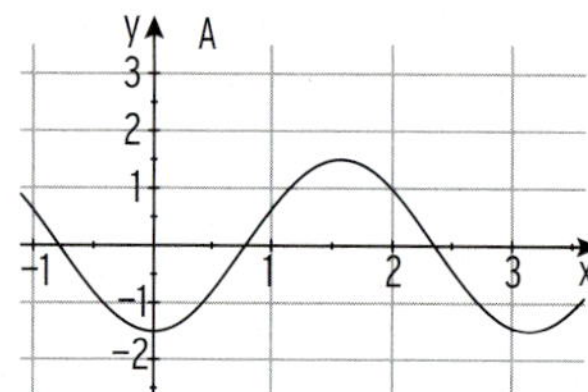

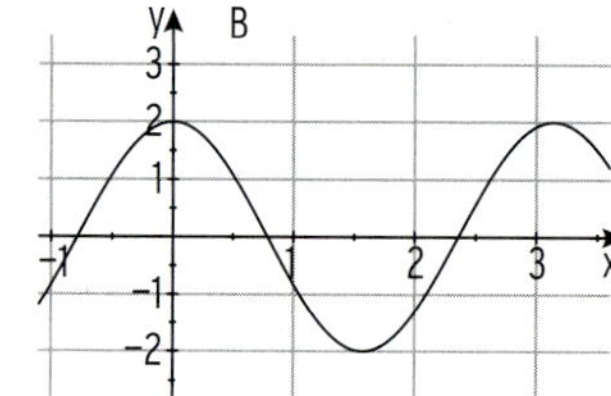

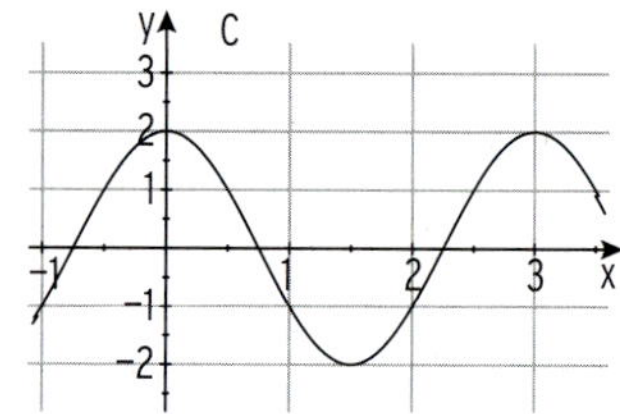

11 Die Funktion f mit $f(x) = 2\sin(2x) - 1$ hat das Schaubild K_f.
Keines der gezeigten Schaubilder ist K_f. Begründen Sie an jeweils einer Eigenschaft.

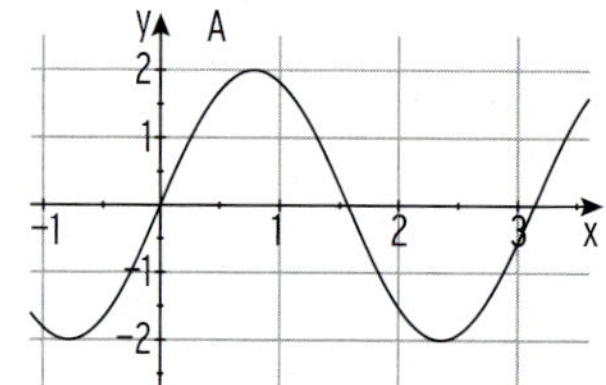

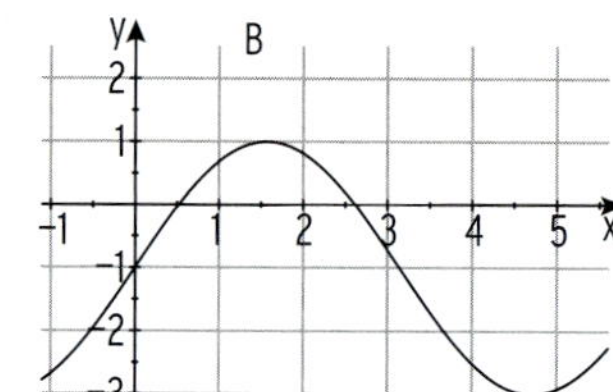

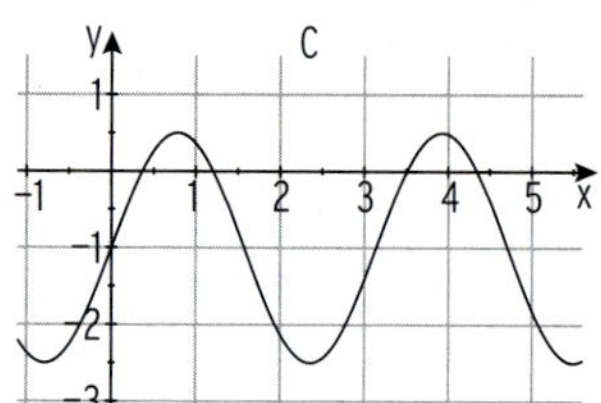

12 Bestimmen Sie einen passenden Funktionsterm.

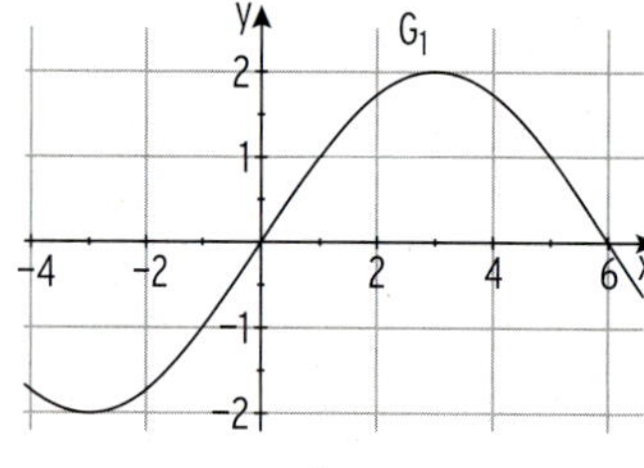

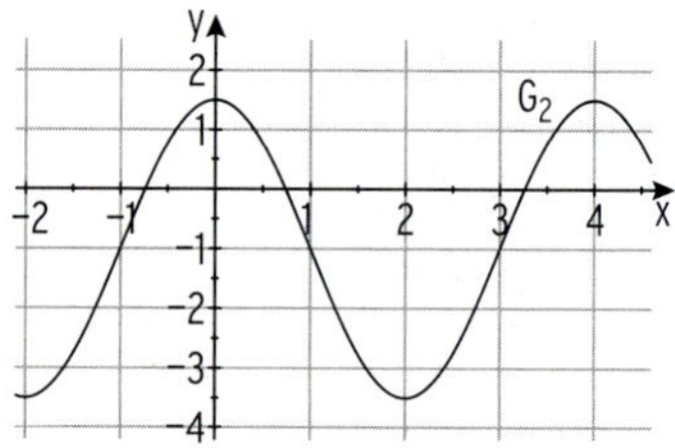

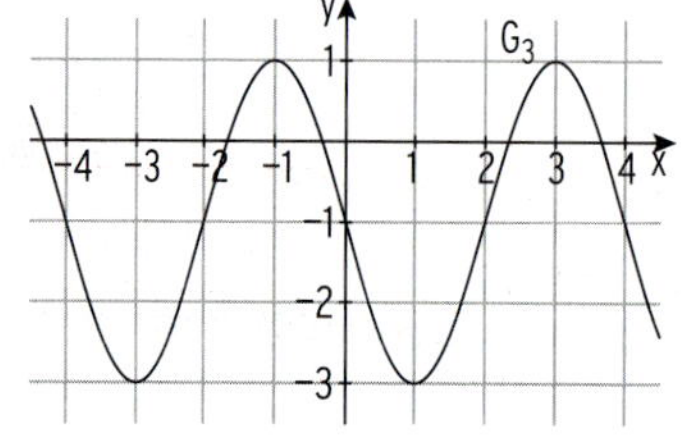

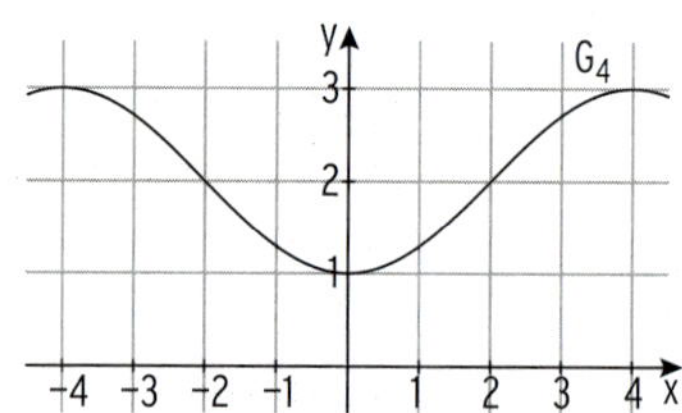

Funktionen der Form $f(x) = a\sin(x - c) + d$ bzw. $f(x) = a\cos(x - c) + d$

mvurl.de/7n8d

Beispiel 1

Der Graph von f mit $f(x) = 2\sin(x - 1) - 3$; $x \in \mathbb{R}$, heißt G.

a) Bestimmen Sie die Amplitude, die Periode, die Gleichung der Mittellinie und den Wertebereich.

b) Beschreiben Sie, wie G aus der Sinuskurve entsteht.

Lösung

a)

$f(x) = a\sin(x - c) + d$:	$a = 2$: $c = 1$; $d = -3$
Amplitude:	$a = 2$
Periode:	$p = 2\pi$
Gleichung der Mittellinie (mit $d = -3$):	$y = -3$
Wertebereich von f:	$d - a = -3 - 2 = -5$; $d + a = -3 + 2 = -1$
	$W = [-5; -1]$

b) K: Sinuskurve mit $y = \sin(x)$

Streckung von K in y-Richtung mit Faktor 2

K_1: $f_1(x) = 2\sin(x)$

Verschiebung von K_1 um 1 nach rechts

K_2: $f_2(x) = 2\sin(x - 1)$

Ersetzen Sie x durch $x - 1$.

Verschiebung von K_2 um 3 nach unten

G: $f(x) = 2\sin(x - 1) - 3$

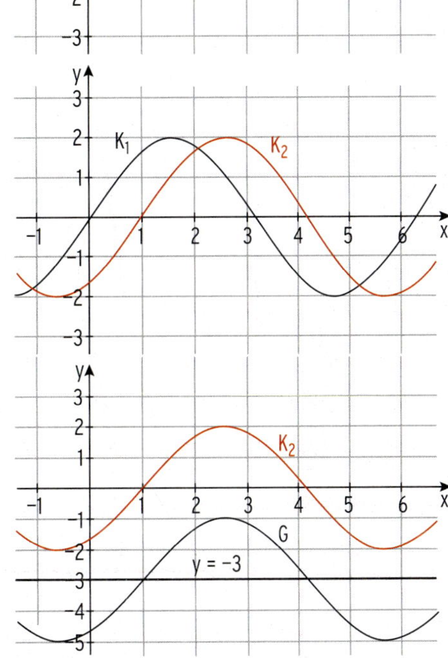

Beispiel 2

➲ G ist das Schaubild der Funktion f mit $f(x) = -\cos(x + 2) + 1$; $x \in \mathbb{R}$.

a) Ermitteln Sie die Amplitude, die Periode, die Gleichung der Mittellinie und den Wertebereich.

b) G entsteht durch Transformationen aus der Kosinuskurve. Geben Sie die Transformationen an.

Lösung

a) $f(x) = a\cos(x - c) + d$: $a = -1$; $c = -2$; $d = 1$

Amplitude: $|a| = |-1| = 1$

Periode: $p = 2\pi$

Gleichung der Mittellinie (mit d = 1): $y = 1$

Wertebereich von f: $d - |a| = 1 - 1 = 0$; $d + |a| = 1 + 1 = 2$

$W = [0; 2]$

b) K: Kosinuskurve mit $y = \cos(x)$

Spiegelung von K an der x-Achse

K_1: $f_1(x) = -\cos(x)$

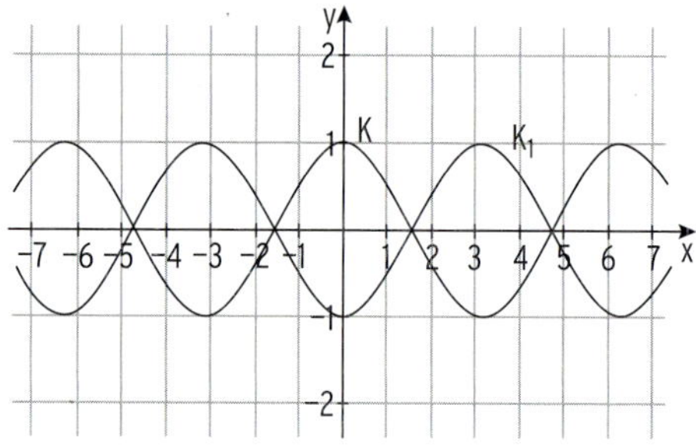

Verschiebung von K_1 um 2 nach links

K_2: $f_2(x) = -\cos(x + 2)$

Ersetzen Sie x durch (x + 2).

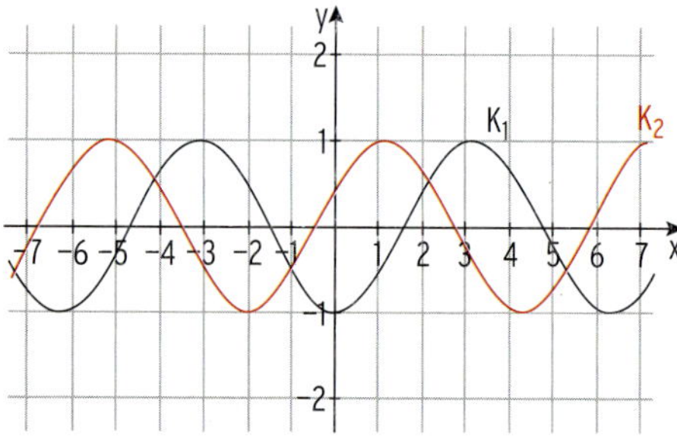

Verschiebung von K_2 um 1 nach oben

G: $f(x) = -\cos(x + 2) + 1$

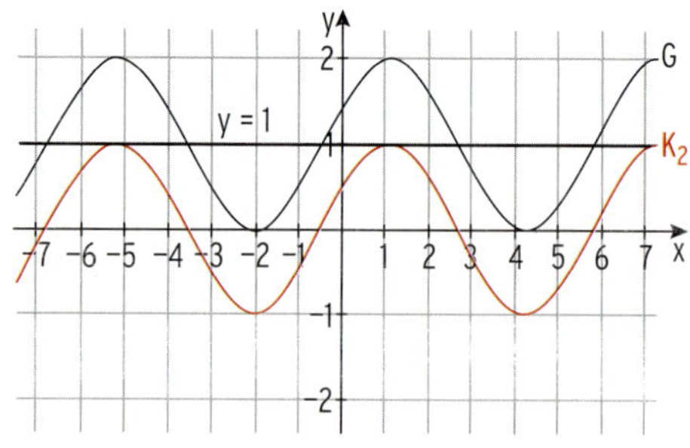

Beispiel 3

➲ Das Schaubild K der Funktion f mit $f(x) = \sin(x + 1)$; $x \in \mathbb{R}$, wird in y-Richtung mit Faktor 2 gestreckt und um 3 nach oben verschoben. Ist die Reihenfolge der Transformationen von Bedeutung? Begründen Sie Ihre Antwort.

Lösung

Kurvengleichung:	$y = \sin(x + 1)$
Streckung in y-Richtung mit Faktor 2:	$y = 2 \cdot \sin(x + 1)$
Verschiebung um 3 nach oben:	$y = 2 \cdot \sin(x + 1) + 3$

Reihenfolge tauschen

Verschiebung um 3 nach oben:	$y = \sin(x + 1) + 3$
Streckung in y-Richtung mit Faktor 2:	$y = 2 \cdot (\sin(x + 1) + 3)$
	$y = 2 \cdot \sin(x + 1) + 6$

Die Reihenfolge der Transformationen ist von Bedeutung, da die Kurvengleichungen unterschiedlich sind.

Streckung und Verschiebung

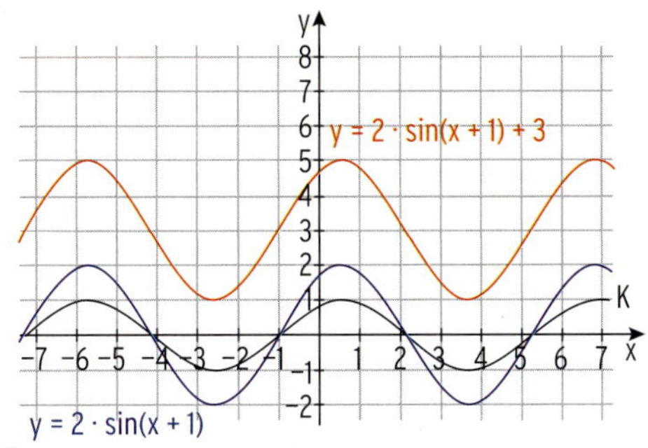

Verschiebung und Streckung

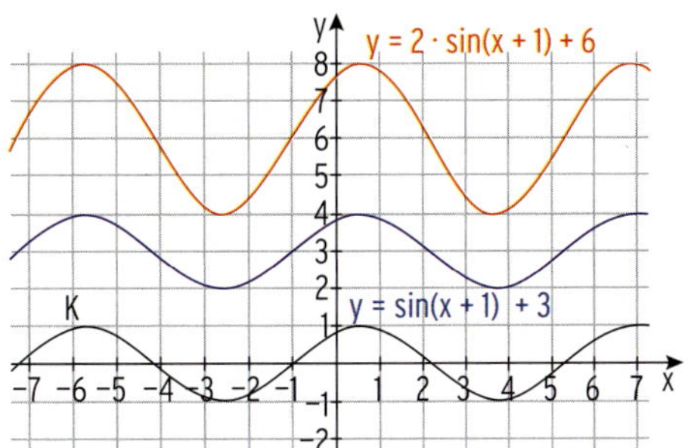

Beispiel 4

➲ Die Kosinuskurve wird 1 nach rechts verschoben und in y-Richtung mit Faktor 5 gestreckt. Ist die Reihenfolge der Transformationen von Bedeutung? Begründen Sie Ihre Antwort.

Lösung

Kurvengleichung:	$y = \cos(x)$
Verschiebung um 1 nach rechts:	$y = \cos(x - 1)$
Streckung in y-Richtung mit Faktor 5:	$y = 5 \cdot \cos(x - 1)$

Reihenfolge tauschen

Streckung in y-Richtung mit Faktor 5:	$y = 5 \cdot \cos(x)$
Verschiebung um 1 nach rechts:	$y = 5 \cdot \cos(x - 1)$

Die Reihenfolge der Transformationen ist ohne Bedeutung, da die Kurvengleichungen gleich sind.

Transformationen

Das Schaubild einer Funktion f mit $\mathbf{f(x) = a\sin[b(x - c)] + d}$
bzw. $\mathbf{f(x) = a\cos[b(x - c)] + d}$
entsteht aus der Sinuskurve bzw. der Kosinuskurve durch

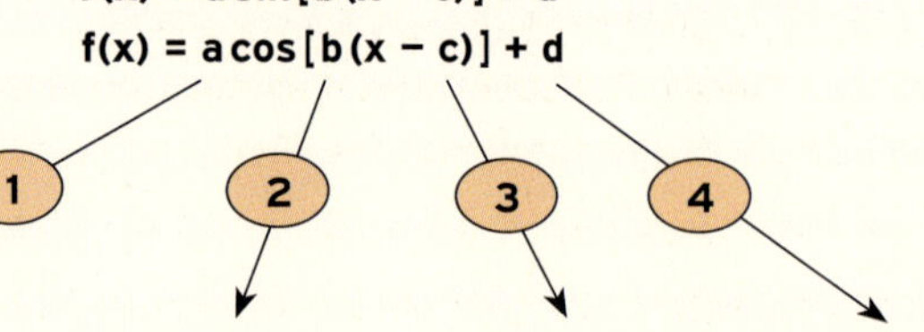

Streckung in y-Richtung mit Faktor |a| Für $a < 0$: Spiegelung an der x-Achse	Streckung in x-Richtung mit Faktor $\frac{1}{b}$; $b > 0$	Verschiebung in x-Richtung um c	Verschiebung in y-Richtung um d

Die Funktion f hat die **Amplitude |a|** und die **Periode** $p = \frac{2\pi}{b}$.
Hinweis: Für $b < 0$: Spiegelung an der y-Achse

Beispiel 1
K: $f(x) = 2\sin(\pi x)$
Dabei ist $a = 2$, $b = \pi$, $c = 0$ und $d = 0$.

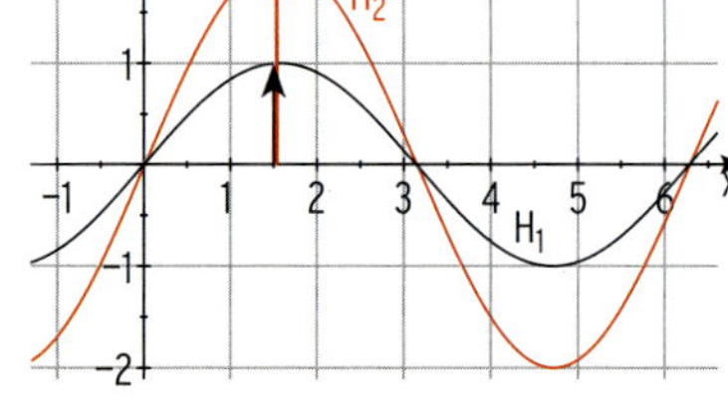

Zu 1:
a = 2
Streckung von H_1: $y = \sin(x)$ **in y-Richtung mit Faktor** **a** = 2 ergibt H_2: $y = 2\sin(x)$.

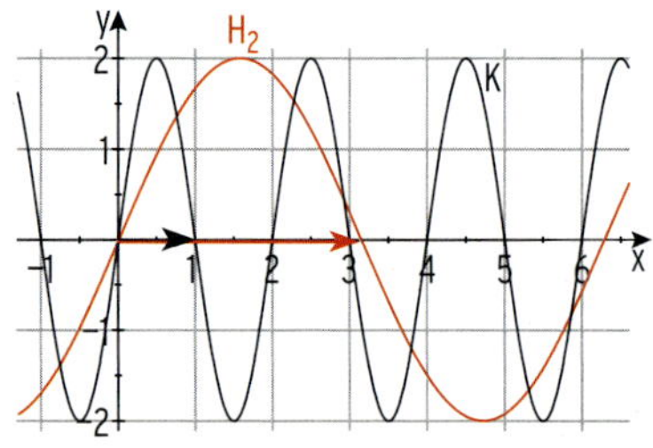

Zu 2:
$\mathbf{b = \pi}$
Streckung von H_2: $y = 2\sin(x)$ **in x-Richtung mit Faktor** $\mathbf{\frac{1}{b} = \frac{1}{\pi}}$ ergibt K: $y = 2\sin(\pi x)$.
K hat die **Periode** $p = \frac{2\pi}{b} = 2$.

Beispiel 2
K: $f(x) = \sin(x + 2) + 1$
Dabei ist $a = 1$, $b = 1$, $c = -2$ und $d = 1$.

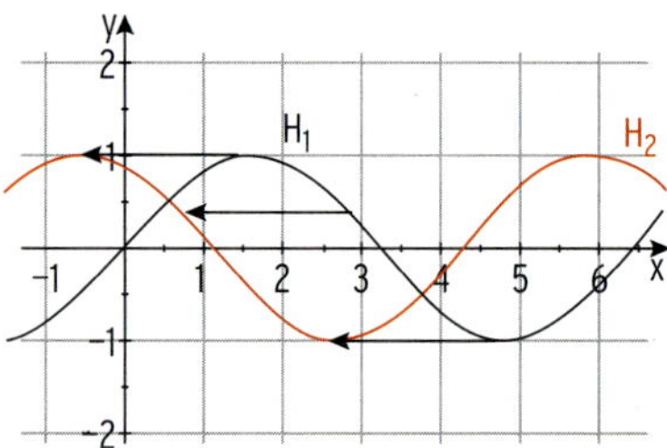

Zu 3:
$\mathbf{c = -2}$
Verschiebung von H_1: $y = \sin(x)$ **in x-Richtung um c** (2 nach links) ergibt
H_2: $y = \sin(x + 2)$.

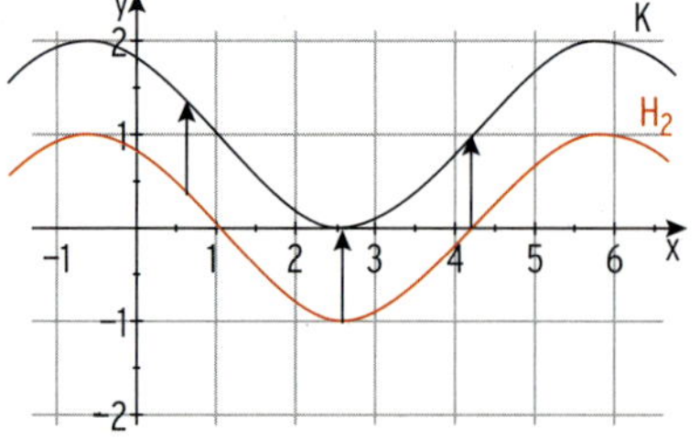

Zu 4:
d = 1
Verschiebung von H_2: $y = \sin(x + 2)$ **in y-Richtung um d** (1 nach oben) ergibt:
K: $y = \sin(x + 2) + 1$

Aufgaben

1 K_f ist das Schaubild der Funktion f mit $x \in \mathbb{R}$.
Bestimmen Sie die Periodenlänge, die Amplitude und den Wertebereich von f.
Skizzieren Sie K_f auf dem gegebenen Bereich in ein Koordinatensystem ein.

a) $f(x) = 3\sin(\pi x)$; $[-2; 2]$

b) $f(x) = 2\cos(x - 1) - 1$; $[0; 2\pi]$

c) $f(x) = 4\cos(2x)$; $[-2; 3]$

d) $f(x) = -3\sin(x - \pi) + 1$; $[-2\pi; 2\pi]$

2 Geben Sie zu jedem Graphen die Periode, die Amplitude und die Gleichung der Mittellinie an.

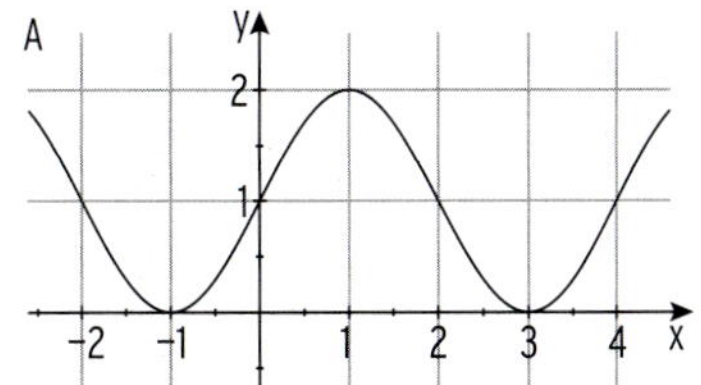

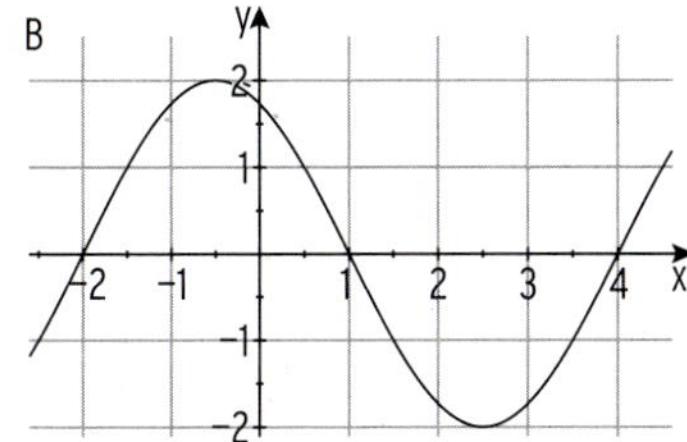

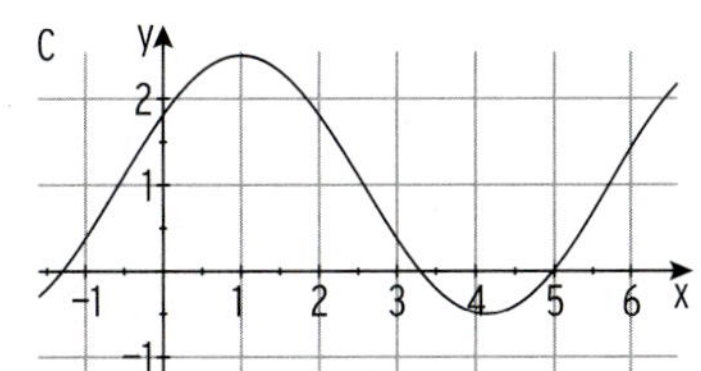

3 Wie entsteht das Schaubild K_g aus K_f?

a) $f(x) = \cos(x)$; $g(x) = 3\cos(x + 2)$

b) $f(x) = 4\sin(x)$; $g(x) = \sin(0{,}5x) - 1$

c) $f(x) = \sin(x)$; $g(x) = -\sin(2x) - 3$

d) $f(x) = -\cos(4x)$; $g(x) = \cos(4x) + 1$

4 Die Sinuskurve wird um 4 nach unten verschoben und in y-Richtung mit Faktor 1,5 gestreckt. Ist die Reihenfolge der Transformationen von Bedeutung? Begründen Sie Ihre Antwort.

5 Beschreiben Sie, wie das Schaubild von q mit $q(x) = -\cos(x)$; $x \in \mathbb{R}$, aus dem Schaubild von p mit $p(x) = \sin(x)$; $x \in \mathbb{R}$, hervorgeht.

6 Das gezeichnete Schaubild (siehe Abb.) hat die Gleichung $y = a\sin(x - c) + d$. Bestimmen Sie a, c und d sowie die Periodenlänge. Begründen Sie.

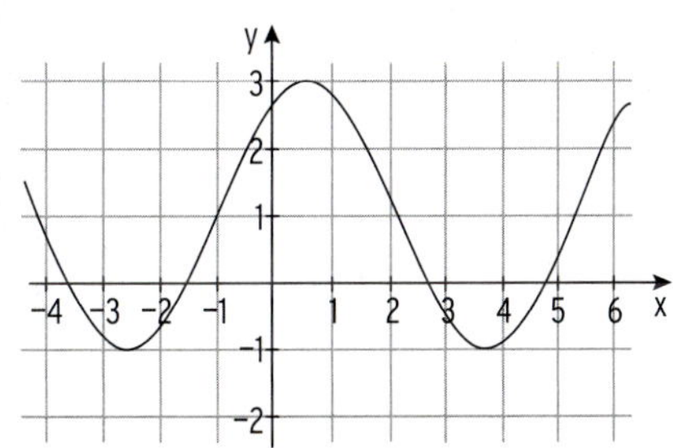

1.3 Aufstellen von Funktionstermen

Beispiel 1

➲ Bestimmen Sie einen passenden Funktionsterm.

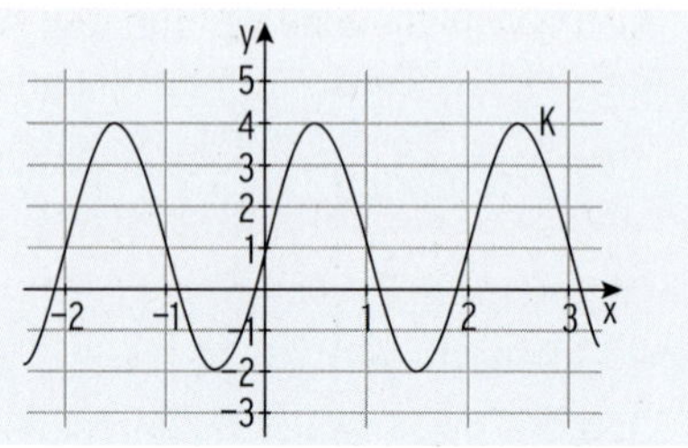

Lösung

Aus dem Schaubild kann man ablesen:

Mittellinie: $d = 1$

Amplitude: $a = 3$

Periode: $p = 2$

Faktor: $b = \frac{2\pi}{p} = \frac{2\pi}{2} = \pi$

Da ein Symmetriepunkt auf der y-Achse liegt, ist ein Ansatz mit Sinus sinnvoll (keine Verschiebung in x-Richtung).

Ansatz: $f(x) = a\sin(bx) + d$

Werte einsetzen: $f(x) = 3\sin(\pi x) + 1$

Beispiel 2

➲ Die Tabelle enthält Funktionswerte einer trigonometrischen Funktion. Übertragen Sie die Daten in ein Koordinatensystem. Ergänzen Sie die Tabelle bis x = 8. Ermitteln Sie einen passenden Funktionsterm.

x	0	1	2	3	4
f(x)	5	7,12	8	7,12	5

Lösung

Koordinatensystem

x	0	1	2	3	4	5	6	7	8
f(x)	5	7,12	8	7,12	5	2,88	2	2,88	5

$f(5) = 5 - 2{,}12 = 2{,}88$

Mittellinie: $d = 5$

Amplitude: $a = y_H - d = 8 - 5 = 3$

Periode: $p = 8$

Faktor: $b = \frac{2\pi}{p} = \frac{2\pi}{8} = \frac{\pi}{4}$

Ansatz mit Sinus: $f(x) = a\sin(bx) + d$

Werte einsetzen: $f(x) = 3\sin(\frac{\pi}{4}x) + 5$

Aufgaben

1 Bestimmen Sie einen passenden Funktionsterm.

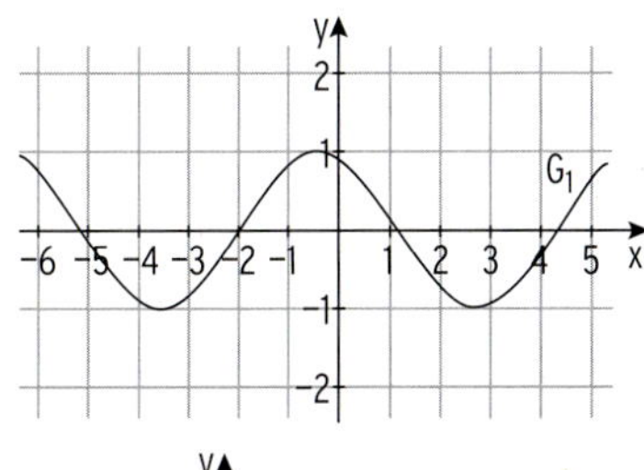

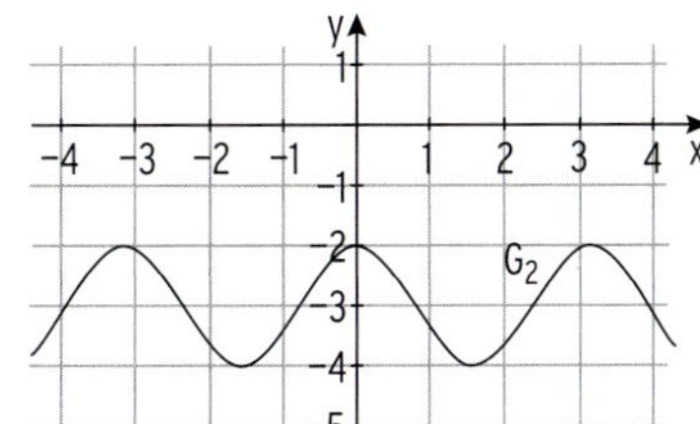

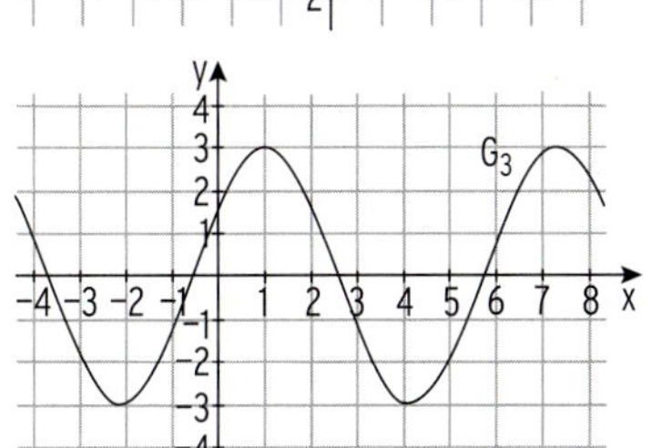

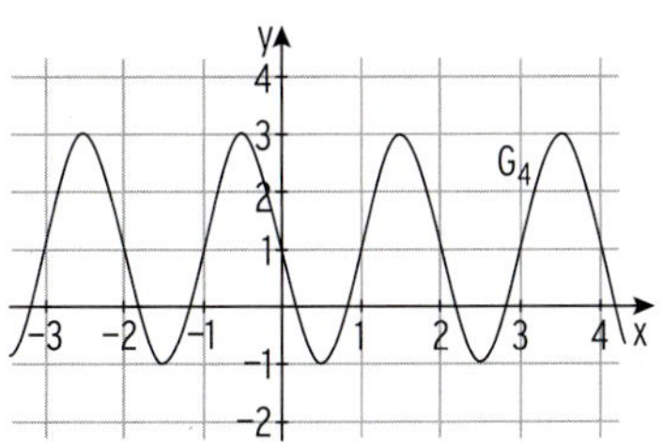

2 Eine trigonometrische Funktion f hat die Periode 1 und die Amplitude 4.
Ein Symmetriepunkt des Graphen von f liegt auf der y-Achse.
Bestimmen Sie einen möglichen Funktionsterm.

3 Die Tabelle gibt Funktionswerte einer trigonometrischen Funktion f an. Sie enthält den größten Funktionswert.
Ermitteln Sie den x-Wert des höchsten Punktes.
Geben Sie einen passenden Funktionsterm an.

x	0	4	
f(x)	7	7	10

4 Ermitteln Sie zu den Graphen K und G die zugehörigen Funktionsterme.

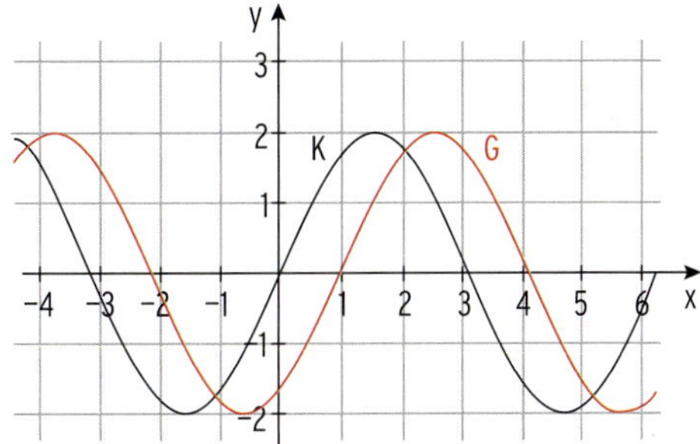

5 Das Schaubild einer trigonometrischen Funktion f ist K.
K hat den Hochpunkt H(0 | 10) und schneidet die Mittellinie im Punkt S(π | 4).
Bestimmen Sie einen möglichen Funktionsterm f(x).

mvurl.de/mwyr

1.4 Trigonometrische Gleichungen und deren geometrische Interpretation

1.4.1 Lösung von trigonometrischen Gleichungen

Gleichungen der Form sin(z) = 0 bzw. cos(z) = 0

Vorbetrachtung

Man liest ab: $\sin(0) = 0$; $\sin(\pm\pi) = 0$; $\sin(\pm 2\pi) = 0$

Allgemein gilt:

$\sin(z) = 0$ für $z = 0; \pm\pi; \pm 2\pi; \pm 3\pi; \ldots$

$z = k \cdot \pi;\ k \in \mathbb{Z}$

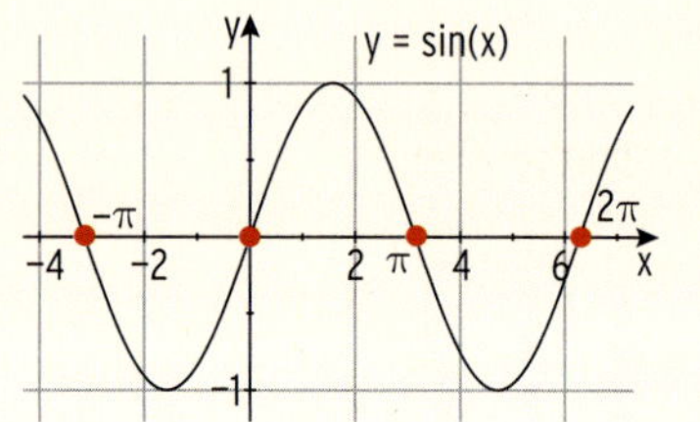

Beispiel 1

➲ Ermitteln Sie alle Lösungen der Gleichung $\sin(2x) = 0$ für $0 \leq x \leq 4$ exakt.

Lösung

Zu lösende Gleichung: $\sin(2x) = 0$

$2x = 0; \pm\pi; \pm 2\pi; \pm 3\pi; \ldots \quad |:2$

$x = 0; \pm\frac{\pi}{2}; \pm\pi; \pm\frac{3}{2}\pi; \ldots$

Lösungen im Intervall [0; 4]: $x_1 = 0;\ x_2 = \frac{\pi}{2};\ x_3 = \pi$

$x_4 = \frac{3}{2}\pi > 4$ keine Lösung

Vorbetrachtung

Man liest ab: $\cos\left(\pm\frac{\pi}{2}\right) = 0;\ \cos\left(\pm\frac{3}{2}\pi\right) = 0; \ldots$

Allgemein gilt: $\cos(z) = 0$ für $z = \pm\frac{\pi}{2}; \pm\frac{3}{2}\pi; \pm\frac{5\pi}{2}$

$z = \frac{\pi}{2} + k \cdot \pi;\ k \in \mathbb{Z}$

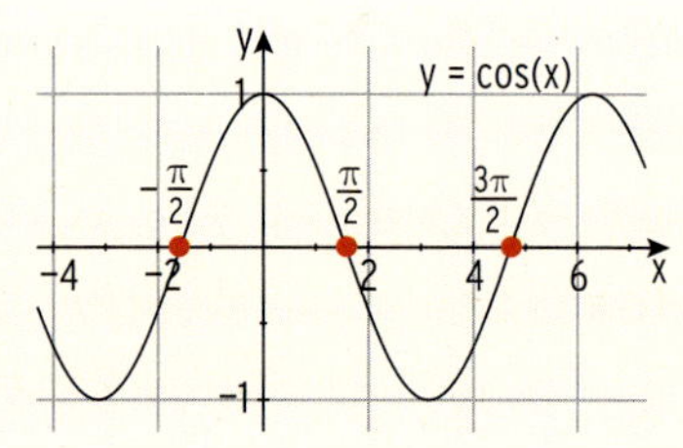

Beispiel 2

➲ Bestimmen Sie alle Lösungen von $\cos\left(\frac{2}{3}x\right) = 0$ für $-4 < x < 4$ exakt.

Lösung

Zu lösende Gleichung: $\cos\left(\frac{2}{3}x\right) = 0$

$\frac{2}{3}x = \pm\frac{\pi}{2}; \pm\frac{3}{2}\pi; \pm\frac{5}{2}\pi; \ldots \quad | \cdot \frac{3}{2}$

$x = \pm\frac{3}{4}\pi; \pm\frac{9}{4}\pi; \ldots$

Zwei Lösungen für $-4 < x < 4$: $x_{1|2} = \pm\frac{3}{4}\pi$

$x_3 = \frac{9}{4}\pi > 4$, keine Lösung

Beispiel 3

➲ Bestimmen Sie drei Lösungen von $-\frac{1}{2}\cos(\pi x) = 0$ exakt.

Lösung

Zu lösende Gleichung:	$-\frac{1}{2}\cos(\pi x) = 0$	$\mid \cdot (-2)$
	$\cos(\pi x) = 0$	
	$\pi x = \pm\frac{\pi}{2}; \pm\frac{3}{2}\pi; \pm\frac{5}{2}\pi; \ldots$	$\mid : \pi$
Lösungen:	$x = \pm\frac{1}{2}; \pm\frac{3}{2}; \pm\frac{5}{2}; \ldots$	
Drei Lösungen:	$x_1 = \frac{1}{2};\ x_2 = \frac{3}{2};\ x_3 = \frac{5}{2}$	

Beispiel 4

➲ Geben Sie eine Lösung der Gleichung $\cos(0{,}7\,x) = 0$ für $x \in \mathbb{R}$ mithilfe eines numerischen Verfahrens an.

Lösung

Funktion f mit $f(x) = \cos(0{,}7\,x)$

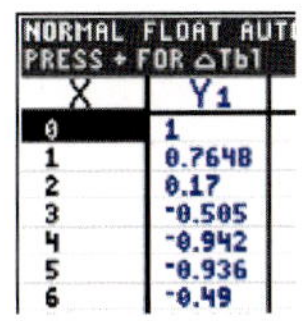

NORMAL FLOAT AUTO
PRESS + FOR △Tbl

X	Y1
0	1
1	0.7648
2	0.17
3	-0.505
4	-0.942
5	-0.936
6	-0.49

Wertetabelle von f:
f(x) hat einen Vorzeichenwechel zwischen 2 und 3.
Eine Nullstelle (Lösung) liegt zwischen 2 und 3.

NORMAL FLOAT AUTO
PRESS + FOR △Tbl

X	Y1
2	0.17
2.1	0.1006
2.2	0.0308
2.3	-0.039
2.4	-0.109
2.5	-0.178
2.6	-0.247

NORMAL FLOAT AUTO
PRESS + FOR △Tbl

X	Y1
2.2	0.0308
2.21	0.0238
2.22	0.0168
2.23	0.0098
2.24	0.0028
2.25	-0.004
2.26	-0.011

Verfeinerte Einstellung mit
Schrittweite 0,1 bzw. 0,01
Eine Lösung ist 2,2.

Aufgaben

1 Bestimmen Sie alle Lösungen für $0 \le x \le 2\pi$.

a) $-2\sin(x) = 0$ b) $\frac{1}{3}\cos(x) = 0$ c) $\cos(3x) = 0$ d) $\sin(2x) = 0$

2 Bestimmen Sie die exakten Lösungen, die im Intervall $[-\pi; \pi]$ liegen.

a) $\sin\left(\frac{x}{2}\right) = 0$ b) $5\cos(\pi x) = 0$ c) $3\cos\left(\frac{\pi}{4}x\right) = 0$ d) $-4\sin\left(\frac{4}{3}x\right) = 0$

3 Geben Sie eine Lösung der Gleichung $\cos(1{,}2\,x) = 0$ für $x \in \mathbb{R}$ mithilfe eines numerischen Verfahrens an.

mvurl.de/36r5

Gleichungen der Form $\sin(z) = u$ bzw. $\cos(z) = u$

Beispiel 1

➲ Bestimmen Sie alle Lösungen von $\sin(x) = \frac{1}{2}$ im Intervall $[0; 3\pi]$.

Lösung

Der WTR gibt eine exakte Lösung an: $x_1 = \frac{\pi}{6}$

$\sin^{-1}\left(\frac{1}{2}\right)$ $\qquad \frac{1}{6}\pi$

Hinweis: Der Wert kann auch der Tabelle (*) (Formelsammlung) entnommen werden. $\sin^{-1}$ nennt man auch Arcussinus.

Bestimmung einer **weiteren Lösung mithilfe der Sinuskurve.**

Man zeichnet die Sinuskurve ($y = \sin(x)$) und eine Parallele zur x-Achse mit der Gleichung $y = \frac{1}{2}$.

Die Kurve mit der Gleichung $y = \sin(x)$ ist **symmetrisch zur Geraden** mit der Gleichung $x = \frac{\pi}{2}$.

Die rot gekennzeichneten Strecken auf der x-Achse sind gleich lang, nämlich $\frac{\pi}{6}$.

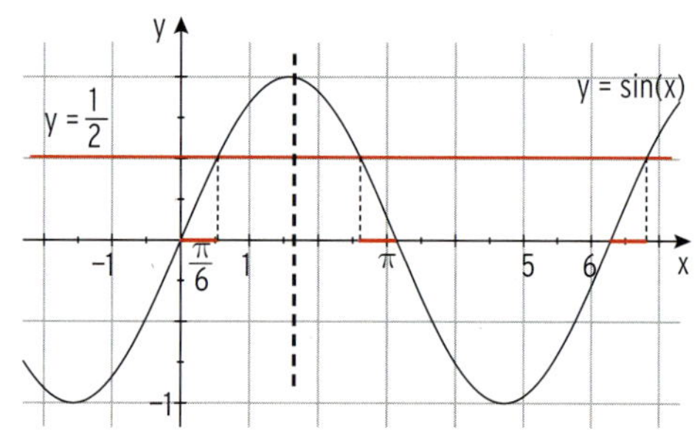

Man erkennt eine zweite Lösung: $x_2 = \pi - \frac{\pi}{6} = \frac{5}{6}\pi$

Weitere Lösungen erhält man durch **Addition** von Vielfachen der **Periode** von f mit $f(x) = \sin(x)$: $p = 2\pi$

$x_3 = \frac{\pi}{6} + 2\pi = \frac{13}{6}\pi$

$x_4 = \frac{5}{6}\pi + 2\pi = \frac{17}{6}\pi$

$x_5 = \frac{13}{6}\pi + 2\pi = \frac{25}{6}\pi > 3\pi$ keine Lösung

Lösungen zwischen 0 und 3π: $x_1 = \frac{\pi}{6}$; $x_2 = \frac{5}{6}\pi$; $x_3 = \frac{13}{6}\pi$; $x_4 = \frac{17}{6}\pi$

(*) **Tabelle der wichtigsten Sinus- und Kosinus-Werte:**

x	0	$\frac{\pi}{6}$	$\frac{\pi}{4}$	$\frac{\pi}{3}$	$\frac{\pi}{2}$
sin(x)	0	$\frac{1}{2}$	$\frac{1}{2}\sqrt{2}$	$\frac{1}{2}\sqrt{3}$	1
cos(x)	1	$\frac{1}{2}\sqrt{3}$	$\frac{1}{2}\sqrt{2}$	$\frac{1}{2}$	0

Beispiel 2

➲ Ermitteln Sie die exakten Lösungen der Gleichung $\sin\left(\frac{1}{2}x\right) = 1$ im Intervall $[-2; 6\pi]$.

Lösung

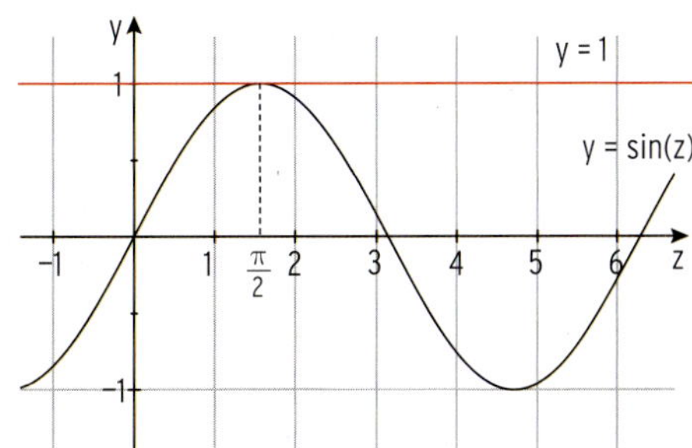

Der WTR liefert für die Gleichung $\sin(z) = 1$ eine exakte Lösung: $z_1 = \frac{\pi}{2}$

Aus der Zeichnung mit $K: y = \sin(z)$ ist zu erkennen, dass z_1 die einzige Lösung auf einer Periode ($p = 2\pi$, f mit $f(z) = \sin(z)$) ist, also gilt:

Lösung in z: $z_1 = \frac{\pi}{2}$

Lösung in x: Mit $z = \frac{1}{2}x$ $\frac{1}{2}x = \frac{\pi}{2}$ $\quad | \cdot 2$

$x_1 = \pi$

Weitere Lösungen erhält man durch **Addition** von Vielfachen der **Periode** von f mit $f(x) = \sin\left(\frac{1}{2}x\right)$: $p = \frac{2\pi}{\frac{1}{2}} = 4\pi$.

Addition der Periode 4π: $x_2 = \pi + 4\pi = 5\pi$

Addition der doppelten Periode: $x_3 = \pi + 8\pi = 9\pi > 6\pi$

Subtraktion der Periode 4π: $x_4 = \pi - 4\pi = -3\pi < -2$

Lösungen auf $[-2; 6\pi]$: $x_1 = \pi$; $x_2 = 5\pi$

Beispiel 3

➲ Bestimmen Sie die Lösungen der Gleichung $\sin(\pi x) = -\frac{1}{2}\sqrt{3}$ im Intervall $[-1; 3]$.

Lösung

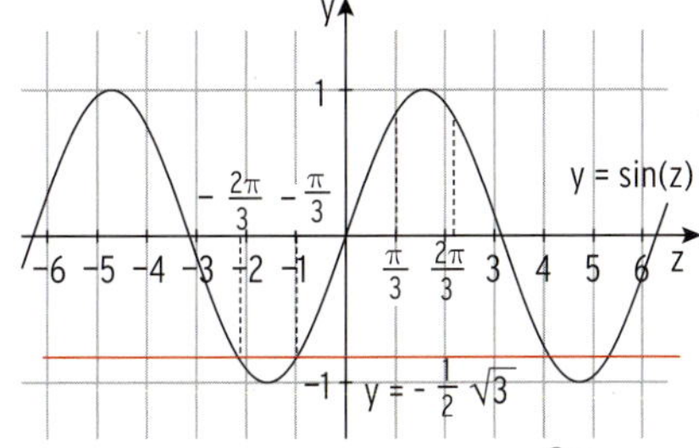

Der WTR liefert eine exakte Lösung von $\sin(z) = -\frac{1}{2}\sqrt{3}$: $z_1 = -\frac{\pi}{3}$

Aus der Zeichnung mit $K: y = \sin(z)$ liest man ab: $z_2 = -\pi + \frac{\pi}{3} = -\frac{2\pi}{3}$

Lösungen in z: $z_1 = -\frac{\pi}{3}$ $\qquad z_2 = -\frac{2\pi}{3}$

Lösungen in x: Mit $z = \pi x$ $\quad \pi x = -\frac{\pi}{3} \quad | : \pi \qquad \pi x = -\frac{2\pi}{3} \quad | : \pi$

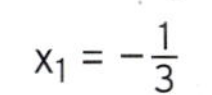

$x_1 = -\frac{1}{3} \qquad x_2 = -\frac{2}{3}$

Weitere Lösungen erhält man durch **Addition** von Vielfachen der **Periode** von f mit $f(x) = \sin(\pi x)$: $p = \frac{2\pi}{\pi} = 2$ $\qquad x_3 = -\frac{1}{3} + 2 = \frac{5}{3} \qquad x_4 = -\frac{2}{3} + 2 = \frac{4}{3}$

$x_5 = \frac{4}{3} + 2 = \frac{10}{3} > 3$ keine Lösung

Lösungen auf $[-1; 3]$: $-\frac{1}{3}; -\frac{2}{3}; \frac{4}{3}; \frac{5}{3}$

mvurl.de/re6q

Beispiel 4

➲ Geben Sie alle exakten Lösungen von $4\cos(x) - 2 = 0$ auf dem Intervall $[0; 2\pi]$ an.

Lösung

Umformung:

$$4\cos(x) - 2 = 0 \quad | + 2$$
$$4\cos(x) = 2 \quad | : 4$$
$$\cos(x) = \frac{1}{2}$$

Mit dem WTR: $x_1 = \frac{\pi}{3}$

$\cos^{-1}\left(\frac{1}{2}\right)$
$\frac{1}{3}\pi$

Hinweis: Der Wert kann auch der Tabelle (*) (Formelsammlung) entnommen werden.
$\cos^{-1}$ nennt man auch Arcuskosinus.

Weitere Lösung mithilfe der Kosinuskurve
Die Kosinuskurve ist symmetrisch zur y-Achse, also $x_2 = -\frac{\pi}{3}$
$\left(\text{zweite Lösung von } \cos(x) = \frac{1}{2}\right)$.

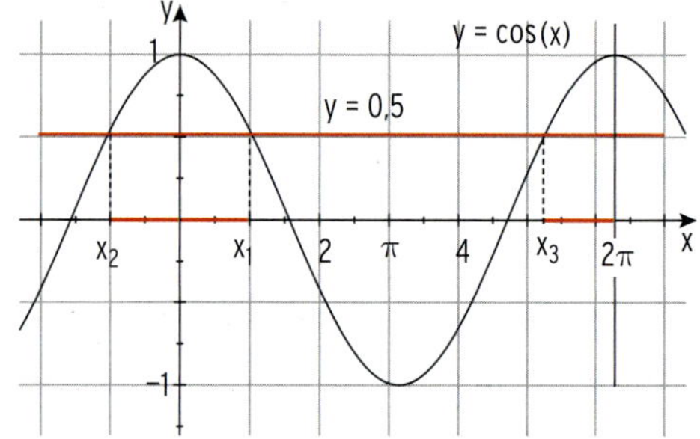

Nun sind **zwei aufeinanderfolgende Lösungen** bekannt: $x_1 = \frac{\pi}{3}$; $x_2 = -\frac{\pi}{3}$
Weitere Lösungen erhält man nun durch **Addition von Vielfachen einer Periode** von f mit $f(x) = 4\cos(x) - 2$: $p = 2\pi$.

$$x_3 = -\frac{\pi}{3} + 2\pi = \frac{5}{3}\pi$$
$$x_4 = \frac{\pi}{3} + 2\pi = \frac{7}{3}\pi > 2\pi$$

Lösungen zwischen 0 und 2π: $x_1 = \frac{\pi}{3}$; $x_3 = \frac{5}{3}\pi$

Bemerkung: Ist $x_1 \in [0; 2\pi]$ eine Lösung der Gleichung $\cos(x) = u$, so gilt: $x_2 = -x_1$

(*) Tabelle der wichtigsten Sinus- und Kosinus-Werte:

x	0	$\frac{\pi}{6}$	$\frac{\pi}{4}$	$\frac{\pi}{3}$	$\frac{\pi}{2}$
sin (x)	0	$\frac{1}{2}$	$\frac{1}{2}\sqrt{2}$	$\frac{1}{2}\sqrt{3}$	1
cos (x)	1	$\frac{1}{2}\sqrt{3}$	$\frac{1}{2}\sqrt{2}$	$\frac{1}{2}$	0

Beispiel 5

➲ Bestimmen Sie alle exakten Lösungen der Gleichung $\cos\left(\frac{2}{3}x\right) = -\frac{1}{2}\sqrt{2}$ im Intervall $[0; 4\pi]$.

Lösung

Der WTR liefert für die Gleichung

$\cos(z) = -\frac{1}{2}\sqrt{2}$ eine exakte Lösung: $z_1 = \frac{3}{4}\pi$

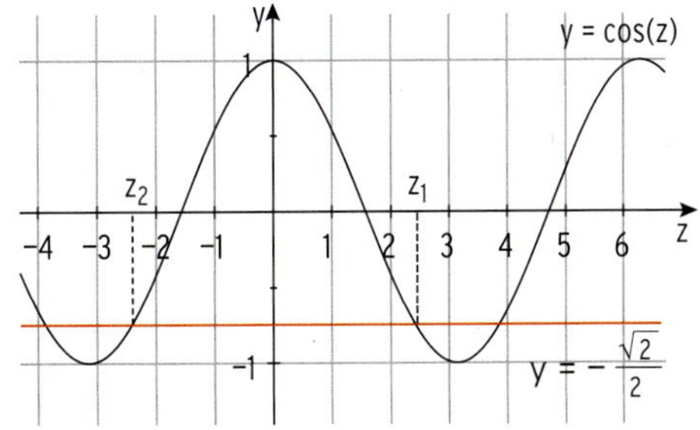

Aufgrund der Symmetrie von K: y = cos (z), zur y-Achse, ergibt sich die zweite Lösung: $z_2 = -\frac{3}{4}\pi$

Lösungen in z: $z_1 = \frac{3}{4}\pi$ $\qquad z_2 = -\frac{3}{4}\pi$

Lösungen in x: Mit $z = \frac{2}{3}x$

$\frac{2}{3}x = \frac{3}{4}\pi \quad | \cdot \frac{3}{2}$ $\qquad \frac{2}{3}x = -\frac{3}{4}\pi \quad | \cdot \frac{3}{2}$

$x_1 = \frac{9}{8}\pi$ $\qquad \left(x_2 = -\frac{9}{8}\pi < 0\right)$

Weitere Lösungen erhält man durch **Addition** von Vielfachen der **Periode** von f mit

$f(x) = \cos\left(\frac{2}{3}x\right)$: $p = \frac{2\pi}{\frac{2}{3}} = 3\pi$

$x_3 = -\frac{9}{8}\pi + 3\pi = \frac{15}{8}\pi$

$x_4 = \frac{9}{8}\pi + 3\pi = \frac{33}{8}\pi > 4\pi$

Lösungen auf $[0; 4\pi]$: $x_1 = \frac{9}{8}\pi$; $x_3 = \frac{15}{8}\pi$

Beispiel 6

➲ Ermitteln Sie alle Lösungen der Gleichung $\cos\left(\frac{\pi}{3}x\right) = -0{,}7$ im Intervall $[0; 2\pi]$.

Lösung

Der WTR liefert eine Lösung für cos (z) = −0,7:
$z_1 = 2{,}346...$

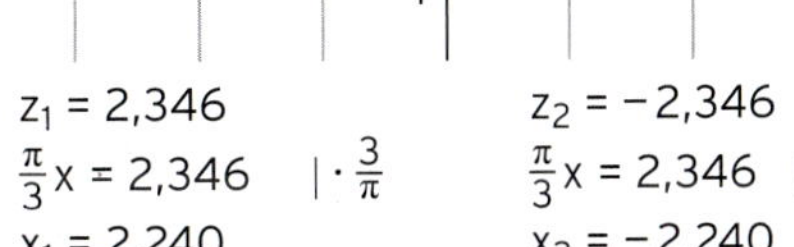

Die Kosinuskurve (y = cos(z)) ist symmetrisch zur y-Achse, also $z_2 = -2{,}346...$

Lösungen in z: $z_1 = 2{,}346$ $\qquad z_2 = -2{,}346$

Lösungen in x: Mit $z = \frac{\pi}{3}x$:

$\frac{\pi}{3}x = 2{,}346 \quad | \cdot \frac{3}{\pi}$ $\qquad \frac{\pi}{3}x = 2{,}346 \quad | \cdot \frac{3}{\pi}$

$x_1 = 2{,}240$ $\qquad x_2 = -2{,}240$

Weitere Lösungen erhält man durch **Addition** von Vielfachen der **Periode** von f mit $f(x) = \cos\left(\frac{\pi}{3}x\right)$: $p = \frac{2\pi}{\frac{\pi}{3}} = 6$.

Addition der Periode 6:

$x_3 = -2{,}240 + 6 = 3{,}760$

$x_4 = 2{,}240 + 6 = 8{,}240 > 2\pi$

Lösungen auf $[0; 2\pi]$: $x_1 = 2{,}240$; $x_3 = 3{,}760$

Aufgaben

1 Bestimmen Sie alle Lösungen exakt, die im Intervall $[0;\ 2\pi]$ liegen.

a) $5\sin(x) = 0$ b) $\sin(x) = 0{,}5\sqrt{2}$ c) $\sin(x) = -0{,}5$

d) $-4\sin\left(\frac{\pi}{4}x\right) = 4$ e) $\sin(x+1) = 1$ f) $\sin\left(\frac{\pi}{2}x\right) = \frac{1}{2}\sqrt{3}$

2 Bestimmen Sie alle Lösungen, die im Intervall $[-1;\ 6{,}5]$ liegen.

a) $3\sin(x) - 2 = 0$ b) $\sin(x) = \frac{1}{3}$ c) $-5\sin(2x) = 3$

3 Berechnen Sie x ungerundet so, dass die Gleichung im Intervall $[-4;\ 4]$ erfüllt ist.

a) $2\sin(2x) = \sin(2x) - 1$ b) $-4\sin(\pi x) + 2\sqrt{3} = 0$ c) $\sqrt{3}\sin(x) - \sqrt{3} = 0$

d) $2\sin\left(\frac{x}{2}\right) + \sqrt{2} = 0$ e) $2\sin\left(\frac{2}{3}x\right) = 3\sin\left(\frac{2}{3}x\right)$ f) $1 - 2\sin(x-1) = 0$

4 Welche Gleichung hat eine Lösung, welche nicht? Begründen Sie Ihre Antwort.

a) $\sin(2x+1) - 3 = 0$ b) $4\sin(x) - 3 = 0$ c) $\sin(2x) = 3 + \sin(x)$

5 Für welchen Wert von a ist $x = \frac{\pi}{6}$ Lösung der Gleichung $a \cdot \sin(x) - 2 = 0$?
Berechnen Sie für diesen Wert von a alle Lösungen für $0 < x < 7$.

6 Bestimmen Sie die exakten Lösungen, die im Intervall $[-\pi;\ 2\pi]$ liegen.

a) $-8\cos(x) = 0$ b) $\cos(x) = 0{,}5$ c) $2\cos(x) = \sqrt{2}$

7 Bestimmen Sie alle Lösungen x, die im Intervall $[0;\ 6{,}5]$ liegen.

a) $1 + 2\cos(x) = 0$ b) $3 - 3\cos(x) = 0$ c) $4\cos(x) = -1$

8 Die Abbildung zeigt die Kosinuskurve bzw. die Sinuskurve.
Bestimmen Sie x_2, x_3 und x_4.

a)

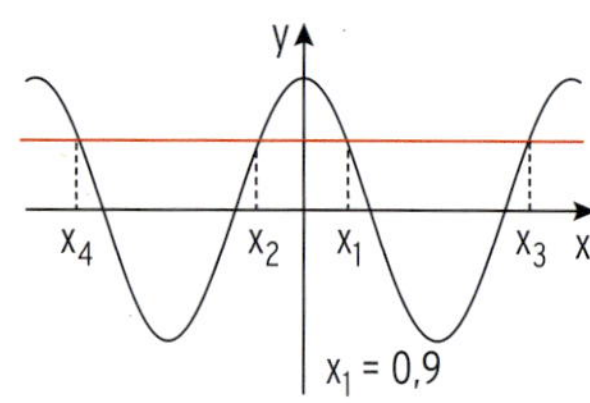

b)

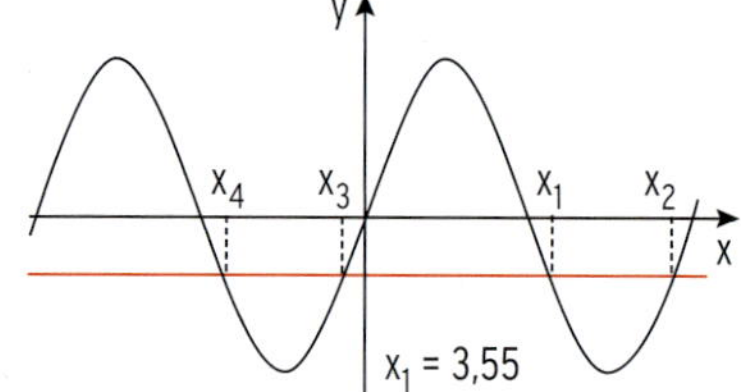

9 Geben Sie jeweils drei Lösungen der Gleichung an.

a) $\cos(3x) = \frac{\sqrt{3}}{2}$ b) $\cos\left(\frac{2x}{5}\right) = \frac{1}{2}\sqrt{3}$ c) $\cos(\pi x) = \frac{\sqrt{2}}{2}$

10 Bestimmen Sie x ungerundet so, dass die Gleichung im Intervall $[-4;\ 4]$ erfüllt ist.

a) $2 + 2\cos(x) = 0$ b) $4\cos(\pi x) + 2\sqrt{2} = 0$ c) $\frac{3}{4} - \frac{3}{2}\cos(2x) = 0$

1.4.2 Gemeinsame Punkte

Beispiel 1

➲ Gegeben ist die Funktion f mit $f(x) = 1{,}5\sin(3x)$; $x \in [-0{,}5; \pi]$.
Ermitteln Sie die gemeinsamen Punkte des Graphen von f mit der x-Achse.

Lösung

Bedingung für die Nullstellen: $f(x) = 0$

$1{,}5\sin(3x) = 0 \quad |:1{,}5$

$\sin(3x) = 0$

$3x = 0;\ \pm\pi;\ \pm 2\pi;\ \pm 3\pi;\ \ldots \quad |:3$

$x = 0;\ \pm\frac{\pi}{3};\ \pm\frac{2}{3}\pi;\ \pm\pi;\ \ldots$

Gemeinsame Punkte: $N_1(0\mid 0)$; $N_2(\frac{\pi}{3}\mid 0)$; $N_3(\frac{2}{3}\pi\mid 0)$; $N_4(\pi\mid 0)$

Alternative mithilfe der Periode von f:

$p = \frac{2\pi}{3}$

Der Graph von f verläuft durch den Ursprung.

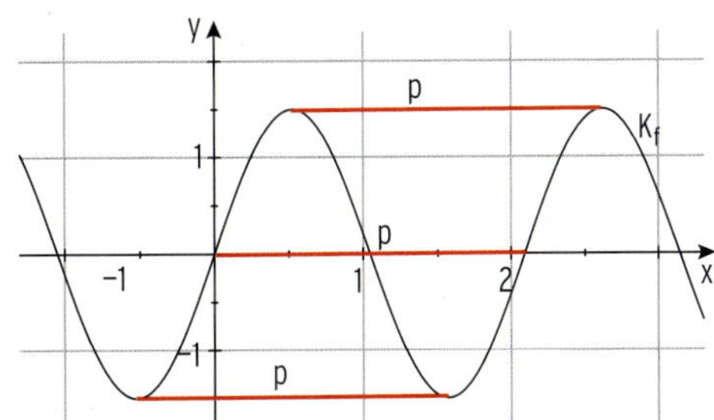

Abstand von zwei aufeinanderfolgenden Nullstellen: $\frac{p}{2} = \frac{\frac{2\pi}{3}}{2} = \frac{\pi}{3}$

Nullstellen: $x_1 = 0$; $x_2 = \frac{\pi}{3}$; $x_3 = \frac{2}{3}\pi$; $x_4 = \frac{3}{3}\pi = \pi$

Beispiel 2

➲ Gegeben ist die Funktion f mit $f(x) = 3\cos\left(\frac{\pi}{4}x\right)$; $x \in \mathbb{R}$.
Bestimmen Sie drei Nullstellen von f.

Lösung

Bedingung für die Nullstellen: $f(x) = 0$

$3\cos\left(\frac{\pi}{4}x\right) = 0 \quad |:3$

$\cos\left(\frac{\pi}{4}x\right) = 0$

$\frac{\pi}{4}x = \pm\frac{\pi}{2};\ \pm\frac{3}{2}\pi;\ \pm\frac{5}{2}\pi;\ \ldots \quad |\cdot\frac{4}{\pi}$

$x = \pm 2;\ \pm 6;\ \pm 10;\ \ldots$

Drei Nullstellen von f: $x_1 = 2$; $x_2 = -2$; $x_3 = 6$

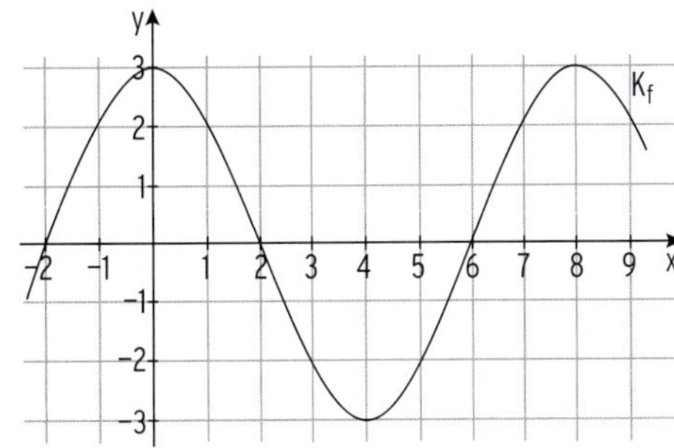

Alternative mithilfe der Periode von f: $p = 8$

Nullstellen von f: $x_1 = \frac{p}{4} = \frac{8}{4} = 2$; $x_2 = -2$; $x_3 = -2 + p = -2 + 8 = 6$

Beispiel 3

➲ K ist das Schaubild von f mit $f(x) = 2\cos(x) + 1;\ x \in [0;\ 2\pi]$.
Berechnen Sie die Koordinaten der Schnittpunkte von K mit der Parallelen zur x-Achse durch den Punkt P(0|2).

Lösung

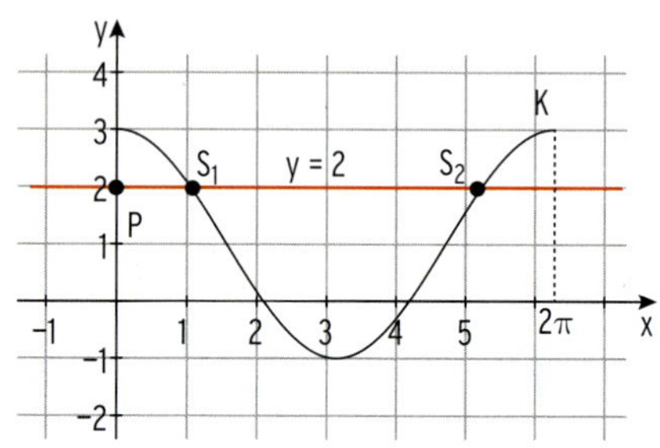

Parallele zur x-Achse durch P: $y = 2$
Die Parallele ist das Schaubild der Funktion g mit $g(x) = 2$.

Gleichsetzen: $f(x) = g(x)$ — $2\cos(x) + 1 = 2$

$\cos(x) = \frac{1}{2}$

Erste Lösung (Schnittstelle) mit WTR: $x_1 = \frac{\pi}{3}$

Weitere Lösung von $\cos(x) = \frac{1}{2}$ (auf $\mathbb{R}$): $x_2 = -\frac{\pi}{3}$

Weitere Lösung auf $[0;\ 2\pi]$: $x_3 = -\frac{\pi}{3} + 2\pi = \frac{5}{3}\pi$

$x_4 = \frac{\pi}{3} + 2\pi = \frac{7}{3}\pi > 2\pi$

Schnittpunkte: $S_1\left(\frac{\pi}{3}\middle|2\right);\ S_2\left(\frac{5}{3}\pi\middle|2\right)$

Beispiel 4

➲ Die Graphen der Funktionen f und g mit $f(x) = 2\sin(x) - \sqrt{3}$ und $g(x) = 4\sin(x) - \sqrt{3}$ schneiden sich für $x \in [-1{,}5;\ 7]$ in drei Punkten. Bestimmen Sie diese Punkte.

Lösung

Veranschaulichung:
Schaubilder von f und g

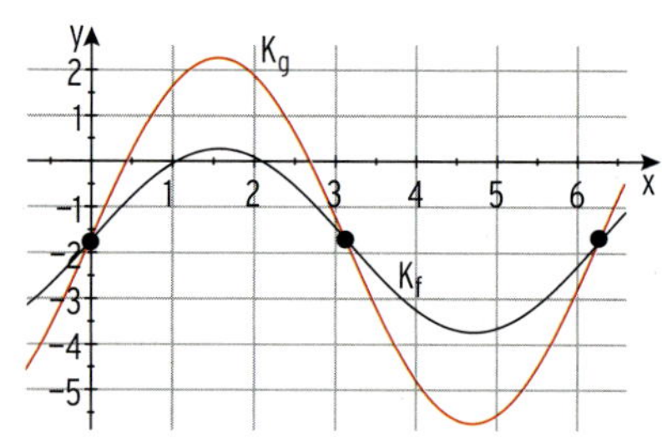

Gleichsetzen: $f(x) = g(x)$ — $2\sin(x) - \sqrt{3} = 4\sin(x) - \sqrt{3}$

$\sin(x) = 0$

Schnittstellen: $x_1 = 0;\ x_2 = \pi;\ x_3 = 2\pi$

Schnittpunkte: $S_1(0|-\sqrt{3});\ S_2(\pi|-\sqrt{3});\ S_3(2\pi|-\sqrt{3})$

Hinweis: Die Schnittpunkte liegen auf einer **Parallelen zur x-Achse** mit der Gleichung $y = -\sqrt{3}$.

Aufgaben

1 Bestimmen Sie die exakten Nullstellen der Funktion f auf $D = [-4; 6{,}5]$.

a) $f(x) = 2\cos(x) - \sqrt{3}$ b) $f(x) = \sqrt{2}\cos(x) - 1$ c) $f(x) = -2\cos(x) + 1$

d) $f(x) = 4\sin(x) + 2$ e) $f(x) = 2\sin(x) + \sqrt{2}$ f) $f(x) = 1 - 2\sin(x)$

2 Beschreiben Sie die Eigenschaften der Funktion f und ihres Schaubildes (Periode, Amplitude, Wertebereich, Symmetrie). Skizzieren Sie das Schaubild von f. Berechnen Sie zwei Nullstellen von f.

a) $f(x) = \frac{1}{2}\sin\left(\frac{\pi}{4}x\right)$ b) $f(x) = 2 - 2\cos\left(\frac{3}{2}x\right)$ c) $f(x) = -3\sin\left(\frac{2}{3}x\right)$

3 Gegeben ist die Funktion f mit $f(x) = 0{,}5\sin(x) + 0{,}25$; $x \in [-1; 2\pi]$.

a) Berechnen Sie zwei aufeinanderfolgende Nullstellen ungerundet.

b) Das Schaubild von f schneidet die Parallele zur x-Achse durch $(0\,|\,0{,}5)$ in zwei Punkten. Bestimmen Sie die exakten Koordinaten.

4 K ist das Schaubild der Funktion f mit $f(x) = \cos(2x) + 1$; $x \in [-2; 5]$.

a) Zeigen Sie, dass f in $x = \frac{\pi}{2}$ eine Nullstelle hat.
Bestimmen Sie die weiteren Nullstellen im Definitionsbereich.

b) Der Punkt $P(u\,|\,f(u))$ liegt für $0 < u < 1{,}5$ auf K. Die Parallele zur x-Achse durch P schneidet K in einem weiteren Punkt Q. Für welches u hat das zur y-Achse symmetrische Dreieck OPQ den Inhalt $A = 0{,}5$?

5 Bestimmen Sie mithilfe der Periode die exakten Nullstellen von f bzw. g im gezeichneten Bereich. Geben Sie einen möglichen Funktionsterm an.

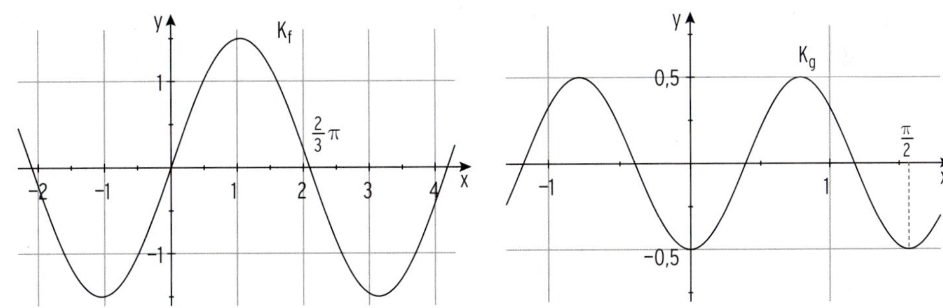

6 Eine trigonometrische Funktion f hat die Periode $p = 6$. Ihr Graph verläuft durch den Ursprung. Der Wertebereich ist das Intervall $[-5; 5]$.
Bestimmen Sie einen möglichen Funktionsterm und geben Sie zwei Nullstellen von f an.

7 Gegeben sind die Funktionen f und g. Hat die Gleichung $f(x) = g(x)$ eine Lösung? Begründen Sie mithilfe der zugehörigen Wertebereiche.

a) $f(x) = \cos(3x)$; $g(x) = 2$ b) $f(x) = \cos(2x)$; $g(x) = 3 + \sin(x)$

8 Eine trigonometrische Funktion f hat die Periode $p = \frac{\pi}{2}$.
Der Wertebereich ist das Intervall $[-1; 7]$.
Bestimmen Sie einen möglichen Funktionsterm.
Wie ändert sich Ihr Funktionsterm, wenn der zugehörige Graph um 2 nach rechts verschoben wird?

9 Gegeben ist die Funktion f mit $f(x) = 1{,}5\sin\left(\frac{\pi}{2}x\right);\ x \in \mathbb{R}$.

a) Skizzieren Sie das Schaubild K von f.

b) Es gibt unendlich viele Stellen, an denen die Funktionswerte von f null sind. Bestimmen Sie diejenige exakt, die am nächsten bei null liegt.

c) Erläutern Sie, wie sich die anderen Stellen aus dieser berechnen lassen. Geben Sie den Wertebereich von f an.

10 Zu jedem der Schaubilder A, B, C gehört eine der Funktionen f, g und h.
Treffen Sie eine Zuordnung und begründen Sie diese.
Bestimmen Sie a, b, c und d.

$f(x) = 1 - 1{,}5\sin(ax)$; $g(x) = b\sin(2x) + c$; $h(x) = 2\cos\left(\frac{2}{3}x\right) + d$

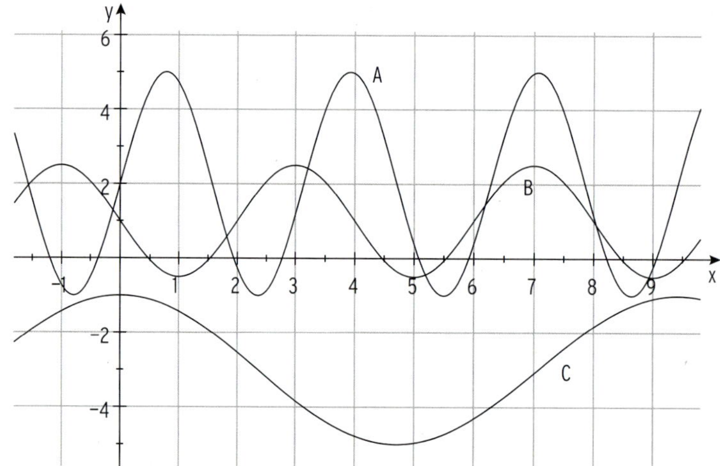

11 Die Abbildung zeigt einen Ausschnitt aus dem Schaubild einer trigonometrischen Funktion.
Bestimmen Sie die Periode, alle Nullstellen im gezeichneten Bereich und einen möglichen Funktionsterm.

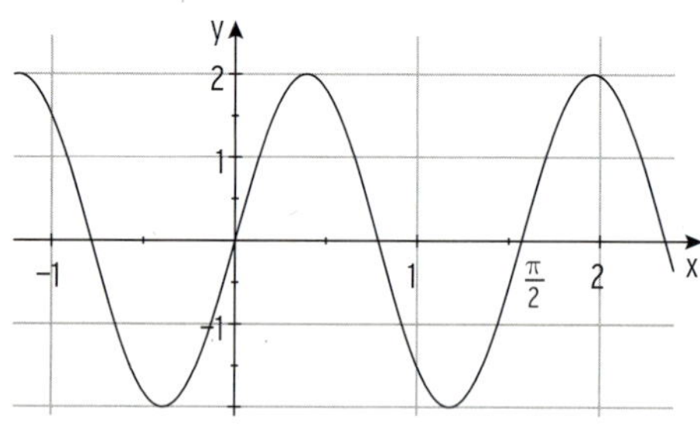

12 Die Graphen der Funktionen f und g mit $f(x) = 3\cos(x) + 5$ und $g(x) = \cos(x) + 5$ schneiden sich für $x \in [-2\pi; 2\pi]$. Bestimmen Sie die Schnittpunkte.

Was man wissen sollte – über trigonometrische Funktionen

Definition: Die Funktion f mit
$f(x) = \sin(x);\ x \in \mathbb{R}$, heißt **Sinusfunktion.**

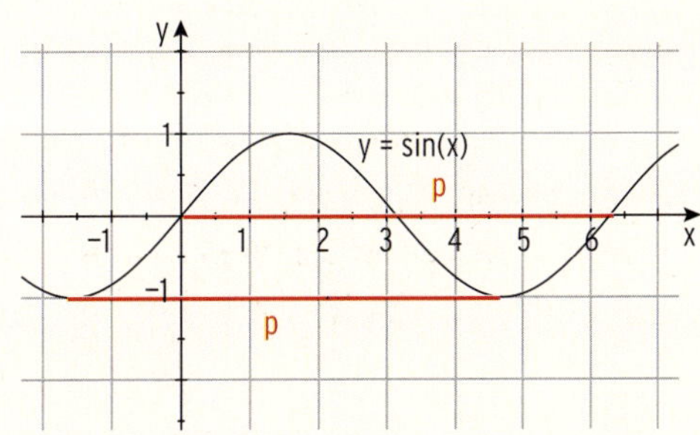

Beachten Sie:
$\sin(0) = 0$
$-1 \leq \sin(x) \leq 1$
Periode $p = 2\pi$

Nullstellen:
$\sin(x) = 0$
$x = k\pi;\ k \in \mathbb{Z}$

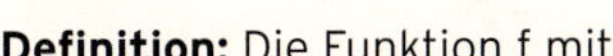

Definition: Die Funktion f mit
$f(x) = \cos(x);\ x \in \mathbb{R}$, heißt **Kosinusfunktion.**

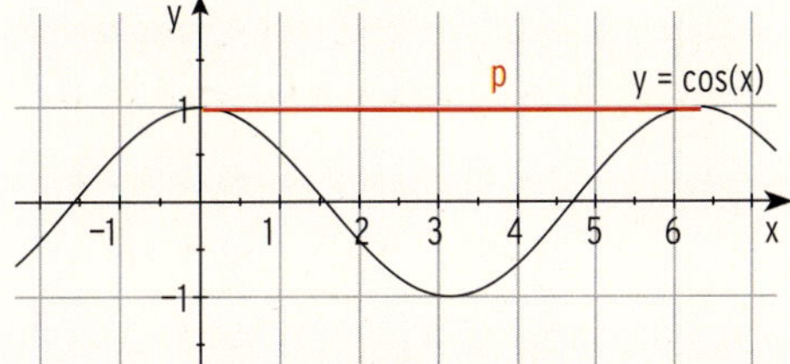

Beachten Sie:
$\cos(0) = 1$
$-1 \leq \cos(x) \leq 1$
Periode $p = 2\pi$

Nullstellen:
$\cos(x) = 0$
$x = \frac{1}{2}\pi + k\pi;\ k \in \mathbb{Z}$

Das Schaubild einer Funktion f mit
$\mathbf{f(x) = a\sin[b(x - c)] + d}$ bzw.
$\mathbf{f(x) = a\cos[b(x - c)] + d}$
hat die **Amplitude** $|a|$
und die **Periode** $p = \frac{2\pi}{b};\ b > 0$

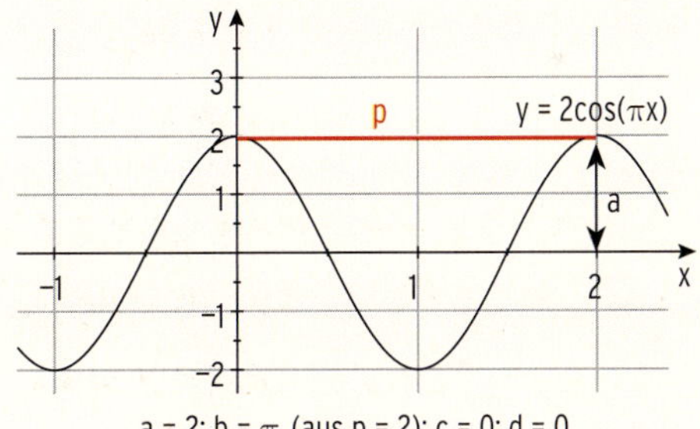

$a = 2;\ b = \pi$ (aus $p = 2$); $c = 0;\ d = 0$

Es entsteht aus der Sinus- (Kosinus-) kurve durch:
Streckung in y-Richtung mit Faktor |a|
(Für $a < 0$: zusätzlich eine Spiegelung an der x-Achse)
Streckung in x-Richtung mit Faktor $\frac{1}{b}$
Verschiebung in x-Richtung um c
Verschiebung in y-Richtung um d

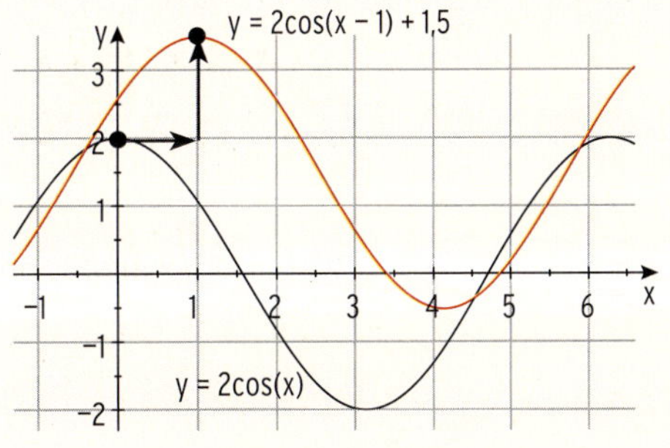

1.5 Modellierung und anwendungsorientierte Aufgaben

Beispiel 1

Die Pegelstände der Argen in Wangen während des Hochwassers im Juni 2021 können näherungsweise durch eine trigonometrische Funktion f beschrieben werden. Auf den Höchststand von 2,52 Meter am 14. Juni um 8:00 Uhr folgte der nächste Tiefststand von 1,84 Meter am 15. Juni um 14:00 Uhr. Weitere Regenfälle lassen die Argen auf den neuen Höchststand von 2,53 Meter am 16. Juni um 20.00 Uhr ansteigen.

Skizzieren Sie den Verlauf der Pegelstände im angegebenen Zeitraum.
Ermitteln Sie den Term einer geeigneten Funktion f.
Welchen Pegelstand hatte demnach die Argen in Wangen am 16. Juni um 12:00 Uhr?

Lösung

Wir setzen: t in Stunden
t = 0 entspricht 8:00 Uhr am 14. Juni

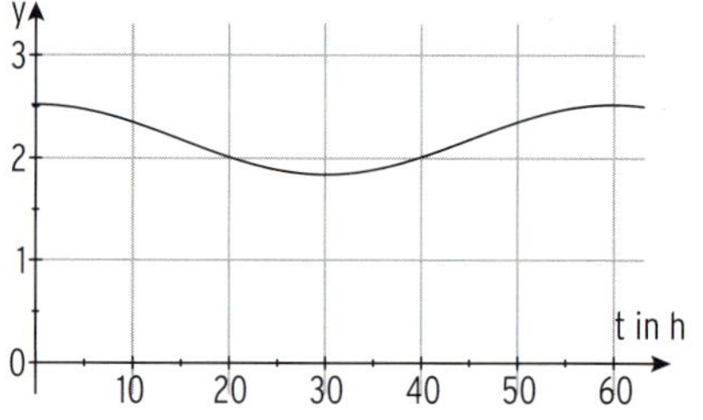

Ansatz: $f(t) = a\cos(bt) + d$

Der Zeitraum von 8:00 Uhr (Höchststand) bis 14:00 Uhr am nächsten Tag (Tiefststand), beträgt 30 Stunden. Weitere 30 Stunden später gibt es wieder einen etwa gleichen Höchststand. 30 Stunden entspricht einer halben Periode, also Periode $p = 60$ (Stunden).

Aus der Periode p folgt: $p = \frac{2\pi}{b} = 60$

$b = \frac{\pi}{30}$

Amplitude: $a = 0{,}5\,(y_{max} - y_{min})$

Einsetzen ergibt: $a = 0{,}5\,(2{,}52 - 1{,}84) = 0{,}34$

Wegen $f(0) = 2{,}52$ und $\cos(0) = 1$ muss die Kurve mit $y = 0{,}34\cos\left(\frac{\pi}{30}\cdot t\right)$ um 2,18 nach oben verschoben werden. $d = 2{,}18$

Funktionsterm: $f(t) = 0{,}34\cos\left(\frac{\pi}{30}\cdot t\right) + 2{,}18$

Pegelstand am 16. Juni um 12:00 Uhr: $f(52) \approx 2{,}41$

Der Pegelstand am 16. Juni um 12:00 Uhr betrug 2,41 Meter.

Beispiel 2

➲ Ein Fadenpendel der Länge $l = 1{,}5\,\text{m}$ und einer Pendelmasse m wird um den Winkel $\alpha = 3^\circ$ nach rechts aus der Ruhelage ausgelenkt und losgelassen.

a) Bestimmen Sie die Schwingungsamplitude.

b) Bestimmen Sie die Schwingungszeit $T = 2\pi\sqrt{\frac{l}{g}}$.
Stellen Sie einen Term für die Auslenkung s in Abhängigkeit von der Zeit t auf.
Dabei schwingt das Pendel in $t = 0$ durch die Ruhelage.
Stellen Sie s für zwei Schwingungen grafisch dar.

Lösung

a) Die Amplitude ergibt sich aus
$s_{max} = \frac{\pi\alpha}{180^\circ}\cdot l$.
Einsetzen ergibt: $s_{max} = \frac{\pi 3^\circ}{180^\circ}\cdot 150$
s in cm: $s_{max} = 7{,}85$
Die Schwingungsamplitude beträgt 7,85 cm.

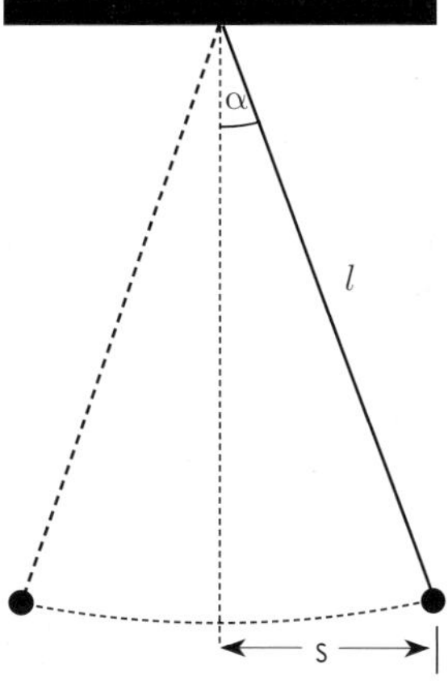

b) Die Schwingungsdauer eines Fadenpendels ist $T = 2\pi\sqrt{\frac{l}{g}}$.
Dabei ist $g = 9{,}81\,\frac{\text{m}}{\text{s}^2}$ die Erdbeschleunigung.

Einsetzen ergibt: $T = 2{,}46$
Die Schwingungszeit beträgt $T = 2{,}46\,\text{s}$.
Weg-Zeit-Gleichung der Schwingung: $s(t) = s_{max}\cdot\sin\left(\frac{2\pi}{T}\cdot t\right)$
Einsetzen ergibt: $s(t) = 7{,}85\sin(2{,}55\,t)$
Schaubild von s etwa auf [0; 5]:

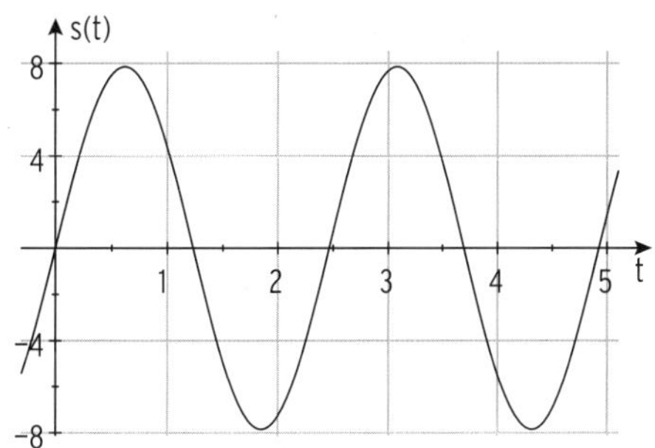

Aufgaben

1 Ein Riesenrad mit Durchmesser d macht in der Zeit t_1 eine ganze Umdrehung. Die Abb. beschreibt den Zusammenhang zwischen der Höhe der Gondel über Grund in m und der Zeit t in s. Der Boden des Riesenrades liegt ein Meter über Grund. Bestimmen Sie d, t_1 und den zugehörigen Funktionsterm.

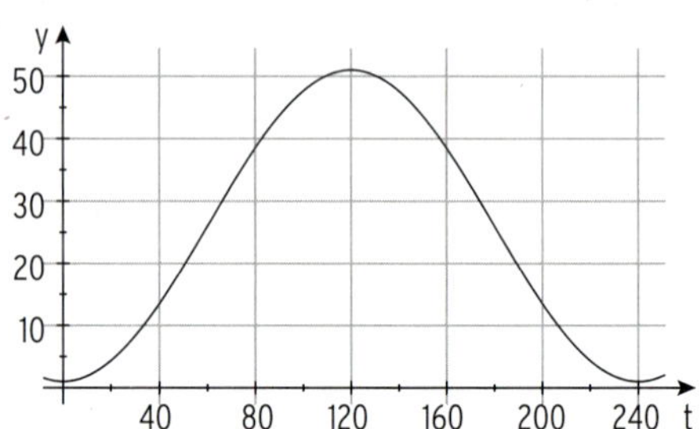

2 Der Stand der Sonne über dem Horizont zur Sommersonnenwende (21. Juni) am Nordkap ist in einer Tabelle aufgelistet.
Dabei ist x die Uhrzeit eines Tages (MEZ, Sommerzeit), y ist die Höhe über dem Horizont (x-Achse) in Grad.

Uhrzeit x	0	2	4	8	11	12	13	16	20	22	24
Höhe y über dem Horizont in Grad	5,6	11	19	37	41	41,3	41	37	19	11	5,6

Diese Höhe soll durch eine Funktion f mit $f(x) = a\cos(bx) + d$ für $x \in [0; 24]$ beschrieben werden. Bestimmen Sie die Konstanten a, b und d mithilfe der Tabellenwerte. Erläutern Sie Ihre Vorgehensweise. Wie lange steht die Sonne höher als 28 Grad über dem Horizont?

3 Ein Skihändler legt der Preisgestaltung für ein Paar Skier folgendes Modell zugrunde:
$f(t) = 50\cos\left(\frac{\pi}{180} \cdot t\right) + 200;\ 1 \leq t \leq 360.$
Dabei steht t für den einzelnen Tag im laufenden Jahr, $t = 1$ entspricht also dem 1. Januar. f(t) gibt den Preis für ein Paar Skier in € an. Es wird davon ausgegangen, dass jeder Monat 30 Tage hat. Skizzieren Sie den Preisverlauf für ein Paar Skier während eines Jahres. Berechnen Sie, wann der Preis am niedrigsten ist. Zwischen welchen Werten schwankt der Preis? In welchen Monaten liegt der Preis an allen Tagen unter 175 €?

4 Ein Fadenpendel der Länge $l = 2\,\text{m}$ wird um den Winkel $\alpha = 5°$ nach rechts aus der Ruhelage ausgelenkt und losgelassen.

a) Bestimmen Sie die Schwingungsamplitude.

b) Bestimmen Sie die Schwingungszeit $T = 2\pi\sqrt{\frac{l}{g}}$.
Stellen Sie einen Term für die Auslenkung s in Abhängigkeit von der Zeit t auf.

5 Das Diagramm zeigt den zeitlichen Verlauf des Luftvolumens in der Lunge. Dabei ist x die Zeit in Sekunden, f(x) das Luftvolumen in Liter.

a) Wie groß ist die minimale Luftmenge in der Lunge?

b) Wie lange dauert ein vollständiger Atemzug?

c) Bestimmen Sie einen Funktionsterm.

d) Bestimmen Sie drei Zeitpunkte, in denen die Lunge jeweils die Halfte des maximalen Luftvolumens enthält.

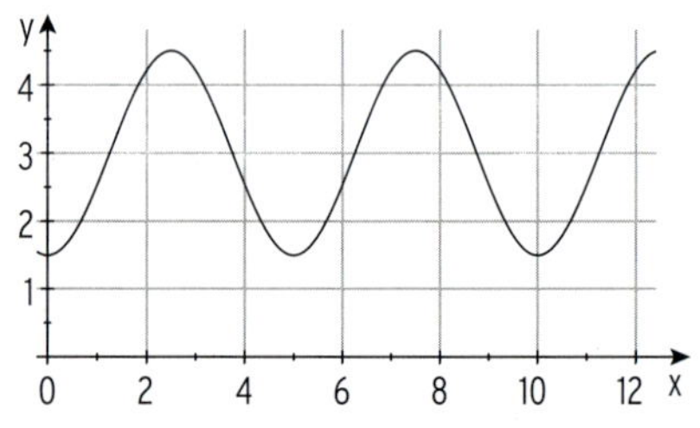

Test zur Überprüfung Ihrer Grundkenntnisse

1 Ermitteln Sie die Nullstellen von f auf D = [−3; 3].

a) $f(x) = 3\sin(\pi x)$ b) $f(x) = \cos(4x)$ c) $f(x) = \sin(x) + \frac{1}{2}$

2 Bestimmen Sie die Amplitude, die Periode und den Wertebereich von f mit
$f(x) = -4\cos\left(\frac{2}{3}x\right) + 3;\ x \in \mathbb{R}$.
Wie entsteht das Schaubild von f aus der Kosinuskurve?

3 Lösen Sie folgende Gleichung exakt auf dem gegebenen Bereich

a) $\cos(x) = -1;\ x \in [0; 10]$ b) $\sin(2x) = \frac{1}{2};\ x \in [0; 4]$ c) $4\cos\left(\frac{x}{2}\right) = 0;\ x \in [-2\pi; 2\pi]$

4 Der Graph von g mit $g(x) = a\sin(bx) + d$ hat einen höchsten Punkt $A(1|5)$ und den nachfolgend tiefsten Punkt $B(3|-2)$. Bestimmen Sie a, b und d.

5 Die Abbildung zeigt das Schaubild einer trigonometrischen Funktion.
Bestimmen Sie den Funktionsterm.

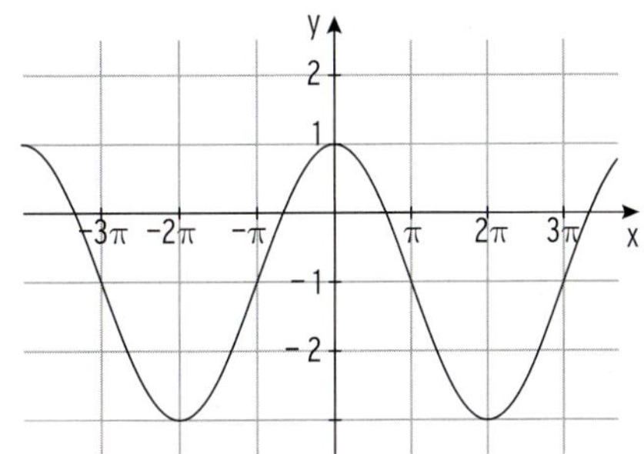

6 K_f ist das Schaubild der Funktion f mit $f(x) = -2\sin(3x);\ x \in \mathbb{R}$.
K_f wird um 1 nach rechts verschoben, mit Faktor 4 in y-Richtung gestreckt und danach um 2 nach unten verschoben. Dadurch entsteht K_g.
Bestimmen Sie den Wertebereich von g. Begründen Sie Ihre Antwort.

7 Im Verlauf eines Jahres ändert sich die astronomische Sonnenscheindauer, d.h. die Zeitspanne zwischen Sonnenaufgang und -untergang.
In Stuttgart ist die Sonne am 21. Juni mit ca. 16,5 Stunden am längsten und am 21. Dezember mit ca. 8 Stunden am kürzesten zu sehen.
Die Tageslänge soll in Abhängigkeit von der Zeit t (t in Monaten ab dem 21. März) durch die Funktion f mit $f(t) = a\sin\left(\frac{\pi}{6}\cdot t\right) + d$ beschrieben werden.
Bestimmen Sie a und d.
Welche Tageslängen ergeben sich hieraus am 21. April und am 6. Juli?

2 Verknüpfung und Verkettung von Funktionen

Neue Funktionen entstehen durch Verknüpfungen einfacher Funktionen.
Ausgehend von deren Eigenschaften, kann man auf die Eigenschaften der neuen Funktionen schließen.

mvurl.de/jxdd

Qualifikationen & Kompetenzen

- Funktionen miteinander verknüpfen
- Funktionen verketten
- Realitätsbezogene Zusammenhänge darstellen

Beispiel 1

Wasserwellen

Überlagerung

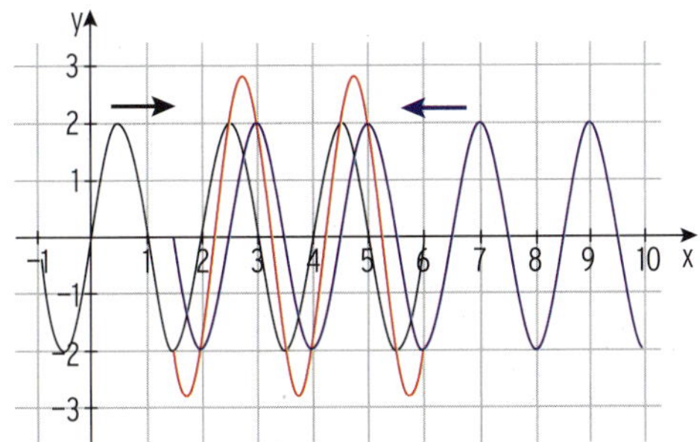

Zwei aufeinander zulaufende Wasserwellen überlagern sich (Interferenz von zwei Wellen). Diese Überlagerung kann durch eine Ordinatenaddition beschrieben werden.

Beispiel 2

Motorrad

Verkettung von Kosten und Verbrauch

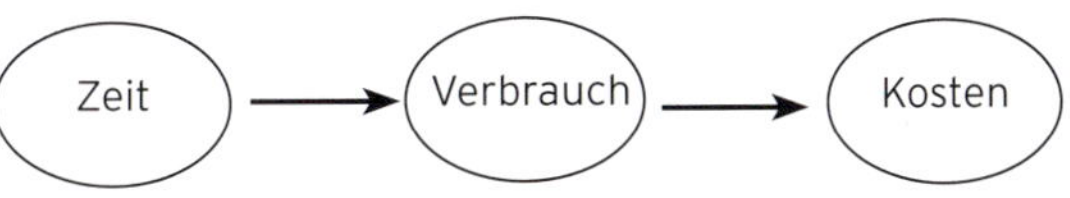

Der Verbrauch hängt von der gefahrenen Zeit ab und die Kosten hängen vom Verbrauch ab. Kosten-Verbrauchs-Funktion und Verbrauchs-Zeit-Funktion sind miteinander verkettet.

2.1 Verknüpfung von Funktionen

2.1.1 Summe von Funktionen

Beispiel 1

➲ Gegeben sind die Funktionen g mit $g(x) = e^x$; $x \in \mathbb{R}$ und h mit $h(x) = x - 0{,}5$; $x \in \mathbb{R}$.
Ihre Schaubilder heißen G und H.

a) Zeichnen Sie G und H in ein Koordinatensystem ein.

b) Die Funktion f ist gegeben durch $f(x) = e^x + x - 0{,}5$; $x \in \mathbb{R}$.
Zeichnen Sie das Schaubild K von f mithilfe der Schaubilder G und H.
Geben Sie Eigenschaften von K an.

Lösung

a) Schaubilder G und H

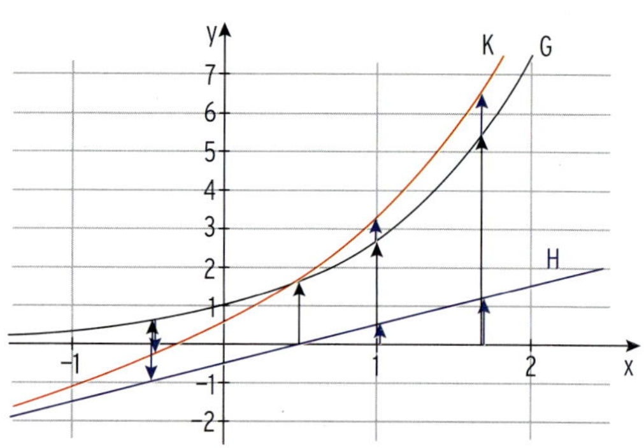

b) $f(x) = e^x + x - 0{,}5$
Mit $g(x) = e^x$ und $h(x) = x - 0{,}5$ erhält man:
$f(x) = g(x) + h(x)$
$y = y_1 + y_2$
Ein y-Wert z. B. $y = f(1)$ erhält man, indem man die entsprechenden y-Werte $y_1 = g(1)$ und $y_2 = h(1)$ addiert.
Geometrisch werden die Strecken „aneinander gehängt".

Eigenschaften von K
- K verläuft vom III. in den I. Quadranten.
- Schnittpunkt von K mit der y-Achse: $S_y(0 \mid 0{,}5)$
- Schnittpunkt von K mit der x-Achse: $N(-0{,}3 \mid 0)$
- Asymptote
  Für $x \to -\infty$: G nähert sich der x-Achse an.
  K nähert sich somit der Geraden H an.
  H ist die Asymptote von K.

Die Funktion f mit $f(x) = g(x) + h(x)$ heißt **Summe** der Funktionen g und h.
Schreibweise: $f(x) = g(x) + h(x) = (g + h)(x)$

Bemerkung: Das Verfahren, bei dem man die y-Werte bzw. die Ordinaten addiert, heißt **Ordinatenaddition.**

Beispiel 2

➲ G und H sind die Graphen der Funktionen g mit $g(x) = \sin(x)$; $x \in \mathbb{R}$ und h mit $h(x) = x$; $x \in \mathbb{R}$.

a) Zeichnen Sie G und H für $-7 \leq x \leq 7$ in ein Koordinatensystem ein.

b) Gegeben ist die Funktion f mit $f(x) = g(x) + h(x)$; $x \in \mathbb{R}$.
Zeichnen Sie den Graphen K von f für $-7 \leq x \leq 7$ mithilfe der Ordinatenaddition in ein Koordinatensystem ein. Geben Sie Eigenschaften von K an.

Lösung

a) Graphen G und H

b) Ordinatenaddition
Entsprechende y-Werte addieren.
Eigenschaften von K

- K verläuft vom III. in den I. Quadranten.
- Schnittpunkt von K mit der y-Achse
  $S_y(0 \mid 0) = N$
- Symmetrie
  K ist symmetrisch zum Ursprung, da G und H symmetrisch zum Ursprung sind.

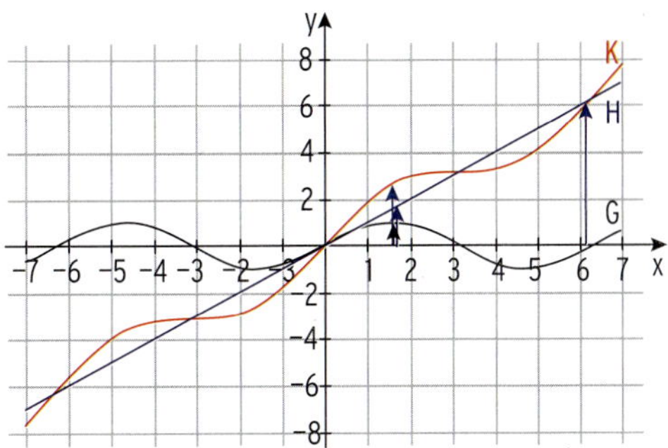

Beispiel 3

➲ Die Abb. zeigt die Graphen G und H der Funktionen g und h.
Zeichnen Sie den Graphen K der Funktion f mit $f(x) = g(x) + h(x)$.
Ermitteln Sie Eigenschaften von K.

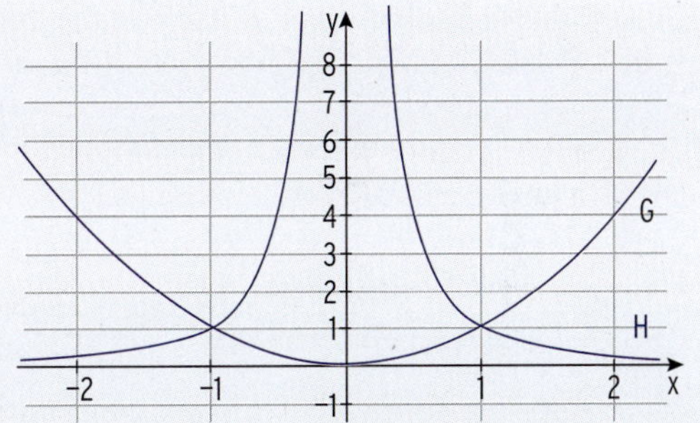

Lösung

Den Graphen von K kann man mithlfe der Ordinatenaddition zeichnen.
Eigenschaften von K

- K liegt oberhalb der x-Achse.
- K hat keinen Schnittpunkt mit der x-Achse.
- Symmetrie
  K ist symmetrisch zur y-Achse, da G und H symmetrisch zur y-Achse sind.
- Asymptote
  Die y-Achse ist senkrechte Asymptote.

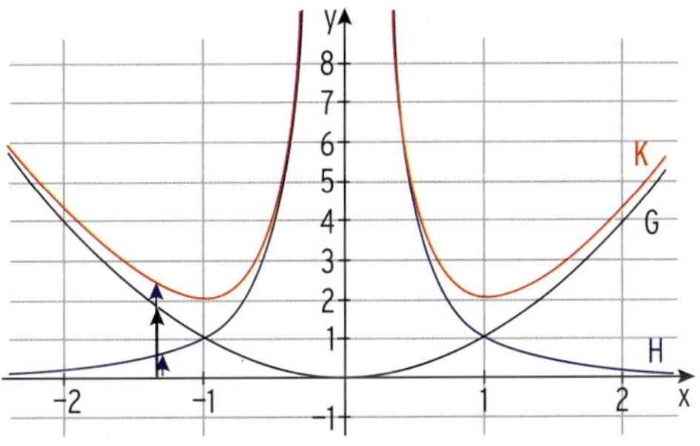

Aufgaben

1 Gegeben sind die Funktionen g und h. Ihre Schaubilder heißen G und H.
Zeichnen Sie G und H in ein geeignetes Koordinatensystem ein.
Die Funktion f ist bestimmt durch $f(x) = g(x) + h(x)$.
Zeichnen Sie das Schaubild von f mithilfe einer Ordinatenaddition.

a) $g(x) = x^2$; $h(x) = x$ **b)** $g(x) = e^x$; $h(x) = x - 1$

c) $g(x) = 2x$; $h(x) = \frac{1}{x}$ **d)** $g(x) = \cos(x)$: $h(x) = -x$

2 Die Abb. zeigt die Graphen G und H der Funktionen g und h.
Übertragen Sie die Abb. in Ihr Heft.
Zeichnen Sie den Graphen K der Funktion f mit $f(x) = g(x) + h(x)$.
Geben Sie Eigenschaften von K an.

a)

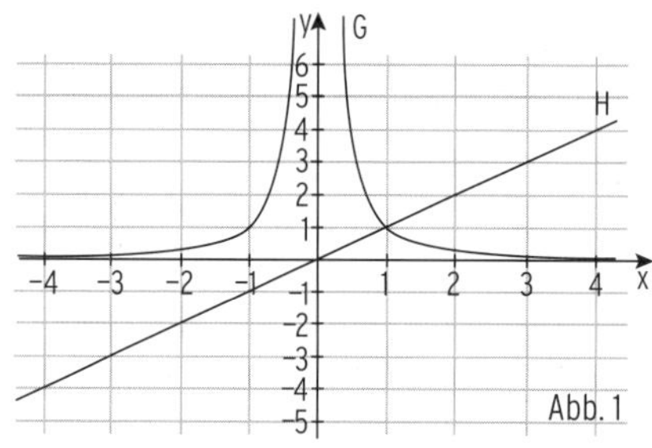

Abb. 1

b)

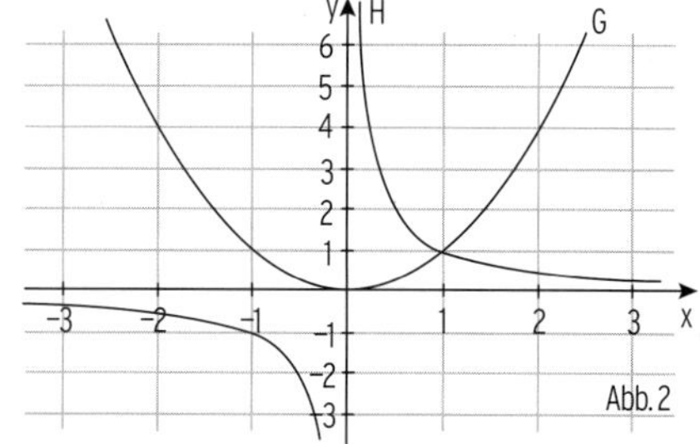

Abb. 2

3 Zur Zeit t = 0 bewegen sich zwei Wasserwellen jeweils mit der Geschwindigkeit $1\,\frac{\text{cm}}{\text{s}}$ aufeinander zu (s. Abb. 2).
Zeichnen Sie die Überlagerung (das Interferenzbild) der Wellen nach 2 s.

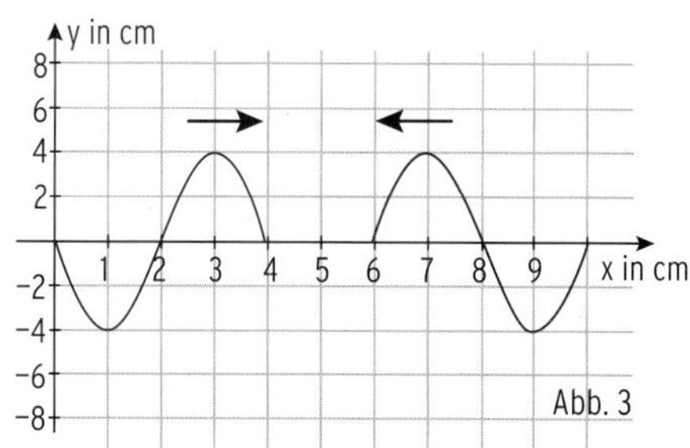

Abb. 3

4 K ist das Schaubild der Funktion f (s. Abb. 4).
f ist die Summe der Funktionen g und h mit $g(x) = ax$ und $h(x) = \frac{1}{x}$.
Ermitteln Sie a.

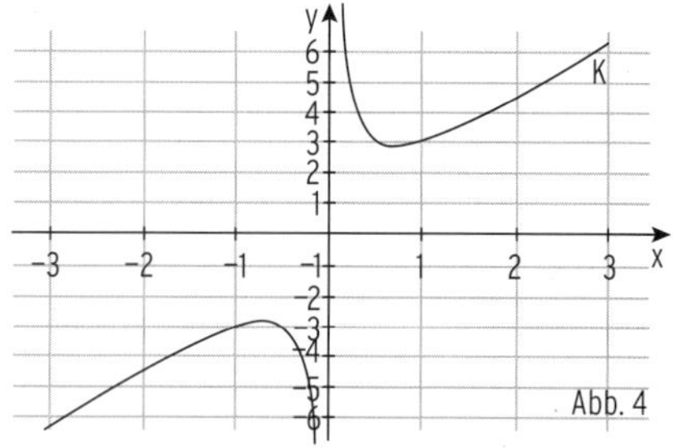

Abb. 4

2.1.2 Produkt von Funktionen

Beispiel

➲ G und H sind die Graphen der Funktionen g und h. Zeichnen Sie G und H.
Die Funktion f mit $f(x) = g(x) \cdot h(x)$ ist das Produkt der Funktionen g und h.
K ist der Graph von f. Geben Sie Eigenschaften von K an. Zeichnen Sie K.

a) $g(x) = e^x$; $h(x) = (x - 2)^2$ **b)** $g(x) = \cos(x)$; $h(x) = x$

Lösung

a) Graphen G, H und K

Eigenschaften von K

- K verläuft vom II. in den I. Quadranten. K verläuft nicht unterhalb der x-Achse.
- Schnittpunkt von K mit der y-Achse
  $f(0) = g(0) \cdot h(0) = 1 \cdot 4 = 4$
  $S_y(0 \mid 4)$
- Schnittpunkt von K mit der x-Achse
  Die doppelte Nullstelle von h ist die doppelte Nullstelle von f.
  $f(2) = g(2) \cdot h(2) = g(2) \cdot 0 = 0$ In $x_{1|2} = 2$ berührt K die x-Achse.
- Asymptote
  Für $x \to -\infty$ nähert sich K an die die x-Achse an. Die x-Achse ist waagrechte Asymptote.

b) Graphen G, H und K

Eigenschaften von K

- Schnittpunkte von K mit der x-Achse
  Die Nullstellen von g und h sind die Nullstellen von f.
  $h(x) = 0$ für $x = 0$
  $g(x) = 0$ für $x = \frac{\pi}{2} + k \cdot \pi$; $k \in \mathbb{Z}$
  $N(0 \mid 0)$; $N_k(\frac{\pi}{2} + k \cdot \pi \mid 0)$; $k \in \mathbb{Z}$
- Symmetrie
  K ist symmetrisch zum Ursprung.

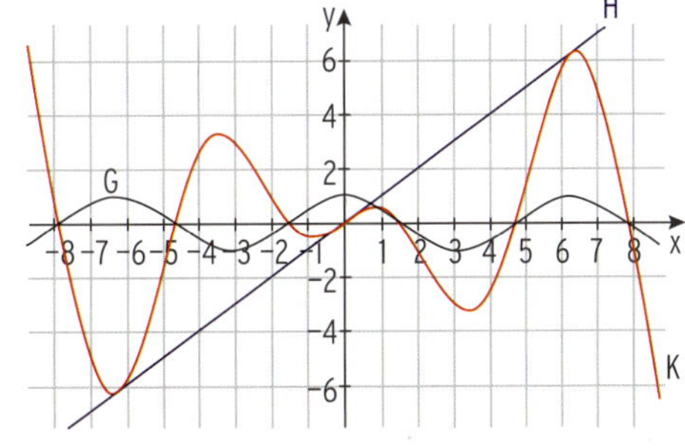

Die Funktion f mit $f(x) = g(x) \cdot h(x)$ heißt **Produkt** der Funktionen g und h.
Schreibweise: $f(x) = g(x) \cdot h(x) = (g \cdot h)(x)$

Aufgaben

1 Gegeben sind die Funktionen g und h. Zeichnen Sie ihre Schaubilder G und H in ein geeignetes Koordinatensystem ein. Die Funktion f ist gegeben durch $f(x) = g(x) \cdot h(x)$. Bestimmen Sie die Nullstellen von f. Zeichnen Sie das Schaubild K von f in Ihr Koordinatensystem ein.

a) $g(x) = (x - 1)^2$; $h(x) = x$ **b)** $g(x) = e^x$; $h(x) = -x$

c) $g(x) = \sin(x)$; $h(x) = 0{,}5x$ **d)** $g(x) = \frac{1}{x}$; $x \neq 0$; $h(x) = x - 1$

2.2 Verkettung von Funktionen

Beispiel 1

➲ Herr Cerone hat eine Solaranlage auf seinem Hausdach. Sie liefert durchschnittlich 10,5 kWh Energie pro Tag. Der Erlös (die Einspeisevergütung) beträgt 8 ct pro kWh.

Herr Cerone hat die Anlage schon 150 Tage in Betrieb. Ermitteln Sie für diesen Zeitraum die Energie und den Erlös.

Lösung

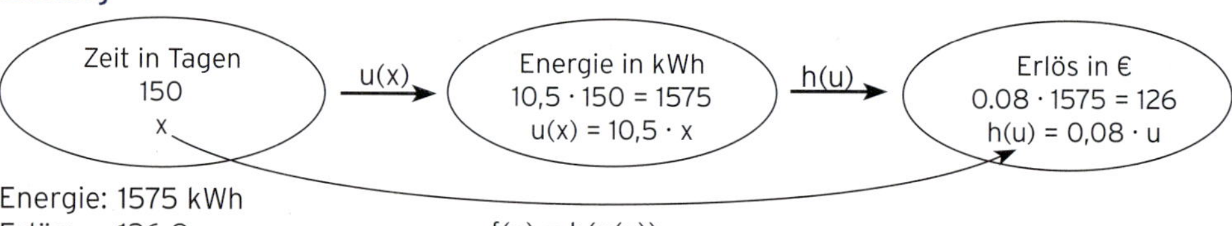

Energie: 1575 kWh
Erlös: 126 €

Betrachtung mit Funktionen

Energie-Zeit-Funktion: $u(x) = 10{,}5 \cdot x$

Erlös-Energie-Funktion: $h(u) = 0{,}08 \cdot u$

Erlös-Zeit-Funktion: $f(x) = 0{,}08 \cdot u(x) = 0{,}08 \cdot 10{,}5 \cdot x = 0{,}84x = h(u(x))$

Funktionswerte: $u(150) = 10{,}5 \cdot 150 = 1575$; $h(1575) = 0{,}08 \cdot 1575 = 126$
$h(150) = 0{,}84 \cdot 150 = 126$

Unterscheiden Sie: $h(u) = 0{,}08u$; h in Abhängigkeit von u
$h(u(x)) = 0{,}84x$; h in Abhängigkeit von x

In h(u) steht u **in** der Klammer. Die Funktion u wird als **innere Funktion,** die Funktion h als **äußere Funktion** bezeichnet.
Die Funktion f mit $f(x) = h(u(x))$ heißt **Verkettung** der Funktionen u und h.

Beispiele

a) $f(x) = 5(x-3)^2$
innere Funktion: $u(x) = x - 3$
äußere Funktion: $h(u) = 5u^2$

b) $f(x) = \sqrt{1-x}$
innere Funktion: $u(x) = 1 - x$
äußere Funktion: $h(u) = \sqrt{u}$

c) $f(x) = e^{2x}$
innere Funktion: $u(x) = 2x$
äußere Funktion: $h(u) = e^u$

d) $f(x) = 3 \cdot \sin(x+2)$
innere Funktion: $u(x) = x + 2$
äußere Funktion: $h(u) = 3 \cdot \sin(u)$

Beispiel 2

➲ Gegeben sind die Funktionen u mit $u(x) = e^{3x}$ und v mit $v(x) = 2x + 1$.
Ermitteln Sie: $u(0)$; $v(-3)$; $u(v(-3))$; $u(v)$; $u(v(x))$; $v(u)$; $v(u(x))$

Lösung

$u(0) = e^{3\cdot 0} = 1$	x durch 0	ersetzen
$v(-3) = 2\cdot(-3) + 1 = -5$	x durch − 3	
$u(v(-3)) = u(-5) = e^{3\cdot(-5)} = e^{-15}$		
$u(v) = e^{3v}$	x durch v	
$u(v(x)) = e^{3(2x+1)} = e^{6x+3}$	x durch v(x)	
$v(u) = 2u + 1$	x durch u	
$v(u(x)) = 2 \cdot e^{3x} + 1$	x durch u(x)	

Beispiel 3

➲ Die Funktionen u und v sind gegeben durch $u(x) = 4\cos(2x)$ und $v(x) = 3x - \pi$.
Bestimmen Sie: $u(v)$; $u(v(x))$; $v(u)$; $v(u(x))$.

Lösung

$u(v) = 4\cos(2v)$	x durch v	ersetzen
$u(v(x)) = 4\cos(2\cdot(3x - \pi))$	x durch v(x)	
$v(u) = 3u - \pi$	x durch u	
$v(u(x)) = 3\cdot 4\cos(2x) - \pi = 12\cos(2x) - \pi$	x durch u(x)	

Aufgaben

1 Es ist $f(x) = h(u(x))$. Wählen Sie einen geeigneten Term $u(x)$ und geben Sie $h(u)$ an.

a) $f(x) = (5x - 3)^4$
b) $f(x) = 3\sqrt{x + 6}$
c) $f(x) = e^{-3x}$
d) $f(x) = 3e^{x-2}$
e) $f(x) = 4\cos(x + \pi)$
f) $f(x) = \frac{1}{x + 7}$

2 Bestimmen Sie die Terme $u(v(x))$ und $v(u(x))$.

a) $u(x) = e^{2x+3}$; $v(x) = -4x$
b) $u(x) = \sin(\pi x)$; $v(x) = x + 1$

3 Die Funktionen u und v sind gegeben durch $u(x) = e^{2x-1}$ und $v(x) = 3x - 2$.
Ermitteln Sie: $u(4)$; $v(5)$; $u(v(x))$; $v(u(x))$; $u(v(0))$; $v(u(-3))$

4 Das Auto von Herrn Deuschle verbraucht 7,7 ℓ pro 100 km. Der Benzinpreis beträgt 3,32 € pro ℓ. Geben Sie die Terme für die Verbrauch-Kilometer-Funktion, Kosten-Verbrauch-Funktion und für die Kosten-Kilometer-Funktion an.

3 Differenzialrechnung

Mithilfe der Differenzialrechnung kann man den Verlauf einer Kurve, z. B. einer Achterbahn, beschreiben. Die Bahn kann auf Hoch-, Tief- und Wendepunkte sowie auf Krümmung untersucht werden. Durch diese mathematische Beschreibung ist ein tieferes Verständnis möglich.

mvurl.de/xzhc

Qualifikationen & Kompetenzen

- Differenzenquotient und Differenzialquotient ermitteln
- Ableitungsregeln anwenden
- Tangentengleichung bestimmen
- Monotonie und Extrempunkte
- Krümmungsverhalten und Wendepunkte
- Aufstellen von Kurvengleichungen
- Optimieren
- Realitätsbezogene Zusammenhänge darstellen

Beispiel 1

U Bahn

Geschwindigkeitsverlauf

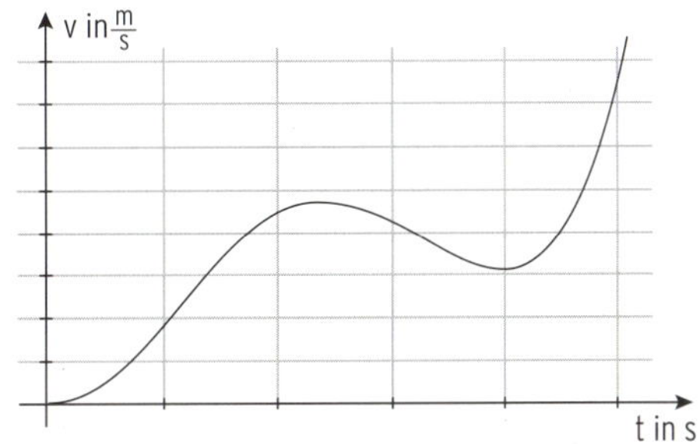

Anhand des Geschwindigkeitsverlaufs lassen sich Rückschlüsse auf Geschwindigkeitszunahme bzw. Geschwindigkeitsabnahme und damit auf die Beschleunigung bzw. Abbremsung (Kräfte) ziehen.

Beispiel 2

Schachtel

Volumeninhalt

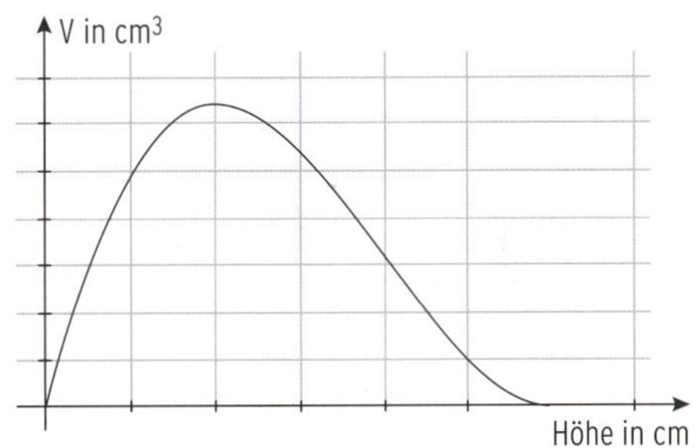

Ein rechteckiger Karton wird zu einer Schachtel gefaltet. Das maximale Volumen dieser Schachtel lässt sich mithilfe der Differenzialrechnung bestimmen.

3.1 Ableitungen von Funktionen

3.1.1 Definition der Ableitung

Beispiel

➲ Gegeben ist die Funktion f mit $f(x) = x^2$; $x \in \mathbb{R}$.

a) Berechnen Sie die Tangentensteigung in $x_1 = 1$.

b) Ermitteln Sie die Steigung der Tangente an einer beliebigen Stelle x_0.

Lösung

a) Wie bei der Herleitung der momentanen Änderungsrate geht man von einer Sekante aus und lässt den Punkt Q(x | f(x)) auf den Punkt P(1 | 1) zuwandern, sodass die **Tangente** als **Grenzlage der Sekanten** entsteht.

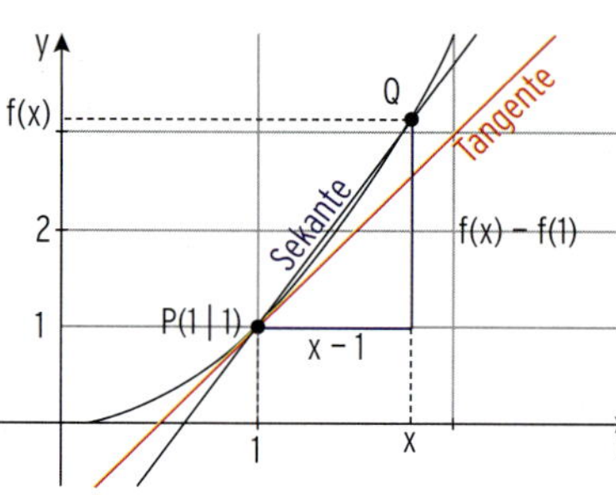

Berechnung der Sekantensteigung m_s

$m_s = \frac{f(x) - f(1)}{x - 1}$ (Differenzenquotient)

$m_s = \frac{x^2 - 1}{x - 1} = \frac{(x + 1)(x - 1)}{x - 1} = x + 1$

Für $x \to 1$ strebt $(x + 1) \to 2$.

Steigung m_t der Tangente an der Stelle 1: $m_t = 2$

Man bezeichnet die momentane Änderungsrate bzw. die Steigung der Tangente an die Kurve im Punkt P(1 | 1) als **Ableitung von f** an der Stelle 1.

Es gilt: $m_t = 2 = f'(1)$ Lesen Sie: f „Strich" von 1

Schreibweise mit Limes: $m_t = \lim\limits_{x \to 1} \frac{f(x) - f(1)}{x - 1}$ (Differenzialquotient)

Berechnung der Tangentensteigung an der Stelle 1 mit der h-Methode

Berechnung der Sekantensteigung m_s

$m_s = \frac{f(1 + h) - f(1)}{1 + h - 1}$ (Differenzenquotient)

$m_s = \frac{(1 + h)^2 - 1}{h} = \frac{2h + h^2}{h} = \frac{h(2 + h)}{h}$

$m_s = 2 + h$

Für $h \to 0$ strebt $(2 + h) \to 2$.

Steigung m_t der Tangente an der Stelle 1: $m_t = 2$

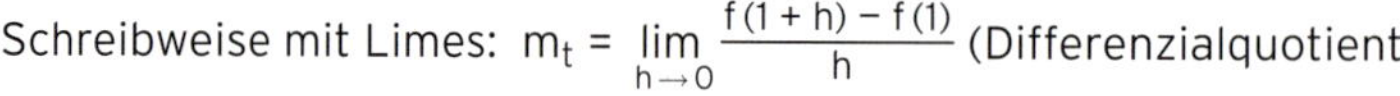

Schreibweise mit Limes: $m_t = \lim\limits_{h \to 0} \frac{f(1 + h) - f(1)}{h}$ (Differenzialquotient)

b) Berechnung der Steigung im (beliebigen) Punkt $P(x_0 \mid f(x_0))$ mit der h-Methode
Steigung m_s der Sekante (PQ) mit $Q(x_0 + h \mid f(x_0 + h))$:

$$m_s = \frac{f(x_0 + h) - f(x_0)}{x_0 + h - x_0} = \frac{f(x_0 + h) - f(x_0)}{h}$$

$$m_s = \frac{(x_0 + h)^2 - x_0^2}{h} = \frac{2hx_0 + h^2}{h} = \frac{h(2x_0 + h)}{h} = 2x_0 + h$$

Für $h \to 0$ strebt $(2x_0 + h) \to 2x_0$.

Die Steigung $f'(x_0)$ der Tangente an die Kurve im Punkt $P(x_0 \mid f(x_0))$ ist $2x_0$: $f'(x_0) = 2x_0$

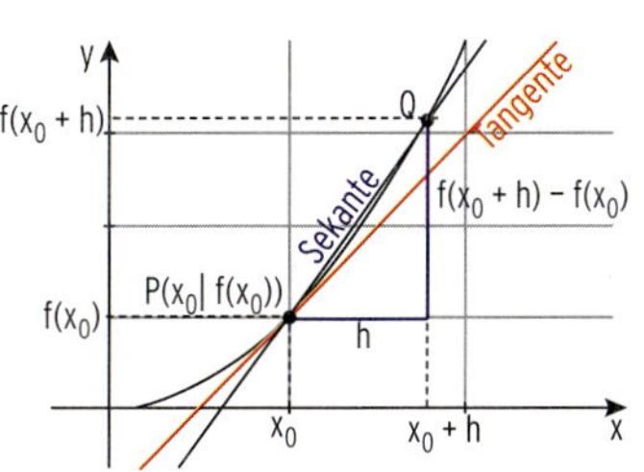

Ersetzt man den beliebigen x_0-Wert durch x, so gilt für alle $x \in \mathbb{R}$: $f(x) = x^2 \Rightarrow f'(x) = 2x$.
f'(x) ist die Ableitung von f an der Stelle x.

Steigungswerte

In der folgenden Tabelle sind für einige x-Werte die Steigungen $f'(x)$ im zugehörigen Parabelpunkt $P(x \mid f(x))$ berechnet. Mit $f(x) = x^2$ und $f'(x) = 2x$ erhält man folgende Tabelle:

x	−2	−0,5	0	1,5
f'(x)	−4	−1	0	3

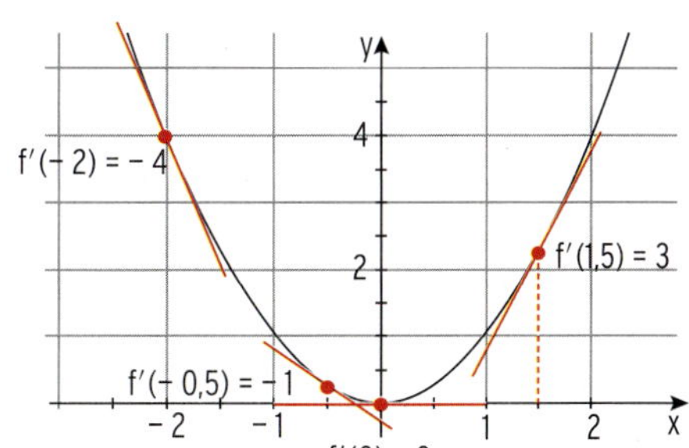

Der Quotient $\frac{\Delta y}{\Delta x} = \frac{f(x) - f(x_0)}{x - x_0}$ bzw. $\frac{\Delta y}{\Delta x} = \frac{f(x_0 + h) - f(x_0)}{h}$ heißt **Differenzenquotient.**

Der Grenzwert des Differenzenquotienten für $\Delta x \to 0$ heißt **Differenzialquotient.**

$\frac{\Delta y}{\Delta x}$ strebt für $\Delta x \to 0$ gegen $\frac{dy}{dx} = f'(x_0)$

$f'(x_0)$ ist die **Ableitung von f** an der Stelle x_0.

Ableiten heißt Differenzieren.

Schreibweise für $x \to x_0$: $f'(x_0) = \lim\limits_{x \to x_0} \frac{f(x) - f(x_0)}{x - x_0} = \frac{dy}{dx}$

Schreibweise für $h \to 0$: $f'(x_0) = \lim\limits_{h \to 0} \frac{f(x_0 + h) - f(x_0)}{h} = \frac{dy}{dx}$

Die Steigung m_t der Tangente an das Schaubild von f im Punkt P ist die **Steigung des Schaubildes** im Punkt P.
$f'(x_0)$ ist die **Steigung des Schaubildes von f** im Kurvenpunkt $P(x_0 \mid f(x_0))$.
$f'(x_0)$ ist die **Steigung des Graphen von f** an der Stelle x_0.

Differenzierbarkeit

Eine Funktion f heißt differenzierbar, wenn an jeder Stelle aus dem Definitionsbereich der **Differenzialquotient** existiert.

Differenzierbarkeit anschaulich betrachtet

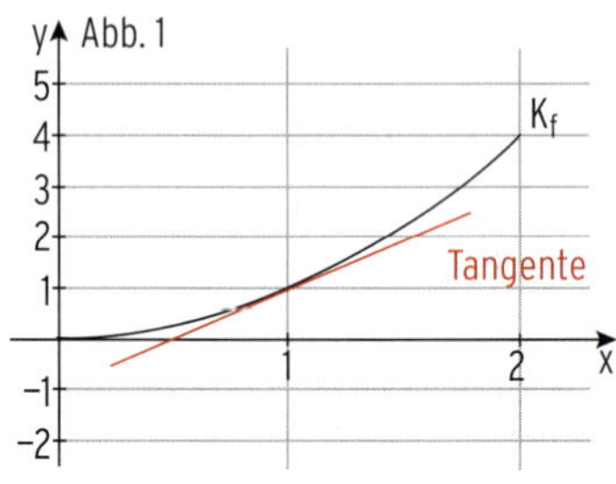

Die Abb. 1 zeigt den Graphen der Funktion f auf D = [0; 2].
An der Stelle $x_0 = 1$ kann die Tangente angelegt werden.
Der Übergang vollzieht sich **ohne Knick.**
f ist an der Stelle $x_0 = 1$ **differenzierbar.**

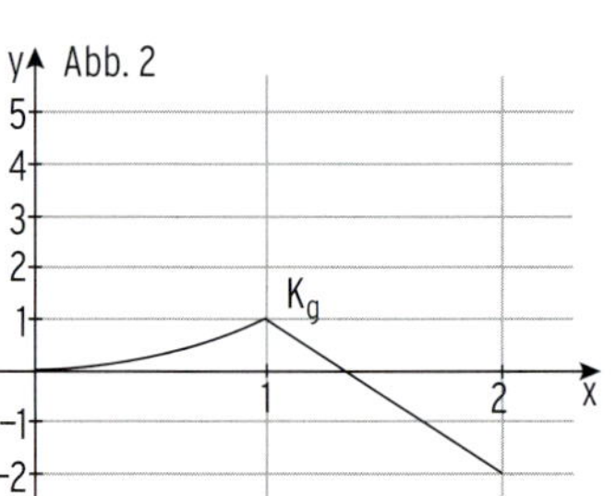

Die Abb. 2 zeigt den Graphen der Funktion g auf D = [0; 2].
An der Stelle $x_0 = 1$ lässt sich keine (gemeinsame) Tangente anlegen.
Der Übergang vollzieht sich **mit einem Knick.**
g ist an der Stelle 1 **nicht differenzierbar.**

Eine (stetige) Funktion f ist **differenzierbar** auf einem Definitionbereich, wenn man an das Schaubild von f an jeder Stelle des Definitionsbereichs eine Tangente anlegen kann.
Das Schaubild einer differenzierbaren Funktion hat **keinen „Knick"** (Knickfreiheit).

Aufgaben

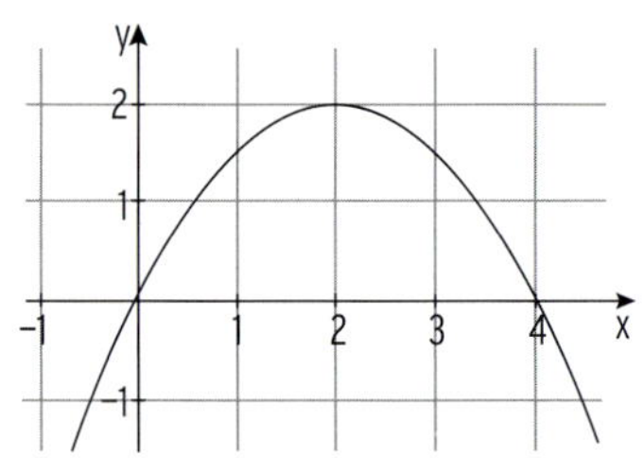

1 Die Abbildung zeigt das Schaubild von f.
Bestimmen Sie $f'(0)$, $f'(2)$, $f'(3)$ mithilfe der Abbildung.

2 Ermitteln Sie die mittlere Änderungsrate von f auf dem gegebenen Intervall.

a) $f(x) = x^2 - 1$; [2; 2,3] b) $f(x) = -x^2 + 3x$; [4; 4,1] c) $f(x) = 4x^3 - 1$; [− 3; − 2,9]

3 Berechnen Sie die Ableitung von f an der Stelle 2 mithilfe des Differenzenquotienten $\frac{f(2+h) - f(2)}{h}$.

a) $f(x) = -5x^2$ b) $f(x) = x^2 + 3$ c) $f(x) = 4x - 1$

4 Entscheiden Sie, ob die Funktion f auf dem Intervall]− 4; 2[differenzierbar ist.

a)

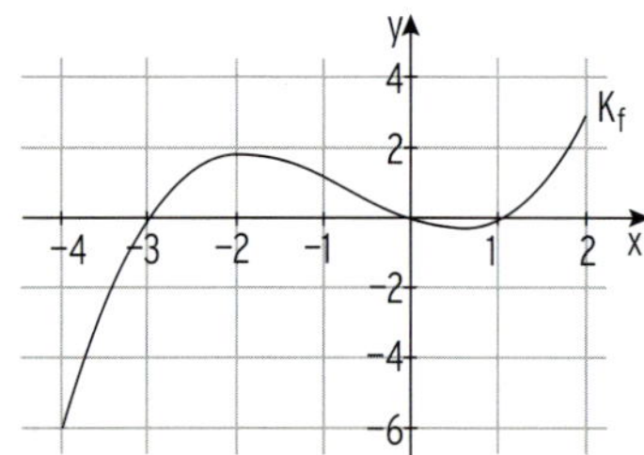

b)

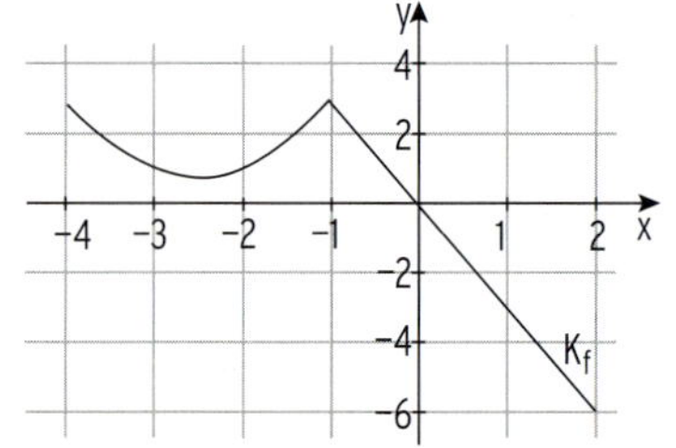

3.1.2 Ableitungsregeln

Ableitung einer Potenzfunktion

Beispiel

➲ Bestimmen Sie die Ableitung der Funktion f mit $f(x) = x^3$.

Lösung

Ableitung an der beliebigen Stelle x_0:

Mittlere Änderungsrate (Steigung der Sekante): $m_s = \frac{f(x_0 + h) - f(x_0)}{h}$

$$m_s = \frac{(x_0 + h)^3 - x_0^3}{h} = \frac{h(3x_0^2 + 3x_0 h + h^2)}{h}$$

$$m_s = 3x_0^2 + 3x_0 h + h^2$$

Für $h \to 0$ strebt $(3x_0^2 + 3x_0 h + h^2)$ gegen $3x_0^2$.
Die Ableitung von f an der festen Stelle x_0 lautet $f'(x_0) = 3x_0^2$.
Die Ableitung von f mit $f(x) = x^3$ lautet $f'(x) = 3x^2$.

Die Ableitung von f mit $f(x) = x^3$ ist $f'(x) = 3x^2$.

Vorgehensweise beim Ableiten einer **Potenzfunktion:**

$f(x) = x \quad \Rightarrow \quad f'(x) = 1 = 1 \cdot x^{1-1}$

$f(x) = x^2 \quad \Rightarrow \quad f'(x) = 2x = 2 \cdot x^{2-1}$

$f(x) = x^3 \quad \Rightarrow \quad f'(x) = 3x^2 = 3 \cdot x^{3-1}$

Merkregel

„Alte" Hochzahl als Faktor vor x setzen, „neue Hochzahl" = „alte" Hochzahl minus 1.

$x^{-1} = \frac{1}{x}$

$x^{0,5} = \sqrt{x}$

$f(x) = x^4 \quad \Rightarrow \quad f'(x) = 4 \cdot x^{4-1} = 4x^3$

$f(x) = x^{-1} \quad \Rightarrow \quad f'(x) = -1 \cdot x^{-1-1} = -1 \cdot x^{-2}$

$f(x) = x^{0,5} \quad \Rightarrow \quad f'(x) = 0,5 \cdot x^{0,5-1} = 0,5 \cdot x^{-0,5}$

$f(x) = x^n \quad \Rightarrow \quad f'(x) = n x^{n-1}$

Potenzregel der Ableitung

Die Ableitung von f mit $\mathbf{f(x) = x^n}$ ist $\mathbf{f'(x) = n \cdot x^{n-1}}$; $n \in \mathbb{Q}^*$.

Ableitung der natürlichen Exponentialfunktion

Beispiel

➲ Gegeben ist die Funktion f mit $f(x) = e^x$; $x \in \mathbb{R}$.
Ein elektronisches Hilfsmittel erstellt eine Wertetabelle für $f(x)$ und $f'(x)$.
Welche Vermutung lässt sich formulieren?

X	Y1	Y'1
-1	0.3678	0.3678
0	1	1
1	2.7182	2.7182
2	7.389	7.389

Lösung

Die Funktion f mit $f(x) = e^x$; $x \in \mathbb{R}$,

hat die Ableitung $f'(x) = e^x$.

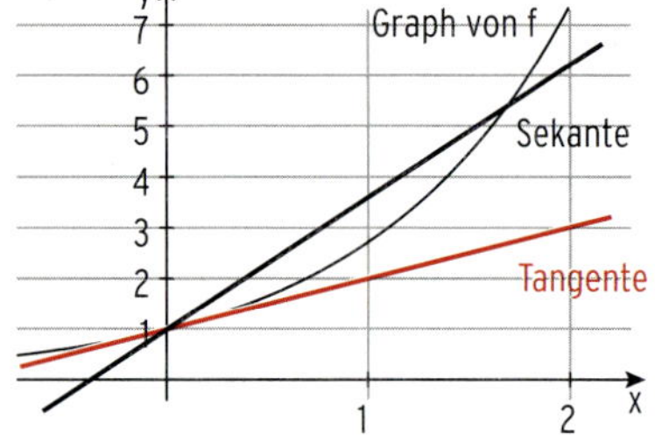

Erläuterung

Ableitung an der Stelle 0

mithilfe des **Differenzenquotienten**:

$$m = \frac{f(0+h) - f(0)}{h} = \frac{e^{0+h} - e^0}{h} = \frac{e^h - 1}{h}$$

Aufgrund der Grafik kann man erkennen, dass der Grenzwert des Differenzenquotienten für $h \to 0$ den Wert 1 hat, also

$$f'(0) = \lim_{h \to 0} \frac{e^h - 1}{h} = 1.$$

Ableitung von f mit $f(x) = e^x$ an der Stelle x_0

Differenzenquotient:

$$\frac{f(x_0 + h) - f(x_0)}{h} = \frac{e^{x_0 + h} - e^{x_0}}{h}$$

$$= \frac{e^{x_0} \cdot e^h - e^{x_0}}{h} = e^{x_0} \cdot \frac{e^h - 1}{h}$$

Grenzwert für $h \to 0$:

$$f'(x_0) = \lim_{h \to 0} \left(e^{x_0} \cdot \frac{e^h - 1}{h} \right) = e^{x_0} \cdot 1 = e^{x_0}$$

Ersetzt man x_0 durch x, so gilt:

$$f'(x) = e^x$$

$f(x) = e^x \Rightarrow f'(x) = e^x$

Die Ableitung der „e-Funktion" ist die „e-Funktion" selbst.

Verdeutlichung:
$f(0) = f'(0)$
$f(1) = f'(1)$
$f(x) = f'(x)$
Die y-Koordinate (Ordinate) eines Kurvenpunktes stimmt mit der Steigung in diesem Punkt überein.

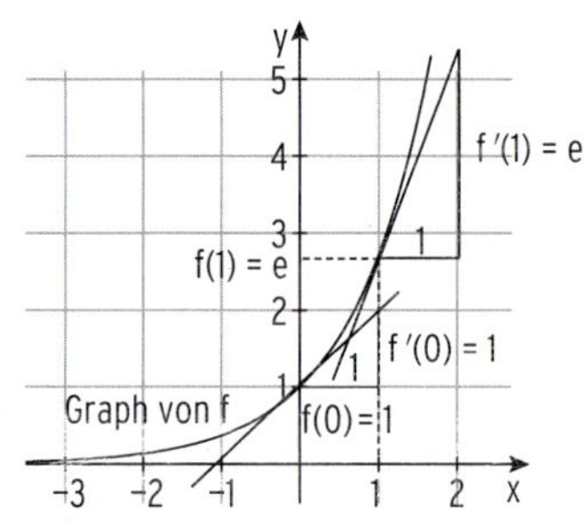

Ableitung der Sinusfunktion

Graph von f mit $f(x) = \sin(x)$

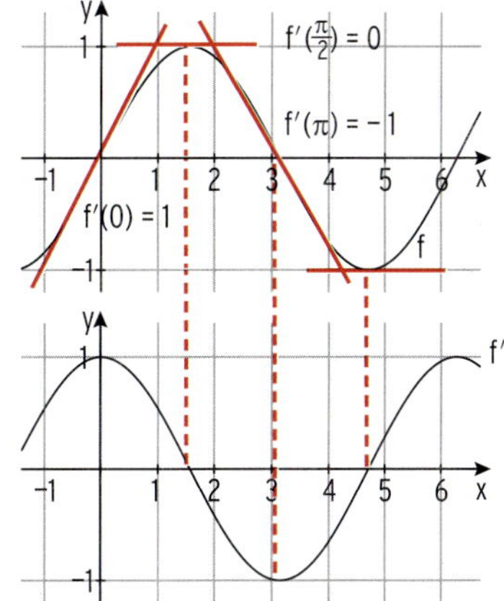

Durch **grafisches Differenzieren** überträgt man einige Steigungswerte des Graphen von f.

Man stellt fest:

Der Graph von f′ ist der Graph der Kosinusfunktion.

Graph von f′ mit $f'(x) = \cos(x)$

$$f(x) = \sin(x) \Rightarrow f'(x) = \cos(x)$$

Ableitung der Kosinusfunktion

Graph von g mit $g(x) = \cos(x)$

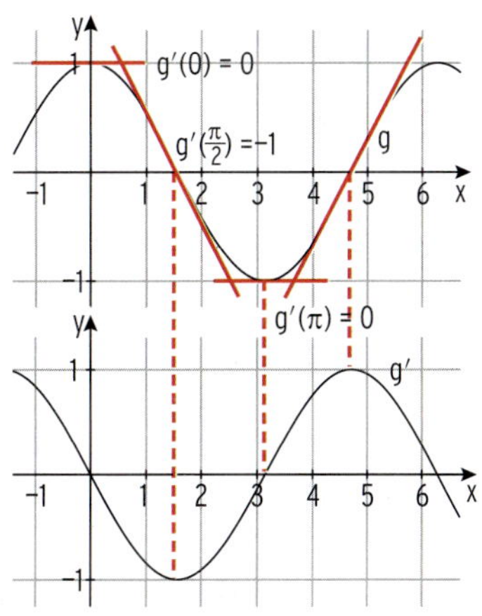

Durch **grafisches Differenzieren** überträgt man einige Steigungswerte des Graphen von g.

Man stellt fest:

Der Graph von g′ ist die an der x-Achse gespiegelte Sinuskurve.

Graph von g′ mit $g'(x) = -\sin(x)$

$$g(x) = \cos(x) \Rightarrow g'(x) = -\sin(x)$$

Faktorregel

Beispiel

➲ Ermitteln Sie die Ableitung der quadratischen Funktion f mit $f(x) = a\,x^2$; $a \neq 0$.

Lösung

Ableitung an der beliebigen Stelle x_0:

$$m_s = \frac{f(x_0 + h) - f(x_0)}{h} = \frac{a(x_0 + h)^2 - a\,x_0^2}{h}$$

$$m_s = \frac{a(x_0^2 + 2\,x_0 h + h^2) - a\,x_0^2}{h} = \frac{a\,h(2\,x_0 + h)}{h}$$

$$m_s = a(2\,x_0 + h)$$

Für $h \to 0$ strebt $a(2\,x_0 + h)$ gegen $2\,a\,x_0$: $f'(x_0) = 2\,a\,x_0$

Die Ableitung von f mit $f(x) = a\,x^2$ lautet $f'(x) = 2\,a\,x$.

Faktorregel
Konstante Faktoren bleiben beim Ableiten erhalten.

Beispiele

$f(x) = \frac{1}{3}x^2 \Rightarrow f'(x) = \frac{1}{3}\cdot 2\,x = \frac{2}{3}x$

$f(x) = 7\,x^3 \Rightarrow f'(x) = 7\cdot 3\,x^2 = 21\,x^2$

$f(x) = 3\sin(x) \Rightarrow f'(x) = 3\cos(x)$

$f(x) = -4\,x^2 \Rightarrow f'(x) = -4\cdot 2\,x = -8\,x$

$f(x) = 5\,e^x \Rightarrow f'(x) = 5\,e^x$

$f(x) = \pi\cos(x) \Rightarrow f'(x) = -\pi\sin(x)$

Summenregel

Beispiel

➲ Geben Sie die Ableitung der quadratischen Funktion f mit $f(x) = a\,x^2 + c$; $a \neq 0$, an.

Lösung

Verschiebt man eine Kurve in y-Richtung, so ändert sich die Form der Kurve nicht, damit kann sich auch die Steigung an einer festen Stelle x_0 nicht ändern.

Kurve K_g: $g(x) = a\,x^2$

Verschiebung um c in y-Richtung: $f(x) = a\,x^2 + c$

Ableitung: $f'(x) = g'(x) = 2\,a\,x$

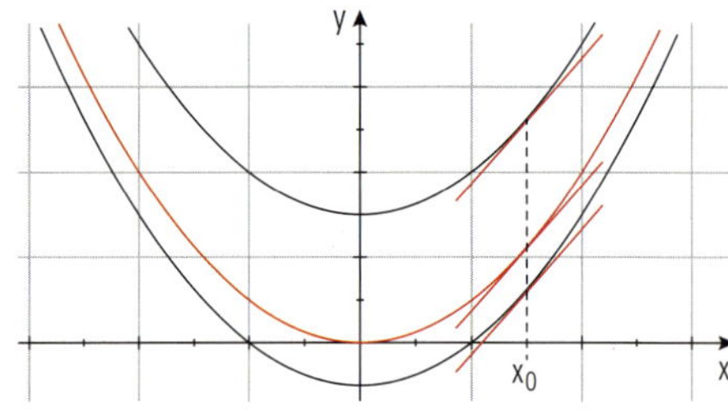

Beim Ableiten wird ein **konstanter Summand** zu null.

Beispiele

mvurl.de/ix5s

$f(x) = 3x^2 + 4 \Rightarrow f'(x) = 6x$

$f(x) = e^x + 1 \Rightarrow f'(x) = e^x$

$f(x) = -x^2 + 2x + c \Rightarrow f'(x) = -2x + 2$

$f(x) = -5x^3 - 12x + 2 \Rightarrow f'(x) = -15x^2 - 12$

$f(x) = \sin(x) + 5 \Rightarrow f'(x) = \cos(x)$

$f(x) = 7 \Rightarrow f'(x) = 0$

Summenregel

Die **Ableitung einer Summe** ist die **Summe der Ableitungen** der Summanden.

Beispiele

mvurl.de/u5u6

$f(x) = x^2 - 4x + 3 \Rightarrow f'(x) = 2x - 4$

$f(u) = -\frac{3}{2}u^2 + \frac{3}{4}u \Rightarrow f'(u) = -3u + \frac{3}{4}$

$f(x) = x^3 - 5x^2 + 3x + 1 \Rightarrow f'(x) = 3x^2 - 10x + 3$

$f(x) = -\frac{5}{2}e^x - 3x^4 \Rightarrow f'(x) = -\frac{5}{2}e^x - 12x^3$

$f(x) = 4\sin(x) + 3x^5 \Rightarrow f'(x) = 4\cos(x) + 15x^4$

$f(t) = 3\cos(t) + 4e^4 \Rightarrow f'(t) = -3\sin(t)$

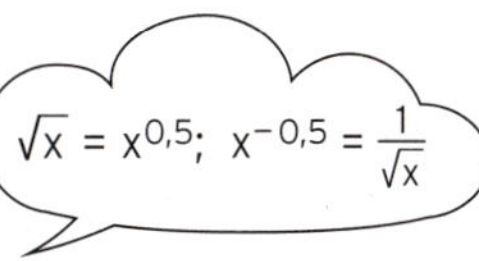

$f(x) = x + \frac{7}{x} + 2 = x + 7x^{-1} + 2 \Rightarrow f'(x) = 1 - 7x^{-2} = 1 - \frac{7}{x^2}$

$f(x) = x^3 + \frac{2}{5x} = x^3 + \frac{2}{5} \cdot \frac{1}{x} \Rightarrow f'(x) = 3x^2 - \frac{2}{5}x^{-2}$

$\sqrt{x} = x^{0,5}$; $x^{-0,5} = \frac{1}{\sqrt{x}}$

$f(x) = -\frac{1}{8}(x^2 - 4x) \Rightarrow f'(x) = -\frac{1}{8}(2x - 4) = -\frac{1}{4}x + \frac{1}{2}$

$f(x) = 4e^x + \sqrt{x} = 4e^x + x^{0,5} \Rightarrow f'(x) = 4e^x + 0{,}5x^{-0,5}$

$f(x) = ax^3 + bx^2 + cx + d \Rightarrow f'(x) = 3ax^2 + 2bx + c$

Ableitungsregeln

Faktorregel:	**Konstante Faktoren** bleiben beim Ableiten erhalten. $f(x) = a \cdot g(x) \Rightarrow f'(x) = a \cdot g'(x)$
Summenregel:	Die **Ableitung einer Summe** ist die **Summe der Ableitungen** der Summanden. $f(x) = g(x) + h(x) \Rightarrow f'(x) = g'(x) + h'(x)$
Potenzregel:	$f(x) = x^n \Rightarrow f'(x) = n \cdot x^{n-1}$; $n \in \mathbb{Q}^*$

Funktionen und deren Ableitung

- **In der Betriebswirtschaft**

  Gesamtkostenfunktion K — Grenzkostenfunktion K′

  Erlösfunktion E — Grenzerlösfunktion E′

- **In der Physik**

  Weg s(t) — Geschwindigkeit v mit $v(t) = s'(t)$

  Geschwindigkeit v(t) — Beschleunigung a mit $a(t) = v'(t)$

  Ladung Q(t) — Stromstärke I mit $I(t) = Q'(t)$

Aufgaben

Leiten Sie ab (Aufgabe 1 bis 3).

1

a) $f(x) = -2x^4 + 3x^2 - 4x + 2$

b) $f(x) = 0{,}5x^4 - x^3 + 2{,}5x^2 - 8$

c) $f(x) = \frac{1}{4}x^4 + \frac{3}{8}x^3 - \frac{4}{5}x^2$

d) $f(x) = \frac{1}{32}x^3 + \frac{3}{7}x - \frac{4}{x}$

e) $f(x) = -x^4 - 6x^2 - 2{,}25$

f) $f(x) = -\frac{5}{6}x^2 + \frac{2}{3}x + \frac{5}{2}$

g) $f(x) = -(x-6)^2(x+1)$

h) $f(x) = 0{,}5(x^2-2)^2$

i) $f(x) = \frac{1}{16}(x^5 + x^3 - 1)$

j) $A(u) = u(u^2 - 1{,}5u - 4)$

k) $I(t) = 0{,}125t^4 - 1{,}5t^2 - 3$

l) $f(x) = \frac{1}{8}(x-1)(x^2 - 12x + 16)$

m) $f(x) = ax^2 + bx + c + \frac{d}{x}$

n) $K(x) = ax^3 + bx^2 + cx + d$

2

a) $f(x) = 6e^x + 7$

b) $f(x) = -7e^x + 3e$

c) $f(x) = \frac{1}{2}x^2 + 4x + 5e^x$

d) $f(x) = -\frac{3}{4}e^x - e \cdot x$

e) $f(x) = e^x(e^{-x} - 3)$

f) $f(x) = \frac{1}{4}e^x - 5x^3 + 6e^3$

3

a) $f(x) = 2x - 3\sin(x) + 4$

b) $f(t) = \frac{1}{2}t^4 - t + 5\cos(t)$

c) $f(x) = 4\cos(x) - 8\sin(x)$

d) $A(u) = -\frac{1}{2}\sin(u) + \cos\left(\frac{\pi}{3}\right)$

4 Ermitteln Sie die momentane Änderungsrate von f an der Stelle 1.

a) $f(x) = 1{,}25(\cos(x) + 2e^x - 1)$

b) $f(x) = t^2x(x^2 - 8x)$

c) $f(x) = \frac{a}{2}(x-3) + ae^x$

d) $f(x) = \sin\left(\frac{\pi}{6}\right) \cdot e^x + e^3x^2$

e) $f(u) = 7\sin(u) - 3e^u + \sin(0{,}5) + 3e^2$

f) $f(x) = x^3 - 2x^2 + 4x + \frac{3}{x} - 5\sqrt{x}$

5 Gegeben ist das Weg-Zeit-Gesetz $s(t) = 5t^2 + 3t + 8$.
Bestimmen Sie das zugehörige Geschwindigkeits-Zeit- und das Beschleunigungs-Zeit-Gesetz.

6 Die Kostenfunktion K eines Unternehmens ist gegeben durch $K(x) = 0{,}2x^3 - 2{,}6x^2 + 13{,}2x + 8$. Die Erlösfunktion ist E mit $E(x) = 8x$.
Bestimmen Sie die Grenzgewinnfunktion.

7 Eine Flüssigkeit wird auf 90 °C erhitzt. Dann lässt man sie bei einer Umgebungstemperatur von 20 °C abkühlen. Der Temperaturverlauf lässt sich beschreiben durch f mit
$f(t) = 2{,}30t^2 - 24{,}68t + 90$; $0 \leq t \leq 5$; t in Minuten; f(t) in °C.
Berechnen Sie die momentane Abkühlgeschwindigkeit nach 1 Minute und nach 4 Minuten.
Interpretieren Sie Ihre Ergebnisse.

Kettenregel der Ableitung

Beispiel 1

➲ Mithilfe eines elektronischen Hilfsmittels kann man eine Wertetabelle für f (x) (entspricht Y1) und f′(x) (entspricht Y′1) erstellen.
Wie lautet vermutlich die Ableitung der Funktion f mit $f(x) = e^{0,5x}$?

X	Y1	Y′1
-1	0.6065	0.3032
0	1	0.5
1	1.6487	0.8243
2	2.7182	1.3591

Lösung

Vermutung: $f'(x) = 0{,}5\,e^{0,5x}$

Beispiel 2

➲ Eine Abbildung zeigt das Schaubild einer Funktion, die andere das Schaubild der zugehörigen Ableitungsfunktion.
Ordnen Sie zu. Begründen Sie Ihre Zuordnung.

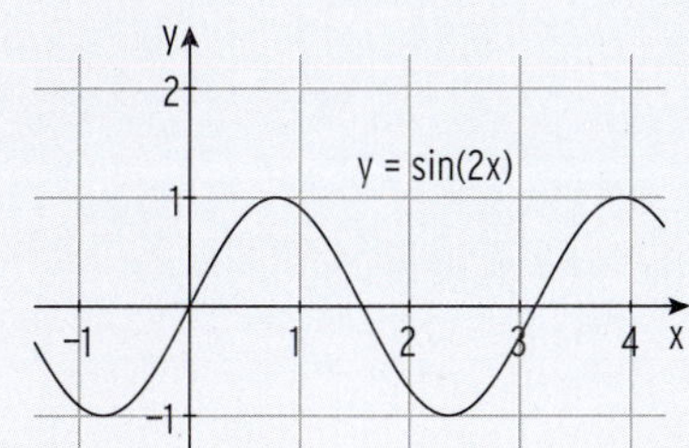

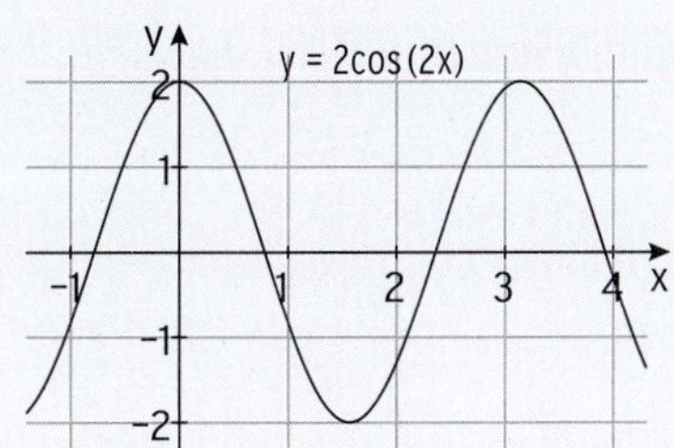

Lösung

f mit $f(x) = \sin(2x)$; g mit $g(x) = 2\cos(2x)$
Aus der Zeichnung liest man Steigungen an verschiedenen Stellen ab.

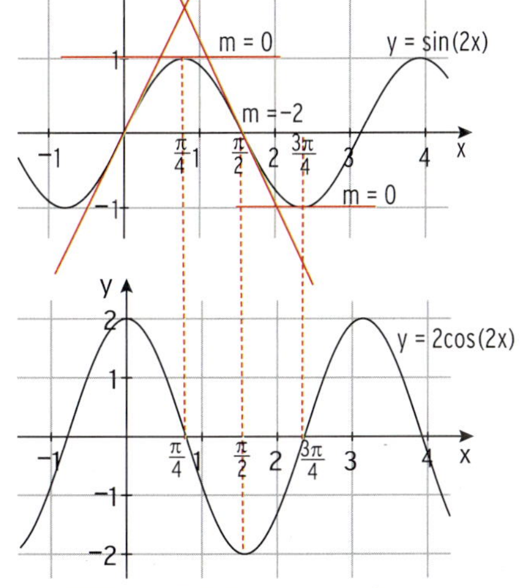

Steigung in $x = 0$: $f'(0) = 2 = g(0)$

Steigung in $x = \frac{\pi}{4}$: $f'\left(\frac{\pi}{4}\right) = 0 = g\left(\frac{\pi}{4}\right)$

Steigung in $x = \frac{\pi}{2}$: $f'\left(\frac{\pi}{2}\right) = -2 = g\left(\frac{\pi}{2}\right)$

Steigung in $x = \frac{3\pi}{4}$: $f'\left(\frac{3\pi}{4}\right) = 0 = g\left(\frac{3\pi}{4}\right)$

Hinweis: Grafisches Differenzieren

g ist die Ableitungsfunktion von f.
$f'(x) = g(x) = 2\cos(2x)$

$$f(x) = \sin(2x) \Rightarrow f'(x) = 2\cos(2x)$$

Zum Beweis benötigt man eine **neue Ableitungsregel, die Kettenregel.**

mvurl.de/of6n

Herleitung der Kettenregel

Die Funktion f ist eine Verkettung der Funktionen u und h: $f(x) = h(u(x))$,
$u: x \mapsto u(x)$ ist die innere Funktion,
$h: u \mapsto h(u)$ ist die äußere Funktion.

Ableitung der Funktion f an der Stelle x_0
Differenzenquotient von f:

$$\frac{f(x) - f(x_0)}{x - x_0} = \frac{h(u(x)) - h(u(x_0))}{x - x_0} = \frac{h(u(x)) - h(u(x_0))}{u(x) - u(x_0)} \cdot \frac{u(x) - u(x_0)}{x - x_0}$$

Für $x \to x_0$ gilt auch $u(x) \to u(x_0)$.
Der Grenzübergang $x \to x_0$ liefert: $f'(x_0) = h'(u(x_0)) \cdot u'(x_0)$

Kettenregel
Für die Ableitung von f mit $f(x) = h(u(x))$ (Verkettung) gilt:

$$f'(x) = \underbrace{h'(u(x))}_{\text{Ableitung nach u}} \cdot \underbrace{u'(x)}_{\text{Ableitung nach x}}$$

Merkregel: „äußere mal innere Ableitung"
Schreibweise mit Differenzialen: $\frac{df}{dx} = \frac{dh}{du} \cdot \frac{du}{dx}$

Bestätigung der Vermutung für $f(x) = e^{0{,}5x}$ durch Ableiten mit der Kettenregel.

$f(x) = e^{0{,}5x}$ innere Funktion: $u(x) = 0{,}5x$ und $u'(x) = 0{,}5$
äußere Funktion: $h(u) = e^u$; $h'(u) = e^u$
Ableitung $f'(x) = h'(u) \cdot u'(x) = e^u \cdot 0{,}5 = e^{0{,}5x} \cdot 0{,}5 = 0{,}5e^{0{,}5x}$

Beispiele

a) $f(x) = e^{3x+1}$ innere Funktion: $u(x) = 3x + 1$ und $u'(x) = 3$
äußere Funktion: $h(u) = e^u$; $h'(u) = e^u$
Ableitung $f'(x) = h'(u) \cdot u'(x) = e^u \cdot 3 = e^{3x+1} \cdot 3$
$f'(x) = 3e^{3x+1}$

b) $f(x) = (5x - 4)^3$ $f'(x) = 3 \cdot (5x - 4)^2 \cdot 5$
$f'(x) = 15 \cdot (5x - 4)^2$

$(\square^3)' = 3 \cdot \square^2 \cdot \square'$

c) $f(x) = ae^{kx}$ $f'(x) = ae^{kx} \cdot k$
$f'(x) = ake^{kx}$

d) $f(x) = \sin(4x)$ innere Funktion: $u(x) = 4x$; $u'(x) = 4$
äußere Funktion: $h(u) = \sin(u)$; $h'(u) = \cos(u)$
Ableitung $f'(x) = h'(u) \cdot u'(x) = \cos(u) \cdot 4 = \cos(4x) \cdot 4$
$f'(x) = 4\cos(4x)$

e) $f(x) = \cos(\pi x - 2)$ $f'(x) = -\sin(\pi x - 2) \cdot \pi$
$f'(x) = -\pi \sin(\pi x - 2)$

Anwendung der Kettenregel auf die Funktion f mit

$f(x) = e^{ax+b}$:	$f'(x) = a \cdot e^{ax+b}$
$f(x) = \sin(bx + c)$:	$f'(x) = b \cdot \cos(bx + c)$
$f(x) = \cos(bx + c)$:	$f'(x) = -b \cdot \sin(bx + c)$
$f(x) = e^{u(x)}$:	$f'(x) = e^{u(x)} \cdot u'(x)$
$f(x) = \sin(u(x))$:	$f'(x) = \cos(u(x)) \cdot u'(x)$
$f(x) = \cos(u(x))$:	$f'(x) = -\sin(u(x)) \cdot u'(x)$

Aufgaben

1 Bestimmen Sie $f'(x)$.

a) $f(x) = e^{-4x} - e^{4x}$

b) $f(x) = 250\, e^{0{,}015x}$

c) $f(x) = -\frac{1}{2} e^{-0{,}5x-1} + 2$

d) $f(x) = \frac{3}{2} e^{-5x^2-3x}$

e) $f(x) = \frac{1}{5} t (e^{2-x} + e)$

f) $f(x) = 4x - e^{1-tx}$

g) $f(x) = 4\sin(5x - 3)$

h) $f(x) = 3\cos(4(x - 2))$

2 Leiten Sie ab.

a) $f(x) = tx - 2 + e^{x+t}$

b) $f(x) = t(e^{-x} - 3x^2)$

c) $f(x) = -4e^x(e^{-x} + 3)$

d) $f(x) = -3x^2 - x - e^{\ln(2) \cdot x}$

e) $f(x) = e^{t-x} + 2e^{-tx}$

f) $f(x) = t e^{2-3x} - 6e^{x^2+3}$

g) $f(x) = 2\sin(2x) - 3$

h) $f(x) = \sqrt{3} - \cos(4x - \pi)$

i) $f(x) = \pi x - \cos(1 - x)$

j) $f(x) = t\sin(tx) - \frac{1}{x}$

k) $f(x) = t^2 - \cos\left(\frac{x}{t}\right)$

l) $f(x) = \sqrt{x} + \sin(\pi x)$

3 Gegeben ist die Funktion f mit $f(x) = \cos(2x)$; $x \in \mathbb{R}$.
Bestimmen Sie $f'(0)$; $f'\left(\frac{\pi}{8}\right)$; $f'\left(\frac{\pi}{4}\right)$.

4 Gegeben ist die Funktion f mit $f(x) = e^x + 3e^{-x}$; $x \in \mathbb{R}$.
Welcher der drei Ableitungswerte $f'(0)$; $f'(1)$; $f'(-1)$ ist der größte?

5 Das Abkühlgesetz $T(t) = 20 + 50\,e^{-0{,}07t}$ beschreibt den Temperaturverlauf eines erwärmten Körpers. T(t) ist die Temperatur in °C zur Zeit t in Minuten mit $t \geq 0$.
Berechnen Sie: $T'(0)$, $T'(20)$ und $T'(100)$ und interpretieren Sie diese Werte.

6 Die Funktion f ist eine Verkettung der Funktionen u und h: $f(x) = h(u(x))$.
Bestimmen Sie $f'(x)$.

a) $u(x) = 5x + 1$; $h(u) = 4u^2 - 3$

b) $u(x) = 2x + 3$; $h(u) = e^{3u+1}$

c) $u(x) = x - 3$; $h(u) = 4\sin(u)$

d) $u(x) = x^2 + 7$; $h(u) = 3u$

e) $u(x) = \cos\left(\frac{\pi}{2}x\right)$; $h(u) = 2u$

f) $u(x) = 1 - 6x$; $h(u) = \cos(2u - 1)$

7 Ermitteln Sie die Ableitung von f.

a) $f(x) = (5x + b)^3$

b) $f(x) = (3x + 1)^4$

mvurl.de/7m3a

Produktregel der Ableitung

Gegeben ist die Funktion f mit $f(x) = x\,e^x$.
Gesucht ist $f'(x)$.
Zum Ableiten einer Summe benötigt man die **Summenregel:**
Die Ableitung einer Summe ist die **Summe** der Ableitungen der Summanden. Eine entsprechende „einfache" Regel für ein Produkt gibt es nicht, wie man an einem Beispiel erkennen kann.

$$f(x) = x^2 \cdot (x^2 - 3) = x^4 - 3x^2$$
$$\downarrow \quad \downarrow \qquad\qquad \downarrow$$
$$2x \cdot 2x \neq 4x^3 - 6x$$

Man erkennt: Ein Produkt kann nicht faktorweise abgeleitet werden!
Für die Ableitung eines Produktes gibt es eine Regel, die Produktregel.

Produktregel

Ist die Funktion f gegeben durch	$f(x) = u(x) \cdot v(x)$,
so gilt für die Ableitung:	$f'(x) = u'(x) \cdot v(x) + u(x) \cdot v'(x)$
In Kurzform:	$(u \cdot v)' = u' \cdot v + u \cdot v'$

Beispiele für die Anwendung der Produktregel

a) $f(x) = x \cdot e^x = u(x) \cdot v(x)$

Faktor: $u(x) = x$	$\Rightarrow u'(x) = 1$
Faktor: $v(x) = e^x$	$\Rightarrow v'(x) = e^x$
Mit der **Produktregel:**	$f'(x) = 1 \cdot e^x + x \cdot e^x$
	$f'(x) = (1 + x)e^x$

b) $f(x) = (2x - 1)e^{4x}$

Faktor: $u(x) = 2x - 1$	$\Rightarrow u'(x) = 2$
Faktor: $v(x) = e^{4x}$	$\Rightarrow v'(x) = 4e^{4x}$ **(Kettenregel)**
Mit der **Produktregel:**	$f'(x) = 2 \cdot e^{4x} + (2x - 1) \cdot 4e^{4x}$
	$f'(x) = (8x - 2)e^{4x}$

c) $f(x) = 3x \sin(2x)$

Faktor: $u(x) = 3x$	$\Rightarrow u'(x) = 3$
Faktor: $v(x) = \sin(2x)$	$\Rightarrow v'(x) = 2\cos(2x)$ **(Kettenregel)**
Mit der **Produktregel:**	$f'(x) = 3 \cdot \sin(2x) + 3x \cdot 2\cos(2x)$
	$f'(x) = 3\sin(2x) + 6x\cos(2x)$

d) $f(x) = e^{0,5x} \cos(2x + 1)$

Faktor: $u(x) = e^{0,5x}$	$\Rightarrow u'(x) = 0,5e^{0,5x}$ **(Kettenregel)**
Faktor: $v(x) = \cos(2x + 1)$	$\Rightarrow v'(x) = -2\sin(2x + 1)$ **(Kettenregel)**
Mit der **Produktregel:**	$f'(x) = 0,5e^{0,5x} \cdot \cos(2x + 1) + e^{0,5x} \cdot (-2\sin(2x + 1))$
	$f'(x) = e^{0,5x}(0,5\cos(2x + 1) - 2\sin(2x + 1))$

Was man wissen sollte – über die Ableitungsregeln

Regel	Funktion	Ableitung
Faktorregel:	$f(x) = a \cdot g(x)$	$f'(x) = a \cdot g'(x)$
Summenregel:	$f(x) = g(x) + h(x)$	$f'(x) = g'(x) + h'(x)$
Potenzregel:	$f(x) = x^r;\ r \in \mathbb{Q}^*$	$f'(x) = r \cdot x^{r-1}$
Kettenregel:	$f(x) = f(u(x))$	$f'(x) = f'(u(x)) \cdot u'(x)$
	$f(x) = e^{u(x)}$	$f'(x) = e^{u(x)} \cdot u'(x)$
	$f(x) = (u(x))^2$	$f'(x) = 2u(x) \cdot u'(x)$
	$f(x) = (u(x))^3$	$f'(x) = 3(u(x))^2 \cdot u'(x)$
	$f(x) = \sin(u(x))$	$f'(x) = \cos(u(x)) \cdot u'(x)$
	$f(x) = \cos(u(x))$	$f'(x) = -\sin(u(x)) \cdot u'(x)$
Produktregel:	$f(x) = u(x) \cdot v(x)$	$f'(x) = u'(x) \cdot v(x) + u(x) \cdot v'(x)$

mvurl.de/1cbq

mvurl.de/pt3t

Aufgaben

1 Leiten Sie ab.

a) $f(x) = (x+1)e^x$ b) $f(x) = xe^{3x}$ c) $f(x) = (4-3x)e^{x-1}$
d) $f(x) = 5e^{2x}$ e) $f(x) = x^2 \sin(x)$ f) $f(x) = 3x\cos(2x)$
g) $f(x) = (3-2x)e^{-0,5x}$ h) $f(x) = (t+1)\sin(x)\cos(x)$ i) $f(x) = x - xe^{-x+1}$
j) $f(x) = 5(x-3)e^{4x-3}$ k) $f(x) = \frac{x}{2}\cos(x+1)$ l) $f(x) = e^{2x}\cos(3x)$

2 Bestimmen Sie die Stellen, für die gilt: $f'(x) = 0$.

a) $f(x) = \frac{1}{8}x^4 - \frac{2}{3}x^3$ b) $f(x) = \frac{1}{2}(\cos(x))^2;\ -2 < x < 2$
c) $f(x) = axe^{-0,25x};\ a \neq 0$ d) $f(x) = \frac{1}{4}x(x^2-2)^2$

3 Zeigen Sie: Das Schaubild von f mit $f(x) = 4x^2e^{3-2x};\ x \in \mathbb{R}$ hat zwei Punkte, für deren x-Koordinaten gilt: $f'(x) = 0$. Bestimmen Sie deren Koordinaten.

4 Geben Sie die Ableitung von f an.

a) $f(x) = \frac{1}{7}x^3 + 3x - 5$ b) $f(x) = \frac{1}{4}(8 - 2x^2)$ c) $f(x) = x^2 + xe^x$
d) $f(x) = \sin(3x) \cdot e^{2x}$ e) $f(x) = e^{\sin(x)}$ f) $f(x) = 4x^2 + x^2e^{3x-5}$
g) $f(x) = xe^{4x} - x^2e^{4x}$ h) $f(a) = e^a(e^{-a} + 3)$ i) $f(u) = \frac{5}{u} + 2\sqrt{u}$
j) $f(x) = 5 + 3xe^{-ax}$ k) $f(x) = \frac{t}{2}x^4 + 2tx^2 - \pi$ l) $f(x) = e^{x^2} + e^x + e$

5 Bilden Sie die Ableitung mit und ohne Produktregel.

a) $f(x) = (x^2-4)(3x+5)$ b) $f(x) = e^x(e^x+3)$

6 Die Ladung eines Kondensators in Abhängigkeit von der Zeit wird beschrieben durch die Funktion Q mit $Q(t) = 0,06(1 - e^{-0,08t})$; t in s, Q(t) in As. Wie groß ist die Stromstärke I am Anfang der Messung und nach 10 Sekunden? (s: Sekunden, As: Amperesekunden)

Höhere Ableitungen

Beispiele

a) Gegeben ist die Funktion f mit $f(x) = -\frac{2}{3}x^3 - \frac{3}{2}x^2 + 5$; $x \in \mathbb{R}$.

Ableitung von f:	$f'(x) = -2x^2 - 3x$	1. Ableitung von f
Ableitung von f':	$(f'(x))' = f''(x) = -4x - 3$	2. Ableitung von f
Ableitung von f'':	$(f''(x))' = f'''(x) = -4$	3. Ableitung von f

b) Gegeben ist die Funktion f mit $f(x) = (x + 1)e^{2x}$; $x \in \mathbb{R}$.

1. Ableitung von f: $f'(x) = 1 \cdot e^{2x} + (x + 1)e^{2x} \cdot 2 = (2x + 3)e^{2x}$
2. Ableitung von f: $f''(x) = 2 \cdot e^{2x} + (2x + 3)e^{2x} \cdot 2 = (4x + 8)e^{2x}$
3. Ableitung von f: $f'''(x) = 4 \cdot e^{2x} + (4x + 8)e^{2x} \cdot 2 = (8x + 20)e^{2x}$

f'' ist die Ableitungsfunktion von f'.
Einsetzen der x-Werte in $f''(x)$ liefert die Steigungswerte des Schaubildes von f'.

Aufgaben

1 Leiten Sie die gegebene Funktion zweimal ab.

a) $f(x) = -x^3 - 2x^2 + 5x$
b) $f(x) = -\frac{1}{6}(x^5 - x^3 - x^2)$
c) $f(x) = \sin(2x - 1) - \cos(x)$
d) $g(a) = 3a - e + e^{2-a}$
e) $f(x) = -\frac{3}{2}x^2(x^2 + 5)$
f) $f(x) = \frac{1}{8}(x - 1)^3$
g) $f(x) = (6x + 5)e^{-x}$
h) $f(x) = ae^{-x} + be^{-2x}$
i) $f(x) = (\cos(x))^2$
j) $A(u) = (u^2 - 2)e^{-u}$
k) $f(x) = -\frac{1}{2}\sin(\pi x) - x^2$
l) $f(x) = 3x\left(\frac{1}{8}x^2 - x + 2\right)$
m) $f(x) = ax^4 + 2ax^2 + c$
n) $f(x) = ax^3 + bx^2 + cx + d$
o) $f(x) = \frac{2}{x} - x^2$
p) $f(t) = 0{,}02t^3 + 18t^2 + 256t + 2050$

2 Zeigen Sie, dass für f mit $f(x) = (1 - x^2)e^x$ auf $\mathbb{R}$ gilt: $f(x) = -f''(x) + 2f'(x) - 2e^x$.

3 Gegeben ist die Funktion f mit $f(x) = a \cdot \sin(ax)$; $a \neq 0$; $x \in \mathbb{R}$.
Formulieren Sie eine Vermutung für die n-te Ableitung ($n \in \mathbb{N}^*$, n gerade).

4 Gegeben ist die Funktion f mit $f(x) = tx^3 - 5x^2 + 3tx - 6t$; $x, t \in \mathbb{R}$.
Berechnen Sie $f'(1)$; $f''(1)$; $f''(0)$; $f''(-1)$.

5 Gegeben ist die Kostenfunktion K mit $K(x) = 0{,}25x^3 - 0{,}5x^2 + 2x + 12$.
Bestimmen Sie die Grenzkostenfunktion und deren Ableitung.

3.1.3 Tangente

Beispiel 1

➲ K ist der Graph der Funktion f mit
$f(x) = -\frac{1}{2}x^2 + x + \frac{3}{2}$; $x \in \mathbb{R}$.
Bestimmen Sie die Gleichung der Tangente an K im Punkt $A(3\,|\,f(3))$.
Wie lautet die Gleichung der Tangente an K im Punkt $B(0\,|\,f(0))$ bzw. im Punkt $C(1\,|\,f(1))$?
Zeichnen Sie das Schaubild K von f und die Tangenten in ein Koordinatensystem ein.

Lösung

Ableitung $f'(x) = -x + 1$

Tangente in $A(3\,|\,f(3))$:

$y = f(3) = 0$; also ist $A(3\,|\,0)$ Berührpunkt von Tangente und Kurve.

Steigung in A:	$f'(3) = -2$
Tangentengleichung mithilfe der Hauptform	
Hauptform:	$y = mx + b$
Einsetzen von $m = f'(3) = -2$:	$y = -2x + b$
Punktprobe mit $A(3\,|\,0)$:	$0 = -2 \cdot 3 + b$
	$b = 6$
Tangentengleichung:	$y = -2x + 6$

Tangente in $B(0\,|\,f(0))$:
$m = f'(0) = 1$
$y = f(0) = \frac{3}{2} = b$
Tangentengleichung: $y = x + \frac{3}{2}$

Tangente in $C(1\,|\,f(1))$:
$m = f'(1) = 0$
$y = f(1) = 2$
Tangentengleichung: $y = 2$
(waagrechte Tangente)

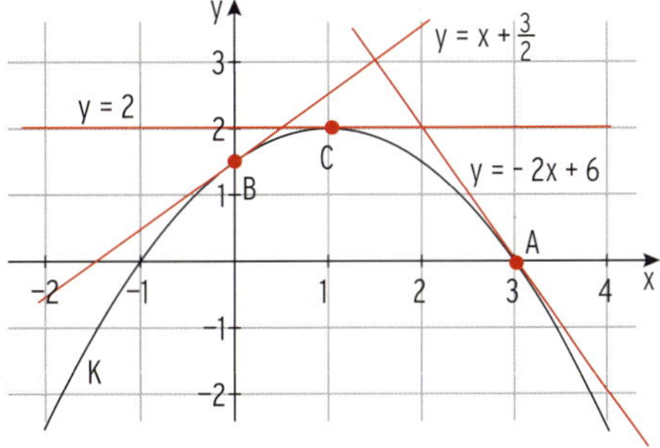

Die **Tangente** an den Graphen K von f im Kurvenpunkt $B(u\,|\,f(u))$ ist eine Gerade mit der Steigung $m = f'(u)$ durch B.

Punkt-Steigungs-Form der Tangentengleichung

Die Tangente t an K_f verläuft durch den Punkt P(u I f(u)).

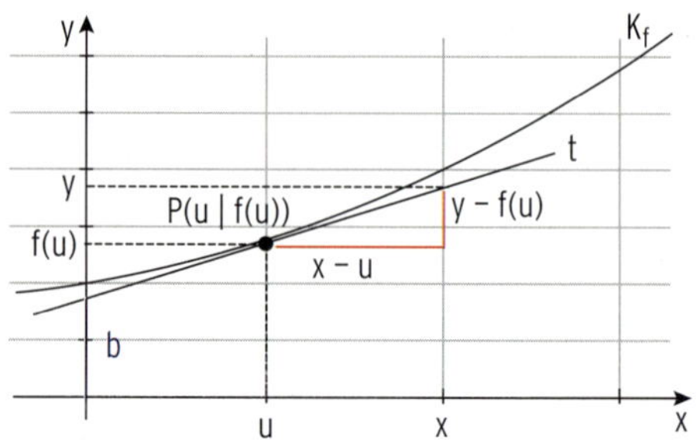

Steigung der Tangente in P

$f'(u) = \frac{y - f(u)}{x - u}$

Umformung ergibt: $y = f'(u) \cdot (x - u) + f(u)$
(Punkt-Steigungs-Form)

Gleichung der Tangente t an den Graphen von f durch den Punkt P(u I f(u)):

$$y = f'(u) \cdot (x - u) + f(u)$$

Beispiel 2

➲ Gegeben ist die Funktion f mit $f(x) = -2x^2 + 6x$; $x \in \mathbb{R}$. K ist das Schaubild von f. Die Tangente an K im Punkt $P(2|f(2))$ heißt t.

a) Bestimmen Sie die Gleichung von t.

b) Überprüfen Sie, ob die Gerade H mit $y = -6x + 18$ Tangente an K ist.

Lösung

a) Ableitung: $f'(x) = -4x + 6$

Punkt-Steigungs-Form: $y = f'(u) \cdot (x - u) + f(u)$

Mit $f'(2) = -2$ und $f(2) = 4$: $y = -2 \cdot (x - 2) + 4$

Gleichung der Tangente in P: t: $y = -2x + 8$

Alternative

Hauptform: $y = mx + b$

Mit $f(2) = 4$ erhält man den Kurvenpunkt: P(2|4)

Steigung in x = 2: $f'(2) = -2$

Einsetzen von $m = f'(2)$: $y = -2x + b$

Punktprobe mit P(2|4): $4 = -2 \cdot 2 + b$

$b = 8$

Gleichung der Tangente in P: t: $y = -2x + 8$

b) Die Gerade H hat die Steigung −6.

Bedingung: $f'(x) = -6$ $\quad -4x + 6 = -6$

$x = 3$

y-Wert berechnen: $y = f(3) = 0$

Der Punkt Q(3 I 0) liegt auf K.

Überprüfung, ob Q auch auf H liegt.

y-Wert berechnen: $y = -6 \cdot 3 + 18 = 0$

Der Punkt Q(3 I 0) liegt auf H.

H ist Tangente an K in Q.

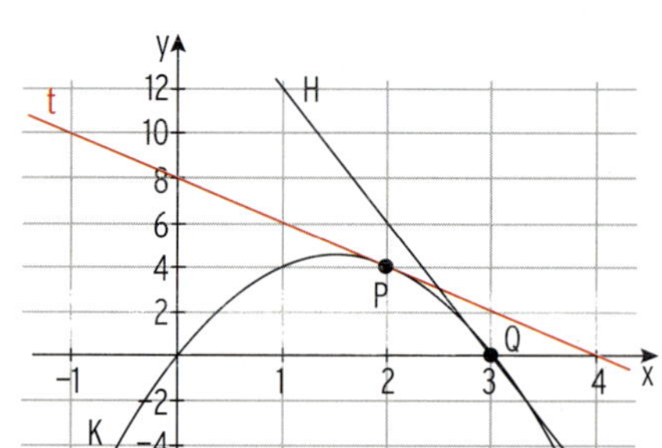

Beispiel 3

➲ Gegeben ist die Funktion f mit $f(x) = -2e^{-x} + 3$; $x \in \mathbb{R}$ mit Schaubild K.

a) Zeigen Sie: K hat keinen Punkt mit waagrechter Tangente.

b) In welchem Punkt P verläuft die Tangente t an K in P parallel zur 1. Winkelhalbierenden? Geben Sie die Gleichung von t an.
Ermitteln Sie den Schnittpunkt von t mit der y-Achse.

c) Die Gerade G mit $y = 2x + 1$ ist Tangente an K. Ermitteln Sie den Berührpunkt.

d) Ist die Gerade H mit $y = -3x + 2$ eine Tangente an K? Begründen Sie Ihre Antwort.

Lösung

a) Ableitung: $f'(x) = -2e^{-x} \cdot (-1) = 2e^{-x}$
Bedingung für die x-Koordinate: $f'(x) = 0$ $\quad 2e^{-x} = 0$
$2e^{-x} = 0$ hat wegen $e^{-x} > 0$ keine Lösung, also gibt es keinen Punkt mit waagrechter Tangente.

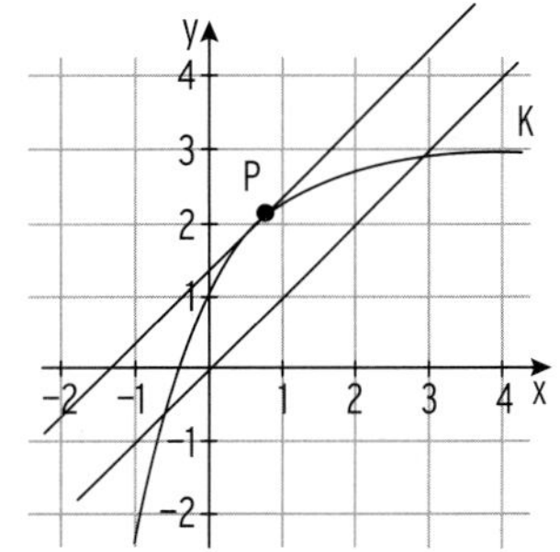

b) Die 1. Winkelhalbierende hat die Steigung 1.
Die Tangente verläuft parallel zur 1. Winkelhalbierenden, d. h. $f'(x) = 1$
$2e^{-x} = 1$
$e^{-x} = 0{,}5$
$x = -\ln(0{,}5)$
Mit $f(-\ln 0{,}5) = 2$ ergibt sich $P(-\ln(0{,}5)\,|\,2)$.

Gleichung von t
Punkt-Steigungs-Form: $y = f'(u) \cdot (x - u) + f(u)$
Mit $f'(-\ln(0{,}5)) = 1$ und $f(-\ln(0{,}5)) = 2$: $y = 1 \cdot (x + \ln(0{,}5)) + 2$
Gleichung von t: $y = x + \ln(0{,}5) + 2$
y-Achsenabschnitt: $b = \ln(0{,}5) + 2$
Schnittpunkt: $S_y(0\,|\,\ln(0{,}5) + 2)$

c) Die Gerade G hat die Steigung 2.
Bedingung: $f'(x) = 2$ $\quad 2e^{-x} = 2 \quad |:2$
$e^{-x} = 1$
Berührstelle: $x = -\ln(1) = 0$
y-Wert berechnen: $y = f(0) = 1$
oder mit der Geradengleichung: $y = 2 \cdot 0 + 1 = 1$
Berührpunkt: $B(0\,|\,1)$

d) $f'(x) = 2e^{-x} > 0$ für alle $x \in \mathbb{R}$. Alle Tangenten an K haben eine positive Steigung.
Die Steigung der Geraden H ist negativ. Somit kann H keine Tangente an K sein.

Aufgaben

1 Gegeben ist die Funktion f mit $f(x) = x^2 - 3x + 2$; $x \in \mathbb{R}$, mit Schaubild K.
Bestimmen Sie die Gleichung der Tangente an K im Punkt $P(4\,|\,f(4))$.

2 Wie lautet die Gleichung der Tangente an das Schaubild K von f im Kurvenpunkt A?
Zeichnen Sie K und die Tangente in ein Koordinatensystem ein.

a) $f(x) = -\frac{1}{4}x^2(x-6)$; $A(1\,|\,f(1))$ **b)** $f(x) = \frac{1}{4}x^4 - \frac{3}{2}x^2$; $A(-2\,|\,...)$

3 K ist das Schaubild der gegebenen Funktion f mit $D = \mathbb{R}$.
Geben Sie die Gleichung der Tangente im Kurvenpunkt P an.

a) $f(x) = \frac{1}{6}x^3 - x^2 + \frac{11}{6}x$; $P(2\,|\,f(2))$ **b)** $f(x) = \frac{1}{2}e^{-2x+3}$; $P(1\,|\,...)$

c) $f(x) = 3(2x-1)e^{x-0{,}5}$; $P(0{,}5\,|\,f(0{,}5))$ **d)** $f(x) = 2\sin(0{,}5x)$; $P(0{,}5\pi\,|\,...)$

4 K ist das Schaubild der Funktion f mit $f(x) = \frac{1}{4}x^2(x-3)$; $x \in \mathbb{R}$.

a) Die Tangente an K an der Stelle 1 heißt t.
Zeigen Sie, dass t durch den Punkt $P(3\,|-2)$ verläuft.

b) Welche Tangenten an K verlaufen parallel zur Geraden g mit $y = 2{,}25x - 1$?

c) In welchen Kurvenpunkten besitzt K eine waagrechte Tangente?

d) In welchen Kurvenpunkten verläuft die Tangente an K parallel zur Ursprungsgeraden mit Steigung $m = 6$?

e) Überprüfen Sie, ob die Gerade H mit der Gleichung $y = 18x - 81$ Tangente an K ist.

5 K ist das Schaubild der Funktion f mit $f(x) = \frac{1}{3}x(x^2 - 3)$; $x \in \mathbb{R}$.
Es gibt zwei Tangenten an K, die parallel zur 1. Winkelhalbierenden verlaufen.
Bestimmen Sie die Koordinaten der Berührpunkte exakt.

6 Gegeben ist die Funktion f mit $f(x) = \frac{1}{2}e^{2x} - e^x$; $x \in \mathbb{R}$. In welchem Punkt P ist die Tangente an das Schaubild K von f parallel zur Geraden mit der Gleichung $y = 6x + 2$?

7 Die Steigung der Kurve K von f an der Stelle 1 beträgt $-0{,}8$. Wo schneidet die Tangente an K an der Stelle -1 die x-Achse?
Wie lautet die Gleichung der Tangente an G an der Stelle 1?

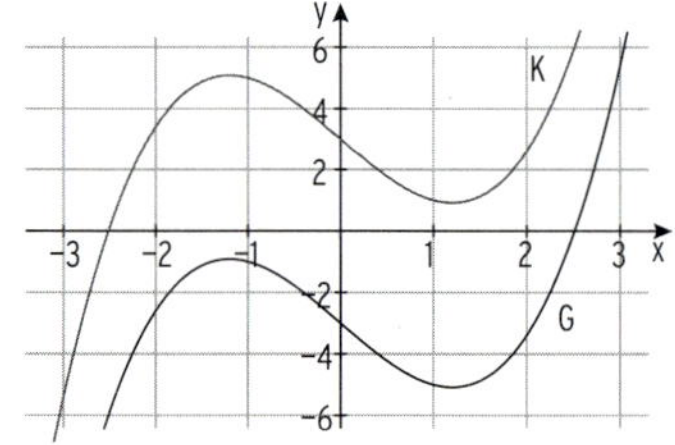

8 Die Abbildung zeigt den Querschnitt eines Erdhügels. Für $3 \le x \le 6$ wird die Berandung beschrieben durch die Funktion f mit $f(x) = 3x - \frac{1}{2}x^2$.
Im Punkt $P(4\,|\,f(4))$ wurde tangential eine Rampe angelegt. Geben Sie die Gleichung der Rampe an.
Der Hersteller eines Geländewagens gibt einen maximalen Steigungswinkel von 42° an.
Kommt der Geländewagen die Rampe hoch?

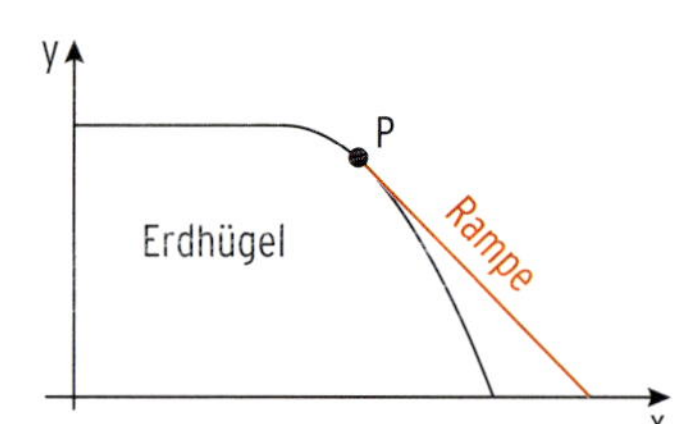

Test zur Überprüfung Ihrer Grundkenntnisse

1 Leiten Sie ab.

a) $f(x) = 5x^3 - \frac{3}{2}x^2 + 2x + 1$

b) $f(x) = 6e^x - 5\sin(x)$

c) $f(x) = 7e^{2x-3} + 4$

d) $f(x) = 5\cos(4x - 3) + \sin(1,5)$

e) $f(x) = \frac{1}{2}e^4 - 3x - 5\cos(\pi(x - 3))$

f) $f(x) = (x - 3)e^{2x}$

g) $f(x) = 8x\sin(3x)$

h) $f(x) = \cos(x)\,e^{4x}$

2 Gegeben ist die Funktion f mit $f(x) = x^3 - 2x^2$; $x \in \mathbb{R}$ mit Schaubild K.

a) Bestimmen Sie die Gleichung der Tangente an K im Punkt $P(2\,|\,f(2))$.

b) Welche Parallele zur x-Achse berührt K?

c) Überprüfen Sie, ob die Gerade G mit $y = 7x + 4$ eine Tangente an K ist.

d) Berechnen Sie die Stellen mit $f(x) = f'(x)$.

3 K ist das Schaubild der Funktion f mit $f(x) = 2\sin(x) + 1$; $x \in \mathbb{R}$.
Unter welchem Winkel schneidet K die y-Achse?
Bestimmen Sie eine mögliche Stelle x_0, sodass die Tangente an K in x_0 parallel zur 2. Winkelhalbierenden verläuft.

4 Gegeben ist die Funktion f mit $f(x) = \frac{1}{2}e^{x-1} + 2$; $x \in \mathbb{R}$.
K ist das Schaubild von f.
In welchem Punkt P verläuft die Tangente t an K parallel zur Geraden g mit $y = \frac{1}{2}x - 1$?
Schätzen Sie die Koordinaten von P mithilfe der Abbildung ab.
Geben Sie die Gleichung von t an.

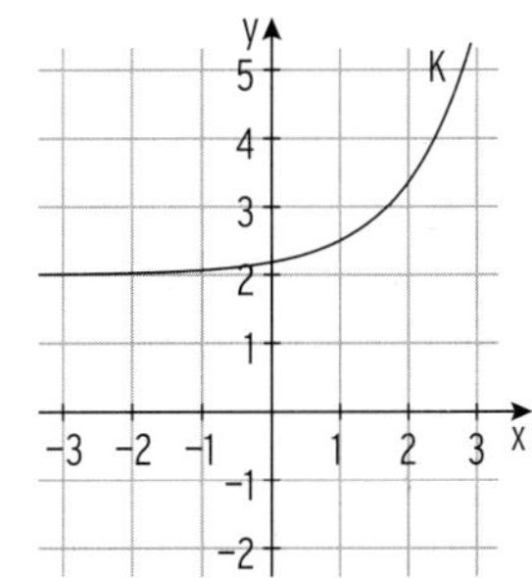

5 K ist das Schaubild der Funktion f mit $f(x) = -(x - 1)^2(2 + x)$; $x \in \mathbb{R}$.

a) K schneidet die Koordinatenachsen in A und B.
Eine Tangente an K ist parallel zu (AB).
Bestimmen Sie die Koordinaten der Berührpunkte auf zwei Dezimalstellen gerundet.

b) Unter welchem Winkel schneidet die Tangente an K in A die x-Achse?

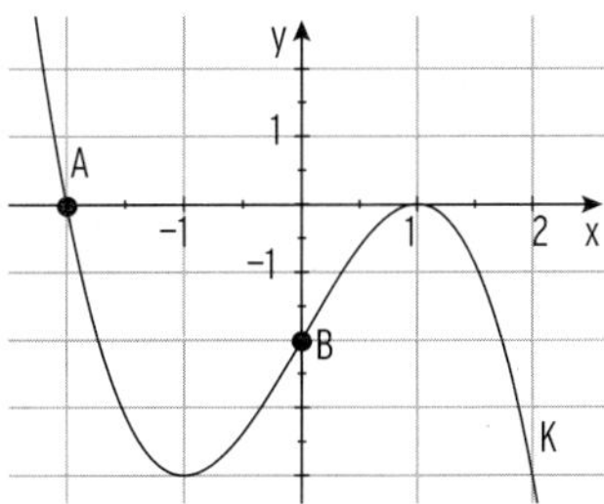

3.2 Untersuchung von Funktionsgraphen mithilfe der Differenzialrechnung

3.2.1 Monotonie

Ergeben sich für **wachsende x-Werte** auch **wachsende y-Werte,** so heißt die Funktion f **streng monoton wachsend.**

Beispiel

f mit $f(x) = 2x - 3$

f ist **streng monoton wachsend** auf $\mathbb{R}$.

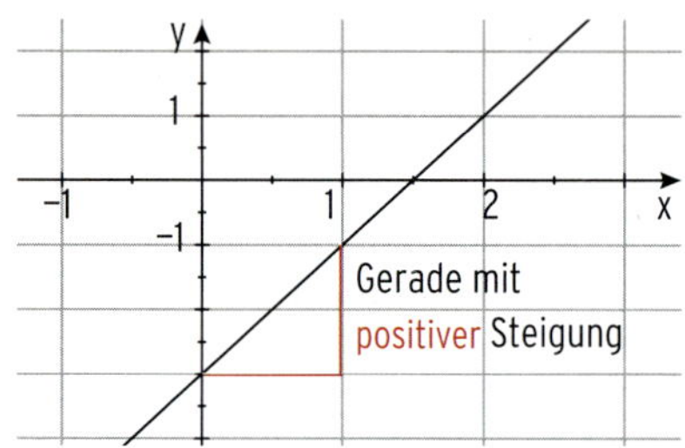

Ergeben sich für **wachsende x-Werte fallende y-Werte,** so heißt die Funktion f **streng monoton fallend.**

Beispiel

f mit $f(x) = -0{,}5x + 1$

f ist **streng monoton fallend** auf $\mathbb{R}$.

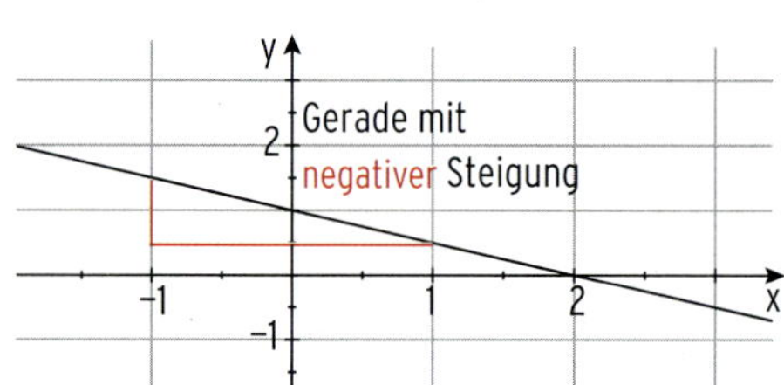

Gilt für eine Funktion f für alle x_1, x_2 aus einem Intervall I

$x_1 < x_2 \Rightarrow f(x_1) < f(x_2)$	bzw.	$x_1 < x_2 \Rightarrow f(x_1) > f(x_2)$
	so heißt	
f **streng monoton wachsend.**		f **streng monoton fallend.**

Für den Fall

$x_1 < x_2 \Rightarrow f(x_1) \leq f(x_2)$	bzw.	$x_1 < x_2 \Rightarrow f(x_1) \geq f(x_2)$
	heißt	
f **monoton wachsend.**		f **monoton fallend.**

Bei nichtlinearen Funktionen können Bereiche festgelegt werden, in denen die Funktion f für alle x-Werte aus diesem Bereich wachsend bzw. fallend ist.

Beispiel

f mit $f(x) = -\frac{1}{2}x^2 + 2x$

Ableitung: $f'(x) = -x + 2$

Stellen mit Steigung 0: $f'(x) = 0$

$-x + 2 = 0$

$x = 2$

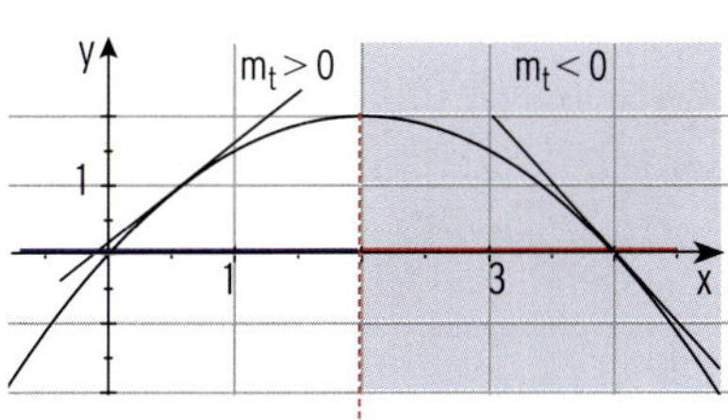

x-Wert des Scheitelpunkts: $x_S = 2$

	Für $x < 2$	Für $x = 2$	Für $x > 2$
	$f'(x) > 0$	$f'(2) = 0$	$f'(x) < 0$
	positive Steigung		negative Steigung
f ist **streng monoton**	wachsend		fallend

Monotonie und Ableitung

Gilt auf einem Bereich I (Intervall I) für alle $x \in I$,

$\left.\begin{matrix} f'(x) > 0 \\ f'(x) < 0 \end{matrix}\right\} \Rightarrow$ f ist **streng monoton** $\left\{\begin{matrix} \textbf{wachsend} \\ \textbf{fallend} \end{matrix}\right\}$ auf I.

Gilt

$\left.\begin{matrix} f'(x) \geq 0 \\ f'(x) \leq 0 \end{matrix}\right\} \Leftrightarrow$ f ist **monoton** $\left\{\begin{matrix} \textbf{wachsend} \\ \textbf{fallend} \end{matrix}\right\}$ auf I.

Beispiel

f mit $f(x) = x^3$; $x \in \mathbb{R}$

f ist streng monoton wachsend.

Es gilt: $x_1 < x_2 \Rightarrow f(x_1) < f(x_2)$

$f'(0) = 0$,

d. h. $f'(x)$ ist nicht größer null für alle $x \in \mathbb{R}$.

Es gilt: $f'(x) \geq 0$

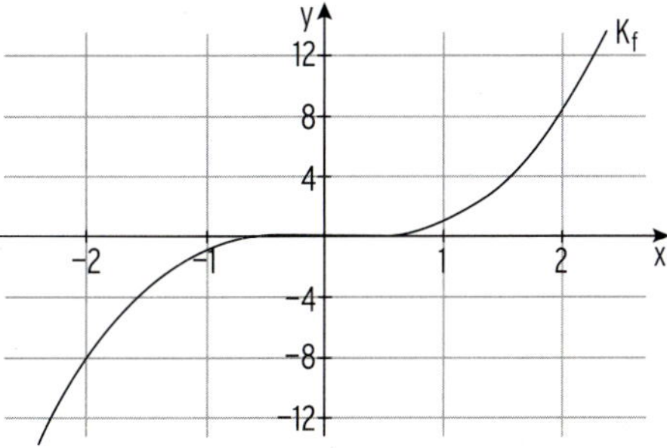

Wenn f streng monoton wachsend ist, folgt nicht $f'(x) > 0$.

Monotonieuntersuchung

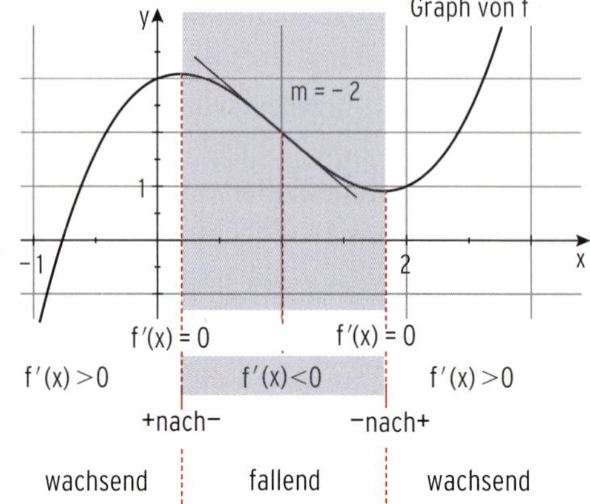

Graph von f

Funktionswert f (x) ist der **y-Wert des Kurvenpunktes** von K.

f′(x) ist der **Steigungswert** von K.

Steigungswert = 0

VZW von f′(x) von

f ist streng monoton

Beispiel 1

➲ Die Abbildung zeigt den Graphen K einer Funktion f. Bestimmen Sie die Monotoniebereiche von f.

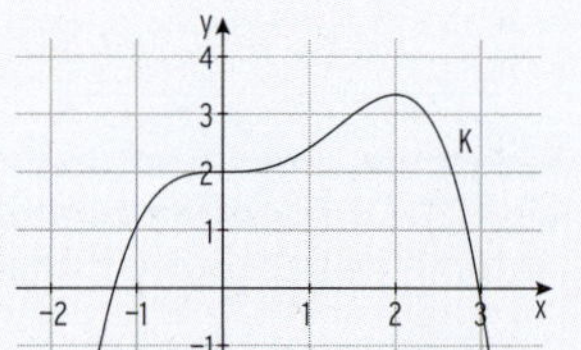

Lösung

Mithilfe des Schaubildes von f kann man die Monotoniebereiche festlegen.

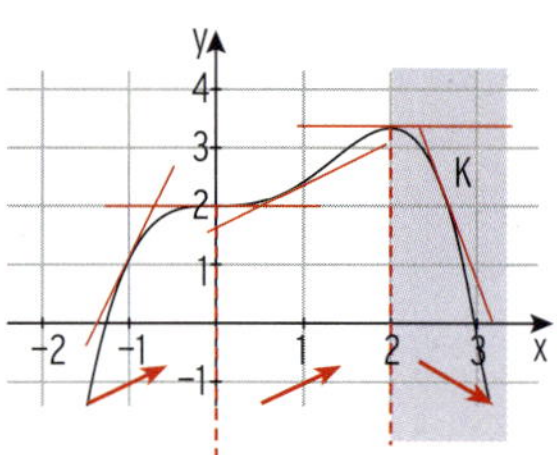

f ist streng monoton — wachsend, wachsend für $x < 2$; fallend für $x > 2$

Monotoniebereiche: f ist streng monoton wachsend für $x \leq 2$, f ist streng monoton fallend für $x \geq 2$.

Hinweis: Kein VZW von f′(x) in $x_1 = 0$.

Beispiel 2

➲ Gegeben ist die Funktion f mit $f(x) = e^{-x} + 2x;\ x \in \mathbb{R}$. Bestimmen Sie die Monotoniebereiche von f.

Lösung

Mithilfe der 1. Ableitung — $f'(x) = -e^{-x} + 2$

Stellen mit waagrechter Tangente: $f'(x) = 0$ — $-e^{-x} + 2 = 0$

Einzige Lösung (Extremstelle) — $x_1 = -\ln(2) = -0{,}69$

Einsetzen von 0 ($> x_1$) in f′(x): — $f'(0) = 1 > 0$

Einsetzen von −1 ($< x_1$) in f′(x): — $f'(-1) = -0{,}72 < 0$

Das Schaubild von f ist für $x > -\ln(2)$ wachsend, für $x < -\ln(2)$ fallend.

Beispiel 3

➲ Ein Gefäß wird gleichmäßig mit Wasser gefüllt.
Wie steigt der Wasserspiegel beim abgebildeten Gefäß in Abhängigkeit von der Zeit an?
Die Abbildungen zeigen die Füllhöhe h in Abhängigkeit von der Zeit t.
Ordnen Sie dem Gefäß die zugehörige Kurve zu.

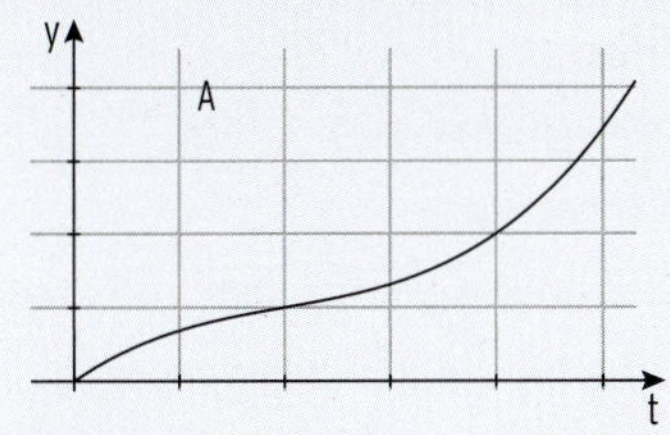

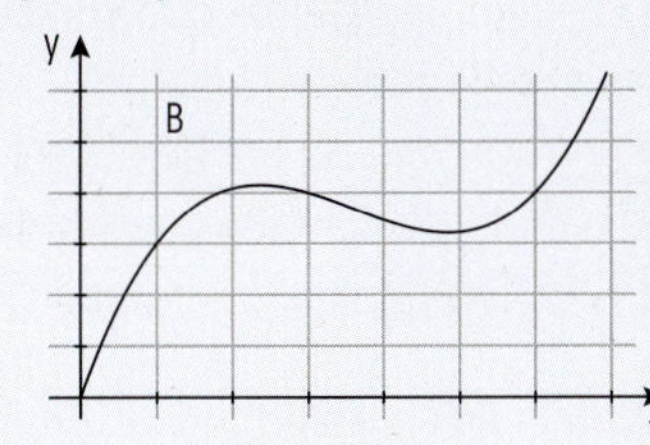

Lösung

Die Füllhöhe h **nimmt** mit der Zeit **zu**, die Kurve B kommt also nicht infrage.
Die Funktion h, die zum Schaubild A gehört, ist **streng monoton wachsend.**
Für **wachsende t-Werte** ergeben sich auch **wachsende y-Werte.**
Das Schaubild von h hat für alle $t > 0$ eine **positive Steigung:** $h'(t) > 0$ für alle $x \in \mathbb{R}$.

Aufgaben

1 Bestimmen Sie aus der Abbildung die Bereiche, in denen das Schaubild der Funktion f streng monoton wächst bzw. fällt.

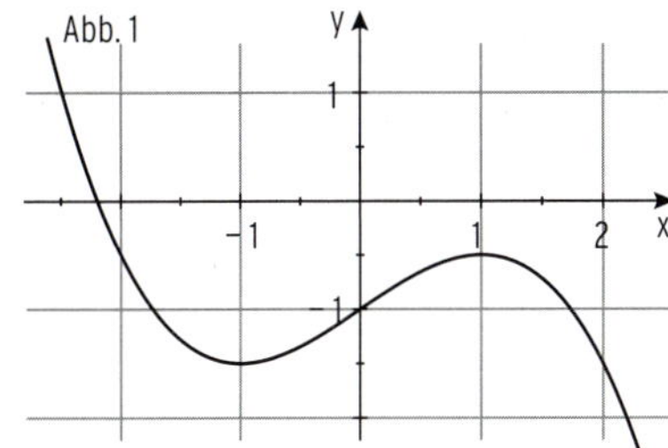

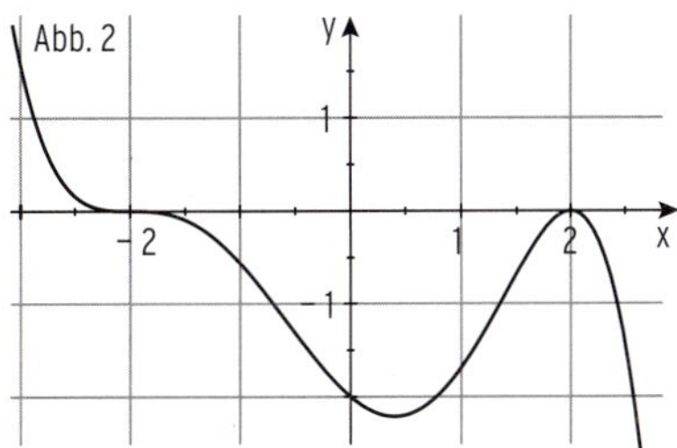

2 Zeigen Sie: f ist streng monoton wachsend bzw. fallend für alle x aus $\mathbb{R}$.

a) $f(x) = -x^3 - 2x + 3$ b) $f(x) = \frac{3}{5}x^5 + x^3 + 4$ c) $f(x) = 2 + e^{-x} - e^x$

3 Gegeben ist die Funktion f mit $f(x) = e^x - x;\ x \in \mathbb{R}$.
Bestimmen Sie die Monotoniebereiche von f.

4 Für eine Funktion f gilt: $f'(0) > 0$ und $f'(-1) = -2$.
Skizzieren Sie eine mögliche zugehörige Kurve.

5 Für eine Funktion f mit $D = \mathbb{R}$ gilt:
a) $f'(x) > 1$ b) $f'(x) \leq 0$ c) $f'(x) \in [0; 2]$ d) $f(x) \in [-4; 4]$
Welche Aussagen lassen sich über die Funktion f und das zugehörige Schaubild machen?
Nennen Sie jeweils ein Beispiel. Skizzieren Sie eine mögliche Kurve.

6 Stellen Sie die Abhängigkeit näherungsweise grafisch dar.
Machen Sie Aussagen über das Monotonieverhalten.
a) Die Gesamtkosten K einer Unternehmung hängen von der erzeugten Menge x ab.
b) Der Tankinhalt eines Pkws hängt von der gefahrenen Strecke ab.
c) Die Höhe einer Sonnenblume ist abhängig von der Zeit in der Wachstumsphase.

7 Gegeben ist das Schaubild der ersten Ableitung der Funktion f.
Machen Sie Aussagen über die Monotonie von f.

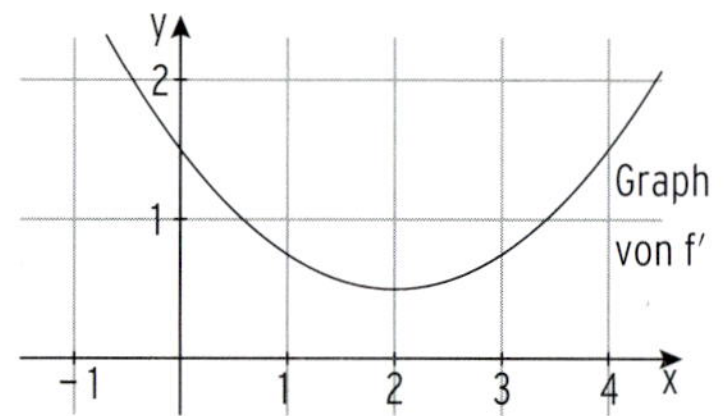

8 Beim Füllen der Gefäße entsteht, abhängig von der Füllhöhe x, eine kreisförmige Oberfläche mit Radius r.
Ist der Radius r als Funktion der Füllhöhe x (streng) monoton?
Ordnen Sie jedem Gefäß eine Abbildung zu.
Erläutern Sie, warum sich die dritte Abbildung nicht zuordnen lässt.
Wie sieht ein zugehöriges Gefäß aus?

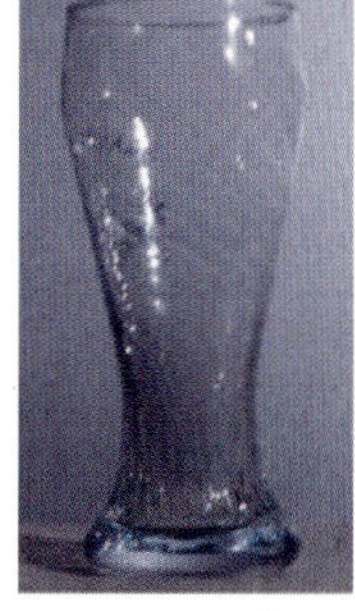

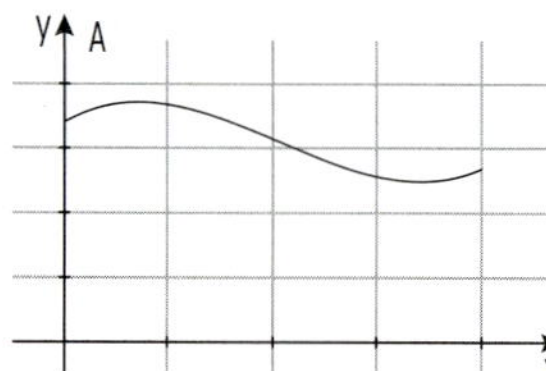

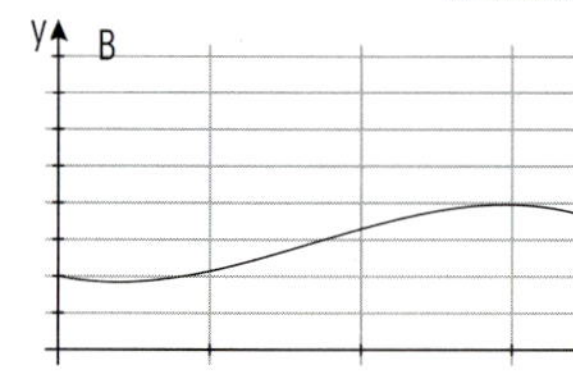

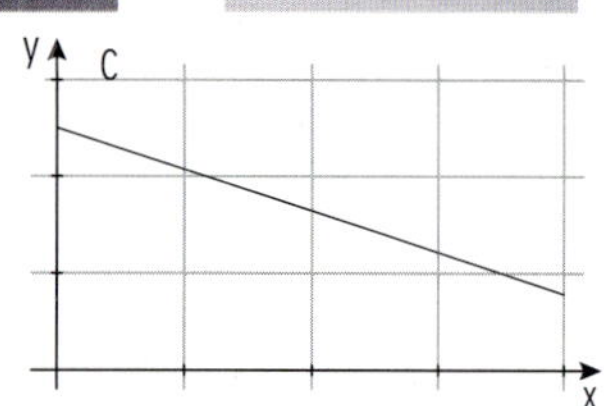

9 Die Gesamtkosten in GE für die Herstellung einer Druckerpresse sind gegeben durch die Funktion K mit $K(x) = 0{,}05\,x^3 - 1{,}2\,x^2 + 10\,x + 156$; $x \geq 0$.
Zeigen Sie, mit zunehmender Produktionsmenge steigen auch die Gesamtkosten.

10 Gegeben ist die Funktion f mit $f(x) = a\,x^2 - x + 2$; $x \in \mathbb{R}$, $a > 0$.
Bestimmen Sie einen Wert für a, sodass f streng monoton wachsend ist für $x \geq 1$.

3.2.2 Extrempunkte

mvurl.de/aglf

Beispiel 1

➲ Die Funktion f mit $f(x) = \frac{1}{12}x^3 - \frac{7}{4}x^2 + 10x + \frac{17}{3}$ beschreibt näherungsweise die wöchentlichen Verkaufszahlen von Rasenmähern. Dabei ist x die Zeit in Wochen nach Wiedereröffnung der Geschäftsräume. Untersuchen Sie die Entwicklung der Verkaufszahlen.

Lösung

Das Schaubild von f wird gezeichnet. Die Verkaufszahlen nehmen zu bis zur Woche 4 mit 23 Stück, danach nehmen sie ab bis zur Woche 10 mit 14 verkauften Rasenmähern, um danach wieder zuzunehmen.

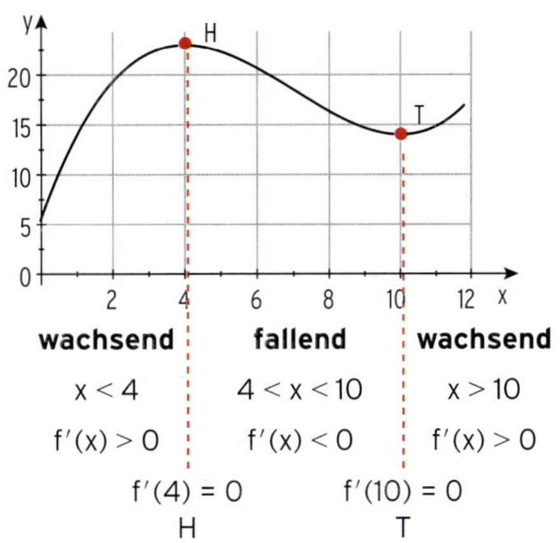

Erläuterungen

Man liest ab: f ist monoton	wachsend	fallend	wachsend
für	$x < 4$	$4 < x < 10$	$x > 10$
	$f'(x) > 0$	$f'(x) < 0$	$f'(x) > 0$
Im Übergang		$f'(4) = 0$ H	$f'(10) = 0$ T

von **wachsend zu fallend** liegt ein **Hochpunkt,**
von **fallend zu wachsend** liegt ein **Tiefpunkt.**

Ein Kurvenpunkt $P(x_1 | f(x_1))$ heißt $\left\{\begin{matrix}\textbf{Hochpunkt}\\ \textbf{Tiefpunkt}\end{matrix}\right\}$, wenn $f(x_1)$ der $\left\{\begin{matrix}\textbf{größte}\\ \textbf{kleinste}\end{matrix}\right\}$ **Funktionswert** für alle x aus einer Umgebung von x_1 ist.

Dieser $\left\{\begin{matrix}\textbf{größte}\\ \textbf{kleinste}\end{matrix}\right\}$ Funktionswert $f(x_1)$ heißt **lokales (relatives)** $\left\{\begin{matrix}\textbf{Maximum}\\ \textbf{Minimum}\end{matrix}\right\}$.

Notwendige Bedingung für (lokale) Extremstellen: $f'(x_1) = 0$.
Dabei liegt x_1 im Innern des Definitionsbereichs.

Hochpunkte bzw. Tiefpunkte nennt man **Extrempunkte** des Schaubildes von f.
Der x-Wert des Extrempunktes heißt Extremstelle.

Nachweis für Extrempunkte (1. Möglichkeit):
Nachweis mit **Vorzeichenwechsel** (VZW von $f'(x)$):

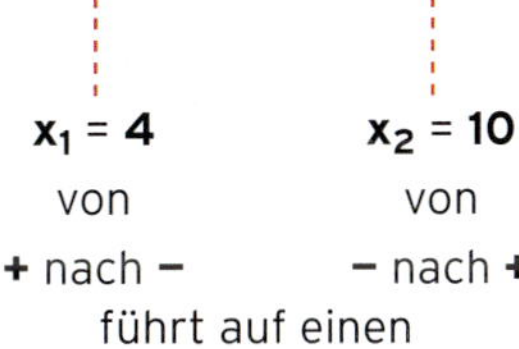

VZW von f'(x) an der Stelle	$\mathbf{x_1 = 4}$	$\mathbf{x_2 = 10}$
	von	von
	+ nach **−**	**−** nach **+**
	führt auf einen	
	Hochpunkt	**Tiefpunkt**
	mit $f(4) = 23$ und	$f(10) = 14$
	H(4 | 23)	**T(10 | 14)**

Hinweis: $f'(x) = \frac{1}{4}x^2 - \frac{7}{2}x + 10$
$f'(3) = 1{,}75 > 0$; $f'(4) = 0$; $f'(5) = -1{,}25 < 0$

Nachweis mithilfe der zweiten Ableitung von f (2. Möglichkeit):

Graph von f

Graph von f′

$f''(x)$ ist die **Steigung** des Schaubildes von f' an der Stelle x.

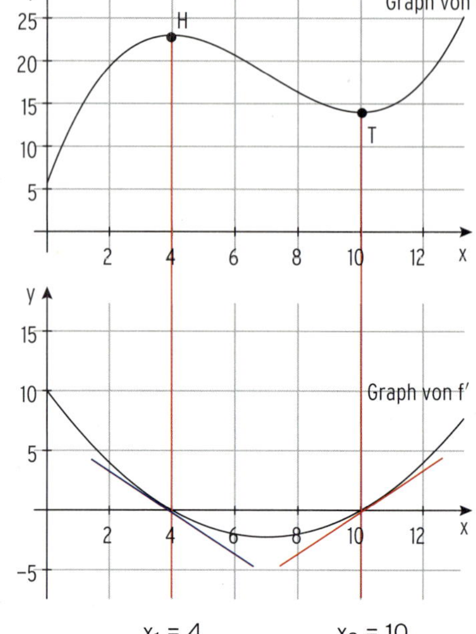

Die **Steigung** des Graphen von f' an der Stelle	$x_1 = 4$ ist **negativ**	$x_2 = 10$ ist **positiv**.
Das bedeutet:	$f''(4) < 0$	$f''(10) > 0$
Das Schaubild von f hat dort einen	**Hochpunkt**	**Tiefpunkt**

Hinweis: $x_1 = 4$ ist **Maximalstelle**, $x_2 = 10$ ist **Minimalstelle.**

Berechnung von $f''(4)$ und $f''(10)$

Zweite Ableitung von f: $f''(x) = \frac{1}{2}x - \frac{7}{2}$

Einsetzen der x-Werte in $f''(x)$: $f''(4) = -\frac{3}{2} < 0$ $\quad f''(10) = \frac{3}{2} > 0$

Bestimmung von Extrempunkten

- **Notwendige Bedingung: $f'(x) = 0$** liefert die Stellen $x_1, x_2, \ldots$ mit waagrechter Tangente.
- **Nachweis für Hochpunkt bzw. Tiefpunkt (hinreichende Bedingung)**
  1. Möglichkeit durch **Vorzeichen-Untersuchung** von $f'(x)$
  Hat $f'(x)$ an der Stelle x_1 einen Vorzeichenwechsel
  $\begin{Bmatrix} \text{von + nach −} \\ \text{von − nach +} \end{Bmatrix}$, so hat der Graph von f einen $\begin{Bmatrix} \textbf{Hochpunkt } H(x_1 \mid f(x_1)) \\ \textbf{Tiefpunkt } T(x_1 \mid f(x_1)) \end{Bmatrix}$.

  2. Möglichkeit durch **Einsetzen von x_1** in $f''(x)$
  Ist $\begin{Bmatrix} f''(x_1) < 0 \\ f''(x_1) > 0 \end{Bmatrix}$, so hat der Graph von f einen $\begin{Bmatrix} \textbf{Hochpunkt } H(x_1 \mid f(x_1)) \\ \textbf{Tiefpunkt } T(x_1 \mid f(x_1)) \end{Bmatrix}$.

Beispiel 2

➲ Gegeben ist die Funktion f mit $f(x) = -\frac{1}{3}x^3 + 2x^2 - 3x$; $x \in \mathbb{R}$ mit Graph K_f.
Berechnen Sie die Koordinaten der Hoch- und Tiefpunkte.

Lösung

Ableitungen: $f'(x) = -x^2 + 4x - 3$; $f''(x) = -2x + 4$

Notwendige Bedingung für Extremstellen: $f'(x) = 0$ $\quad -x^2 + 4x - 3 = 0$

Stellen mit waagrechter Tangente: $\quad x_1 = 1$; $x_2 = 3$

Nachweis durch Einsetzen der x-Werte in $f''(x)$

$f''(1) = 2 > 0$: f hat in $x_1 = 1$ ein (lokales) Minimum, K_f hat einen Tiefpunkt an der Stelle $x_1 = 1$.

$f''(3) = -2 < 0$: f hat in $x_2 = 3$ ein (lokales) Maximum, K_f hat einen Hochpunkt an der Stelle $x_2 = 3$.

Mit $f(1) = -\frac{4}{3}$ und $f(3) = 0$ erhält man:

Tiefpunkt $T\left(1 \middle| -\frac{4}{3}\right)$; Hochpunkt $H(3|0)$

Schaubild K_f:

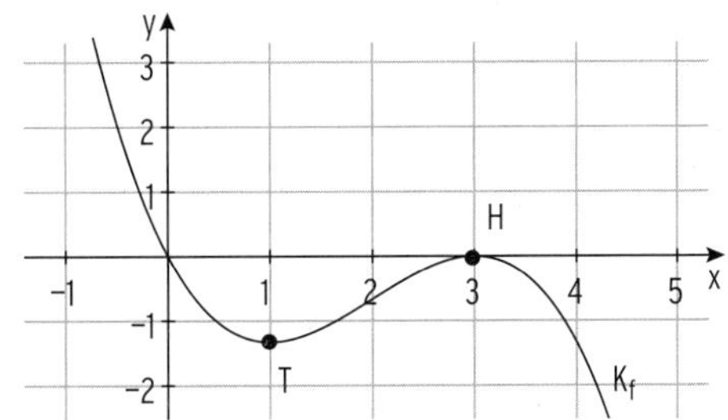

Beispiel 3

➲ Berechnen Sie die Extremstellen von f mit $f(x) = 0{,}5x + \cos(x)$ für $x \in [0; \pi]$.
Geben Sie die Minimalstelle an.

Lösung

Ableitungen: $f'(x) = 0{,}5 - \sin(x)$; $f''(x) = -\cos(x)$

Notwendige Bedingung für Extremstellen: $f'(x) = 0$ $\quad 0{,}5 - \sin(x) = 0$

$\sin(x) = 0{,}5$

$x_1 = \frac{\pi}{6}$; $x_2 = \frac{5}{6}\pi$

Lösung z. B. mithilfe der Tabelle:

Nachweis durch Einsetzen der x-Werte in $f''(x)$

$f''\left(\frac{\pi}{6}\right) = -0{,}866 < 0$

f hat in $x_1 = \frac{\pi}{6}$ ein lokales (relatives) Maximum.

$f''\left(\frac{5}{6}\pi\right) = 0{,}866 > 0$

f hat in $x_2 = \frac{5}{6}\pi$ ein lokales (relatives) Minimum.

$x_2 = \frac{5}{6}\pi$ ist die Minimalstelle.

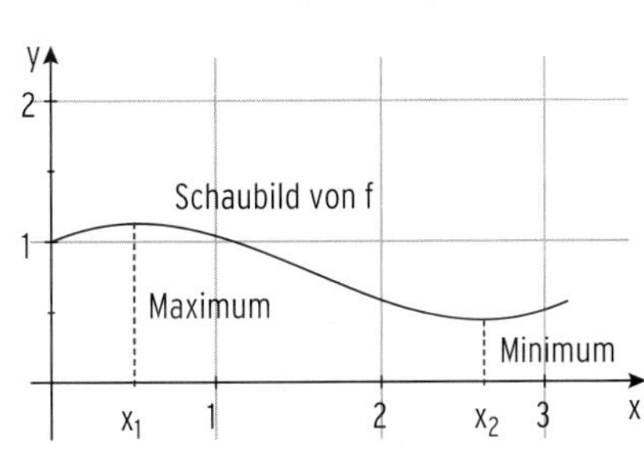

Hinweis: $f(x_2)$ ist der absolut kleinste y-Wert,
$f(x_2)$ ist das **globale (absolute) Minimum** auf $[0; \pi]$.
Das lokale Maximum ist auch das **globale Maximum** auf $[0; \pi]$.

Beispiel 4

➲ K ist das Schaubild der Funktion f mit $f(x) = 2x\,e^x$; $x \in \mathbb{R}$.
Bestimmen Sie Art und Lage des zugehörigen Extrempunktes.

Lösung

Ableitung mithilfe der Produktregel:

$u(x) = 2x$	$u'(x) = 2$	$f'(x) = u'(x)\,v(x) + u(x)\,v'(x)$
$v(x) = e^x$	$v'(x) = e^x$	$f'(x) = 2 \cdot e^x + 2x\,e^x = 2\,e^x(x+1)$

Notwendige Bedingung
für Extremstellen: $f'(x) = 0$ — $2\,e^x(x+1) = 0$
Stelle mit waagrechter Tangente: — $x_1 = -1$

Nachweis durch Vorzeichen-Untersuchung von $f'(x)$
$f'(-2) = -0{,}27 < 0$; $f'(0) = 2 > 0$
$f'(x)$ wechselt an der Stelle $x_1 = -1$
das Vorzeichen von − nach +.
K hat einen Tiefpunkt an der Stelle $x_1 = -1$.
y-Wert des Tiefpunktes T:
$f(-1) = -2\,e^{-1}$
Tiefpunkt $T(-1 \mid -2\,e^{-1})$

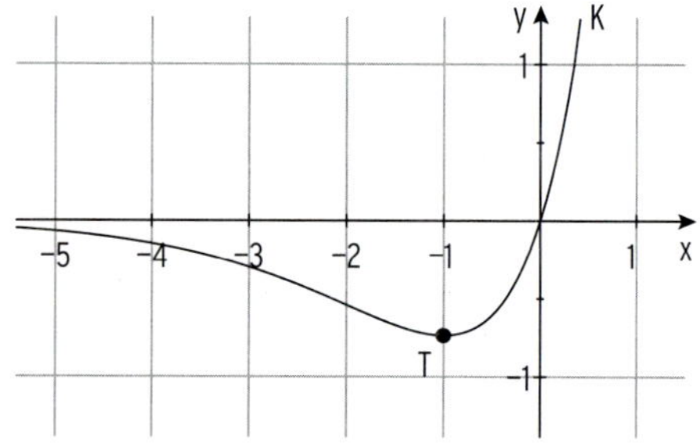

Hinweis: Der Nachweis wurde ohne die zweite Ableitung durchgeführt.

Beispiel 5

➲ Gegeben ist die Funktion f mit $f(x) = -(x-3)^2\,e^x$; $x \in \mathbb{R}$. K ist das Schaubild von f.
Zeigen Sie ohne Verwendung der 2. Ableitung, dass K an der Stelle 3 einen Hochpunkt hat.

Lösung

Ohne Rechnung erkennt man:
$x_{1|2} = 3$ ist doppelte Nullstelle von f.
Doppelte Nullstelle von f bedeutet:
f(x) wechselt das Vorzeichen nicht.
Wegen $f(x) = -(x-3)^2\,e^x \leq 0$ für alle $x \in \mathbb{R}$,
muss in der doppelten Nullstelle ein Hochpunkt liegen.

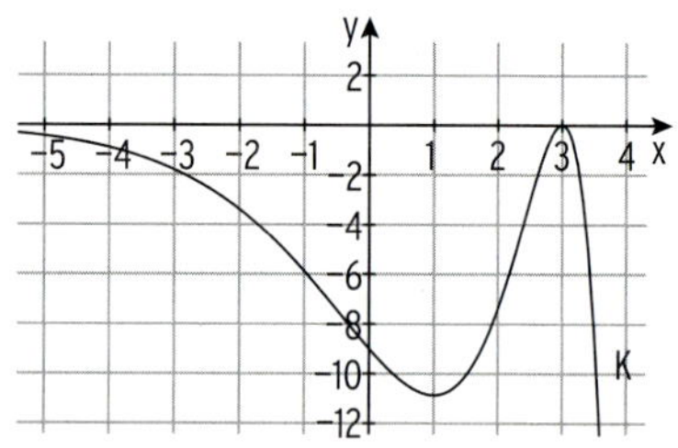

Bemerkung: x_1 ist **doppelte Nullstelle** von f $\Rightarrow$ x_1 ist **Extremstelle** von f.

Beispiel 6

➲ Die Strom AG gewinnt Energie aus Wasserkraft. Dazu nutzt sie die beiden Stauseen Obersee und Untersee. Tagsüber fließt Wasser vom Obersee in den Untersee und treibt Turbinen an. Nachts pumpt die Strom AG einen Teil dieses Wassers wieder hoch in den Obersee.

Der Wasserdurchfluss kann näherungsweise beschrieben werden durch die Funktion f mit $f(x) = 0{,}23\,x^3 - 4{,}61\,x^2 - 4{,}72\,x + 124;\ 0 \le x \le 24$,
f(x) gibt den Wasserdurchfluss in 1000 m^3 pro Stunde an.
Positive Funktionswerte bedeuten nach oben gepumptes Wasser, negative Funktionswerte stehen für nach unten strömendes Wasser.
Berechnen Sie, um wie viel Uhr der Wasserdurchfluss nach unten am größten war.
Wie hoch war der Wasserdurchfluss zu diesem Zeitpunkt?

Lösung

Gesucht ist der Zeitpunkt, zu dem f ein (negatives) Minimum auf [0; 24] hat.

Ableitungen: $f'(x) = 0{,}69\,x^2 - 9{,}22\,x - 4{,}72;\ f''(x) = 1{,}38\,x - 9{,}22$

Notwendige Bedingung für die Extremstellen: $f'(x) = 0$ — $0{,}69\,x^2 - 9{,}22\,x - 4{,}72 = 0$

Lösung der quadratischen Gleichung: $x_1 = 13{,}86\ \ (x_2 = -0{,}49)$

Nachweis durch Einsetzen des x-Wertes in $f''(x)$:
$f''(13{,}86) = 9{,}91 > 0$
f hat in $x_1 = 13{,}86$ ein Minimum.

Wasserdurchfluss für $x_1 = 13{,}86$:
$f(13{,}86) = -214{,}62$
$214{,}62 \cdot 1000\,\frac{m^3}{h} = 214\,620\,\frac{m^3}{h}$.

$x_1 = 13{,}86 \mathrel{\hat{=}} 13{:}52$ Uhr

Der Wasserdurchfluss nach unten ist um 13:52 Uhr am größten und beträgt $214\,620\,\frac{m^3}{h}$.

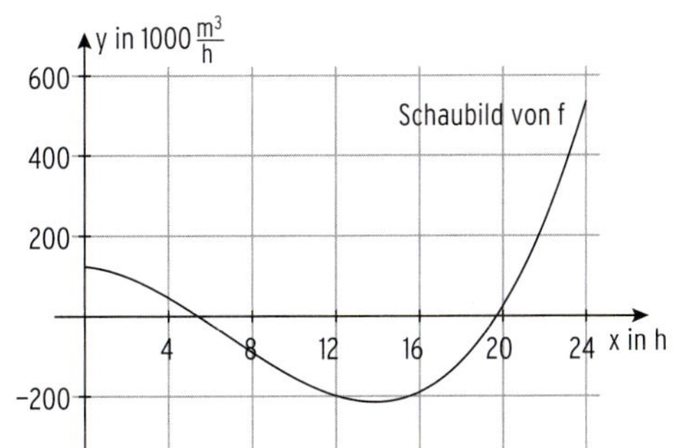

Aufgaben

1 Berechnen Sie die Koordinaten der Hoch- und Tiefpunkte des Graphen von f.

a) $f(x) = -\frac{1}{4}x^2 + x - 2$

b) $f(x) = \frac{1}{6}(x^3 - 9x)$

c) $f(x) = \frac{1}{16}x^4 - \frac{3}{2}x^2 + 5$

d) $f(x) = -x - 2 + e^{0,5x}$

e) $f(x) = 2\sin(2x) + 1;\ x \in]-1; 4[$

f) $f(x) = \frac{1}{x} + x;\ x \neq 0$

2 Gegeben ist die Funktion f mit $f(x) = x^3 - 3x + 2;\ x \in \mathbb{R}$.
Bestimmen Sie die Extrempunkte des Schaubildes von f mithilfe der Monotoniebereiche.

3 Zeigen Sie, dass f mit $f(x) = e^{0,25x} - 2 - e^{0,5x};\ x \in \mathbb{R}$ in $x = -4 \cdot \ln(2)$ eine Extremstelle hat.
Bestimmen Sie Art und Lage des zugehörigen Extrempunktes.

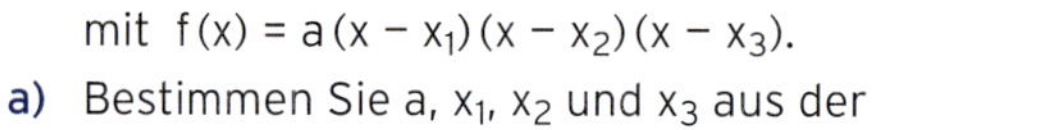

4 Die Abbildung zeigt den Graphen einer Funktion f mit $f(x) = a(x - x_1)(x - x_2)(x - x_3)$.

a) Bestimmen Sie a, x_1, x_2 und x_3 aus der Zeichnung.

b) Ermitteln Sie den Hoch- und den Tiefpunkt von K.

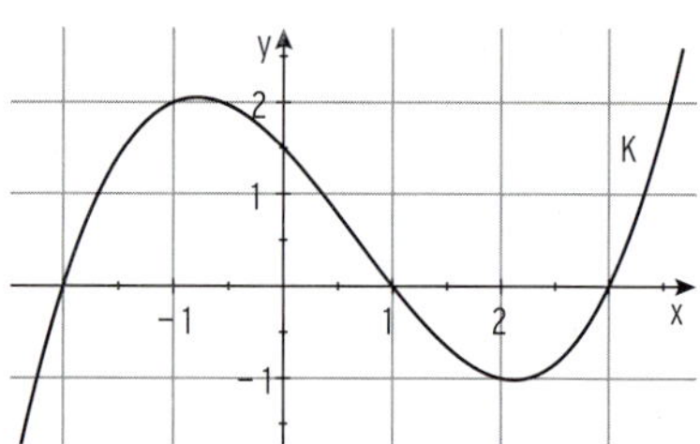

5 Berechnen Sie die Extremstellen von f mit $f(x) = 0,5x + \sin(x)$ für $x \in [-1; 7]$.

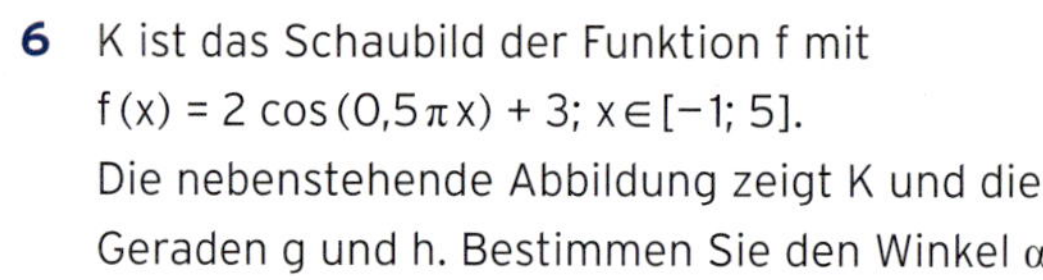

6 K ist das Schaubild der Funktion f mit
$f(x) = 2\cos(0,5\pi x) + 3;\ x \in [-1; 5]$.
Die nebenstehende Abbildung zeigt K und die Geraden g und h. Bestimmen Sie den Winkel α.

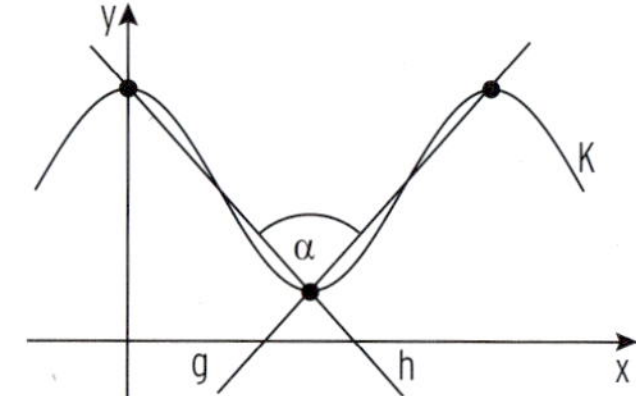

7 Zeigen Sie: f mit $f(x) = xe^{3-x};\ x \in \mathbb{R}$, ist auf [0; 1] monoton wachsend.

8 Begründen Sie ohne Verwendung der Ableitung, dass die Funktion f mit
$f(x) = x^3 + 3x^2 + 1;\ x \in \mathbb{R}$, Extremstellen besitzt.

9 Untersuchen Sie auf Extrempunkte.
$Y1 \triangleq f(x)$
$Y'1 \triangleq f'(x)$

a)

X	Y1	Y'1
0.5	1.6666	0.75
1	1.8333	0
1.5	1.75	-0.25
2	1.6666	0
2.5	1.8333	0.7499

b)

X	Y1	Y'1
-3	-0.149	-0.049
-2	-0.135	0.1353
-1	0.3678	1.1036
0	3	5
1	13.591	19.027

10 Eine Polynomfunktion f hat die einfachen Nullstellen $x_1 = -1$ und $x_2 = 3$.
Das Schaubild von f hat den Extrempunkt N(2|0) und verläuft durch den Punkt P(0|3).
Skizzieren Sie einen möglichen Verlauf des Schaubildes von f.

11 Für eine Polynomfunktion f 3. Grades gilt:

$f'(x) = 0$ für $x_1 = -3$ und $x_2 = 1$ $\qquad f'(-4) = 15$

$f'(-2) = -9$ $\qquad f(-3) = 27$ $\qquad f(1) = -5$

Welche Aussagen lassen sich daraus für die Extrempunkte des Graphen von f treffen?

12 Eine Parabel verläuft durch den Ursprung und hat in $P(1 \mid f(1))$ eine Tangente mit der Gleichung $y = -2x - 0{,}5$.

Nicola notiert folgende Bedingungen zur Bestimmung des Funktionsterms.

$f(0) = 0$ $\qquad f(1) = -0{,}5$ $\qquad f'(1) = 0$

Begründen Sie, dass Nicola die Informationen im Aufgabentext nicht alle richtig übersetzt hat.

13 Die Abbildung zeigt das Schaubild einer Funktion f.
Begründen Sie, ob die folgenden Aussagen wahr oder falsch sind.

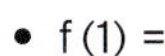

- $f(1) = 0$
- $f'(1) = 5$
- $f'(3) = 0$
- Bei $x = 1$ hat $f'(x)$ einen Vorzeichenwechsel von + nach −.
- Die momentane Änderungsrate von f an der Stelle $x = 3{,}5$ ist größer als die durchschnittliche Änderungsrate im Intervall [1; 2].

14 Das Weg-Zeit-Gesetz eines 100-Meter-Sprints kann näherungsweise beschrieben werden durch die Funktion s mit $s(t) = -0{,}066\,t^3 + 1{,}49\,t^2$.
t ist die Zeit in Sekunden und s(t) gibt die Strecke in m an.
Bestimmen Sie die größte Geschwindigkeit des Läufers.

15 Die Gesamtkosten K werden beschrieben durch $K(x) = \frac{1}{12}x^3 - \frac{3}{8}x^2 + \frac{3}{2}x + 10;\ x > 0$.
Zeigen Sie: K ist für $x > 0$ monoton wachsend.
Bestimmen Sie die Produktionsmenge, bei der die Änderungsrate der Gesamtkosten am geringsten ist und bestimmen Sie diese Kostenänderung.

16 Das Schaubild der Funktion f mit $f(x) = \frac{1}{8}x^4 - x^3 + a;\ x \in \mathbb{R}$ sei K.
Bestimmen Sie a so, dass der Extrempunkt von K auf der x-Achse liegt.
Ist der Extrempunkt ein Hoch- oder ein Tiefpunkt?

17 Bestimmen Sie a so, dass f mit $f(x) = -\frac{1}{12}x^3 + ax^2 + 4;\ x \in \mathbb{R}$, in $x = 2$ eine Extremstelle hat. Um welche Art von Extremstelle handelt es sich dabei?

18 Gegeben ist die Funktion f mit $f(x) = e^{-x} + ax - 6;\ x \in \mathbb{R}$. K ist der Graph von f.
Für welchen Wert von a liegt der Extrempunkt von K auf der y-Achse?

mvurl.de/zg6a

3.2.3 Wendepunkte

DerAmazonas fließt zunächst in einer **Rechtskurve** und danach in einer **Linkskurve** (vgl. Abbildung).

mvurl.de/l5e1

Im Übergang von **Rechtskurve** zu **Linkskurve** **oder** von **Linkskurve** zu **Rechtskurve** liegt ein **Wendepunkt.** Die Kurve wechselt ihre **Krümmung.**

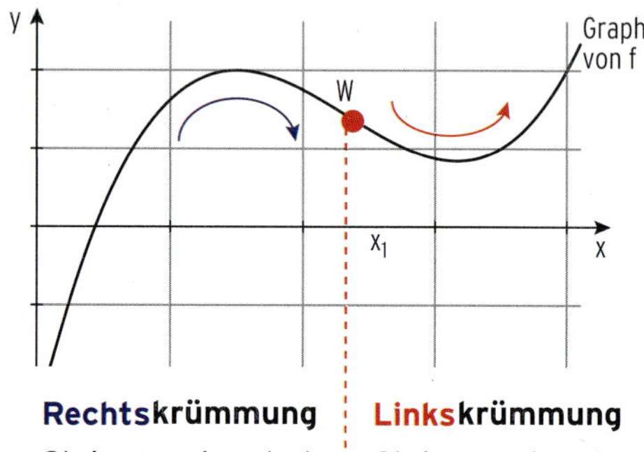

Rechtskrümmung
Steigung nimmt ab

Linkskrümmung
Steigung nimmt zu

Ist x_1 **Wendestelle** von f, so ist x_1 die Stelle mit **kleinster Steigung,** also Extremstelle von f'.

Daraus folgt:
Notwendige Bedingung für die Wendstelle x_1:
Steigung des Graphen von f' in x_1 ist null, also:
$(f')'(x_1) = 0$
↓
$f''(x_1) = 0$

Nachweis für die Wendestelle x_1:
$f''(x)$ hat einen Vorzeichenwechsel von − nach +
oder
$f'''(x_1) > 0$

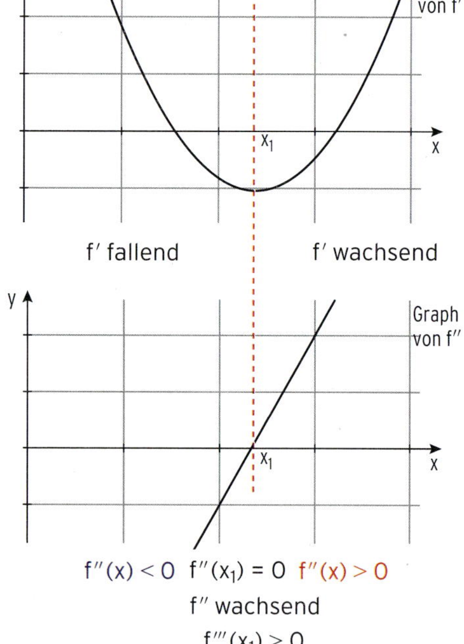

$f''(x) < 0$ $f''(x_1) = 0$ $f''(x) > 0$
f'' wachsend
$f'''(x_1) > 0$

Hinweis: $f'''(x_1)$ ist die Steigung des Schaubildes von f'' an der Stelle x_1.

Bestimmung von Wendepunkten

- **Notwendige Bedingung: $f''(x) = 0$** liefert die Stellen x_1, x_2, ...
- **Nachweis (hinreichende Bedingung):**

1. Möglichkeit durch **Vorzeichenuntersuchung** von $f''(x)$
   Ist x_1 einfache Nullstelle von f'', so wechselt $f''(x)$ das Vorzeichen an der Stelle x_1. K_f hat den Wendepunkt $W(x_1 | f(x_1))$.
2. Möglichkeit durch **Einsetzen** von x_1 in $f'''(x)$
   Ist $f'''(x_1) \neq 0$, so hat K_f den Wendepunkt $W(x_1 | f(x_1))$.

mvurl.de/sz4h

In der Wendestelle x_1 ändert sich die **Krümmung** der Kurve K_f.
$f''(x_1) > 0$ bedeutet: K_f ist in x_1 linksgekrümmt.
$f''(x_1) < 0$ bedeutet: K_f ist in x_1 rechtsgekrümmt.
In der Wendestelle x_1 ist die Steigung am größten oder am kleinsten (lokal betrachtet).

Beispiel 1

Gegeben ist Funktion f mit $f(x) = \frac{3}{48}x^4 - \frac{3}{2}x^2$; $x \in \mathbb{R}$.
Untersuchen Sie das Schaubild K von f auf Wendepunkte.

Lösung

Ableitungen: $f'(x) = \frac{1}{4}x^3 - 3x$; $f''(x) = \frac{3}{4}x^2 - 3$; $f'''(x) = \frac{3}{2}x$

Notwendige Bedingung für Wendestellen:

$f''(x) = 0$: $\frac{3}{4}x^2 - 3 = 0$

Lösungen der Gleichung: $x_1 = 2$; $x_2 = -2$

Nachweis:

Einsetzen von $x_1 = 2$ in $f'''(x)$: $f'''(2) = 3 \neq 0$
$x_1 = 2$ ist Wendestelle.
y-Wert des Wendepunkts: $f(2) = -5$

Wendepunkt: $W_1(2 | -5)$

Wegen der Symmetrie von K zur y-Achse:
Wendepunkt: $W_2(-2 | -5)$

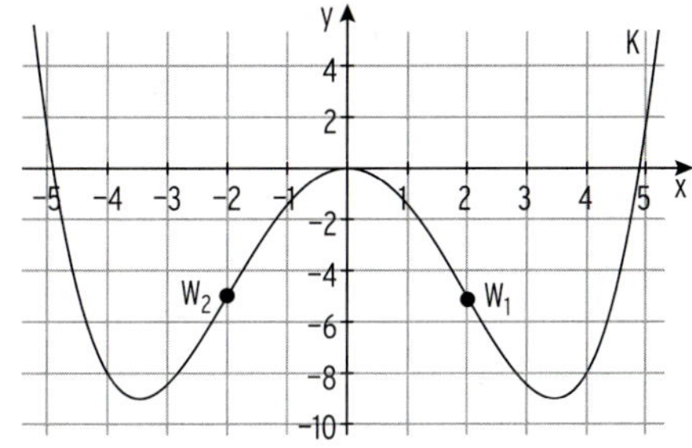

Beispiel 2

➲ Gegeben ist die Funktion f mit $f(x) = -x^3 + 3x^2$; $x \in \mathbb{R}$. K ist das Schaubild von f.

a) Bestimmen Sie den Wendepunkt von K.

b) Geben Sie die Gleichung der Tangente an K im Wendepunkt W an.
Wie lautet die Gleichung der Senkrechten in W zu dieser Tangente?

Lösung

a) Ableitungen: $f'(x) = -3x^2 + 6x$; $f''(x) = -6x + 6$; $f'''(x) = -6$

Notwendige Bedingung für Wendestellen:

$f''(x) = 0$	$-6x + 6 = 0$
Lösung der Gleichung:	$x = 1$
Nachweis:	$f'''(1) = -6 \neq 0$
Damit ist $x = 1$ Wendestelle.	
Wendepunkt:	$W(1\,|\,2)$

b) Tangente

Steigung in W:	$f'(1) = 3$
Hauptform:	$y = mx + b$
Einsetzen von $m = f'(1)$:	$y = 3x + b$
Punktprobe mit $W(1\,|\,2)$:	$2 = 3 \cdot 1 + b$
	$b = -1$
Gleichung der Wendetangente t:	$y = 3x - 1$

Senkrechte n (Orthogonale)

$n \perp t$:	$m_n = -\frac{1}{m_t} = -\frac{1}{3}$
Hauptform:	$y = -\frac{1}{3}x + b$
Punktprobe mit $W(1\,|\,2)$:	$2 = -\frac{1}{3} \cdot 1 + b$
	$b = \frac{7}{3}$
Gleichung der Senkrechten n:	$y = -\frac{1}{3}x + \frac{7}{3}$

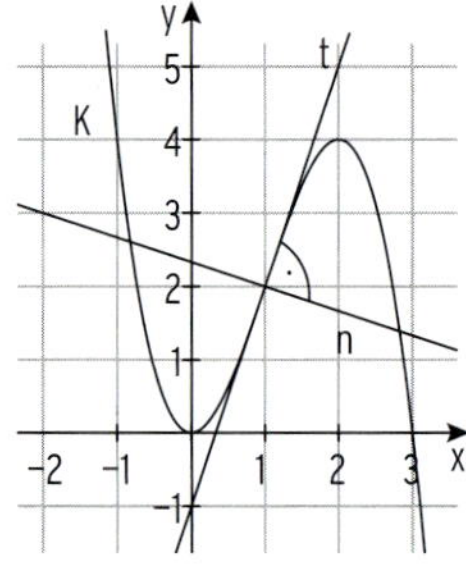

Hinweis: Die Senkrechte heißt Normale.

Bemerkungen:

1. Die Tangente an das Schaubild K von f **im Wendepunkt heißt Wendetangente.**
2. Die **Wendetangente** ist die einzige Tangente, die das Schaubild K von f (im Wendepunkt) berührt und „durchschneidet“.

Beispiel 3

➲ K ist das Schaubild von f mit $f(x) = x^4 - 6x^3 + 12x^2 - 8x;\ x \in \mathbb{R}$.
Bestimmen Sie die Gleichungen der Wendetangenten.

Lösung

Ableitungen: $f'(x) = 4x^3 - 18x^2 + 24x - 8$; $f''(x) = 12x^2 - 36x + 24$; $f'''(x) = 24x - 36$

Notwendige Bedingung für Wendestellen:

$f''(x) = 0$: $12x^2 - 36x + 24 = 0$

Lösungen der Gleichung: $x_1 = 1;\ x_2 = 2$

Nachweis:

Einsetzen der x-Werte in $f'''(x)$: $f'''(1) = -12 \neq 0;\ f'''(2) = 12 \neq 0$

$x_1 = 2;\ x_2 = 2$ sind Wendestellen.

y-Werte der Wendepunkte: $f(1) = -1;\ f(2) = 0$

Wendepunkte: $W_1(1\,|\,-1);\ W_2(2\,|\,0)$

Gleichung der Wendetangente in $W_1(1\,|\,-1)$:
$m = f'(1) = 2$
In $x_1 = 1$ hat K eine schiefe Wendetangente.
Gleichung: $y = 2x - 3$

Gleichung der Wendetangente in $W_2(2\,|\,0)$:
$m = f'(2) = 0$ waagrechte Tangente
Gleichung: $y = 0$

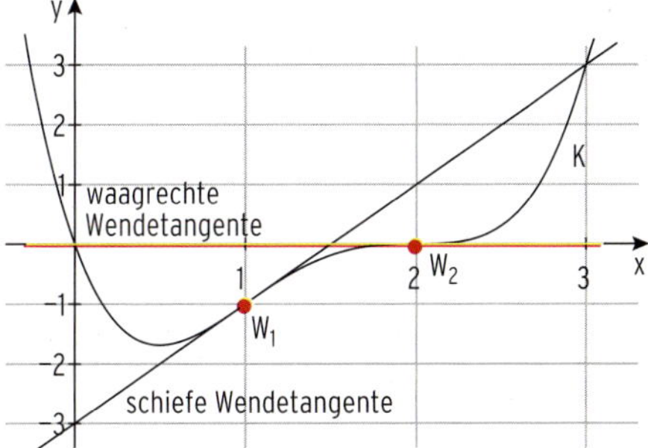

Hinweis: $f'(2) = 0$ waagrechte Tangente
$f''(2) = 0$, $f'''(2) \neq 0$ } Wendepunkt

} Sattelpunkt

Mit $f(2) = 0$:
$W_2(2\,|\,0)$ ist ein Sattelpunkt.
Nur wenn ein Sattelpunkt $W(x_W\,|\,f(x_W))$ auf der x-Achse liegt, ist $x = x_W$ eine **dreifache Nullstelle von f.**

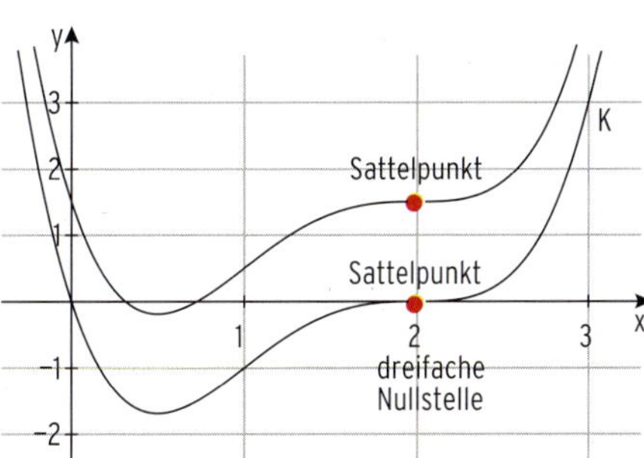

Hinweis zum Krümmungsverhalten:
$f''(x) > 0$ für $x < 1$ oder $x > 2$, daraus folgt: K ist für $x < 1$ oder $x > 2$ eine **Linkskurve.**
$f''(x) < 0$ für $1 < x < 2$, daraus folgt: K ist für $1 < x < 2$ eine **Rechtskurve.**

Ein Wendepunkt mit waagrechter Tangente heißt **Sattelpunkt.**

Beispiel 4

➲ K ist das Schaubild der Funktion f mit $f(x) = e^{2x} - 4e^x + 4$; $x \in \mathbb{R}$
Untersuchen Sie das Krümmungsverhalten von K.

Lösung

Um das Krümmungsverhalten von K zu untersuchen, bestimmt man die Wendepunkte.

Ableitung mit Kettenregel: $f'(x) = 2e^{2x} - 4e^x$

$f''(x) = 4e^{2x} - 4e^x$; $f'''(x) = 8e^{2x} - 4e^x$

Notw. Bed. für Wendestellen: $f''(x) = 0$ $\quad 4e^{2x} - 4e^x = 0$

$4e^x(e^x - 1) = 0$

Satz vom Nullprodukt ergibt wegen $e^x \neq 0$: $\quad x_1 = 0$

Nachweis: x_1 ist einfache Nullstelle von f'' $\Rightarrow$ $f''(x)$ wechselt das Vorzeichen in $x_1 = 0$, also ist $x_1 = 0$ eine Wendestelle.

Hinweis: Nachweis mit $f'''(0) = 4 \neq 0$
Wendepunkt: $W(0\,|\,1)$
K hat genau einen Wendepunkt.

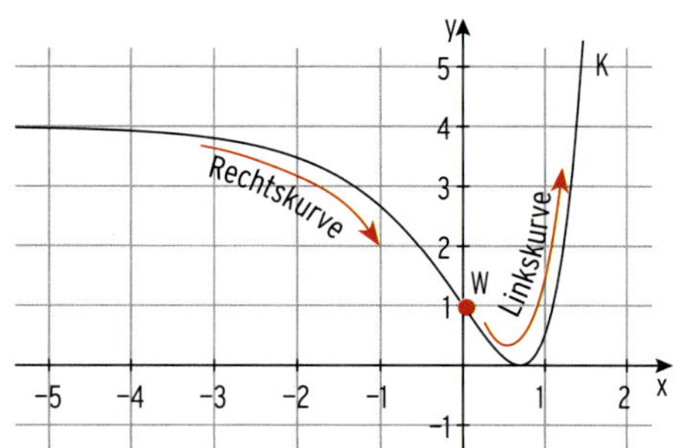

$f''(-1) < 0$; $f''(1) > 0$
Übergang von Rechts- in Linkskrümmung
K ist für $x < 0$ eine Rechtskurve und für $x > 0$ eine Linkskurve.

Beispiel 5

➲ Gegeben ist die Funktion f mit $f(x) = \cos\left(\frac{\pi}{4}(x - 1)\right)$; $0 \leq x \leq 5$.
Bestimmen Sie den Schnittpunkt der Wendetangente mit der y-Achse.

Lösung

Ableitungen: $f'(x) = -\frac{\pi}{4}\sin\left(\frac{\pi}{4}(x - 1)\right)$; $f''(x) = -\frac{\pi^2}{16}\cos\left(\frac{\pi}{4}(x - 1)\right)$; $f'''(x) = \frac{\pi^3}{64}\sin\left(\frac{\pi}{4}(x - 1)\right)$

Bedingung für Wendestelle: $f''(x) = 0$ $\quad -\frac{\pi^2}{16}\cos\left(\frac{\pi}{4}(x - 1)\right) = 0$

Umformung: $\cos\left(\frac{\pi}{4}(x - 1)\right) = 0$

$\frac{\pi}{4}(x - 1) = \frac{\pi}{2}$

Einzige Lösung für $0 \leq x \leq 5$: $x = 3$

Nachweis: $f'''(3) \neq 0$
Wendepunkt: $W(3\,|\,0)$
Steigung der Wendetangente: $m = f'(3) = -\frac{\pi}{4}$
Gleichung der Wendetangente: $y = -\frac{\pi}{4}x + \frac{3}{4}\pi$
Schnittpunkt mit der y-Achse: $S\left(0\,\middle|\,\frac{3}{4}\pi\right)$

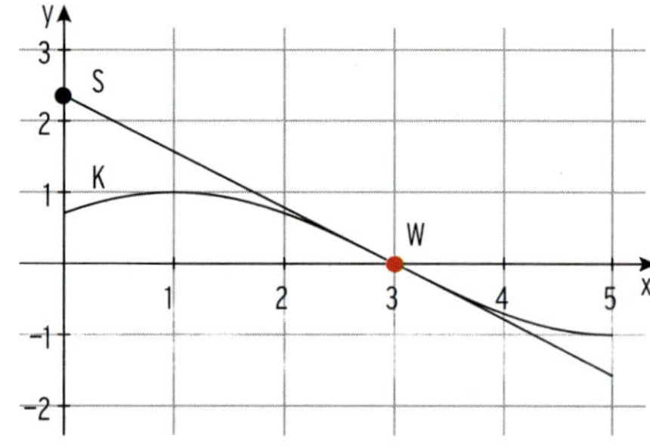

Beispiel 6

➲ Die Kosten eines Betriebes in GE für x ME lassen sich durch eine Funktion K mit $K(x) = x^3 - 6x^2 + 14x + 18;\ 0 \le x \le 6$ berechnen.
Für welche Ausbringungsmenge x wird der Kostenzuwachs am geringsten?

Lösung

Der **Kostenzuwachs** entspricht der momentanen Änderungsrate (Steigung) von K und lässt sich mithilfe der ersten Ableitung bestimmen.

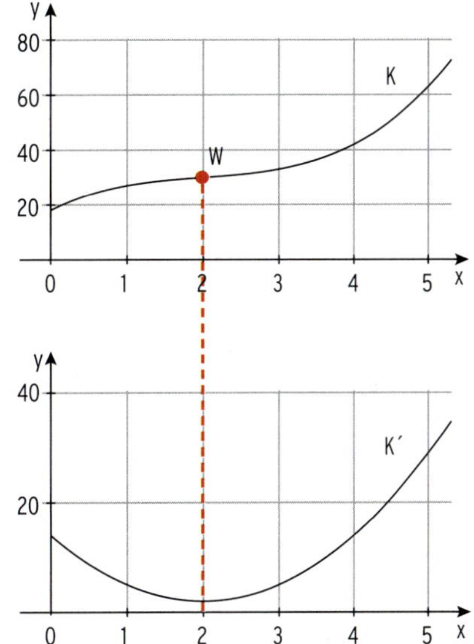

Kostenzuwachs (Differenzialkosten)
$K'(x) = 3x^2 - 12x + 14$

Bestimmung der Wendestelle
Der Kostenzuwachs ist am geringsten, wenn die Differenzialkostenkurve (Parabel) ihren tiefsten Punkt im Scheitel erreicht
oder
wenn der Graph von K′ einen Tiefpunkt hat.

Notwendige Bedingung:
$K''(x) = 0$
$6x - 12 = 0$
$x = 2$
Mit $K'''(x) = 6 > 0$ wird K′ minimal an der Stelle 2.

Der Punkt mit der geringsten Steigung ist der Wendepunkt des Graphen von K.
Bis zum Wendepunkt W (für $x \le 2$) nimmt die Steigung ab, um nach W (für $x > 2$) wieder zu wachsen.

Beispiel 7

➲ Die Schwingung eines Federpendels lässt sich beschreiben durch das Elongations-Zeit-Gesetz: $s(t) = s_0 \sin(\omega t)$.
Wie lässt sich die maximale Geschwindigkeit berechnen?

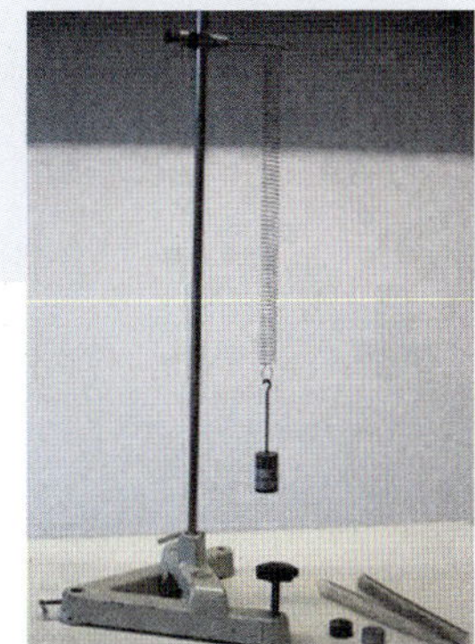

Lösung

$v(t) = s'(t) = s_0 \omega \cos(\omega t)$
v wird maximal für $\cos(\omega t) = 1$, dann ist $v_{max} = s_0 \omega$.
oder v ist maximal (notwendige Bedingung),
wenn $v'(t) = s''(t) = 0$,
d.h. im Wendepunkt des Schaubildes von s.

Aufgaben

1 Berechnen Sie die Koordinaten der Wendepunkte des Schaubildes von f.

a) $f(x) = \frac{2}{3}x^3 - 2x + 3$ b) $f(x) = \frac{1}{4}x^4 - \frac{1}{2}x^3 - 2$ c) $f(x) = -\frac{1}{8}x^3 + \frac{1}{4}x^2 + \frac{5}{2}x + 3$

d) $f(x) = 4x^2 - \frac{2}{3}x^4$ e) $f(x) = e^{0,5x}(x - 3)$ f) $f(x) = x + \cos(x),\ x \in [-1; 7]$

2 Untersuchen Sie das Krümmungsverhalten von K_f.

a) $f(x) = 2 - x - x^2$ b) $f(x) = x^3 + 2x$ c) $f(x) = \sin(2x) + 1;\ x \in [0; 3]$

3 Maria behauptet: K von f mit $f(x) = e^{-3x} + x + 2;\ x \in \mathbb{R}$, ist eine Linkskurve.
Überprüfen Sie.

4 Bestimmen Sie die Gleichung der Tangente im Wendepunkt (Wendetangente).

a) $f(x) = \frac{3}{8}x^3 - \frac{3}{2}x$ b) $f(x) = x^3 - 3x^2 - x + 5$ c) $f(x) = x(e^x - 1)$

5 Gegeben ist die Funktion f mit $f(x) = 0{,}5x^4 - 3x^2 + 3;\ x \in \mathbb{R}$ mit dem Schaubild K.
Begründen Sie, dass sich die Wendetangenten auf der y-Achse schneiden.
Ermitteln Sie die Koordinaten des Schnittpunktes S.
Überprüfen Sie, ob die Wendetangenten von K senkrecht aufeinander stehen.

6 Zeigen Sie: Jede Polynomfunktion 3. Grades hat genau eine Wendestelle.

7 K ist der Graph der Funktion f mit $f(x) = 5e^x(e^x - 8);\ x \in \mathbb{R}$.
Zeigen Sie: Die Differenz von Nullstelle und Wendestelle ist $\ln(4)$.

8 Der Graph der Funktion f mit $f(x) = \frac{1}{5}(x - 3)(x^2 + 3);\ x \in \mathbb{R}$ sei K.
Überprüfen Sie, ob K im Wendepunkt eine waagrechte Tangente hat.

mvurl.de/5rwq

9 Die Abbildung zeigt die Schaubilder einer Funktion f und deren 1. und 2. Ableitung.
Ordnen Sie zu.
Begründen Sie Ihre Entscheidung.
Bestimmen Sie den Wendepunkt des Schaubildes von f.

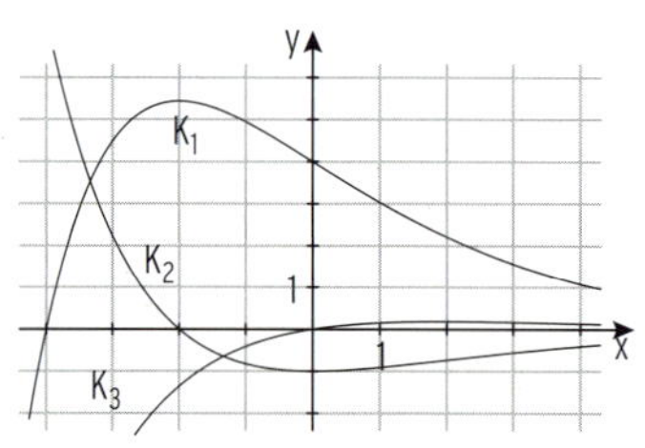

mvurl.de/nlj1

10 Die Abbildung zeigt das Schaubild K einer Funktion f.
Übertragen Sie K in Ihr Heft.
Zeichnen Sie nach Augenmaß alle Wendepunkte ein und lesen Sie die Koordinaten ab.
Skizzieren Sie die Graphen von f′ und f″ in Ihr Achsenkreuz ein. Welche Bedeutung hat die Wendestelle von f für den Verlauf des Graphen von f′?

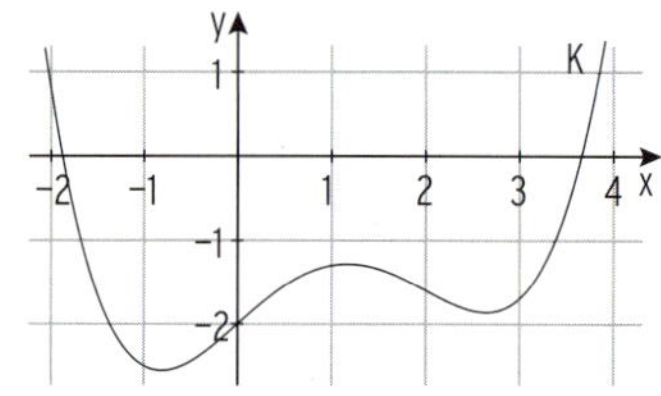

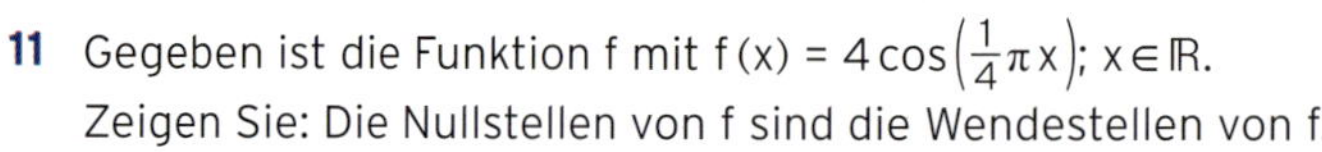

11 Gegeben ist die Funktion f mit $f(x) = 4\cos\left(\frac{1}{4}\pi x\right);\ x \in \mathbb{R}$.
Zeigen Sie: Die Nullstellen von f sind die Wendestellen von f.

12 Gegeben ist eine Funktion f durch $f(x) = -\frac{1}{4}x^4 + x^3 - \frac{27}{4}$; $x \in \mathbb{R}$.
Bestimmen Sie die Gleichung der nicht waagrechten Wendetangente an K.

13 Gegeben ist die Funktion f mit $f(x) = 4xe^{-2x}$; $x \in \mathbb{R}$. K ist das Schaubild von f.
Zeigen Sie:

a) Für $x < 1$ ist K rechtsgekrümmt.

b) Die Wendetangente von K verläuft nicht durch den Ursprung.

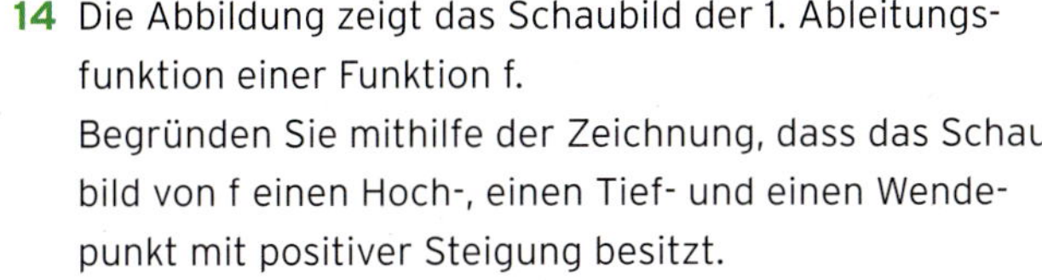

14 Die Abbildung zeigt das Schaubild der 1. Ableitungsfunktion einer Funktion f.
Begründen Sie mithilfe der Zeichnung, dass das Schaubild von f einen Hoch-, einen Tief- und einen Wendepunkt mit positiver Steigung besitzt.

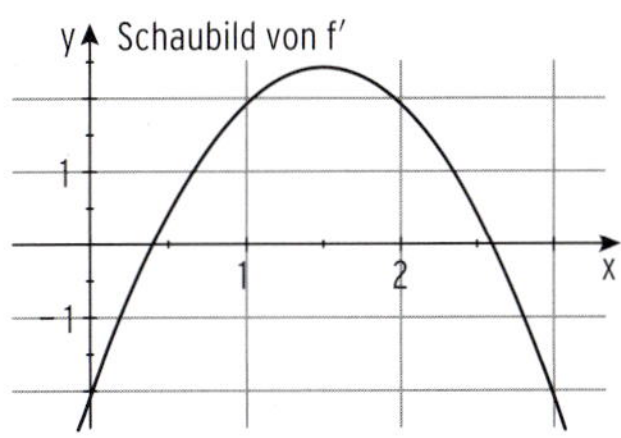

15 Wie verläuft ein mögliches Schaubild von f in einer Umgebung von $x_0 = 1$, wenn f folgende Bedingungen erfüllt?

a) $f(1) = 2$, $f'(1) = -1$ und $f''(1) > 0$

b) $f'(1) = 0$ und $f''(1) < 0$

16 Gegeben ist die Funktion f mit $f(x) = -4(x+1)e^{-x}$; $x \in \mathbb{R}$.
Zeigen Sie: Die Wendetangente an das Schaubild K von f verläuft durch den Punkt P(3|0).

17 K ist das Schaubild von f mit $f(x) = 0{,}5\,e^{x+1}$; $x \in \mathbb{R}$.
Zeigen Sie: K verläuft oberhalb der Geraden g mit der Gleichung $y = \frac{e}{2}(x+1)$.

18 Das Schaubild K hat den Extrempunkt E(−1|5) und den Wendepunkt W(2|3).
Skizzieren Sie einen möglichen Verlauf von K.

19 Für eine Polynomfunktion f 4. Grades gelten folgende Bedingungen:

$f'(x) = 0$ für $x_1 = 0$ und $x_2 = 3$	$f''(3) = 0$	$f''(2{,}9) < 0$
$f''(3{,}1) > 0$	$f'(-1) < 0$	$f'(1) > 0$

Welche Aussagen lassen sich daraus für die Extrem- und die Wendestellen von f treffen? Skizzieren Sie das Schaubild von f, wenn $f(3) = 0$ ist.

20 Die Abbildung zeigt das Schaubild der Funktion f im Intervall [0; 5,5].
Begründen Sie für jede der folgenden Aussagen, ob sie wahr oder falsch ist.

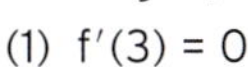

(1) $f'(3) = 0$

(2) $f'(0{,}5) < 0$

(3) $f''(4) > 0$

(4) Das Schaubild von f hat zwei Wendepunkte.

(5) Das Schaubild von f' ist monoton fallend für $0 \le x \le 1$.

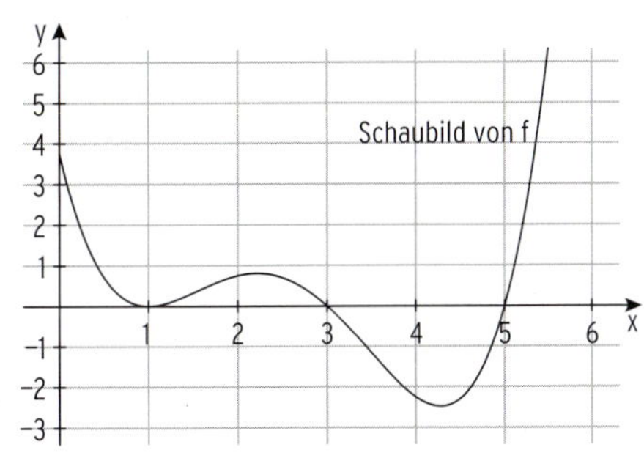

21 Gegeben ist die Gesamtkostenfunktion K durch $K(x) = \frac{1}{5}x^3 - 8x^2 + 110x + 180$.
Bestimmen Sie den Wendepunkt des Graphen von K und die Steigung der Wendetangente. Interpretieren Sie Ihre Ergebnisse.

22 Die Schwingung eines Federpendels lässt sich beschreiben durch das Weg-Zeit-Gesetz: $s(t) = 30\sin\left(\frac{\pi}{2}t\right)$; t in s, s(t) in cm.
Berechnen Sie die maximale Geschwindigkeit des Pendelkörpers.
Wann ist die momentane Änderungsrate der Geschwindigkeit maximal?
Interpretieren Sie Ihr Ergebnis.

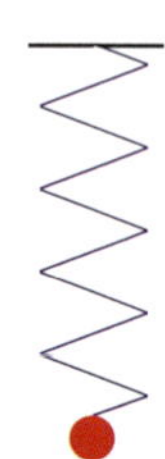

23 Ein Zug bewegt sich nach folgendem Weg-Zeit-Gesetz:
$s(t) = 6t^4 - 48t^3 + 96t^2$; $t \in [0; 2{,}5]$
(t in h, s in km)
Die Abbildung zeigt das Schaubild von s.

a) Interpretieren Sie dieses Diagramm.
b) Bescheiben Sie den Verlauf der Geschwindigkeit in Abhängigkeit von der Zeit.
c) Berechnen Sie die maximale Geschwindigkeit des Zuges.

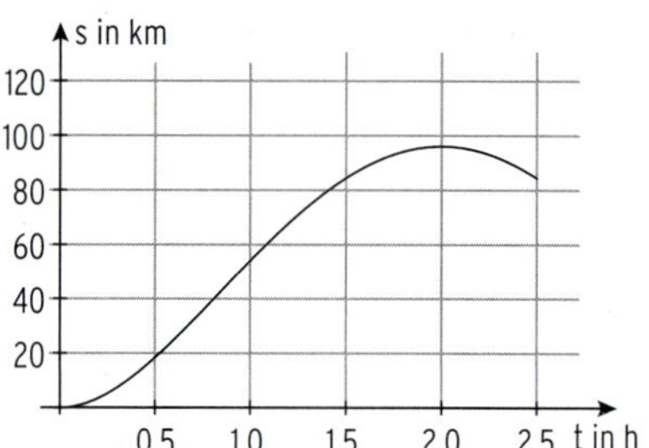

24 K ist der Graph der Funktion f mit $f(x) = -\frac{3}{2}(x^3 - 3x^2)$; $x \in \mathbb{R}$.
Der Wendepunkt von K liegt auf der Geraden mit der Gleichung $y = 3$.
Überprüfen Sie.

25 Das Profil eines Berghangs wird beschrieben durch die Funktion f mit
$f(x) = \frac{1}{120}x^4 - \frac{1}{10}x^3 + \frac{3}{10}x^2$; $0 \leq x \leq 6$, 1 LE $\triangleq$ 1 km.
Vom höchsten Punkt (Gipfel) aus startet ein Mountainbiker seine Fahrt bergab.
An welcher Stelle ist das Gefälle maximal?
Berechnen Sie diese Stelle und das maximale Gefälle in %.

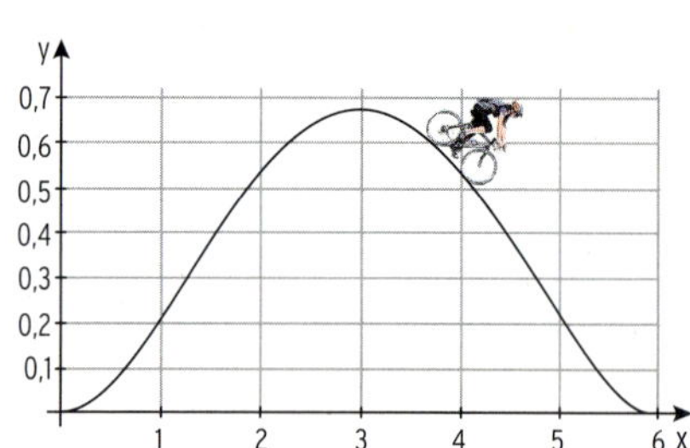

3.2.4 Kurvenuntersuchung

Um den Kurvenverlauf beschreiben zu können, ist es zweckmäßig, **markante Kurvenpunkte** zu kennen.
Solche Kurvenpunkte sind die **Schnittpunkte mit den Achsen, Extrempunkte und Wendepunkte.** Die Kenntnis des Symmetrieverhaltens erleichtert eine Kurvenuntersuchung.

Beispiel 1

➲ K ist das Schaubild der Funktion f mit $f(x) = \frac{1}{4}x^4 - \frac{3}{2}x^2 - \frac{7}{4}$; $x \in \mathbb{R}$.
Zeigen Sie, eine Wendetangente schneidet die x-Achse in $x_1 = -\frac{1}{2}$.
Skizzieren Sie K in einem geeigneten Bereich.

Lösung

Ableitungen: $f'(x) = x^3 - 3x$; $f''(x) = 3x^2 - 3$; $f'''(x) = 6x$

Wendepunkte

Notw. Bedingung für Wendestellen: $f''(x) = 0$ $\quad 3x^2 - 3 = 0$
$x_{1|2} = \pm 1$

Nachweis durch Einsetzen der x-Werte in $f'''(x)$:

$f'''(1) = 6 \neq 0$ K hat einen Wendepunkt an der Stelle $x_1 = 1$.
K ist symmetrisch zur y-Achse, K hat einen weiteren Wendepunkt an der Stelle $x_2 = -1$.
Mit $f(\pm 1) = -3$ erhält man die Wendepunkte: $W_{1|2}(\pm 1 | -3)$

Wendetangente an der Stelle 1

Steigung in $W_1(1|-3)$: 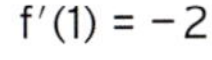 $f'(1) = -2$
Hauptform: $y = mx + b$
Einsetzen von $m = f'(1)$: $y = -2x + b$
Punktprobe mit $W_1(1|-3)$: $-3 = -2 \cdot 1 + b$
$b = -1$
Gleichung der Wendetangente in W_1: $y = -2x - 1$
Punktprobe mit $N\left(-\frac{1}{2}\middle|0\right)$: $0 = -2 \cdot \left(-\frac{1}{2}\right) - 1$ wahre Aussage

Hinweis:

K ist **achsensymmetrisch** zur y-Achse, da

$$f(-x) = \frac{1}{4}(-x)^4 - \frac{3}{2}(-x)^2 - \frac{7}{4}$$
$$= \frac{1}{4}x^4 - \frac{3}{2}x^2 - \frac{7}{4} = f(x)$$

Im Funktionsterm f(x) kommen nur gerade Exponenten von x vor.

Die Gleichung der Wendetangente in W_2 lautet: $y = 2x - 1$ (wegen Symmetrie zur y-Achse).

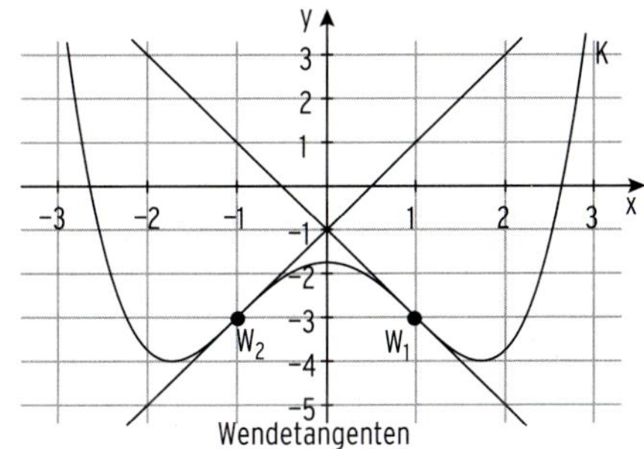

Beispiel 2

➲ Gegeben ist die Funktion f mit $f(x) = x - 2\sin(x);\ x \in [-2; 6]$ mit Schaubild K.

a) Die Hochpunkte von K liegen auf der Geraden g mit $y = x + \sqrt{3}$.
Nehmen Sie Stellung zu dieser Behauptung.

b) Begründen Sie, warum f genau eine Nullstelle in dem Intervall $\left[\frac{\pi}{3}; \frac{5\pi}{3}\right]$ hat

Lösung

a) Ableitungen: $f'(x) = 1 - 2\cos(x);\ f''(x) = 2\sin(x);\ f'''(x) = 2\cos(x)$

Extrempunkte

Notw. Bed. für Extremstellen: $f'(x) = 0$ $\quad 1 - 2\cos(x) = 0 \Leftrightarrow \cos(x) = 0{,}5$

Stellen mit waagrechter Tangente auf D: $\quad x_{1|2} = \pm\frac{\pi}{3};\ x_3 = \frac{5\pi}{3}$

Nachweis durch Einsetzen in $f''(x)$:

$f''\left(\frac{\pi}{3}\right) = \sqrt{3} > 0$ in $x = \frac{\pi}{3}$ hat K einen Tiefpunkt $T\left(\frac{\pi}{3} \middle| \frac{\pi}{3} - \sqrt{3}\right)$.

$f''\left(-\frac{\pi}{3}\right) = -\sqrt{3} > 0$ in $x = -\frac{\pi}{3}$ hat K einen Hochpunkt $H_1\left(-\frac{\pi}{3} \middle| -\frac{\pi}{3} + \sqrt{3}\right)$.

Weiterer Hochpunkt $H_2\left(\frac{5\pi}{3} \middle| \frac{5\pi}{3} + \sqrt{3}\right)$

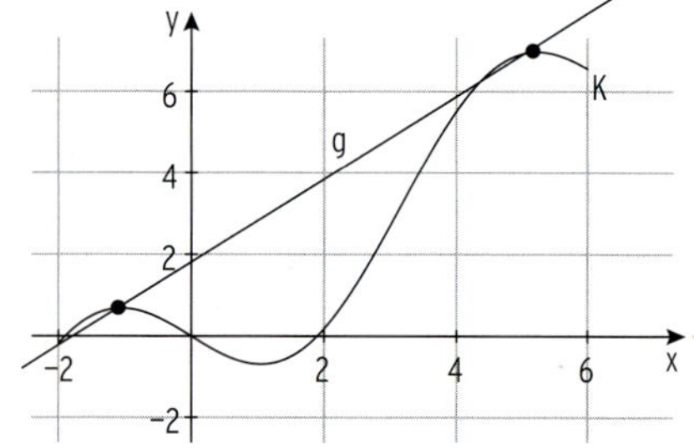

Gleichung von g: $y = x + \sqrt{3}$

Punktprobe mit $H_1\left(-\frac{\pi}{3} \middle| -\frac{\pi}{3} + \sqrt{3}\right)$:

$-\frac{\pi}{3} + \sqrt{3} = -\frac{\pi}{3} + \sqrt{3}$ wahre Aussage

Punktprobe mit $H_2\left(\frac{5\pi}{3} \middle| \frac{5\pi}{3} + \sqrt{3}\right)$

$\frac{5\pi}{3} + \sqrt{3} = \frac{5\pi}{3} + \sqrt{3}$ wahre Aussage

Die zwei Hochpunkte liegen auf einer Geraden.

b) $f\left(\frac{\pi}{3}\right) < 0$ und $f\left(\frac{5\pi}{3}\right) > 0$, damit hat f mindestens eine Nullstelle im Intervall $\left[\frac{\pi}{3}; \frac{5\pi}{3}\right]$.

Zwischen der Minimalstelle $\left(x_1 = \frac{\pi}{3}\right)$ und der Maximalstelle $\left(x_3 = \frac{5\pi}{3}\right)$

ist f streng monoton wachsend ($f'(x) > 0$).

f hat auf diesem Bereich nur eine Nullstelle ($x_1 \approx 1{,}895$).

Beispiel 3

➲ K ist das Schaubild der Funktion f mit $f(x) = e^{x-2} + t;\ x, t \in \mathbb{R}$.
Für welchen Wert von t berührt K die erste Winkelhalbierende?

Lösung

Ableitung: $f'(x) = e^{x-2}$

Gleichung der ersten Winkelhalbierenden: $y = x$; Steigung $m = 1$

Berühren: $f'(x) = 1$ $\quad e^{x-2} = 1$

$\quad x - 2 = 0 \Leftrightarrow x = 2$

Punkt auf der 1. Winkelhalbierenden: $\quad B(2|2)$

Ansatz: $y = f(2) = 2$ $\quad e^0 + t = 2 \Leftrightarrow t = 1$

Für $t = 1$ berührt K die erste Winkelhalbierende.

Beispiel 4

➲ Gegeben ist die Funktion f mit $f(x) = (x + 2)e^{-x}$; $x \in \mathbb{R}$. K ist das Schaubild von f.
Geben Sie den Wertebereich von f an.

Lösung

Untersuchung von K auf Extrempunkte

Ableitungen

Mit der Produkt- und Kettenregel: $f'(x) = 1 \cdot e^{-x} + (x + 2)e^{-x} \cdot (-1) = (-x - 1)e^{-x}$

$f''(x) = -1 \cdot e^{-x} + (-x - 1)e^{-x}(-1) = xe^{-x}$

Extrempunkte

Notw. Bedingung für Extremstellen:

$f'(x) = 0$ $(-x - 1)e^{-x} = 0$

Stelle mit waagrechter Tangente: $x_1 = -1$

Nachweis durch Einsetzen des x-Wertes in $f''(x)$

$f''(-1) = -e^1 < 0$

K hat den Hochpunkt $H(-1|e)$.

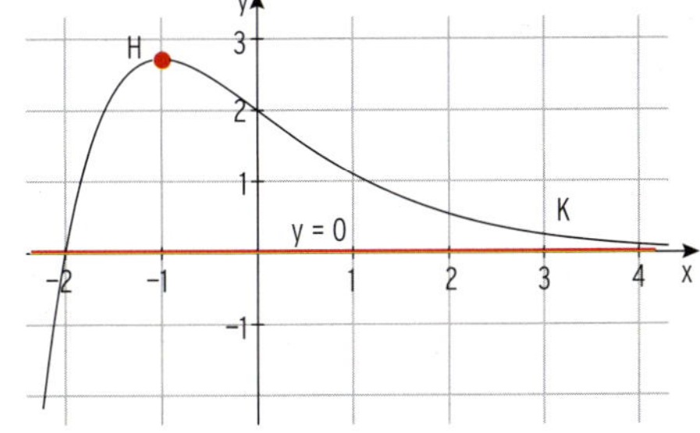

$H(-1|e)$ ist Hochpunkt und der einzige Extrempunkt von K für $x \in \mathbb{R}$.
Damit ist die Funktion f für $x < -1$ monoton wachsend und für $x > -1$ monoton fallend.

Für $x \to -\infty$ strebt $f(x) \to -\infty$.

Für $x \to \infty$ strebt $f(x) \to 0$.

Wertebereich von f: $W =]-\infty; e]$

Beispiel 5

➲ Gegeben ist die Funktion f mit $f(x) = x + 0{,}5e^{-x}$; $x \in \mathbb{R}$. K ist das Schaubild von f.

a) Untersuchen Sie das Krümmungsverhalten von K.

b) Zeichnen Sie K und ihre Asymptote in ein Koordinatensystem ein.

Lösung

a) Ableitungen:

$f'(x) = 1 - 0{,}5e^{-x}$; $f''(x) = 0{,}5e^{-x}$

$f''(x) = 0{,}5e^{-x} > 0$ für alle $x \in \mathbb{R}$.

K ist eine Linkskurve.

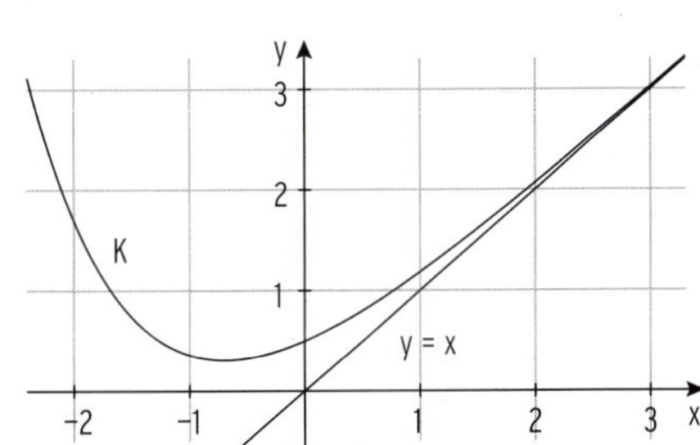

b) Asymptote von K

$e^{-x} \to 0$ für $x \to \infty$:

$f(x) = x + 0{,}5e^{-x} \approx x$ für $x \to \infty$

Gleichung der schiefen Asymptote: $y = x$

mvurl.de/39nw

Was man wissen sollte – über eine Kurvenuntersuchung

Symmetrie

Das Schaubild K der Funktion f ist symmetrisch

I. **zur y-Achse,** wenn $f(-x) = f(x)$ ist.

II. **zum Ursprung,** wenn $f(-x) = -f(x)$ ist.

Gemeinsame Punkte des Schaubildes K von f mit den Koordinatenachsen

a) **Mit der x-Achse:** $f(x) = 0$ liefert die Nullstellen von f.

Hinweis: x_0 ist **doppelte** Nullstelle von f $\Rightarrow$ x_0 ist Extremstelle von f.
K von f berührt die x-Achse in x_0, der Extrempunkt liegt auf der x-Achse.
x_0 ist **dreifache** Nullstelle von f $\Rightarrow$ x_0 ist Wendestelle von f.
K von f hat einen Sattelpunkt auf der x-Achse.

b) **Mit der y-Achse:** $x = 0$ in $f(x)$ einsetzen liefert den y-Wert des Schnittpunkts.

Monotonie

$f'(x) > 0$ im Intervall J $\Rightarrow$ f ist **streng monoton wachsend** im Intervall J.
$f'(x) < 0$ im Intervall J $\Rightarrow$ f ist **streng monoton fallend** im Intervall J.

Krümmung

$f''(x) > 0$ im Intervall J $\Rightarrow$ K von f ist im Intervall J **linksgekrümmt.**
$f''(x) < 0$ im Intervall J $\Rightarrow$ K von f ist im Intervall J **rechtsgekrümmt.**

Extrempunkte

Notwendige Bedingung: $f'(x_0) = 0$

Nachweis: 1. Möglichkeit durch **Vorzeichenuntersuchung** von $f'(x)$.
VZW von + nach – in x_0: K hat den Hochpunkt $H(x_0 | f(x_0))$.
VZW von – nach + in x_0: K hat den Tiefpunkt $T(x_0 | f(x_0))$.
2. Möglichkeit durch **Einsetzen** von x_0 in $f''(x)$.
$f''(x_0) < 0$: f besitzt in x_0 ein lokales (relatives) Maximum; $H(x_0 | f(x_0))$
$f''(x_0) > 0$: f besitzt in x_0 ein lokales (relatives) Minimum; $T(x_0 | f(x_0))$

Wendepunkte

Notwendige Bedingung: $f''(x_1) = 0$

Nachweis: 1. Möglichkeit durch **Vorzeichenuntersuchung** von $f''(x)$.
Wechselt $f''(x)$ das Vorzeichen an der Stelle x_1, so hat K von f den Wendepunkt $W(x_1 | f(x_1))$.
2. Möglichkeit durch **Einsetzen** von x_1 in $f'''(x)$.
Ist $f'''(x_1) \neq 0$, so hat K von f den Wendepunkt $W(x_1 | f(x_1))$.

Hinweis: Bedeutung der folgenden Bedingungen für das Schaubild von f.

- $f(x) = 0$ liefert die Nullstellen von f.
  $f'(x) = 0$ liefert die Stellen mit waagrechter Tangente.
  $f''(x) = 0$ liefert die möglichen Wendestellen.
- $f(x) > 0$: Das Schaubild von f verläuft oberhalb der x-Achse.
  $f'(x) > 0$: Das Schaubild von f ist (streng) monoton wachsend.
  $f''(x) > 0$: Das Schaubild von f ist eine Linkskurve.

Aufgaben

1 Gegeben ist die Funktion f mit $f(x) = \frac{1}{16}x^2(x^2 - 24)$; $x \in \mathbb{R}$, mit Schaubild K.

a) Geben Sie die Nullstellen von f an. Skizzieren Sie K.

b) Bestimmen Sie die Monotoniebereiche.

c) K hat zwei Wendepunkte.
Auf welcher Geraden liegen diese zwei Wendepunkte?

2 Gegeben ist die Funktion f mit $f(x) = \frac{1}{4}e^{2x} - x + 2$; $x \in \mathbb{R}$, mit Schaubild K.

a) In welchem Quadranten liegt der Extrempunkt von K?

b) Untersuchen Sie das Krümmungsverhalten von K.

c) Zeichnen Sie K und seine Asymptote in ein Koordinatensystem ein.

3 K ist das Schaubild der Funktion f mit
$f(x) = -8x^3 + 12x^2 + 2x - 3$; $x \in \mathbb{R}$.

a) Zeigen Sie: −0,5; 0,5 und 1,5 sind die Nullstellen von f.
Zerlegen Sie f(x) in Linearfaktoren.

b) Zeigen Sie: Die Wendetangente an K bildet mit den Koordinatenachsen ein Dreieck mit dem Inhalt $A = 1$.

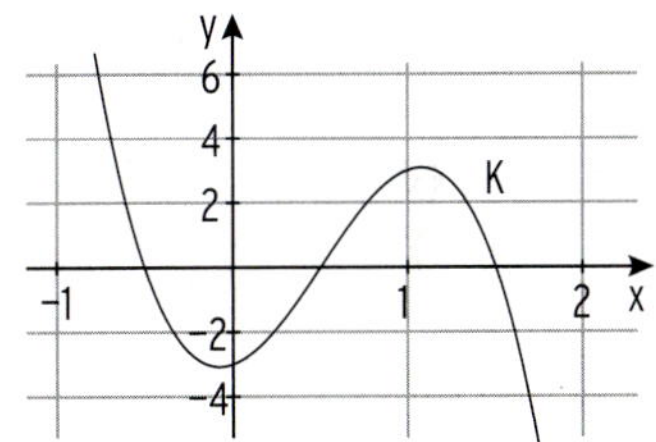

4 K_f ist das Schaubild der Funktion f mit $f(x) = \frac{1}{3}x^3 - x + 1$; $x \in \mathbb{R}$.

a) Der Hochpunkt von K_f liegt in $H\left(-1 \middle| \frac{5}{3}\right)$.
Geben Sie Tief- und Wendepunkt von K_f ohne weitere Rechnung an. Begründen Sie.

b) Die Gerade n schneidet die Kurve K_f im Wendepunkt senkrecht.
Berechnen Sie die Koordinaten der Schnittpunkte von n und K_f.

5 Das Schaubild einer Polynomfunktion 4. Grades ist nach oben geöffnet und hat mit der x-Achse nur den Punkt P(3 | 0) gemeinsam. Füllen Sie die Tabelle aus.

x	f(x)	f′(x)	f″(x)
3			

6 Machen Sie Aussagen über das Schaubild der Funktion f, wenn gilt: $f'(x) = x^2(x - 3)$.

7 Gegeben ist die Funktion f mit $f(x) = \frac{\pi}{2} - \sin(x)$; $x \in [-4; 4]$ mit Schaubild K.

a) Zeigen Sie: Das Schaubild K von f hat keine gemeinsamen Punkte mit der x-Achse.

b) Die Differenz der y-Werte von Hoch- und Tiefpunkt beträgt 2.
Überprüfen Sie diese Behauptung rechnerisch.

8 K ist das Schaubild der Funktion f mit $f(x) = e^{0,5x-1} - 0,5x$; $x \in \mathbb{R}$.

a) Zeigen Sie: Der Extrempunkt liegt auf der x-Achse.
Begründen Sie, warum K keinen Wendepunkt besitzt.

b) Im Kurvenpunkt P verläuft die Tangente an K parallel zur Geraden mit der Gleichung $y = 2x + 3$. Bestimmen Sie P.

9 Gegeben ist die Funktion f mit $f(x) = (2 - 0,5x)e^{x-1}$; $x \in \mathbb{R}$, mit Schaubild K.

a) Geben Sie drei Eigenschaften von K an.

b) g ist die Tangente an K im Schnittpunkt mit der y-Achse. h verläuft parallel zur y-Achse durch den Hochpunkt von K. g und h schneiden sich in S.
Berechnen Sie die Koordinaten von S.

10 Eine Polynomfunktion h hat folgende Eigenschaften:

(1) $h(0) = 2$ (2) $h'(x) = 0$ für $x = -4$ und für $x = 2$

(3) $h'(x) \geq 0$ für $x \leq 2$ (4) $h''(x) > 0$ für $-4 < x < 0$

Welche Bedeutung hat jede einzelne Eigenschaft für das Schaubild von h?
Skizzieren Sie ein mögliches Schaubild von h.

11 Eine Firma produziert eine neue PlayStation. Marktanalysen haben ergeben, dass die wöchentlichen Verkaufszahlen durch die Funktion f mit $f(t) = 1000\,t\,e^{-0,1t}$; $t \in \mathbb{R}_+^*$ modellhaft beschrieben werden können. (t in Wochen nach Verkaufsbeginn; f(t) in Stück pro Woche.)

a) Skizzieren Sie das Schaubild der Funktion f.
Wie viel Geräte werden höchstens pro Woche verkauft?
Wie entwickeln sich die Verkaufszahlen langfristig?

b) In welcher Woche nach Verkaufsbeginn nimmt die Verkaufszahl am stärksten ab?

12 Komfortable Fahrradbeleuchtungen enthalten einen Kondensator. Die Entladung dieses Kondensators kann beschrieben werden durch die Funktion I mit $I(t) = 5 \cdot e^{-0,08t}$; $t \geq 0$.
Dabei bedeutet I(t) die Stromstärke in Milliampere zur Zeit t in Minuten.
Ein Ingenieur behauptet, dass sich die Stromstärkenabnahme pro Minute in den ersten 5 Minuten halbiert.
Überprüfen Sie.

3.3 Aufstellen von Kurvengleichungen aus gegebenen Bedingungen

Beispiel 1

➲ K ist das Schaubild der Funktion f mit $f(x) = a\,x\,(x-1)(x-3)$; $x \in \mathbb{R}$, $a \neq 0$.
Im Ursprung hat K die Steigung 6.
Bestimmen Sie a.

Lösung

$f(x) = a\,x\,(x-1)(x-3) = a\,(x^3 - 4x^2 + 3x)$

Ableitung von f: $f'(x) = a\,(3x^2 - 8x + 3)$

K hat an der Stelle 0 die Steigung 6:

$f'(0) = 6$

$a \cdot 3 = 6$

$a = 2$

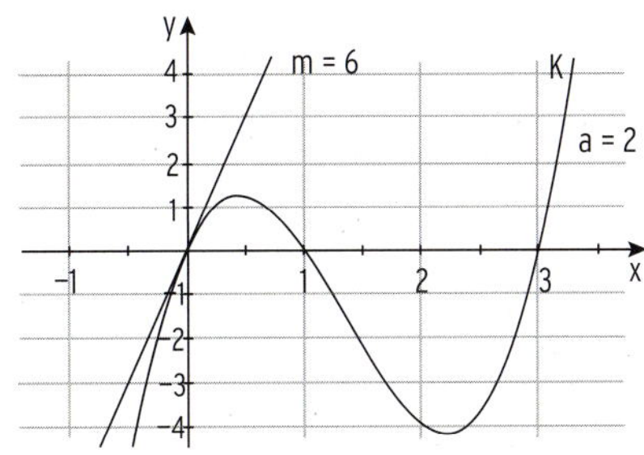

Beispiel 2

➲ Gegeben ist die Funktion f mit $f(x) = a\,x^3 + b\,x^2$; $x \in \mathbb{R}$.
Das Schaubild von f hat den Wendepunkt W(1|8).
Bestimmen Sie den Funktionsterm f(x).

Lösung

Ableitungen von f: $f'(x) = 3a\,x^2 + 2b\,x$; $f''(x) = 6a\,x + 2b$

Eigenschaft	Bedingung	Gleichung
W ist ein Kurvenpunkt	$f(1) = 8$	$a + b = 8$
W ist ein Wendepunkt	$f''(1) = 0$	$6a + 2b = 0$

Die zwei Bedingungen führen auf ein lineares Gleichungssystem (LGS) für a und b.

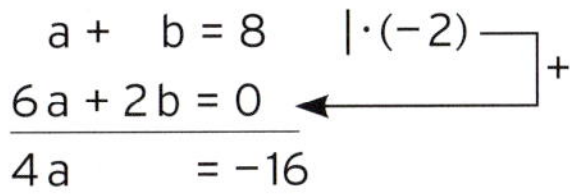

$$\begin{aligned} a + b &= 8 \quad |\cdot(-2) \\ 6a + 2b &= 0 \end{aligned}$$

Das Additionsverfahren ergibt: $4a = -16$

Ergebnis für a: $a = -4$

Einsetzen von $a = -4$ in die Gleichung $a + b = 8$ führt auf $b = 12$.

Ergebnis: $f(x) = -4x^3 + 12x^2$

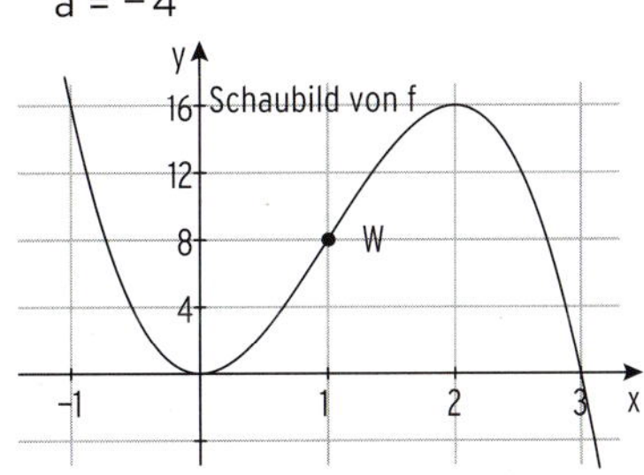

Beispiel 3

➲ Das Schaubild K einer Polynomfunktion 4. Grades ist symmetrisch zur y-Achse und hat in $x_0 = 2$ eine waagrechte Tangente.
Die Gerade g mit $y = 6x + 7{,}5$ berührt K in $x_1 = -1$.
Bestimmen Sie den Funktionsterm.

Lösung

Ansatz: Das Schaubild ist symmetrisch zur y-Achse: $\mathbf{f(x) = ax^4 + cx^2 + e}$

Die 3 Unbekannten a, c und e sind zu bestimmen.

Ableitung: $f'(x) = 4ax^3 + 2cx$

Der Berührpunkt B(−1|...) liegt auf g: $y = 6\cdot(-1) + 7{,}5 = 1{,}5$

Berührpunkt: $B(-1|1{,}5)$

Die Tangente bzw. die Kurve hat in $x_1 = -1$ die Steigung 6.

Eigenschaft	Bedingung	Gleichung	Vereinfachung
waagrechte Tangente in $x_0 = 2$	$f'(2) = 0$	$32a + 4c = 0 \quad |:4$	$8a + c = 0$
Steigung in $x_1 = -1$ ist 6	$f'(-1) = 6$	$-4a - 2c = 6 \quad |:2$	$-2a - c = 3$
Berührpunkt $B(-1|1{,}5)$	$f(-1) = 1{,}5$	$a + c + e = 1{,}5$	$a + c + e = 1{,}5$

Die ersten beiden Bedingungen führen auf ein (2; 2)-LGS für a und c:

$$8a + c = 0$$
$$-2a - c = 3 \quad (+)$$

Addition: $6a = 3 \Rightarrow a = \frac{1}{2}$

Einsetzen von $a = \frac{1}{2}$ in z, B. $8a + c = 0$: $8\cdot\frac{1}{2} + c = 0 \Rightarrow c = -4$

Einsetzen von $a = \frac{1}{2}$ und $c = -4$ in $a + c + e = 1{,}5$: $\frac{1}{2} - 4 + e = 1{,}5 \Rightarrow e = 5$

Funktionsterm: $f(x) = \frac{1}{2}x^4 - 4x^2 + 5$

Schaubild:

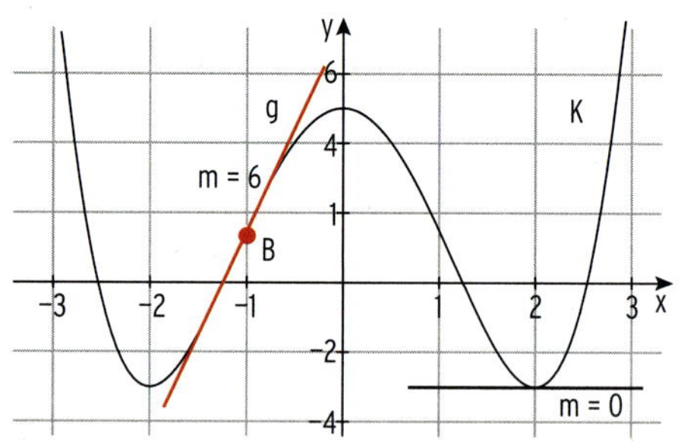

Allgemeiner Ansatz	**Vereinfachter Ansatz bei Symmetrie**
$f(x) = ax^3 + bx^2 + cx + d$	$f(x) = ax^3 + cx$ (zum Ursprung)
$f(x) = ax^4 + bx^3 + cx^2 + dx + e$	$f(x) = ax^4 + cx^2 + e$ (zur y-Achse)

Beispiel 4

➲ K ist das Schaubild der Funktion f mit $f(x) = a e^x + b$; $x \in \mathbb{R}$, $a, b \in \mathbb{R}$.
Bestimmen Sie a und b und geben Sie den Funktionsterm f(x) an.

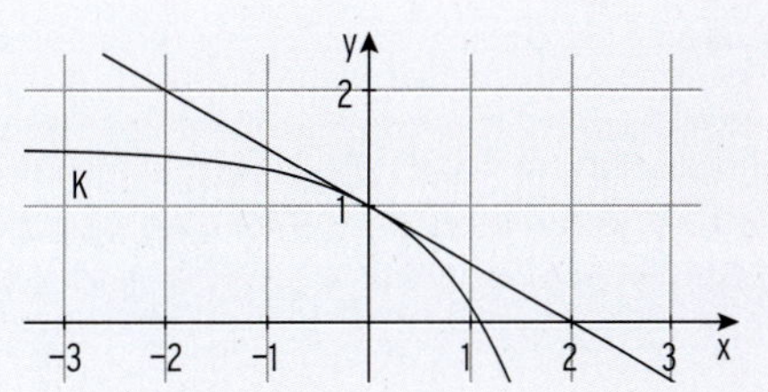

Lösung

Man kann ablesen: Die Tangente an K im $S_y(0\,|\,1)$ hat die Gleichung $y = -0{,}5x + 1$.

Ableitung von f: $f'(x) = ae^x$

Steigung der Kurve an der Stelle 0 ist gleich der Tangentensteigung $f'(0) = -0{,}5$, damit ist $a = -0{,}5$.

Die Tangente berührt K im Schnittpunkt von K mit der y-Achse.

S_y liegt auf K, Punktprobe ergibt: $1 = a + b$

Einsetzen von $a = -0{,}5$ in $1 = a + b$ liefert b: $b = 1{,}5$

Ergebnis: $a = -0{,}5$; $b = 1{,}5$

Funktionsterm: $f(x) = -0{,}5e^x + 1{,}5$

Beispiel 5

➲ K ist das Schaubild der Funktion f mit $f(x) = a\sin(bx)$; $x \in \mathbb{R}$, $a, b \in \mathbb{R}^*$.
Die Funktion f hat die Periode 2. K hat im Ursprung die Steigung 5.
Bestimmen Sie den Funktionsterm.

Lösung

Periode $p = 2$: $b = \frac{2\pi}{2} = \pi$

Funktionsterm: $f(x) = a\sin(\pi x)$

Ableitung: $f'(x) = \pi \cdot a\cos(\pi x)$

Steigung im Ursprung ist 5: $f'(0) = 5$

$\pi \cdot a = 5$

$a = \frac{5}{\pi}$

Funktionsterm:
$f(x) = \frac{5}{\pi}\sin(\pi x)$

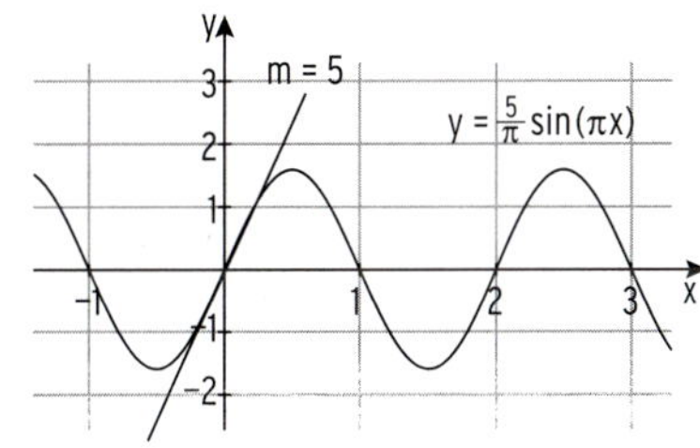

Beispiel 6

➲ Zwei Wege A und B sollen ohne Knick (optimal) verbunden werden. Bestimmen Sie den Term einer Funktion, die den Wegverlauf beschreibt.

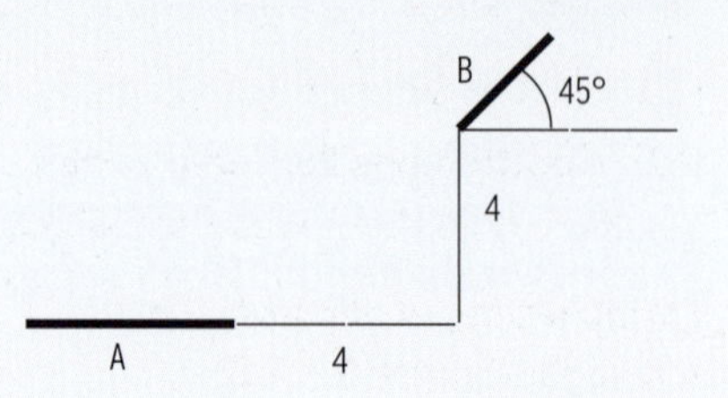

Lösung

Koordinatenursprung: Endpunkt der Strecke A
f ist z. B. eine Polynomfunktion 3. Grades.

Ansatz: $f(x) = ax^3 + bx^2 + cx + d$
$f'(x) = 3ax^2 + 2bx + c$
Steigungswinkel $\alpha = 45°$ entspricht $m = 1$.
Die Bedingungen:
$f(0) = 0$; $f'(0) = 0$ führen auf $c = 0$; $d = 0$.

$f(4) = 4$; $f'(4) = 1$ führen auf das LGS:

$$64a + 16b = 4$$
$$48a + 8b = 1$$

Lösung des Gleichungssystems: $a = -\frac{1}{16}$; $b = \frac{1}{2}$ und damit ergibt sich $f(x) = -\frac{1}{16}x^3 + \frac{1}{2}x^2$.

Beispiel 7

➲ Anna ist eine Läuferin. Zum Laufen benötigt ihr Körper Energie. Der Körper gewinnt Energie z. B. durch die sogenannte anaerobe Energiegewinnung (d. h. ohne Sauerstoffverbrauch). Diese Energiegewinnung in Kilojoule pro Sekunde $\left(\frac{kJ}{s}\right)$ wird zwischen der 10. und der 100. Sekunde durch eine Funktion f mit $f(t) = a \cdot t \cdot e^{bt}$ dargestellt. Dabei gibt t die Zeit in Sekunden an. Nach 26 Sekunden hat die anaerobe Energiegewinnung mit $2{,}5\,\frac{kJ}{s}$ ihren größten Wert. Bestimmen Sie a und b.

Lösung

Ableitung mit der Produkt- und Kettenregel: $f'(t) = ae^{bt} + a \cdot t \cdot be^{bt} = a(1 + bt)e^{bt}$

Extrempunkt in $t = 26$: $f'(26) = 0$ — $a(1 + 26b)e^{26b} = 0$

Mit $a \neq 0$ und $e^{26b} \neq 0$: $1 + 26b = 0$

$b = -\frac{1}{26} = -0{,}0385$

Funktionsterm: $f(t) = ate^{-\frac{1}{26}t}$

Kurvenpunkt $P(26\,|\,2{,}5)$: $f(26) = 2{,}5$ — $2{,}5 = a \cdot 26e^{-1}$

$a = 0{,}2614$

Ergebnis: $a = 0{,}2614$ und $b = -0{,}0385$

Was man wissen sollte – über das Aufstellen von Kurvengleichungen aus gegebenen Bedingungen

Häufig auftretende **Formulierungen** und die entsprechenden **Bedingungen** beim Aufstellen von Kurvengleichungen. K ist das Schaubild von f; G ist das Schaubild von g.

Formulierung in der Aufgabe	**Bedingungen**
• K verläuft durch P(**u** | v).	**f(u) = v**
• K berührt die x-Achse in x = **u.**	**f (u) = 0; f′(u) = 0**
• K hat in x = **u** die **Steigung** 5.	**f′(u) = 5**
• K hat in P(**u** | v) eine Tangente mit Steigung −2.	**f (u) = v; f′(u) = −2**
• K hat den **Extrempunkt** T(**u** | v).	**f (u) = v; f′(u) = 0**
• K hat den **Wendepunkt** W(**u** | v).	**f (u) = v; f″(u) = 0**
• Die Tangente im Wendepunkt W(**u** | v) hat die Steigung 0,5.	**f (u) = v; f″(u) = 0; f′(u) = 0,5**
• W(**u** | v) ist **Sattelpunkt.** (W ist Wendepunkt mit waagrechter Tangente.)	**f (u) = v; f″(u) = 0; f′(u) = 0**
• K und G **berühren sich** in x = **u.**	**f (u) = g (u); f′(u) = g′(u)**
• K und G schneiden sich in P(**u** | v) **senkrecht.**	**f (u) = g (u); f′(u)·g′(u) = −1**

Aufgaben

1 Der Graph einer Polynomfunktion 3. Grades hat in W(1|3) einen Wendepunkt und in T(3|1) einen Tiefpunkt. Geben Sie die Bedingungen für f(x) an und stellen Sie das zugehörige lineare Gleichungssystem auf.

2 Die Wertetabelle gehört zu einer Polynomfunktion f 4. Grades.

x	−2	−1	0	1	2	3	4
f(x)	2,5	0	−1,5	−8	−13,5	0	62,5
f′(x)	−8	0	−4	−8	0	32	100
f″(x)	18	0	−6	0	18	48	90

a) Welche Aussagen können Sie mithilfe der Tabelle über Achsenschnittpunkte, Extrem- und Wendepunkte des Schaubildes von f machen?
Begründen Sie Ihre Aussagen.

b) Geben Sie die Gleichung der Tangente an K an der Stelle 1 an.

3 Zu der Polynomfunktion f 3. Grades gehört die nebenstehende Tabelle.
Bestimmen Sie den Funktionsterm f(x).
Vervollständigen Sie die Tabelle.

x	−1	0	2
f(x)		0	
f′(x)	3		6
f″(x)		0	

4 K ist das Schaubild der Funktion f mit $f(x) = ax^3 + bx^2 + \frac{9}{2}x$.
K hat an den Stellen 1 und 3 je eine waagrechte Tangente.
Bestimmen Sie den zugehörigen Funktionsterm.
Welche Bedeutung hat der Punkt $A(2|1)$?

5 Eine Polynomfunktion 3. Grades hat die Nullstellen $x_1 = 0$, $x_2 = 2$ und $x_3 = -3$.
Ihr Schaubild hat im Ursprung die Steigung 12.
Bestimmen Sie den Funktionsterm $f(x)$.

6 Das Schaubild K einer Polynomfunktion 4. Grades hat in $E(-1|2)$ einen Extrempunkt.
An der Stelle 1 hat K eine waagrechte Tangente, an der Stelle 0 eine Tangente mit der Gleichung $y = 3x + 5$.
Geben Sie ein LGS zur Bestimmung des zugehörigen Funktionsterms an.

7 Das Schaubild einer trigonometrischen Funktion mit der Periode $p = \pi$ hat den Hochpunkt $H(3|5)$.
Bestimmen Sie einen möglichen Funktionsterm.

8 Eine trigonometrische Funktion hat die Periode $p = 4$. Das zugehörige Schaubild hat im Schnittpunkt mit der y-Achse eine Wendetangente mit der Gleichung $y = 2x + 3$.
Geben Sie einen Funktionsterm an.

9 Gegeben ist die 2. Ableitung der Funktion f durch $f''(x) = 6x + b$; $b \in \mathbb{R}$.
Die Wendetangente hat die Gleichung $y = 4x - 8$. Diese berührt das Schaubild von f auf der x-Achse. Bestimmen Sie den Funktionsterm $f(x)$.

10 Der Graph einer Polynomfunktion 5. Grades verläuft symmetrisch zum Ursprung.
f erfüllt die Bedingungen $f(-1) = 1$, $f''(-1) = 0$ und $f'(-1) = 3$.
Was bedeuten diese Bedingungen?

11 Gegeben ist die Funktion f mit $f(x) = ax^4 + bx^2 + 2$; $a \neq 0$ mit Schaubild K.
a) Zeigen Sie: K ist symmetrisch zur y-Achse.
b) Die Tangente an K in $P(2|0)$ hat die Steigung 4.
Bestimmen Sie a und b.

12 Eine Polynomfunktion 3. Grades hat einen Extrempunkt in $A(2|0)$.
Geben Sie für drei verschiedenartige Funktionen jeweils einen Funktionsterm an.

13 Der Graph einer Polynomfunktion f 3. Grades berührt die x-Achse an der Stelle 1 und schneidet die x-Achse an der Stelle -2.
Geben Sie für drei verschiedene Funktionen, die die gegebenen Bedingungen erfüllen, den Funktionsterm an.

14 Das Schaubild K von f mit $f(x) = (ax + b)e^x$; $x \in \mathbb{R}$, $a, b \in \mathbb{R}$ berührt die Gerade mit $y = e$ an der Stelle 1. Bestimmen Sie den Funktionsterm.

15 Die Abbildung zeigt das Schaubild einer Exponentialfunktion. Diese kann durch einen der folgenden Funktionsterme beschrieben werden:

$g_1(x) = a - b\,e^{-0{,}5x}$

$g_2(x) = ax - b\,e^{-0{,}5x}$

$g_3(x) = a - b\,e^{0{,}5x}$

Begründen Sie, welche Terme zur Beschreibung ungeeignet sind. Ermitteln Sie für den geeigneten Funktionsterm Werte für a und b.

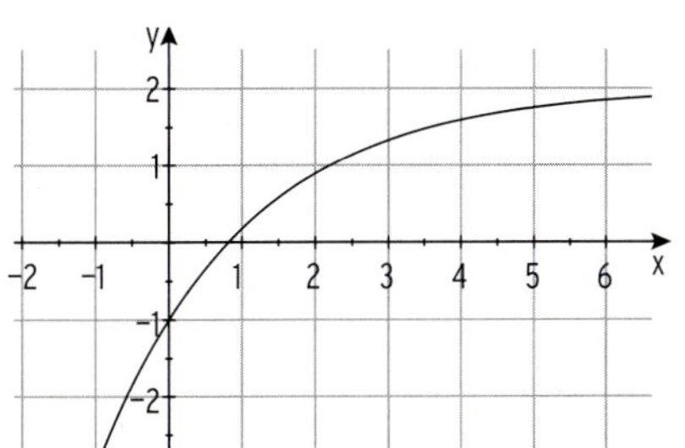

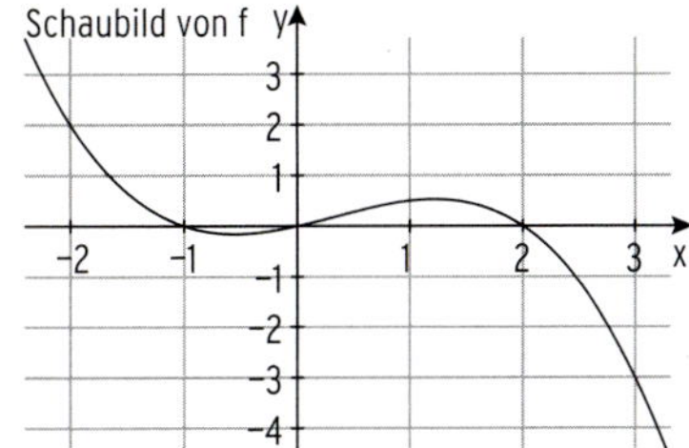

16 Die gezeichnete Kurve ist das Schaubild der Funktion f mit $f(x) = a\,x\,(x - x_1)(x - x_2)$; $x \in \mathbb{R}$.
Bestimmen Sie a, x_1 und x_2 mithilfe der Zeichnung.

17 K ist das Schaubild einer Funktion f.
Bestimmen Sie einen möglichen Funktionsterm aus der Abbildung.

a)

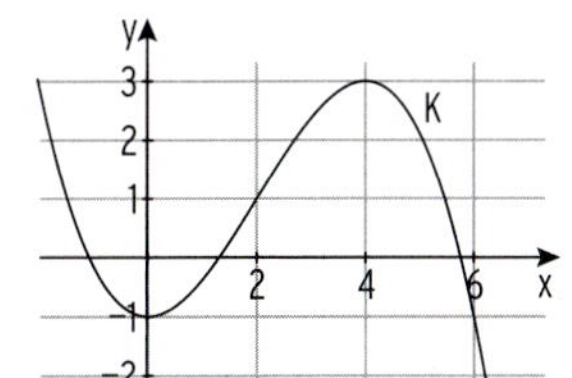

b)

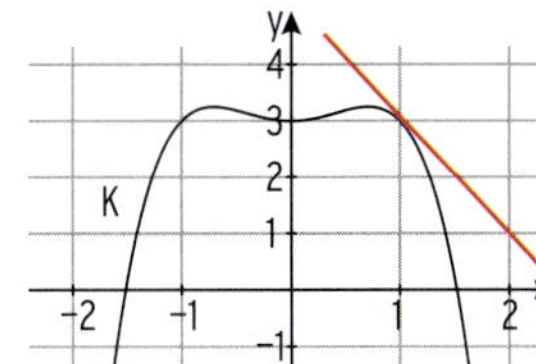

c)

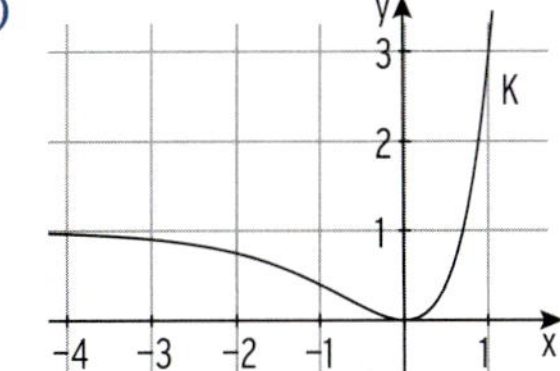

18 In eine Tasse Tee wird 90 °C heißer Tee eingeschenkt. Der Tee kühlt auf die Zimmertemperatur von 20°C ab. Die Funktion h mit $h(t) = a + be^{-0{,}2t}$ beschreibt diesen Abkühlvorgang.
Dabei ist t die Zeit in Minuten und h(t) die Temperatur in °C.

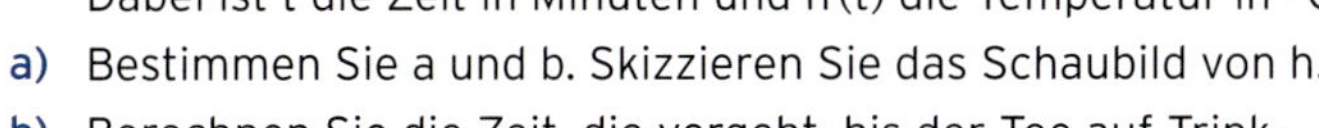

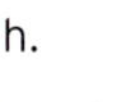

a) Bestimmen Sie a und b. Skizzieren Sie das Schaubild von h.

b) Berechnen Sie die Zeit, die vergeht, bis der Tee auf Trinktemperatur (50 °C) abgekühlt ist.

c) Berechnen Sie die momentane Änderungsrate der Temperatur in $t_1 = 1$ und in $t_2 = 10$. Interpretieren Sie Ihre Ergebnisse.

d) Die Temperatur nimmt höchstens um 14 °C pro Minute ab. Überprüfen Sie diese Behauptung.

19 Der Bestand an fester Holzmasse h(t) zum Zeitpunkt t in einem Wald wird durch die Funktion h mit $h(t) = a \cdot e^{kt}$ beschrieben. Dabei wird die Zeit t in Jahren und der Bestand h(t) in m^3 gemessen. Zu Beginn des Jahres 2016 (t = 0) beträgt der Bestand $10^5\,m^3$, die momentane Änderungsrate liegt bei $2500\,m^3$/Jahr. Bestimmen Sie a und k.

Test zur Überprüfung Ihrer Grundkenntnisse

1 Untersuchen Sie das Schaubild der Funktion f auf Hoch- und Tiefpunkte.

a) $f(x) = x^3 - \frac{9}{2}x^2 + 6x + 3;\ x \in \mathbb{R}$

b) $f(x) = (x - 3)e^x;\ x \in \mathbb{R}$

c) $f(x) = \sin(\pi x - 2);\ x \in \,]-0{,}5;\ 2{,}5[$

d) $f(x) = e^{2x} - e^x;\ x \in \mathbb{R}$

2 Bestimmen Sie die Gleichung der Wendetangente.

a) $f(x) = -x^3 + 3x^2 - 1;\ x \in \mathbb{R}$

b) $f(x) = e^x - \frac{1}{2}x^2 + 3;\ x \in \mathbb{R}$

3 Machen Sie eine Aussage über das Krümmungsverhalten des Graphen K von f. Skizzieren Sie K.

a) $f(x) = \frac{3}{2}x - \frac{3}{8}x^3;\ x \in \mathbb{R}$

b) $f(x) = \cos(2x) + 1;\ x \in \,]-2;\ 2[$

4 Die Abbildung zeigt das Schaubild K einer Funktion f.
Begründen Sie, ob folgende Aussagen wahr oder falsch sind.

(1) K hat zwei Wendepunkte.

(2) f' ist wachsend auf [4; 8].

(3) $f''(2) < f''(8)$

(4) Die maximale momentane Änderungsrate von f liegt bei 8.

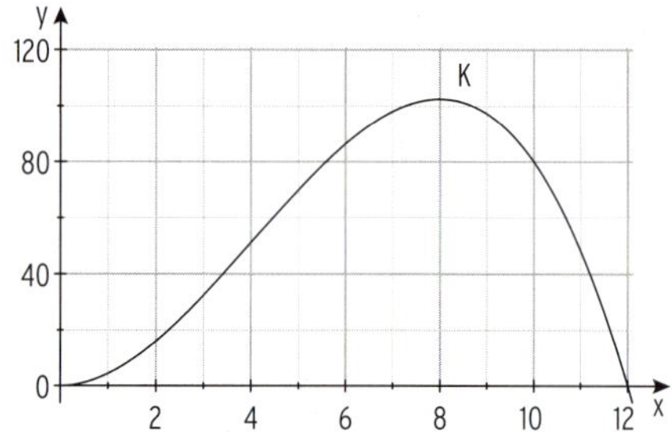

5 Das Schaubild einer Polynomfunktion 3. Grades ist symmetrisch zum Ursprung und hat den Extrempunkt E(2 | 8).
Bestimmen Sie den zugehörigen Funktionsterm.

6 Gegeben ist die Funktion f mit $f(x) = \frac{1}{3}x^3 + \frac{1}{2}x^2 - 2x;\ x \in \mathbb{R}$.

Zeigen Sie: f ist monoton fallend für $-2 \leq x \leq 1$.

3.4 Modellierung und anwendungsorientierte Aufgaben

in der Natur: Wachstumsprozesse

Zerfallsprozesse

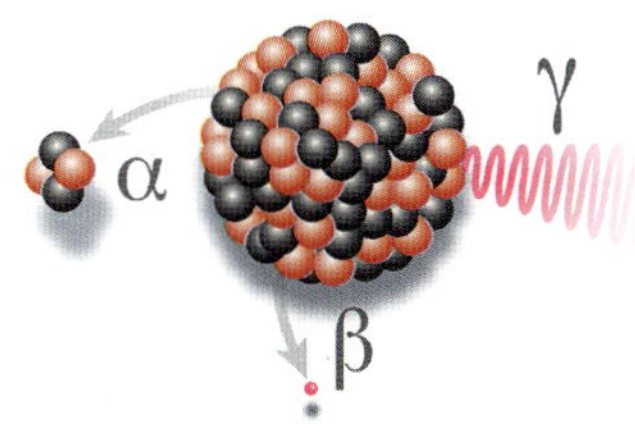

in der Technik

in der Wirtschaft

Funktionen im Anwendungszusammenhang sind von großer Bedeutung.
Lässt sich eine reale Situation mathematisch (z. B. durch eine Funktion) beschreiben, so können mathematische Überlegungen zur Klärung der Fragen und Probleme, die sich aus der Praxis ergeben, beitragen.
Diese Vorgehensweise nennt man **„mathematisches Modellieren".**

Modellierungskreislauf

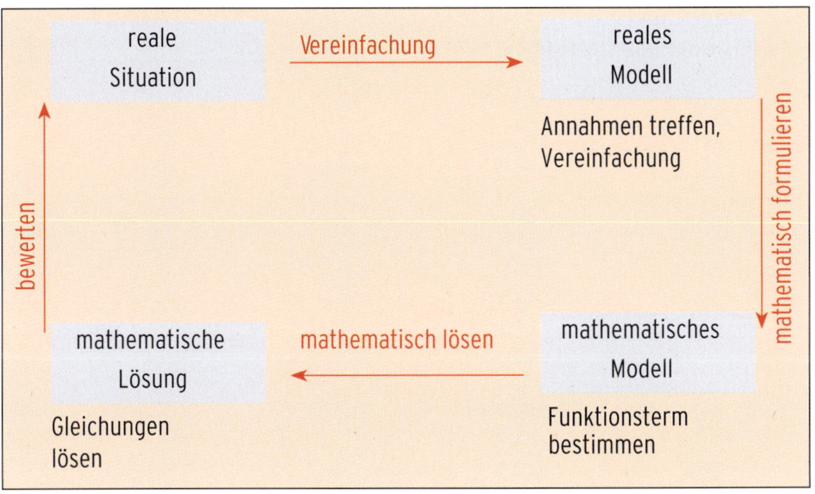

Beispiel 1

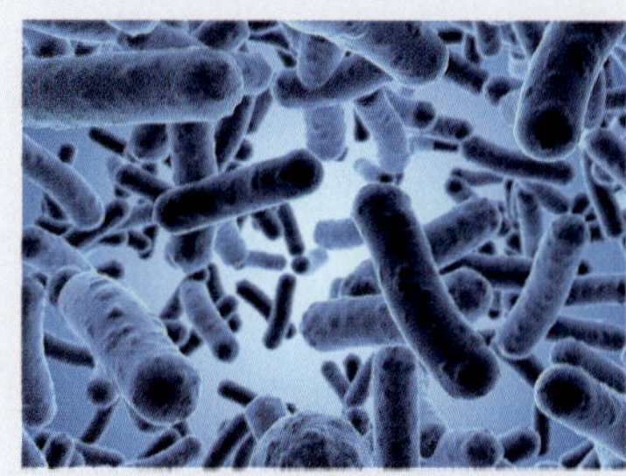

➲ Die Anzahl der Individuen einer Population wurde im Laufe von 5 Wochen gemessen:

t (in Wochen)	0	1	2	3	4	5
Bestand f (t)	825	968	1135	1333	1564	1836

a) Begründen Sie die Annahme, dass der Bestand ungefähr exponentiell zunimmt. Bestimmen Sie das Wachstumsgesetz.

b) Nach welcher Zeit ist die Zunahme des Bestands pro Woche größer als 900?

Lösung

a) **Exponentielles Wachstum** liegt vor, wenn die Anzahl der Individuen in einer Woche stets mit dem **gleichen Faktor** wächst.

$\frac{f(1)}{f(0)} \approx 1{,}173;\ \frac{f(2)}{f(1)} \approx 1{,}172 \quad \Rightarrow \quad f(t+1) = 1{,}17 \cdot f(t)$

Der **Wachstumsfaktor** beträgt also 1,17. Die Anzahl der Individuen nimmt in einer Woche um 17 % des letzten Bestandes zu (Bestand zu Wochenbeginn).

Wachstumsgesetz: $f(t) = 825 \cdot 1{,}17^t$

Mit $1{,}17 = e^{\ln(1{,}17)} = e^{0{,}16}$ erhält man f (t) **in e-Basis:** $f(t) = 825 \cdot e^{0{,}16t}$

Alternative: **Ansatz für exponentielles Wachstum $f(t) = a e^{kt}$**

Mit $f(0) = 825$: $a = 825$

$f(1) = 968$: $825 e^{k \cdot 1} = 968$

$e^k = 1{,}17$

$k = \ln(1{,}17) = 0{,}16$

Wachstumsgesetz: $f(t) = 825 \cdot e^{0{,}16t}$

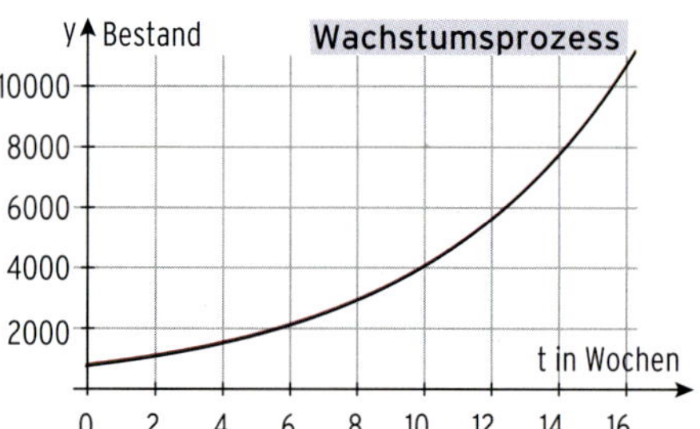

b) Die Ableitung von f gibt die Zunahme der Individuen pro Woche an.
Ableitung:
$f'(t) = 825 \cdot 0{,}16 \cdot e^{0{,}16t} = 132 \cdot e^{0{,}16t}$

Ansatz: $f'(t) = 900 \qquad 132 \cdot e^{0{,}16t} = 900$

$e^{0{,}16t} = 6{,}82$

$0{,}16t = \ln(6{,}82)$

$t = \frac{\ln(6{,}82)}{0{,}16} = 11{,}99...$

Nach 12 Wochen ist die Zunahme der Individuen pro Woche größer als 900.

Beispiel 2

➲ Eine Funktion f mit $f(t) = (2t + 5)e^{-0,5t}$; $t \geq 0$ beschreibt die Masse einer Substanz in Abhängigkeit von der Zeit t (t = 0: Beginn der Messung; t in Minuten, f(t) in Gramm).

a) Bestimmen Sie die momentane Änderungsrate von f in $t = 2$.
Interpretieren Sie.

b) Wie groß ist die durchschnittliche Massenabnahme auf dem Intervall [2; 6]?

c) In welchem Zeitpunkt nimmt die Masse am stärksten ab?
Wie groß ist diese Abnahme?

Lösung

a) Die Massenänderung wird beschrieben durch die 1. Ableitung: $f'(t) = -(t + 0,5)e^{-0,5t}$
$f'(2) = -0,92$

Die momentane Änderungsrate von f in $t = 2$ ist $-0,92$.
In $t = 2$ beträgt die Massenabnahme 0,92 g pro Minute.

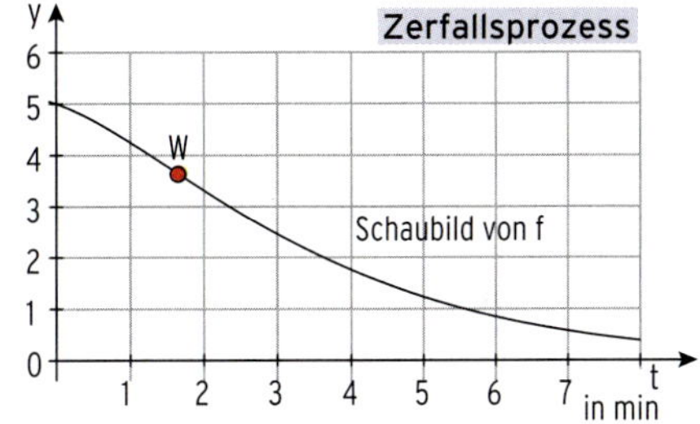

b) $\frac{\Delta f}{\Delta t} = \frac{f(6) - f(2)}{4} = \frac{0,85 - 3,31}{4} = \frac{-2,46}{4} = -0,615$

Von der 2. bis zu 6. Minute nimmt die Masse um 0,615 g pro Minute ab.

c) Es handelt sich um eine Abnahme, da $f'(t) < 0$ für $t > 0$.
Die Massenabnahme ist am stärksten, wenn $f'(t)$ ein Minimum hat.

2. Ableitung: $f''(t) = 0,5(t - 1,5)e^{-0,5t}$

Notwendige Bedingung: $f''(x) = 0$ $0,5(t - 1,5)e^{-0,5t} = 0$
$t = 1,5$

Nachweis: $f''(t)$ wechselt in $t = 1,5$ das Vorzeichen von − nach +.
f' hat in $t = 1,5$ ein lokales Minimum.

Lokales Minimum: $f'(1,5) = -0,945$

Randwertuntersuchung: $f'(t) \to -0,5$ für $t \to 0$ bzw. $f'(t) \to 0$ für $t \to \infty$.

In $t = 1,5$ nimmt f' ihren kleinsten Wert an.

Hinweis: In $t = 1,5$ liegt der Wendepunkt des Schaubildes von f.

Nach 1,5 min nimmt die Masse am stärksten ab.

Die größte Abnahme beträgt $0,945 \frac{g}{min}$.

Beispiel 3

➲ Eine Funktion f mit $f(t) = 500 - 300\,e^{-0{,}036t}$; $t \geq 0$ beschreibt die Population von Mäusen in Abhängigkeit von der Zeit t (t = 0: Beginn der Messung; t in Jahren).

a) Wie viele Mäuse hat die Population zu Beginn der Messung?
Wie groß kann die Mäusepopulation werden?
Nach wie viel Jahren sind 90 % des Maximalbestandes erreicht?

b) Bestimmen Sie die momentane Änderungsrate von f in $t = 2$. Interpretieren Sie.
Wie groß ist die durchschnittliche Änderungsrate auf dem Intervall [2; 10]?

c) Bestimmen Sie die maximale Änderungsrate von f.

Lösung

a) Anfangsbestand: $f(0) = 200$

Maximalbestand (Grenze G)

Für $t \to \infty$ gilt: $f(t) \to 500$. Die waagrechte Asymptote hat die Gleichung $y = 500$.
Die maximal mögliche Population beträgt G = 500.
90 % des Maximalbestandes entsprechen 450.

Bedingung: $f(t) = 450$ $\quad 500 - 300\,e^{-0{,}036t} = 450$

Umformung: $\quad e^{-0{,}036t} = \frac{1}{6}$

Logarithmieren: $\quad -0{,}036t = \ln\left(\frac{1}{6}\right)$

$t \approx 49{,}77$

Nach ca. 50 Jahren sind 90 % des Maximalbestandes erreicht.

b) Die Änderung der Anzahl der Mäuse pro Jahr wird beschrieben durch die 1. Ableitung: $f'(t) = 10{,}8\,e^{-0{,}036t}$

$f'(2) = 10{,}05$

Die momentane Änderungsrate von f in $t = 2$ ist 10,0.
In $t = 2$ beträgt die Zunahme 10 Mäuse pro Jahr.

$$\frac{\Delta y}{\Delta t} = \frac{f(10) - f(2)}{8} = \frac{290{,}7 - 220{,}8}{8} = 8{,}7$$

Vom 2. bis zum 10. Jahr nimmt die Population um etwa 9 Mäuse pro Jahr zu.

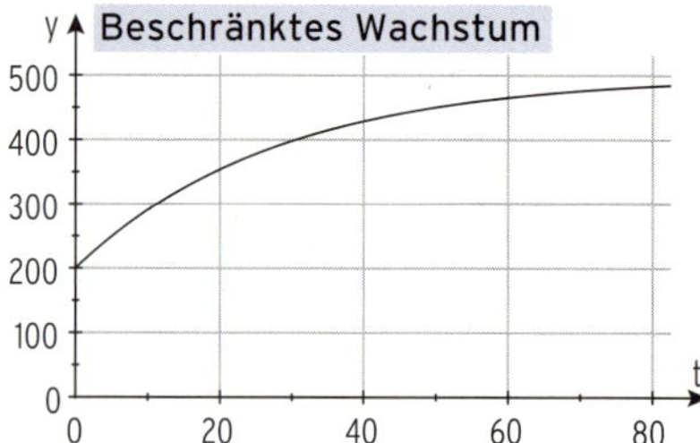

c) Zu Beginn der Messung ist die Änderungsrate von f (Steigung des Schaubildes von f) am größten: $f'(0) = 10{,}8$

Die maximale Änderungsrate von f beträgt ca. 11 Mäuse pro Jahr.

Beispiel 4

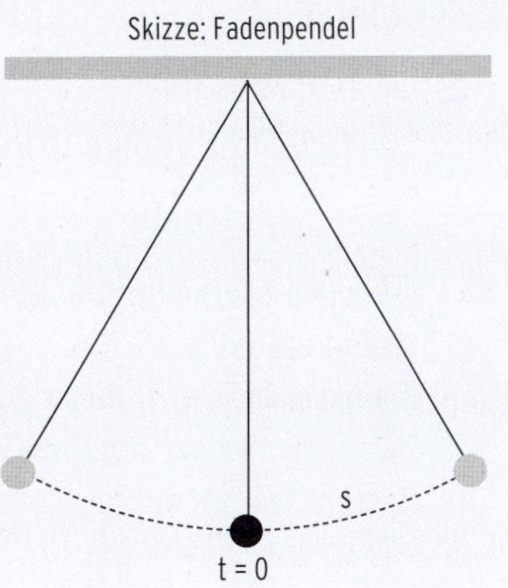

➲ Eine Kugel schwingt an einem Fadenpendel. Bei kleinen Auslenkungen wird diese Schwingung beschrieben durch $s(t) = 0{,}2 \sin(\pi t)$. Dabei ist t die Zeit in s und s(t) die Auslenkung (Länge des Kreisbogens) in m.

a) Berechnen Sie die Amplitude und die Schwingungsdauer des Pendels.

b) Zeichnen Sie das zugehörige s-t-; v-t- und a-t-Diagramm. Geben Sie die maximale Geschwindigkeit des Pendelkörpers an.

Lösung

a) Amplitude 0,2 m

Schwingungsdauer T entspricht der Periodenlänge p

Mathematisch: $p = \frac{2\pi}{\pi} = 2$; $T = 2\,s$

Physikalisch: $\omega = \frac{2\pi}{T} = \pi$

(vgl. $\sin(\omega t) = \sin(\pi t)$)

$T = 2\,s$

b) $s(t) = 0{,}2 \sin(\pi t)$

$v(t) = s'(t) = 0{,}2\pi \cos(\pi t)$

$a(t) = v'(t) = s''(t) = -0{,}2\pi^2 \sin(\pi t)$

v(t) wird maximal für $\cos(\pi t) = 1$.

Maximale Geschwindigkeit: $v_{max} = 0{,}2\pi = 0{,}63\left(\frac{m}{s}\right)$

Hinweis: Grafisches Differenzieren ist auch möglich.

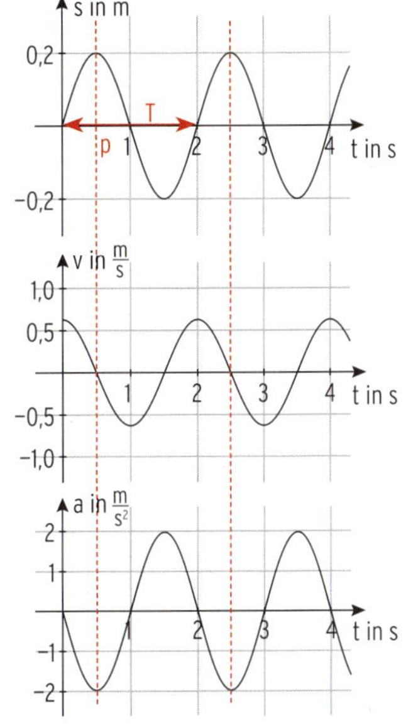

Bedeutet s(t) den in der Zeit t zurückgelegten Weg (Weg als Funktion der Zeit), so gilt:

für die **mittlere Geschwindigkeit** $v = \frac{\Delta s}{\Delta t}$

für die **Momentangeschwindigkeit** $v = \lim\limits_{\Delta t \to 0} \frac{\Delta s}{\Delta t} = \frac{ds}{dt} = s'(t)$

für die **mittlere Beschleunigung** $a = \frac{\Delta v}{\Delta t}$

für die **Momentanbeschleunigung** $a = \lim\limits_{\Delta t \to 0} \frac{\Delta v}{\Delta t} = \frac{dv}{dt} = s''(t)$

Die **Momentangeschwindigkeit** ist die Durchschnittsgeschwindigkeit in einem möglichst kleinen Zeitintervall.

Die mittlere **Beschleunigung** ist die Geschwindigkeitsänderung Δv in der Zeit Δt.

Beispiel 5

➲ Die Gesamtkosten K eines Betriebes für die Produktion von x Mengeneinheiten (ME) werden beschrieben durch
$K(x) = 0{,}1x^3 - 6x^2 + 186x + 540;\ 0 \le x \le 70.$
Jede ME wird für 190 € verkauft.

a) Geben Sie die Erlösfunktion und die Gewinnfunktion an.
Zeichnen Sie die Schaubilder in ein geeignetes Koordinatensystem ein.

b) Bestimmen Sie den maximalen Gewinn.

mvurl.de/wf28

Lösung

a) Erlösfunktion E mit $E(x) = 190x$
Gewinnfunktion G mit $G(x) = E(x) - K(x)$
$G(x) = 190x - (0{,}1x^3 - 6x^2 + 186x + 540)$
$G(x) = -0{,}1x^3 + 6x^2 + 4x - 540$

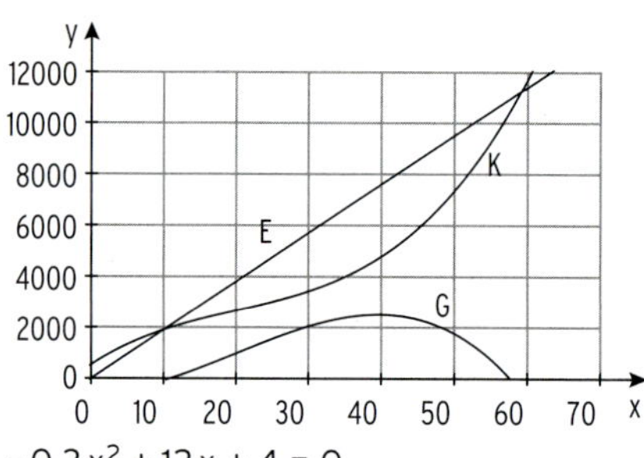

b) Ableitungen:
$G'(x) = -0{,}3x^2 + 12x + 4;\ G''(x) = -0{,}6x + 12$

Gewinnmaximum
Bedingung: $G'(x) = 0$ — $-0{,}3x^2 + 12x + 4 = 0$
Lösung der quadratischen Gleichung $(x > 0)$: $x = 40{,}33$
Nachweis: $G''(40{,}33) = -12{,}2 < 0$
Maximaler Gewinn: $G_{max} = G(40{,}33) = 2821$
Der maximale Gewinn beträgt 2821 €.

Gesamtkosten

Die **Gesamtkosten K (x)** setzen sich zusammen aus den **variablen Kosten $K_v(x)$** und den **fixen Kosten K_{fix}:** $K(x) = K_v(x) + K_{fix}$.
Die fixen Kosten $K_{fix} = K(0)$ sind unabhängig von der **Ausbringungsmenge** x, die variablen Kosten hängen von x ab.

Erlös

Erlös = Stückpreis · Menge	**E (x) = p · x**	Stückpreis p ist konstant.
	E (x) = p (x) · x	Stückpreis p (x) ist abhängig von x.

Gewinn

Gewinn = Erlös minus Gesamtkosten: G (x) = E (x) − K (x)
Die Nullstellen von G sind die **Gewinnschwelle** x_{GS} und die **Gewinngrenze** x_{GG}
$x_{GS} < x < x_{GG}$ ist die **Gewinnzone.** Ist $G(x) < 0$, so macht der Betrieb **Verlust.**
Gewinnmaximum in x_{max}, wenn **G′(x) = 0** ist.

Aufgaben

1 Das Newton'sche Abkühlungsgesetz $T(t) = T_U + (T_O - T_U)e^{kt}$ beschreibt den Temperaturverlauf eines auf die Temperatur T_O erwärmten Körpers, der z. B. durch eine Umgebung mit konstanter Temperatur T_U abgekühlt wird. T (t) ist die momentane Temperatur (in °C) zur Zeit t (in min) mit $t \geq 0$.
Bei einer Umgebungstemperatur von 20 °C hat sich der Körper von anfangs 80 °C in den ersten 30 Minuten auf 24,7 °C abgekühlt. Bestimmen Sie k auf drei Dezimalen gerundet.
Zeigen Sie, dass es sich um einen Abkühlungsvorgang handelt.
Welche Bedeutung haben die Werte $T'(0)$ und $\lim\limits_{t \to \infty} T(t)$? Interpretieren Sie.
Nach welcher Zeit ist die Temperatur um 30 °C abgesunken?
Ab welchem Zeitpunkt nimmt die Temperatur des Körpers für dieses k in einer Minute um weniger als ein Grad ab?

2 Die Weltbevölkerung betrug 1993 etwa $5{,}5 \cdot 10^9$; 2005 lebten $6{,}5 \cdot 10^9$ Menschen auf der Erde. Das Wachstum für diesen Zeitraum kann näherungsweise beschrieben werden durch die Funktion f mit $f(t) = a\,e^{kt}$, t in Jahren, $t = 0 \triangleq 1993$, f (t) sei die Weltbevölkerung in Milliarden. Bestimmen Sie den Funktionsterm.
Um wie viel Prozent weicht eine Vorhersage für das Jahr 2020 vom tatsächlichen Wert $7{,}7 \cdot 10^9$ ab? Wie entwickelt sich die Weltbevölkerung nach diesem Modell?
Das Modell hat Schwächen. Erläutern Sie diese. Berechnen Sie die momentane Änderungsrate von f für das Jahr 2021. Interpretieren Sie Ihr Ergebnis.

3 Ein Behälter hat ein Fassungsvermögen von 1200 Liter. Die enthaltene Flüssigkeitsmenge zum Zeitpunkt t wird beschrieben durch die Funktion f mit $f(t) = 1000 - 800\,e^{-0{,}01t}$ (t in Minuten, f (t) in Liter). Zu welchem Zeitpunkt ist der Behälter zur Hälfte gefüllt?
Zeigen Sie, dass die Flüssigkeitsmenge im Behälter stets zunimmt.
Ein Techniker behauptet, dass die Flüssigkeitmenge höchstens um 9 Liter pro Minute zunimmt. Prüfen Sie die Behauptung.

4 Zur Beurteilung der Wirksamkeit von Medikamenten misst man die Konzentration des Wirkstoffes im Blutplasma. Daraus ergeben sich Konsequenzen für die Dosierung und die Dosierungsintervalle. Einem Patient wird eine Wirkstoffdosis eines Medikamentes verabreicht. Die Tabelle zeigt die zeitliche Veränderung der Konzentration des Wirkstoffes im Blut.

t in Stunden	0	2	4	6	8
durchschnittliche Konzentration in µg/ml	0	33,8	24,9	13,7	6,7

Die Funktion f mit $f(t) = a\,t\,e^{bt}$; $t \geq 0$ beschreibt den Zusammenhang.
Überprüfen Sie, ob nach 2 Stunden die höchste Konzentration vorliegt.
Kontrollergebnis: $f(t) = 45{,}88\,t\,e^{-0{,}5t}$

5 Ein Auto mit der Anfangsgeschwindigkeit $v_0 = 72\,\text{km/h}$ wird abgebremst.
Das zugehörige Geschwindigkeits-Zeit-Gesetz lautet: $v(t) = 20 - 3{,}5\,t$ (v in m/s; t in s).

a) Berechnen Sie die Geschwindigkeit des Autos nach 4 s.

b) Geben Sie das Weg-Zeit-Gesetz für diese Verzögerung an.

c) Nach welcher Zeit ist die Geschwindigkeit null? Wie groß ist dann der Bremsweg?

6 Paul geht mit seinem Hund spazieren. Sein Hund rennt ihm weg.
Das Diagramm zeigt den Weg s (in m) als direkte Entfernung von Hund und Herr.

a) Interpretieren Sie das Diagramm.

b) Geben Sie den Funktionsterm der Weg-Zeit-Funktion s in Abhängigkeit von t an.

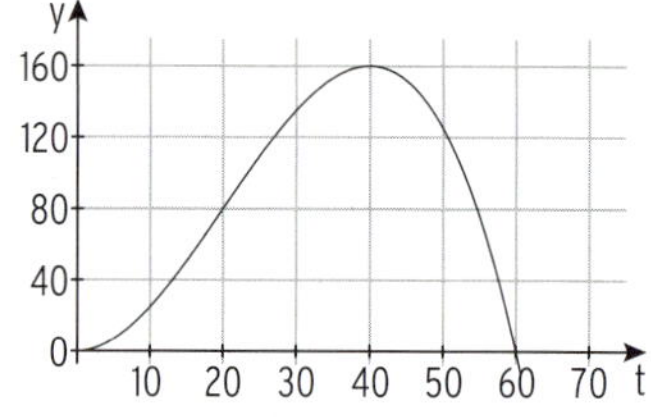

c) Wie weit ist der Hund nach 20 s von seinem Herr entfernt?
In welchen Zeitpunkten ist der Hund 100 m entfernt?
Wie viel m ist der Hund höchstens von seinem Herrn entfernt? Wann ist das der Fall?

d) Geben Sie die zugehörige Geschwindigkeits-Zeit-Funktion mit Definitionsbereich an.
Skizzieren Sie grob den Verlauf.

e) Zu welchem Zeitpunkt rennt der Hund am schnellsten?
Wie viel km würde er mit dieser Geschwindigkeit in einer Stunde zurücklegen?

7 Ein 100-m-Sprint lässt sich durch eine Polynomfunktion s 3. Grades beschreiben.
s(t) gibt die Strecke in m an, die nach t Sekunden zurückgelegt ist.
In $t = 0$ sind Weg und Geschwindigkeit gleich null, der Sprinter beschleunigt mit $3\,\text{m/s}^2$.
Bei $t = 7{,}5$ ist die Beschleunigung null.

a) Bestimmen Sie einen möglichen Funktionsterm.

b) In welcher Phase nimmt die Geschwindigkeit zu?

c) Bestimmen Sie die Laufzeit für 100 m auf eine Zehntelsekunde genau.

d) Bestimmen Sie die mittlere und die größte Geschwindigkeit des Läufers.

8 Ein Zug bewegt sich nach folgendem Weg-Zeit-Gesetz:
$s(t) = 5t^4 - 40t^3 + 80t^2$; $t \in [0; 3{,}5]$ (t in h, s in km)

a) Zeichnen Sie das Schaubild der Funktion s.

b) Bestimmen Sie die maximale Entfernung des Zuges vom Ausgangspunkt.

c) Geben Sie das Geschwindigkeits-Zeit-Gesetz an.

d) Berechnen Sie die maximale Geschwindigkeit des Zuges.

9 Die Gesamtkosten eines Unternehmens in Abhängigkeit von der Ausbringungsmenge x in Mengeneinheiten (ME) werden beschrieben durch die Funktion K mit

$K(x) = \frac{1}{4}x^3 - 6x^2 + 50x + 280$; K(x) in Geldeinheiten (GE).

Man geht davon aus, dass alle produzierte Ware auch verkauft wird.
Die Ware wird für 44 GE pro ME (Mengeneinheit) verkauft.

a) Zeichnen Sie das Schaubild von K und E (Erlösfunktion) in ein Koordinatensystem.

b) Prüfen Sie, ob das Unternehmen bei einer Produktion von 6 ME einen Gewinn erzielt. Zeigen Sie, dass das Unternehmen bei einer Produktionsmenge von $x = 20$ kostendeckend produziert. Welche Menge muss das Unternehmen produzieren, um maximalen Gewinn zu erzielen? Geben Sie diesen an.

c) Wie groß ist die durchschnittliche Zunahme der Kosten je ME, wenn die Produktion von 10 auf 15 ME erhöht wird?

d) Bei welcher Ausbringungsmenge ist der Kostenzuwachs am geringsten?
Wie groß ist dieser? Interpretieren Sie Ihr Ergebnis.

10 Die Gesamtkosten K eines Betriebes für die Produktion von x Mengeneinheiten (ME) werden beschrieben durch
$K(x) = x^3 - 9x^2 + 40x + 94;\ 0 \leq x \leq 8$.

a) Bei wie viel ME ist der Kostenzuwachs am kleinsten? Wie groß ist dieser? Interpretieren Sie.

b) Bestimmen Sie die Ausbringungsmenge, bei der die variablen Stückkosten am niedrigsten sind.
Interpretieren Sie Ihr Ergebnis.

11 In einem Betrieb ist die Abhängigkeit des Gesamtgewinns in GE (Geldeinheiten) von der verkauften Menge x in ME (Mengeneinheiten) durch eine Polynomfunktion 3. Grades bestimmt. Bei Produktion und Verkauf von 11 ME wird der maximale Gewinn von 797 GE erzielt. Zu Beginn $(x = 0)$ entsteht ein Verlust von 50 GE.
Die Gewinnkurve ändert ihr Krümmungsverhalten an der Stelle 5.
Geben Sie ein LGS zur Bestimmung der Gewinnfunktion an.

12 Ordnen Sie den Buchstaben a bis c die zugehörigen Bezeichnungen der Kostentheorie zu.
Ermitteln Sie die Fixkosten, die Gewinnzone und den maximalen Gewinn.

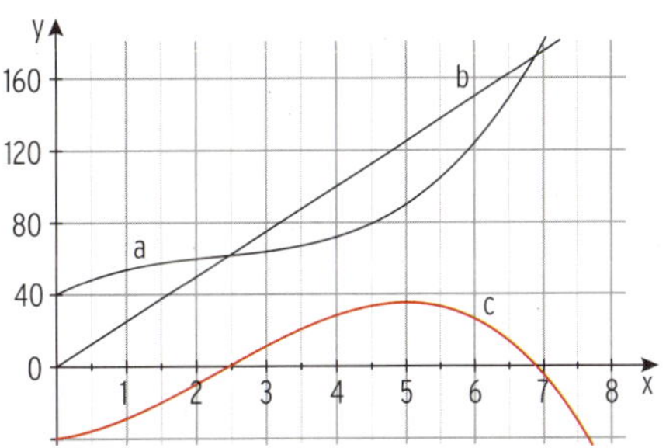

mvurl.de/wx9l

mvurl.de/ndy5

3.5 Optimieren

Beispiel 1

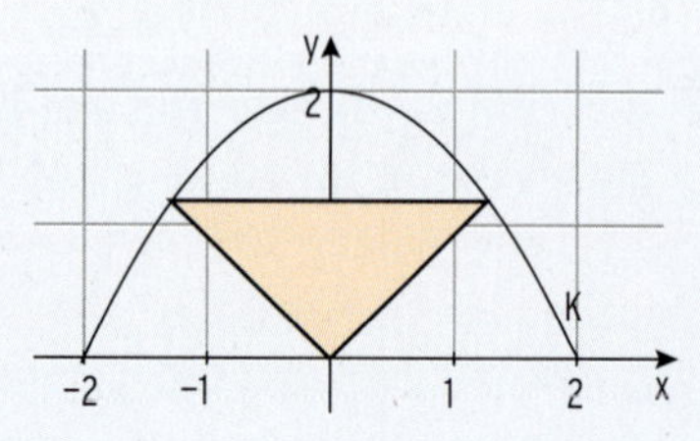

Aus einem Werkstück soll ein Dreieck herausgefräst werden. Die Berandung des Werkstücks wird beschrieben durch die Funktion f mit $f(x) = -0{,}5\,x^2 + 2;\ -2 \leq x \leq 2$ (siehe Abbildung). Das Dreieck mit der Spitze O(0 | 0) hat seine beiden Ecken auf dem Schaubild K von f. Welches Dreieck hat den größtmöglichen Flächeninhalt?

Lösung

Wir wählen den Eckpunkt $P(a\,|\,-0{,}5\,a^2 + 2)$ auf K für $0 \leq a \leq 2$.
Für jede Wahl von a erhält man ein Dreieck mit dem Flächeninhalt A(a).
Jedem $a \in [0;\,2]$ wird durch die Funktion $A\colon a \mapsto A(a)$ ein Flächeninhalt zugeordnet.

Zielfunktion:

$A(a) = \frac{1}{2} \cdot 2\,a \cdot f(a) = a \cdot (-0{,}5\,a^2 + 2)$

$A(a) = -0{,}5\,a^3 + 2\,a;\ D = [0;\,2]$

Untersuchung von A auf ein Maximum
Ableitungen: $A'(a) = -1{,}5\,a^2 + 2;\ A''(a) = -3\,a$

Notwendige Bedingung: $A'(a) = 0$ $\qquad -1{,}5\,a^2 + 2 = 0$
Mit $a > 0$: $\qquad a = 1{,}15$

Nachweis: $\qquad A''(1{,}15) < 0$
A hat ein lokales (relatives) Maximum für $a = 1{,}15$.
Lokales Maximum: $A_{max} = A(1{,}15) = 1{,}54$

Schaubild der Zielfunktion

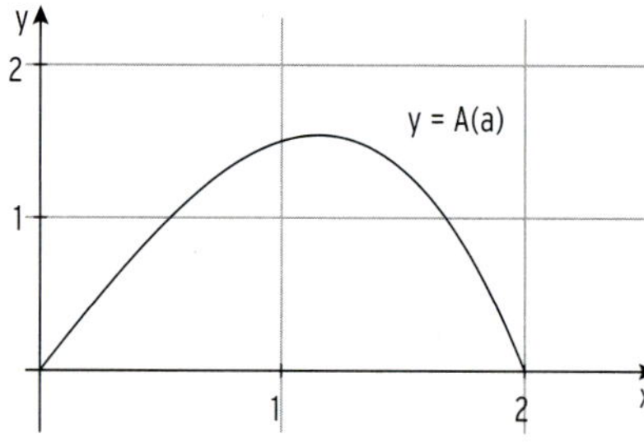

Randwerte
Für die Randstellen $a = 0$ und $a = 2$ gilt:
$A(0) = A(2) = 0 < A(1{,}15)$

Ergebnis: Das Dreieck mit den Punkten $P(1{,}15\,|\,1{,}34)$, $Q(-1{,}15\,|\,1{,}34)$ und $O(0\,|\,0)$ hat den größten Flächeninhalt.

Hinweis zum lokalen und globalen Extremum auf [a; b]:
f(a) ist ein **globales (absolutes) Maximum.**
$f(x_1)$ ist ein **lokales (relatives) Minimum.**
$f(x_2)$ ist ein **lokales Maximum.**
f(b) ist ein **globales Minimum.**

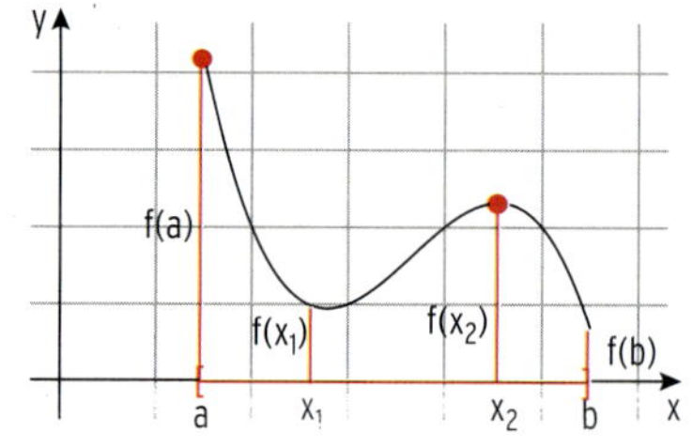

Beispiel 2

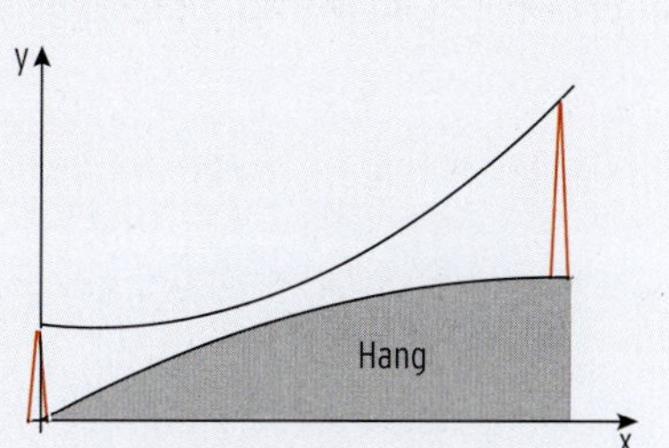

➲ Ein Energieunternehmen plant eine Stromleitung einen Hang hinauf (siehe Abbildung). Der Verlauf der Stromleitung wird näherungsweise beschrieben durch die Funktion f mit $f(x) = 0{,}006\,x^2 - 0{,}125\,x + 20$, das Profil des Hangs durch g mit $g(x) = -0{,}003\,x^2 + 0{,}6\,x$; $0 \leq x \leq 100$, f (x) und g (x) in Meter.
Aus Sicherheitsgründen muss der vertikale Abstand zwischen Leitung und Hang mindestens 5 m betragen.
Prüfen Sie, ob diese Bedingung erfüllt ist.

Lösung

Aufstellen der Zielfunktion:
Vertikaler Abstand d:

$d(u) = f(u) - g(u)$

$d(u) = 0{,}006\,u^2 - 0{,}125\,u + 20 - (-0{,}003\,u^2 + 0{,}6\,u)$

$d(u) = 0{,}009\,u^2 - 0{,}725\,u + 20$

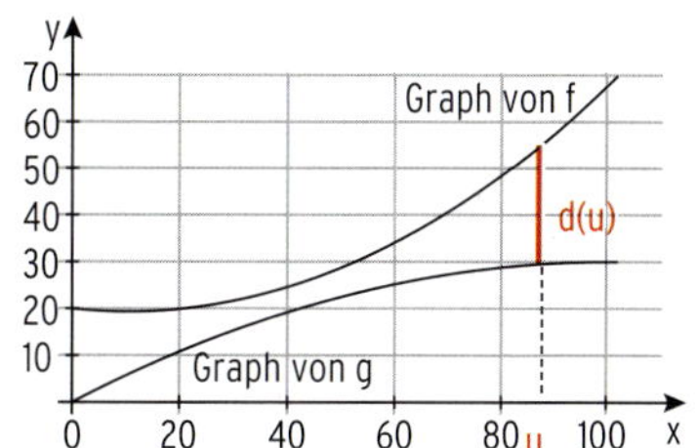

Zielfunktion: $d(u) = 0{,}009\,u^2 - 0{,}725\,u + 20;\ 0 \leq u \leq 100$

Untersuchung von d auf ein Minimum
Ableitung: $d'(u) = 0{,}018\,u - 0{,}725$

Notwendige Bedingung: $d'(u) = 0$ $\qquad 0{,}018\,u - 0{,}725 = 0$

$u = 40{,}28$

Nachweis:
Das Schaubild von d ist eine nach oben geöffnete Parabel, somit ist $u = 40{,}28$ eine Minimalstelle und $d(40{,}28) = 5{,}40$ das globale Minimum.
Der global (absolut) kleinste vertikale Abstand beträgt 5,40 m.
Die Bedingung ist erfüllt.

Vorgehensweise beim Lösen von Optimierungsproblemen (Extremwertaufgaben)

a) **Aufstellen der Zielfunktion** (mit Definitionsmenge): z. B. A (u)
b) Berechnung der (inneren) **lokalen Extremwerte** der Zielfunktion
c) Berechnung der **Randwerte**
d) Der **Vergleich** der Randwerte mit den relativen Extremwerten ergibt das **globale Extremum.**

Beispiel 3

➲ An einer Schlossmauer soll mit 500 m Zaun ein Freilauf für die Pferde abgesteckt werden. In welchem Abstand von der Schlossmauer müssen die Pfosten A und B gesetzt werden, um die größtmögliche (optimale) Fläche zu erhalten?

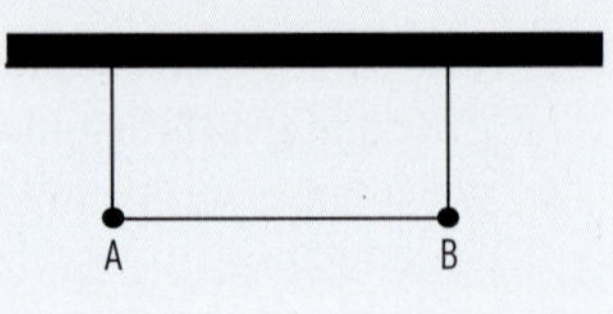

Lösung

Funktionsterm bestimmen.

Der Abstand von der Schlossmauer sei a.

Für den Flächeninhalt gilt: $A = a \cdot b$

Nebenbedingung: $2a + b = 500$

$b = 500 - 2a$

Für jede Wahl von $0 < a < 250$ erhält man ein Rechteck mit dem Flächeninhalt A(a).

Rechtecksseiten: a und $500 - 2a$

Einsetzen ergibt die **Zielfunktion A:** $A(a) = a \cdot (500 - 2a)$; $D = [0; 250]$

Untersuchung von A auf ein Maximum

Funktionsterm: $A(a) = 500a - 2a^2$

Ableitungen: $A'(a) = 500 - 4a$; $A''(a) = -4 < 0$

Notwendige Bedingung: $A'(a) = 0$ $500 - 4a = 0$

$a = 125$

Nachweis: $A''(125) = -4 < 0$

A hat ein lokales Maximum für $a = 125$.

Lokales Maximum: $A_{max} = A(125) = 31250$

Randwerte: $A(0) = A(250) = 0 < A_{max}$

Der größte Flächeninhalt beträgt 31250 m^2.

Ergebnis: Die Pfosten stehen in einem Abstand von 125 m zur Schlossmauer.

Zur Kontrolle:

Schaubild der Zielfunktion:

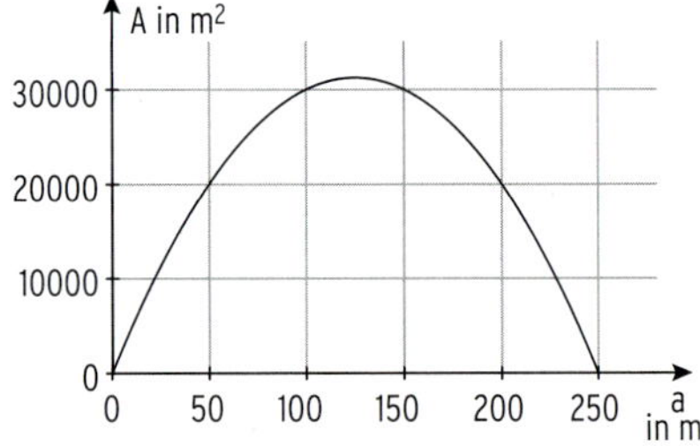

Alternative:

Scheitelpunkt der Parabel von A mit $A(a) = 500a - 2a^2$ bestimmen.

Mithilfe der Nullstellen von A: $A(a) = 0$ $500a - 2a^2 = 0$

$a(500 - 2a) = 0$

Nullstellen von A: $a_1 = 0$; $a_2 = 250$

Der a_S- Wert des Scheitelpunktes ist der Mittelwert der Nullstellen: $a_S = \frac{a_1 + a_2}{2} = \frac{250 + 0}{2} = 125$

Scheitelpunkt: $S(125|31250)$

Aufgaben

1 Ein Bauer will mit 60 m Weidezaun eine möglichst große rechteckige Grünfläche so umgeben, dass 2 m für die Einfahrt freibleiben. Wie muss er die Seitenlängen des Rechtecks festlegen? Was verändert sich, wenn die Angabe „rechteckig" entfällt?

2 In den Giebel eines Hauses soll ein rechteckiges Fenster eingesetzt werden (siehe Abbildung). Welche Maße wird der Eigentümer wählen, wenn er seinen Ausblick möglichst großzügig genießen will?

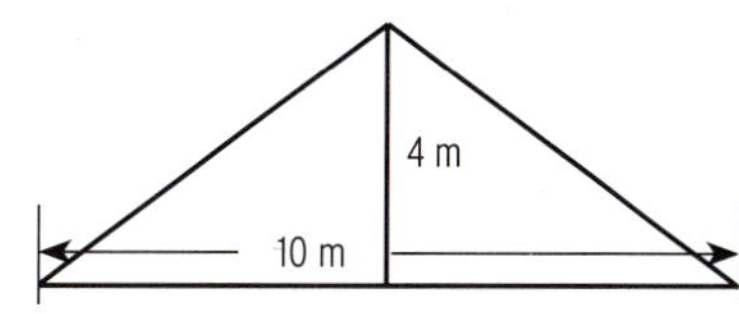

3 Bei einem quadratischen Karton mit der Seitenlänge 12 cm werden an den vier Ecken Quadrate mit der Seitenlänge x abgeschnitten.
Der verbleibende Karton wird zu einer Schachtel (ohne Oberseite) geformt.
Stellen Sie die Volumenmaßzahl V (x) der Schachtel in Abhängigkeit von x dar und geben Sie die Definitionsmenge der Funktion $V: x \mapsto V(x)$ an.
Bestimmen Sie einen Wert für x so, dass die Volumenmaßzahl V (x) ihren absolut größten Wert annimmt. Geben Sie diesen größten Wert an.

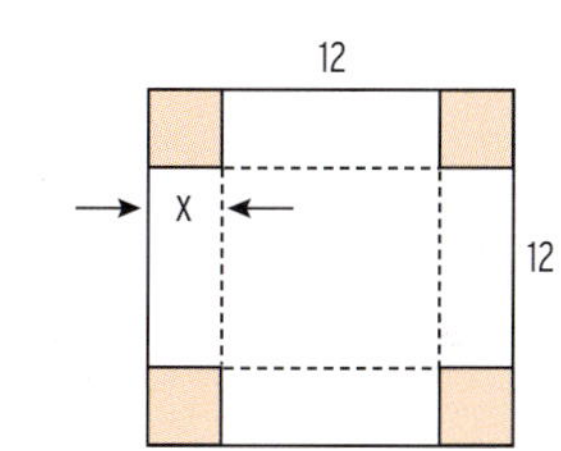

mvurl.de/7exa

4 Von einer rechteckigen Marmorplatte (6 m breit und 8 m lang) ist eine Ecke abgebrochen.
Das abgebrochene Stück hat die Form eines rechtwinkligen Dreiecks mit den Katheten a und b.
Diese Katheten sind $a = 2\,\text{m}$ und $b = 3\,\text{m}$ lang.
Aus der verbleibenden Platte ist ein rechteckiges Stück mit größtmöglicher Flächenmaßzahl auszuschneiden. Bestimmen Sie Länge und Breite.

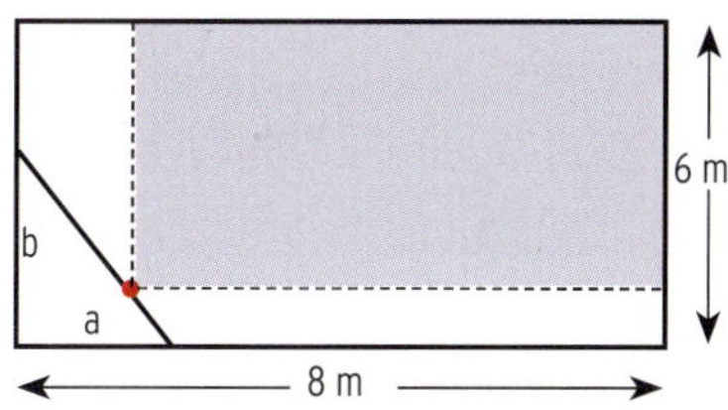

5 Eine Stromleitung führt einen Hang hinauf. Aus Sicherheitsgründen muss der vertikale Abstand zwischen Stromleitung und Hang mindestens 5 m betragen. Werden in diesem Fall die Sicherheitsvorschriften eingehalten?
Untersuchen Sie für $x < 70$.

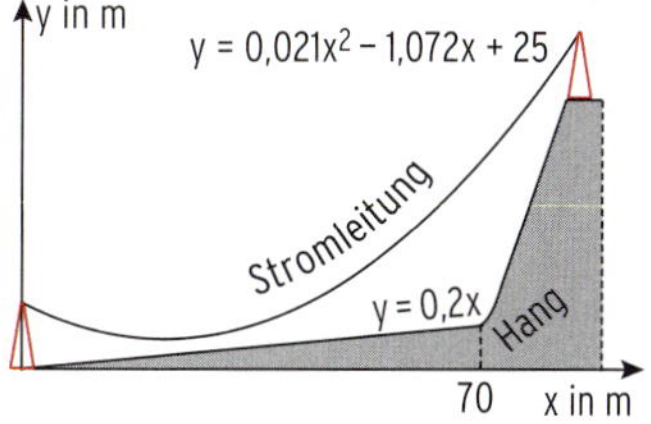

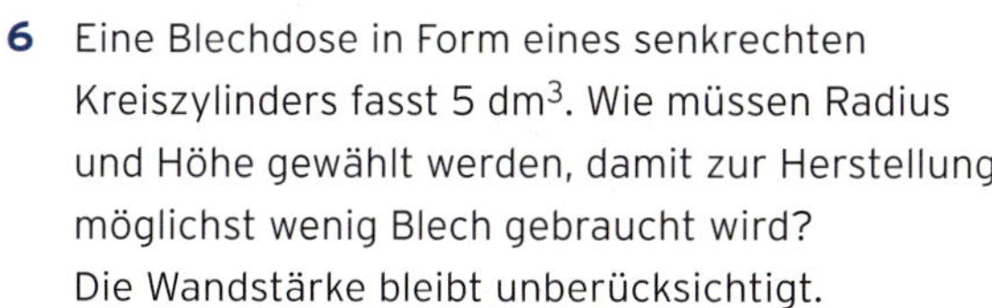

6 Eine Blechdose in Form eines senkrechten Kreiszylinders fasst 5 dm³. Wie müssen Radius und Höhe gewählt werden, damit zur Herstellung möglichst wenig Blech gebraucht wird?
Die Wandstärke bleibt unberücksichtigt.

mvurl.de/kbpu

4 Integralrechnung

Die Integralrechnung ermöglicht es u. a. Flächeninhalte von krummlinig begrenzten Flächen zu berechnen.
So kann z. B. der Flächeninhalt eines Ackers ermittelt werden.

Qualifikationen & Kompetenzen

- Stammfunktionen bilden
- Grafisches Ableiten und Aufleiten
- Integrale berechnen und interpretieren
- Flächeninhalte berechnen
- Realitätsbezogene Zusammenhänge modellieren

mvurl.de/3wjk

Beispiel 1

Kanal

Querschnitt

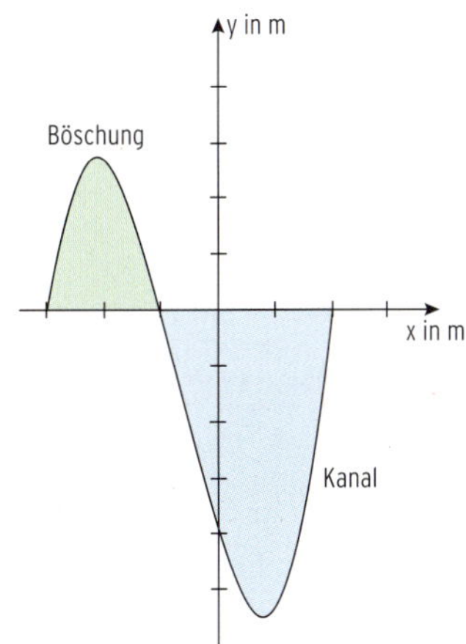

Berechnung der Querschnittsfläche des Kanals, die von einer krummlinigen Kurve begrenzt wird.

Beispiel 2

Fahrradtour

Zurückgelegter Weg

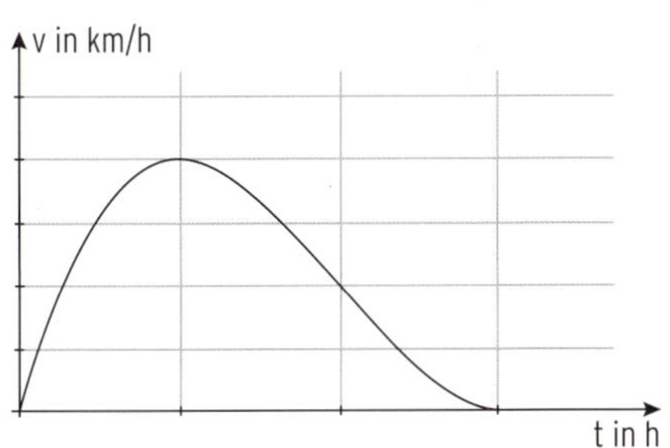

Mithilfe der Integralrechnung kann man mit dem Geschwindigkeits-Zeit-Diagramm den zurückgelegten Weg bestimmen.

4.1 Einführung

Beispiel 1

Ein Heißluftballon bewegt sich in einer Richtung fort. Die Geschwindigkeit wird in Abhängigkeit von der vergangenen Zeit in ein Koordinatensystem eingetragen.
Es ergibt sich vom Start bis zur Landung des Ballons dabei folgendes Schaubild.

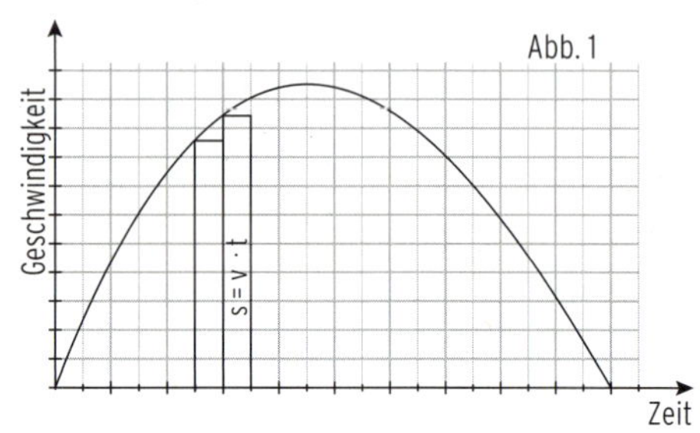

Die Geschwindigkeit ist nicht konstant.
Bei konstanter Geschwindigkeit ergibt sich der zurückgelegte Weg aus dem Produkt Zeit · Geschwindigkeit $(s = v \cdot t)$. Geometrisch ergibt sich daher eine (Rechtecks-) Fläche.
Die Summe der Inhalte aller Rechtecke ergibt näherungsweise den zurückgelegten Weg.
Der Inhalt des Flächenstücks zwischen der Kurve und der Zeit-Achse entspricht also dem zurückgelegten Weg.
$v(t)$ sei der Term des Graphen der Ballongeschwindigkeit.
Gesucht ist dann der Funktionsterm $s(t)$ der zugehörigen Weg-Zeit-Funktion mit der Ableitung $s'(t) = v(t)$, denn die Geschwindigkeit ist die Ableitung der Weg-Zeit-Funktion.

Beispiel 2

Aus Abb. 2 lassen sich die Stückkosten für eine beliebige Produktionsmenge x entnehmen.
Sie werden beschrieben durch den Graph von f mit $f(x) = 1{,}5$ (GE/ME).
Für 3 ME betragen die variablen Kosten also insgesamt 1,5 GE/ME · 3 ME = 4,5 GE.
Für x ME betragen die variablen Kosten in GE: $1{,}5 \cdot x$

Der **Inhalt der Fläche** zwischen dem Graph von f und der x-Achse auf [0; 3] entspricht

- den variablen Kosten für 3 ME
- dem **Funktionswert** $F(x) = 1{,}5x$ an der Stelle 3: $F(3) = 4{,}5$.

Die Funktion F mit $F(x) = 1{,}5x$ heißt **Stammfunktion** von f und es gilt: $F'(x) = f(x)$.

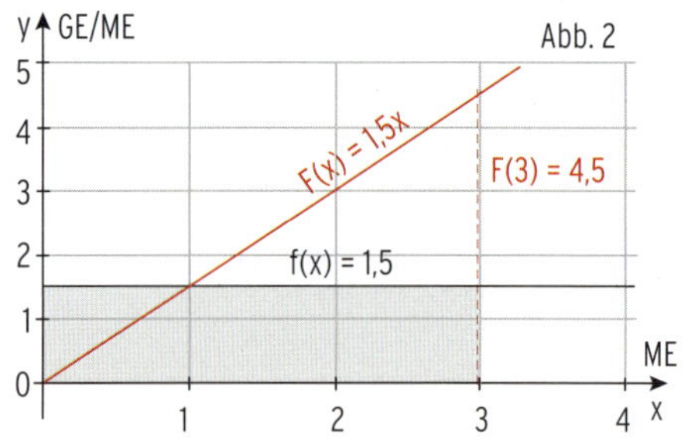

Beispiel 3

Aus der Argen, einem Fluss im Allgäu, werden 2 m^3 Wasser pro Sekunde in einen Kanal abgeleitet.

Die gesamte Abflussmenge nach 3,5 Sekunden beträgt $2\frac{m^3}{s} \cdot 3{,}5\,s = 7 m^3$.
Die gesamte Abflussmenge in m^3 nach x_1 Sekunden beträgt $F(x_1) = 2x_1$.

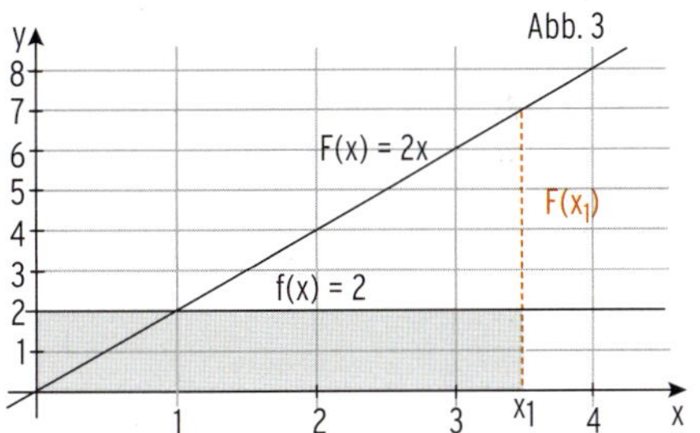

Der **Funktionswert** $F(x_1) = 2x_1$ entspricht dem Inhalt der markierten Fläche.

Die Funktion F mit $F(x) = 2x$ heißt **Stammfunktion** von f und es gilt: $F'(x) = f(x)$.

Beispiel 4

Abb. 4 zeigt den Graph von f mit $f(x) = 1{,}5x + 1$.
Maßzahl der Fläche zwischen dem Graph von f und der x-Achse für $0 \leq x \leq a$:
$F(a) = \frac{f(a) + 1}{2} \cdot a = \frac{3}{4}a^2 + a$
Für $x = a$ erhält man $F(x) = 0{,}75x^2 + x$.
Die Funktion F ist eine **Stammfunktion** von f mit $f(x) = 1{,}5x + 1$.
Probe: $F'(x) = 1{,}5x + 1 = f(x)$

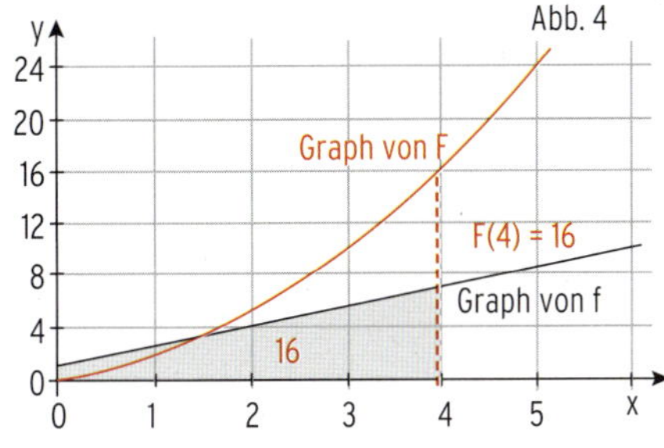

Der **Inhalt einer Fläche** lässt sich mithilfe einer **Stammfunktion** berechnen.

mvurl.de/5pjk

4.2 Stammfunktion, grafisches Ableiten und Aufleiten

4.2.1 Stammfunktion

Beispiel

➲ Gegeben ist eine Funktion f mit $f(x) = x^2$.
Bestimmen Sie einen Funktionsterm der Funktion F, für die gilt: $F'(x) = f(x)$.

Lösung

$F'(x) = f(x)$ entsteht durch **Ableiten** von F, F entsteht durch **Aufleiten** von f.

Aufleiten ergibt $F(x) = \frac{1}{3}x^3$

oder $F(x) = \frac{1}{3}x^3 + 1$ oder $F(x) = \frac{1}{3}x^3 - 5$

Für beliebig viele Funktionen F, die sich nur um eine additive Konstante unterscheiden, gilt: $F'(x) = x^2$.

Eine ableitbare (differenzierbare) **Funktion F** heißt **Stammfunktion der Funktion f**, wenn gilt: $F'(x) = f(x)$

mvurl.de/ah52

Bestimmung von Stammfunktionen

Beispiele

f(x)	F(x)	Probe durch Ableiten: F'(x)
x	$\frac{1}{2}x^2 - 3$	$(\frac{1}{2}x^2 - 3)' = x$
x^3	$\frac{1}{4}x^4 + 1$	$(\frac{1}{4}x^4 + 1)' = x^3$
x^n	$\frac{1}{n+1}x^{n+1} + c$	$(\frac{1}{n+1}x^{n+1} + c)' = x^n;\ n \neq -1$
x^{-3}	$\frac{1}{-2} \cdot x^{-2} = -\frac{1}{2} \cdot x^{-2}$	$(-\frac{1}{2} \cdot x^{-2})' = -\frac{1}{2} \cdot (-2)\, x^{-3} = x^{-3}$
$x^{0,5}$	$\frac{1}{1{,}5} \cdot x^{1,5} = \frac{2}{3} \cdot x^{1,5}$	$(\frac{2}{3} \cdot x^{1,5})' = \frac{2}{3} \cdot 1{,}5 \cdot x^{0,5} = x^{0,5}$
$3x$	$3 \cdot \frac{1}{2}x^2 = \frac{3}{2} \cdot x^2$	$(\frac{3}{2}x^2)' = 3x$
$a \cdot x^n$	$a \cdot \frac{1}{n+1}x^{n+1} + c$	$(a \cdot \frac{1}{n+1}x^{n+1} + c)' = a \cdot x^n;\ n \neq -1$
$2x^2 - 5$	$\frac{2}{3}x^3 - 5x - 4$	$(\frac{2}{3}x^3 - 5x - 4)' = 2x^2 - 5$
$-\frac{5}{4}x^4 + \frac{3}{8}x^3$	$-\frac{1}{4}x^5 + \frac{3}{32}x^4 + c$	$(-\frac{1}{4}x^5 + \frac{3}{32}x^4 + c)' = -\frac{5}{4}x^4 + \frac{3}{8}x^3$

Bemerkung: Ist F eine Stammfunktion von f, so ist auch F* mit $F^*(x) = F(x) + C$ für jedes $C \in \mathbb{R}$ eine Stammfunktion von f.

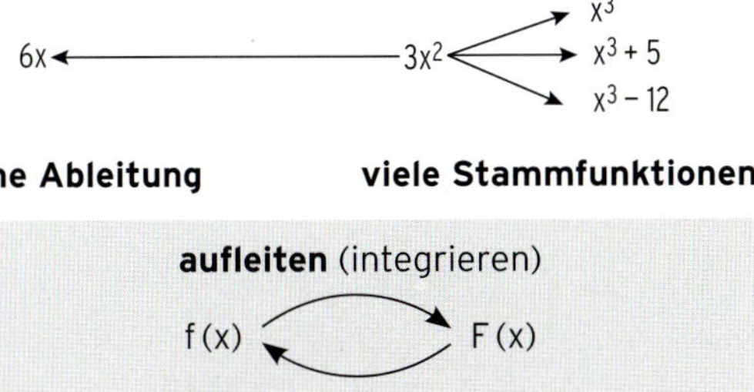

Beispiele

f(x)	F(x)	Probe durch Ableiten: F′(x)
e^x	e^x	$(e^x)' = e^x$
$-5\,e^x$	$-5\,e^x$	$(-5\,e^x)' = -5\,e^x$
$a\,e^x$	$a\,e^x$	$(a\,e^x)' = a\,e^x$
$4\,e^x - 5x + 1$	$4\,e^x - \frac{5}{2} \cdot x^2 + x + 3$	$(4\,e^x - \frac{5}{2} \cdot x^2 + x + 3)' = 4\,e^x - 5x + 1$
$\sin(x)$	$-\cos(x)$	$(-\cos(x))' = \sin(x)$
$\cos(x)$	$\sin(x)$	$(\sin(x))' = \cos(x)$
$5\sin(x)$	$-5\cos(x)$	$(-5\cos(x))' = 5\sin(x)$
$-6\cos(x) + \pi$	$-6\sin(x) + \pi x$	$(-6\sin(x) + \pi x)' = -6\cos(x) + \pi$
$8\sin(x) + 3\cos(x)$	$-8\cos(x) + 3\sin(x)$	$(-8\cos(x) + 3\sin(x))' = 8\sin(x) + 3\cos(x)$
$\pi \cdot \cos(x) + \sin(\frac{\pi}{3})$	$\pi \cdot \sin(x) + \sin(\frac{\pi}{3}) \cdot x$	$(\pi \cdot \sin(x) + \sin(\frac{\pi}{3}) \cdot x)' = \pi \cdot \cos(x) + \sin(\frac{\pi}{3})$
$-2e^x + 3\sin(x) + 4$	$-2e^x - 3\cos(x) + 4x$	$(-2e^x - 3\cos(x) + 4x)' = -2e^x + 3\sin(x) + 4$

Hinweis: $f(x) = \sin(\frac{\pi}{3}) \Rightarrow F(x) = \sin(\frac{\pi}{3}) \cdot x + C$ $\sin(\frac{\pi}{3})$ ist eine Zahl.

$f(x) = e \cdot e^x \Rightarrow F(x) = e \cdot e^x + C$ e ist ein konstanter Faktor.

Aufgaben

1 Bestimmen Sie eine Stammfunktion von f. Machen Sie die Probe.

a) $f(x) = 6$ b) $f(x) = 7x + a$ c) $f(x) = 4 - 3x + \frac{5}{2}x^2$

d) $f(x) = (x-2)(x+3)$ e) $f(x) = x^2(4x-3)$ f) $f(x) = \frac{1}{x^2}$

g) $f(x) = -2x^3 + bx$ h) $f(x) = 3x^4 - 0{,}5x^2 - 1$ i) $f(x) = 2{,}5x(x-1)^2$

j) $f(x) = ax^4 + bx^3 + cx$ k) $f(x) = tx^4 - \frac{1}{2}t^2x^2$ l) $f(x) = -\frac{2}{3}(x^4 + 6x^2 - 3)$

m) $f(x) = 5x^{-4}$ n) $f(x) = 3x^{0,5} - 1$ o) $f(x) = -2(x^{-2} + x^{1,5})$

2 Ermitteln Sie eine Stammfunktion von f.

a) $f(x) = 1 - \frac{5}{2}\sin(x)$ b) $f(x) = -2\cos(x) - x^2$ c) $f(x) = t + t^2\sin(x)$

d) $f(x) = \frac{1}{3}x - \frac{3}{2}e^x$ e) $f(x) = t\cdot(e^x - 1)$ f) $f(x) = -\frac{1}{18}tx^3 - \cos(x)$

g) $f(x) = (t+1)\cdot(\sin(x) - x)$ h) $f(x) = -4e^x - \frac{1}{2}x + 4$ i) $f(x) = -\left(\frac{2}{3}e^x - 3\right)$

j) $f(x) = e\cdot e^x + e\cdot x$ k) $f(x) = e^x(1-e)$ l) $f(x) = ae^x + b$

3 Geben Sie eine Stammfunktion von f an.

a) $f(x) = (x-2)^2$ b) $f(x) = \frac{1}{2x^2}$ c) $f(x) = tx^2(x-t)$

d) $f(x) = \sqrt{x}$ e) $f(x) = x - 3\sin(x)$ f) $f(x) = 3(e^x - x^2)$

4 Geben Sie eine Stammfunktion F von f mit $F(1) = 0$ an.

a) $f(x) = 3e^x - 4x$ b) $f(x) = x + \frac{2}{x^2}$ c) $f(x) = -0{,}5\sin(x)$

5 Bestimmen Sie a, b und c, so dass F mit $F(x) = \frac{1}{5}x^2 + 5 - 4e^x$ eine Stammfunktion von f mit $f(x) = ax + b + ce^x$ ist.

6 F mit $F(x) = x^2(x-1)(x-5)$; $x \in \mathbb{R}$, ist eine Stammfunktion von f mit $f(x) = ax^3 + bx^2 + cx + d$.
Bestimmen Sie a, b, c und d.

7

a) Für die Funktion f mit $f(x) = xe^x$ gilt auf $\mathbb{R}$: $f(x) = f'(x) - e^x$.
Begründen Sie.

b) Ermitteln Sie unter Verwendung von a) eine Stammfunktion von f.

8 Gegeben sind die Funktionen F_1 mit $F_1(x) = (x+3)^2$; $x \in \mathbb{R}$ und F_2 mit $F_2(x) = x(x+6)$; $x \in \mathbb{R}$.
Zeigen Sie, dass die Funktionen F_1 und F_2 Stammfunktionen der gleichen Funktion f sind.

Stammfunktionen von weiteren Funktionen

mvurl.de/lwvi

Beispiel

 Bestimmen Sie eine Stammfunktion F von f mit $f(x) = e^{2x}$.

Lösung

Die „Aufleitung" der Funktion f mit $f(x) = e^{2x}$; $x \in \mathbb{R}$ ist zunächst nicht bekannt.
Wir können diese Funktion jedoch mit der Kettenregel ableiten: $(e^{2x})' = 2e^{2x}$.
Somit gilt für die Stammfunktion F: $F(x) = \frac{1}{2}e^{2x} + C$

Probe durch Ableiten von F: $F'(x) = \left(\frac{1}{2}e^{2x} + C\right)' = \frac{1}{2} \cdot 2e^{2x} = e^{2x}$

Beispiele

f(x)	F(x)	Probe durch Ableiten: F′(x)
e^{3x}	$\frac{1}{3}e^{3x}$	$(\frac{1}{3}e^{3x})' = \frac{1}{3} \cdot 3 \cdot e^{3x} = e^{3x}$
e^{2x-4}	$\frac{1}{2}e^{2x-4}$	$(\frac{1}{2}e^{2x-4})' = e^{2x-4}$
e^{ax+b}	$\frac{1}{a}e^{ax+b}$; $a \neq 0$	$(\frac{1}{a}e^{ax+b})' = e^{ax+b}$
$\sin(4x)$	$-\frac{1}{4}\cos(4x)$	$(-\frac{1}{4}\cos(4x))' = \sin(4x)$
$\sin(7x-3)$	$-\frac{1}{7}\cos(7x-3)$	$(-\frac{1}{7}\cos(7x-3))' = \sin(7x-3)$
$\sin(ax+b)$	$-\frac{1}{a}\cos(ax+b)$; $a \neq 0$	$(-\frac{1}{a}\cos(ax+b))' = \sin(ax+b)$
$\cos(3x)$	$\frac{1}{3}\sin(3x)$	$(\frac{1}{3}\sin(3x))' = \cos(3x)$
$\cos(\pi x+1)$	$\frac{1}{\pi}\sin(\pi x+1)$	$(\frac{1}{\pi}\sin(\pi x+1))' = \cos(\pi x+1)$
$\cos(ax+b)$	$\frac{1}{a}\sin(ax+b)$; $a \neq 0$	$(\frac{1}{a}\sin(ax+b))' = \cos(ax+b)$
$(5x+2)^3$	$\frac{1}{4} \cdot \frac{1}{5} \cdot (5x+2)^4 = \frac{1}{20} \cdot (5x+2)^4$	$(\frac{1}{20} \cdot (5x+2)^4)' = \frac{1}{20} \cdot 4 \cdot 5 \cdot (5x+2)^3 = (5x+2)^3$
$(ax+b)^n$	$\frac{1}{a} \cdot \frac{1}{n+1}(ax+b)^{n+1}$; $a \neq 0$; $n \neq -1$	$(\frac{1}{a} \cdot \frac{1}{n+1}(ax+b)^{n+1})' = \frac{1}{a} \cdot \frac{1}{n+1}(n+1) \cdot a \cdot (ax+b)^n$ $= (ax+b)^n$

Aufgaben

1 F ist eine Stammfunktion von f. Bestimmen Sie F(x).

a) $f(x) = \frac{3}{5}e^{0,5x} + 1$
b) $f(x) = -\frac{1}{2}e^{4x-2} - 2$
c) $f(x) = -\frac{2}{3}e^{5-4x} - x$
d) $f(x) = \frac{1}{2}x - 4\sin(1-3x)$
e) $f(x) = 2x^2 - tx + \cos(4x)$
f) $f(x) = ex - 2e^{1-x}$
g) $f(x) = \frac{5}{2}\cos(2x+1)$
h) $f(x) = x^5 - 2\cos(\pi x)$
i) $f(x) = 1 - \frac{4}{3}x^2 - 3\sin(\frac{x}{\pi})$
j) $f(x) = (x+4)^3$
k) $f(x) = (2x-2)^4$
l) $f(x) = (6-3x)^4$

Weitere Fragestellungen zu Stammfunktionen

Beispiel 1

➲ Gegeben ist die Funktion f durch $f(x) = 4x^3 + \frac{3}{2}x + 3;\ x \in \mathbb{R}$. Das Schaubild einer Stammfunktion F von f verläuft durch den Punkt $P(-2|7)$. Bestimmen Sie $F(x)$.

Lösung

Stammfunktion F von f: $F(x) = x^4 + \frac{3}{4}x^2 + 3x + C;\ C \in \mathbb{R}$

Punktprobe mit $P(-2|7)$: $7 = (-2)^4 + \frac{3}{4}(-2)^2 + 3(-2) + C$

$C = -6$

Gesuchte Stammfunktion F mit $F(x) = x^4 + \frac{3}{4}x^2 + 3x - 6$

Beispiel 2

➲ Für die erste Ableitung der Funktion f gilt $f'(x) = \frac{1}{2}x^3 + 3x^2 - e^x$.
Das Schaubild von f schneidet die x-Achse an der Stelle 2. Bestimmen Sie $f(x)$.

Lösung

Aufleiten ergibt: $f(x) = \frac{1}{8}x^4 + x^3 - e^x + C;\ C \in \mathbb{R}$

Punktprobe mit $S(2|0)$: $0 = \frac{1}{8} \cdot 2^4 + 2^3 - e^2 + C = 2 + 8 - e^2 + C$

$C = e^2 - 10$

Funktionsterm: $f(x) = \frac{1}{8}x^4 + x^3 - e^x + e^2 - 10$

Beispiel 3

➲ Zeigen Sie, F mit $F(x) = (2x - 3)e^x;\ x \in \mathbb{R}$, ist eine Stammfunktion von f mit $f(x) = (2x - 1)e^x;\ x \in \mathbb{R}$.

Lösung

Ableitung von F mit der Produktregel: $F'(x) = 2e^x + (2x - 3)e^x = (2x - 1)e^x = f(x)$

F ist also eine Stammfunktion von f.

Beispiel 4

➲ Für eine Funktion f gilt: $f(x) = 3x^2 + bx$.
Das Schaubild einer Stammfunktion F von f verläuft durch $A(0|3)$ und $B(-1|2)$.
Bestimmen Sie $F(x)$.

Lösung

Aufleiten von $f(x)$ ergibt: $F(x) = x^3 + \frac{b}{2}x^2 + C$

Bedingungen für b und C: $F(0) = 3$ $C = 3$

$C = 3$ eingesetzt: $F(x) = x^3 + \frac{b}{2}x^2 + 3$

$F(-1) = 2$ $(-1)^3 + \frac{b}{2}(-1)^2 + 3 = 2$

$b = 0$

F mit $F(x) = x^3 + 3$ ist die gesuchte Stammfunktion von f.

Aufgaben

1 Geben Sie eine Stammfunktion F von f mit $F(0) = -1$ an.

a) $f(x) = 4x - 3$ b) $f(x) = x^3 - x^4 + 2$ c) $f(x) = 4x^2 + e^x - 1$

2 Bestimmen Sie eine Stammfunktion, deren Graph die x-Achse in 1 schneidet.

a) $f(x) = 3x^2 + x$ b) $f(x) = 2x^3 - 3x + 2$

3 Bestimmen Sie eine Stammfunktion F von f, die die gegebene Eigenschaft erfüllt.

a) $f(x) = x^2$; der Graph von F verläuft durch $A(3|0)$.

b) $f(x) = 3x^2 - 6x$; der Graph von F schneidet die y-Achse in -1.

c) $f(x) = 0{,}25x^4 + x^2 + 3$; $F(-1) = 2$

d) $f(x) = 1 - 2x^2$; $F(2) = \frac{2}{3}$

e) $f(x) = 6x - 4$; F hat eine Nullstelle in $x_0 = -1$.

f) $f(x) = 0{,}25e^{-2x} + x^2 + 3$; $F(-1) = 2$

g) $f(x) = 2\cos(2x) + 1$; $F(\frac{\pi}{4}) = 0$

4 Gegeben ist die Funktion f mit $f(x) = \frac{1}{6}x^2(x - 6)$; $x \in \mathbb{R}$.

a) Weisen Sie nach: F mit $F(x) = \frac{1}{24}(x^4 - 8x^3)$ ist eine Stammfunktion von f.

b) Begründen Sie, dass F genau eine Extremstelle hat.

5 Das Schaubild einer Stammfunktion F von f mit $f(x) = -8x^3 + x^2 - 3$ verläuft durch den Punkt $A(-1|2)$. Bestimmen Sie F(x).

6 Die erste Ableitung einer Funktion f lässt sich durch $f'(x) = \frac{1}{3}x^2 + 4x$ beschreiben. Das Schaubild der Funktion f verläuft durch den Punkt $P(4|0)$. Bestimmen Sie den Funktionsterm f(x).

7 Bestimmen Sie eine Stammfunktion von f mit $f(x) = 2\sin(x) - \cos(2x)$; $x \in \mathbb{R}$, deren Graph durch den Ursprung verläuft.

8 Die Abbildung zeigt das Schaubild einer Stammfunktion F von f mit $f(x) = 4 - x$; $x \in \mathbb{R}$. Bestimmen Sie F(x).

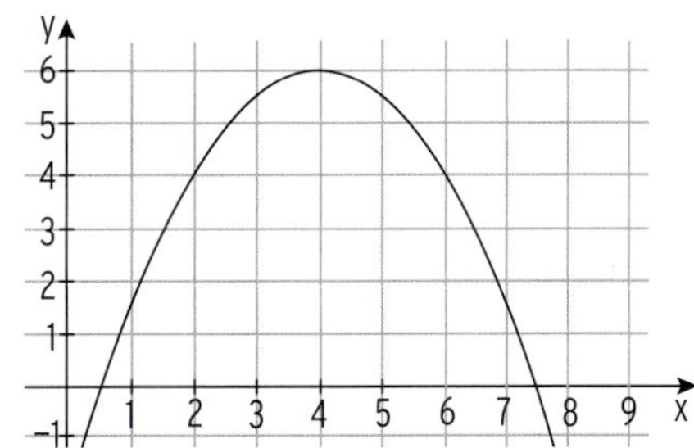

9 Für die zweite Ableitung der Funktion f gilt $f''(x) = 1 - 2x$. Das Schaubild von f verläuft durch den Ursprung mit Steigung 2. Bestimmen Sie f(x).

mvurl.de/rszu

4.2.2 Grafisches Ableiten und grafisches Aufleiten

Beispiel 1

➲ Die Funktion F ist eine Stammfunktion der Polynomfunktion f. Die Abbildung zeigt das Schaubild von F. Leiten Sie hieraus Aussagen über Nullstellen und Extremstellen von f ab.

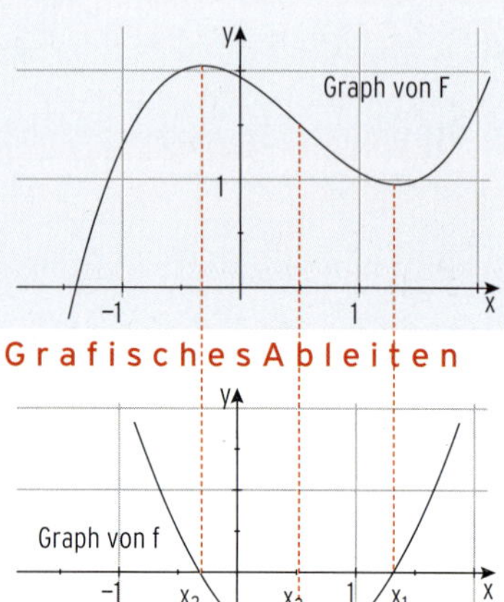

Lösung

Es gilt: $F'(x) = f(x)$. Der Graph von F hat waagrechte Tangenten bei $x_1 \approx 1{,}3$ bzw. bei $x_2 \approx -0{,}3$; d. h., an diesen Stellen gilt: $F'(x) = 0$, d. h., x_1 und x_2 sind Nullstellen von f.
Der Graph von F hat in $x_3 \approx 0{,}5$ die kleinste Steigung (Wendestelle), d. h., x_3 ist Minimalstelle von f (Extremstelle).
Der Graph von F hat in in x_3 einen Wendepunkt.

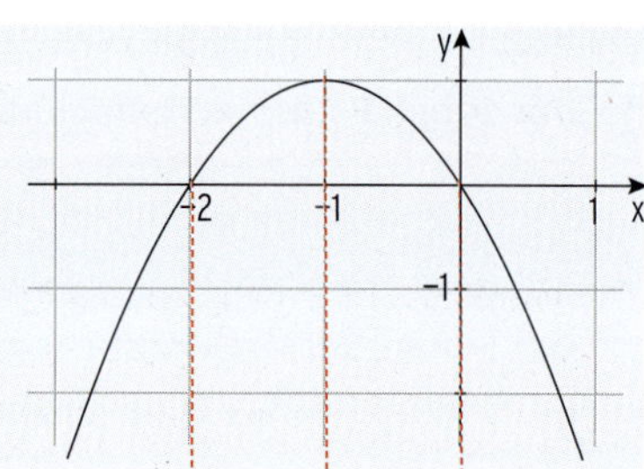

Beispiel 2

➲ Die Funktion F ist eine Stammfunktion der Funktion f. Die Abbildung zeigt das Schaubild von f. Skizzieren Sie ein mögliches Schaubild von F. Formulieren Sie Aussagen über die Funktion F bzw. den Graphen von F.

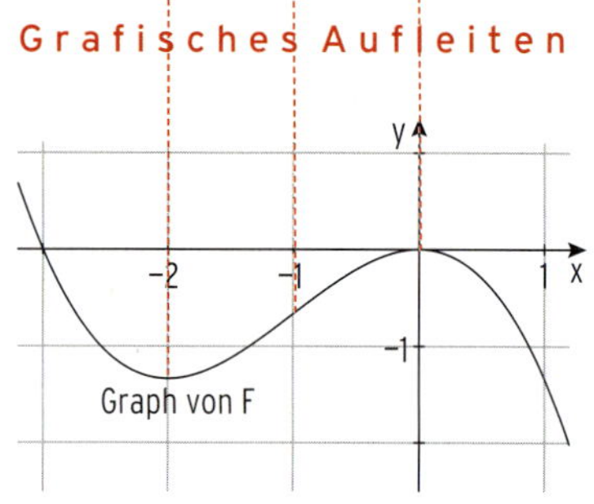

Lösung

Es gilt: $F'(x) = f(x)$
f(x) ist der Steigungswert des Graphen von F an der Stelle x.

- f hat Nullstellen in $x_1 = -2$ und $x_2 = 0$, d. h., der Graph von F hat waagrechte Tangenten in x_1 und x_2. In $x_1 = -2$ wechselt f(x) das Vorzeichen von − nach + d. h., F hat in $x_1 = -2$ eine Minimalstelle. Entsprechend gilt: F hat in $x_2 = 0$ eine Maximalstelle.
- f hat eine Maximalstelle in $x_3 \approx -1$. An dieser Stelle hat der Graph von F die größte Steigung, x_3 ist Wendestelle von F.

Hinweis: Verschiebt man den Graphen von F in y-Richtung, so ergibt sich der Graph einer weiteren Stammfunktion F* von f.

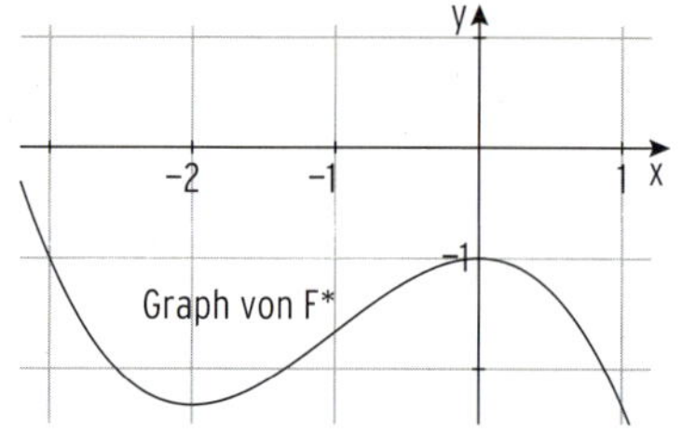

Beispiel 3

➲ Die Abbildung zeigt den Graphen einer Funktion f. Skizzieren Sie das Schaubild einer Stammfunktion von f.

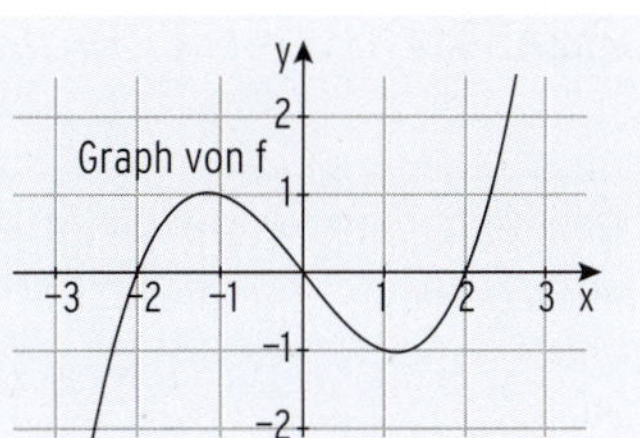

Lösung

Es gilt: $F'(x) = f(x)$.

f(x) ist der Steigungswert des Graphen von F an der Stelle x.

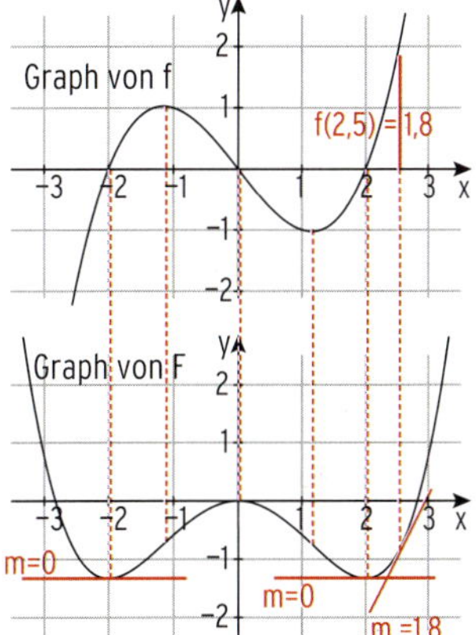

- f hat Nullstellen in $x_1 = -2$; $x_2 = 0$; $x_3 = 2$ d. h., der Graph von F hat waagrechte Tangenten in x_1, x_2 und x_3. In $x_1 = -2$ wechselt f(x) das Vorzeichen von – nach + d. h., F hat in $x_1 = -2$ eine Minimalstelle.
  Entsprechend gilt:
  F hat in $x_2 = 0$ eine Maximalstelle und in $x_3 = 2$ eine Minimalstelle.
- f hat in $x_4 \approx -1{,}2$ eine Maximalstelle und in $x_5 \approx 1{,}2$ eine Minimalstelle (Extremstellen). An diesen Stellen x_4 und x_5 hat der Graph von F Wendepunkte.

Hinweis: Verschiebt man den Graph von F in y-Richtung, so ergibt sich der Graph einer weiteren Stammfunktion F* von f.

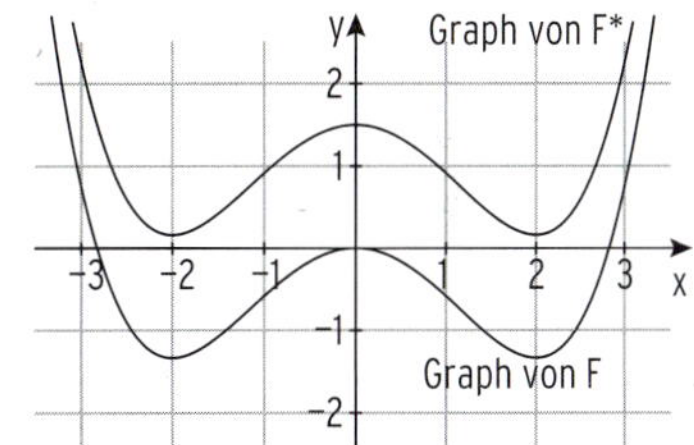

Zusammenhang von F und f (F ist eine Stammfunktion von f)

mvurl.de/q219

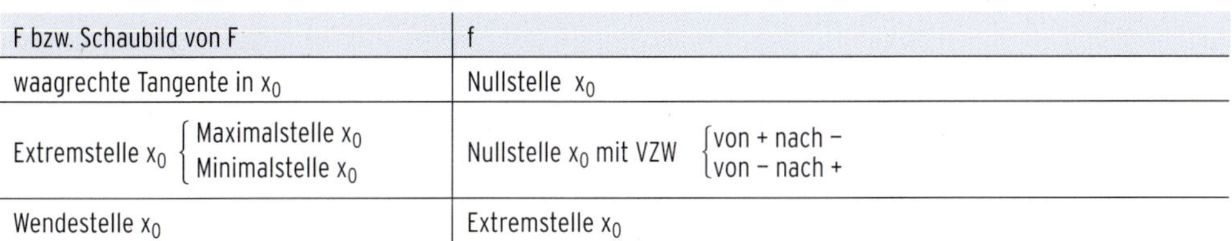

F bzw. Schaubild von F	f
waagrechte Tangente in x_0	Nullstelle x_0
Extremstelle x_0 { Maximalstelle x_0 / Minimalstelle x_0	Nullstelle x_0 mit VZW { von + nach – / von – nach +
Wendestelle x_0	Extremstelle x_0

Merkregel:

N steht für Nullstelle mit Vorzeichenwechsel (einfache, dreifache, ... Nullstelle).

mvurl.de/zceg

Aufgaben

1 Die Abbildung zeigt das Schaubild einer Stammfunktion F von f.
Skizzieren Sie das Schaubild von f.

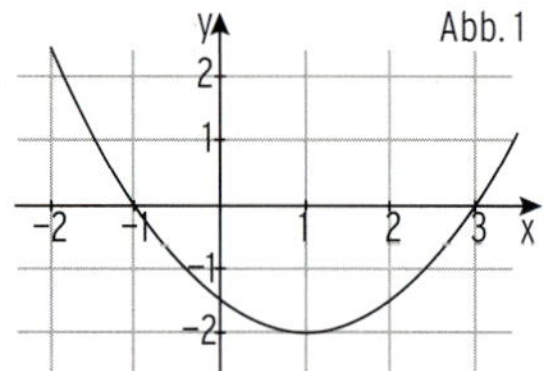

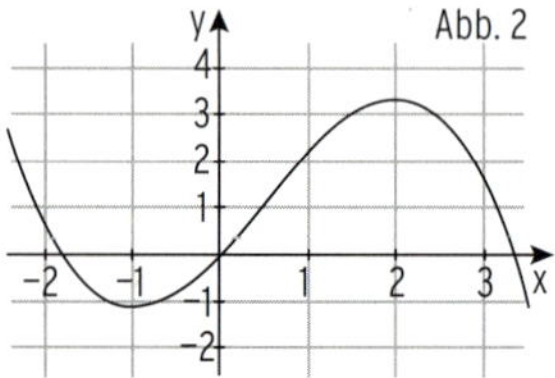

2 Die Abbildung zeigt das Schaubild einer Funktion von f.
Skizzieren Sie das Schaubild einer Stammfunktion F von f.

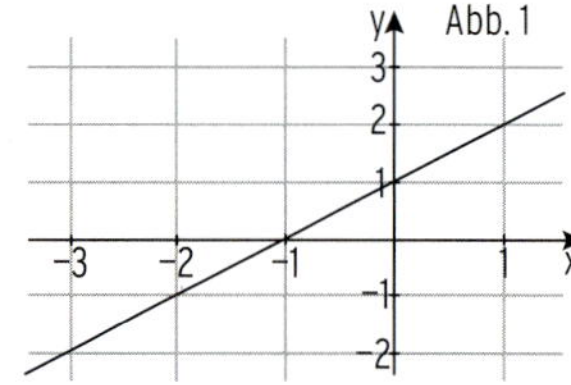

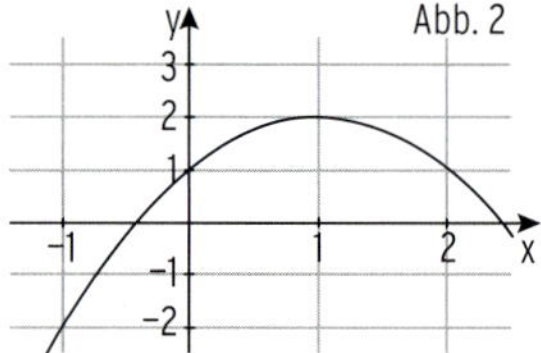

3 In der Abbildung sind die Schaubilder von f und einer Stammfunktion F von f gezeichnet.
Ordnen Sie zu. Begründen Sie Ihre Wahl.

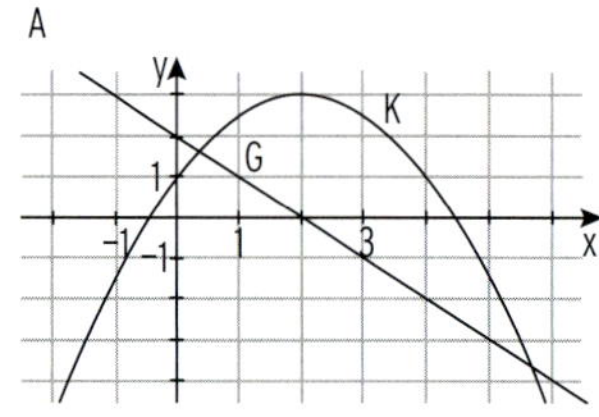

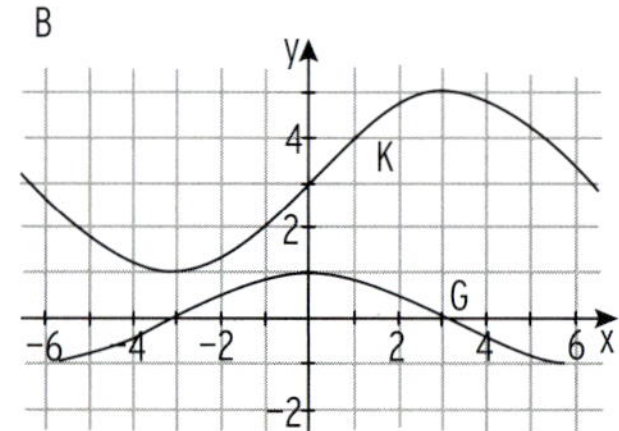

4 Die Abbildung zeigt das Schaubild einer Stammfunktion F von f.
Machen Sie Aussagen über Extremstellen und Nullstellen von f.
Skizzieren Sie das Schaubild von f. Ist das Schaubild von f symmetrisch?

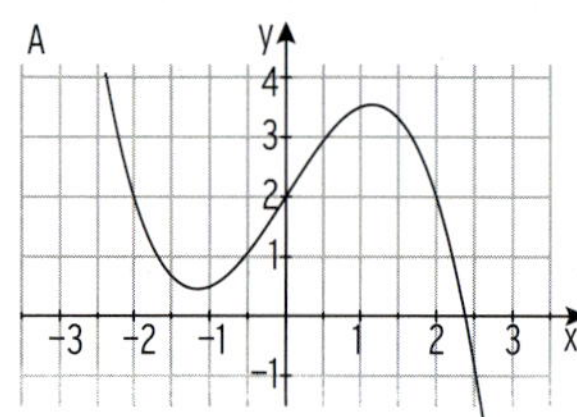

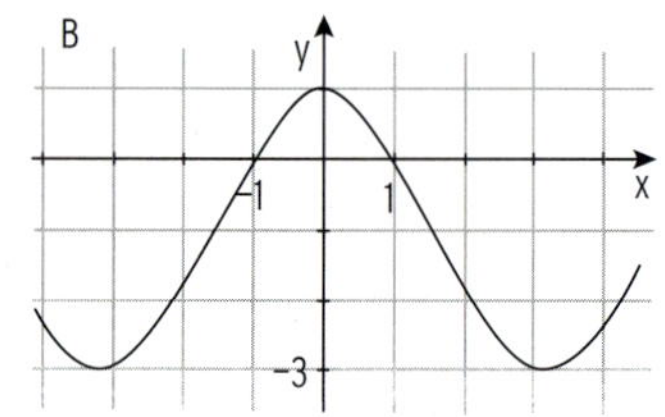

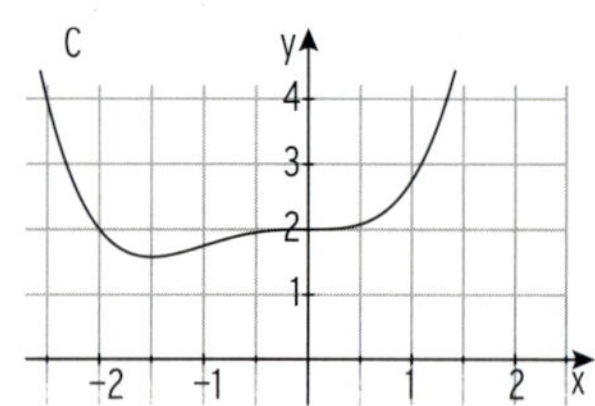

5 Eine Funktion f hat eine Nullstelle $x_0 = 3$. Formulieren Sie eine Aussage über das Schaubild einer zugehörigen Stammfunktion F im Punkt $P(x_0 | \blacksquare)$.

6 Die Abbildung zeigt das Schaubild einer Funktion f.
Skizzieren Sie das Schaubild einer Stammfunktion von f, die durch A(1|4) verläuft.

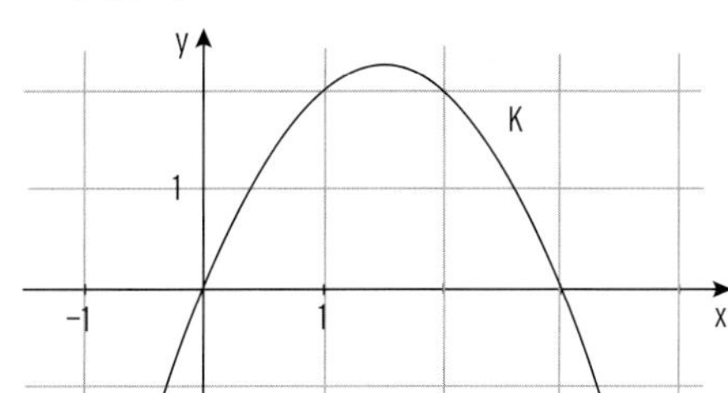

7 Die Abbildung zeigt einen Ausschnitt aus dem Schaubild K_f einer Funktion f. Entscheiden Sie, ob folgende Aussagen über das Schaubild K_F einer Stammfunktion F von f wahr oder falsch sind. Begründen Sie Ihre Entscheidungen.

A:
- Die Stelle 3 ist Wendestelle von K_F.
- An der Stelle −1 hat K_F einen Tiefpunkt.
- K_F ist monoton steigend für $x > 0$.

B:
- K_F hat einen Hochpunkt, einen Tiefpunkt und einen Wendepunkt.
- An der Stelle 1 hat K_F eine Tangente parallel zu g: $y = -\frac{1}{2}x$.
- K_F ist rechtsgekrümmt für $x > 0$.

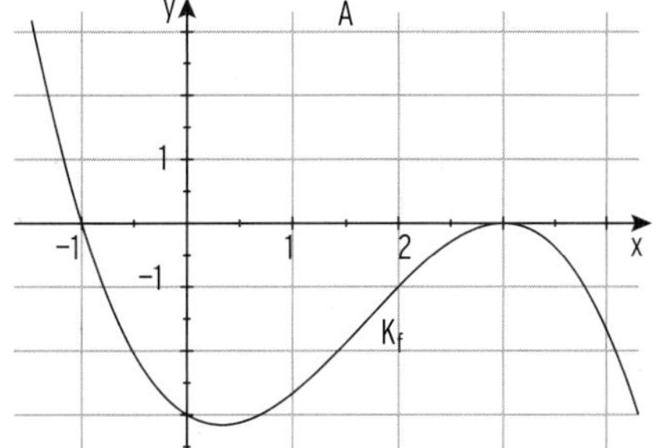

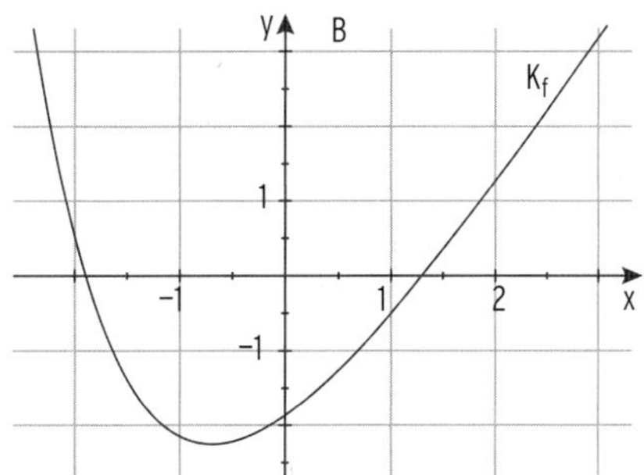

8 Die Abbildung zeigt das Schaubild K einer Funktion f.
Leiten Sie hieraus Aussagen über Extrem- und Wendestellen einer möglichen Stammfunktion F von f ab. Skizzieren Sie das Schaubild einer Funktion F.

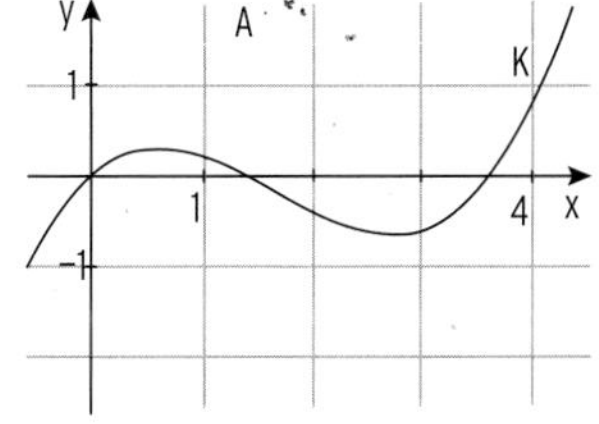

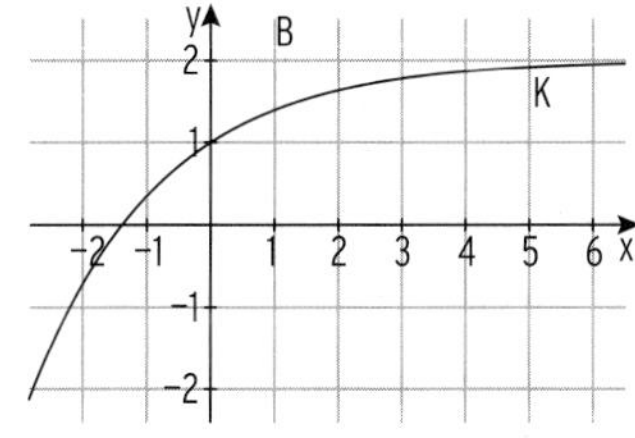

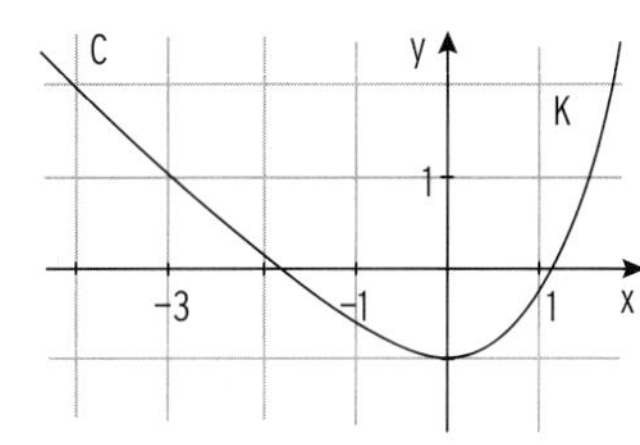

4.3 Das bestimmte Integral

Beispiel 1

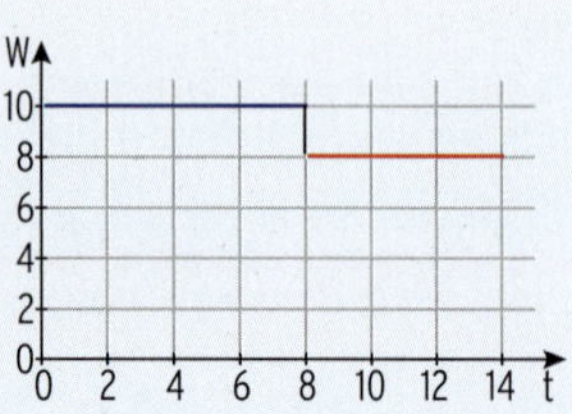

➲ Herr Bohn lässt Wasser in die Badewanne einlaufen. Das Diagramm zeigt die momentane Durchflussmenge w(t) in ℓ pro min in Abhängigkeit von der Zeit t in min. Interpretieren Sie das Diagramm.

Lösung

Die momentane Durchflussmenge beträgt in den ersten 8 Minuten 10 ℓ pro Minute.
In weiteren 6 Minuten laufen 8 ℓ pro Minute ein.
Die Badewanne hat ein Fassungsvermögen von 128 ℓ $(8 \cdot 10 + 6 \cdot 8 = 128)$.
Dieses **Fassungsvermögen** entspricht dem **Inhalt der Fläche** zwischen den Geraden mit $y = 10$ bzw. $y = 8$ und der t-Achse.

Beispiel 2

➲ Gegeben ist die Funktion f mit $f(x) = 0{,}5x$; $x > 0$.
Die zugehörige Gerade G schließt mit der x-Achse eine Fläche ein.
Berechnen Sie den Inhalt A der Fläche über dem Intervall [0; 2], [0; 3,5], [0; x].
Wie lässt sich der Inhalt A über [2; 3,5] bzw. über [a; b] $(b > a > 0)$ bestimmen?

Lösung

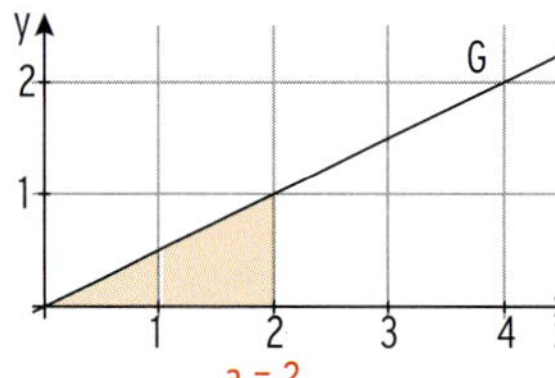

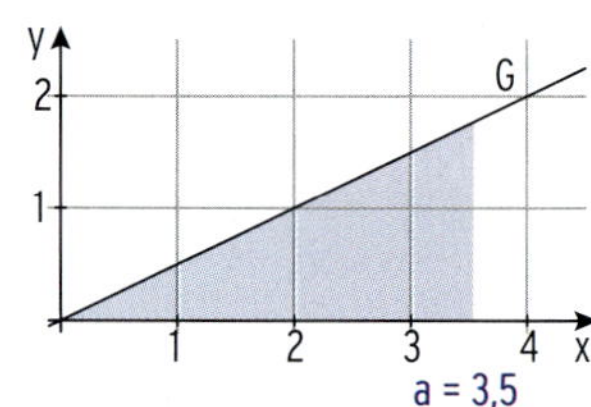

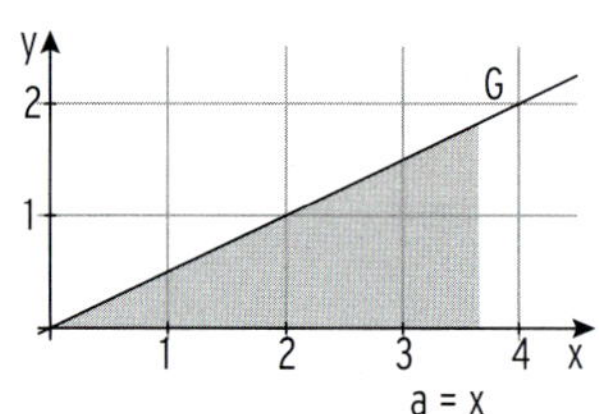

Inhalt der Fläche zwischen der Geraden G und der x-Achse

für a = 2:	für a = 3,5:	für **a = x (x > 0):**
$A_1 = \frac{1}{2} \cdot 2 \cdot 1 = 1$	$A_2 = \frac{1}{2} \cdot 3{,}5 \cdot 1{,}75 = 3{,}0625$	$\mathbf{A_3 = \frac{1}{2} \cdot x \cdot \frac{1}{2}x = \frac{1}{4}x^2}$

Wir stellen fest: $F(x) = \frac{1}{4}x^2$ ist der Funktionsterm einer Stammfunktion F von f.

Der Inhalt der Fläche zwischen G und der x-Achse über [0; x] lässt sich mit einer Stammfunktion F von f bestimmen, indem man die Grenze x einsetzt: $A_1 = F(2)$; $A_2 = F(3{,}5)$

Inhalt der Fläche zwischen Gerade und x-Achse

über [2; 3,5]: $A = F(3{,}5) - F(2) = 2{,}0625$

über [a; b]: $A = F(b) - F(a) = \frac{1}{4}b^2 - \frac{1}{4}a^2$

Wie lässt sich der Inhalt der Fläche zwischen einer krummlinigen Kurve und der x-Achse berechnen?

mvurl.de/q99u

Beispiel 3

Gegeben ist die Parabel P der Funktion f mit $f(x) = x^2$. Bestimmen Sie den Inhalt der Fläche zwischen Parabel P, x-Achse und der Geraden mit $x = 2$ im 1. Feld.

Lösung

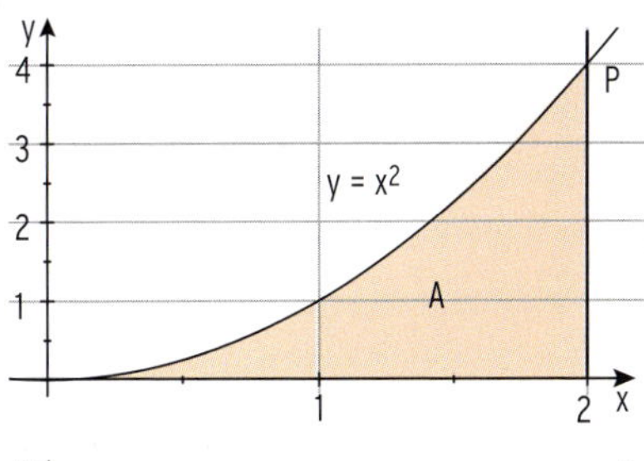

Man bildet eine **Stammfunktion** von f: $F(x) = \frac{1}{3}x^3$

Setzt man für x den Wert 2 ein, so erhält man $F(2) = \frac{8}{3}$ als Maßzahl des Flächeninhaltes zwischen Parabel, x-Achse und der Geraden mit $x = 2$.

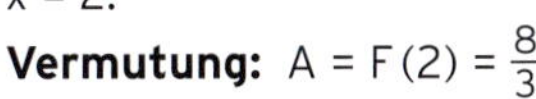

Vermutung: $A = F(2) = \frac{8}{3}$

Beweis:

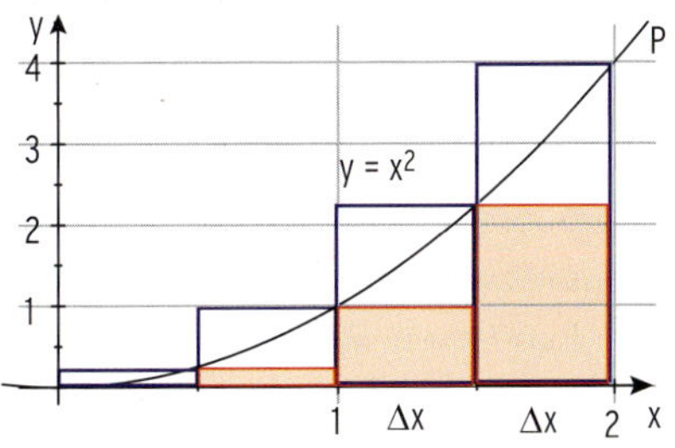

Näherungsweise Bestimmung des Flächeninhaltes durch 4 Rechtecke der Breite $\Delta x = 0{,}5$.

Von unten: $U_4 = \Delta x \cdot (f(0) + f(0{,}5) + f(1) + f(1{,}5))$

Untersumme $U_4 = \frac{1}{2} \cdot \left(\frac{1}{4} + 1 + \frac{9}{4}\right) = 1{,}75$

Von oben: $O_4 = \Delta x \cdot (f(0{,}5) + f(1) + f(1{,}5) + f(2))$

Obersumme $O_4 = 3{,}75$

Der gesuchte Flächeninhalt liegt zwischen 1,75 und 3,75.

Je größer die Anzahl der Rechtecke ist, umso genauer wird die Näherung.

Näherung durch n Rechtecke mit Breite $\Delta x = \frac{2}{n}$:

Von unten: $U_n = \frac{2}{n} \cdot \left(\frac{2}{n}\right)^2 \cdot (1^2 + 2^2 + 3^2 + \ldots + (n-1)^2)$

Mit $1^2 + 2^2 + 3^2 + \ldots + (n-1)^2 = \frac{1}{6}n(n-1)(2n-1)$ erhält man die

Untersumme $U_n = \left(\frac{2}{n}\right)^3 \cdot \frac{1}{6}n(n-1)(2n-1) = \frac{4}{3} \cdot \left(2 - \frac{3}{n} + \frac{1}{n^2}\right)$.

Für $n \to \infty$ strebt der Term $\left(2 - \frac{3}{n} + \frac{1}{n^2}\right)$ gegen den Wert 2, also $U_n \to \frac{8}{3}$.

Von oben erhält man die Obersumme $O_n = \frac{4}{3} \cdot \left(2 + \frac{3}{n} + \frac{1}{n^2}\right)$.

Für $n \to \infty$ strebt der Term $\left(2 + \frac{3}{n} + \frac{1}{n^2}\right)$ gegen den Wert 2, also $O_n \to \frac{8}{3}$.

Strebt die Anzahl der Rechtecke gegen unendlich, so strebt der Flächeninhalt der Rechtecke gegen $\frac{8}{3}$. Die Vermutung $A = \frac{8}{3}$ ist bestätigt.

Bemerkung: $\lim\limits_{n \to \infty} \sum\limits_{i=1}^{n} f(x_i)\Delta x = \int\limits_0^2 f(x)\,dx = \frac{8}{3}$

Diesen Grenzwert nennt man **bestimmtes Integral** von f mit $f(x) = x^2$ von 0 bis 2.

Hinweis: Für $n \to \infty$ wird aus dem Summenzeichen das Integralzeichen und aus Δx wird dx. Das Symbol dx soll an die Breite der Rechtecke erinnern.

Beispiel 4

a) Berechnen Sie $\int_0^b x^2\,dx$; $\int_a^b x^2\,dx$.

b) Bestimmen Sie $\int_1^4 x^2\,dx$ und interpretieren Sie den Integralwert.

Lösung

a) Wir unterteilen das Intervall [0; b] in n gleiche Teile mit $\Delta x = \frac{b}{n}$ und erhalten die Obersumme $O_n = \frac{b}{n}\cdot\left(\frac{b}{n}\right)^2\cdot(1^2 + 2^2 + 3^2 + \ldots + n^2)$

$$= \left(\frac{b}{n}\right)^3\cdot\frac{1}{6}n(n+1)(2n+1) = \frac{b^3}{6}\cdot\left(2 + \frac{3}{n} + \frac{1}{n^2}\right) \to \frac{b^3}{3} \text{ für } n \to \infty$$

Für das gesuchte Integral gilt: $\lim\limits_{n\to\infty} O_n = \int_0^b x^2\,dx = \frac{b^3}{3}$ (*)

Es gilt: $\int_0^a x^2\,dx = \frac{a^3}{3}$ (vgl. *) und daraus $\int_a^b x^2\,dx = \frac{b^3}{3} - \frac{a^3}{3}$

Für die Funktion f mit $f(x) = x^2$ erhält man: $\int_a^b f(x)\,dx = F(b) - F(a)$

Dabei ist F mit $F(x) = \frac{x^3}{3}$ eine Stammfunktion von f.

b) $\int_1^4 x^2\,dx = F(4) - F(1) = \frac{1}{3}\cdot4^3 - \frac{1}{3}\cdot1^3 = 21$

Der Inhalt A der Fläche zwischen dem Graph von f und der x-Achse auf [1; 4] beträgt 21.

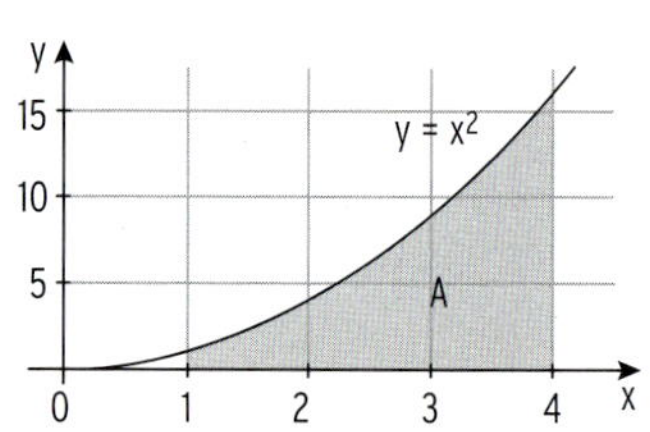

Man kann **vermuten,** dass **allgemein gilt:**

Ist F eine Stammfunktion einer beliebigen Funktion f, so lässt sich das bestimmte Integral von f über [a; b] bestimmen durch $\int_a^b f(x)\,dx = F(b) - F(a)$.

Zum Beweis der Vermutung definieren wie eine Funktion mit der oberen Grenze als Variable.

Die Funktion I_a mit $I_a(x) = \int_a^x f(t)\,dt$ heißt **Integralfunktion von f zur unteren Grenze a.**
Sie ordnet jeder Zahl x genau die Zahl $\int_a^x f(t)\,dt$ zu.

Geometrische Deutung: $\int_{0,5}^x t^2\,dt$ gibt den Inhalt der Fläche zwischen dem Schaubild von f mit $f(t) = t^2$ und der t-Achse von 0,5 bis x ($x \geq 0{,}5$) an. Wenn die Vermutung zutrifft, muss die Integralfunktion I_a eine Stammfunktion von f sein, es muss gelten $\left(\int_a^x f(t)\,dt\right)' = f(x)$.

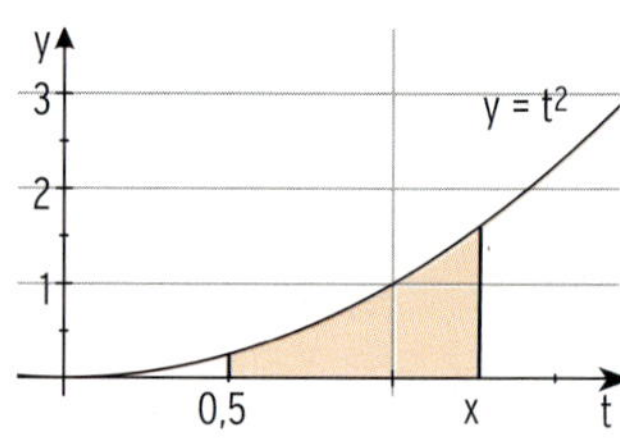

Diesen Zusammenhang beschreibt der 1. Hauptsatz der Differenzial- und Integralrechnung.

1. Hauptsatz der Differenzial- und Integralrechnung

Jede Integralfunktion I_a einer Funktion f ist eine Stammfunktion von f.

$$I_a(x) = \int_a^x f(t)\,dt \Rightarrow I_a'(x) = f(x)$$

Beweis:

Für alle $x \in [a; b]$ ist f eine (stetige) Funktion, also gilt: $I_a'(x) = \lim\limits_{h \to 0} \frac{I_a(x+h) - I_a(x)}{h}$

Es ist zu zeigen, dass der Grenzwert existiert und gleich f(x) ist.

f nimmt auf [a; b] einen größten (f_{max}) und einen kleinsten (f_{min}) Funktionswert an.

Also gilt:

$h \cdot f_{min}$	$\leq I_a(x+h) - I_a(x) \leq$	$h \cdot f_{max}$
kleines Rechteck	rote Fläche	großes Rechteck

Daraus folgt: $f_{min} \leq \frac{I_a(x+h) - I_a(x)}{h} \leq f_{max}$

Für $h \to 0$ streben f_{min} und f_{max} gegen f(x), also ist

$$f(x) \leq \lim_{h \to 0} \frac{I_a(x+h) - I_a(x)}{h} \leq f(x)$$

und somit $\lim\limits_{h \to 0} \frac{I_a(x+h) - I_a(x)}{h} = f(x) \Rightarrow I_a'(x) = f(x)$.

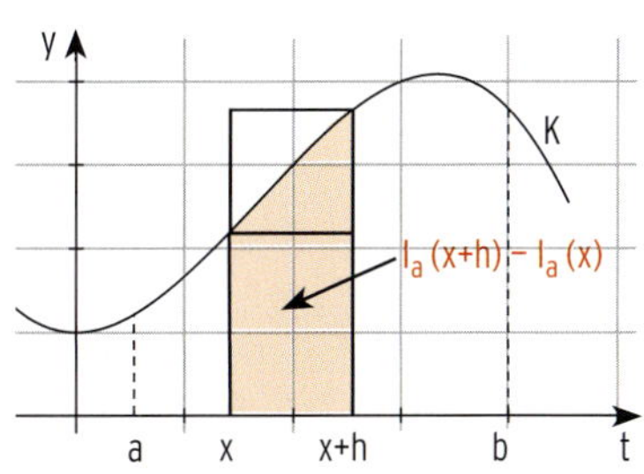

Die Ableitungsfunktion der Integralfunktion von f ist gleich der Funktion f.

Zusammenhang von bestimmtem Integral $\int_a^b f(x)\,dx$ und Stammfunktion:

Eine Integralfunktion ist eine Stammfunktion von f.

Es gilt: $\int_a^x f(t)\,dt = F(x) + C$; für $x = b$: $\int_a^b f(t)\,dt = F(b) + C$;

für $x = a$: $\int_a^a f(t)\,dt = F(a) + C = 0 \Leftrightarrow C = -F(a)$; einsetzen ergibt $\int_a^b f(t)\,dt = F(b) - F(a)$.

Das bestimmte Integral über f kann mithilfe einer beliebigen Stammfunktion von f in der folgenden Weise berechnet werden:

2. Hauptsatz der Differenzial- und Integralrechnung

Ist F eine beliebige Stammfunktion einer Funktion f, so gilt: $\int_a^b f(x)\,dx = F(b) - F(a)$

Hinweis: Für $F(b) - F(a)$ schreibt man $[F(x)]_a^b$, also $\int_a^b f(x)\,dx = [F(x)]_a^b = F(b) - F(a)$.

Unterscheiden Sie: Die Menge der Stammfunktionen von f heißt unbestimmtes Integral.

Schreibweise: $\int f(x)\,dx = F(x) + C$

Das bestimmte Integral ist eine reelle Zahl: $\int_a^b f(x)\,dx = F(b) - F(a)$

Berechnung von bestimmten Integralen

Beispiel 1

➲ Berechnen Sie.

a) $\int_{-1}^{3} (x^2 - 1)\,dx.$ b) $\int_{0}^{\frac{\pi}{4}} (\sin(4x) + 1)\,dx$ c) $\int_{0}^{x} (2\cos(0{,}5t) - 3)\,dt$

Lösung

a) $\int_{-1}^{3} (x^2 - 1)\,dx = \left[\frac{1}{3}x^3 - x\right]_{-1}^{3} = \frac{1}{3}(3)^3 - 3 - \left(\frac{1}{3}(-1)^3 - (-1)\right) = 6 - \frac{2}{3} = \frac{16}{3}$

b) $\int_{0}^{\frac{\pi}{4}} (\sin(4x) + 1)\,dx = \left[-\frac{1}{4}\cos(4x) + x\right]_{0}^{\frac{\pi}{4}} = -\frac{1}{4}\cos\left(4 \cdot \frac{\pi}{4}\right) + \frac{\pi}{4} + \frac{1}{4}\cos(4 \cdot 0) = \frac{\pi}{4} + \frac{1}{2}$

c) $\int_{0}^{x} (2\cos(0{,}5t) - 3)\,dt = [4\sin(0{,}5t) - 3t]_{0}^{x} = 4\sin(0{,}5x) - 3x$

Beispiel 2

➲ Zeigen Sie: $\int_{-1}^{0} (1 - e^{-x} - e \cdot x)\,dx = 2 - \frac{e}{2}$

$\int_{-1}^{0} (1 - e^{-x} - e \cdot x)\,dx = \left[x + e^{-x} - e \cdot \frac{x^2}{2}\right]_{-1}^{0} = 1 - \left(-1 + e - \frac{e}{2}\right) = 2 - \frac{e}{2}$, was zu zeigen war.

Hinweis: $\int_{1}^{3} x^2\,dx = \left[\frac{1}{3}x^3 + C\right]_{1}^{3} = F(3) - F(1) = 9 + C - \left(\frac{1}{3} + C\right) = \frac{26}{3}$ **unabhängig von C**

Für die Berechnung eines bestimmten Integrals ist die **Konstante C ohne Einfluss.**

Beispiel 3

➲ Gegeben ist die Funktion f mit $f(x) = x^2 - 1;\ x \in \mathbb{R}$.

Bestimmen Sie $u > 0$ so, dass $\int_{0}^{u} f(x)\,dx = 0$ ist.

Lösung

f mit $f(x) = x^2 - 1$ hat eine Stammfunktion F mit $F(x) = \frac{1}{3}x^3 - x$

$\int_{0}^{u} f(x)\,dx = \left[\frac{1}{3}x^3 - x\right]_{0}^{u} = \frac{1}{3}u^3 - u = 0$

Gleichung:	$\frac{1}{3}u^3 - u = 0$
Ausklammern:	$u(\frac{1}{3}u^2 - 1) = 0$
Satz vom Nullprodukt anwenden:	$u = 0$ oder $\frac{1}{3}u^2 - 1 = 0$
	$u_1 = 0;\ u_{2\|3} = \pm\sqrt{3}$
Mit $u > 0$:	$u = \sqrt{3}$

Berechnung des Integrals $\int_a^b f(x)\,dx$ in folgenden Schritten:

1) Eine Stammfunktion F von f bilden (ohne die Konstante C).
2) Obere Grenze $x = b$ in $F(x)$ einsetzen, untere Grenze $x = a$ in $F(x)$ einsetzen.
3) Differenz bilden: $F(b) - F(a)$

Schreibweise: $\int_a^b f(x)\,dx = [F(x)]_a^b = F(b) - F(a)$

Gelesen: **Integral von a bis b über f von x dx.**

Hinweis: Die **Bestimmung einer Stammfunktion** heißt **Integration.**

In $\int f(x)\,dx$ heißt **x Integrationsvariable** und **f(x) Integrand.**

Aufgaben

1 Bestimmen Sie die folgenden Integrale.

a) $\int_{-1}^{2} (0{,}5\,x^2 + 6\,x - 1)\,dx$ b) $\int_{0}^{4} \left(-2\,x^3 + \sin(2\,x)\right)dx$ c) $\int_{0}^{-1} \left(3\,x + \frac{5}{2}e^{-x}\right)dx$

d) $\int_{1}^{6} \left(-3\cos\left(\frac{\pi}{4}x\right)\right)dx$ e) $\int_{-2}^{2} (0{,}25\,x^3 + x)\,dx$ f) $\int_{0}^{\frac{2}{3}\pi} (\sin(3\,x))\,dx$

g) $\int_{-1}^{4} (a\,x + x^3)\,dx$ h) $\int_{-2}^{x} \left(u^4 - \frac{1}{4}u^2\right)du$ i) $\int_{-1}^{2} \left(\frac{x^4}{4} - \frac{x}{3}\right)dx$

2 Zeigen Sie: $\int_0^2 (e^x - e \cdot x)\,dx = e^2 - 2\,e - 1$

3 Gegeben ist die Funktion f mit $f(x) = x^3 - x^2$; $x \in \mathbb{R}$.

Ermitteln Sie $u \neq 0$ so, dass $\int_0^u f(x)\,dx = 0$ ist.

4 Bestimmen Sie a so, dass $\int_a^{2a} (x + 3)\,dx = 6$ ist.

5 Bestimmen Sie $\int_{-2}^{a} (-x^2 - 2\,x)\,dx$.

6 Gegeben ist die Funktion f mit $f(t) = 2\,t\,e^{-0{,}1t}$; $t \geq 0$.

a) Zeigen Sie: F mit $F(t) = -20\,(t + 10)\,e^{-0{,}1t}$ ist eine Stammfunktion von f.

b) Berechnen Sie das Integral $\int_0^5 f(t)\,dt$.

Integrationsregeln

Die folgenden Regeln sollen die Integration vereinfachen.

Beispiel 1

➲ Bestimmen Sie: $\int_0^2 x^2\,dx$ und $\int_0^2 0{,}5\,x^2\,dx$. Gibt es einen Zusammenhang?

Lösung

$\int_0^2 x^2\,dx = \frac{8}{3}$

$\int_0^2 0{,}5\,x^2\,dx = \frac{4}{3}$

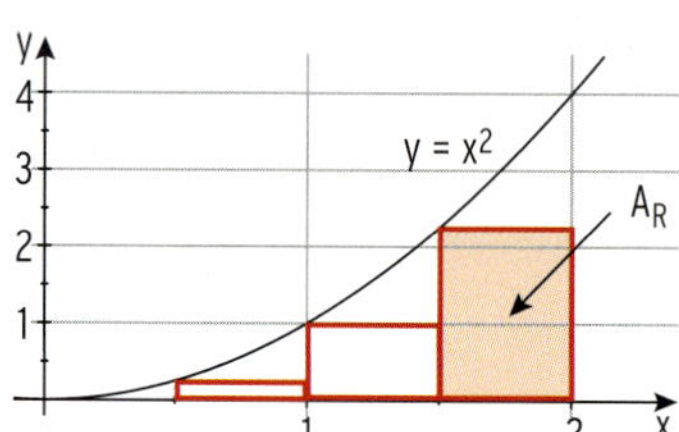

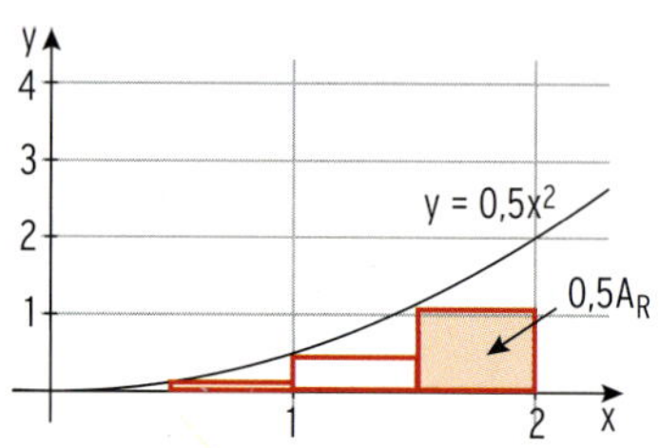

Das rot markierte Rechteck in der rechten Abbildung ist halb so groß wie das rot markierte Rechteck in der linken Abbildung. Dies gilt für alle entsprechenden Rechtecksinhalte.

Zusammenhang: $\int_0^2 0{,}5\,x^2\,dx = 0{,}5\int_0^2 x^2\,dx$

Faktorregel: $\int_a^b c \cdot f(x)\,dx = c \cdot \int_a^b f(x)\,dx$

Konstante Faktoren können vor das Integral gezogen werden.

Beispiel 2

➲ Bestimmen Sie: $\int_0^2 x^2\,dx$, $\int_0^2 1\,dx$ und $\int_0^2 (x^2+1)\,dx$. Gibt es einen Zusammenhang?

Lösung

$\int_0^2 x^2\,dx = \left[\frac{1}{3}x^3\right]_0^2 = \frac{8}{3}$

$\int_0^2 1\,dx = [x]_0^2 = 2$

$\int_0^2 (x^2+1)\,dx = \frac{14}{3}$

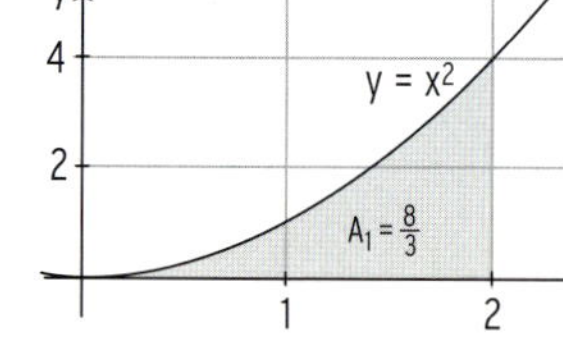

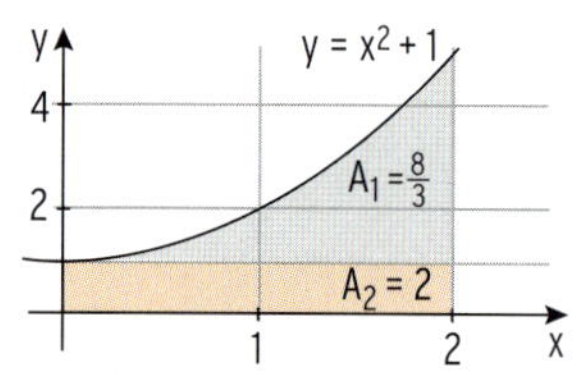

Zusammenhang: $\int_0^2 x^2\,dx + \int_0^2 1\,dx = \int_0^2 (x^2+1)\,dx$

Summenregel: $\int_a^b f(x)\,dx \pm \int_a^b g(x)\,dx = \int_a^b \big(f(x) \pm g(x)\big)\,dx$

Beispiel 3

➲ Bestimmen Sie: $\int_0^1 x^2\,dx$, $\int_1^3 x^2\,dx$ und $\int_0^3 x^2\,dx$. Gibt es einen Zusammenhang?

Lösung

$\int_0^1 x^2\,dx = \frac{1}{3}$; $\int_1^3 x^2\,dx = \frac{26}{3}$; $\int_0^3 x^2\,dx = 9$

Zusammenhang: $\int_0^1 x^2\,dx + \int_1^3 x^2\,dx = \int_0^3 x^2\,dx$

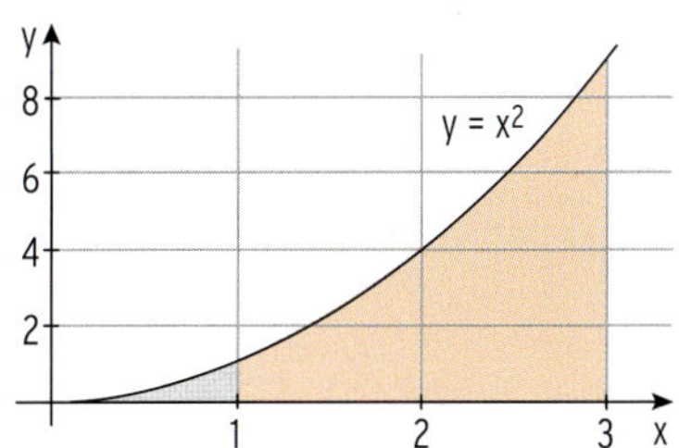

Intervalladditivität: $\int_a^b f(x)\,dx + \int_b^c f(x)\,dx = \int_a^c f(x)\,dx$

Beispiel 4

➲ Bestimmen Sie: $\int_a^b f(x)\,dx$ und $\int_b^a f(x)\,dx$. Gibt es einen Zusammenhang?

Lösung

$\int_a^b f(x)\,dx = F(b) - F(a)$; $\int_b^a f(x)\,dx = F(a) - F(b) = -(F(b) - F(a))$; $\int_a^b f(x)\,dx = -\int_b^a f(x)\,dx$

Vertauschen der Intervallgrenzen: $\int_a^b f(x)\,dx = -\int_b^a f(x)\,dx$

Beispiel 5

➲ Das Integral $\int_0^4 f(x)\,dx = -6$ ist bekannt.

Machen Sie Aussagen über $\int_0^4 0{,}25\,f(x)\,dx$ und $\int_4^0 f(x)\,dx$.

Lösung

$\int_0^4 0{,}25\,f(x)\,dx = 0{,}25 \cdot \int_0^4 f(x)\,dx = 0{,}25 \cdot (-6) = -1{,}5$ Anwendung der Faktorregel

$\int_4^0 f(x)\,dx = -\int_0^4 f(x)\,dx = -(-6) = 6$

$\int_4^0 f(x)\,dx = 6$ Vertauschen der Integralgrenzen

Aufgaben

1 Das Integral $\int_{-2}^{2} f(x)\,dx = 3$ ist bekannt. Machen Sie Aussagen über $\int_{-2}^{2} (2f(x))\,dx$; $\int_{-2}^{2} (f(x)+1)\,dx$; $\int_{-2}^{2} (-f(x))\,dx$ und $\int_{2}^{-2} (-f(x))\,dx$.

2 Bestimmen Sie das Integral $\int_{-1}^{1} a\,x^2(x-1)\,dx$.

3 Formulieren Sie einen möglichen Zusammenhang zwischen folgenden Integralen:

a) $\int_{-1}^{1} (x^3+1)\,dx$; $\int_{-1}^{1} (-1-4x)\,dx$; $\int_{-1}^{1} (x^3-4x)\,dx$

b) $\int_{0}^{\pi} \sin(x)\,dx$; $\int_{0}^{1} \sin(x)\,dx$; $\int_{1}^{\pi} \sin(x)\,dx$

4 Es gilt: $\int_{1}^{a} f(x)\,dx = a^3 + a - 2$.

Bestimmen Sie: $\int_{1}^{a} f(t)\,dt$; $\int_{a}^{1} f(x)\,dx$; $\int_{1}^{a} (-f(x))\,dx$ sowie $\int_{1}^{4} f(x)\,dx$.

5 Für eine Funktion f sind folgende Integrale bekannt: $\int_{-1}^{1} f(x)\,dx = 4$; $\int_{-1}^{4} f(x)\,dx = 25$.

Bestimmen Sie $\int_{1}^{4} f(x)\,dx$ und $\int_{4}^{-1} f(x)\,dx$. Was gilt für $\int_{a}^{a} f(x)\,dx$?

6 Welche der Behauptungen für die Funktion f mit $f(x) = \frac{1}{5}x^4 + x^2 + 1$ sind richtig bzw. falsch? Begründen Sie.

a) $\int_{1}^{4} f(x)\,dx = \int_{4}^{1} f(x)\,dx$

b) $\int_{-3}^{0} f(x)\,dx + \int_{0}^{1} f(x)\,dx = \int_{-3}^{1} f(x)\,dx$

c) $\int_{0}^{5} (-f(x))\,dx = \int_{5}^{0} f(x)\,dx$

d) $\int_{-a}^{a} f(x)\,dx = 0$ für $a \neq 0$.

7 Das Schaubild der Funktion f begrenzt mit der x-Achse eine Fläche (siehe Abbildung). Bestimmen Sie die folgenden Integralwerte und erläutern Sie Ihre Ergebnisse:

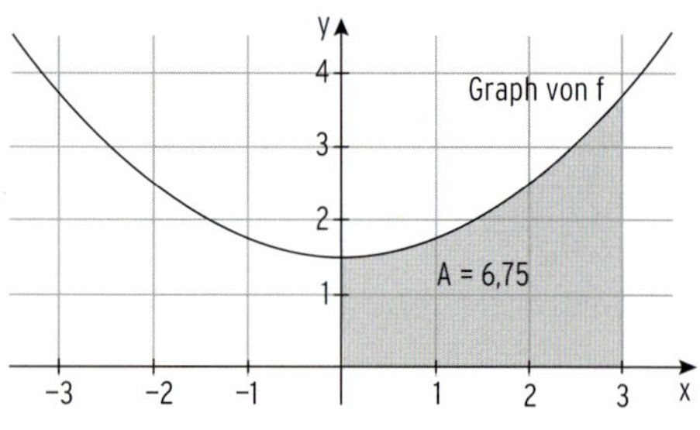

a) 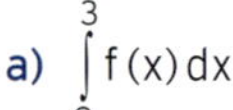 $\int_{0}^{3} f(x)\,dx$

b) $\int_{0}^{3} (-f(x))\,dx$

c) $\int_{1}^{4} f(x-1)\,dx$

d) $\int_{-3}^{0} f(x)\,dx$

e) $\int_{0}^{3} (f(x)-1)\,dx$

f) 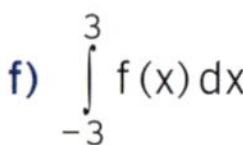 $\int_{-3}^{3} f(x)\,dx$

4.4 Flächeninhaltsberechnung mithilfe der Integralrechnung

4.4.1 Fläche zwischen Kurve und x-Achse

Beispiele

K: $f(x) = -\frac{1}{3}x^2 + \frac{1}{3}x + 2$

$$\int_{-2}^{2} f(x)\,dx = \left[-\frac{1}{9}x^3 + \frac{1}{6}x^2 + 2x\right]_{-2}^{2}$$

$$\int_{-2}^{2} f(x)\,dx = \frac{56}{9}$$

Die Fläche zwischen Kurve und x-Achse liegt **oberhalb** der x-Achse.
Die Fläche hat den Inhalt $\frac{56}{9}$.

G: $g(x) = \frac{1}{3}x^2 - \frac{1}{3}x - 2$

$$\int_{-2}^{2} g(x)\,dx = -\frac{56}{9} < 0$$

Das Integral liefert **nicht** den Inhalt der Fläche.
Die Fläche zwischen Kurve und x-Achse liegt **unterhalb** der x-Achse.
Die Fläche hat den Inhalt $\frac{56}{9}$.
(G entsteht aus K durch Spiegelung an der x-Achse.)

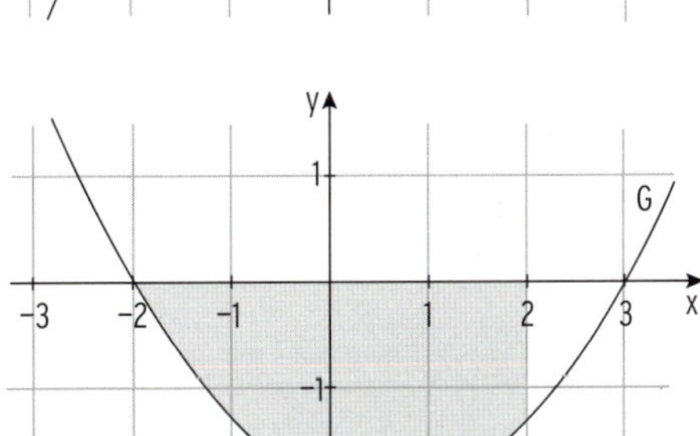

H: $h(x) = 0{,}5\,x^3$

$$\int_{-2}^{2} h(x)\,dx = \left[\frac{1}{8}x^4\right]_{-2}^{2} = 0$$

Das Integral liefert **nicht** den Inhalt der Fläche.
Die Fläche zwischen Kurve und x-Achse liegt **unterhalb** und **oberhalb** der x-Achse.
Wegen $\int_{0}^{2} h(x)\,dx = 2$ und der Symmetrie von H zu O hat die Fläche den Inhalt $2 \cdot 2 = 4$.

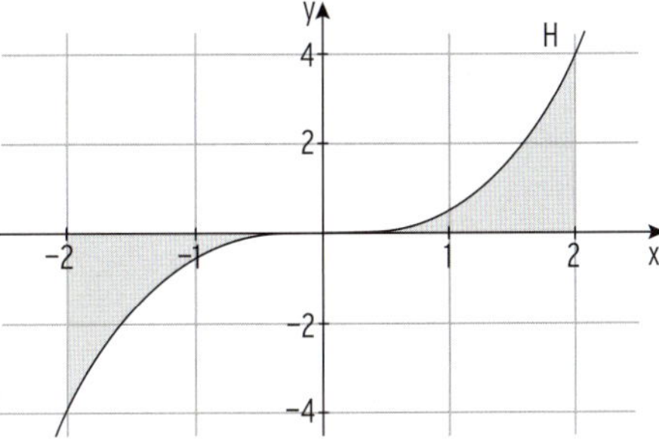

Man stellt fest:
Der Graph K der Funktion f verläuft **nicht unterhalb der x-Achse.**
Dann liefert das zugehörige Integral den Inhalt der Fläche zwischen K und der x-Achse.

Die Fläche liegt oberhalb der x-Achse

Beispiel

➲ Gegeben ist die Funktion f mit $f(x) = \sin(2x) + 2$; $x \in \mathbb{R}$ mit Schaubild K.

K schließt mit der x-Achse auf $\left[0; \frac{3}{2}\pi\right]$ eine Fläche ein. Berechnen Sie den Inhalt.

Lösung

K von f verläuft wegen $\sin(2x) \geq -1$

oberhalb der x-Achse: $f(x) > 0$

$$\int_0^{1,5\pi} (\sin(2x) + 2)\,dx = \left[-\frac{1}{2}\cos(2x) + 2x\right]_0^{1,5\pi}$$

$$= -\frac{1}{2}\cdot(-1) + 3\pi - \left(-\frac{1}{2}\cdot 1\right) = 3\pi + 1$$

Inhalt der Fläche: $A = 3\pi + 1$

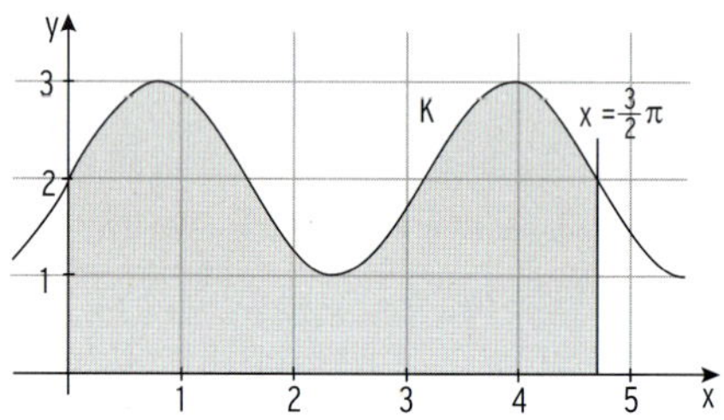

Verläuft K von f für alle $x \in [a; b]$ **oberhalb der x-Achse**, so liefert das Integral $\int_a^b f(x)\,dx$ die Maßzahl für den **Flächeninhalt zwischen K, der x-Achse und den Geraden mit den Gleichungen $x = a$ und $x = b$:** $A = \int_a^b f(x)\,dx$

Die Fläche liegt unterhalb der x-Achse

Beispiel

➲ Der Graph der Funktion f mit $f(x) = \frac{1}{2}e^{2x} - 2e^x$; $x \in \mathbb{R}$, die Koordinatenachsen und die Gerade mit $x = 1$ begrenzen eine Fläche. Berechnen Sie den Inhalt dieser Fläche.

Lösung

Nullstellen von f: $f(x) = 0$

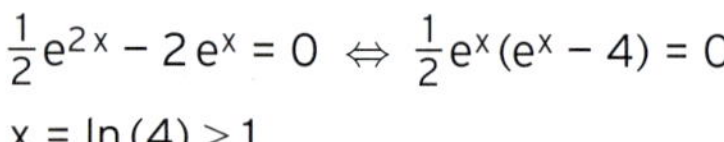

$\frac{1}{2}e^{2x} - 2e^x = 0 \Leftrightarrow \frac{1}{2}e^x(e^x - 4) = 0$

Satz vom Nullprodukt ergibt wegen $e^x \neq 0$:

$x = \ln(4) > 1$

f hat keine Nullstelle auf [0; 1].

Berechnung des Flächeninhalts:

$$\int_0^1 f(x)\,dx = \left[\frac{1}{4}e^{2x} - 2e^x\right]_0^1$$

$$= \frac{1}{4}e^2 - 2e - \left(\frac{1}{4} - 2\right) \approx -1{,}84$$

Die Fläche hat den Inhalt $A = |-1{,}84| = 1{,}84$.

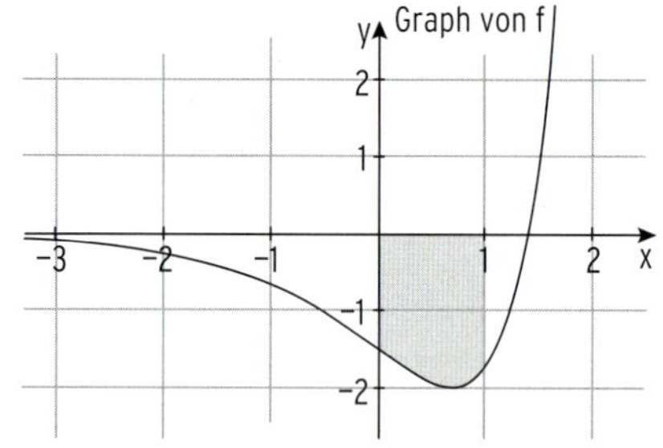

Verläuft K von f für alle $x \in [a; b]$ **unterhalb der x-Achse,** liefert $\int_a^b f(x)\,dx$ **eine negative Zahl.** Der **Inhalt der Fläche** zwischen Kurve, x-Achse und den Geraden mit den Gleichungen $x = a$ und $x = b$ ist der **Betrag** dieser Zahl: $A = \left|\int_a^b f(x)\,dx\right|$

Die Funktion f hat eine Nullstelle im Integrationsintervall

Beispiel 1

➲ K ist das Schaubild der Funktion f mit $f(x) = -\frac{1}{2}x^2 + \frac{1}{2}x + 3$.
Wie groß ist die Fläche, die von K und der x-Achse auf [−2; 4] begrenzt wird?

Lösung

Nullstelle von f: $f(x) = 0$ ergibt $x_1 = -2$; $x_2 = 3$

f hat 2 einfache Nullstellen auf dem Integrationsintervall [−2; 4].

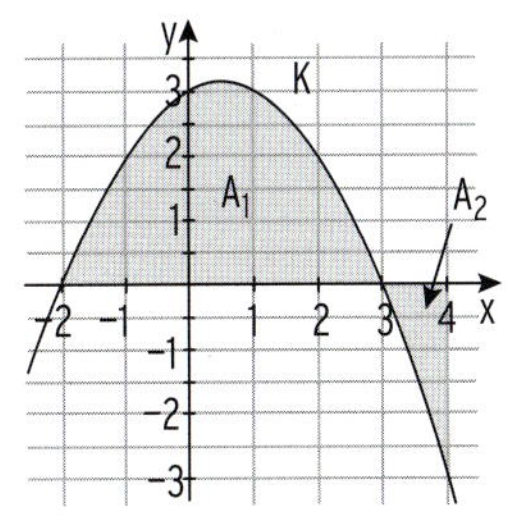

Das Integral $\int_{-2}^{4} f(x)\,dx = 9$ **liefert nicht den Inhalt der Fläche.**

Der gesuchte Inhalt muss also **in zwei Schritten** berechnet werden:

$$\int_{-2}^{3} f(x)\,dx = \left[-\frac{1}{6}x^3 + \frac{1}{4}x^2 + 3x\right]_{-2}^{3} = 10{,}42$$

$A_1 = 10{,}42$; die zugehörige Fläche liegt **oberhalb der x-Achse.**

$\int_{3}^{4} f(x)\,dx = -1{,}42 < 0$; $A_2 = 1{,}42$; die zugehörige Fläche liegt **unterhalb der x-Achse.**

$A_{ges} = A_1 + A_2 = 10{,}42 + 1{,}42 = 11{,}84$

Beispiel 2

➲ Der Graph von f mit $f(x) = 0{,}25\,e^{-x} - 1$ begrenzt mit der x-Achse und den Geraden mit $x = -3$ und $x = 0$ eine Fläche. Bestimmen Sie den Inhalt dieser Fläche.

Lösung

Nullstelle von f: $f(x) = 0$ $\quad 0{,}25\,e^{-x} - 1 = 0$

$\qquad x = -\ln(4)$

Stammfunktion von f: $F(x) = -0{,}25\,e^{-x} - x$

Da f auf [−3; 0], in $x = -\ln(4)$, das Vorzeichen wechselt, muss der Inhalt in zwei Schritten berechnet werden:

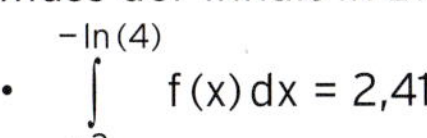

- $\int_{-3}^{-\ln(4)} f(x)\,dx = 2{,}41$
- $\int_{-\ln(4)}^{0} f(x)\,dx = -0{,}64$

$A_{ges} = 2{,}41 + 0{,}64 = 3{,}05$. Der Inhalt der Gesamtfläche beträgt etwa 3,05.

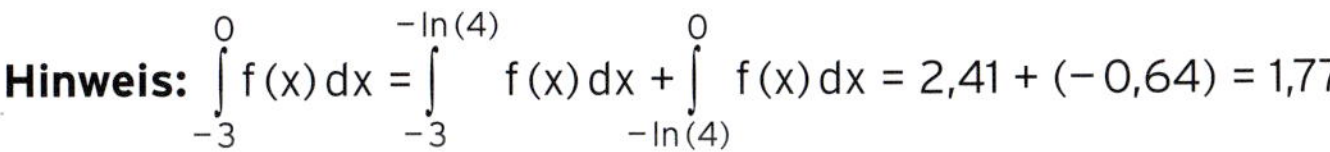

Hinweis: $\int_{-3}^{0} f(x)\,dx = \int_{-3}^{-\ln(4)} f(x)\,dx + \int_{-\ln(4)}^{0} f(x)\,dx = 2{,}41 + (-0{,}64) = 1{,}77$

Das Integral $\int_{-3}^{0} f(x)\,dx = 1{,}77$ liefert nicht den gesuchten Inhalt, sondern den Wert der **Flächenbilanz.**

Dieser Wert entspricht dem Wert des **orientierten Flächeninhalts.**

Der Inhalt der Fläche oberhalb der x-Achse ist 1,77 größer als der Inhalt der Fläche unterhalb der x-Achse.

Beispiel 3

➲ K ist das Schaubild der Funktion f mit $f(x) = \frac{1}{8}x^3 - \frac{1}{2}x^2;\ x \in \mathbb{R}$.

Wie groß ist die Fläche, die von K und der x-Achse auf [−1; 5] begrenzt wird?

Lösung

Nullstelle von f: $f(x) = 0 \qquad x_{1/2} = 0;\ x_3 = 4$

f hat auf dem Integrationsintervall [−1; 5] eine Nullstelle ohne VZW ($x_{1|2} = 0$) und eine Nullstelle mit VZW ($x_3 = 4$).

Das Integral $\int_{-1}^{5} f(x)\,dx = -1{,}5$ liefert nicht den Inhalt der Fläche.

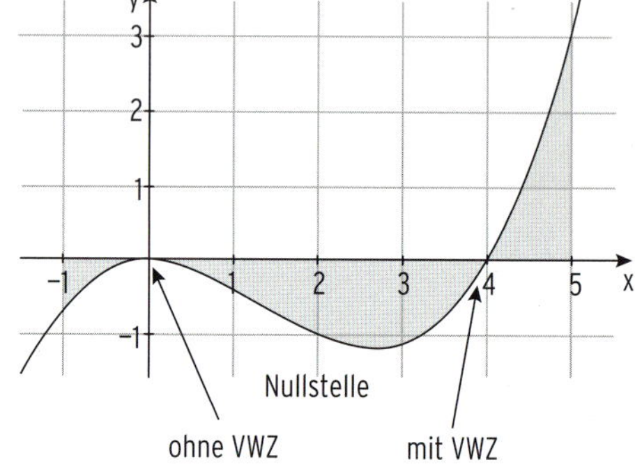

Flächeninhaltsberechnung:

- $\int_{-1}^{4} f(x)\,dx = -2{,}86$
- $\int_{4}^{5} f(x)\,dx = 1{,}36$

Gesamtinhalt: $A_{ges} = 2{,}86 + 1{,}36 = 4{,}22$

Bemerkung: Bei der Flächeninhaltsberechnung darf man **über eine doppelte Nullstelle** (Nullstelle ohne Vorzeichenwechsel) hinweg integrieren.

Hinweis: $\int_{-1}^{5} f(x)\,dx = \int_{-1}^{4} f(x)\,dx + \int_{4}^{5} f(x)\,dx = -2{,}86 + 1{,}36 = -1{,}50$

−1,50 ist der Wert der **Flächenbilanz**, bzw. des **orientierten Flächeninhalts.**
Der Inhalt der Fläche unterhalb der x-Achse ist um 1,5 größer als der Inhalt der Fläche oberhalb der x-Achse.

Berechnung des Inhalts der Fläche zwischen dem Graph von f und der x-Achse auf [a; b]

1) Berechnung der Nullstellen von f auf [a; b]: $f(x) = 0$ liefert $x_1, x_2, \ldots$

2) Berechnung der Integrale

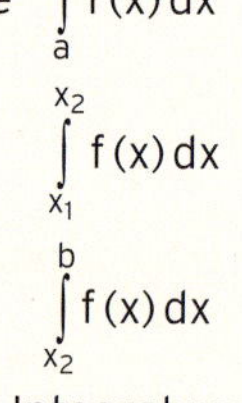

$$\int_{a}^{x_1} f(x)\,dx \qquad \int_{x_1}^{x_2} f(x)\,dx \qquad \int_{x_2}^{b} f(x)\,dx$$

3) Addition der Beträge der Integralwerte ergibt den gesamten Flächeninhalt:
$A = A_1 + A_2 + A_3$

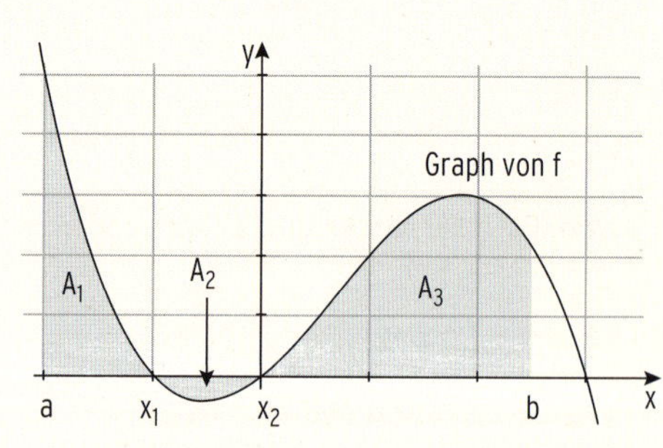

Aufgaben

1 Gegeben ist die Funktion f mit $x \in \mathbb{R}$. Skizzieren Sie das Schaubild von f. Bestimmen Sie eine Stammfunktion von f und damit den Inhalt der Gesamtfläche, die vom Graph von f und der x-Achse eingeschlossen wird.

a) $f(x) = (x-2)(x+1)$ **b)** $f(x) = -\frac{2}{3}x^3 + 4x^2$ **c)** $f(x) = -\frac{1}{3}x^4 + 2x^3 - 3x^2$

2 Gegeben ist die Funktion f. Berechnen Sie den Inhalt der Fläche zwischen dem Graph von f und der x-Achse über dem Intervall [a; b]. f hat keine Nullstelle in [a; b].

a) $f(x) = \cos(x) + 2;\ [-\pi; 1]$ **b)** $f(x) = \frac{1}{4}x^3 - \frac{3}{4}x^2 + 5;\ [-1; 0]$

3 K ist das Schaubild der Funktion f mit $f(x) = \frac{1}{8}x^3 - \frac{3}{4}x^2 + 5;\ x \in \mathbb{R}$.
Berechnen Sie den Inhalt der Fläche, die von K, den Koordinatenachsen und der Parallelen zur y-Achse durch den Tiefpunkt eingeschlossen wird.

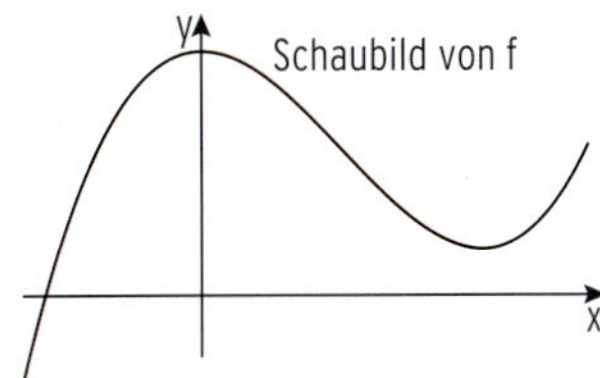

4 Die Funktion f mit $f(x) = 3 - 0{,}5e^{-x};\ x \in \mathbb{R}$, hat das Schaubild K.
K und die Koordinatenachsen begrenzen eine Fläche. Berechnen Sie den Inhalt exakt.

5 Interpretieren Sie das Ergebnis von $\int_{-1}^{3} (-x+1)\,dx$.

6 Zeigen Sie: $\int_{0}^{1} \cos\left(\frac{\pi}{6}(x-1)\right)dx = \frac{3}{\pi}$

7 Bestimmen Sie den Inhalt der gefärbten Fläche.

K_1: $f(x) = x^3 + 2x^2 + x + 2$; K_2: $f(x) = -x + e^{0{,}5x} - 1$; 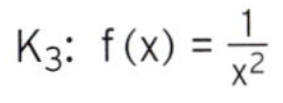 K_3: $f(x) = \frac{1}{x^2}$

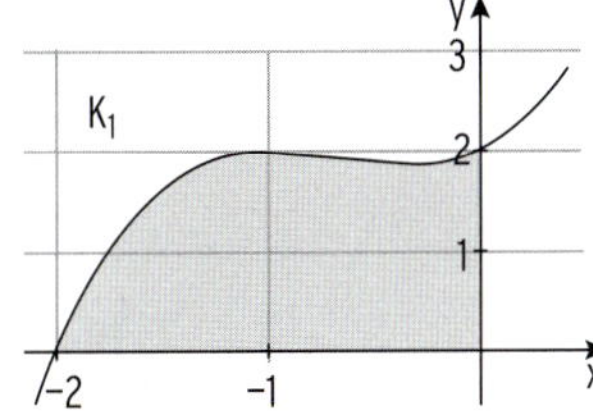

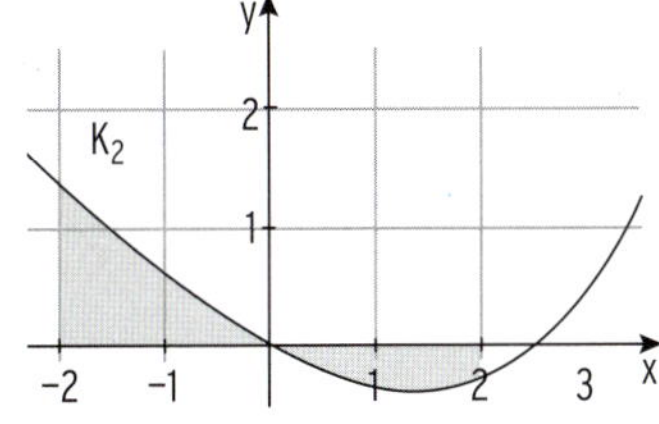

8 Das Schaubild der Funktion f mit $f(x) = \frac{1}{4}x(x^2 - 6x + 8);\ x \in \mathbb{R}$, schließt mit der x-Achse zwei Flächenstücke ein. Zeigen Sie: Die Flächenstücke sind inhaltsgleich.

9 Nehmen Sie Stellung: $\int_{-3}^{3} f(x)\,dx = 0$.
Welche Aussagen lassen sich über den Graphen von f machen?

10 Die Abbildung zeigt den Graph der Funktion f.
Wählen Sie aus {0,73; −1; 2,53; −1,067; 6,62; 1,27} für jedes Integral einen geeigneten Integralwert aus:
$\int_0^1 f(x)\,dx$, $\int_2^1 f(x)\,dx$, $\int_2^{-2} f(x)\,dx$
Begründen Sie Ihre Wahl.

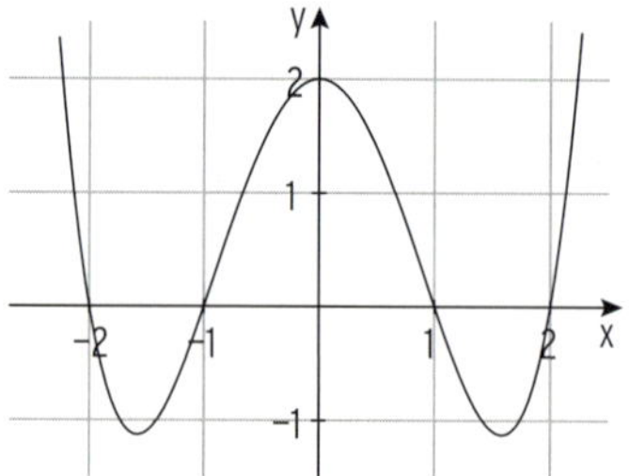

11 Gegeben ist die Funktion f mit $f(x) = a \cdot \sin(x-1)$. Das Schaubild von f schließt mit der x-Achse auf dem Intervall [0; 4] eine Fläche ein. Bestimmen Sie a so, dass die Fläche den Inhalt 10 hat.

12 K ist der Graph von f mit $f(x) = 3\cos\left(\frac{2}{3}x\right)$; $x \in \mathbb{R}$.

a) K und die x-Achse begrenzen auf $[0; 3\pi]$ drei Flächenstücke.
Bestimmen Sie den Inhalt der Gesamtfläche.

b) Berechnen Sie den Inhalt der gefärbten Fläche.
Formulieren Sie einen geeigneten Aufgabentext.

c) Bestimmen Sie ohne Rechnung: $\int_{-\pi}^{2\pi} f(x)\,dx$.

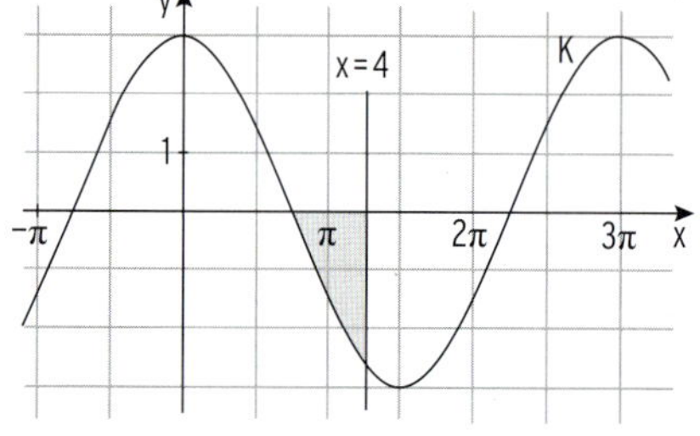

13 Gegeben ist die Funktion f mit $f(x) = \frac{1}{6}x^4 - \frac{3}{2}x^2 + 3$; $x \in \mathbb{R}$, mit Graph G (s. Abb.).
Der Graph G und die x-Achse schließen im I. und II. Quadranten eine Fläche vollständig ein (1 LE ≙ 1 m). Diese Fläche A beschreibt modellhaft die Querschnittsfläche eines Lärmschutzwalls. Zum Aufschütten des Lärmschutzwalls stehen 1870 m³ Material zur Verfügung. Berechnen Sie, wie viel Meter des Walls damit aufgeschüttet werden können.

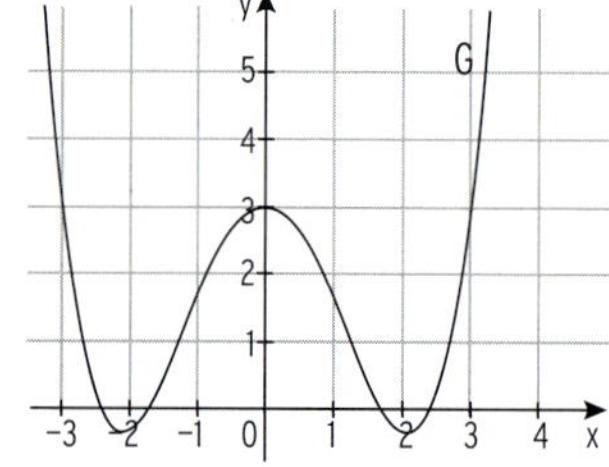

14 Der symmetrische, acht Meter breite und vier Meter hohe Giebel eines Berliner Altbaus muss instandgesetzt werden. Auf dem Foto sehen Sie ein derartiges Haus.
Der Giebelrand wird beschreiben durch die Funktion f mit
$f(x) = \frac{1}{64}x^4 - \frac{1}{2}x^2 + 4$; $x \in [-4; 4]$.

Für die Fassadenfarbe gibt der Hersteller eine Ergiebigkeit von 350 cm³ Farbe pro m² an. Berechnen Sie, wie viele Dosen Farbe für einen zweimaligen Anstrich des Giebels mindestens geliefert werden müssen, wenn es 2-, 4- und 5-Liter-Dosen gibt.

4.4.2 Fläche zwischen zwei Kurven

Beispiel 1

➲ K ist der Graph von f mit
$f(x) = -x^2 + 2x + 6$
und G ist der Graph von g mit $g(x) = x^2$.
K und G umschließen die markierte Fläche.
Berechnen Sie den Inhalt dieser Fläche.

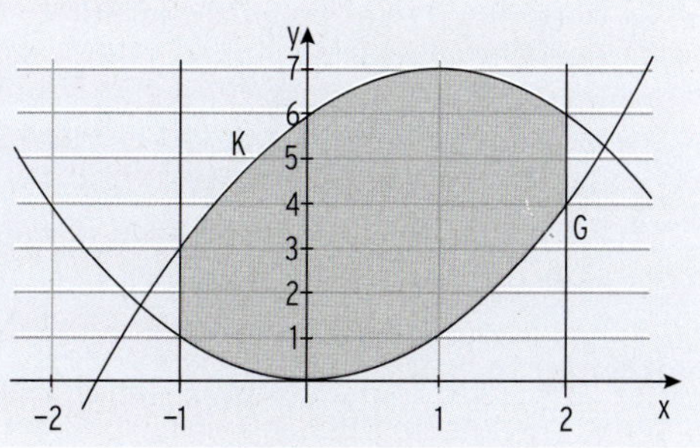

Lösung

K verläuft oberhalb der x-Achse.

Inhalt der Fläche zwischen der Kurve K und der x-Achse in den Grenzen

$x = -1$ und $x = 2$: $\int_{-1}^{2} f(x)\,dx = \left[-\frac{1}{3}x^3 + x^2 + 6x\right]_{-1}^{2} = 18$

$A_1 = 18$

G verläuft oberhalb der x-Achse.

Inhalt der Fläche zwischen der Kurve G, der x-Achse und den Geraden mit $x = -1$ und

$x = 2$: $\int_{-1}^{2} g(x)\,dx = \left[\frac{1}{3}x^3\right]_{-1}^{2} = 3$

$A_2 = 3$

$f(x) \geq g(x)$ für $-1 \leq x \leq 2$; K verläuft oberhalb von G für $-1 \leq x \leq 2$.

Inhalt der Fläche zwischen K und G: $A = A_1 - A_2 = 18 - 3 = 15$

Berechnung mit einem Integral:

$$\int_{-1}^{2} f(x)\,dx - \int_{-1}^{2} g(x)\,dx = \int_{-1}^{2} (f(x) - g(x))\,dx$$

$$= \int_{-1}^{2} (-x^2 + 2x + 6 - x^2)\,dx = \int_{-1}^{2} (-2x^2 + 2x + 6)\,dx$$

$$= \left[-\frac{2}{3}x^3 + x^2 + 6x\right]_{-1}^{2} = 15$$

Hinweis: Mit dem Integral $\int_{-1}^{2} (f(x) - g(x))\,dx$ wird der Inhalt der Fläche zwischen dem Schaubild der Differenzfunktion $f - g$ und der x-Achse bestimmt.

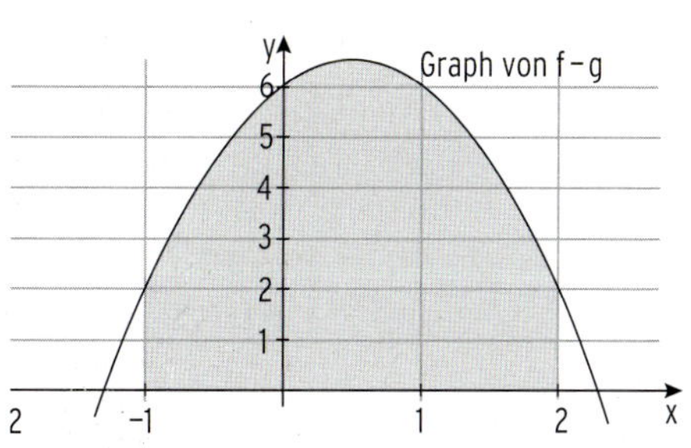

Beispiel 2

➲ Gegeben sind die Funktionen f und g mit $f(x) = -\frac{1}{2}x^2 + x + 2$ und $g(x) = x$; $x \in \mathbb{R}$.
Die Schaubilder K von f und G von g begrenzen eine Fläche (siehe Abbildung) Berechnen Sie den Inhalt dieser Fläche.

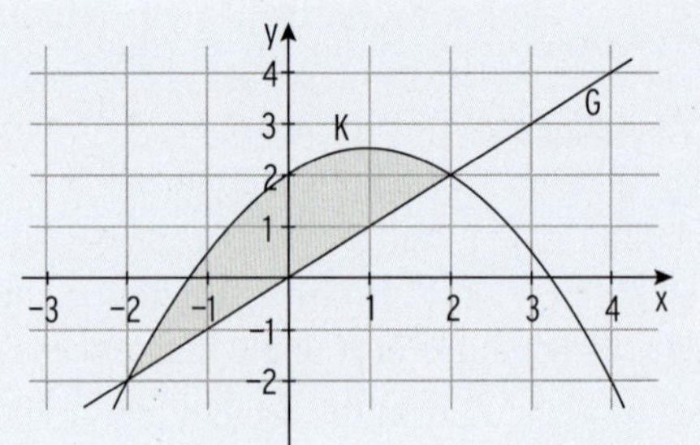

Lösung

K und G schneiden sich in $x = -2$ und $x = 2$.
Nach Verschiebung um c in y-Richtung $(c > 2)$ liegt die eingeschlossene inhaltsgleiche Fläche oberhalb der x-Achse.
Der Inhalt lässt sich mithilfe der Integration über die Differenzfunktion mit $f(x) + c - (g(x) + c)$ bestimmen.

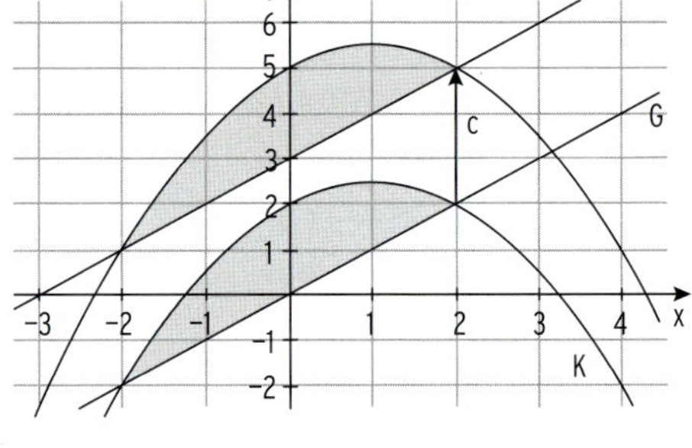

$$\int_{-2}^{2} \left(f(x) + c - (g(x) + c)\right) dx = \int_{-2}^{2} \left(f(x) - g(x)\right) dx$$

Flächeninhaltsberechnung:
Inhalt der Fläche zwischen den Kurven K und G: $\int_{-2}^{2} (f(x) - g(x))\,dx = \int_{-2}^{2} \left(-\frac{1}{2}x^2 + x + 2 - x\right) dx$

$$= \int_{-2}^{2} \left(-\frac{1}{2}x^2 + 2\right) dx = \left[-\frac{1}{6}x^3 + 2x\right]_{-2}^{2} = \frac{16}{3}$$

Der Inhalt der Fläche zwischen K und G beträgt $\frac{16}{3}$.

Beispiel 3

➲ Gegeben sind die Funktionen f mit $f(x) = -1{,}5\cos(2x) + 1$; $x \in \mathbb{R}$ und g mit $g(x) = \frac{24}{\pi^3}x^3 - \frac{1}{2}$; $x \in \mathbb{R}$, mit den Graphen K und G. Die Graphen haben die gemeinsamen Punkte $P(0|-0{,}5)$ und $H\left(\frac{\pi}{2}\middle|\frac{5}{2}\right)$ und begrenzen eine Fläche mit Inhalt A.
Zeigen Sie: $A = \frac{3}{8}\pi$.

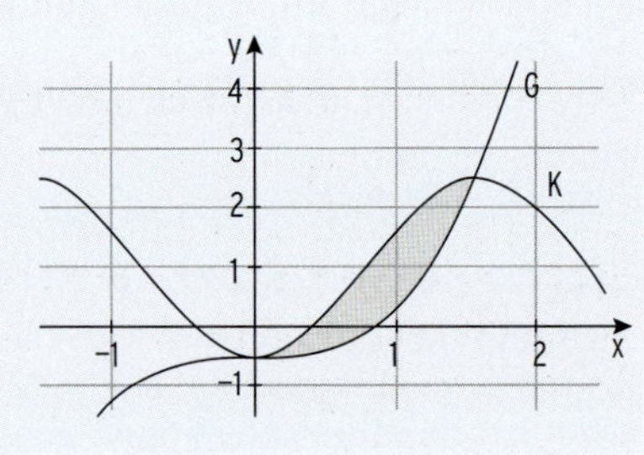

Lösung

Integrationsgrenzen: $a = 0$; $b = \frac{\pi}{2}$

Integration über $f(x) - g(x)$: $\int_0^{\frac{\pi}{2}} (f(x) - g(x))\,dx = \int_0^{\frac{\pi}{2}} \left(-1{,}5\cos(2x) + 1 - \left(\frac{24}{\pi^3}x^3 - \frac{1}{2}\right)\right) dx$

$$= \int_0^{\frac{\pi}{2}} \left(-1{,}5\cos(2x) - \frac{24}{\pi^3}x^3 + \frac{3}{2}\right) dx = \left[-0{,}75\sin(2x) - \frac{6}{\pi^3}x^4 + \frac{3}{2}x\right]_0^{\frac{\pi}{2}} = \left(-\frac{3}{8}\pi + \frac{3}{4}\pi\right) - 0 = \frac{3}{8}\pi$$

Flächeninhalt: $A = \frac{3}{8}\pi$

Beispiel 4

➲ Gegeben sind die Funktionen f mit $f(x) = (x + 2)e^{-x}$; $x \in \mathbb{R}$ und g mit $g(x) = (x + 1)e^{-x}$; $x \in \mathbb{R}$.
K ist das Schaubild von f, G ist das Schaubild von g.

a) Zeigen Sie, dass K und G keinen gemeinsamen Punkt besitzen.

b) Die Schaubilder K und G, die y-Achse und die Gerade mit $x = -1{,}5$ begrenzen eine Fläche mit Inhalt A. Zeigen Sie: $A = e^{1{,}5} - 1$

Lösung

a) Schnittstellen von K und G

Bedingung: $f(x) = g(x)$

$(x + 2)e^{-x} = (x + 1)e^{-x} \qquad | \cdot e^x \neq 0$

$x + 2 = x + 1$

$2 = 1$ f. A.

Damit schneiden sich K und G nicht.

b) Flächeninhaltsberechnung

Integration über $f(x) - g(x)$:

$\int_{-1{,}5}^{0} (f(x) - g(x))\,dx$

$= \int_{-1{,}5}^{0} ((x + 2)e^{-x} - (x + 1)e^{-x})\,dx$

$= \int_{-1{,}5}^{0} e^{-x}\,dx = [-e^{-x}]_{-1{,}5}^{0} = -1 + e^{1{,}5} > 0$

Flächeninhalt $A = -1 + e^{1{,}5}$

Hinweis: $\int_{-1{,}5}^{0} (g(x) - f(x))\,dx = 1 - e^{1{,}5} < 0$

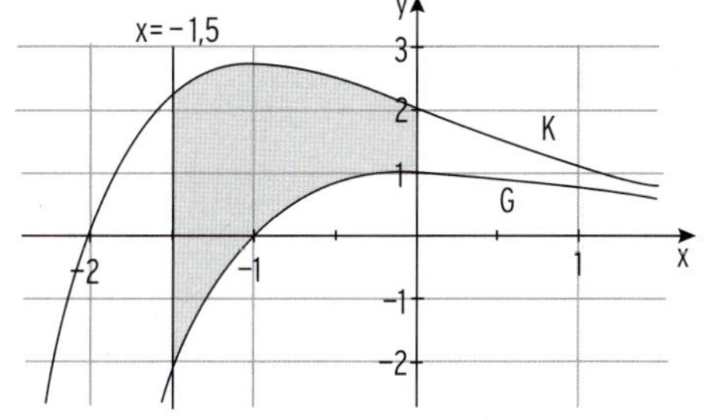

Für $f(x) \geq g(x)$ auf [a; b] gilt:
Der Inhalt der **Fläche zwischen K von f und G von g** auf dem Intervall [a; b] ist

$A = \int_a^b (f(x) - g(x))\,dx$,

unabhängig von der Lage der Kurven im Koordinatensystem.

Für $f(x) \leq g(x)$ auf [a; b] gilt:

$A = -\int_a^b (f(x) - g(x))\,dx$.

Hinweis: Die Nullstellen von f und g sind ohne Belang.

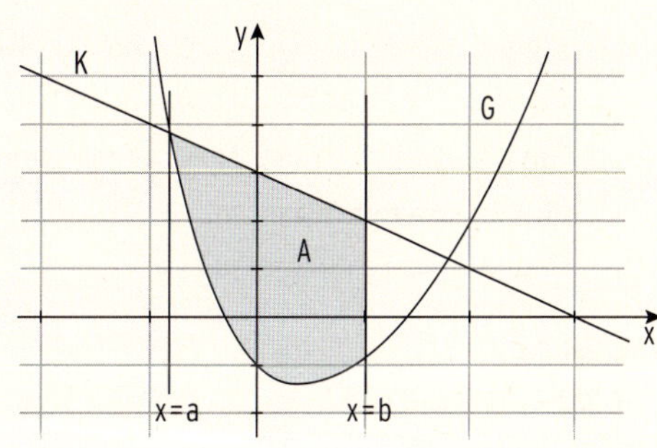

Aufgaben

1 Die Schaubilder K von f und G von g begrenzen eine Fläche.
Ermitteln Sie den Inhalt A dieser Fläche.

a) $f(x) = 2x - x^2$, $g(x) = x - 2$ **b)** $f(x) = e^{-x}$, $g(x) = e^{-x} + x^2 - 1$

2 Gegeben ist das Schaubild K von f mit $f(x) = -\frac{1}{3}x^3 + 3x$; $x \in \mathbb{R}$ und die Tangente t an K an der Stelle $-\frac{3}{2}$. K und t schneiden sich auf der x-Achse. Überpüfen Sie.
Berechnen Sie die Maßzahl der von K und t begrenzten Fläche.

3 K ist der Graph von f mit $f(x) = \frac{1}{8}(x^3 - 3x^2 - 9x + 27)$; $x \in \mathbb{R}$.

a) K und die Gerade g umschließen eine Fläche vollständig. Beschreiben Sie, wie Sie den Inhalt A_1 dieser Fläche berechnen können.
Bestimmen Sie die Maßzahl dieser Fläche.

b) K und die x-Achse begrenzen eine Fläche mit dem Inhalt A_2. Zeigen Sie: $A_1 = A_2$.

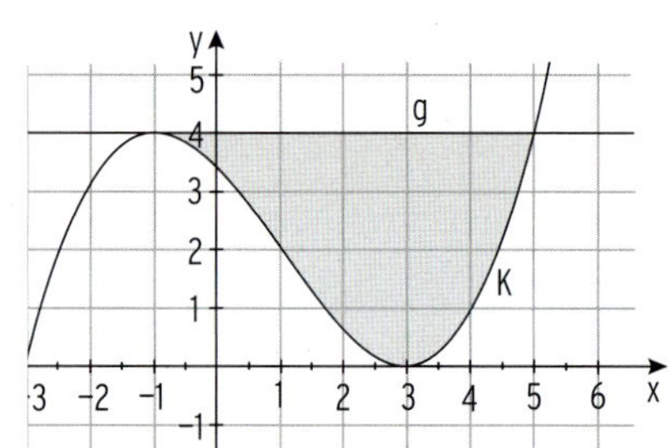

4 Berechnen Sie den Inhalt der markierten Fläche.

a)

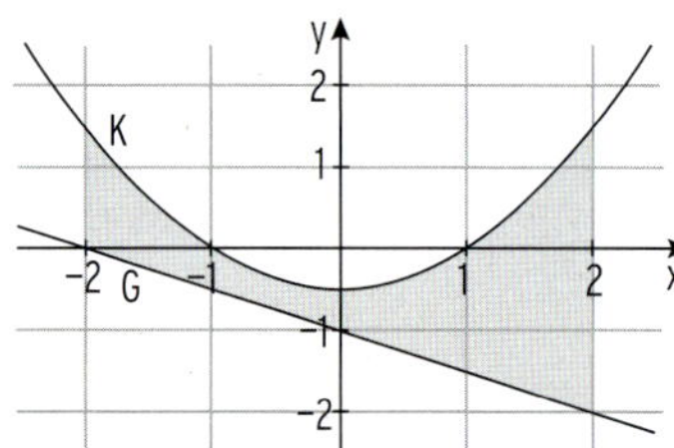

b)

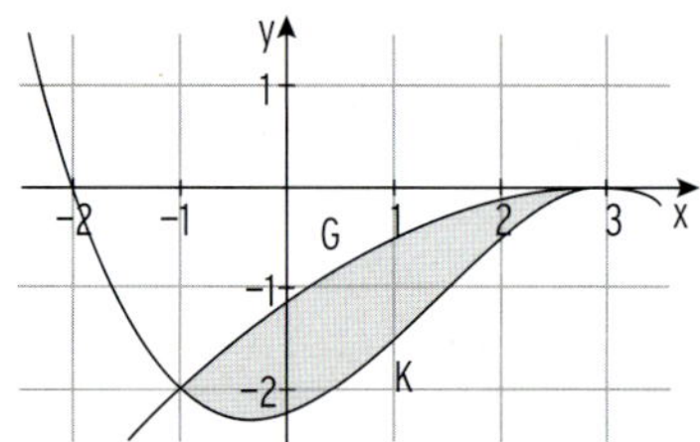

5 Für den Inhalt der grau markierten Fläche gilt $A = \frac{16}{3}$.
Bestimmen Sie mithilfe von A die Inhalte der rot markierten Flächen. K ist das Schaubild von f.
Begründen Sie Ihre Lösungen.

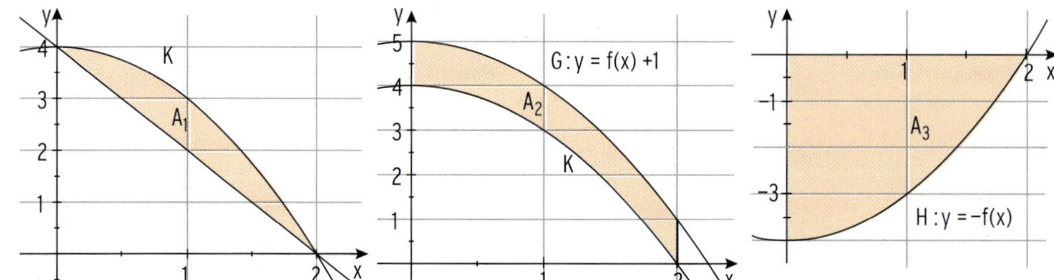

Schnittstellen im Integrationsintervall

Beispiel 1

➲ Gegeben sind die Funktionen f und g durch $f(x) = 1{,}75x + 0{,}75;\ x \in \mathbb{R}$ und $g(x) = x^3 - 2x^2 + 2;\ x \in \mathbb{R}$. Die zugehörigen Graphen K und G schließen zwei Flächenstücke ein. Gibt $\int_{-1}^{2{,}5} (f(x) - g(x))\,dx$ den Gesamtinhalt dieser Fläche an? Begründen Sie Ihre Antwort.

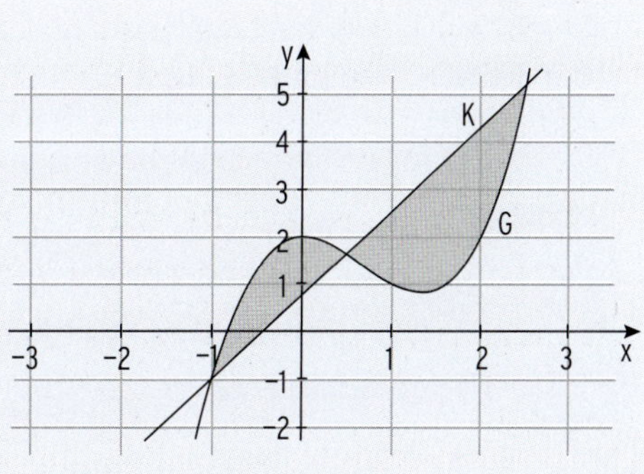

Lösung

Schnittstellen von K und G aus der Abbildung: $x_1 = -1;\ x_2 = 0{,}5;\ x_3 = 2{,}5$

Integration:

$$\int_{-1}^{2{,}5} (f(x) - g(x))\,dx$$

$$= \int_{-1}^{2{,}5} (-x^3 + 2x^2 + 1{,}75x - 1{,}25)\,dx$$

$$= \left[-\frac{1}{4}x^4 + \frac{2}{3}x^3 + 0{,}875x^2 - 1{,}25x\right]_{-1}^{2{,}5}$$

$$= 1{,}79$$

Der **Vergleich mit der Abbildung** zeigt, dass der Inhalt der Gesamtfläche **größer als** 1,79 ist. Das Integral $\int_{-1}^{2{,}5} (f(x) - g(x))\,dx$ gibt **nicht** den Gesamtinhalt dieser Fläche an.

Abschätzung des Inhaltes mit Kästchen:
Wenn ein Kästchen den Inhalt 1 hat, ist der **Gesamtinhalt** größer als 2.

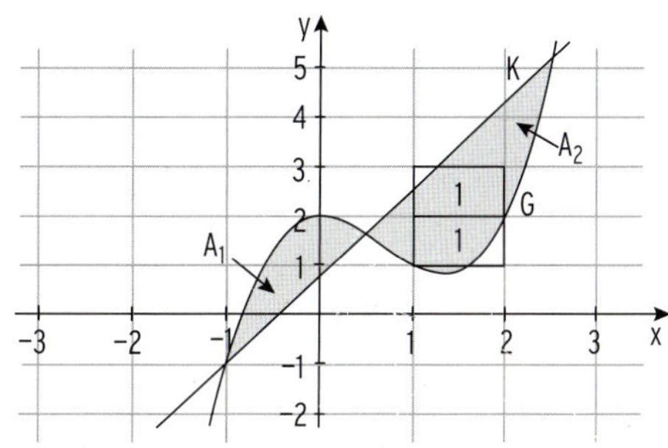

Da die Graphen von f und g eine Schnittstelle auf [−1; 2,5] haben, müssen die **Inhalte der Teilflächen getrennt berechnet** werden **(Integration von Schnittstelle zu Schnittstelle).**

- $\int_{-1}^{0{,}5} (f(x) - g(x))\,dx = -1{,}54$ — $A_1 = 1{,}54$
- $\int_{0{,}5}^{2{,}5} (f(x) - g(x))\,dx = 3{,}33$ — $A_2 = 3{,}33$

Inhalt der **Gesamtfläche:** $A_{ges} = A_1 + A_2 = 1{,}54 + 3{,}33 = 4{,}87$

Beispiel 2

K ist der Graph von f mit $f(x) = e^x$, G ist der Graph von g mit $g(x) = e^x - 2x + 1$; $x \in \mathbb{R}$. K und G schließen für $-1 \leq x \leq 1$ eine Fläche ein. Berechnen Sie den Inhalt dieser Fläche.

Lösung

Schnittstellen von K und G: $f(x) = g(x)$ für $2x - 1 = 0$

Schnittstelle mit VZW: $x = 0{,}5$

- $\int_{-1}^{0{,}5} (f(x) - g(x))\,dx = \int_{-1}^{0{,}5} (2x - 1)\,dx = [x^2 - x]_{-1}^{0{,}5} = -2{,}25$
- $\int_{0{,}5}^{1} (f(x) - g(x))\,dx = \int_{0{,}5}^{1} (2x - 1)\,dx = 0{,}25$

Inhalt der Fläche: $A = 2{,}25 + 0{,}25 = 2{,}5$

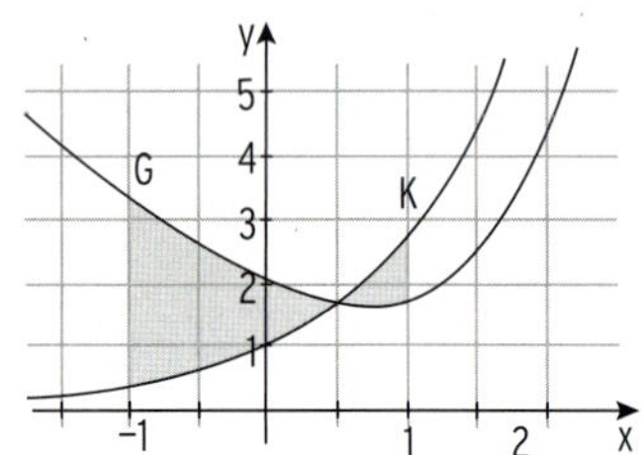

Beispiel 3

Der Graph K von f mit $f(x) = \sin(2x)$; $x \in \mathbb{R}$, begrenzt mit der Parallelen zur x-Achse durch $S(0|1)$ auf $[0; \pi]$ eine Fläche. Berechnen Sie den Inhalt dieser Fläche.

Lösung

Die Gerade mit $y = 1$ verläuft durch die Hochpunkte von K, sie berührt K auf dem Intervall $[0; \pi]$ nur an der Stelle $\frac{\pi}{4}$ (Schnittstelle ohne VZW).

Integration von 0 bis π:

$$\int_0^{\pi} (1 - \sin(2x))\,dx = \left[x + \tfrac{1}{2}\cos(2x)\right]_0^{\pi} = \pi$$

Flächeninhalt $A = \pi$

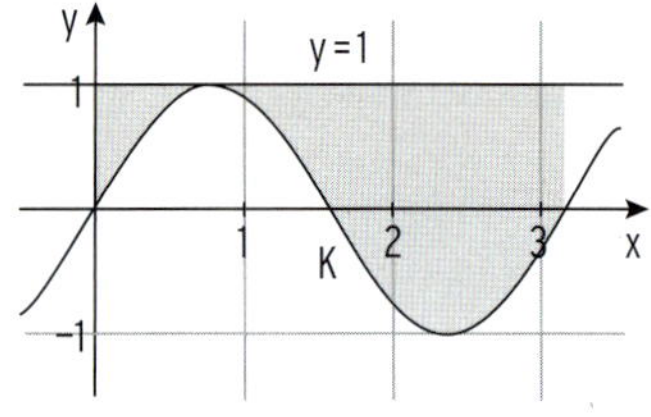

Beispiel 4

K ist der Graph von f mit $f(x) = 3\sin\left(\frac{\pi}{2}x\right) - 4$; $x \in \mathbb{R}$. Die Abbildung zeigt zwei Flächenstücke. Berechnen Sie den Flächeninhalt eines der beiden Flächenstücke.

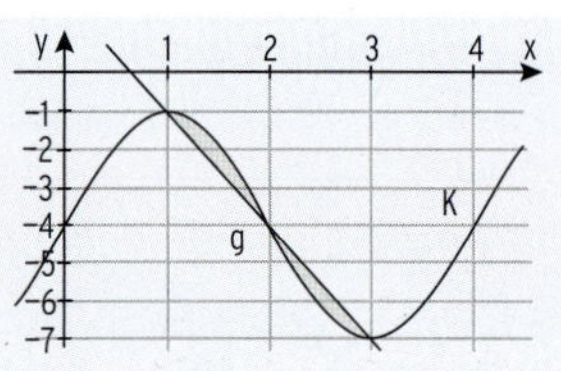

Lösung

Schnittstellen durch Ablesen: $x_1 = 1$; $x_2 = 2$; $x_3 = 3$

Wegen der Symmetrie von K und g zu $W(2|-4)$ sind die Flächen gleich groß.

Fläche zwischen K und x-Achse:

$$\int_1^2 \left(3\sin\left(\tfrac{\pi}{2}x\right) - 4\right)dx = \left[\tfrac{-6}{\pi}\cos\left(\tfrac{\pi}{2}x\right) - 4x\right]_1^2 = \tfrac{6}{\pi} - 4 < 0$$

Flächeninhalt: $A_x = 4 - \frac{6}{\pi}$

Trapezinhalt: $A_T = \frac{1+4}{2} \cdot 1 = \frac{5}{2}$ oder $A_{\triangle} + A_{\square} = \frac{3}{2} + 1 = \frac{5}{2}$

Gesuchte Fläche: $A = \frac{5}{2} - \left(4 - \frac{6}{\pi}\right) = \frac{6}{\pi} - \frac{3}{2}$

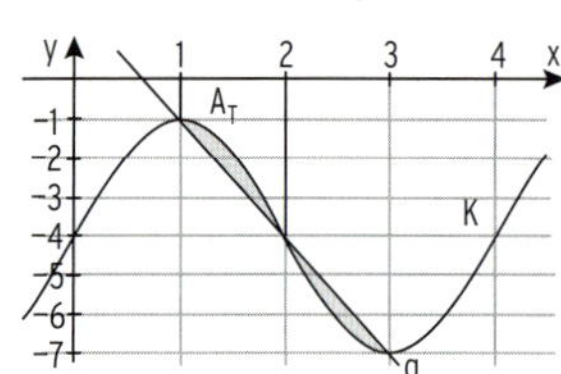

Berechnung des Inhalts der Fläche, die von den Kurven K von f und G von g auf dem Intervall [a; b] umschlossen wird.

a) Berechnung der Schnittstellen
Bed.: $f(x) = g(x) \Rightarrow f(x) - g(x) = 0$ liefert die Schnittstellen x_1, x_2, ...

b) Integration der Differenzfunktion mit $f(x) - g(x)$
- $\int_a^{x_1} (f(x) - g(x))\,dx$
- $\int_{x_1}^{b} (f(x) - g(x))\,dx$

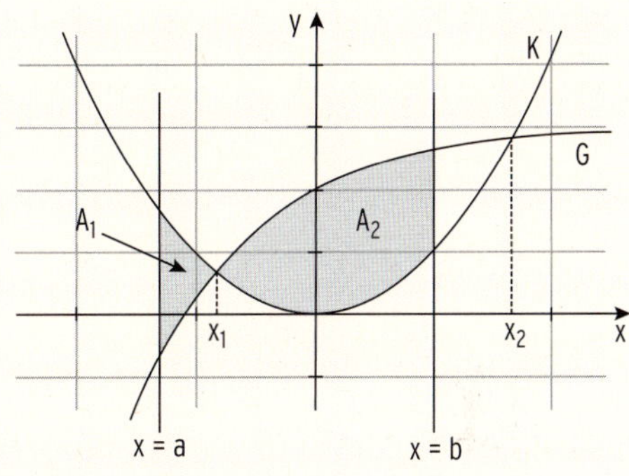

c) Addition der Beträge der Integralwerte ergibt den Inhalt der Gesamtfläche.
$A_{ges} = A_1 + A_2$

Hinweis: Nicht über eine **Schnittstelle mit Vorzeichenwechsel** hinweg integrieren.

Vergleichen Sie mit der Berechnung des Inhalts der Fläche zwischen der Kurve K von f und der x-Achse auf dem Intervall [a; b]

a) Berechnung der Nullstellen
Bed.: $f(x) = 0$ liefert die Nullstellen x_1, x_2, ...

b) Integration über $f(x)dx$
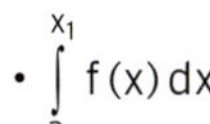
- $\int_a^{x_1} f(x)\,dx$
- $\int_{x_1}^{b} f(x)\,dx$

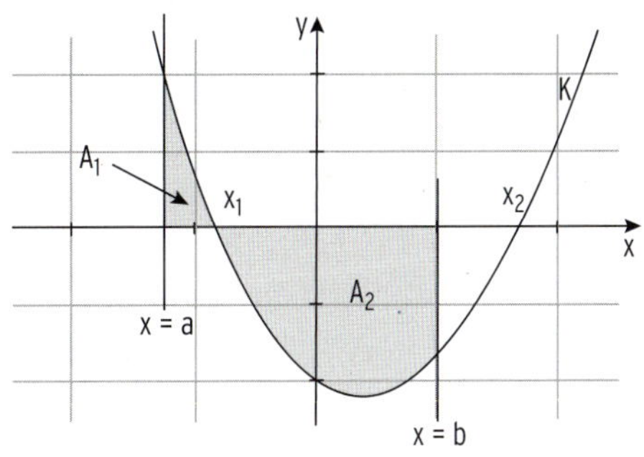

c) Addition der Beträge der Integralwerte ergibt den Inhalt der Gesamtfläche.
$A_{ges} = A_1 + A_2$

Hinweis: Nicht über eine **Nullstelle mit Vorzeichenwechsel** hinweg integrieren.

Aufgaben

1 Für $x \in \mathbb{R}$ sind zwei Funktionen f und g gegeben mit $f(x) = 2(x^3 - 4x^2 + 4x)$ und $g(x) = \frac{2}{3}x^2$. Die zugehörigen Graphen begrenzen eine Fläche.

Berechnen Sie den Inhalt A dieser Fläche.

2 K ist der Graph der Funktion f mit $f(x) = \frac{1}{2}x^3 - 3x^2 + 4x$; $x \in \mathbb{R}$.

a) Geben Sie eine Stammfunktion von f an und berechnen Sie den Inhalt der Fläche, die von K und der x-Achse im 1. Feld eingeschlossen wird.

b) K schließt mit der Parabel P von g mit $g(x) = \frac{1}{4}x^2 - \frac{1}{2}x$; $x \in \mathbb{R}$, zwei Flächenstücke ein. Wie groß ist die Fläche, die den Punkt D(1 | 0) enthält?

3 Die Funktionen f und g sind durch $f(x) = \sin(x)$ und $g(x) = \cos(x)$ gegeben.
Wie groß ist die markierte Fläche?

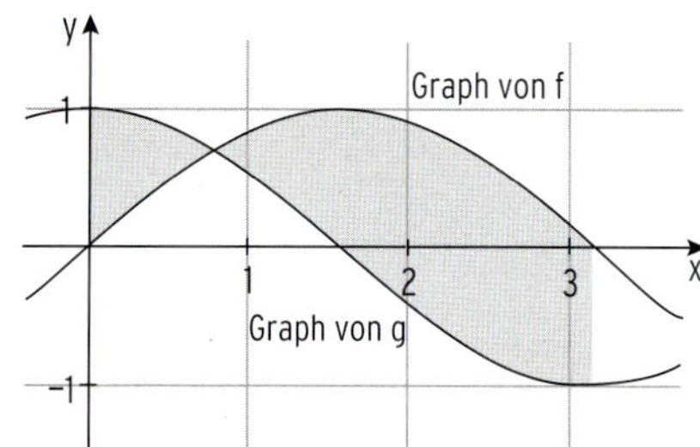

4 K und G sind die Schaubilder der Funktionen f mit $f(x) = -4e^{-x} + 3$ und g mit $g(x) = x - 1$.
Berechnen Sie den Inhalt der markierten Fläche.

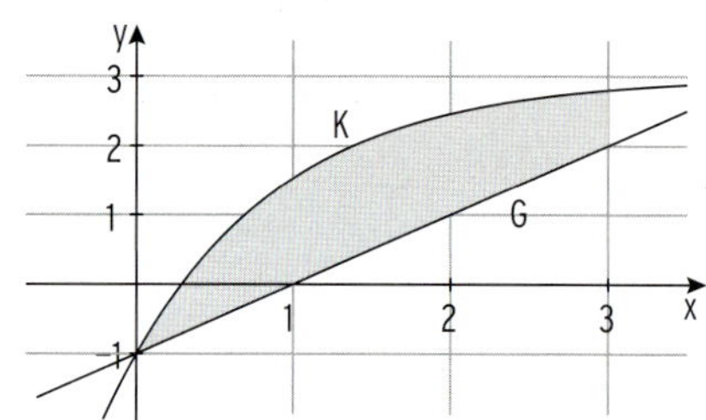

5 K ist das Schaubild der Funktion f mit $f(x) = 2x(x-2)(x-1)$; $x \in \mathbb{R}$.

a) Bestimmen Sie den Inhalt der markierten Fläche mit $P\left(2 \,\middle|\, \frac{6}{5}\right)$.

b) Die Tangente an K im Ursprung begrenzt mit K eine Fläche. Berechnen Sie den Inhalt.

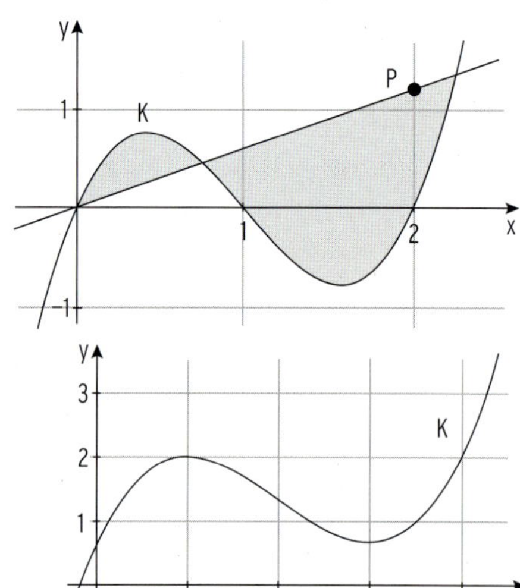

6 K und G sind die Graphen der Funktionen f und g mit $f(x) = \frac{1}{3}x^3 - 2x^2 + 3x + \frac{2}{3}$; $x \in \mathbb{R}$ und $g(x) = 2$; $x \in \mathbb{R}$. Zeigen Sie: G berührt K in $x = 1$ und schneidet K in $x = 4$.
K und G begrenzen im 1. Quadranten eine Fläche. Berechnen Sie den Inhalt dieser Fläche.

7 K ist das Schaubild der Funktion f mit $f(x) = -x^2(3-x)$; $x \in \mathbb{R}$.
Die Gerade g schneidet die Kurve K in $x_1 = 1$ und $x_2 = 3$. K, g und die x-Achse schließen im 4. Feld eine Fläche ein. Berechnen Sie deren Inhalt.

8 Gegeben ist f mit $f(x) = e^{2-x} + 0{,}5x + 1$; $x \in \mathbb{R}$ mit Graph K. Wie lässt sich der Inhalt A der markierten Fläche bestimmen?
Geben Sie A an.

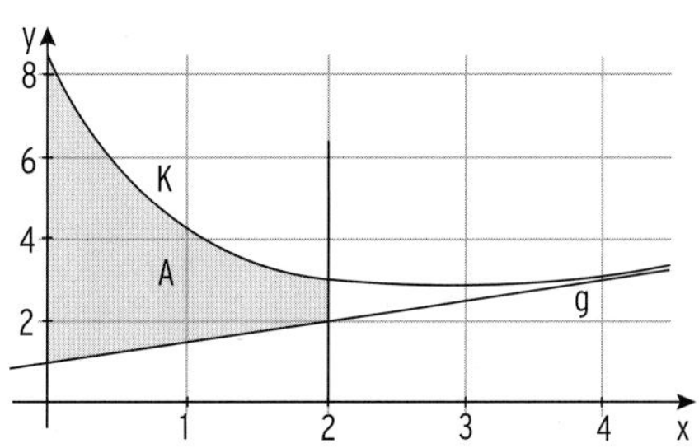

9 Gegeben ist die Funktion f durch
$f(x) = -x^3 + 4x^2 - 3x$; $x \in \mathbb{R}$
und der Graph von g in der Abbildung.
Die Graphen von f und g begrenzen für $1 \leq x \leq 3$ einen See. Der Graph von f bildet modellhaft die nördliche und die zu g gehörende Parabel die südliche Uferbegrenzungslinie. Die x-Achse verläuft in West-Ost-Richtung ($1\,\text{LE} \triangleq 1\,\text{km}$). Berechnen Sie die Größe der Seefläche.

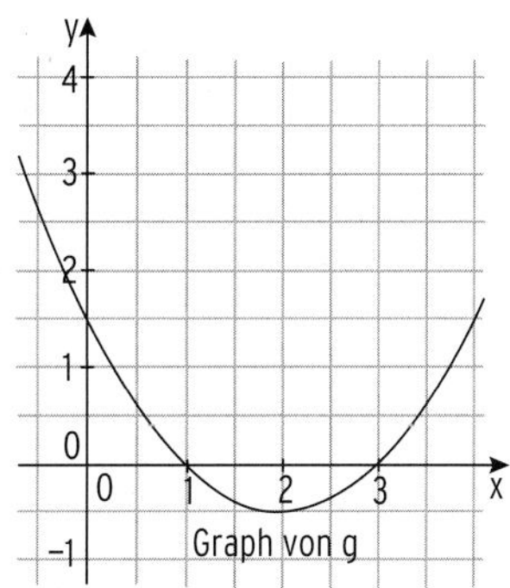

10 Gegeben sind die Schaubilder K_g und K_f zweier Funktionen g und f (siehe Abbildung).
K_g und K_f begrenzen eine Fläche mit dem Inhalt A.
A_1 ist der Flächenanteil von A, der im ersten Quadranten liegt.
Geben Sie ein geeignetes Vorgehen zur Bestimmung des Flächeninhaltes von A_1 an.

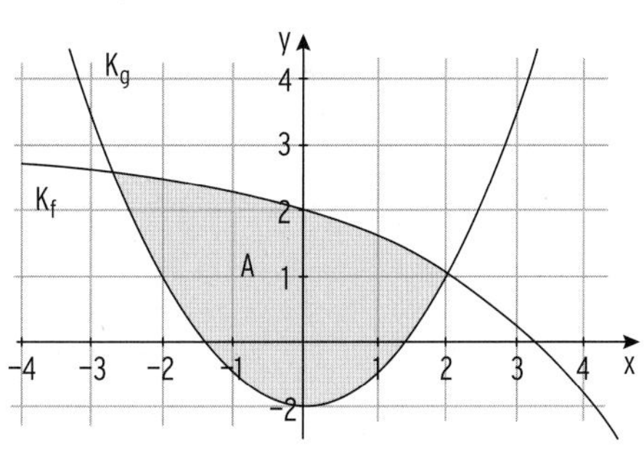

11 K ist das Schaubild von f mit $f(x) = \sin(2x)$, $x \in \mathbb{R}$.
K begrenzt mit der x-Achse eine Fläche auf dem Intervall $\left[0; \frac{\pi}{2}\right]$ mit Inhalt A.
Die Funktion f wird auf $\left[0; \frac{\pi}{2}\right]$ durch eine Funktion p mit $p(x) = -\frac{4}{\pi}x^2 + 2x$ angenähert.
K und die Parabel G von p berühren sich in den gemeinsamen Punkten von K mit der x-Achse. G begrenzt mit der x-Achse eine Fläche mit Inhalt B.
Um wie viel % weicht B von A ab?

4.4.3 Besondere Aufgabenstellungen bei der Flächeninhaltsberechnung

Fläche zwischen Kurve, Gerade und x-Achse

Beispiel

➲ Gegeben ist das Schaubild K von f mit $f(x) = \frac{1}{2}x^3 - 4x^2 + 8x;\ x \in \mathbb{R}$.

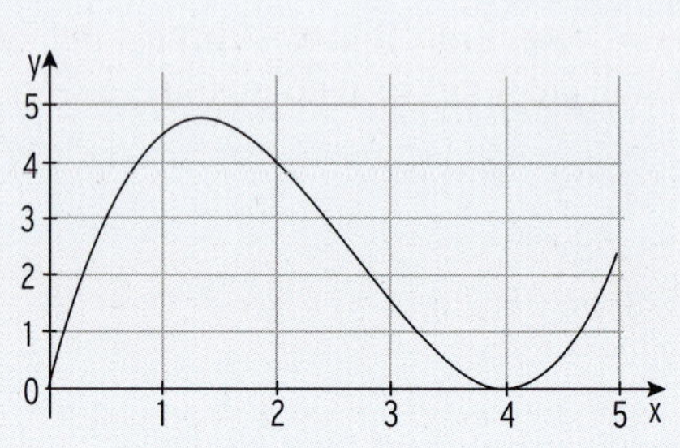

a) Geben Sie Eigenschaften der Kurve K an.

b) Die Gerade G mit Steigung −4 schneidet K in S(2 | 4). Übertragen Sie K in Ihr Heft und zeichnen Sie G in Ihr Achsenkreuz ein.

c) Kund G schließen mit der x-Achse zwei Flächenstücke ein.
Berechnen Sie den Inhalt des Flächenstücks, das den Punkt P(3 | 1) enthält.

Lösung

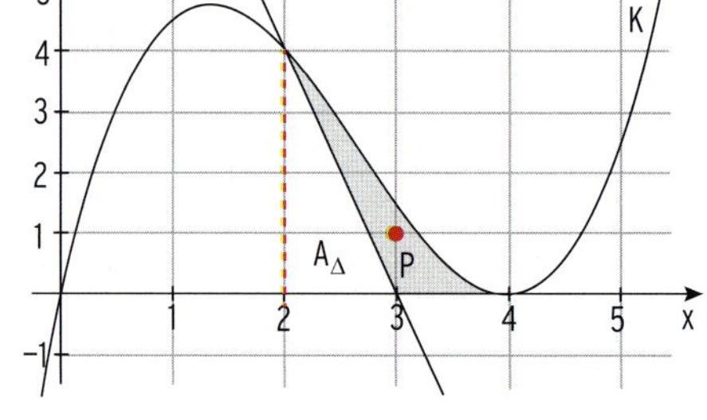

a) K ist der Graph einer Polynomfunktion 3. Grades. K verläuft vom 3. in das 1. Feld.
Schnittstellen mit der x-Achse:
$x_1 = 0;\ x_{2|3} = 4$
Tiefpunkt: T(4 | 0)

b) Zeichnung

c) Schnittstelle von K und G: $x_1 = 2$
Aus der Zeichnung:
Schnittstelle von G und x-Achse: $x_S = 3$
Flächeninhaltsberechnung:
Fläche zwischen K, der x-Achse und den Geraden mit $x = 2$ und $x = 4$

$$\int_2^4 f(x)\,dx = \frac{10}{3};\quad A_1 = \frac{10}{3}$$

Berechnung des Inhaltes der Dreiecksfläche: $A_\Delta = \frac{1}{2}\cdot a\cdot b = \frac{1}{2}\cdot a\cdot f(2)$

$$= \frac{1}{2}\cdot(3-2)\cdot 4 = 2$$

Inhalt der gesuchten Fläche: $A = A_1 - A_\Delta = \frac{10}{3} - 2 = \frac{4}{3}$

Hinweis: Die in der Aufgabe gesuchte Fläche ist keine Fläche zwischen zwei Kurven.
$\int_2^4 (f(x) - g(x))\,dx$ liefert den Inhalt der gefärbten Fläche (Fläche zwischen K, G und der Geraden mit $x = 4$).

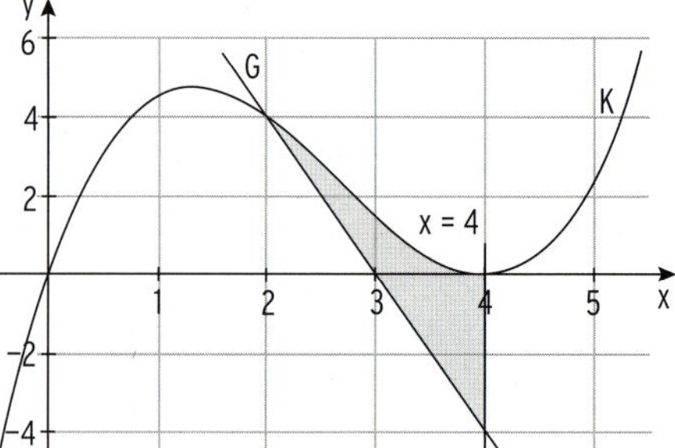

Verhältnis der Inhalte zweier Flächen

Beispiel

➲ Gegeben sind die Funktionen f und g durch $f(x) = -x^2 - 2x + 8;\ x \in \mathbb{R}$ und $g(x) = 2x + 8;\ x \in \mathbb{R}$.
Der Graph K von f begrenzt mit der x-Achse eine Fläche. Der Graph G von g unterteilt diese Fläche in zwei Teilflächen.
Zeigen Sie: Die Inhalte der Teilflächen verhalten sich wie 8:19.

Lösung

Schnittstellen von K mit der x-Achse: $f(x) = 0$ $\quad -x^2 - 2x + 8 = 0$

$x_1 = 2;\ x_2 = -4$

Schnittstellen von K und G: $f(x) = g(x)$ $\quad -x^2 - 2x + 8 = 2x + 8$

Nullform: $\quad -x^2 - 4x = 0$

Satz vom Nullprodukt: $\quad x_3 = -4;\ x_4 = 0$

Skizze:

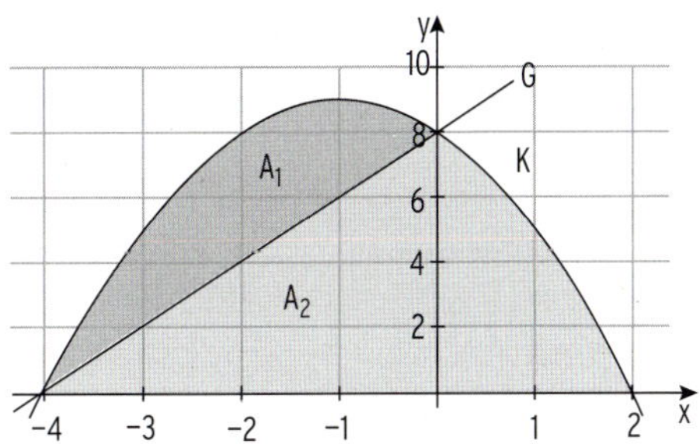

Inhalt A der Fläche zwischen K und der x-Achse:

$$\int_{-4}^{2} f(x)\,dx = \left[-\tfrac{1}{3}x^3 - x^2 + 8x\right]_{-4}^{2} = 36$$

Inhalt $A = 36$

Inhalt A_1 der Fläche zwischen K und G:

$$\int_{-4}^{0} (f(x) - g(x))\,dx$$
$$= \int_{-4}^{0} (-x^2 - 4x)\,dx$$
$$= \left[-\tfrac{1}{3}x^3 - 2x^2\right]_{-4}^{0} = \tfrac{32}{3}$$

Inhalt $A_1 = \frac{32}{3}$

Inhalt A_2 der Fläche zwischen K, G und der x-Achse: $\quad A_2 = A - A_1 = 36 - \frac{32}{3} = \frac{76}{3}$

Für das Verhältnis gilt: $\quad \frac{A_2}{A_1} = \frac{76}{3} : \frac{32}{3} = \frac{76}{32} = \frac{19}{8}$

Die Teilflächen A_1 und A_2 verhalten sich wie 8:19.

Hinweis: Die Teilflächen A_2 und A_1 verhalten sich wie 19:8.

Aufstellen von Kurvengleichungen mit gegebenem Flächeninhalt

Beispiel

➲ Das Schaubild einer Polynomfunktion f 3. Grades ist punktsymmetrisch zum Ursprung und verläuft durch den Punkt N(4 | 0). Sie schließt mit der x-Achse im 1. Feld eine Fläche mit dem Inhalt A = 6,4 ein. Bestimmen Sie f(x).

Lösung

Ansatz wegen Punktsymmetrie: $f(x) = a x^3 + c x$

Ableitung: $f'(x) = 3 a x^2 + c$

Aufstellen der Bedingungen:

N(4 | 0) ist Kurvenpunkt: $f(4) = 0$ (1)

Inhalt der Fläche zwischen x-Achse und Kurve: $\int_0^4 f(x)\,dx = 6{,}4$ (2)

Hinweis: Die Fläche liegt **oberhalb der x-Achse**, also liefert das Integral über f(x) dx von $x_1 = 0$ bis $x_2 = 4$ die Maßzahl für den Flächeninhalt.

Aufstellen der Bestimmungsgleichungen für a und c

Bedingung (1): $64a + 4c = 0$

Integration: $\int_0^4 f(x)\,dx = \int_0^4 (a x^3 + c x)\,dx$

$= [0{,}25 a x^4 + 0{,}5 c x^2]_0^4 = 64a + 8c$

führt auf die Bedingung (2): $64a + 8c = 6{,}4$

Auflösen des LGS

$64a + 4c = 0$

$64a + 8c = 6{,}4$

Subtraktion ergibt $4c = 6{,}4 \Rightarrow c = 1{,}6$

Einsetzen ergibt $a = -0{,}1$.

Funktionsterm: $f(x) = -0{,}1x^3 + 1{,}6x$

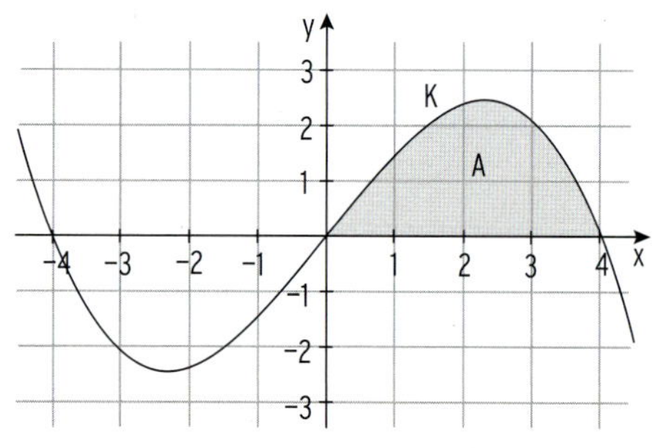

Hinweis: Auflösen der Gleichung $64a + 4c = 0$ nach z. B. c ergibt: $c = -16a$

Einsetzen und Integration: $\int_0^4 (a x^3 - 16 a x)\,dx$

$= a[0{,}25 x^4 + 8 x^2]_0^4 = -64a$

Die Bedingung A = 6,4 ergibt: $-64a = 6{,}4$

$a = -0{,}1$

Einsetzen ergibt $c = 1{,}6$ und damit: $f(x) = -0{,}1x^3 + 1{,}6x$

Aufgaben

1 Gegeben ist die Funktion f mit $f(x) = \frac{1}{8}x^3 - \frac{3}{4}x^2 + 4;\ x \in \mathbb{R}$.

a) Das Schaubild K von f, die Wendetangente und die y-Achse begrenzen eine Fläche. Bestimmen Sie deren Inhalt.

b) Eine Gerade g schneidet K in U(−2|...) und V(6|...). Berechnen Sie den Inhalt der von K und der Geraden g im 1. und 2. Feld eingeschlossenen Fläche.

c) Wie groß ist die markierte Fläche? Erläutern Sie Ihre Vorgehensweise.

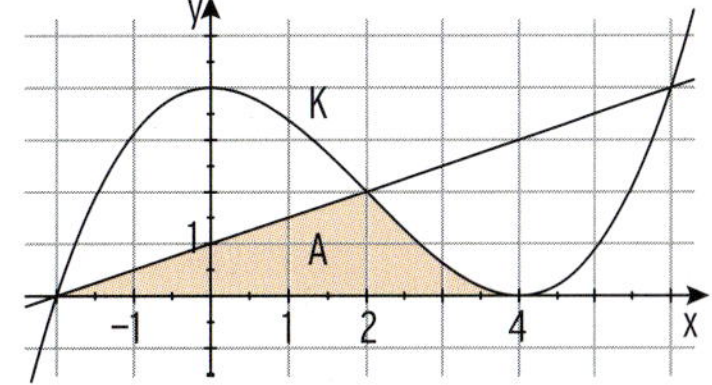

2 K ist der Graph der Funktion f mit
$f(x) = 3\sin\left(\frac{\pi}{3}x\right);\ x \in [-1; 4]$.

a) Beschreiben Sie, wie Sie den Inhalt A der markierten Fläche bestimmen. Ermitteln Sie A.

b) Die Parallele zur x-Achse durch H, die y-Achse und K begrenzen eine Fläche.
Berechnen Sie ihren Inhalt.

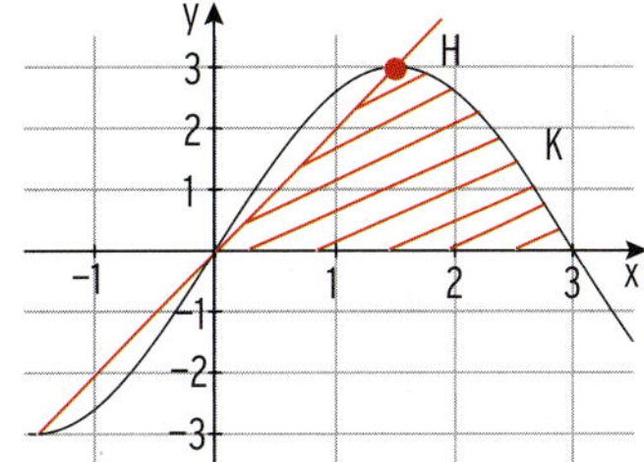

3 Der Graph der Funktion f mit $f(x) = x(x-3)^2;\ x \in \mathbb{R}$, ist K.
H(1|4) ist der Eckpunkt eines Rechtecks, von dem zwei Seiten auf den Koordinatenachsen liegen. K unterteilt das Rechteck in zwei Teile. In welchem Verhältnis stehen die Inhalte der beiden Teilflächen?

4 Das Schaubild K der Funktion f mit $f(x) = ax^4 + bx$ schneidet die x-Achse außer im Ursprung nur noch in N(1|0). K schließt mit der x-Achse im 1. Feld eine Fläche mit dem Inhalt $A = 9$ ein.
Ermitteln Sie a und b.

5 Die Form einer Wurfscheibe (Diskus) lässt sich näherungsweise beschreiben durch ein Parabelstück, das um die x-Achse rotiert (siehe Abb., alle Angaben in cm).
Das Parabelstück liegt im 1. Quadranten und wird beschrieben durch die Gleichung $y = -\frac{5}{2}x\left(x - \frac{19}{5}\right)$.
Bei einem Diskus besteht die Kante aus Stahl (siehe Abb.) und der Rest aus einem anderen Material.
Im Querschnitt lässt sich die Stoffgrenze beschreiben durch eine Gerade mit der Gleichung $y = \frac{65}{8}$.
Welchen Anteil an der Gesamtquerschnittsfläche hat die Querschnittsfläche der Stahlkante?

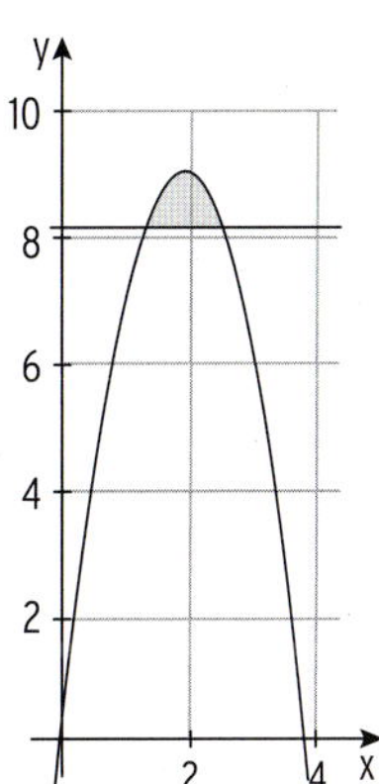

Test zur Überprüfung Ihrer Grundkenntnisse

1 Bestimmen Sie eine Stammfunktion von f.

a) $f(x) = \frac{1}{7}(x^3 + 3x^2 + 4)$

b) $f(x) = -\frac{3}{2}x + 4e^{1-2x}$

2 Bestimmen Sie eine Stammfunktion F von f mit $f(x) = 1 + 5\sin(3x)$ und $F(0) = 3{,}5$.

3 Gegeben ist die Funktion f mit $f(x) = -0{,}25(x-1)(x-2)$; $x \in \mathbb{R}$, mit Schaubild K.
K schließt auf [0; 2] mit der x-Achse zwei Flächenstücke ein.
Berechnen Sie den Gesamtinhalt.

4 K ist der Graph von f mit $f(x) = x^3 + 4x^2$; $x \in \mathbb{R}$, G ist der Graph von g mit $g(x) = x^2$; $x \in \mathbb{R}$.
K und G schließen eine Fläche ein. Berechnen Sie den Inhalt dieser Fläche.

5 K ist der Graph der Funktion f mit $f(x) = e^{-0{,}5x}$; $x \in \mathbb{R}$.
Die Abbildung zeigt K mit der zugehörigen Tangente im Punkt S(0|1) sowie die Gerade mit der Gleichung $x = 3$.
Berechnen Sie den Inhalt der grau unterlegten Fläche.

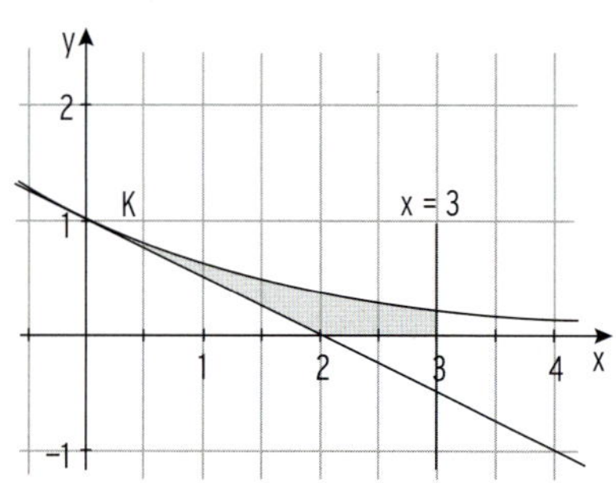

6 Gegeben ist das Schaubild einer Funktion f mit dem Definitionsbereich [−7; 7].
Begründen Sie für jede der folgenden Behauptungen, ob sie wahr oder falsch ist.

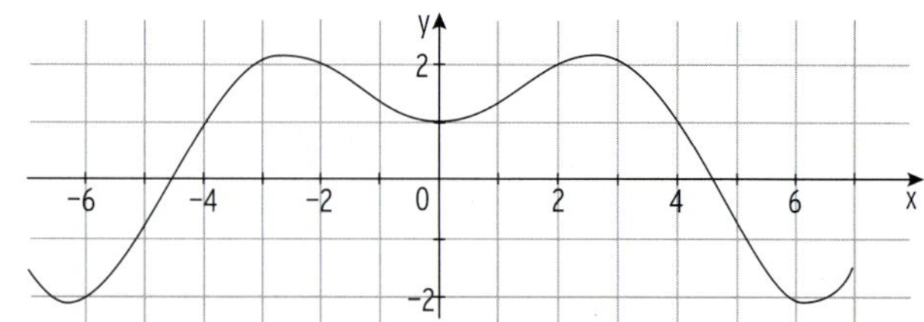

(1) Die Tangente an das Schaubild von f an der Stelle $x = -2$ hat die Steigung −1.

(2) Das Schaubild jeder Stammfunktion von f hat an der Stelle $x = 0$ eine waagerechte Tangente.

(3) Jede Stammfunktion von f hat fünf Wendestellen.

(4) $\int_{-4}^{4} f(x)\,dx > 10$

(5) $\int_{0}^{4} f'(x)\,dx = 0$

4.5 Anwendungen der Integralrechnung

4.5.1 Flächen in anwendungsorientierten Aufgaben

Beispiel

➲ Die Abbildung zeigt den Querschnitt des Betonkörpers eines Tunnels.
Dieser wird durch die Graphen zweier Funktionen modelliert, innen durch K von f mit $f(x) = ax^2 + b$, außen durch G von g mit $g(x) = 8\cos\left(\frac{\pi}{28}x\right) + 3$.
Die lichte Tunnelhöhe beträgt 8 m.

a) Bestimmen Sie a und b.

b) Wie viel Beton wird benötigt, wenn der Betonkörper 5 m in den Tunnel reicht?

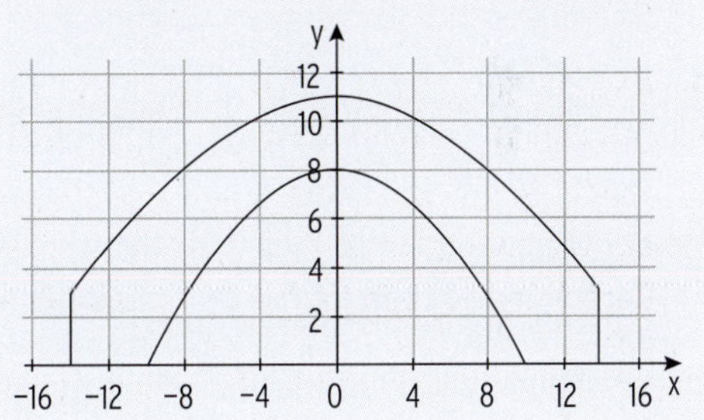

Lösung

a) Bedingungen für a und b: $f(0) = 8 \Rightarrow b = 8$

$f(10) = 0 \Rightarrow 100a + b = 0$

Einsetzen von $b = 8$ ergibt: $a = -\frac{2}{25}$

Funktionsterm: $f(x) = -\frac{2}{25}x^2 + 8$

b) Querschnittsfläche

Um den Inhalt der Querschnittsfläche zu berechnen, braucht man folgende Flächen:

A_1: Fläche zwischen der Kurve G und der x-Achse zwischen −14 und 14

A_2: Fläche zwischen der Parabel K und der x-Achse zwischen −10 und 10

Hinweis: Die Kurven K und G sind symmetrisch zur y-Achse.

A_1: $2\int_0^{14} 8\left(\cos\left(\frac{\pi}{28}x\right) + 3\right)dx = 2\left[\frac{8\cdot 28}{\pi}\sin\left(\frac{\pi}{28}x\right) + 3x\right]_0^{14} = 226{,}6$ $\qquad A_1 = 226{,}6$

A_2: $2\int_0^{10}\left(-\frac{2}{25}x^2 + 8\right)dx = 2\left[-\frac{2}{75}x^3 + 8x\right]_0^{10} = 106{,}66$ $\qquad A_2 = 106{,}7$

Inhalt der Gesamtfläche in m²: $A = A_1 - A_2 = 119{,}9$

Volumen des Betonkörpers: $V = A \cdot h = 119{,}9 \cdot 5 = 599{,}5$

Man benötigt etwa 600 m³ Beton.

Aufgaben

1 Eine Wasserrinne wird durch den Graph einer Polynomfunktion f mit $f(x) = -\frac{1}{32}x^4 + x^2$ modelliert. Eine LE in der Abbildung entspricht 1 dm in Wirklichkeit.

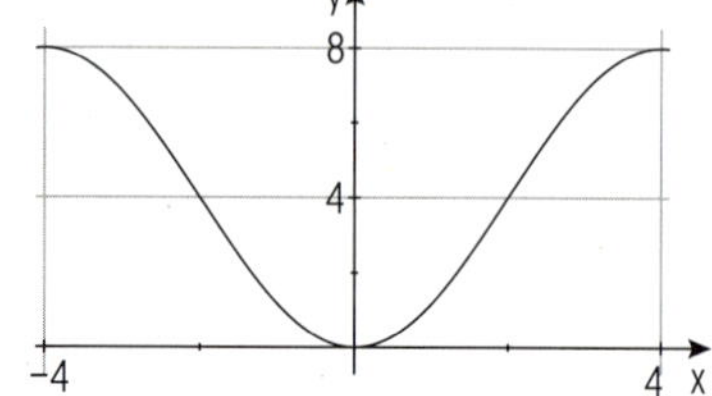

a) Bestimmen Sie den Flächeninhalt des Wasserquerschnitts, wenn die Rinne ganz gefüllt ist.

b) Wie viel Prozent der maximalen Wassermenge fließt, wenn die Wasserrinne bis 3,5 dm gefüllt ist?

2 Die Abbildung zeigt den Querschnitt des Betonmantels einer Unterführung (Längen in Meter). Die Schaubilder der Funktionen f mit $f(x) = ax^2 + 6{,}5$ und g mit $g(x) = b\cos\left(\frac{\pi}{k}x\right) + c$ begrenzen den Querschnitt von unten bzw. von oben.

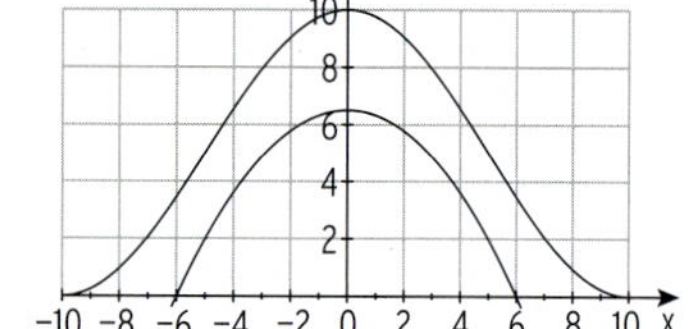

a) Bestimmen Sie a, b und c und k.

b) Wie viel Beton wird benötigt, wenn die Unterführung 80 m lang ist?

3 Zwei sich senkrecht kreuzende Autobahnen sollen miteinander verbunden werden.
Die Abbildung zeigt die Situation in einem geeigneten Koordinatensystem.
Die Verbindungskurve K mündet bei −2 und bei 2 ohne Knick in die Geraden ein.

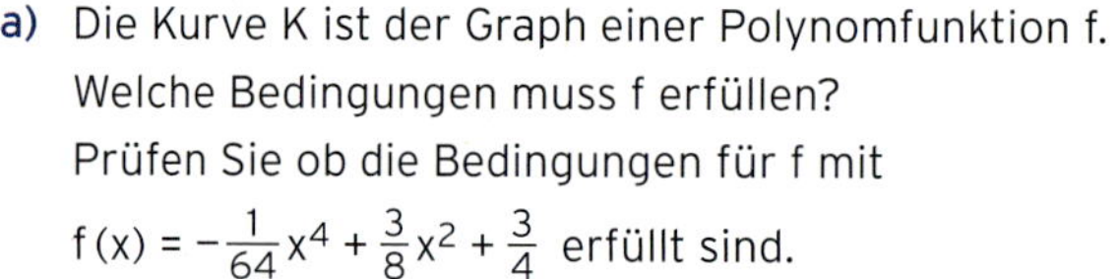

a) Die Kurve K ist der Graph einer Polynomfunktion f.
Welche Bedingungen muss f erfüllen?
Prüfen Sie ob die Bedingungen für f mit
$f(x) = -\frac{1}{64}x^4 + \frac{3}{8}x^2 + \frac{3}{4}$ erfüllt sind.

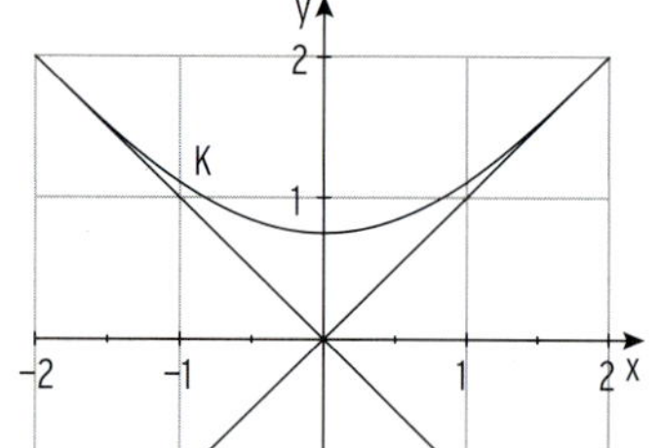

b) Wie groß ist die „vergeudete", d. h. von den Straßen eingeschlossene Fläche?

4 Herr Burg ist Eigentümer der Wiese W am Fluss. Die Abbildung zeigt die Lage von W und den Verlauf eines Flusses (Maße in m, nicht maßstabsgetreu).
Wie viel m^2 hat die Wiese?
Er verpachtet den Flusslauf von a bis c als Fischwasser für 1€ pro Jahr und m^2 Wasserfläche.
Wie hoch ist sein Pachtzins, wenn der Fluss immer $b = 25\,m$ breit ist? Erläutern Sie Ihre Vorgehensweise.

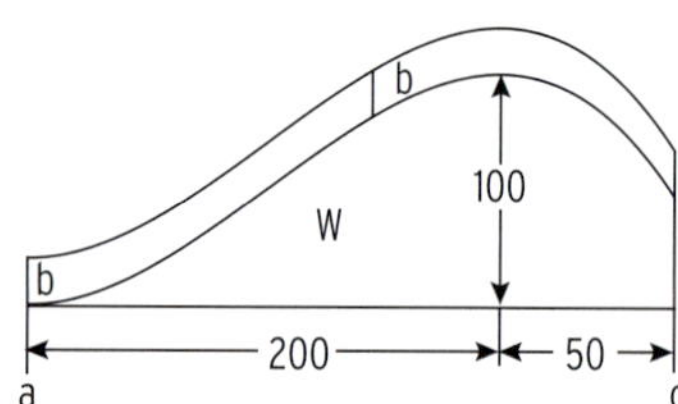

4.5.2 Interpretation von Flächen

Beispiel 1

Das Schaubild von f mit $f(t) = 0{,}005t^3 - 0{,}1t^2 - 1{,}9t + 115;\ t \geq 0$, beschreibt die Anzahl der Fahrzeuge pro Minute, die eine Mautstelle passieren. Wie viele Fahrzeuge passieren in den ersten 20 Minuten insgesamt die Mautstelle?

Lösung

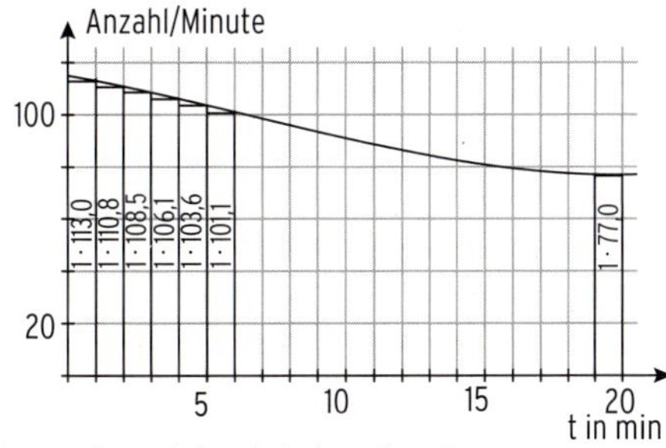

f(1) = 113,0; d.h. 113 Autos/Minute, konstant über eine Minute ergibt: 113 Autos in dieser Minute. Die Summe der Flächeninhalte aller Rechtecke ergibt **näherungsweise** die Gesamtzahl der Fahrzeuge:

113,0 + 110,8 + 108,5 + ... + 77,0 = 1834,5

Die **Gesamtzahl der Fahrzeuge** lässt sich durch den **Inhalt der Fläche** zwischen dem Graph von f und der t-Achse bestimmen:

$\int_0^{20} f(t)\,dt = 1853{,}3$. In den ersten 20 Minuten passieren 1853 Fahrzeuge die Mautstelle.

Vergleichen Sie die Einheiten: $\frac{\text{Anzahl der Fahrzeuge}}{\text{Minute}} \cdot \text{Minute}$ ergibt Anzahl der Fahrzeuge.

Hinweis: Bei gegebener Ankunftsrate f (Fahrzeuge pro Zeiteinheit) wird die Gesamtzahl der Fahrzeuge im Zeitraum [a; b] bestimmt durch $\int_a^b f(t)\,dt$.

Beispiel 2

Für die kommenden Monate kann die Absatzrate eines Produktes durch folgende Funktion f modelliert werden: $f(t) = 12e^{-0{,}5t} + 1;\ t \geq 0$; t in Monaten; f(t) Absatzrate (Absatz in ME/Monat). Berechnen Sie den Gesamtabsatz in den ersten 6 Monaten.

Lösung

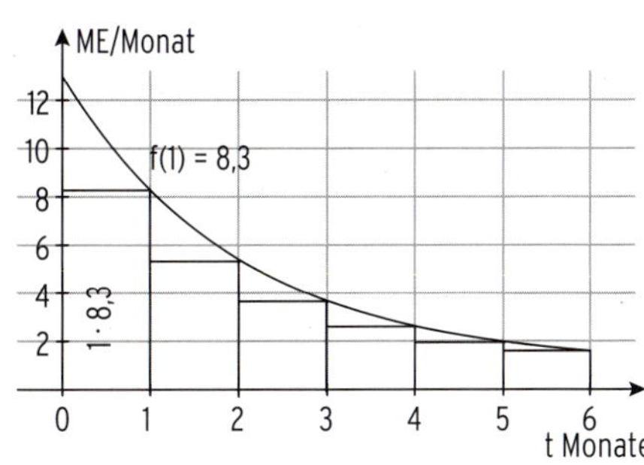

Die Summe der Flächeninhalte aller Rechtecke ergibt näherungsweise den Gesamtabsatz.
Der Gesamtabsatz lässt sich durch den Inhalt der Fläche zwischen dem Schaubild von f und der t-Achse bestimmen: $\int_0^6 f(t)\,dt = 28{,}8$

In den ersten 6 Monaten können 28 ME abgesetzt werden.

Vergleichen Sie die Einheiten: $\frac{\text{ME}}{\text{Monat}} \cdot \text{Monat}$ ergibt ME.

Hinweis: Bei gegebener Absatzrate f (Absatz in ME pro Zeiteinheit) wird der Gesamtabsatz im Zeitraum [a; b] bestimmt durch $\int_a^b f(t)\,dt$.

Beispiel 3

➲ Gegeben ist die Geschwindigkeitsfunktion v mit $v(t) = \frac{7}{2}t - \frac{1}{15}t^2$; $0 \le t \le 40$; v in $\frac{m}{s}$; t in s.
Bestimmen Sie die Maßzahl des insgesamt zurückgelegten Weges.

Lösung

Der zurückgelegte Weg entspricht der Fläche unter der Kurve im v-t-Diagramm.

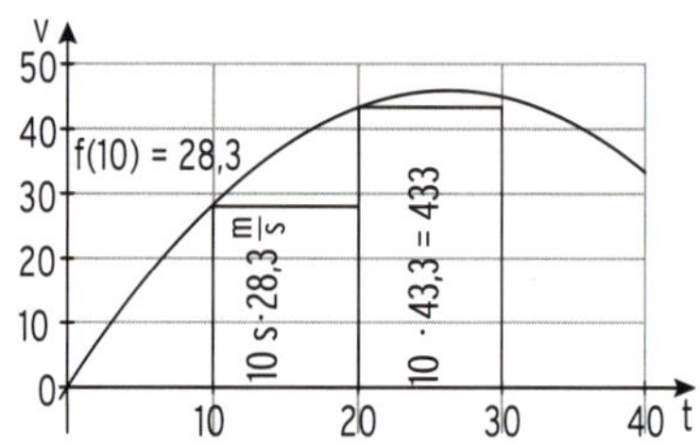

$$\int_0^{40} v(t)\,dt = \int_0^{40} \left(\frac{7}{2}t - \frac{1}{15}t^2\right)dt$$

$$= \left[\frac{7}{4}t^2 - \frac{1}{45}t^3\right]_0^{40} = 1377{,}78$$

Der zurückgelegte Weg beträgt 1377,78 m.

Vergleichen Sie die Einheiten: $\frac{m}{s} \cdot s$ ergibt m.

Hinweis: Bei gegebener Geschwindigkeit wird der zurückgelegte Weg im Zeitraum [a; b] berechnet durch $\int_a^b v(t)\,dt$.

Aufgaben

1 Das Höhenwachstum eines Baumes kann für $0 \le t \le 5$ durch die Änderungsrate v beschrieben werden:
$v(t) = 1{,}25\,e^{-0{,}5t}$; t in Jahren; v(t) in Meter pro Jahr.

a) Zeichnen Sie einen Graphen, der die Entwicklung der Höhe des Baumes darstellt, wenn dieser zu Beginn (t = 0) 0,5 m hoch war.

b) Welche Bedeutung haben die folgenden Integrale für die vorgegebene Situation?

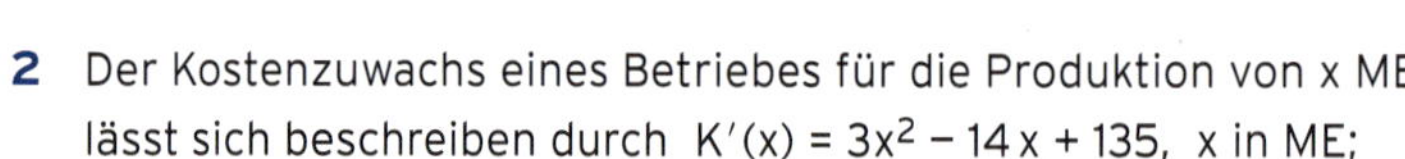

- $\int_0^1 v(t)\,dt$
- $\int_1^4 v(t)\,dt$
- $0{,}5 + \int_0^4 v(t)\,dt$

2 Der Kostenzuwachs eines Betriebes für die Produktion von x ME lässt sich beschreiben durch $K'(x) = 3x^2 - 14x + 135$, x in ME;

$K'(x)$ in $\frac{\text{Geldeinheit}}{\text{Mengeneinheit}}\left(\frac{GE}{ME}\right)$.

Berechnen Sie folgende Integrale und interpretieren Sie Ihre Ergebnisse ökonomisch.

a) $\int_0^5 K'(x)\,dx$ b) $\int_5^{10} K'(x)\,dx$ c) $20 + \int_0^{10} K'(x)\,dx$

3 Die Messstelle am Bewässerungsreservoir zeigt zu jedem Zeitpunkt den momentanen Wasserdurchsatz an. Die Durchflussmenge in $\frac{m^3}{h}$ lässt sich modellieren durch $f(t) = 1{,}8t^2 + 24t + 150;\ t \geq 0;\ t$ in h.
Berechnen Sie folgende Integrale und interpretieren Sie den Integralwert jeweils im Sachzusammenhang.

a) $\int_0^5 f(t)\,dt$ b) $\int_1^6 f(t)\,dt$ c) $10 + \int_0^8 f(t)\,dt$

4 Bei illegalen Autorennen versuchen die Teilnehmer, mit ihren getunten Autos eine gerade Strecke möglichst in kurzer Zeit zurückzulegen. Der Geschwindigkeitsverlauf eines Fahrzeugs wird durch v mit $v(t) = 60 - 60e^{-0{,}09t};\ t \geq 0,\ t$ in s, $v(t)$ in $\frac{m}{s}$ beschrieben. Nach 60 s fährt der Teilnehmer über die Ziellinie. Wie lang ist die Strecke?

5 Die Funktion f mit $f(t) = 184 - 184e^{-0{,}135t}$ beschreibt modellhaft die Entwicklung der wöchentlichen Verkaufszahlen einer neuen Zahnpasta in Tuben. Dabei ist t die Zeit in Wochen nach der Einführung, f(t) die verkaufte Stückzahl innerhalb der Woche t.
Interpretieren Sie das Integral $\int_0^8 f(t)\,dt$.
Prüfen Sie, ob nach 15 Wochen insgesamt mehr als 1500 Tuben verkauft sind.

6 Ein Auto fährt im Zeitintervall [0; 4] mit wechselnder Geschwindigkeit $v(t) = -6t^2 + 48t;\ t$ in h, $v(t)$ in $\frac{km}{h}$.
Berechnen Sie die zurückgelegte Strecke.

7 Herr Müller macht eine Fahrradtour. Er wählt eine 55 km lange Strecke von einem See zu einem Berg.

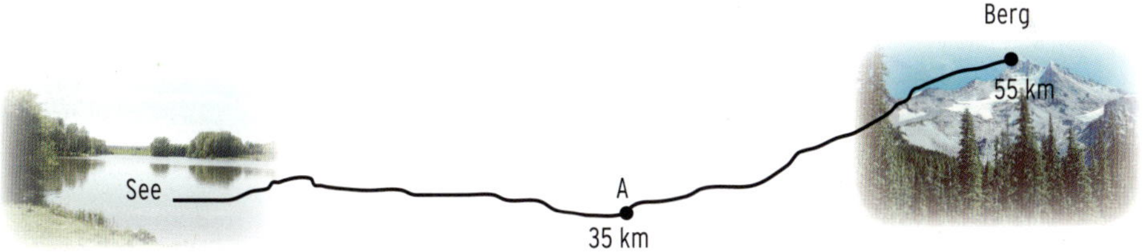

Herr Müller startet 35 km vom See entfernt vom Punkt A in Richtung des Berges. Das folgende Schaubild zeigt das Geschwindigkeits-Zeit-Diagramm seiner Fahrt.

a) Interpretieren Sie dieses Diagramm.
b) Bestimmen Sie eine Polynomfunktion 3. Grades, deren Graph der Kurve im Diagramm entspricht.
c) Bestimmen Sie die größte Entfernung vom Ausgangspunkt A während dieser Stunde.

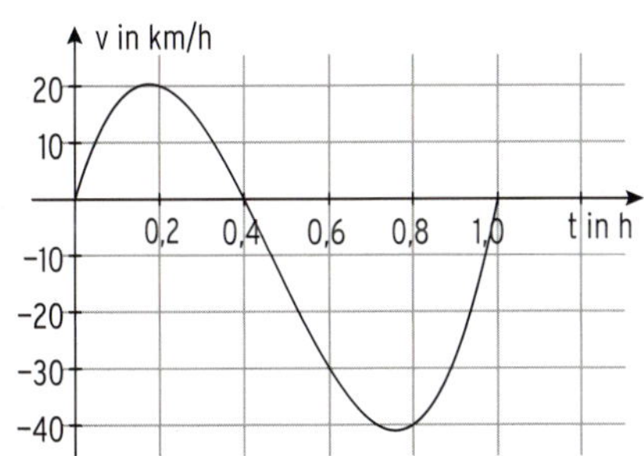

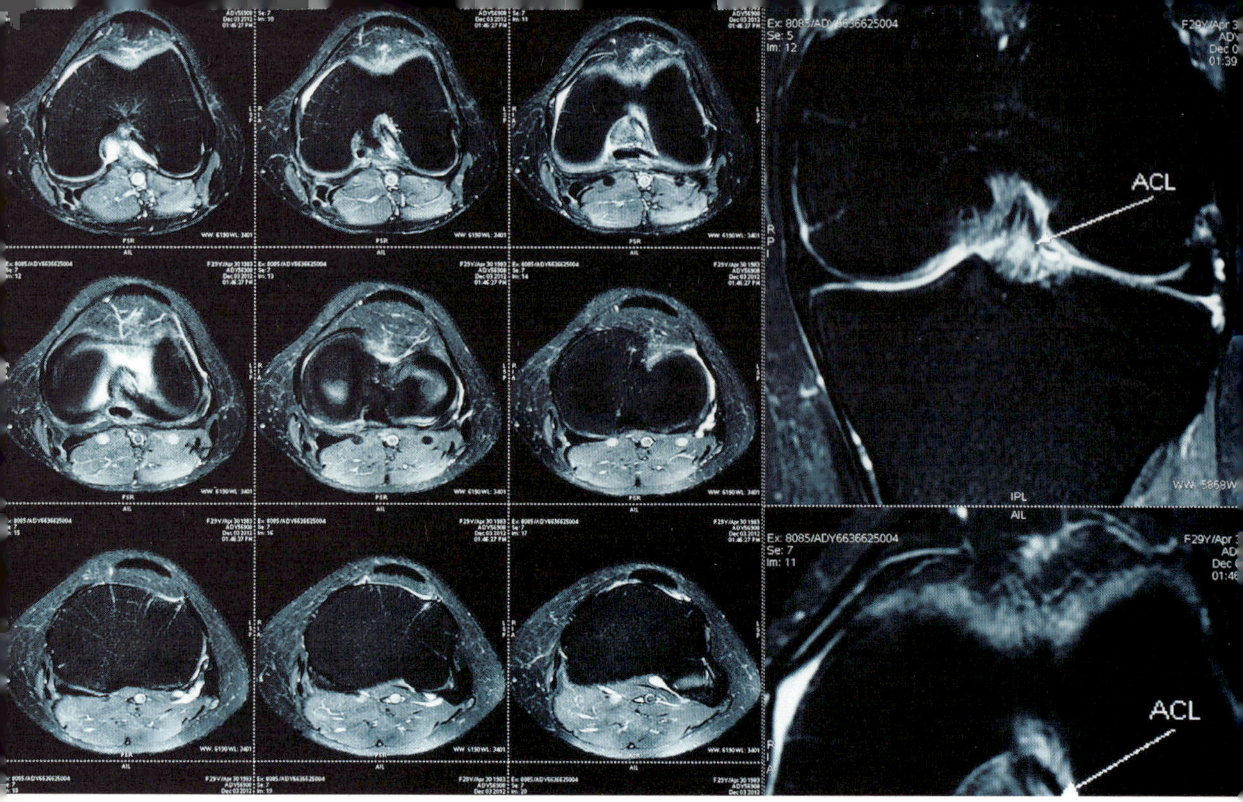

II Vektorielle Geometrie

1 Lineare Gleichungssysteme

Bei vielen Fragestellungen in Mathematik, Technik, Wirtschaft, Naturwissenschaft und Alltag ergeben sich Bedingungen, die sich in Form von Gleichungen ausdrücken lassen.
Bei der Umwandlung von Daten in Bilder, zum Beispiel bei einer Computertomograhie, müssen umfangreiche Gleichungssysteme mit sehr vielen Unbekannten gelöst werden.
In diesem Kapitel lernen wir, ein solches (lineares) Gleichungssystem auf Lösbarkeit zu untersuchen und zu lösen.

mvurl.de/nbgj

Qualifikationen & Kompetenzen

- Ein lineares Gleichungssystem (LGS) umformen und lösen
- Ein LGS auf Lösbarkeit untersuchen
- Matrizenschreibweise nutzen

Beispiel 1

Computertomographie

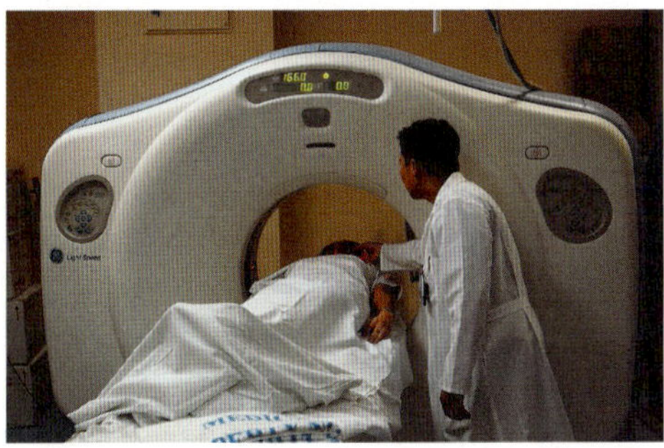

Bestimmung der Absorptionskoeffizienten

Einstrahlwinkel 24.9°

Streckenlänge pro

Quadrätchen: 1.1

a b c / d e f / g h i — 30, 30, 30 — 11.1, 13.2, 16.1

$1.1d + 1.1b + 1.1c = 18{,}9$
$1.1g + 1.1e + 1.1f = 16{,}8$
$1.1h + 1.1i = 13{,}9$

Beim CT werden die Intensitäten der Strahlen gemessen. Für jeden Strahl und für jede Richtung wird eine lineare Gleichung aufgestellt. Wenn man genügend Gleichungen besitzt, ist die Durchleuchtung einer Schicht abgeschlossen und der Computer muss die Lösung des Gleichungssystems und damit die Absorptionskoeffizienten bestimmen.

Beispiel 2

Verkehrsplanung

Anteil der Verkehrsarten

Verkehrsstrommatrix

	1 … j … n	Σ
1 ⋮ i ⋮ m	⋮ … v_{ij} … ⋮	Q_i
Σ	Z_j	V

In Verkehrsaufteilungsmodellen wird der Anteil der Verkehrsarten (z. B. Fußgängerverkehr, Radverkehr, motorisierter Individualverkehr, öffentlicher Personennahverkehr) an einem Verkehrsaufkommen mit Hilfe von linearen Gleichungssystemen bestimmt.

1.1 Einführung

Lineare Gleichungssysteme haben eine zentrale Bedeutung in verschiedenen Bereichen der Mathematik. Nicht nur zur Bestimmung einer Parabelgleichung stellen wir ein lineares Gleichungssystem auf. Mit einem linearen Gleichungssystem lassen sich auch zahlreiche Probleme aus Technik und Wirtschaft modellieren und damit lösen. Aus dem Wissen über die unbekannten Größen, die bei diesen Problemen auftauchen, leiten wir Gleichungen her. Eine zentrale Aufgabe der linearen Algebra ist die **Lösung linearer Gleichungssysteme**.

Beispiel 1

➲ Obstbäuerin Huber liefert Äpfel der Sorten Boskop (B), Jonathan (J) und Elstar (E) an den Großmarkt. Die Lieferungen der letzten 3 Tage (in kg) lassen sich aus der Tabelle ablesen.

	B	J	E
T_1	40	40	100
T_2	80	40	20
T_3	40	80	40

Der Großhändler überweist für die Lieferung am 1. Tag (T_1) 320 €, für die Lieferung am 2. Tag (T_2) 240 € und für die Lieferung am 3. Tag (T_3) 240 €. Wie hoch ist jeweils der Preis pro kg für die einzelnen Apfelsorten?

Lösung

Frau Huber erhält

für 1 kg B x_1 €,
für 1 kg J x_2 € und
für 1 kg E x_3 €.

Sie erhält

für 40 kg B $40x_1$ €,
für 40 kg J $40x_2$ € und
für 100 kg E $100x_3$ €,

insgesamt 320 €.

Zugehörige Gleichung: $40x_1 + 40x_2 + 100x_3 = 320$

Für die Lieferung aller 3 Tage ergibt sich ein **lineares Gleichungssystem (LGS)**:

$$\begin{aligned} 40x_1 + 40x_2 + 100x_3 &= 320 \\ 80x_1 + 40x_2 + 20x_3 &= 240 \\ 40x_1 + 80x_2 + 40x_3 &= 240 \end{aligned}$$

Umformung des LGS mit dem **Gauß'schen Eliminationsverfahren (Gauß-Algorithmus)**

Gleichungen

$$\begin{aligned} 40x_1 + 40x_2 + 100x_3 &= 320 \quad \cdot(-2),\ \cdot(-1) \\ 80x_1 + 40x_2 + 20x_3 &= 240 \quad + \\ 40x_1 + 80x_2 + 40x_3 &= 240 \quad + \end{aligned}$$

$$\begin{aligned} 40x_1 + 40x_2 + 100x_3 &= 320 \\ -40x_2 - 180x_3 &= -400 \\ 40x_2 - 60x_3 &= -80 \quad + \end{aligned}$$

$$\begin{aligned} 40x_1 + 40x_2 + 100x_3 &= 320 \\ -40x_2 - 180x_3 &= -400 \\ -240x_3 &= -480 \end{aligned}$$

Stufenform

Matrixschreibweise

$$\begin{array}{ccc|c} x_1 & x_2 & x_3 & \\ 40 & 40 & 100 & 320 \\ 80 & 40 & 20 & 240 \\ 40 & 80 & 40 & 240 \end{array} \quad \cdot(-2),\ \cdot(-1)$$

$$\left(\begin{array}{ccc|c} 40 & 40 & 100 & 320 \\ 0 & -40 & -180 & -400 \\ 0 & 40 & -60 & -80 \end{array}\right) \quad +$$

$$\left(\begin{array}{ccc|c} 40 & 40 & 100 & 320 \\ 0 & -40 & -180 & -400 \\ 0 & 0 & -240 & -480 \end{array}\right)$$

Dreiecksform

Die letzte Zeile der Matrix entspricht der Gleichung:

$-240x_3 = -480$

$x_3 = 2$

Die zweite Zeile entspricht der Gleichung:

$-40x_2 - 180x_3 = -400$

Einsetzen von $x_3 = 2$ ergibt:

$-40x_2 - 180 \cdot 2 = -400$

$x_2 = 1$

Die erste Zeile entspricht der Gleichung:

$40x_1 + 40x_2 + 100x_3 = 320$

Einsetzen von $x_2 = 1$ und $x_3 = 2$ ergibt:

$40x_1 + 40 \cdot 1 + 100 \cdot 2 = 320$

$x_1 = 2$

Lösung: $x_1 = 2;\ x_2 = 1;\ x_3 = 2$

Schreibweise: **Lösungsvektor** $\vec{x} = \begin{pmatrix} x_1 \\ x_2 \\ x_3 \end{pmatrix} = \begin{pmatrix} 2 \\ 1 \\ 2 \end{pmatrix}$

Frau Huber erhält für 1 kg Boskop 2 €, für 1 kg Jonathan 1 € und für 1 kg Elstar 2 €.

Lineares Gleichungssystem mit m Gleichungen, n Unbekannten $x_1, x_2, x_3, \ldots, x_n$ und den Koeffizienten a_{ij}:

$$\begin{array}{l} a_{11}x_1 + a_{12}x_2 + a_{13}x_3 + \ldots + a_{1n}x_n = b_1 \\ a_{21}x_1 + a_{22}x_2 + a_{23}x_3 + \ldots + a_{2n}x_n = b_2 \\ \quad \vdots \qquad\quad \vdots \qquad\quad \vdots \qquad \vdots \\ a_{m1}x_1 + a_{m2}x_2 + a_{m3}x_3 + \ldots + a_{mn}x_n = b_m \end{array}$$

Eine **Lösung** eines linearen Gleichungssystems mit n Unbekannten besteht aus n Zahlen, die allen Gleichungen genügen. Sind $b_1, b_2, \ldots b_m$ alle null, so heißt das LGS **homogen**, ansonsten **inhomogen**.

Beispiel für ein LGS

$$\begin{aligned} 40x_1 + 40x_2 + 100x_3 &= 320 \\ 80x_1 + 40x_2 + 20x_3 &= 240 \\ 40x_1 + 80x_2 + 40x_3 &= 240 \end{aligned}$$

LGS in Matrixschreibweise

$$\left(\begin{array}{ccc|c} 40 & 40 & 100 & 320 \\ 80 & 40 & 20 & 240 \\ 40 & 80 & 40 & 240 \end{array}\right)$$

mvurl.de/yqq1

1.2 Umformung und Lösung eines linearen Gleichungssystems

1.2.1 Das LGS ist eindeutig lösbar

Beispiel 1

Lösen Sie das lineare Gleichungssystem:

$$\begin{aligned} -x_1 - x_2 - 2x_3 &= -3 \\ -12x_1 - 7x_2 - 18x_3 &= -2 \\ 5x_1 + x_2 + 6x_3 &= -9 \end{aligned}$$

Lösung

Gleichungen

$$\begin{aligned} -x_1 - x_2 - 2x_3 &= -3 \quad \cdot(-12);\ \cdot 5 \\ -12x_1 - 7x_2 - 18x_3 &= -2 \quad + \\ 5x_1 + x_2 + 6x_3 &= -9 \quad + \end{aligned}$$

$$\begin{aligned} -x_1 - x_2 - 2x_3 &= -3 \\ 5x_2 + 6x_3 &= 34 \quad \cdot 4 \\ -4x_2 - 4x_3 &= -24 \quad \cdot 5;\ + \end{aligned}$$

$$\begin{aligned} -x_1 - x_2 - 2x_3 &= -3 \\ 5x_2 + 6x_3 &= 34 \\ 4x_3 &= 16 \end{aligned}$$

Stufenform

Matrixschreibweise

$$\begin{pmatrix} x_1 & x_2 & x_3 & \\ -1 & -1 & -2 & -3 \\ -12 & -7 & -18 & -2 \\ 5 & 1 & 6 & -9 \end{pmatrix} \quad \cdot(-12);\ \cdot(-1)$$

$$\left(\begin{array}{ccc|c} -1 & -1 & -2 & -3 \\ 0 & 5 & 6 & 34 \\ 0 & -4 & -4 & -24 \end{array}\right) \quad \cdot 4;\ \cdot 5$$

$$\left(\begin{array}{ccc|c} -1 & -1 & -2 & -3 \\ 0 & 5 & 6 & 34 \\ 0 & 0 & 4 & 16 \end{array}\right)$$

Dreiecksform

Letzte Gleichung: $4x_3 = 16$ — $x_3 = 4$

Einsetzen von $x_3 = 4$ in $5x_2 + 6x_3 = 34$: — $5x_2 + 6 \cdot 4 = 34$; $x_2 = 2$

Einsetzen von $x_3 = 4$ und $x_2 = 2$ in $-x_1 - x_2 - 2x_3 = -3$: — $-x_1 - 2 - 2 \cdot 4 = -3$; $x_1 = -7$

Das LGS hat die Lösung: $x_1 = -7;\ x_2 = 2;\ x_3 = 4$

Lösungsvektor: $\vec{x} = \begin{pmatrix} -7 \\ 2 \\ 4 \end{pmatrix}$

Das LGS hat **genau eine Lösung**, es ist **eindeutig lösbar**.

Hinweis: Die Matrix $\begin{pmatrix} -1 & -1 & -2 \\ -12 & -7 & -18 \\ 5 & 1 & 6 \end{pmatrix}$ heißt **Koeffizientenmatrix**.

Die Matrix $\left(\begin{array}{ccc|c} -1 & -1 & -2 & -3 \\ -12 & -7 & -18 & -2 \\ 5 & 1 & 6 & -9 \end{array}\right)$ heißt **erweiterte Koeffizientenmatrix**.

Beispiel 2

➲ Gegeben ist das LGS:

$$\begin{aligned} x_1 - x_3 &= 1 \\ x_1 + 2x_2 &= 3 \\ -4x_1 + 2x_2 + x_3 &= -10 \end{aligned}$$

Berechnen Sie die Lösung.

Lösung

LGS in Matrixschreibweise

$$\begin{array}{ccc|c} x_1 & x_2 & x_3 & \\ 1 & 0 & -1 & 1 \\ 1 & 2 & 0 & 3 \\ -4 & 2 & 1 & -10 \end{array} \quad \text{Zeile 1} \cdot (-1) + \text{Zeile 2}; \quad \text{Zeile 1} \cdot 4 + \text{Zeile 3}$$

Umformung mit dem Gaußverfahren

$$\left(\begin{array}{ccc|c} 1 & 0 & -1 & 1 \\ 0 & 2 & 1 & 2 \\ 0 & 2 & -3 & -6 \end{array}\right) \quad \text{Zeile 2} \cdot (-1) + \text{Zeile 3}$$

Dreiecksform der Koeffizientenmatrix

$$\left(\begin{array}{ccc|c} 1 & 0 & -1 & 1 \\ 0 & 2 & 1 & 2 \\ 0 & 0 & -4 & -8 \end{array}\right)$$

Letzte Gleichung: $-4x_3 = -8$ für $x_3 = 2$

Einsetzen von $x_3 = 2$
in die zweite Gleichung $2x_2 + x_3 = 2$: $2x_2 + 1 \cdot 2 = 2$ für $x_2 = 0$

Einsetzen von $x_3 = 2$ und $x_2 = 0$
in die erste Gleichung $x_1 - x_3 = 1$: $x_1 - 2 = 1$ für $x_1 = 3$

Lösungsvektor: $\vec{x} = \begin{pmatrix} 3 \\ 0 \\ 2 \end{pmatrix}$

Die zulässigen Elementarumformungen im **Gauß-Verfahren,** um die Dreiecksform der Koeffizientenmatrix zu erreichen, sind die **Multiplikation einer Gleichung mit einer Zahl** ungleich null und die **Addition von Gleichungen.**

Beispiel 3

➲ Gegeben ist das LGS:

$$\begin{aligned} 2x_1 + x_2 - x_3 &= -3 \\ x_1 - x_2 - 3x_3 &= -7 \\ 3x_1 + x_3 &= 10 \end{aligned}$$

Zeigen Sie: Der Vektor $\vec{x} = \begin{pmatrix} 2 \\ -3 \\ 4 \end{pmatrix}$ ist ein Lösungsvektor.

Lösung

$x_1 = 2$; $x_2 = -3$ und $x_3 = 4$:

$2 \cdot 2 - 3 - 4 = -3$	$-3 = -3$	wahr
$2 + 3 - 3 \cdot 4 = -7$	$-7 = -7$	wahr
$3 \cdot 2 + 4 = 10$	$10 = 10$	wahr

Das Einsetzen ergibt drei wahre Aussagen. $\vec{x}$ ist ein Lösungsvektor.

Beispiel 4

➲ Lösen Sie das LGS:

$$\begin{aligned} 3x_1 + 2x_2 &= 4 \\ 4x_1 + x_2 &= 7 \\ 2x_1 + 3x_2 &= 1 \end{aligned}$$

Lösung

Hinweis: Das LGS besteht aus drei Gleichungen mit zwei Unbekannten. Es ist **überbestimmt**.

Matrixschreibweise:

$$\left(\begin{array}{cc|c} 3 & 2 & 4 \\ 4 & 1 & 7 \\ 2 & 3 & 1 \end{array}\right) \begin{array}{l} \cdot(-4),\ \cdot(-2) \\ +\ \cdot 3 \\ +\ \cdot 3 \end{array}$$

Gauß-Verfahren:

$$\left(\begin{array}{cc|c} 3 & 2 & 4 \\ 0 & -5 & 5 \\ 0 & 5 & -5 \end{array}\right) \begin{array}{l} \\ \\ + \end{array}$$

$$\left(\begin{array}{cc|c} 3 & 2 & 4 \\ 0 & -5 & 5 \\ 0 & 0 & 0 \end{array}\right)$$

Letzte Gleichung: $0 \cdot x_1 + 0 \cdot x_2 = 0$

Das Einsetzen beliebiger reeller Zahlen für x_1, x_2 führt zu einer wahren Aussage.

Zweite Gleichung: $-5x_2 = 5$

$x_2 = -1$

Einsetzen von $x_2 = -1$ in die erste Gleichung $3x_1 + 2x_2 = 4$: $3x_1 + 2 \cdot (-1) = 4$

$x_1 = 2$

Lösung: $x_1 = 2$; $x_2 = -1$

Hinweis: Das Gleichungssystem ist eindeutig lösbar.

Aufgaben

a) b)

1 Lösen Sie mit dem Gaußverfahren.

a) $$\begin{aligned} 2x_1 + x_2 - x_3 &= -3 \\ x_1 - x_2 - 3x_3 &= -7 \\ 3x_1 + x_2 + x_3 &= 7 \end{aligned}$$

b) $$\begin{aligned} x_1 + x_2 + 2x_3 &= 5 \\ 3x_1 - x_2 - 2x_3 &= -1 \\ -2x_1 + 2x_2 + 2x_3 &= 1 \end{aligned}$$

c) $$\begin{aligned} 3x_1 + 3x_2 - 3x_3 &= 9 \\ x_2 - 3x_3 &= -12 \\ 6x_1 + x_2 - x_3 &= 18 \end{aligned}$$

d) $$\begin{aligned} x_2 - x_3 &= 0 \\ 2x_1 + 3x_2 + x_3 &= 6 \\ x_2 + x_3 &= 3 \end{aligned}$$

e) $$\begin{aligned} x + 2y + 2z &= 5 \\ 2x + y + z &= 4 \\ 2x + 4y + 3z &= 9 \end{aligned}$$

f) $$\begin{aligned} x + y + z &= 3 \\ 3x + 4y + 3z &= 9 \\ 2x + 2y + 3z &= 5 \end{aligned}$$

2 Bestimmen Sie den Lösungsvektor mithilfe des Gauß'schen Eliminationsverfahrens.

a) $5x_1 + x_2 = 1$
$2x_1 + 2x_2 = -0{,}4$

b) $3x + y = -2x + 4$
$-x + 5y = 4y - 2$

c) $4(x + 5) = 3(y + 5)$
$3x - 3 = 2y - 2$

d) $x_1 + x_2 - x_3 = 0$
$-x_1 - 2x_2 - 4x_3 = -3$
$-x_1 + 3x_2 + x_3 = -8$

e) $5x_1 + 5x_3 = 10$
$-x_2 - x_3 = -4$
$2x_1 + 2x_2 = 10$

f) $x_1 + 2x_2 + 6x_3 = 17$
$-5x_1 + x_2 - x_3 = 4$
$3x_2 - x_3 = 2$

3 Bestimmen Sie den Lösungsvektor.

a) $\left(\begin{array}{ccc|c} 0 & -2 & 1 & -2 \\ 2 & 1 & 2 & 0 \\ 0 & 0 & 4 & 0 \end{array}\right)$

b) $\left(\begin{array}{ccc|c} 1 & -2 & 1 & -2 \\ 0 & 1 & 2 & 2 \\ 0 & 0 & 4 & 22 \end{array}\right)$

c) $\left(\begin{array}{ccc|c} 0 & -2 & 1 & -2 \\ 0 & 0 & 2 & 9 \\ 1 & 0 & 4 & -1 \end{array}\right)$

d) $\left(\begin{array}{cc|c} 2 & -4 & 10 \\ 0 & 3 & 12 \\ 0 & 0 & 0 \end{array}\right)$

e) $\left(\begin{array}{cc|c} 3 & 1 & 0 \\ 1 & -1 & 4 \\ 2 & -1 & 5 \end{array}\right)$

f) $\left(\begin{array}{cc|c} 1 & -2 & -5 \\ 2 & 1 & 10 \\ -4 & 3 & 0 \end{array}\right)$

4 Stellen Sie ein LGS aus zwei Gleichungen mit 2 Unbekannten auf, das nur die Lösung (4; 2) hat.

5 Eine Parabel verläuft durch die Punkte A(1 | 3), B(−1 | −3) und C(2 | 12).
Stellen Sie das zugehörige LGS auf und lösen Sie es.
Geben Sie die Parabelgleichung an.

6 Ein Händler verkauft 2 Milchkühe und 5 Kälber. Er kauft 13 Schafe ein und es bleiben ihm 1000 € übrig. Verkauft er 3 Milchkühe und 3 Schafe, so kann er genau 9 Kälber kaufen. Verkauft er 6 Kälber und 8 Schafe, so fehlen ihm 600 €, um 5 Milchkühe zu kaufen. Was kosten die einzelnen Tiere?
Stellen Sie ein lineares Gleichungssystem auf und lösen Sie es.

7 Ein Winzer stellt aus verschiedenen Traubensorten T_1, T_2 und T_3 verschiedene Weine W_1, W_2 und W_3 her. Die Tabelle gibt den Materialfluss in ME an.
Um z. B. 1 ME von dem Wein W_1 herzustellen, benötigt er 3 ME von der Traube T_1 und 1 ME von der Traube T_3.
Der Winzer hat noch 448 ME von T_1, 442 ME von T_2 und 330 ME von T_3. Wie viele ME an Weinen können hergestellt werden, wenn die Trauben vollständig aufgebraucht werden?

	W_1	W_2	W_3
T_1	3	1	2
T_2	0	4	1
T_3	1	0	3

1.2.2 Das LGS ist unlösbar

Beispiel 1

➲ Gegeben ist das LGS:

$$\begin{aligned} -2x_1 + x_2 &= 3 \\ 12x_1 - 6x_2 &= 0 \end{aligned}$$

Untersuchen Sie das LGS auf Lösbarkeit.

Lösung

Erweiterte Koeffizientenmatrix auf Dreiecksform bringen: $\left(\begin{array}{cc|c} -2 & 1 & 3 \\ 12 & -6 & 0 \end{array}\right) \sim \left(\begin{array}{cc|c} -2 & 1 & 3 \\ 0 & 0 & 18 \end{array}\right)$

Aus der letzten Zeile folgt: $0 \cdot x_1 + 0 \cdot x_2 = 18$

Man erhält eine falsche Aussage (0 = 18), d. h., das LGS ist **unlösbar**.

Lösungsmenge L = ∅.

Beispiel 2

➲ Gegeben ist das Gleichungssystem:

$$\begin{aligned} 2x_1 - x_2 + 3x_3 &= 1 \\ 4x_1 - 2x_2 + x_3 &= -3 \\ -2x_1 + x_2 + 5x_3 &= 3 \end{aligned}$$

Zeigen Sie: Das Gleichungssystem ist unlösbar.

Lösung

Erweiterte Koeffizientenmatrix auf Dreiecksform bringen:

$$\left(\begin{array}{ccc|c} 2 & -1 & 3 & 1 \\ 4 & -2 & 1 & -3 \\ -2 & 1 & 5 & 3 \end{array}\right) \sim \left(\begin{array}{ccc|c} 2 & -1 & 3 & 1 \\ 0 & 0 & -5 & -5 \\ 0 & 0 & 8 & 4 \end{array}\right) (*) \sim \left(\begin{array}{ccc|c} 2 & -1 & 3 & 1 \\ 0 & 0 & -5 & -5 \\ 0 & 0 & 0 & -20 \end{array}\right)$$

Aus der letzten Zeile folgt: $0 \cdot x_1 + 0 \cdot x_2 + 0 \cdot x_3 = -20$.

Man erhält eine falsche Aussage (0 = –20), d. h., das **LGS ist unlösbar**.

Alternative: Aus (*) erhält man: $x_3 = 1$ und $x_3 = 0{,}5$. Dies ist ein Widerspruch.
Dieser Widerspruch bedeutet: Das **LGS ist unlösbar**.

Ist **ein Diagonalelement** der umgeformten Koeffizientenmatrix **gleich null**, so ist das LGS **nicht eindeutig** lösbar.

Aufgaben

1 Zeigen Sie: Das lineare Gleichungssystem ist unlösbar.

a)
$$\begin{aligned} x_1 - 3x_2 + 2x_3 &= 2 \\ 3x_1 + 3x_2 - 2x_3 &= 1 \\ x_1 - 6x_2 + 4x_3 &= 3 \end{aligned}$$

b)
$$\begin{aligned} 2x_1 - 6x_2 + 9x_3 &= 1 \\ 3x_2 - 2x_3 &= -1 \\ -10x_1 - 25x_3 &= 3 \end{aligned}$$

2 Bestimmen Sie ein lineares Gleichungssystem für die Unbekannten x_1 und x_2 mit der Lösungsmenge L = ∅.

1.2.3 Das LGS ist mehrdeutig lösbar

mvurl.de/mtrk

Beispiel 1

➲ Gegeben ist das LGS:

$$\begin{aligned} -x_1 + x_2 + x_3 &= -1 \\ -7x_2 + 7x_3 &= 14 \\ -x_1 + 3x_2 - x_3 &= -5 \end{aligned}$$

Berechnen Sie die Lösungsmenge.

Lösung

Erweiterte Koeffizientenmatrix auf die erweiterte Dreiecksform bringen:

$$\left(\begin{array}{ccc|c} -1 & 1 & 1 & -1 \\ 0 & -7 & 7 & 14 \\ -1 & 3 & -1 & -5 \end{array}\right) \sim \left(\begin{array}{ccc|c} -1 & 1 & 1 & -1 \\ 0 & -1 & 1 & 2 \\ 0 & 2 & -2 & -4 \end{array}\right) \sim \left(\begin{array}{ccc|c} -1 & 1 & 1 & -1 \\ 0 & -1 & 1 & 2 \\ 0 & 0 & 0 & 0 \end{array}\right)$$

Hinweis: Ist ein Diagonalelement der umgeformten Koeffizientenmatrix gleich null, so ist das LGS nicht eindeutig lösbar.

Die letzte Zeile der erweiterten Dreiecksform entspricht der Gleichung $0 \cdot x_1 + 0 \cdot x_2 + 0 \cdot x_3 = 0$

Diese Gleichung führt für alle $x_1, x_2, x_3 \in \mathbb{R}$ zu einer wahren Aussage (0 = 0).

Aus der 2. Zeile: $-x_2 + x_3 = 2$

Diese Gleichung mit 2 Unbekannten ist mehrdeutig lösbar:

Wir wählen z. B. $x_3 = 1$ und erhalten durch Einsetzen: $x_2 = -1$

oder z. B. $x_3 = -4$ und erhalten durch Einsetzen: $x_2 = -6$.

Um alle Lösungen zu erhalten, setzt man $x_3 = r$, $r \in \mathbb{R}$ (x_3 ist frei wählbar).

Durch Einsetzen berechnet man x_2 in Abhängigkeit von r:

$$-x_2 + r = 2$$
$$x_2 = r - 2$$

Einsetzen in die 1. Zeile ergibt:

$$-x_1 + x_2 + x_3 = -1$$
$$-x_1 + (r - 2) + r = -1$$
$$x_1 = -1 + 2r$$

Das LGS ist **mehrdeutig lösbar**, hat also **unendlich viele Lösungen**:

$x_1 = -1 + 2r;\ x_2 = r - 2;\ x_3 = r,\ r \in \mathbb{R}$

Lösungsvektor: $\vec{x} = \begin{pmatrix} x_1 \\ x_2 \\ x_3 \end{pmatrix} = \begin{pmatrix} -1 + 2r \\ r - 2 \\ r \end{pmatrix};\ r \in \mathbb{R}$

Lösungsmenge: $L = \{\vec{x} \mid \vec{x} = \begin{pmatrix} -1 + 2r \\ r - 2 \\ r \end{pmatrix};\ r \in \mathbb{R}\}$

Hinweis: Ist das LGS mehrdeutig lösbar, so enthält der Lösungsvektor einen Parameter und wird als allgemeine Lösung des linearen Gleichungssystems bezeichnet.

Beispiel 2

➲ Lösen Sie das folgende lineare Gleichungssystem:
$$\begin{aligned} 2x_1 + 3x_2 - x_3 &= 2 \\ 5x_1 + x_2 &= -3 \end{aligned}$$

Lösung

Hinweis: Das LGS besteht aus zwei Gleichungen mit drei Unbekannten.
Es ist **unterbestimmt**.

2. Gleichung: $5x_1 + x_2 = -3$

In dieser Gleichung mit 2 Unbekannten ist **eine Unbekannte frei wählbar**, z. B. x_1.
(Die Wahl von x_1 ermöglicht eine Rechnung ohne Brüche.)

Man wählt: $x_1 = r;\ r \in \mathbb{R}$

Durch Einsetzen lässt sich x_2 in Abhängigkeit von r berechnen.

Aus $5x_1 + x_2 = -3$ erhält man: $x_2 = -3 - 5r$

Einsetzen in die 1. Gleichung ergibt: $2r + 3(-3 - 5r) - x_3 = 2$

$x_3 = -11 - 13r$

Das LGS aus 2 Gleichungen für 3 Unbekannte ist **mehrdeutig lösbar**.

Allgemeine Lösung: $\vec{x} = \begin{pmatrix} r \\ -3 - 5r \\ -11 - 13r \end{pmatrix};\ r \in \mathbb{R}$

Beispiel 3

➲ Bestimmen Sie alle Lösungen der Gleichung $x_1 - 3x_2 + x_3 = -1$.

Lösung

Zur Lösung dieser Gleichung mit 3 Unbekannten sind **2 Unbekannte frei wählbar**.
Man wählt z. B. $x_2 = r$ und $x_3 = s$; $r, s \in \mathbb{R}$ und
erhält x_1 durch Einsetzen in $x_1 - 3x_2 + x_3 = -1$: $x_1 - 3r + s = -1$

$x_1 = -1 + 3r - s$

Lösungsvektor: $\vec{x} = \begin{pmatrix} -1 + 3r - s \\ r \\ s \end{pmatrix};\ r, s \in \mathbb{R}$

Beispiel 4

➲ Gegeben ist das LGS durch $\left(\begin{array}{ccc|c} -1 & 0 & 0 & 5 \\ 0 & 0 & 2 & 6 \\ 0 & 0 & 0 & 0 \end{array}\right)$. Bestimmen Sie den Lösungsvektor.

Lösung

Die zugehörigen Gleichungen ergeben: $-x_1 = 5 \quad \Leftrightarrow \quad x_1 = -5$

$2x_3 = 6 \quad \Leftrightarrow \quad x_3 = 3$

$0 \cdot x_1 + 0 \cdot x_2 + 0 \cdot x_3 = 0$

Einsetzen: $0 \cdot (-5) + 0 \cdot x_2 + 0 \cdot 3 = 0$

$0 \cdot x_2 = 0$

In der Gleichung $0 \cdot x_2 = 0$ ist x_2 frei wählbar: $x_2 = r;\ r \in \mathbb{R}$.

Lösungsvektor: $\vec{x} = \begin{pmatrix} -5 \\ r \\ 3 \end{pmatrix};\ r \in \mathbb{R}$

Das LGS ist **mehrdeutig lösbar**.

Beispiel 5

➲ Gegeben sind die folgenden Gleichungen:

$$\begin{aligned} 2x_1 + 4x_2 - 6x_3 &= 8 \quad (1)\\ 3x_1 + 6x_2 - 8x_3 &= 14 \quad (2)\\ -2x_1 - 4x_2 + 3x_3 &= -14 \quad (3)\\ x_1 - x_2 - 2x_3 &= 0 \quad (4) \end{aligned}$$

a) Berechnen Sie die Lösung des linearen Gleichungssystems, das aus den Gleichungen (1), (2) und (3) besteht.

b) Wie lautet der Lösungsvektor des linearen Gleichungssystems, das aus allen vier Gleichungen besteht?

Lösung

a) Koeffizientenmatrix auf Dreiecksform bringen

$$\left(\begin{array}{ccc|c} 2 & 4 & -6 & 8\\ 3 & 6 & -8 & 14\\ -2 & -4 & 3 & -14 \end{array}\right) \sim \left(\begin{array}{ccc|c} 2 & 4 & -6 & 8\\ 0 & 0 & 2 & 4\\ 0 & 0 & -3 & -6 \end{array}\right) \sim \left(\begin{array}{ccc|c} 2 & 4 & -6 & 8\\ 0 & 0 & 2 & 4\\ 0 & 0 & 0 & 0 \end{array}\right)$$

Hinweis: Mindestens ein Diagonalelement der umgeformten Koeffizientenmatrix ist gleich null, d. h., das LGS ist **nicht eindeutig** lösbar.

Aus der 2. Zeile der erweiterten Dreiecksform $x_3 = 2$

Einsetzen von $x_3 = 2$ in die 1. Zeile $2x_1 + 4x_2 - 12 = 8$

ergibt: $x_1 + 2x_2 = 10$

Zur Lösung dieser Gleichung mit 2 Unbekannten setzt man z. B.: $x_2 = t;\ t \in \mathbb{R}$ (x_2 ist frei wählbar.)

Durch Einsetzen berechnet man x_1 $x_1 + 2t = 10$

(in Abhängigkeit von t): $x_1 = 10 - 2t$

Lösungsvektor: $\vec{x} = \begin{pmatrix} 10 - 2t\\ t\\ 2 \end{pmatrix};\ t \in \mathbb{R}$

Das LGS ist **mehrdeutig lösbar**, hat also unendlich viele Lösungen.

b) Einsetzen der allgemeinen Lösung aus a) in die Gleichung (4) ergibt: $10 - 2t - t - 2 \cdot 2 = 0$

$t = 2$

$t = 2$ einsetzen in $\vec{x} = \begin{pmatrix} 10 - 2t\\ t\\ 2 \end{pmatrix}$ ergibt: $\vec{x} = \begin{pmatrix} 6\\ 2\\ 2 \end{pmatrix}$

Das LGS aus allen vier Gleichungen ist **eindeutig lösbar**.

Aufgaben

1 Bestimmen Sie den Lösungsvektor.

a) $$\begin{aligned} 2x_1 + x_2 + 3x_3 &= -2\\ x_2 + 2x_3 &= 1\\ 4x_1 + 3x_2 + 8x_3 &= -3 \end{aligned}$$

b) $\left(\begin{array}{ccc|c} 1 & 0 & 2 & 1\\ 2 & 1 & -1 & 3\\ 3 & 1 & 1 & 4 \end{array}\right)$

c) $\left(\begin{array}{ccc|c} 0 & 1 & 1 & 2\\ 2 & 1 & 1 & 4\\ 1 & -1 & -1 & -1 \end{array}\right)$

1.2.4 Lineare Gleichungssysteme mit Parameter

Beispiel 1

Für jedes $t \in \mathbb{R}$ ist das folgende lineare Gleichungssystem (LGS) gegeben:

$$\begin{aligned} x_1 + x_2 + x_3 &= 2 \\ tx_2 + x_3 &= 4t \\ tx_2 - x_3 &= -2 \end{aligned}$$

a) Für welche $t \in \mathbb{R}$ ist das LGS unlösbar, mehrdeutig lösbar, eindeutig lösbar?
b) Bestimmen Sie die Lösungsmenge für den Fall der eindeutigen Lösbarkeit.

Lösung

a) Koeffizientenmatrix auf Dreiecksform bringen

$$\left(\begin{array}{ccc|c} 1 & 1 & 1 & 2 \\ 0 & t & 1 & 4t \\ 0 & t & -1 & -2 \end{array}\right) \sim \left(\begin{array}{ccc|c} 1 & 1 & 1 & 2 \\ 0 & t & 1 & 4t \\ 0 & 0 & 2 & 4t+2 \end{array}\right)$$

Untersuchung der Diagonalelemente: $t = 0$

Für $t = 0$ ist das LGS **nicht eindeutig** lösbar.

Erweiterte Dreiecksform für $t = 0$: $\left(\begin{array}{ccc|c} 1 & 1 & 1 & 2 \\ 0 & 0 & 1 & 0 \\ 0 & 0 & 2 & 2 \end{array}\right)$

Die 3. Zeile entspricht der Gleichung: $2x_3 = 2$

$x_3 = 1$

Die 2. Zeile entspricht der Gleichung: $x_3 = 0$

Für $t = 0$ ist das LGS **unlösbar**,

für $t \neq 0$ hat das LGS **genau eine Lösung**, da alle Diagonalelemente ungleich null sind.

Für kein $t \in \mathbb{R}$ ist das LGS mehrdeutig lösbar.

b) Lösungen für $t \neq 0$

Aus der erweiterten Dreiecksform: $2x_3 = 4t + 2$

$x_3 = 2t + 1$

Durch Einsetzen von $x_3 = 2t + 1$
in $t \cdot x_2 + x_3 = 4t$ (2. Zeile)
ergibt sich x_2: $tx_2 + (2t + 1) = 4t$

$tx_2 = 2t - 1$

$x_2 = 2 - \frac{1}{t}$

Einsetzen in $x_1 + x_2 + x_3 = 2$ (1. Zeile): $x_1 + (2 - \frac{1}{t}) + 2t + 1 = 2$

$x_1 = \frac{1}{t} - 2t - 1$

Lösungsvektor für $t \neq 0$: $\vec{x} = \begin{pmatrix} \frac{1}{t} - 2t - 1 \\ 2 - \frac{1}{t} \\ 2t + 1 \end{pmatrix}$

Lösungsmenge für $t \neq 0$: $L = \left\{ \begin{pmatrix} \frac{1}{t} - 2t - 1 \\ 2 - \frac{1}{t} \\ 2t + 1 \end{pmatrix}; t \in \mathbb{R} \setminus \{0\} \right\}$

Beispiel 2

➲ Für jedes $t \in \mathbb{R}$ ist das folgende LGS gegeben:

$$\begin{aligned} tx_1 + 4x_2 + \quad 2x_3 &= 4 \\ 4x_2 + (t+1)x_3 &= 2 \\ (t^2-1)x_3 &= t(t-1) \end{aligned}$$

a) Für welche $t \in \mathbb{R}$ hat das LGS genau eine, keine, mehr als eine Lösung?

b) Bestimmen Sie den Lösungsvektor im Falle der Mehrdeutigkeit.

Lösung

a) Koeffizientenmatrix in erweiterter Dreiecksform: $\left(\begin{array}{ccc|c} t & 4 & 2 & 4 \\ 0 & 4 & t+1 & 2 \\ 0 & 0 & t^2-1 & t(t-1) \end{array}\right)$

Untersuchung der Diagonalelemente: $t = 0$

$t^2 - 1 = 0$ für $t = \pm 1$

Für $t \in \mathbb{R} \setminus \{0; -1, 1\}$ sind alle Diagonalelemente ungleich null.

Das LGS hat für $t \in \mathbb{R} \setminus \{0; -1, 1\}$ **genau eine Lösung.**

Untersuchung für $t = 0$: $\left(\begin{array}{ccc|c} 0 & 4 & 2 & 4 \\ 0 & 4 & 1 & 2 \\ 0 & 0 & -1 & 0 \end{array}\right) \sim \left(\begin{array}{ccc|c} 0 & 4 & 2 & 4 \\ 0 & 0 & 1 & 2 \\ 0 & 0 & -1 & 0 \end{array}\right) \sim \left(\begin{array}{ccc|c} 0 & 4 & 2 & 4 \\ 0 & 0 & 1 & 2 \\ 0 & 0 & 0 & 2 \end{array}\right)$

Für $t = 0$ hat das LGS **keine Lösung** (letzte Zeile: $0 \cdot x_3 = 2$).

Untersuchung für $t = -1$: $\left(\begin{array}{ccc|c} -1 & 4 & 2 & 4 \\ 0 & 4 & 0 & 2 \\ 0 & 0 & 0 & 2 \end{array}\right)$

Für $t = -1$ hat das LGS **keine Lösung.**

Untersuchung für $t = 1$: $\left(\begin{array}{ccc|c} 1 & 4 & 2 & 4 \\ 0 & 4 & 2 & 2 \\ 0 & 0 & 0 & 0 \end{array}\right)$

Für $t = 1$ hat das LGS **mehr als eine Lösung** (letzte Zeile: $0 \cdot x_3 = 0$).

b) Lösung für $t = 1$

Mit $x_3 = r$, $r \in \mathbb{R}$ (x_3 ist frei wählbar) ergibt sich durch Einsetzen in die Gleichung $4x_2 + 2x_3 = 2$: $4x_2 + 2r = 2 \Leftrightarrow x_2 = 0{,}5 - 0{,}5r$

Einsetzen in $x_1 + 4x_2 + 2x_3 = 4$: $x_1 + 4\cdot(0{,}5 - 0{,}5r) + 2r = 4 \Leftrightarrow x_1 = 2$

Lösungsvektor: $\vec{x} = \begin{pmatrix} 2 \\ 0{,}5 - 0{,}5r \\ r \end{pmatrix}$; $r \in \mathbb{R}$

Aufgaben

1 Untersuchen Sie das LGS auf Lösbarkeit.
Bestimmen Sie den Lösungsvektor im Falle der mehrdeutigen Lösbarkeit.

a) $\begin{aligned} x_1 + x_2 + x_3 &= -2 \\ (t+1)x_2 + 2x_3 &= 6 \\ tx_3 &= -3 \end{aligned}$

b) $\left(\begin{array}{ccc|c} 1 & 2 & 2 & -1 \\ 1 & 0 & 2 & 3 \\ 1 & t & 2 & 4 \end{array}\right)$

c) $\left(\begin{array}{ccc|c} 0 & 1 & 1 & 2 \\ 0 & 0 & 1 & 4 \\ t & 2 & -1 & -1 \end{array}\right)$

2 Für jedes $t \in \mathbb{R}$ ist das folgende LGS gegeben:
$x_1 + 4x_2 + tx_3 = 2 \wedge tx_2 + 2x_3 = 3t \wedge (1-t)x_3 = t - 1$
Bestimmen Sie für $t = 1$ die Lösungsmenge des Gleichungssystems.
Für welche Werte von t hat das lineare Gleichungssystem keine Lösung, unendlich viele Lösungen, genau eine Lösung?

Was man wissen sollte – über die Lösbarkeit eines linearen Gleichungssystems

Untersuchung in zwei Schritten (am Beispiel von 3 Gleichungen für 3 Unbekannte):

1. Umformung der erweiterten Koeffizientenmatrix mit dem Gaußverfahren in die **erweiterte Dreiecksform**:

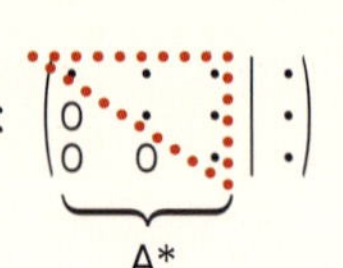

2. Untersuchung der **Diagonalelemente von A***

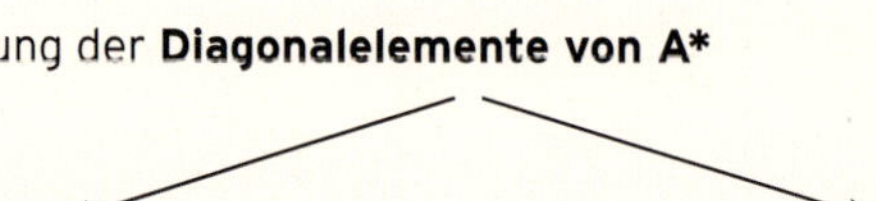

Alle Diagonalelemente von A* sind ungleich null.

↓

Das LGS ist eindeutig lösbar.

Mindestens ein Diagonalelement von A* ist gleich null.

↓

Das LGS ist nicht eindeutig lösbar.
Die rechte Seite entscheidet:
Das LGS ist

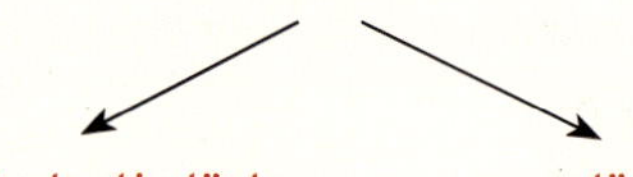

mehrdeutig lösbar. / unlösbar.

z. B. $\left(\begin{array}{ccc|c} \neq 0 & \cdot & \cdot & \cdot \\ 0 & \neq 0 & \cdot & \cdot \\ 0 & 0 & 0 & 0 \end{array}\right)$ $\quad$ $\left(\begin{array}{ccc|c} \neq 0 & \cdot & \cdot & \cdot \\ 0 & \neq 0 & \cdot & \cdot \\ 0 & 0 & 0 & \neq 0 \end{array}\right)$

Beispiele

a) $\left(\begin{array}{ccc|c} -1 & 2 & 0 & 4 \\ 0 & -1 & 2 & 4 \\ 0 & 0 & 1 & 0 \end{array}\right) \Rightarrow \vec{x} = \begin{pmatrix} -12 \\ -4 \\ 0 \end{pmatrix}$ Das inhomogene LGS ist **eindeutig lösbar**.

$\left(\begin{array}{ccc|c} -1 & 2 & 0 & 0 \\ 0 & -1 & 2 & 0 \\ 0 & 0 & 1 & 0 \end{array}\right) \Rightarrow \vec{x} = \begin{pmatrix} 0 \\ 0 \\ 0 \end{pmatrix}$ Das homogene LGS ist **eindeutig lösbar**.

b) $\left(\begin{array}{ccc|c} -1 & 2 & 0 & 4 \\ 0 & -1 & 2 & 4 \\ 0 & 0 & 0 & 0 \end{array}\right) \Rightarrow \vec{x} = \begin{pmatrix} -12 + 4r \\ -4 + 2r \\ r \end{pmatrix}$ Das inhomogene LGS ist **mehrdeutig lösbar**.

$\left(\begin{array}{ccc|c} -1 & 2 & 0 & 0 \\ 0 & -1 & 2 & 0 \\ 0 & 0 & 0 & 0 \end{array}\right) \Rightarrow \vec{x} = \begin{pmatrix} 4r \\ 2r \\ r \end{pmatrix}$ Das homogene LGS ist **mehrdeutig lösbar**.

c) $\left(\begin{array}{ccc|c} -1 & 2 & 0 & 4 \\ 0 & -1 & 2 & 4 \\ 0 & 0 & 0 & 1 \end{array}\right)$ Das inhomogene LGS ist **unlösbar**.

Aufgaben

1 Bestimmen Sie den Lösungsvektor.

a) $\left(\begin{array}{ccc|c} -1 & 2 & 0 & 4 \\ 0 & -1 & 2 & 4 \\ 0 & 0 & 0 & 0 \end{array}\right)$ b) $\left(\begin{array}{ccc|c} -1 & 2 & 0 & 4 \\ 0 & 0 & 2 & 4 \\ 0 & 0 & 0 & 0 \end{array}\right)$ c) $\left(\begin{array}{ccc|c} 0 & 1 & 2 & 5 \\ 0 & -2 & 0 & -2 \\ 0 & 0 & 4 & 8 \end{array}\right)$

d) $\left(\begin{array}{ccc|c} 1 & 1 & 2 & 5 \\ 0 & 0 & 0 & 0 \\ 0 & 0 & 0 & 0 \end{array}\right)$ e) $\left(\begin{array}{ccc|c} -1 & 2 & 5 & 0 \\ 0 & -1 & 3 & 0 \\ 0 & 0 & 0 & 0 \end{array}\right)$ f) $\left(\begin{array}{ccc|c} -1 & 2 & 5 & 0 \\ 0 & 0 & 3 & 0 \\ 0 & 0 & 0 & 0 \end{array}\right)$

g) $\left(\begin{array}{cc|c} -1 & 2 & 0 \\ 0 & -1 & 0 \\ 0 & 1 & 0 \end{array}\right)$ h) $\left(\begin{array}{cc|c} 1 & 1 & 5 \\ 0 & 0 & 0 \\ 0 & 0 & 0 \end{array}\right)$ i) $\left(\begin{array}{ccc|c} 1 & 1 & 1 & 3 \\ 1 & -1 & 0 & 2 \\ 2 & 0 & 0 & 5 \end{array}\right)$

c) d)

2 Berechnen Sie die Lösungsmenge.

a)
$$\begin{aligned} x_1 - 3x_2 + 2x_3 &= 2 \\ 2x_1 - 6x_2 + 5x_3 &= 11 \\ 3x_1 + 11x_2 - 9x_3 &= 1 \end{aligned}$$

b)
$$\begin{aligned} 8x_2 - 4x_3 &= 4 \\ x_1 + 2x_2 - 3x_3 &= 2 \\ -3x_1 - 4x_2 + 8x_3 &= -5 \end{aligned}$$

c)
$$\begin{aligned} 2x_1 + 4x_2 + 6x_3 &= 0 \\ 3x_1 + 2x_2 + x_3 &= 1 \\ 2x_2 + 4x_3 &= -0{,}5 \end{aligned}$$

d)
$$\begin{aligned} 2x_1 + 5x_2 - x_3 &= 25 \\ x_1 + 7x_3 &= 10 \\ x_1 + 2x_2 + x_3 &= 12 \end{aligned}$$

e)
$$\begin{aligned} x_1 + 2x_2 + x_3 &= 0 \\ -2x_1 - x_2 + 3x_3 &= -1 \end{aligned}$$

f)
$$\begin{aligned} 3x_1 - 5x_2 &= 2 \\ x_1 + 3x_3 &= 3 \end{aligned}$$

g) $2x_2 + x_3 = -1$

h) $3x_1 - 7x_2 + x_3 = 0$

3 Bestimmen Sie den Lösungsvektor des Gleichungssystems.

a)
$$\begin{aligned} x_1 + 8x_2 &= -1 \\ x_1 + 2x_2 &= 2 \\ 2x_1 + 6x_2 &= 3 \end{aligned}$$

b)
$$\begin{aligned} x_1 - 3x_2 + x_3 &= 2 \\ 4x_1 - 2x_2 + 3x_3 &= 4 \\ -4x_1 + 2x_2 - x_3 &= -2 \\ 3x_1 + x_2 + 2x_3 &= 2 \end{aligned}$$

4 Gegeben ist das LGS $\left(\begin{array}{ccc|c} 0 & 1 & -1 & 1 \\ 0 & 1 & 0 & 2 \\ 0 & 0 & 3 & 1 \end{array}\right)$.
Untersuchen Sie auf Lösbarkeit. Ändern Sie eine Zahl so ab, dass sich die Lösbarkeit ändert. Bestimmen Sie gegebenenfalls den Lösungsvektor.

5 Zeigen Sie, dass das LGS $x_1 - 2x_2 + x_3 = 1 \wedge x_1 - 4x_2 + 2x_3 = 2 \wedge -2x_2 + x_3 = -1$ unlösbar ist.

6 Bestimmen Sie r, s und t so, dass gilt:
$$\begin{aligned} 4 + r + 2s &= 4t + 3 \\ 3 + 3r + 2s &= 2t \\ 1 + 4r + 4s &= 4t. \end{aligned}$$

7 Gegeben ist das lineare Gleichungssystem:
$2x_1 - 2x_2 + 2x_3 = x_1 \wedge -x_1 + x_2 + x_3 = x_2 \wedge 4x_1 - 2x_2 = x_3.$

Zeigen Sie: $\vec{x} = \begin{pmatrix} 2 \\ 3 \\ 2 \end{pmatrix}$ ist ein Lösungsvektor. Berechnen Sie alle Lösungen.

8 Gegeben ist das LGS:

$$\begin{aligned} 2x_1 - x_2 + x_3 &= -2 \\ -x_1 + x_2 + x_3 &= 2 \\ x_1 + x_2 + 5x_3 &= 2 \end{aligned}$$

Bestimmen Sie den allgemeinen Lösungsvektor.

Prüfen Sie, ob $\vec{x} = \begin{pmatrix} -15 \\ -22 \\ 8 \end{pmatrix}$ ein Lösungsvektor ist.

Bestimmen Sie eine spezielle Lösung mit $x_1 + x_2 + x_3 = 1$.

9 Gegeben ist das LGS $\left(\begin{array}{ccc|c} 1 & 0 & 2 & x \\ 2 & 9 & 10 & y \\ -1 & 3 & 0 & z \end{array}\right)$.

a) Ist das LGS lösbar für $x = y = z = 0$? Wenn ja, geben Sie den Lösungsvektor an.

b) Ist das LGS lösbar für $x = y = 0$ und $z = 1$? Wenn ja, geben Sie die Lösung an.

c) Welche Beziehung besteht zwischen x , y und z, wenn das LGS lösbar ist?

10 Für jedes $k \in \mathbb{R}$ ist das folgende LGS gegeben:

$x_1 + x_2 + x_3 = 1 \wedge 2x_1 + 6x_2 + 8x_3 = -2 \wedge 3x_1 + 6x_2 - kx_3 = 0$

Untersuchen Sie das LGS auf Lösbarkeit. Bestimmen Sie alle Lösungen.

11 Welche der Vektoren $\begin{pmatrix} 1 \\ 0 \\ 0 \end{pmatrix}, \begin{pmatrix} 0 \\ -2 \\ 0 \end{pmatrix}, \begin{pmatrix} 4 \\ 1 \\ 2 \end{pmatrix}$ sind Lösungen der Gleichung $x_1 - 2x_2 + x_3 = 4$?

Bestimmen Sie die allgemeine Lösung dieser Gleichung.

12 Für welche Werte von t ist das LGS $\left(\begin{array}{ccc|c} 1 & 0 & 2 & 3 \\ 0 & t & 1 & 0 \\ 0 & 0 & t-2 & 4 \end{array}\right)$ eindeutig lösbar, mehrdeutig lösbar, unlösbar?

13 Gegeben ist das lineare Gleichungssystem:

$$\begin{aligned} 2x_1 + 2x_2 - x_3 &= 0 \qquad (1) \\ x_1 + 3x_2 + 2x_3 &= 0 \qquad (2) \\ 2x_1 + 6x_2 + 4x_3 &= 0 \qquad (3) \end{aligned}$$

Bestimmen Sie die Lösungsmenge des linearen Gleichungssystems, das aus den drei Gleichungen (1), (2) und (3) besteht.

Bestimmen Sie die Lösungsmenge des Gleichungssystems, das aus den Gleichungen (1) und (2) besteht.

Bestimmen Sie die Lösungsmenge der Gleichung (1).

14 Für welche Werte von $t \in \mathbb{R}$ ist das folgende Gleichungssystem unlösbar, mehrdeutig lösbar, eindeutig lösbar?

a)
$$\begin{aligned} -x_1 + 2x_2 + x_3 &= t \\ tx_2 + x_3 &= 1 \\ x_3 &= 2 \end{aligned}$$

b)
$$\begin{aligned} x_1 + 2x_2 \qquad &= 2 \\ (t+1)\,x_2 + x_3 &= 1 \\ tx_3 &= -1 \end{aligned}$$

Test zur Überprüfung Ihrer Grundkenntnisse

1 Untersuchen Sie das LGS auf Lösbarkeit. Bestimmen Sie gegebenenfalls den Lösungsvektor.

a) $3x_1 + 2x_2 - x_3 = -2$
$2x_1 - 3x_2 + x_3 = 9$
$4x_2 + x_3 = -7$

b) $\left(\begin{array}{ccc|c} 2 & 1 & 1 & -2 \\ 0 & 2 & -1 & 0 \\ 4 & 4 & 1 & -4 \end{array}\right)$

c) $\left(\begin{array}{ccc|c} 1 & 2 & 0 & -3 \\ 1 & 3 & 4 & -2 \\ 0 & 1 & 4 & 5 \end{array}\right)$

2 Zeigen Sie: Das LGS ist mehrdeutig lösbar.

$x_1 + 4x_2 + x_3 = 10$
$x_1 + 2x_2 + x_3 = 8$
$x_1 + x_2 + x_3 = 7$

3 Bestimmen Sie den Lösungsvektor des Gleichungssystems.

a) $x_1 + 8x_2 = -1$
$x_1 + 2x_2 = 2$
$2x_1 + 6x_2 = 3$

b) $2x_1 + 3x_2 - 5x_3 = -1$
$-x_1 - x_2 + 3x_3 = 1$

4 Gegeben ist folgendes Gleichungssystem:

$2x_1 + x_2 + 3x_3 = 3$
$x_1 - x_2 + 4x_3 = 3$
$4x_1 + 3x_2 + 11x_3 = 5$

Geben Sie eine Lösung des Gleichungssystems an, bei der $x_3 = 0$ ist.

5 Für ein Klassenfest kaufen drei Schüler im gleichen Getränkemarkt Mineralwasser (M), Saft (S) und Cola (C) ein. Die Tabelle gibt die Anzahl der gekauften Gebinde an.

	Mineralwasser (M)	Saft (S)	Cola (C)
Schüler 1	2	4	5
Schüler 2	3	2	6
Schüler 3	2	5	5

Die Einkäufer legen der Klassenkasse Belege über 80 Euro, 75 Euro und 89 Euro vor. Wie viel Gewinn erwirtschaftet die Klasse, wenn alle Getränke verkauft werden und der Verkaufspreis von M 20 %, der von S 30 % und der von C 25 % über dem jeweiligen Einkaufspreis liegt?

2 Vertiefung der Vektoriellen Geometrie

Die vektorielle Geometrie ermöglicht es in vielen Fällen, geometrische Aufgabenstellungen rein rechnerisch zu lösen, ohne die Anschauung zu Hilfe zu nehmen. Dabei werden Geraden und Ebenen im dreidimensionalen Raum durch Gleichungen dargestellt und Lagebeziehungen untersucht. Die Frage, in welchem Abstand der Himmelskörper an der Erde vorbeifliegt, kann mit Mitteln der vektoriellen Geometrie geklärt werden.

mvurl.de/p18d

Qualifikationen & Kompetenzen

- Mit Vektoren rechnen
- Geraden- und Ebenengleichungen aufstellen
- Gegenseitige Lage von Geraden untersuchen
- Abstände und Winkel berechnen
- Volumenberechnungen an Objekten im Raum durchführen
- Realitätsbezogene Zusammenhänge mathematisch modellieren

Beispiel 1

Flugzeuge

Landeanflug

Ein Flugzeug befindet sich auf einer geradlinigen Flugbahn.
Mithilfe der Vektorgeometrie lassen sich der Landepunkt und der Landewinkel berechnen.

Beispiel 2

Laserstrahlen

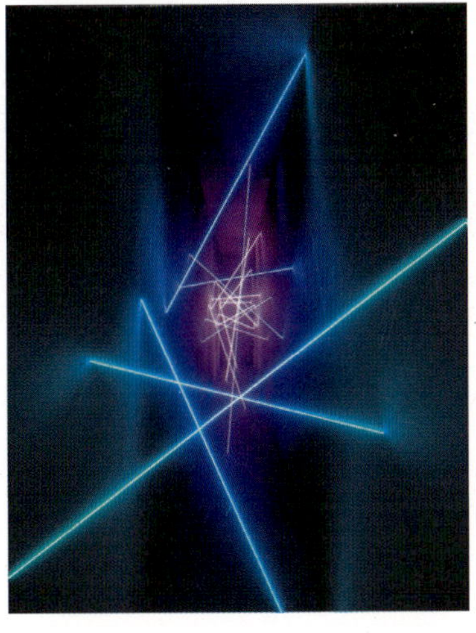

Lagebeziehung von Geraden

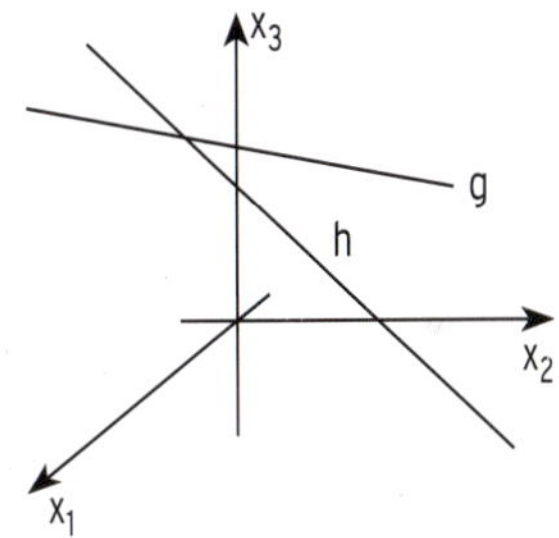

Die Laserstrahlen lassen sich mit Mitteln der Vektorgeometrie als Geraden beschreiben und auf gegenseitige Lage untersuchen.

2.1 Geraden

2.1.1 Geradengleichung in Parameterform

Punkt-Richtungs-Form

P ist ein Punkt auf der Geraden g. Die Geradenpunkte Q und R erhält man durch

$\overrightarrow{OQ} = \overrightarrow{OP} + \vec{u}$

$\overrightarrow{OR} = \overrightarrow{OP} + 2\vec{u}.$

Allgemein erhält man Punkte X auf g durch

$\overrightarrow{OX} = \overrightarrow{OP} + r \cdot \vec{u};\ r \in \mathbb{R}.$

Für jede Wahl von $r \in \mathbb{R}$ erhält man einen Geradenpunkt.

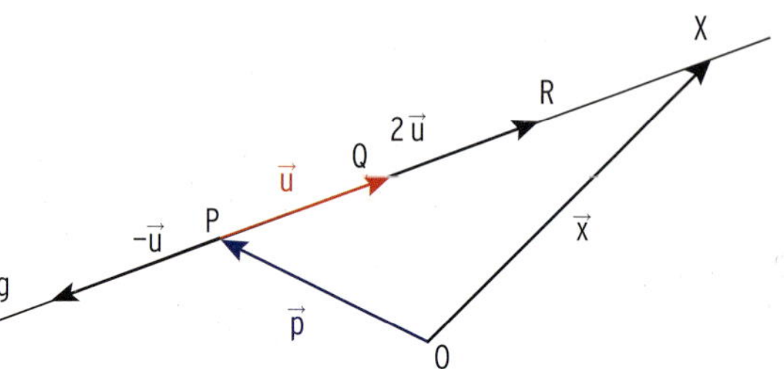

Ist P ein Punkt mit dem **Ortsvektor** $\vec{p}$ und $\vec{u}$ ein **Richtungsvektor**, dann kann eine Gerade g durch folgende Gleichung beschrieben werden:

$$\vec{x} = \vec{p} + r\vec{u};\ r \in \mathbb{R}. \quad \text{(Punkt-Richtungs-Form)}$$

Der Vektor $\vec{p}$ heißt **Stützvektor,** P ist der **Aufpunkt.**

Zwei-Punkte-Form

$\vec{p}, \vec{q}$ sind die Ortsvektoren der Geradenpunkte P und Q.

$\vec{u} = \overrightarrow{PQ} = \overrightarrow{OQ} - \overrightarrow{OP} = \vec{q} - \vec{p}$ ist ein Richtungsvektor.

Geradengleichung von g

$g\colon \vec{x} = \overrightarrow{OP} + r(\overrightarrow{OQ} - \overrightarrow{OP});\ r \in \mathbb{R}$ bzw. $\frac{3}{6}$

$g\colon \vec{x} = \vec{p} + r(\vec{q} - \vec{p});\ r \in \mathbb{R}$

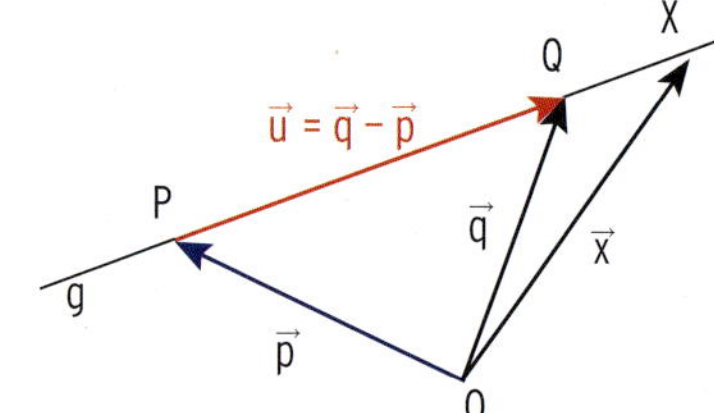

Eine Gerade g, die durch die zwei Punkte P und Q verläuft, kann beschrieben werden durch:

$$\vec{x} = \overrightarrow{OP} + r \cdot \overrightarrow{PQ};\ r \in \mathbb{R}$$

$$\vec{x} = \vec{p} + r(\vec{q} - \vec{p});\ r \in \mathbb{R} \quad \text{(Zwei-Punkte-Form)}$$

Der Vektor $\vec{p}$ heißt **Stützvektor,** $\vec{q} - \vec{p}$ ist ein **Richtungsvektor.**

Besondere Geraden im Anschauungsraum

x_1-Achse: $\vec{x} = r\begin{pmatrix}1\\0\\0\end{pmatrix}$ x_2-Achse: $\vec{x} = s\begin{pmatrix}0\\1\\0\end{pmatrix}$ x_3-Achse: $\vec{x} = t\begin{pmatrix}0\\0\\1\end{pmatrix}$; $(r, s, t \in \mathbb{R})$

Beispiel 1

➲ Gegeben ist die Gerade g: $\vec{x} = \begin{pmatrix} 3 \\ -1 \\ 2 \end{pmatrix} + r\begin{pmatrix} 0 \\ 2 \\ 1 \end{pmatrix}$; $r \in \mathbb{R}$.

a) Bestimmen Sie drei Punkte auf der Geraden g.

b) Liegt der Punkt P(3 | 3 | 6) auf der Geraden g?

c) Bestimmen Sie eine Gleichung der Ursprungsgeraden durch den Aufpunkt von g.

Lösung

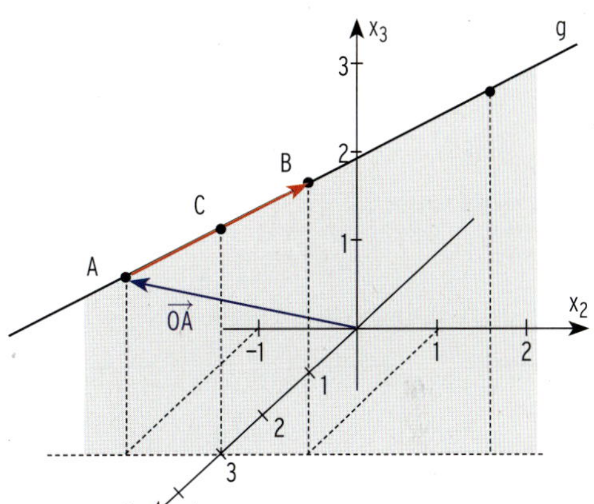

a) Der Aufpunkt A(3 | −1| 2) liegt auf g (für r = 0).
Weitere Punkte auf g erhält man, indem man für den Parameter r verschiedene Werte wählt.

Für r = 1: $\vec{x} = \begin{pmatrix} 3 \\ -1 \\ 2 \end{pmatrix} + 1 \cdot \begin{pmatrix} 0 \\ 2 \\ 1 \end{pmatrix} = \begin{pmatrix} 3 \\ 1 \\ 3 \end{pmatrix}$.

Der Punkt B(3 | 1 | 3) liegt auf g.

Für r = 0,5: $\vec{x} = \begin{pmatrix} 3 \\ -1 \\ 2 \end{pmatrix} + 0{,}5\begin{pmatrix} 0 \\ 2 \\ 1 \end{pmatrix} = \begin{pmatrix} 3 \\ 0 \\ 2{,}5 \end{pmatrix}$.

Der Punkt C(3 | 0 | 2,5) liegt auf g.

Hinweis: Für alle Punkte auf g gilt: $x_1 = 3$.
Die Gerade g verläuft parallel zur x_2x_3-Ebene.
Die Punkte X auf g haben die Koordinaten $x_1 = 3$, $x_2 = -1 + 2r$, $x_3 = 2 + r$.
C liegt zwischen A und B, da $0 < r < 1$. C ist der Mittelpunkt der Strecke AB, da $r = \frac{1}{2}$ ist. Gleichung der Strecke AB: $\vec{x} = \begin{pmatrix} 3 \\ -1 \\ 2 \end{pmatrix} + r\begin{pmatrix} 0 \\ 2 \\ 1 \end{pmatrix}$; $0 \leq r \leq 1$

b) Um zu überprüfen, ob der Punkt P auf g liegt, führt man eine **Punktprobe** durch.
Punktprobe mit P(3 | 3 | 6):

Ortsvektor von P für $\vec{x}$ einsetzen: $\begin{pmatrix} 3 \\ 3 \\ 6 \end{pmatrix} = \begin{pmatrix} 3 \\ -1 \\ 2 \end{pmatrix} + r\begin{pmatrix} 0 \\ 2 \\ 1 \end{pmatrix}$

Umformung: $\begin{pmatrix} 0 \\ 4 \\ 4 \end{pmatrix} = r\begin{pmatrix} 0 \\ 2 \\ 1 \end{pmatrix}$ $\quad \begin{matrix} 0 = 0r \\ 2 = r \\ 4 = r \end{matrix}$

Es gibt keine Zahl r, sodass alle drei Gleichungen erfüllt sind.
P liegt nicht auf g.

c) Aufpunkt: A(3 | −1 | 2)

Richtungsvektor: $\vec{u} = \overrightarrow{OA} = \begin{pmatrix} 3 \\ -1 \\ 2 \end{pmatrix}$

Gleichung der Ursprungsgeraden: $\vec{x} = \begin{pmatrix} 0 \\ 0 \\ 0 \end{pmatrix} + s\begin{pmatrix} 3 \\ -1 \\ 2 \end{pmatrix}$; $s \in \mathbb{R}$

$\vec{x} = s\begin{pmatrix} 3 \\ -1 \\ 2 \end{pmatrix}$; $s \in \mathbb{R}$

Beispiel 2

➲ Die Gerade g verläuft durch die Punkte A(−3 | 9 | 2) und B(−4 | 1 | −5). Die Gerade h ist parallel zu g und geht durch den Punkt P(−2 | 3 | 6).

a) Bestimmen Sie eine Gleichung von g.

b) Bestimmen Sie eine Gleichung von h.
Überprüfen Sie, ob der Punkt Q(0 | 19 | 20) auf h liegt.

Lösung

a) Die Differenz der Ortsvektoren $\overrightarrow{OA}$ und $\overrightarrow{OB}$ ergibt einen **Richtungsvektor** von g.

Richtungsvektor: $\vec{u} = \overrightarrow{AB} = \overrightarrow{OB} - \overrightarrow{OA} = \begin{pmatrix} -4 \\ 1 \\ -5 \end{pmatrix} - \begin{pmatrix} -3 \\ 9 \\ 2 \end{pmatrix} = -\begin{pmatrix} 1 \\ 8 \\ 7 \end{pmatrix}$

Einsetzen eines Ortsvektors (z. B. $\overrightarrow{OA}$) und $\vec{u}$ in die **Punkt-Richtungs-Form** ergibt eine Gleichung von g: $\vec{x} = \overrightarrow{OA} + r\vec{u} = \begin{pmatrix} -3 \\ 9 \\ 2 \end{pmatrix} + r\begin{pmatrix} 1 \\ 8 \\ 7 \end{pmatrix}$; $r \in \mathbb{R}$

b) g und h sind **parallel**, d. h., der Richtungsvektor von g ist ein Vielfaches des Richtungsvektors von h.
Einsetzen von $\vec{p}$ (Ortsvektor von P) und $\vec{u}$ in die Punkt-Richtungs-Form ergibt eine Gleichung von h: $\vec{x} = \vec{p} + s\vec{u} = \begin{pmatrix} -2 \\ 3 \\ 6 \end{pmatrix} + s\begin{pmatrix} 1 \\ 8 \\ 7 \end{pmatrix}$; $s \in \mathbb{R}$

Punktprobe mit Q(0 | 19 | 20):
Ortsvektor von Q für $\vec{x}$ einsetzen: $\begin{pmatrix} 0 \\ 19 \\ 20 \end{pmatrix} = \begin{pmatrix} -2 \\ 3 \\ 6 \end{pmatrix} + s\begin{pmatrix} 1 \\ 8 \\ 7 \end{pmatrix}$

$\begin{pmatrix} 2 \\ 16 \\ 14 \end{pmatrix} = s\begin{pmatrix} 1 \\ 8 \\ 7 \end{pmatrix}$ $\quad s = 2$

Für s = 2 sind alle drei Gleichungen erfüllt. Q liegt auf h.

Beispiel 3

➲ Für jedes $k \in \mathbb{R}$ ist der Punkt A_k gegeben durch $A_k(-1 \mid 3k + 1 \mid -3k)$.
Es gibt eine Gerade g, die alle Punkte A_k enthält. Bestimmen Sie die Gleichung von g.

Lösung

Zwei Punkte wählen, z. B. für k = 0, k = 1: $A_0(-1 \mid 1 \mid 0)$, $A_1(-1 \mid 4 \mid -3)$

Richtungsvektor $\vec{u}$: $\vec{u} = \overrightarrow{OA}_1 - \overrightarrow{OA}_0 = \begin{pmatrix} -1 \\ 4 \\ -3 \end{pmatrix} - \begin{pmatrix} -1 \\ 1 \\ 0 \end{pmatrix} = \begin{pmatrix} 0 \\ 3 \\ -3 \end{pmatrix}$

Gleichung von g: $\vec{x} = \begin{pmatrix} -1 \\ 1 \\ 0 \end{pmatrix} + r\begin{pmatrix} 0 \\ 3 \\ -3 \end{pmatrix}$; $r \in \mathbb{R}$

Oder mit $r\begin{pmatrix} 0 \\ 3 \\ -3 \end{pmatrix} = r \cdot 3\begin{pmatrix} 0 \\ 1 \\ -1 \end{pmatrix} = s\begin{pmatrix} 0 \\ 1 \\ -1 \end{pmatrix}$ erhält man: $\vec{x} = \begin{pmatrix} -1 \\ 1 \\ 0 \end{pmatrix} + s\begin{pmatrix} 0 \\ 1 \\ -1 \end{pmatrix}$; $s \in \mathbb{R}$

Beispiel 4

➲ Gegeben sind der Punkt $P_t(t+9 \mid -10 \mid t+5)$ und die Gerade g: $\vec{x} = \begin{pmatrix} 5 \\ -1 \\ -2 \end{pmatrix} + r\begin{pmatrix} 2 \\ 3 \\ 1 \end{pmatrix}$; $r \in \mathbb{R}$.

Bestimmen Sie den Wert für t so, dass der Punkt P_t auf der Geraden g liegt.

Lösung

Punktprobe mit $P_t(t + 9 \mid -10 \mid t + 5)$ liefert: $\begin{pmatrix} t+9 \\ -10 \\ t+5 \end{pmatrix} = \begin{pmatrix} 5 \\ -1 \\ -2 \end{pmatrix} + r\begin{pmatrix} 2 \\ 3 \\ 1 \end{pmatrix}$

Umformung: $\begin{pmatrix} t+4 \\ -9 \\ t+7 \end{pmatrix} = r\begin{pmatrix} 2 \\ 3 \\ 1 \end{pmatrix}$

$$t + 4 = 2r$$
$$-3 = r$$
$$t + 7 = r$$

Einsetzen von $r = -3$ in $t + 7 = r$: $t + 7 = -3$

$t = -10$

Einsetzen von $r = -3$ und $t = -10$ in $t + 4 = 2r$: $-10 + 4 = 2 \cdot (-3)$

$-6 = -6$ wahre Aussage

Für $t = -10$ liegt der Punkt $P_t(-1 \mid -10 \mid -5)$ auf der Geraden g.

Beispiel 5

➲ $A(1 \mid 1 \mid -1)$, $B(2 \mid 3 \mid -2)$, $C(4 \mid 7 \mid 3)$ und $D(3 \mid 5 \mid 4)$ sind die Eckpunkte eines Vierecks. Die Gerade g verläuft durch die Punkte A und C, h ist die Gerade durch die Punkte B und D. Zeigen Sie: Der Punkt $M(2{,}5 \mid 4 \mid 1)$ liegt auf g und auf h.
Interpretieren Sie Ihr Ergebnis.

Lösung

Gerade g durch A und C: $\vec{x} = \overrightarrow{OA} + r \cdot \overrightarrow{AC} = \begin{pmatrix} 1 \\ 1 \\ -1 \end{pmatrix} + r\begin{pmatrix} 3 \\ 6 \\ 4 \end{pmatrix}$; $r \in \mathbb{R}$

Gerade h durch B und D: $\vec{x} = \overrightarrow{OB} + s \cdot \overrightarrow{BD} = \begin{pmatrix} 2 \\ 3 \\ -2 \end{pmatrix} + s\begin{pmatrix} 1 \\ 2 \\ 6 \end{pmatrix}$; $s \in \mathbb{R}$

Punktprobe mit M in g: $\begin{pmatrix} 2{,}5 \\ 4 \\ 1 \end{pmatrix} = \begin{pmatrix} 1 \\ 1 \\ -1 \end{pmatrix} + r\begin{pmatrix} 3 \\ 6 \\ 4 \end{pmatrix}$

ergibt eine wahre Aussage für $r = 0{,}5$.
M liegt auf g.

Punktprobe mit M in h: $\begin{pmatrix} 2{,}5 \\ 4 \\ 1 \end{pmatrix} = \begin{pmatrix} 2 \\ 3 \\ -2 \end{pmatrix} + s\begin{pmatrix} 1 \\ 2 \\ 6 \end{pmatrix}$

Wahre Aussage für $s = 0{,}5$. M liegt auf h.

Interpretation: Wegen $r = s = 0{,}5$ halbieren sich die Diagonalen. Das Viereck ABCD ist ein Parallelogramm.

Aufgaben

1 Stellen Sie die Gleichung der Geraden g durch die Punkte A und B auf.

a) A(−3 | 2 | 1), B(7 | −2 | 1) b) A(0 | 0 | 3), B(−2 | 1 | 5) c) A(5 | 0 | 0), B(0 | 4 | 1)

2 Gegeben sind die Punkte A(1 | 2 | 0) und B(7 | 2 | 0).
Stellen Sie die Gleichung der Geraden durch A und B auf und beschreiben Sie ihre Lage im Koordinatensystem. Geben Sie einen Punkt der Geraden zwischen A und B an.
Bestimmen Sie eine Gleichung der Ursprungsgeraden durch A.

3 Gegeben sind in einem kartesischen Koordinatensystem die Punkte A(1 | 6 | −5), B(7 | 9 | 1) und C(−16 | −8 | −2) sowie die Gerade g: $\vec{x} = \begin{pmatrix} -1 \\ 5 \\ -7 \end{pmatrix} + s\begin{pmatrix} 2 \\ 1 \\ 2 \end{pmatrix}$ mit $s \in \mathbb{R}$.
Welche der Punkte A, B, C liegen auf der Geraden g?
Die Gerade h verläuft durch den Ursprung parallel zur Geraden durch A und C.
Geben Sie eine Gleichung von h an.

4 Gegeben sind die Punkte A(−2 | −6 | −5), B(3 | −4 | −1) und C(4 | −2 | −1). Geben Sie eine Gleichung der Geraden g an, die durch B und den Mittelpunkt der Strecke AC geht.

5 Gegeben sind die Punkte A(−2 | −3 | 2), B(2 | 1 | 2) und C(−6 | −7 | 2). Die Gerade g verläuft durch die Punkte A und B.

a) Zeigen Sie, dass der Punkt C auf g liegt, aber nicht zwischen A und B.

b) Bestimmen Sie s so, dass die Strecke AB mit $\vec{x} = \begin{pmatrix} -2 \\ -3 \\ 2 \end{pmatrix} + s\begin{pmatrix} 1 \\ 1 \\ 0 \end{pmatrix}$ beschrieben werden kann.

6 Die Punkte A(4 | 3 | 2) und B(−2 | −3 | 2) legen die Gerade g fest.

a) Ermitteln Sie eine Gleichung der Geraden g.

b) Bestimmen Sie eine Gleichung der Geraden h, die parallel zur x_2-Achse verläuft und mit g den Punkt A gemeinsam hat.

7 Gegeben sind die Punkte A(1 | −4 | 2), B(3 | −2 | 5) und C(5 | 0 | 8).
Zeigen Sie, dass die Punkte A, B und C auf einer Geraden liegen.
Geben Sie eine Gleichung dieser Geraden an.
Liegt C zwischen A und B?

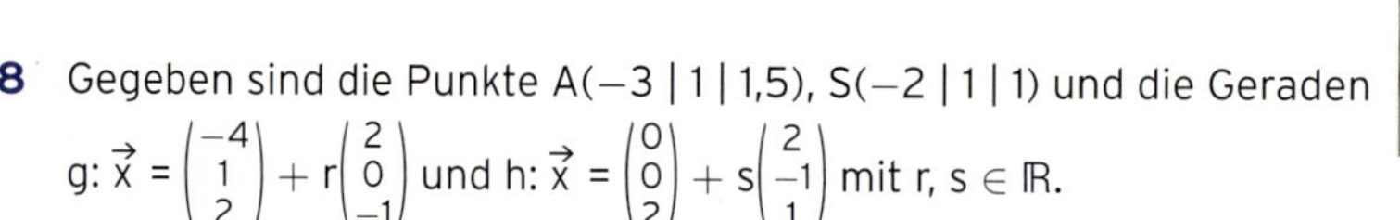

8 Gegeben sind die Punkte A(−3 | 1 | 1,5), S(−2 | 1 | 1) und die Geraden
g: $\vec{x} = \begin{pmatrix} -4 \\ 1 \\ 2 \end{pmatrix} + r\begin{pmatrix} 2 \\ 0 \\ -1 \end{pmatrix}$ und h: $\vec{x} = \begin{pmatrix} 0 \\ 0 \\ 2 \end{pmatrix} + s\begin{pmatrix} 2 \\ -1 \\ 1 \end{pmatrix}$ mit $r, s \in \mathbb{R}$.

a) Untersuchen Sie, ob A auf g und ob A auf h liegt. Zeigen Sie: S liegt auf g und h.

b) Geben Sie zwei weitere (verschiedene) Geraden durch S an.

9 Die Punkte T(−a | 2 − a | 1) liegen für $a \in \mathbb{R}$ auf einer Geraden.
Bestimmen Sie die Gleichung dieser Geraden.

10 Für welches t liegt der Punkt P(3 | t | t) auf der Geraden g: $\vec{x} = \begin{pmatrix} 1 \\ 1 \\ -3 \end{pmatrix} + r\begin{pmatrix} -1 \\ 3 \\ 1 \end{pmatrix}$, $r \in \mathbb{R}$?

2.1.2 Lage einer Geraden im Koordinatensystem

Besondere Lage einer Geraden

Beispiel

➲ Beschreiben Sie die besondere Lage der gegebenen Geraden im Koordinatensystem.

a) $g: \vec{x} = \begin{pmatrix} 4 \\ 1 \\ 2 \end{pmatrix} + t\begin{pmatrix} 0 \\ 3 \\ 0 \end{pmatrix}; t \in \mathbb{R}$ b) $h: \vec{x} = \begin{pmatrix} 4 \\ 1 \\ 2 \end{pmatrix} + t\begin{pmatrix} 2 \\ 0 \\ 0 \end{pmatrix}; t \in \mathbb{R}$ c) $k: \vec{x} = \begin{pmatrix} -2 \\ 3 \\ 1 \end{pmatrix} + t\begin{pmatrix} 1 \\ 0 \\ 2 \end{pmatrix}; t \in \mathbb{R}$

Lösung

a) Wegen $\begin{pmatrix} 0 \\ 3 \\ 0 \end{pmatrix}$ (Richtungsvektor von g) verläuft g parallel zur x_2-Achse.
g schneidet also die x_1x_3-Ebene senkrecht.
g verläuft parallel zur x_2x_3-Ebene.
g verläuft parallel zur x_1x_2-Ebene.

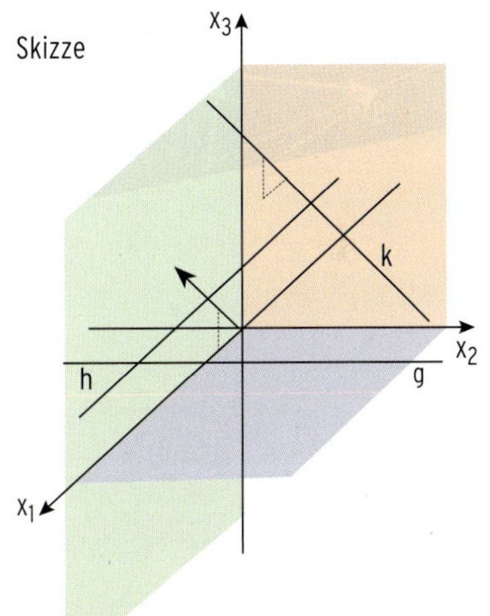

b) Wegen $\begin{pmatrix} 2 \\ 0 \\ 0 \end{pmatrix}$ (Richtungsvektor von h) verläuft h parallel zur x_1-Achse.

g schneidet also die x_2x_3-Ebene senkrecht.
g verläuft parallel zu x_1x_2-Ebene.
g verläuft parallel zu x_1x_3-Ebene.

c) Wegen $x_2 = 0$ im Richtungsvektor $\begin{pmatrix} 1 \\ 0 \\ 2 \end{pmatrix}$ von k verläuft k parallel zur x_1x_3-Ebene.

Besondere Lage einer Geraden im Koordinatensystem

Eine **Gerade** g verläuft

a) parallel zu einer **Koordinatenachse**

Z.B.: $g: \vec{x} = \begin{pmatrix} 1 \\ 1 \\ 4 \end{pmatrix} + t\begin{pmatrix} 1 \\ 0 \\ 0 \end{pmatrix}; t \in \mathbb{R}$

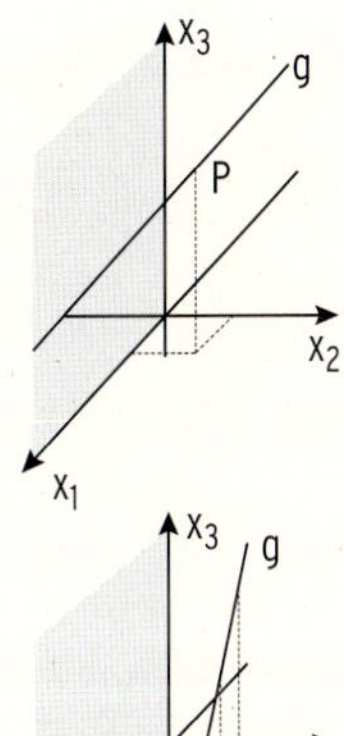

b) parallel zu einer **Koordinatenebene**

Z.B.: $g: \vec{x} = \begin{pmatrix} 2 \\ 2 \\ 1 \end{pmatrix} + t\begin{pmatrix} 1 \\ 0 \\ -3 \end{pmatrix}; t \in \mathbb{R}$

Spurpunkte einer Geraden

Beispiel 1

Gegeben ist die Gerade g: $\vec{x} = \begin{pmatrix} 2 \\ 1 \\ -2 \end{pmatrix} + t\begin{pmatrix} 1 \\ -1 \\ -2 \end{pmatrix}$; $t \in \mathbb{R}$.

Bestimmen Sie die Schnittpunkte von g mit den Koordinatenebenen.

Lösung

Schnittpunkt von g mit der x_1x_2-Ebene:

Für alle Punkte auf der x_1x_2-Ebene gilt $x_3 = 0$: $-2 - 2t = 0$

$t = -1$

$t = -1$ in die Geradengleichung einsetzen: $\vec{x} = \begin{pmatrix} 2 \\ 1 \\ -2 \end{pmatrix} - 1 \cdot \begin{pmatrix} 1 \\ -1 \\ -2 \end{pmatrix} = \begin{pmatrix} 1 \\ 2 \\ 0 \end{pmatrix}$

Schnittpunkt von g mit der x_1x_2-Ebene: $S_{12}(1 \mid 2 \mid 0)$

Dieser Punkt heißt **Spurpunkt** der Geraden mit der x_1x_2-Ebene.

Schnittpunkt von g mit der x_1x_3-Ebene:

Bedingung: $x_2 = 0$ $\quad 1 - t = 0$

$t = 1$

Spurpunkt S_{13}: $\quad S_{13}(3 \mid 0 \mid -4)$

Schnittpunkt von g mit der x_2x_3-Ebene:

Bedingung: $x_1 = 0$ $\quad 2 + t = 0$

$t = -2$

Spurpunkt S_{23}: $\quad S_{23}(0 \mid 3 \mid 2)$

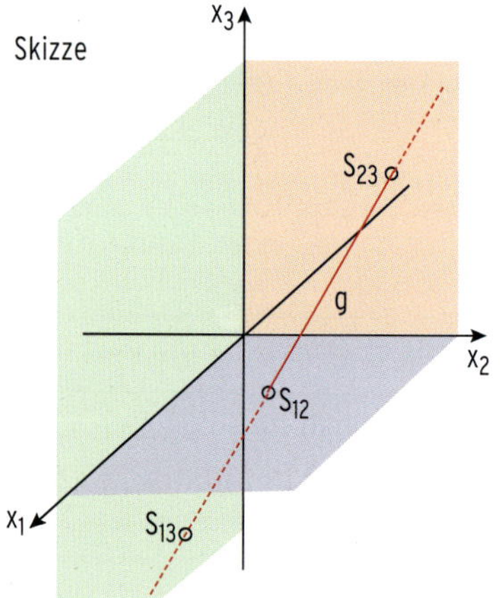

Durchstößt eine **Gerade** g eine **Koordinatenebene** in einem Punkt, so heißt dieser Punkt **Spurpunkt** der **Geraden** g. Für die Punkte auf der x_1x_2-Ebene gilt: $x_3 = 0$.
x_2x_3-Ebene gilt: $x_1 = 0$.
x_1x_3-Ebene gilt: $x_2 = 0$.

Beispiel 2

Gegeben ist die Gerade g: $\vec{x} = \begin{pmatrix} -2 \\ 1 \\ 6 \end{pmatrix} + t\begin{pmatrix} 0 \\ 0 \\ 1 \end{pmatrix}$; $t \in \mathbb{R}$.

Begründen Sie: g hat genau einen Spurpunkt. Bestimmen Sie diesen.

Lösung

g verläuft wegen $x_1 = x_2 = 0$ im Richtungsvektor parallel zur x_3-Achse durch $P(-2 \mid 1 \mid 6)$.
Projektion von P auf die x_1x_2-Ebene ergibt den Spurpunkt $S_{12}(-2 \mid 1 \mid 0)$.

Alternative:

g hat einen Spurpunkt mit der x_1x_2-Ebene: $x_3 = 0$ $\quad 6 + t = 0$

$t = -6$

Spurpunkt $S_{12}(-2 \mid 1 \mid 0)$

Schnittwinkel einer Geraden mit einer Koordinatenebene

Beispiel

➲ Gegeben ist die Gerade g: $\vec{x} = \begin{pmatrix}1\\3\\3\end{pmatrix} + t\begin{pmatrix}-1\\2\\3\end{pmatrix}$; $t \in \mathbb{R}$.

Die Gerade g schneidet die x_1x_2-Ebene unter einem Winkel α.

Bestimmen Sie diesen Winkel .

Lösung

Skizze

Die Gerade g mit Richtungsvektor $\vec{u} = \begin{pmatrix}-1\\2\\3\end{pmatrix}$ schneidet die x_1x_2-Ebene unter einem Winkel α.

- Der Richtungsvektor von g und ein zur x_1x_2-Ebene orthogonaler Vektor schließen einen Winkel α' ein.

Der Vektor $\vec{n} = \begin{pmatrix}0\\0\\1\end{pmatrix}$ steht senkrecht auf der x_1x_2-Ebene.

Eingeschlossener Winkel:

$\cos(\alpha') = \cos(90° - \alpha) = \sin(\alpha)$ mit $\cos(\alpha') = \frac{\vec{u} \cdot \vec{n}}{|\vec{u}| \cdot |\vec{n}|}$

$$\sin(\alpha) = \frac{\vec{u} \cdot \vec{n}}{|\vec{u}| \cdot |\vec{n}|} = \frac{\begin{pmatrix}-1\\2\\3\end{pmatrix} \cdot \begin{pmatrix}0\\0\\1\end{pmatrix}}{\left|\begin{pmatrix}-1\\2\\3\end{pmatrix}\right| \cdot \left|\begin{pmatrix}0\\0\\1\end{pmatrix}\right|} = \frac{3}{\sqrt{14} \cdot \sqrt{1}}$$

$\sin(\alpha) = 0{,}8018$ ergibt $\alpha = 53{,}3°$

Die Gerade g schneidet die x_1x_2-Ebene unter einem Winkel $\alpha = 53{,}3°$.

Alternative:

- Der Winkel α wird eingeschlossen vom Richtungsvektor von g und von der Projektion des Richtungsvektors von g auf die x_1x_2-Ebene.

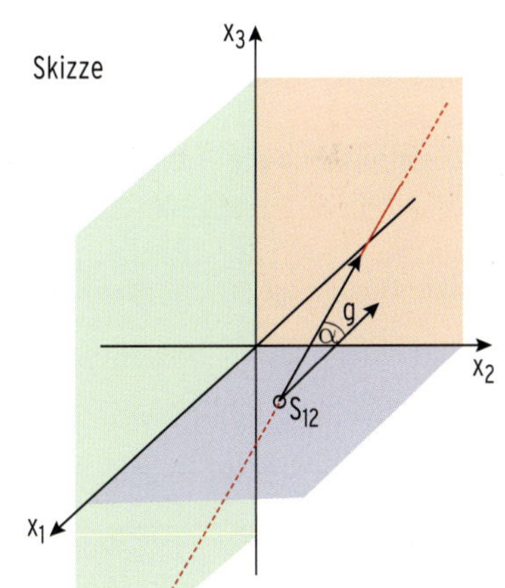

Richtungsvektor von g: $\vec{u} = \begin{pmatrix}-1\\2\\3\end{pmatrix}$

Projektion von $\vec{u}$ auf die x_1x_2-Ebene: $\overrightarrow{u^*} = \begin{pmatrix}-1\\2\\0\end{pmatrix}$

Eingeschlossener Winkel:

$$\cos(\alpha) = \frac{\vec{u} \cdot \overrightarrow{u^*}}{|\vec{u}| \cdot |\overrightarrow{u^*}|} = \frac{\begin{pmatrix}-1\\2\\3\end{pmatrix} \cdot \begin{pmatrix}-1\\2\\0\end{pmatrix}}{\left|\begin{pmatrix}-1\\2\\3\end{pmatrix}\right| \cdot \left|\begin{pmatrix}-1\\2\\0\end{pmatrix}\right|} = \frac{5}{\sqrt{14} \cdot \sqrt{5}}$$

$\cos(\alpha) = 0{,}5976$ ergibt $\alpha = 53{,}3°$

g schneidet die x_1x_2-Ebene unter einem Winkel $\alpha = 53{,}3°$.

Winkel α **zwischen** einer **Geraden** g und einer **Koordinatenebene:** $\sin(\alpha) = \frac{|\vec{u} \cdot \vec{n}|}{|\vec{u}| \cdot |\vec{n}|}$

Dabei gilt: $\vec{u}$ ist der Richtungsvektor der Geraden g

$\vec{n}$ ist ein senkrechter Vektor zu der Koordinatenebene.

Hinweis: Wegen $0° \leq \alpha \leq 90°$ verwendet man den Betrag $|\vec{u} \cdot \vec{n}|$.

Aufgaben

1 Beschreiben Sie die besondere Lage der Geraden g im Koordinatensystem.

a) $g: \vec{x} = \begin{pmatrix} -3 \\ 5 \\ 7 \end{pmatrix} + t\begin{pmatrix} 1 \\ 0 \\ 0 \end{pmatrix};\ t \in \mathbb{R}$

b) $g: \vec{x} = \begin{pmatrix} 2 \\ 0 \\ 0 \end{pmatrix} + k\begin{pmatrix} 3 \\ 4 \\ 0 \end{pmatrix};\ k \in \mathbb{R}$

2 Bestimmen Sie die Spurpunkte von g.

a) $g: \vec{x} = \begin{pmatrix} 2 \\ 1 \\ 0 \end{pmatrix} + k\begin{pmatrix} 1 \\ 0 \\ 3 \end{pmatrix};\ k \in \mathbb{R}$

b) $g: \vec{x} = \begin{pmatrix} 2 \\ 2 \\ 1 \end{pmatrix} + k\begin{pmatrix} 1 \\ 2 \\ -1 \end{pmatrix};\ k \in \mathbb{R}$

3 Berechnen Sie die Spurpunkte der Geraden g.
Unter welchem Winkel schneidet g die x_2x_3-Ebene?

a) $g: \vec{x} = \begin{pmatrix} 1 \\ 2 \\ -4 \end{pmatrix} + r\begin{pmatrix} 2 \\ -1 \\ 2 \end{pmatrix};\ r \in \mathbb{R}$

b) $g: \vec{x} = \begin{pmatrix} -5 \\ 0 \\ 3 \end{pmatrix} + s\begin{pmatrix} 15 \\ -1 \\ 12 \end{pmatrix};\ s \in \mathbb{R}$

4 Welche besondere Lagen haben Geraden im Koordinatensystem, wenn sie nur zwei Spurpunkte bzw. nur einen Spurpunkt besitzen?
Eine Gerade kann einen Spurpunkt, zwei oder drei Spurpunkte besitzen. Geben Sie jeweils eine Gleichung an.

5 Welcher Punkt der Geraden $g: \vec{x} = \begin{pmatrix} 1 \\ 1 \\ -2 \end{pmatrix} + t\begin{pmatrix} 1 \\ -1 \\ 1 \end{pmatrix};\ t \in \mathbb{R}$ liegt auf der x_1x_3-Ebene?
Unter welchem Winkel schneidet g die x_1x_3-Ebene?

6 Gegeben ist die Gerade $g: \vec{x} = \begin{pmatrix} 3 \\ 1 \\ -1 \end{pmatrix} + r\begin{pmatrix} 0 \\ 1 \\ 0 \end{pmatrix};\ r \in \mathbb{R}$.
Begründen Sie, dass g nur einen Spurpunkt hat. Bestimmen Sie seine Koordinaten.

7 Gegeben sind die Punkte A(−1 | 6 | 3), B(2 | 4 | 4) und C(−1 | 4 | 1). Eine punktförmige Lichtquelle (ein Laserstrahl) in P(0 | 8 | 2) erzeugt auf der x_1x_3-Ebene die Schattenpunkte A′, B′ und C′.
Berechnen Sie die Koordinaten der Schattenpunkte A′, B′ und C′.

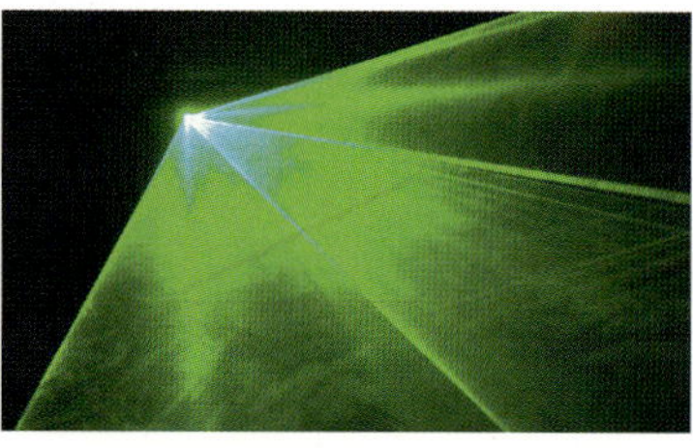

8 An einer senkrechten Hauswand ist in 3 m Höhe ein freitragendes Vordach der Breite $\overline{AB}$ = 6 m befestigt. Der Vektor $\vec{x} = \begin{pmatrix} 0 \\ 3 \\ 4 \end{pmatrix}$ zeigt die Richtung und die Länge der seitlichen Rahmen an. Bestimmen Sie die Eckpunkte A und B des Vordaches (siehe Skizze).
Eine punktförmige Lichtquelle ist 9 m über der Mitte des Vordaches an der Hauswand befestigt. Die Lichtquelle erzeugt auf dem Boden (senkrecht zur Hauswand) die Schattenpunkte A′ und B′.
Bestimmen Sie die Koordinaten von A′ und B′.

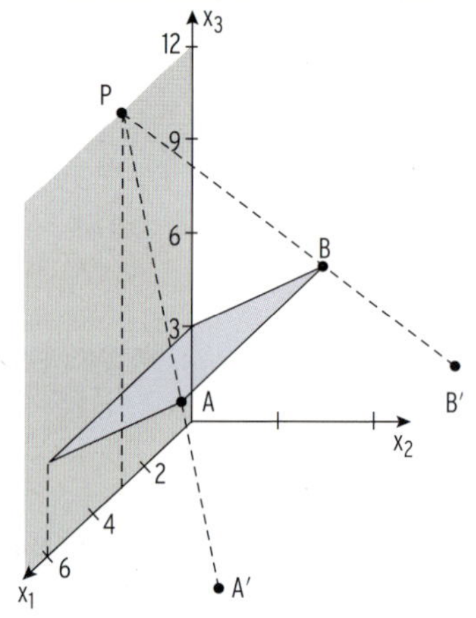

2.1.3 Gegenseitige Lage von zwei Geraden

Betrachtet man zwei Geraden im Raum, so stellt sich die Frage, welche Lage sie zueinander haben können.
Hierbei gibt es vier Möglichkeiten.

a) Die Geraden g und h **schneiden** sich **in einem Punkt S.**

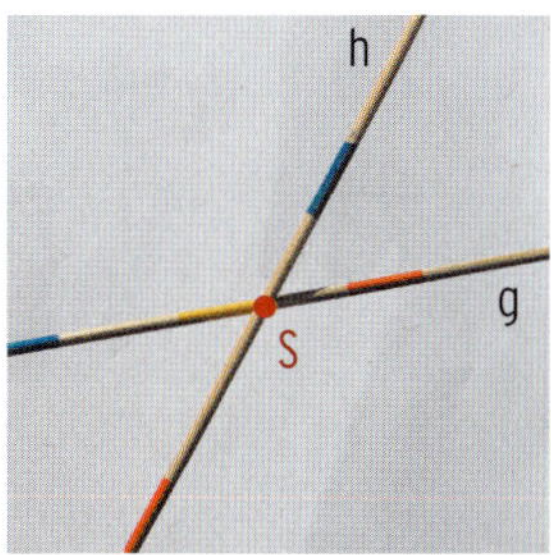

b) Die Geraden g und h sind **parallel** und **verschieden** (echt parallel).

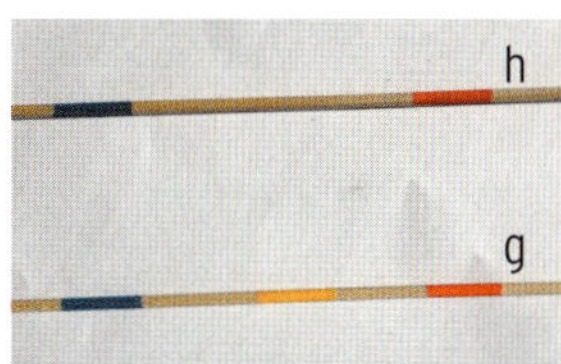

c) Die Geraden g und h schneiden sich nicht und sind nicht parallel. Sie sind **windschief.**

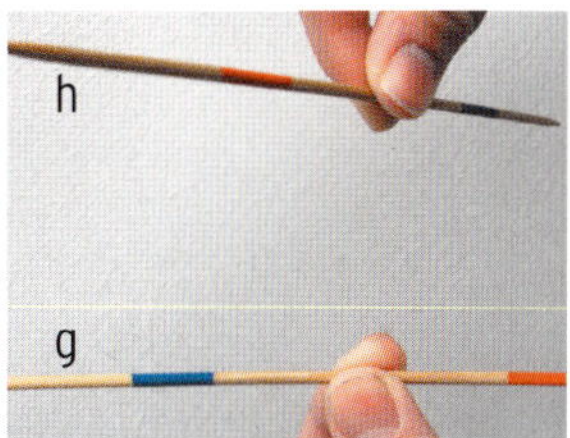

d) Die Geraden g und h sind **identisch.**

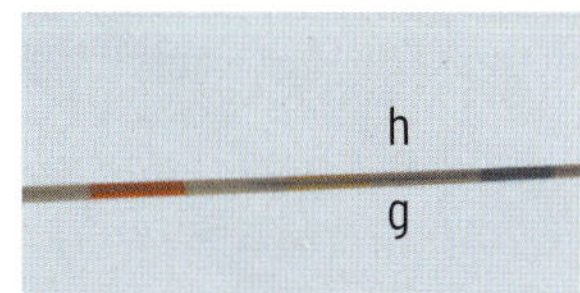

Beispiel 1

➲ Gegeben sind die Geraden g: $\vec{x} = \begin{pmatrix} 4 \\ -3 \\ 4 \end{pmatrix} + r\begin{pmatrix} 3 \\ -1 \\ 2 \end{pmatrix}$ und h: $\vec{x} = \begin{pmatrix} -1 \\ 2 \\ 0 \end{pmatrix} + s\begin{pmatrix} 1 \\ -2 \\ 1 \end{pmatrix}$; $r, s \in \mathbb{R}$.

Berechnen Sie die Koordinaten des Schnittpunktes S von g und h.

Lösung

Der gemeinsame Punkt S liegt auf g und h, somit gilt für den Ortsvektor $\overrightarrow{OS}$:

$\vec{x} = \overrightarrow{OS} = \begin{pmatrix} 4 \\ -3 \\ 4 \end{pmatrix} + r\begin{pmatrix} 3 \\ -1 \\ 2 \end{pmatrix}$ und $\vec{x} = \overrightarrow{OS} = \begin{pmatrix} -1 \\ 2 \\ 0 \end{pmatrix} + s\begin{pmatrix} 1 \\ -2 \\ 1 \end{pmatrix}$

Gleichsetzen: $\begin{pmatrix} 4 \\ -3 \\ 4 \end{pmatrix} + r\begin{pmatrix} 3 \\ -1 \\ 2 \end{pmatrix} = \begin{pmatrix} -1 \\ 2 \\ 0 \end{pmatrix} + s\begin{pmatrix} 1 \\ -2 \\ 1 \end{pmatrix}$

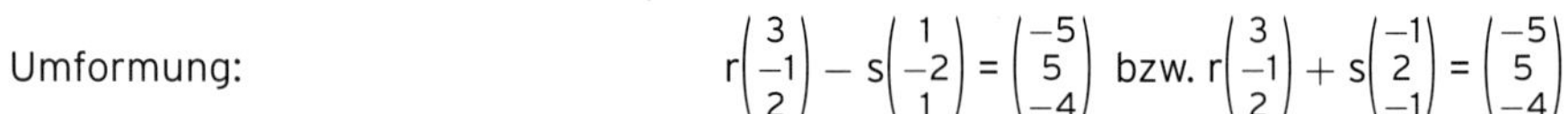

Umformung: $r\begin{pmatrix} 3 \\ -1 \\ 2 \end{pmatrix} - s\begin{pmatrix} 1 \\ -2 \\ 1 \end{pmatrix} = \begin{pmatrix} -5 \\ 5 \\ -4 \end{pmatrix}$ bzw. $r\begin{pmatrix} 3 \\ -1 \\ 2 \end{pmatrix} + s\begin{pmatrix} -1 \\ 2 \\ -1 \end{pmatrix} = \begin{pmatrix} -5 \\ 5 \\ -4 \end{pmatrix}$

LGS in Matrixform: $\begin{array}{cc|c} r & s & \\ \end{array}$ $\left(\begin{array}{cc|c} 3 & -1 & -5 \\ -1 & 2 & 5 \\ 2 & -1 & -4 \end{array}\right)$

Lösen mit dem Additionsverfahren: $\left(\begin{array}{cc|c} 3 & -1 & -5 \\ -1 & 2 & 5 \\ 2 & -1 & -4 \end{array}\right) \sim \left(\begin{array}{cc|c} 3 & -1 & -5 \\ 0 & 5 & 10 \\ 0 & 3 & 6 \end{array}\right) \sim \left(\begin{array}{cc|c} 3 & -1 & -5 \\ 0 & 5 & 10 \\ 0 & 0 & 0 \end{array}\right)$

Auflösung ergibt: $s = 2$ und $r = -1$

Das LGS ist damit **eindeutig lösbar,** somit **schneiden** sich die Geraden g und h in **genau einem Punkt S.**

Ortsvektor des Schnittpunktes: $\vec{x} = \overrightarrow{OS} = \begin{pmatrix} -1 \\ 2 \\ 0 \end{pmatrix} + 2\begin{pmatrix} 1 \\ -2 \\ 1 \end{pmatrix} = \begin{pmatrix} 1 \\ -2 \\ 2 \end{pmatrix}$

Schnittpunkt: $S(1 \mid -2 \mid 2)$

Beispiel 2

➲ Gegeben sind die Geraden g: $\vec{x} = \begin{pmatrix} 7 \\ 4 \\ 2 \end{pmatrix} + r\begin{pmatrix} 3 \\ 2 \\ -2 \end{pmatrix}$ und h: $\vec{x} = \begin{pmatrix} 1 \\ 0 \\ 3 \end{pmatrix} + s\begin{pmatrix} 6 \\ 4 \\ -4 \end{pmatrix}$; $r, s \in \mathbb{R}$.

Untersuchen Sie die gegenseitige Lage der Geraden g und h.

Lösung

Untersuchung auf Parallelität

Die Richtungsvektoren auf Kollinearität untersuchen:

$\vec{u} = k\vec{v}$: $\begin{pmatrix} 3 \\ 2 \\ -2 \end{pmatrix} = \frac{1}{2}\begin{pmatrix} 6 \\ 4 \\ -4 \end{pmatrix}$

Da der Richtungsvektor von g ein Vielfaches des Richtungsvektors von h ist, sind die Richtungsvektoren von g und h kollinear und damit sind die Geraden g und h **parallel.**

Mit einer **Punktprobe** stellt man fest, ob die Geraden g und h parallel und verschieden oder ob sie identisch sind. Man kann den Aufpunkt P von g wählen und überprüfen, ob P auf der Geraden h liegt.

Punktprobe mit P(7 | 4 | 2): $\begin{pmatrix}7\\4\\2\end{pmatrix} = \begin{pmatrix}1\\0\\3\end{pmatrix} + s\begin{pmatrix}6\\4\\-4\end{pmatrix}$

Umformung: $\begin{pmatrix}6\\4\\-1\end{pmatrix} = s\begin{pmatrix}6\\4\\-4\end{pmatrix}$ $\quad \begin{matrix}s = 1\\ s = 1\\ s = 0{,}25\end{matrix}$

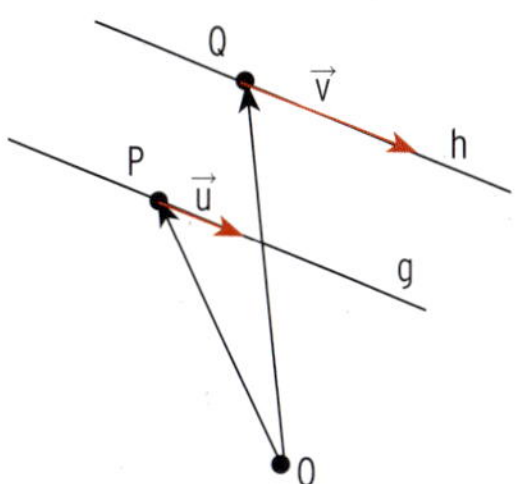

Es gibt kein s, sodass alle drei Gleichungen erfüllt sind.
Die Geraden g und h sind **parallel und verschieden** (echt parallel).

Hinweis: Gibt es ein s, sodass alle drei Gleichungen erfüllt sind, sind die Geraden identisch.

Beispiel 3

Gegeben sind die Geraden g: $\vec{x} = \begin{pmatrix}1\\0\\3\end{pmatrix} + r\begin{pmatrix}7\\0\\1\end{pmatrix}$ und h: $\vec{x} = \begin{pmatrix}6\\-1\\0\end{pmatrix} + s\begin{pmatrix}-2\\1\\4\end{pmatrix}$; r, s ∈ ℝ.

Untersuchen Sie die gegenseitige Lage der Geraden g und h.

Lösung

Untersuchung auf Parallelität: $\begin{pmatrix}7\\0\\1\end{pmatrix} = k\begin{pmatrix}-2\\1\\4\end{pmatrix}$ $\quad \begin{matrix}k = -3{,}5\\ 0 = 0\\ k = 0{,}25\end{matrix}$

Es gibt kein k, sodass alle drei Gleichungen erfüllt sind.

Die Richtungsvektoren $\begin{pmatrix}7\\0\\1\end{pmatrix}$ und $\begin{pmatrix}-2\\1\\4\end{pmatrix}$ sind nicht kollinear. g und h sind nicht parallel.

Gleichsetzen: $\begin{pmatrix}1\\0\\3\end{pmatrix} + r\begin{pmatrix}7\\0\\1\end{pmatrix} = \begin{pmatrix}6\\-1\\0\end{pmatrix} + s\begin{pmatrix}-2\\1\\4\end{pmatrix} \Leftrightarrow r\begin{pmatrix}7\\0\\1\end{pmatrix} + s\begin{pmatrix}2\\-1\\-4\end{pmatrix} = \begin{pmatrix}5\\-1\\-3\end{pmatrix}$

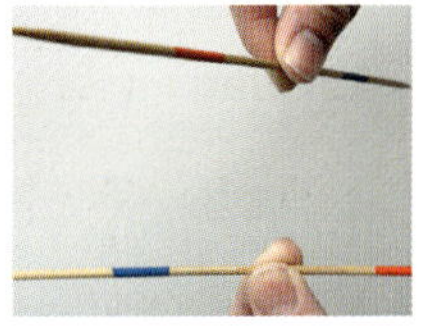

Additionsverfahren: $\begin{pmatrix}r & s & \\ 7 & 2 & 5\\ 0 & -1 & -1\\ 1 & -4 & -3\end{pmatrix} \sim \begin{pmatrix}7 & 2 & 5\\ 0 & -1 & -1\\ 0 & 30 & 26\end{pmatrix} \sim \begin{pmatrix}7 & 2 & 5\\ 0 & -1 & -1\\ 0 & 0 & -4\end{pmatrix}$

Das LGS ist **unlösbar,** somit schneiden sich die Geraden g und h nicht.
g und h sind **nicht parallel** und schneiden sich nicht. Sie sind **windschief.**

Zwei Geraden, die nicht parallel sind und die keinen gemeinsamen Punkt haben, heißen **windschief.**

Beispiel 4

Gegeben sind die Geraden g: $\vec{x} = \begin{pmatrix}0\\4\\3\end{pmatrix} + r\begin{pmatrix}2\\-2\\1\end{pmatrix}$ und h: $\vec{x} = \begin{pmatrix}1\\0\\0\end{pmatrix} + s\begin{pmatrix}a\\1\\b\end{pmatrix}$; r, s ∈ ℝ.

Wie müssen a und b gewählt werden, damit g und h parallel verlaufen?
Wie liegen die Geraden in diesem Fall zueinander?

Lösung

Untersuchung auf **Parallelität:** $k\begin{pmatrix}2\\-2\\1\end{pmatrix} = \begin{pmatrix}a\\1\\b\end{pmatrix}$ $\quad \begin{matrix}2k = a\\ k = -0{,}5\\ k = b\end{matrix}$ $\quad$ für a = –1; b = –0,5

Für a = –1 und b = –0,5 verlaufen die Geraden parallel.

Punktprobe mit dem Aufpunkt (1 | 0 | 0) von h in g: $\begin{pmatrix}1\\0\\0\end{pmatrix} = \begin{pmatrix}0\\4\\3\end{pmatrix} + r\begin{pmatrix}2\\-2\\1\end{pmatrix}$ $\quad \begin{matrix}r = 0{,}5\\ r = 2\\ r = -3\end{matrix}$

Es gibt kein r, sodass alle drei Gleichungen erfüllt sind.
Die Geraden sind für a = –1 und b = –0,5 parallel und verschieden, d. h. echt parallel.

Schnittwinkel

Beispiel 1

➲ Gegeben sind die Geraden g: $\vec{x} = \begin{pmatrix} 0 \\ 3 \\ -5 \end{pmatrix} + r\begin{pmatrix} 2 \\ -1 \\ 4 \end{pmatrix}$ und h: $\vec{x} = \begin{pmatrix} 0 \\ 3 \\ -5 \end{pmatrix} + s\begin{pmatrix} 3 \\ 2 \\ -1 \end{pmatrix}$; r, s ∈ ℝ.

Zeigen Sie: Die Geraden g und h schneiden sich senkrecht.

Lösung

Die Geraden g und h schneiden sich im gemeinsamen Aufpunkt P(0 |3| − 5).

Bedingung für **senkrecht** stehen:

Die Richtungsvektoren $\vec{u}$ und $\vec{v}$ der Geraden g und h stehen senkrecht aufeinander. $\vec{u} \cdot \vec{v} = 0$

Mit $\vec{u} = \begin{pmatrix} 2 \\ -1 \\ 4 \end{pmatrix}$ und $\vec{v} = \begin{pmatrix} 3 \\ 2 \\ -1 \end{pmatrix}$: $\begin{pmatrix} 2 \\ -1 \\ 4 \end{pmatrix} \cdot \begin{pmatrix} 3 \\ 2 \\ -1 \end{pmatrix} = 6 - 2 - 4 = 0$

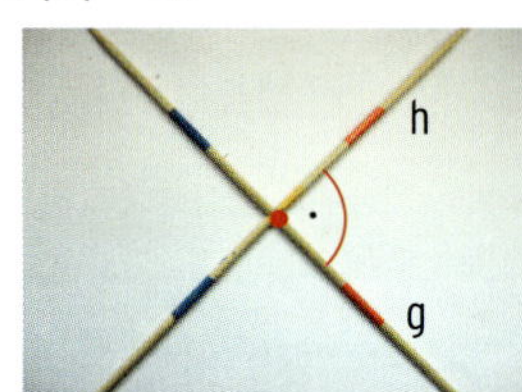

Die Geraden g und h schneiden sich senkrecht, sie sind orthogonal. Der Schnittwinkel beträgt 90°.

Beispiel 2

➲ Gegeben sind die sich schneidenden Geraden

g: $\vec{x} = \begin{pmatrix} 1 \\ -3 \\ 1 \end{pmatrix} + r\begin{pmatrix} -2 \\ 3 \\ -1 \end{pmatrix}$; r ∈ ℝ und h: $\vec{x} = \begin{pmatrix} 5 \\ -9 \\ 3 \end{pmatrix} + s\begin{pmatrix} 1 \\ -1 \\ 2 \end{pmatrix}$; s ∈ ℝ.

Berechnen Sie die Größe des Schnittwinkels.

Lösung

Richtungsvektoren: $\vec{u} = \begin{pmatrix} -2 \\ 3 \\ -1 \end{pmatrix}$; $\vec{v} = \begin{pmatrix} 1 \\ -1 \\ 2 \end{pmatrix}$

Beträge der Richtungsvektoren: $|\vec{u}| = \left|\begin{pmatrix} -2 \\ 3 \\ -1 \end{pmatrix}\right| = \sqrt{(-2)^2 + 3^2 + (-1)^2} = \sqrt{14}$

$|\vec{v}| = \left|\begin{pmatrix} 1 \\ -1 \\ 2 \end{pmatrix}\right| = \sqrt{1^2 + (-1)^2 + 2^2} = \sqrt{6}$

Winkelberechnung: $\cos(\alpha) = \frac{|\vec{u} \cdot \vec{v}|}{|\vec{u}| \cdot |\vec{v}|} = \frac{\left|\begin{pmatrix} -2 \\ 3 \\ -1 \end{pmatrix} \cdot \begin{pmatrix} 1 \\ -1 \\ 2 \end{pmatrix}\right|}{\left|\begin{pmatrix} -2 \\ 3 \\ -1 \end{pmatrix}\right| \cdot \left|\begin{pmatrix} 1 \\ -1 \\ 2 \end{pmatrix}\right|} = \frac{|-7|}{\sqrt{14} \cdot \sqrt{6}} = \frac{7}{\sqrt{14} \cdot \sqrt{6}} = 0{,}764$

$\alpha = 40{,}2°$

Der Schnittwinkel der Geraden g und h beträgt $\alpha = 40{,}2°$.

Unter dem **Schnittwinkel zweier sich schneidender Geraden** versteht man den Winkel α ($0 \leq \alpha \leq 90°$) zwischen den Richtungsvektoren $\vec{u}$ und $\vec{v}$ der Geraden.

$$\cos(\alpha) = \frac{|\vec{u} \cdot \vec{v}|}{|\vec{u}| \cdot |\vec{v}|}$$

h, $\vec{v}$, α, $\vec{u}$, g

Hinweis: Mit dem Betrag von $\vec{u} \cdot \vec{v}$ ist $\cos(\alpha) \geq 0$ und damit $0 \leq \alpha \leq 90°$.

Was man wissen sollte – über die gegenseitige Lage von zwei Geraden

Die Geraden g und h sind gegeben durch

g: $\vec{x} = \overrightarrow{OP} + r\vec{u};\ r \in \mathbb{R}$ h: $\vec{x} = \overrightarrow{OQ} + s\vec{v};\ s \in \mathbb{R}$

Untersuchung der gegenseitigen Lage von g und h in zwei Schritten

1. Untersuchung auf Parallelität

$\vec{u} = k\vec{v}$

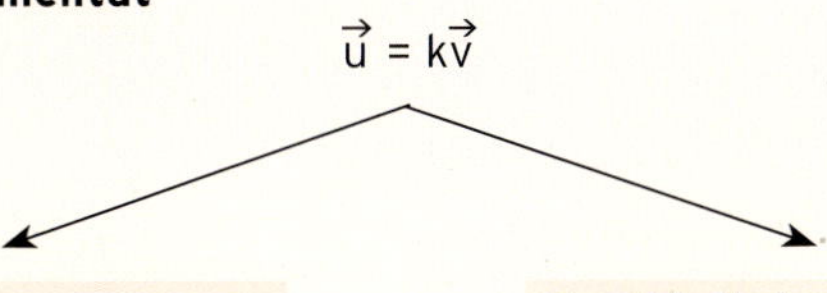

Es gibt kein k.	Es gibt ein k.
$\vec{u}$ und $\vec{v}$ sind **nicht kollinear.**	$\vec{u}$ und $\vec{v}$ sind **kollinear.**
g und h sind **nicht parallel.**	g und h sind **parallel.**

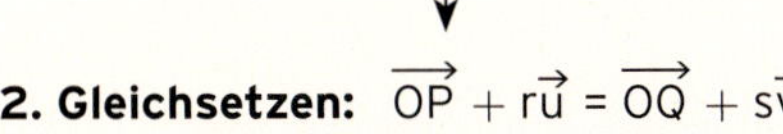

2. Gleichsetzen: $\overrightarrow{OP} + r\vec{u} = \overrightarrow{OQ} + s\vec{v}$

Das LGS ist

Punktprobe mit P „in h"
(bzw. Punktprobe mit Q „in g")

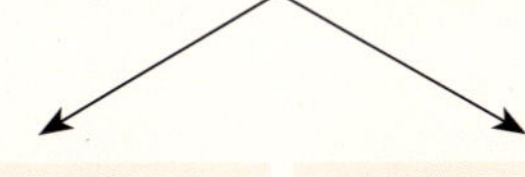

eindeutig lösbar.	unlösbar.	P liegt auf h.	P liegt nicht auf h.
g und h **schneiden** sich in **einem Punkt.**	g und h sind **windschief.**	g und h sind **identisch.**	g und h sind **parallel und verschieden.**

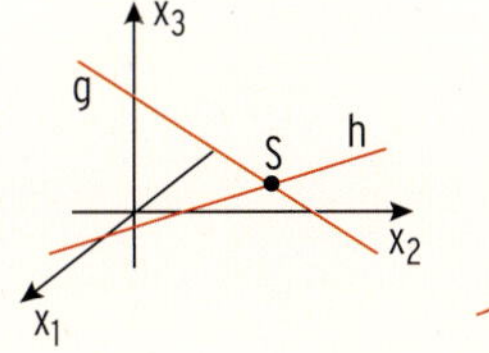

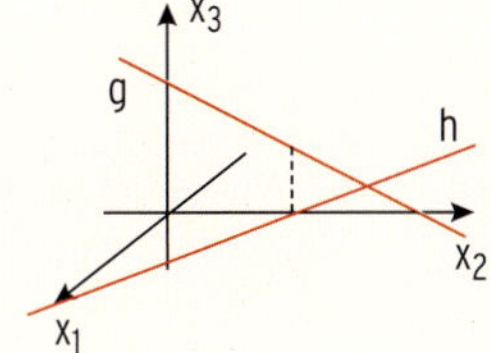

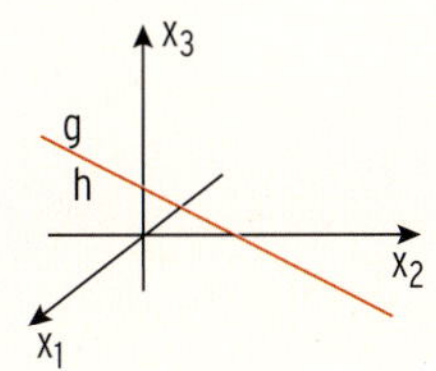

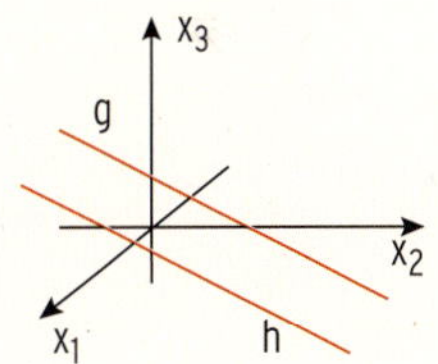

Orthogonale Geraden

Zwei Geraden g und h mit den Richtungsvektoren $\vec{u}$ und $\vec{v}$ sind **orthogonal,** wenn gilt: $\vec{u} \cdot \vec{v} = 0$.

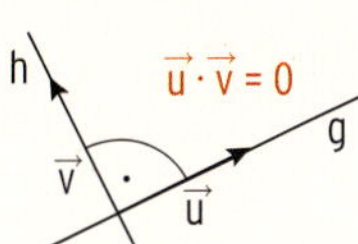

Hinweis: Auch Geraden, die sich nicht schneiden, können orthogonal zueinander sein.

Schnittwinkel α zweier Geraden g und h

$\vec{u}$ und $\vec{v}$ sind die Richtungsvektoren von g und h: $\cos(\alpha) = \frac{|\vec{u} \cdot \vec{v}|}{|\vec{u}| \cdot |\vec{v}|}$; $0° \leq \alpha \leq 90°$

mvurl.de/bivd

Aufgaben

1 Untersuchen Sie die gegenseitige Lage der Geraden g und h.
Berechnen Sie gegebenenfalls die Koordinaten des Schnittpunktes S.

a) $g: \vec{x} = \begin{pmatrix} 1 \\ -2 \\ 1 \end{pmatrix} + r\begin{pmatrix} -3 \\ 2 \\ 1 \end{pmatrix};$ $\quad h: \vec{x} = \begin{pmatrix} -4 \\ 1 \\ 4 \end{pmatrix} + s\begin{pmatrix} 1 \\ -1 \\ 1 \end{pmatrix};\ r, s \in \mathbb{R}$

b) $g: \vec{x} = \begin{pmatrix} 4 \\ 5 \\ 1 \end{pmatrix} + r\begin{pmatrix} 3 \\ -6 \\ 9 \end{pmatrix};$ $\quad h: \vec{x} = \begin{pmatrix} 1 \\ 2 \\ -1 \end{pmatrix} + s\begin{pmatrix} -1 \\ 2 \\ -3 \end{pmatrix};\ r, s \in \mathbb{R}$

c) $g: \vec{x} = \begin{pmatrix} 2 \\ -5 \\ 1 \end{pmatrix} + r\begin{pmatrix} 4 \\ 5 \\ 1 \end{pmatrix};$ $\quad h: \vec{x} = \begin{pmatrix} -6 \\ -15 \\ -1 \end{pmatrix} + s\begin{pmatrix} 2 \\ 2{,}5 \\ 0{,}5 \end{pmatrix};\ r, s \in \mathbb{R}$

d) $g: \vec{x} = \begin{pmatrix} 1 \\ 2 \\ -2 \end{pmatrix} + r\begin{pmatrix} -1 \\ 2 \\ 1 \end{pmatrix};$ $\quad h: \vec{x} = \begin{pmatrix} -5 \\ 2 \\ 1 \end{pmatrix} + s\begin{pmatrix} 2 \\ -1 \\ -1 \end{pmatrix};\ r, s \in \mathbb{R}$

2 Untersuchen Sie, ob die Geraden g und h windschief sind.

a) Gerade g verläuft durch die Punkte A(0 | 5 | 0) und B(0 | 0 | 5).
Die Gerade h verläuft durch die Punkte C(−1 | 4 | 3) und D(5 | 5 | 1).

b) Die Punkte A(2 | 1 | 1) und B(−1 | 3 | 0) liegen auf der Geraden g.
Die Gerade h verläuft parallel zur x_3-Achse durch den Punkt P(1 | 2 | 0).

3 Gegeben ist die Gerade $g: \vec{x} = \begin{pmatrix} -4 \\ 1 \\ 4 \end{pmatrix} + s\begin{pmatrix} 1 \\ 0 \\ 0 \end{pmatrix};\ s \in \mathbb{R}$.

Die Gerade h schneidet g in einem Punkt.
Die Gerade k verläuft parallel zu g und die Gerade p ist zu g windschief.
Geben Sie jeweils eine Geradengleichung an.

4 Gegeben sind die Punkte A(−1 | 0 | 0), B(3 | 4 | 0), C(0 | 3 | −4) und D(1 | 2 | 0).
Die Gerade g verläuft durch die Punkte A und B und die Gerade h durch C und D.
Zeigen Sie, dass sich die Geraden g und h schneiden. Berechnen Sie die Koordinaten des Schnittpunktes S. Liegt der Schnittpunkt S zwischen A und B?

5 Die Geraden g und h schneiden sich in einem Punkt. Bestimmen Sie den Schnittwinkel.

a) $g: \vec{x} = \begin{pmatrix} 1 \\ 0 \\ 2 \end{pmatrix} + r\begin{pmatrix} 1 \\ 4 \\ -1 \end{pmatrix};\ r \in \mathbb{R}$ $\quad h: \vec{x} = \begin{pmatrix} 2 \\ 4 \\ 1 \end{pmatrix} + s\begin{pmatrix} 3 \\ 1 \\ 7 \end{pmatrix};\ s \in \mathbb{R}$

b) $g: \vec{x} = r\begin{pmatrix} 1 \\ 0 \\ 5 \end{pmatrix};\ r \in \mathbb{R}$ $\quad h: \vec{x} = \begin{pmatrix} 3 \\ 0 \\ 15 \end{pmatrix} + s\begin{pmatrix} 2 \\ 1 \\ 3 \end{pmatrix};\ s \in \mathbb{R}$

c) $g: \vec{x} = \begin{pmatrix} -1 \\ 4 \\ 1 \end{pmatrix} + r\begin{pmatrix} 1 \\ 1 \\ -1 \end{pmatrix};\ r \in \mathbb{R}$ $\quad h: \vec{x} = \begin{pmatrix} -1 \\ 4 \\ 1 \end{pmatrix} + s\begin{pmatrix} 0 \\ 4 \\ 3 \end{pmatrix};\ s \in \mathbb{R}$

6 Gegeben sind der Punkt P und die Gerade g. Bestimmen Sie die Gleichung einer Geraden h, die orthogonal zu g ist und durch den Punkt P verläuft.

a) $g: \vec{x} = \begin{pmatrix} 1 \\ 3 \\ 5 \end{pmatrix} + r\begin{pmatrix} 1 \\ 0 \\ 0 \end{pmatrix};\ r \in \mathbb{R}$, P(6 | 4 | 0)

b) $g: \vec{x} = \begin{pmatrix} 0 \\ 1 \\ -5 \end{pmatrix} + r\begin{pmatrix} 2 \\ 1 \\ 0 \end{pmatrix};\ r \in \mathbb{R}$, P(−3 | 1 | 7)

7 Gegeben sind die Punkte A(6 | 6 | 0), B(2 | 8 | 0) und C(10 | 4 | 0).

a) Zeigen Sie, dass die Punkte A, B und C auf einer Geraden h liegen. Geben Sie eine Gleichung dieser Geraden h in Parameterform an.

b) Gegeben ist eine weitere Gerade g: $\vec{x} = \begin{pmatrix} 1 \\ 2{,}5 \\ 2 \end{pmatrix} + s\begin{pmatrix} -8 \\ 1 \\ 1 \end{pmatrix}$; $s \in \mathbb{R}$.

Weisen Sie nach, dass sich g und h schneiden. Bestimmen Sie die Koordinaten des Schnittpunktes. Welche besondere Lage hat dieser Punkt?

c) Die Gerade k verläuft parallel zu g durch den Ursprung. Wie liegen die Geraden k und h zueinander? Begründen Sie Ihre Antwort.

d) Zeigen Sie, dass h zwei Koordinatenachsen schneidet.
Bestimmen Sie die Schnittpunkte.

8 Gegeben sind die Geraden g: $\vec{x} = \begin{pmatrix} 0 \\ 0 \\ -4 \end{pmatrix} + r\begin{pmatrix} 1 \\ 2 \\ -2 \end{pmatrix}$ und h: $\vec{x} = \begin{pmatrix} -3 \\ -4 \\ a \end{pmatrix} + s\begin{pmatrix} -1 \\ 0 \\ a \end{pmatrix}$; $a, r, s \in \mathbb{R}$.

a) Untersuchen Sie, ob es ein a gibt, sodass g und h parallel sind.

b) Für welches $k \in \mathbb{R}$ liegt der Punkt A(k − 1 | 2k − 2 |4 − 3k) auf g?

9 Gegeben sind die Geraden g_1: $\vec{x} = \begin{pmatrix} 2 \\ 0 \\ 0 \end{pmatrix} + r\begin{pmatrix} 2 \\ 1 \\ 0 \end{pmatrix}$ und g_2: $\vec{x} = \begin{pmatrix} 0 \\ 0 \\ 1 \end{pmatrix} + s\begin{pmatrix} 1 \\ a \\ b \end{pmatrix}$ mit $a, b, r, s \in \mathbb{R}$.

a) Geben Sie an, wie man a und b wählen muss, damit g_2 parallel zu g_1 ist.
Untersuchen Sie, ob es möglich ist, a und b so zu wählen, dass die beiden Geraden zusammenfallen. Begründen Sie Ihr Ergebnis.

b) Bestimmen Sie a und b so, dass der Punkt P(8 | 3 | 0) auf g_2 liegt.

10 Hans und Eva zielen jeweils mit einem Laserpointer auf eine Tafel. Der Laserstrahl von Hans verläuft entlang der Geraden

g: $\vec{x} = \begin{pmatrix} 3 \\ 0 \\ 0{,}5 \end{pmatrix} + r\begin{pmatrix} -2 \\ 1 \\ 1 \end{pmatrix}$; $r \in \mathbb{R}$,

der von Eva entlang der Geraden

h: $\vec{x} = \begin{pmatrix} 4 \\ 3 \\ 1{,}5 \end{pmatrix} + s\begin{pmatrix} -1 \\ -0{,}2 \\ 0{,}2 \end{pmatrix}$; $s \in \mathbb{R}$.

Würden sich die Laserstrahlen ohne Hindernis treffen? Begründen Sie Ihre Antwort.

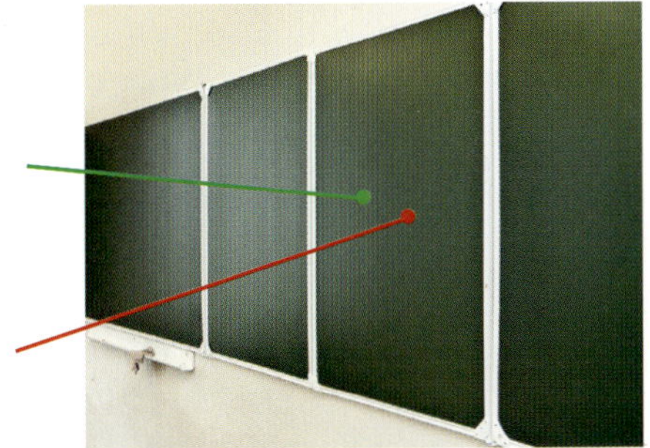

11 Für jedes $k \in \mathbb{R}$ ist eine Gerade g gegeben durch $\vec{x} = \begin{pmatrix} k \\ -1 \\ 0 \end{pmatrix} + t\begin{pmatrix} k-1 \\ 1 \\ -1 \end{pmatrix}$; $t \in \mathbb{R}$.

a) Berechnen Sie die Koordinaten des Schnittpunkts S der Geraden für $k_1 = 0$ und $k_2 = 1$.
Gehen alle Geraden g durch S?

b) Zeigen Sie, dass es keine Gerade g gibt, die orthogonal zur Geraden für $k_2 = 1$ ist.
Bestimmen Sie einen Wert für k, sodass die zugehörige Gerade zur Geraden für $k_3 = 4$ orthogonal ist.

Test zur Überprüfung Ihrer Grundkenntnisse

1 Gegeben sind die Punkte A(−2 | 4 | 5), B(4 | 6 | 7) und C(1 | 5 | 6).
Die Gerade g verläuft durch die Punkte A und B.

a) Zeigen Sie, dass der Punkt C auf einer Geraden zwischen A und B liegt.

b) Berechnen Sie den Spurpunkt von g mit der x_1x_2-Ebene.

2 Beschreiben Sie die besondere Lage der gegebenen Geraden im Koordinatensystem.

a) g: $\vec{x} = \begin{pmatrix} 1 \\ 0 \\ 1 \end{pmatrix} + r\begin{pmatrix} 0 \\ 0 \\ 1 \end{pmatrix}$; $r \in \mathbb{R}$

b) g: $\vec{x} = t\begin{pmatrix} 2 \\ 0 \\ 3 \end{pmatrix}$; $t \in \mathbb{R}$.

3 Zeigen Sie, die Geraden g: $\vec{x} = \begin{pmatrix} 0 \\ 1 \\ -6 \end{pmatrix} + r\begin{pmatrix} 1 \\ 0 \\ 3 \end{pmatrix}$; $r \in \mathbb{R}$ und h: $\vec{x} = \begin{pmatrix} 4 \\ 1 \\ 6 \end{pmatrix} + s\begin{pmatrix} -6 \\ 1 \\ 2 \end{pmatrix}$; $s \in \mathbb{R}$ schneiden sich senkrecht.

4 Bestimmen Sie Schnittpunkt und Schnittwinkel der Geraden g und h.

a) g: $\vec{x} = \begin{pmatrix} 4 \\ 1 \\ -1 \end{pmatrix} + s\begin{pmatrix} 1 \\ 0 \\ 3 \end{pmatrix}$; $s \in \mathbb{R}$ h: $\vec{x} = \begin{pmatrix} 4 \\ 1 \\ -1 \end{pmatrix} + t\begin{pmatrix} 1 \\ 1 \\ 3 \end{pmatrix}$; $t \in \mathbb{R}$

b) g: $\vec{x} = \begin{pmatrix} 5 \\ 1 \\ 1 \end{pmatrix} + s\begin{pmatrix} 1 \\ -1 \\ 1 \end{pmatrix}$; $s \in \mathbb{R}$ h: $\vec{x} = \begin{pmatrix} 4 \\ 3 \\ -1 \end{pmatrix} + t\begin{pmatrix} 0 \\ 2 \\ -2 \end{pmatrix}$; $t \in \mathbb{R}$

5 Gegeben ist die Gerade g: $\vec{x} = \begin{pmatrix} 1 \\ -2 \\ 1 \end{pmatrix} + r\begin{pmatrix} -2 \\ 1 \\ 1 \end{pmatrix}$; $r \in \mathbb{R}$.

Die Gerade h verläuft durch die Punkte A(2 | 0 | 3) und B(−3 | 2 | 1).
Überprüfen Sie, ob die Geraden g und h windschief sind.

6 Für jedes $t \in \mathbb{R}$ ist die Gerade g gegeben durch $\vec{x} = \begin{pmatrix} 5 \\ 2 \\ -7 \end{pmatrix} + r\begin{pmatrix} 2 \\ t \\ 2 \end{pmatrix}$; $r \in \mathbb{R}$.
Die Gerade h verläuft durch durch A(1| 2 |1) und B(4 |11| 4).
Bestimmen Sie die gegenseitige Lage in Abhängigkeit von t.

7 Die Dachspitze S eines Hauses wirft an sonnigen Tagen einen Schattenpunkt S′ auf den Boden der Terrasse (x_1x_2-Ebene). Eine Längeneinheit entspricht 1 m. Innerhalb einer Stunde verläuft der Schattenpunkt S′ entlang der Geraden

g: $\vec{x} = \begin{pmatrix} 5 \\ 4 \\ 0 \end{pmatrix} + t\begin{pmatrix} -5 \\ 1{,}5 \\ 0 \end{pmatrix}$; $0 \le t \le 1$, t in h.

Wie viel Meter legt der Schattenpunkt in dieser Stunde zurück?

2.2 Ebenen

2.2.1 Ebenengleichung in Parameterform

mvurl.de/zg2q

Die Abbildung zeigt einen Ausschnitt der Ebene E, die durch den Punkt P und die beiden Richtungsvektoren $\vec{u}$ und $\vec{v}$ festgelegt ist.

Die Richtungsvektoren $\vec{u}$ und $\vec{v}$ sind nicht parallel.

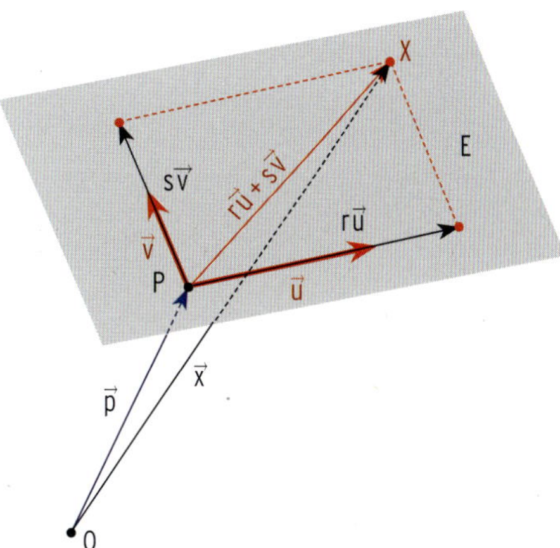

Punkt-Richtungs-Form

Um die Ebene durch eine Gleichung zu beschreiben, überlegt man sich, wie ein Punkt auf E erreicht werden kann. Ein beliebiger Punkt X auf E hat den Ortsvektor $\overrightarrow{OX} = \vec{p} + r\vec{u} + s\vec{v}$. Für jede Wahl der Parameter r und s erhält man einen Ebenenpunkt X.

Ist P ein Punkt mit dem **Ortsvektor** $\vec{p}$ und sind $\vec{u}$ und $\vec{v}$ zwei **nicht parallele** (nicht kollineare) **Richtungsvektoren**, dann kann eine Ebene E durch folgende Gleichung beschrieben werden:

$$E: \vec{x} = \vec{p} + r\vec{u} + s\vec{v};\ r, s \in \mathbb{R}.$$

Diese Form der Ebenengleichung nennt man **Parameterform** (oder Vektorform).
Da die Ebene durch einen Punkt und zwei Richtungsvektoren bestimmt ist, heißt diese Form der Ebenengleichung auch „**Punkt-Richtungs-Form**".

Bemerkung: Der Vektor $\vec{p}$ heißt **Stützvektor (Aufpunktvektor)**.
Die Vektoren $\vec{u}$ und $\vec{v}$ sind die **Richtungsvektoren** oder **Spannvektoren** der Ebene E.
Man sagt: Die Ebene E wird von den Vektoren $\vec{u}$ und $\vec{v}$ „**aufgespannt**".

Beispiel

➲ Die Ebene E enthält den Punkt P(1 | 3 | −3) und wird von den Richtungsvektoren $\vec{u} = \begin{pmatrix} -1 \\ 0 \\ 2 \end{pmatrix}$ und $\vec{v} = \begin{pmatrix} 3 \\ 2 \\ -3 \end{pmatrix}$ aufgespannt. Geben Sie eine Gleichung von E an.

Lösung

Mit $\vec{p} = \overrightarrow{OP} = \begin{pmatrix} 1 \\ 3 \\ -3 \end{pmatrix}$: $\vec{x} = \begin{pmatrix} 1 \\ 3 \\ -3 \end{pmatrix} + r\begin{pmatrix} -1 \\ 0 \\ 2 \end{pmatrix} + s\begin{pmatrix} 3 \\ 2 \\ -3 \end{pmatrix};\ r, s \in \mathbb{R}.$

mvurl.de/x5t8

Drei-Punkte-Form

Die Richtungsvektoren $\vec{u}$ und $\vec{v}$ erhält man als Differenz der Ortsvektoren $\overrightarrow{OA}$ und $\overrightarrow{OB}$ bzw. $\overrightarrow{OA}$ und $\overrightarrow{OC}$.

Es gilt: $\vec{u} = \vec{b} - \vec{a}$ bzw. $\vec{v} = \vec{c} - \vec{a}$

oder: $\vec{u} = \overrightarrow{OB} - \overrightarrow{OA}$ bzw. $\vec{v} = \overrightarrow{OC} - \overrightarrow{OA}$

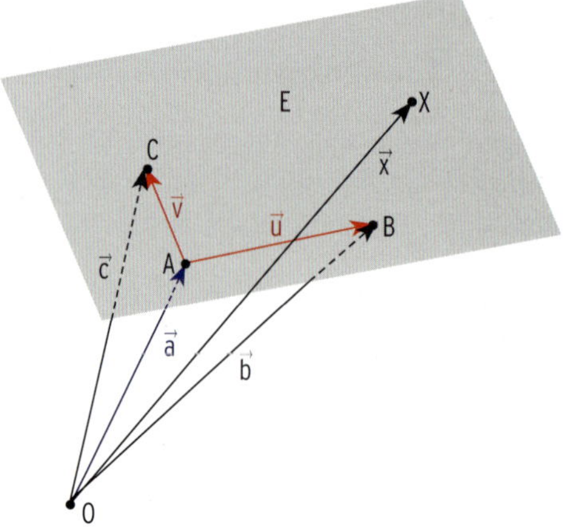

Die Punkte A, B und C liegen nicht auf einer Geraden und die zugehörigen Ortsvektoren sind $\vec{a}$, $\vec{b}$ und $\vec{c}$. Die Ebene E, welche diese drei Punkte enthält, kann durch folgende Gleichung beschrieben werden:

$$E: \vec{x} = \overrightarrow{OA} + r\overrightarrow{AB} + s\overrightarrow{AC};\quad r, s \in \mathbb{R}$$

bzw.

$$E: \vec{x} = \vec{a} + r(\vec{b} - \vec{a}) + s(\vec{c} - \vec{a});\quad r, s \in \mathbb{R}.$$

Diese Parameterdarstellung heißt „**Drei-Punkte-Form**" der Ebenengleichung.

Beispiel

➲ Die Punkte A(2 | 1 | 3), B(−1 | −4 | 0) und C(5 | −6 | 0) legen eine Ebene E fest. Bestimmen Sie eine Gleichung der Ebene E.

Lösung

Möglicher **Stützvektor**: $\vec{a} = \overrightarrow{OA} = \begin{pmatrix} 2 \\ 1 \\ 3 \end{pmatrix}$

Bestimmung von zwei **Richtungsvektoren** $\vec{u}$ und $\vec{v}$:

Richtungsvektor $\vec{u}$: $\vec{u} = \overrightarrow{AB} = \overrightarrow{OB} - \overrightarrow{OA} = \begin{pmatrix} -1 \\ -4 \\ 0 \end{pmatrix} - \begin{pmatrix} 2 \\ 1 \\ 3 \end{pmatrix} = \begin{pmatrix} -3 \\ -5 \\ -3 \end{pmatrix}$

Richtungsvektor $\vec{v}$: $\vec{v} = \overrightarrow{AC} = \overrightarrow{OC} - \overrightarrow{OA} = \begin{pmatrix} 5 \\ -6 \\ 0 \end{pmatrix} - \begin{pmatrix} 2 \\ 1 \\ 3 \end{pmatrix} = \begin{pmatrix} 3 \\ -7 \\ -3 \end{pmatrix}$

Punkt-Richtungs-Form von E: $\vec{x} = \begin{pmatrix} 2 \\ 1 \\ 3 \end{pmatrix} + r\begin{pmatrix} -3 \\ -5 \\ -3 \end{pmatrix} + s\begin{pmatrix} 3 \\ -7 \\ -3 \end{pmatrix};\ r, s \in \mathbb{R}$

Die Richtungsvektoren sind nicht parallel, da es kein $k \in \mathbb{R}$ gibt, sodass $\begin{pmatrix} -3 \\ -5 \\ -3 \end{pmatrix} = k\begin{pmatrix} 3 \\ -7 \\ -3 \end{pmatrix}$.

Die drei Punkte liegen nicht auf einer Geraden.
A, B und C spannen somit eine Ebene auf.

Weitere Beispiele zur Parameterform

Beispiel 1

➲ Eine Ebene E verläuft parallel zur parallel zur x_1x_3-Ebene durch P(0 | 4 | 0). Geben Sie eine Gleichung von E an.

Lösung

Die x_1x_3-Ebene wird z.B. von der Vektoren $\begin{pmatrix}1\\0\\0\end{pmatrix}$ und $\begin{pmatrix}0\\0\\1\end{pmatrix}$ aufgespannt.

Mit dem Aufpunkt P ergibt sich die Gleichung von E: $\vec{x} = \begin{pmatrix}0\\4\\0\end{pmatrix} + r\begin{pmatrix}1\\0\\0\end{pmatrix} + s\begin{pmatrix}0\\0\\1\end{pmatrix}$; r, s ∈ ℝ

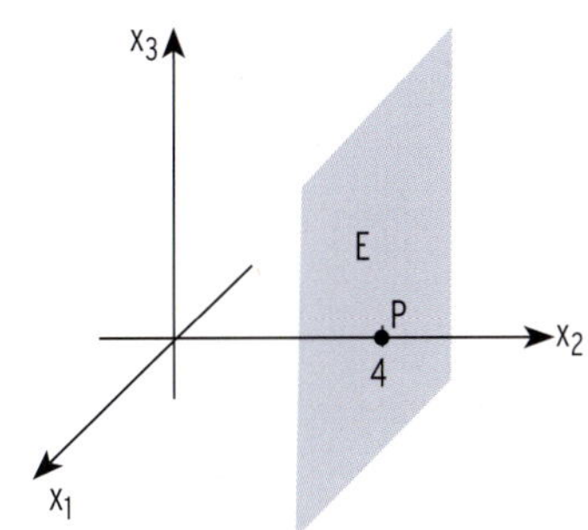

Koordinatenebenen

x_1x_2-Ebene: $\vec{x} = r\begin{pmatrix}1\\0\\0\end{pmatrix} + s\begin{pmatrix}0\\1\\0\end{pmatrix}$; r, s ∈ ℝ

x_1x_3-Ebene: $x = r\begin{pmatrix}1\\0\\0\end{pmatrix} + s\begin{pmatrix}0\\0\\1\end{pmatrix}$; r, s ∈ ℝ

x_2x_3-Ebene: $\vec{x} = r\begin{pmatrix}0\\1\\0\end{pmatrix} + s\begin{pmatrix}0\\0\\1\end{pmatrix}$; r, s ∈ ℝ

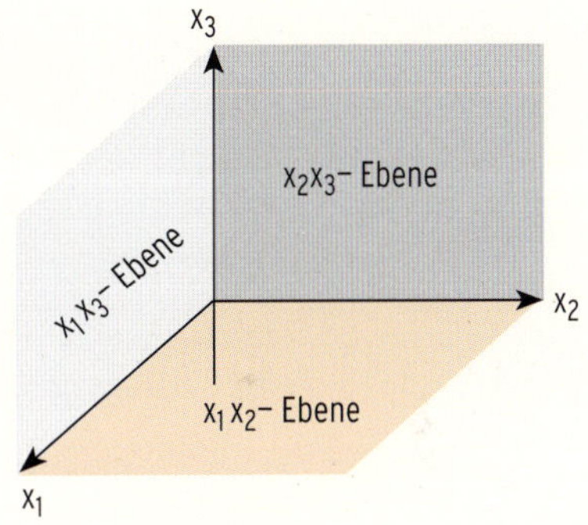

Beispiel 2

➲ Beschreiben Sie die Lage der Ebene E im Koordinatensystem.

a) E: $\vec{x} = r\begin{pmatrix}1\\-1\\0\end{pmatrix} + r\begin{pmatrix}1\\2\\0\end{pmatrix}$; r ∈ ℝ; b) E: $\vec{x} = \begin{pmatrix}1\\3\\1\end{pmatrix} + r\begin{pmatrix}1\\0\\2\end{pmatrix} + s\begin{pmatrix}1\\0\\-1\end{pmatrix}$; s ∈ ℝ.

Lösung

a) E verläuft durch den Ursprung; E ist die x_1x_2-Ebene ($x_3 = 0$).

b) E verläuft parallel zur x_1x_3-Ebene durch P(1 | 3 | 1).
E ist die x_1x_3-Ebene (die 2. Koordinate der Richtungsvetoren ist null) um 3 in x_2-Richtung verschoben.

Beispiel 3

Gegeben sind der Punkt C(0 | 3 | −5) und die Gerade g: $\vec{x} = \begin{pmatrix}1\\5\\2\end{pmatrix} + r\begin{pmatrix}1\\0\\1\end{pmatrix}$; $r \in \mathbb{R}$.

Zeigen Sie, dass der Punkt C und die Gerade g eine Ebene E aufspannen und geben Sie eine Gleichung von E an.

Lösung

Der Punkt C und die Gerade g spannen eine Ebene auf, wenn C nicht auf g liegt.
„Punktprobe" mit C:

Ansatz: $\overrightarrow{OC} = \vec{x}$ $\quad \begin{pmatrix}0\\3\\-5\end{pmatrix} = \begin{pmatrix}1\\5\\2\end{pmatrix} + r\begin{pmatrix}1\\0\\1\end{pmatrix}$

2. Zeile: 3 = 5 falsche Aussage, d. h., $C \notin g$.

Als Richtungsvektoren können $\vec{u} = \begin{pmatrix}1\\0\\1\end{pmatrix}$ und $\vec{v} = \overrightarrow{AC}$ mit A(1 | 5 | 2) gewählt werden.

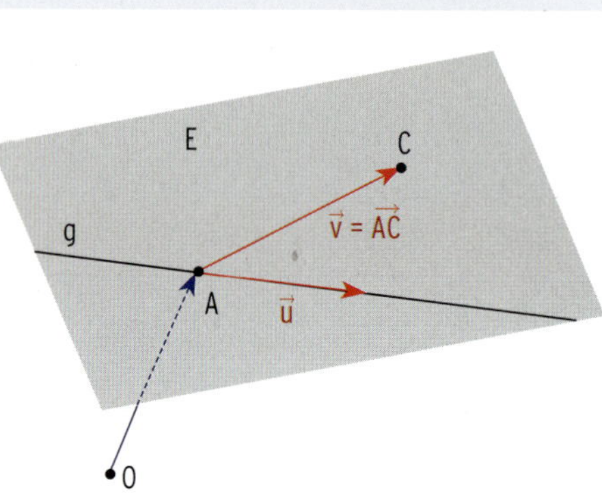

Gleichung von E: $\vec{x} = \begin{pmatrix}1\\5\\2\end{pmatrix} + r\begin{pmatrix}1\\0\\1\end{pmatrix} + s\left(\begin{pmatrix}0\\3\\-5\end{pmatrix} - \begin{pmatrix}1\\5\\2\end{pmatrix}\right)$

$\vec{x} = \begin{pmatrix}1\\5\\2\end{pmatrix} + r\begin{pmatrix}1\\0\\1\end{pmatrix} + s\begin{pmatrix}-1\\-2\\-7\end{pmatrix}$; $r, s \in \mathbb{R}$

Beispiel 4

Gegeben sind die Geraden g: $\vec{x} = \begin{pmatrix}1\\-3\\0\end{pmatrix} + r\cdot\begin{pmatrix}2\\4\\1\end{pmatrix}$; $r \in \mathbb{R}$ und h: $\vec{x} = \begin{pmatrix}-2\\2\\4\end{pmatrix} + s\cdot\begin{pmatrix}-5\\1\\3\end{pmatrix}$; $s \in \mathbb{R}$.

Die Geraden g und h haben genau einen Schnittpunkt. Bestimmen Sie diesen Schnittpunkt. Geben Sie die Gleichung einer Ebene an, die beide Geraden enthält.

Lösung

Schnittpunkt durch Gleichsetzen: $\begin{pmatrix}1\\-3\\0\end{pmatrix} + r\cdot\begin{pmatrix}2\\4\\1\end{pmatrix} = \begin{pmatrix}-2\\2\\4\end{pmatrix} + s\cdot\begin{pmatrix}-5\\1\\3\end{pmatrix}$

LGS für r und s:

$$\begin{aligned} 1 + 2r &= -2 - 5s \\ -3 + 4r &= 2 + s \\ r &= 4 + 3s \end{aligned} \quad \Leftrightarrow \quad \begin{aligned} 2r + 5s &= -3 \\ 4r - s &= 5 \\ r - 3s &= 4 \end{aligned}$$

Lösung des Gleichungssystems: $\left(\begin{array}{cc|c}2 & 5 & -3\\4 & -1 & 5\\1 & -3 & 4\end{array}\right) \sim \left(\begin{array}{cc|c}2 & 5 & -3\\0 & -11 & 11\\0 & 11 & -11\end{array}\right) \sim \left(\begin{array}{cc|c}2 & 5 & -3\\0 & -11 & 11\\0 & 0 & 0\end{array}\right)$

ergibt r = 1; s = −1
Schnittpunkt durch Einsetzen von r = 1 in $\vec{x} = \begin{pmatrix}1\\-3\\0\end{pmatrix} + r\cdot\begin{pmatrix}2\\4\\1\end{pmatrix}$ ergibt $\vec{x} = \begin{pmatrix}3\\1\\1\end{pmatrix}$.
Schnittpunkt S(3 | 1 | 1)

Gleichung von E: $\vec{x} = \begin{pmatrix}3\\1\\1\end{pmatrix} + r\cdot\begin{pmatrix}2\\4\\1\end{pmatrix} + s\cdot\begin{pmatrix}-5\\1\\3\end{pmatrix}$; $r, s \in \mathbb{R}$

Hinweis: Schneiden sich zwei Geraden g und h, kann man jeden Punkt von g oder von h als Aufpunkt der Ebene E wählen.

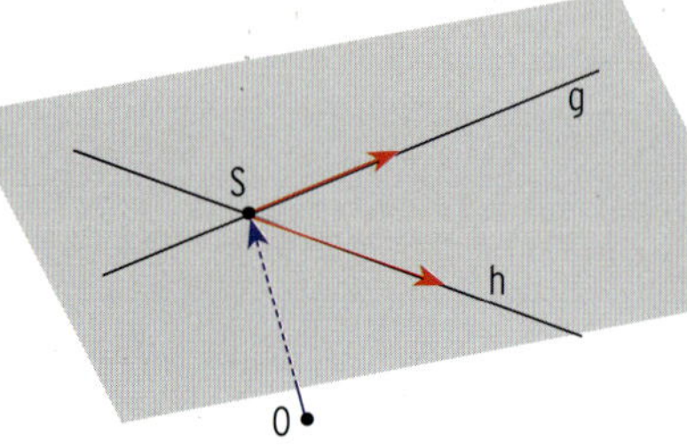

Beispiel 5

➲ Die parallelen Geraden g und h mit g: $\vec{x} = \begin{pmatrix} 1 \\ 5 \\ -1 \end{pmatrix} + r\begin{pmatrix} 1 \\ 2 \\ 1 \end{pmatrix}$; $r \in \mathbb{R}$ und h: $\vec{x} = \begin{pmatrix} 0 \\ 1 \\ 0 \end{pmatrix} + s\begin{pmatrix} 1 \\ 2 \\ 1 \end{pmatrix}$; $s \in \mathbb{R}$, spannen eine Ebene E auf.
Bestimmen Sie eine Gleichung der Ebene E.

Lösung

2. Richtungsvektor $\begin{pmatrix} 1 \\ 5 \\ -1 \end{pmatrix} - \begin{pmatrix} 0 \\ 1 \\ 0 \end{pmatrix} = \begin{pmatrix} 1 \\ 4 \\ -1 \end{pmatrix}$ (Verbindungsvektor der Aufpunkte A und B)

Mit der Gleichung von g und dem 2. Richtungsvektor ergibt sich eine Gleichung von E.

E: $\vec{x} = \begin{pmatrix} 1 \\ 5 \\ -1 \end{pmatrix} + r\begin{pmatrix} 1 \\ 2 \\ 1 \end{pmatrix} + s\begin{pmatrix} 1 \\ 4 \\ -1 \end{pmatrix}$; $r, s \in \mathbb{R}$

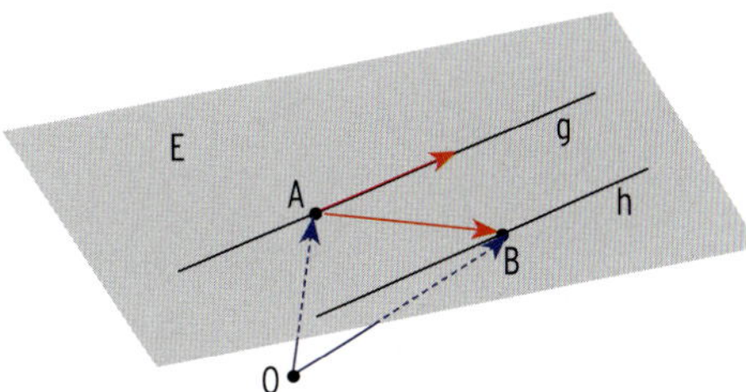

Beispiel 6

➲ Gegeben ist die Ebene E durch $\vec{x} = \begin{pmatrix} 1 \\ 0 \\ 2 \end{pmatrix} + r\begin{pmatrix} -2 \\ 2 \\ 1 \end{pmatrix} + s\begin{pmatrix} 1 \\ -3 \\ 1 \end{pmatrix}$; $r, s \in \mathbb{R}$.

a) Überprüfen Sie, ob der Punkt D(5 | 0 | −3) auf E liegt.
b) Geben Sie die Gleichung einer Geraden an, die in der Ebene E liegt.

Lösung

a) „Punktprobe" mit D

Zum Punkt D(5 | 0 | − 3) gehört der Ortsvektor $\vec{d} = \overrightarrow{OD} = \begin{pmatrix} 5 \\ 0 \\ -3 \end{pmatrix}$.

Wenn der Punkt D auf E liegt, muss es Zahlen r und s geben, sodass gilt: $\begin{pmatrix} 5 \\ 0 \\ -3 \end{pmatrix} = \begin{pmatrix} 1 \\ 0 \\ 2 \end{pmatrix} + r\begin{pmatrix} -2 \\ 2 \\ 1 \end{pmatrix} + s\begin{pmatrix} 1 \\ -3 \\ 1 \end{pmatrix}$

Umformung: $r\begin{pmatrix} -2 \\ 2 \\ 1 \end{pmatrix} + s\begin{pmatrix} 1 \\ -3 \\ 1 \end{pmatrix} = \begin{pmatrix} 4 \\ 0 \\ -5 \end{pmatrix}$

LGS für r und s
Hinweis: Das LGS enthält drei Gleichungen mit zwei Unbekannten.

LGS umformen: $\left(\begin{array}{cc|c} -2 & 1 & 4 \\ 2 & -3 & 0 \\ 1 & 1 & -5 \end{array}\right) \sim \left(\begin{array}{cc|c} -2 & 1 & 4 \\ 0 & -2 & 4 \\ 0 & 3 & -6 \end{array}\right) \sim \left(\begin{array}{cc|c} -2 & 1 & 4 \\ 0 & -2 & 4 \\ 0 & 0 & 0 \end{array}\right)$

Das LGS ist (eindeutig) lösbar: $s = -2$; $r = -3$
Der Punkt D liegt auf E.

b) Die Gerade g: $\vec{x} = \begin{pmatrix} 1 \\ 0 \\ 2 \end{pmatrix} + r\begin{pmatrix} -2 \\ 2 \\ 1 \end{pmatrix}$, $r \in \mathbb{R}$, liegt in der Ebene E.

2.2.2 Spurpunkte und Spurgeraden einer Ebene

Beispiel 1

➲ Gegeben ist die Ebene E durch ihre Gleichung $\vec{x} = \begin{pmatrix} 0 \\ 2 \\ 2 \end{pmatrix} + r\begin{pmatrix} 2 \\ -2 \\ 1 \end{pmatrix} + s\begin{pmatrix} 2 \\ -1 \\ -1 \end{pmatrix}$; $r, s \in \mathbb{R}$.

a) Bestimmen Sie die Schnittpunkte von E und den Koordinatenachsen.
Veranschaulichen Sie die Ebene E in einem Koordinatensystem.

b) Geben Sie die Gleichungen der Schnittgeraden von E mit den Koordinatenebenen an.

Lösung

a) **Schnittpunkt von E und x_1-Achse**

Für alle Punkte auf der x_1-Achse gilt $x_2 = x_3 = 0$.

Aus der Parameterform: $2 - 2r - s = 0$
$2 + r - s = 0$

Lösung des Gleichungssystems: $r = 0;\ s = 2$

Einsetzen in $x_1 = 2r + 2s$ ergibt: $x_1 = 4$

Schnittpunkt S_1: $S_1(4 \mid 0 \mid 0)$

Dieser Punkt heißt **Spurpunkt** der Ebene mit der x_1-Achse.

Schnittpunkt von E und x_2-Achse

Für alle Punkte auf der x_2-Achse gilt $x_1 = x_3 = 0$.

Aus der Parameterform: $2r + 2s = 0$
$2 + r - s = 0$

Lösung des Gleichungssystems: $r = -1;\ s = 1$

Einsetzen in $x_2 = 2 - 2r - s$ ergibt: $x_2 = 3$

Man erhält den Spurpunkt S_2: $S_2(0 \mid 3 \mid 0)$

Schnittpunkt von E und x_3-Achse

Für alle Punkte auf der x_3-Achse gilt $x_1 = x_2 = 0$.

Spurpunkt S_3: $S_3(0 \mid 0 \mid 6)$

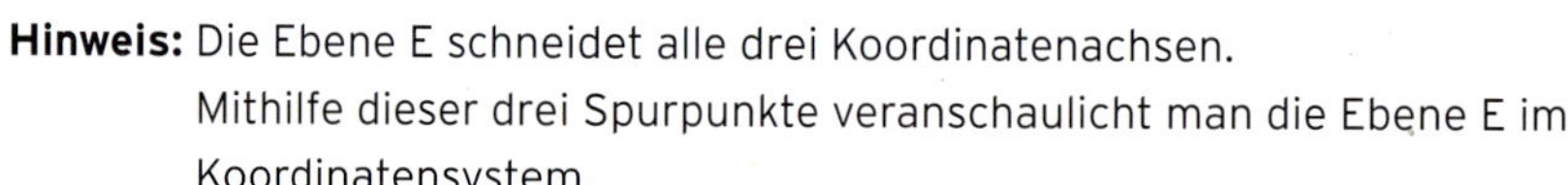

Hinweis: Die Ebene E schneidet alle drei Koordinatenachsen.
Mithilfe dieser drei Spurpunkte veranschaulicht man die Ebene E im Koordinatensystem.

b) Die Schnittgerade s_{12} von E und der x_1x_2-Ebene verläuft durch die Punkte $S_1(4 \mid 0 \mid 0)$ und $S_2(0 \mid 3 \mid 0)$.

Richtungsvektor $\vec{u}$ von s_{12}:

$$\vec{u} = \overrightarrow{OS_2} - \overrightarrow{OS_1} = \begin{pmatrix} 0 \\ 3 \\ 0 \end{pmatrix} - \begin{pmatrix} 4 \\ 0 \\ 0 \end{pmatrix} = \begin{pmatrix} -4 \\ 3 \\ 0 \end{pmatrix}$$

Stützvektor $\vec{p} = \overrightarrow{OS_1} = \begin{pmatrix} 4 \\ 0 \\ 0 \end{pmatrix}$

Geradengleichung von s_{12}

$$s_{12}: \vec{x} = \begin{pmatrix} 4 \\ 0 \\ 0 \end{pmatrix} + r\begin{pmatrix} -4 \\ 3 \\ 0 \end{pmatrix};\ r \in \mathbb{R}.$$

Diese Schnittgerade s_{12} heißt **Spurgerade von E** mit der x_1x_2-Ebene.

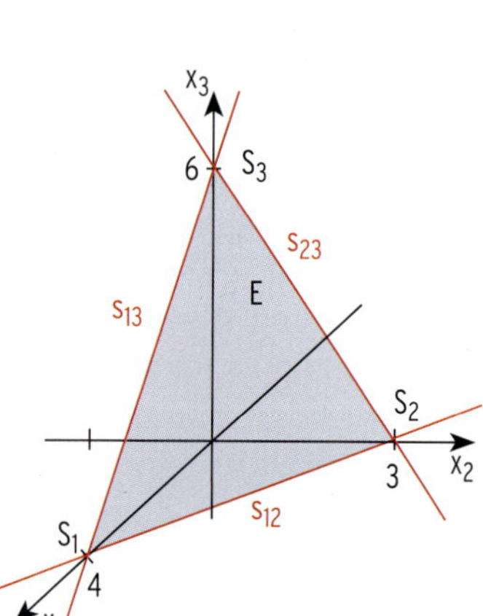

Spurgerade s_{13} von E mit der x_1x_3- Ebene durch $S_1(4 \mid 0 \mid 0)$ und $S_3(0 \mid 0 \mid 6)$

$$s_{13}\colon \vec{x} = \begin{pmatrix}4\\0\\0\end{pmatrix} + s\left(\begin{pmatrix}0\\0\\6\end{pmatrix} - \begin{pmatrix}4\\0\\0\end{pmatrix}\right) = \begin{pmatrix}4\\0\\0\end{pmatrix} + s\begin{pmatrix}-4\\0\\6\end{pmatrix};\ s \in \mathbb{R}$$

Spurgerade s_{23} von E mit der x_2x_3- Ebene durch $S_2(0 \mid 3 \mid 0)$ und $S_3(0 \mid 0 \mid 6)$

$$s_{23}\colon \vec{x} = \begin{pmatrix}0\\3\\0\end{pmatrix} + t\left(\begin{pmatrix}0\\0\\6\end{pmatrix} - \begin{pmatrix}0\\3\\0\end{pmatrix}\right) = \begin{pmatrix}0\\3\\0\end{pmatrix} + t\begin{pmatrix}0\\-3\\6\end{pmatrix};\ t \in \mathbb{R}$$

Schneiden sich eine **Ebene** E und eine **Koordinatenachse** in einem Punkt, so heißt dieser Punkt **Spurpunkt** der **Ebene** E.

Bedingung für den Spurpunkt der Ebene E

S_1 auf der x_1-Achse: $x_2 = x_3 = 0$

S_2 auf der x_2-Achse: $x_1 = x_3 = 0$

S_3 auf der x_3-Achse: $x_1 = x_2 = 0$

Die Schnittgerade einer Ebene E mit einer Koordinatenebene heißt **Spurgerade** von E.

Beispiel 2

➲ Die Ebene E ist gegeben durch ihre Gleichung $\vec{x} = \begin{pmatrix}2\\0\\0\end{pmatrix} + r\begin{pmatrix}-1\\2\\0\end{pmatrix} + s\begin{pmatrix}0\\0\\1\end{pmatrix};\ r, s \in \mathbb{R}$.

a) Berechnen Sie die Spurpunkte. Beschreiben Sie die Lage der Ebene.

b) Skizzieren Sie die Ebene E in einem Koordinatensystem.

Lösung

a) Schnittpunkt von E und x_1-Achse

Der Aufpunkt ist Spurpunkt S_1: $S_1(2 \mid 0 \mid 0)$

Schnittpunkt von E und x_2-Achse

Bedingung: $x_1 = x_3 = 0$ $\quad 2 - r = 0 \Rightarrow r = 2$

$s = 0$

Einsetzen ergibt: $x_2 = 4$

Spurpunkt S_2: $S_2(0 \mid 4 \mid 0)$

Einen Schnittpunkt von E und x_3-Achse gibt es nicht, da ein Richtungsvektor von E parallel zur x_3-Achse verläuft.

Die Ebene E verläuft parallel zur x_3-Achse.

Die Ebene E steht senkrecht auf der $x_1\, x_2$-Ebene.

b) Für eine Skizze ist es vorteilhaft, wenn man die Achsenschnittpunkte kennt.

Skizze:

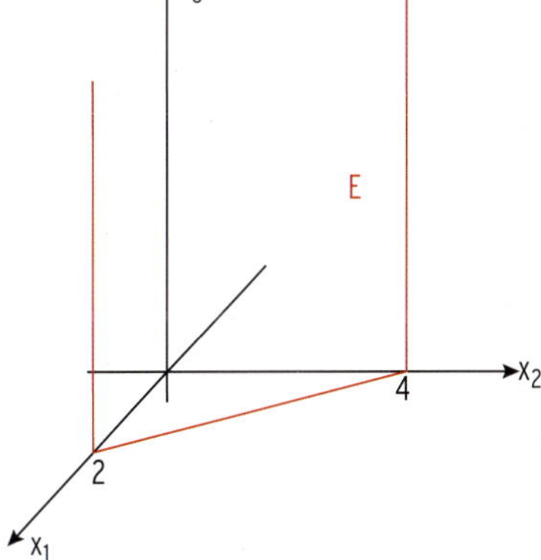

Aufgaben

1 Bestimmen Sie eine Gleichung der Ebene E: $\vec{x} = \begin{pmatrix} 1 \\ -2 \\ 2 \end{pmatrix} + r\begin{pmatrix} -0{,}5 \\ 0{,}75 \\ 0{,}75 \end{pmatrix} + s\begin{pmatrix} 2 \\ 1{,}5 \\ 3 \end{pmatrix}$; $r, s \in \mathbb{R}$, sodass nur ganze Zahlen in den Richtungsvektoren (Spannvektoren) auftreten.

2 Geben Sie zwei verschiedene Parameterdarstellungen der Ebene E durch A, B und C an.

a) A(1 | 1 | 1); B(3 | 1 | 2); C(0 | 3 | 3) **b)** A(0 | 0 | 0); B(−2 | 4 | 1); C(3 | −1 | 3)

3 Gegeben ist die Ebene E durch die Gleichung E: $\vec{x} = \begin{pmatrix} 1 \\ -2 \\ 2 \end{pmatrix} + r\begin{pmatrix} -2 \\ 4 \\ 6 \end{pmatrix} + s\begin{pmatrix} 4 \\ -3 \\ 2 \end{pmatrix}$; $r, s \in \mathbb{R}$.

Prüfen Sie, ob die Punkte A(8 | −6 | 9) und B(12 | 1 | 1) in E liegen.

4 Welche Ebene E enthält den Punkt P und die Gerade g?

a) P(1 | 1 | −3); g: $\vec{x} = \begin{pmatrix} -1 \\ 2 \\ 3 \end{pmatrix} + k\begin{pmatrix} 0 \\ 1 \\ -1 \end{pmatrix}$; $k \in \mathbb{R}$ **b)** P(2 | 2 | 2); g: $\vec{x} = \begin{pmatrix} -1 \\ 2 \\ 3 \end{pmatrix} + k\begin{pmatrix} 3 \\ -5 \\ -1 \end{pmatrix}$; $k \in \mathbb{R}$

5 Gegeben sind die Geraden g: $\vec{x} = \begin{pmatrix} 1 \\ 0 \\ 2 \end{pmatrix} + r\begin{pmatrix} 1 \\ -1 \\ 1 \end{pmatrix}$ mit $r \in \mathbb{R}$ und h: $\vec{x} = \begin{pmatrix} 1 \\ -5 \\ 4 \end{pmatrix} + s\begin{pmatrix} 2 \\ 3 \\ 0 \end{pmatrix}$ mit $s \in \mathbb{R}$.

Zeigen Sie, dass die Geraden g und h eine Ebene E aufspannen und bestimmen Sie eine Gleichung der Ebene E in Parameterform.

6 Untersuchen Sie, ob folgende 4 Punkte in einer Ebene liegen.

a) A(1 | 1 | 2); B(3 | 3 | 3); C(1 | 4 | 5); D(3 | 6 | 6)

b) A(0 | 2 | −2); B(2 | −2 | 4); C(6 | −4 | 12); D(3 | −3 | 6)

7 Gegeben sind die Geraden g und h durch g: $\vec{x} = \begin{pmatrix} -1 \\ 2 \\ 3 \end{pmatrix} + k\begin{pmatrix} 1 \\ 2 \\ 1 \end{pmatrix}$; $k \in \mathbb{R}$; h: $\vec{x} = \begin{pmatrix} 3 \\ 2 \\ 1 \end{pmatrix} + r\begin{pmatrix} 3 \\ 6 \\ 3 \end{pmatrix}$; $r \in \mathbb{R}$.

a) Zeigen Sie, dass die Geraden g und h parallel und verschieden sind.

b) g und h legen eine Ebene E fest. Bestimmen Sie eine Gleichung von E.

8 Gegeben sind die Punkte A(4 | 2 | 1), B(8 | 6 | 1), C(6 | 8 | 1), D(2 | 4 | 1) und P(3,5 | 4,5 | 1). Prüfen Sie, ob der Punkt P im Inneren des Rechtecks ABCD liegt.

9 Welche besondere Lage hat die Ebene mit der Gleichung $\vec{x} = \begin{pmatrix} 0 \\ 0 \\ 1 \end{pmatrix} + r\begin{pmatrix} 1 \\ 0 \\ 0 \end{pmatrix} + s\begin{pmatrix} 0 \\ 1 \\ 0 \end{pmatrix}$; $r, s \in \mathbb{R}$?

a) Zeichnen Sie diese Ebene in ein geeignetes Koordinatensystem ein.

b) Geben Sie einen Punkt an, der nicht auf der Ebene E liegt.

c) Geben Sie die Gleichung einer Geraden an, die in der Ebene E liegt.

10 Bestimmen Sie die Spurpunkte und die Spurgeraden der Ebene E.

a) E: $\vec{x} = \begin{pmatrix} 1 \\ 0 \\ 0 \end{pmatrix} + r\begin{pmatrix} -1 \\ 0 \\ 4 \end{pmatrix} + s\begin{pmatrix} 1 \\ -2 \\ 0 \end{pmatrix}$; $r, s \in \mathbb{R}$ **b)** E: $\vec{x} = \begin{pmatrix} 0 \\ 0 \\ 5 \end{pmatrix} + u \cdot \begin{pmatrix} 1 \\ 0 \\ -3 \end{pmatrix} + v \cdot \begin{pmatrix} 0 \\ 2 \\ 1 \end{pmatrix}$; $u, v \in \mathbb{R}$

Test zur Überprüfung Ihrer Grundkenntnisse

1 Die Punkte A(− 5|2|1) , B(− 2|3|− 1) und C(− 1|3|− 2) legen eine Ebene E fest.

Bestimmen Sie eine Parametergleichung von E.

2 Gegeben ist der Punkt P(4|6|4) und die Ebene $E: \vec{x} = \begin{pmatrix} 1 \\ 2 \\ 3 \end{pmatrix} + t \cdot \begin{pmatrix} 0 \\ 2 \\ 1 \end{pmatrix} + s \cdot \begin{pmatrix} 3 \\ 0 \\ -1 \end{pmatrix}$; s, t ∈ ℝ.

a) Weisen Sie nach, dass der Punkt P in der Ebene E liegt.

b) Eine Gerade g_1 liegt in der Ebene E, eine Gerade g_2 geht durch den Punkt P und hat keinen Schnittpunkt mit der x_1x_2-Ebene.

Geben Sie jeweils eine Gleichung der Geraden g_1 und g_2 an.

3 In einem kartesischen Koordinatensystem sind der Punkt C(2|3|3) und die Gerade g mit g: $\vec{x} = \begin{pmatrix} 6 \\ 3 \\ -1 \end{pmatrix} + r \cdot \begin{pmatrix} 1 \\ 1 \\ 0 \end{pmatrix}$; r ∈ ℝ gegeben.

a) Zeigen Sie, dass der Punkt C nicht auf g liegt.

b) Bestimmen Sie die Gleichung der Ebene durch C, die die Gerade g enthält.

4 Bestimmen Sie die Spurpunkte der Ebene E: $\vec{x} = \begin{pmatrix} 1 \\ 0 \\ 0 \end{pmatrix} + r\begin{pmatrix} -1 \\ 2 \\ 0 \end{pmatrix} + s\begin{pmatrix} -2 \\ 0 \\ 1 \end{pmatrix}$; r, s ∈ ℝ.
Veranschaulichen Sie die Ebene E in einem Koordinatensystem.

5 Die Geraden g: $\vec{x} = \begin{pmatrix} 1 \\ 0 \\ -2 \end{pmatrix} + r\begin{pmatrix} 1 \\ 1 \\ 1 \end{pmatrix}$ mit r ∈ ℝ und h: $\vec{x} = \begin{pmatrix} 1 \\ 0 \\ -2 \end{pmatrix} + s\begin{pmatrix} 2 \\ 1 \\ 0 \end{pmatrix}$ mit s ∈ ℝ spannen eine Ebene E auf. Begründen Sie.
Bestimmen Sie eine Gleichung der Ebene E in Parameterform.
Geben Sie den Schnittpunkt der Ebene mit der x_1-Achse an.

6 Gegeben ist die Ebene E: $\vec{x} = \begin{pmatrix} 2 \\ 0 \\ 1 \end{pmatrix} + r\begin{pmatrix} 1 \\ 2 \\ -1 \end{pmatrix} + s\begin{pmatrix} 2 \\ 1 \\ -1 \end{pmatrix}$; r, s ∈ ℝ.
Ermitteln Sie die Spurgerade von E mit der x_2x_3-Ebene.

7 Die Ebene E hat nur die Spurpunkte A(5 | 0 | 0) und B(0 | −3 | 0).
Bestimmen Sie eine Gleichung von E.

2.3 Abstandsberechnungen

2.3.1 Abstand eines Punktes von einer Koordinatenebene

Beispiel

➲ Berechnen Sie den Abstand des Punktes A(4 | −2 | 3) von den Koordinatenebenen.

Lösung

Der Punkt A(4 | −2 | 3) hat die Koordinaten
$x_1 = 4$; $x_2 = -2$ und $x_3 = 3$.
$x_1 = 4$: A ist 4 LE von der x_2x_3-Ebene entfernt.
$x_2 = -2$: A ist 2 LE von der x_1x_3-Ebene entfernt.
$x_3 = 3$: A ist 3 LE von der x_1x_2-Ebene entfernt.

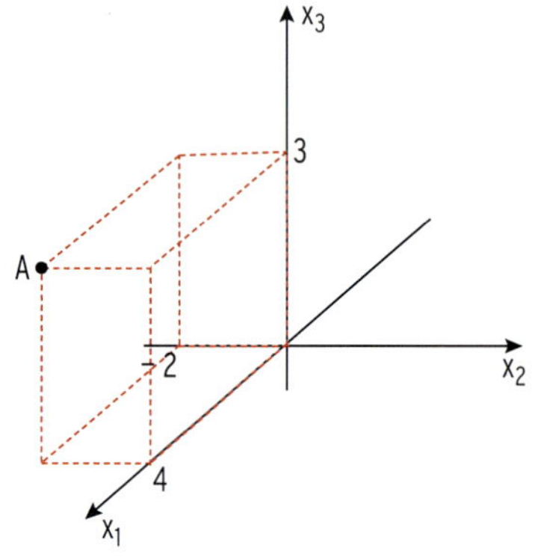

Die Koordinaten des Punktes geben die **kleinste Entfernung,** also den **Abstand** des Punktes von den Koordinatenebenen an.

Aufgaben

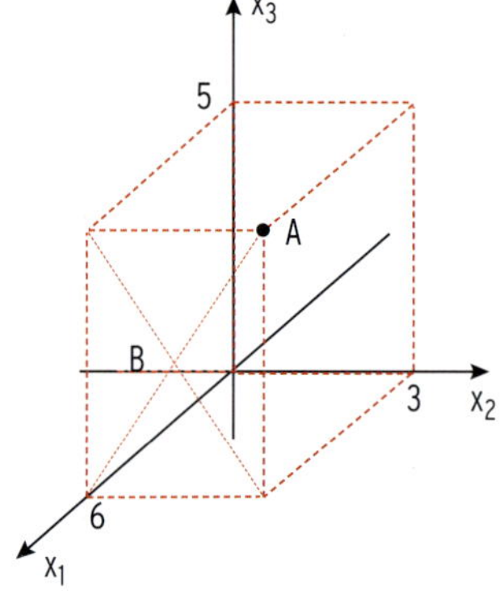

1 Geben Sie den Abstand des Punktes A(6 | 2 | −4) von den Koordinatenebenen an.

2 Geben Sie den Abstand der Punkte A und B aus der Abbildung von den Koordinatenebenen an.

3 Geben Sie drei Punkte an, die von der Ebene E: $\vec{x} = r\begin{pmatrix}0\\4\\1\end{pmatrix} + s\begin{pmatrix}0\\2\\0\end{pmatrix}$; r, s ∈ ℝ einen Abstand von 6 LE haben.

4 Berechnen Sie den Abstand des Punktes A von der Ebene E.

a) E: $\vec{x} = r\begin{pmatrix}0\\2\\0\end{pmatrix} + s\begin{pmatrix}0\\3\\1\end{pmatrix}$; r, s ∈ ℝ; A(1 | 2 | −3)

b) E: $\vec{x} = r\begin{pmatrix}1\\0\\1\end{pmatrix} + s\begin{pmatrix}0\\0\\1\end{pmatrix}$; r, s ∈ ℝ; A(− 3 | 1 | −4)

c) E: $\vec{x} = r\begin{pmatrix}1\\0\\0\end{pmatrix} + s\begin{pmatrix}-2\\0\\1\end{pmatrix}$; r, s ∈ ℝ; A(7 | −5 | 0)

d) E: $\vec{x} = r\begin{pmatrix}1\\4\\0\end{pmatrix} + s\begin{pmatrix}-3\\4\\0\end{pmatrix}$; r, s ∈ ℝ; A(3 | −8 | −9)

5 Geben Sie zwei Punkte an,

a) die von der x_1x_3-Ebene einen Abstand von 5 LE haben.

b) die 4 LE senkrecht unter der x_1x_2-Ebene liegen.

c) die von A(0 | 2| − 1) einen Abstand von 10 LE haben.

2.3.2 Abstand von zwei Punkten

Zwei Flugzeuge müssen einen Mindestabstand einhalten. Sind die Positionen der Flugzeuge (z. B. durch GPS) bekannt, so berechnet man den Abstand der beiden Punkte. Der Abstand zwischen zwei Punkten A und B ist die Länge (der Betrag) des Vektors $\overrightarrow{AB}$.

Gegeben sind die zwei Punkte A $(a_1 \mid a_2 \mid a_3)$ und B $(b_1 \mid b_2 \mid b_3)$.
Für den **Abstand d der Punkte A und B** gilt:

$$d = |\overrightarrow{AB}| = \left|\begin{pmatrix} b_1 - a_1 \\ b_2 - a_2 \\ b_3 - a_3 \end{pmatrix}\right| = \sqrt{(b_1 - a_1)^2 + (b_2 - a_2)^2 + (b_3 - a_3)^2}$$

Beispiel 1

Berechnen Sie den Abstand der Punkte $A(-4 \mid -7 \mid 3)$ und $B(5 \mid -3 \mid -2)$.

Lösung

Vektor $\overrightarrow{AB}$: $\overrightarrow{AB} = \overrightarrow{OB} - \overrightarrow{OA} = \begin{pmatrix} 5 \\ -3 \\ -2 \end{pmatrix} - \begin{pmatrix} -4 \\ -7 \\ 3 \end{pmatrix} = \begin{pmatrix} 9 \\ 4 \\ -5 \end{pmatrix}$

Abstand d: $d = |\overrightarrow{AB}| = \sqrt{9^2 + 4^2 + (-5)^2} = \sqrt{122} = 11{,}05$

Beispiel 2

Gegeben sind die Punkte $A(2 \mid 1 \mid 2)$, $B(2 \mid 5 \mid 4)$ und $C(2 \mid 3 \mid 0)$.
Zeigen Sie, das Dreieck ABC ist gleichschenklig, aber nicht gleichseitig.
Berechnen Sie den Flächeninhalt des Dreiecks ABC.

Lösung

Seite AB: $\overrightarrow{AB} = \overrightarrow{OB} - \overrightarrow{OA} = \begin{pmatrix} 2 \\ 5 \\ 4 \end{pmatrix} - \begin{pmatrix} 2 \\ 1 \\ 2 \end{pmatrix} = \begin{pmatrix} 0 \\ 4 \\ 2 \end{pmatrix}$ Länge $|\overrightarrow{AB}| = \sqrt{20}$

Seite AC: $\overrightarrow{AC} = \overrightarrow{OC} - \overrightarrow{OA} = \begin{pmatrix} 2 \\ 3 \\ 0 \end{pmatrix} - \begin{pmatrix} 2 \\ 1 \\ 2 \end{pmatrix} = \begin{pmatrix} 0 \\ 2 \\ -2 \end{pmatrix}$ Länge $|\overrightarrow{AC}| = \sqrt{8}$

Seite BC: $\overrightarrow{BC} = \overrightarrow{OC} - \overrightarrow{OB} = \begin{pmatrix} 2 \\ 3 \\ 0 \end{pmatrix} - \begin{pmatrix} 2 \\ 5 \\ 4 \end{pmatrix} = \begin{pmatrix} 0 \\ -2 \\ -4 \end{pmatrix}$ Länge $|\overrightarrow{BC}| = \sqrt{20}$

Die Seiten AB und BC sind gleichlang. Das Dreieck ABC ist gleichschenklig.
Mitte der Seite AC: $M(2 \mid 2 \mid 1)$

Höhe des Dreiecks: $|\overrightarrow{MB}| = \left|\begin{pmatrix} 0 \\ 3 \\ 3 \end{pmatrix}\right| = \sqrt{18}$

Flächeninhalt des Dreiecks: $A = \frac{1}{2} \cdot |\overrightarrow{AC}| \cdot |\overrightarrow{MB}| = \frac{1}{2} \cdot \sqrt{8 \cdot 18} = 6$

C
M
A
B

Beispiel 3

➲ Gegeben sind die Punkte A(2 | 0 | 0), B(2 | 3 | 1) und C(6 | 2 | − 6).
Zeigen Sie, das Dreieck ABC ist rechtwinklig.
Berechnen Sie den Flächeninhalt des Dreiecks ABC.

Lösung

$\overrightarrow{AB} = \overrightarrow{OB} - \overrightarrow{OA} = \begin{pmatrix} 2 \\ 3 \\ 1 \end{pmatrix} - \begin{pmatrix} 2 \\ 0 \\ 0 \end{pmatrix} = \begin{pmatrix} 0 \\ 3 \\ 1 \end{pmatrix}$; $\overrightarrow{AC} = \overrightarrow{OC} - \overrightarrow{OA} = \begin{pmatrix} 6 \\ 2 \\ -6 \end{pmatrix} - \begin{pmatrix} 2 \\ 0 \\ 0 \end{pmatrix} = \begin{pmatrix} 4 \\ 2 \\ -6 \end{pmatrix}$; $\overrightarrow{BC} = \begin{pmatrix} 4 \\ -1 \\ -7 \end{pmatrix}$

Mithilfe des Skalarprodukts: $\overrightarrow{AB} \cdot \overrightarrow{AC} = 0$ $\quad \begin{pmatrix} 0 \\ 3 \\ 1 \end{pmatrix} \cdot \begin{pmatrix} 4 \\ 2 \\ -6 \end{pmatrix} = 0$

Flächeninhalt: $A = \frac{1}{2} \cdot |\overrightarrow{AB}| \cdot |\overrightarrow{AC}| = \frac{1}{2} \cdot \sqrt{10} \cdot \sqrt{56} = 11{,}83$

Beispiel 4

➲ Gegeben sind die Punkte A(0| 0|0), B(− 3| 1|4), C(2| − 4|4) und D(5 | − 5| 0).

a) Zeigen Sie, dass das Viereck ABCD ein Parallelogramm ist und kein Rechteck.

b) Berechnen Sie den Flächeninhalt des Parallelogramms.

Lösung

a) $\overrightarrow{AB} = \begin{pmatrix} -3 \\ 1 \\ 4 \end{pmatrix}$; $\quad \overrightarrow{DC} = \begin{pmatrix} 2 \\ -4 \\ 4 \end{pmatrix} - \begin{pmatrix} 5 \\ -5 \\ 0 \end{pmatrix} = \begin{pmatrix} -3 \\ 1 \\ 4 \end{pmatrix}$

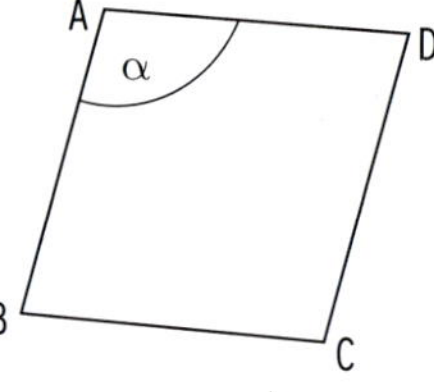

Das Viereck ABCD ist ein Parallelogramm,

wegen $\overrightarrow{AB} = \overrightarrow{DC}$.

$\overrightarrow{AD} = \begin{pmatrix} 5 \\ -5 \\ 0 \end{pmatrix}$; $\quad \overrightarrow{AB} \cdot \overrightarrow{AD} = \begin{pmatrix} -3 \\ 1 \\ 4 \end{pmatrix} \cdot \begin{pmatrix} 5 \\ -5 \\ 0 \end{pmatrix} = -15 - 5 + 0 = -20 \neq 0$

Das Viereck ABCD ist kein Rechteck.

b) Flächeninhalt des Parallelogramms

$|\overrightarrow{AD}| = \left|\begin{pmatrix} 5 \\ -5 \\ 0 \end{pmatrix}\right| = \sqrt{50}$; $\quad |\overrightarrow{AB}| = \sqrt{9 + 1 + 16} = \sqrt{26}$

Winkel bei A: $\quad \cos(\alpha) = \dfrac{\overrightarrow{AB} \cdot \overrightarrow{AD}}{|\overrightarrow{AB}| \cdot |\overrightarrow{AD}|}$

$$= \frac{\begin{pmatrix} -3 \\ 1 \\ 4 \end{pmatrix} \cdot \begin{pmatrix} 5 \\ -5 \\ 0 \end{pmatrix}}{\sqrt{50} \cdot \sqrt{26}} = \frac{-20}{\sqrt{50} \cdot \sqrt{26}}$$

ergibt $\quad \alpha = 123{,}69°$

in die Flächenformel einsetzen: $\quad A = |\overrightarrow{AB}| \cdot |\overrightarrow{AD}| \cdot \sin(\alpha)$

$$A = \sqrt{50} \cdot \sqrt{26} \cdot \sin(123{,}69°) = 30{,}0$$

Hinweis: Das Dreieck ABC hat den Flächeninhalt $A = \frac{1}{2} \cdot |\overrightarrow{AB}| \cdot |\overrightarrow{AD}| \cdot \sin(\alpha)$.

Beispiel 5

➲ Die Punkte P_1 und P_2 liegen auf der Geraden g: $\vec{x} = \begin{pmatrix} 1 \\ -2 \\ 3 \end{pmatrix} + t\begin{pmatrix} 1 \\ -4 \\ 2 \end{pmatrix}$; $t \in \mathbb{R}$
und haben vom Punkt Q(0 | 2 | 1) den Abstand $3\sqrt{21}$.
Bestimmen Sie die Koordinaten der Punkte P_1 und P_2.

Lösung

Punkte auf g: P(1 + t | −2 − 4t | 3 + 2t)

Mit Q(0 | 2 | 1) ergibt sich: $\overrightarrow{QP} = \begin{pmatrix} 1+t \\ -4-4t \\ 2+2t \end{pmatrix}$

Länge des Vektors: $|\overrightarrow{QP}| = \sqrt{(1+t)^2 + (-4-4t)^2 + (2+2t)^2}$

Radikand: $(1+t)^2 + (-4-4t)^2 + (2+2t)^2$

Zusammenfassung: $= 21t^2 + 42t + 21$

Bedingung für t: $|\overrightarrow{QP}| = 3\sqrt{21}$

Quadrieren ergibt: $21t^2 + 42t + 21 = 9 \cdot 21 \quad | : 21$

Vereinfachung: $t^2 + 2t + 1 = 9$

$t^2 + 2t - 8 = 0$

Lösungen: $t_1 = -4$; $t_2 = 2$

Einsetzen in P(1 + t | −2 − 4t | 3 + 2t):

$t_1 = -4$: $P_1(-3 \mid 14 \mid -5)$

$t_2 = 2$: $P_2(3 \mid -10 \mid 7)$

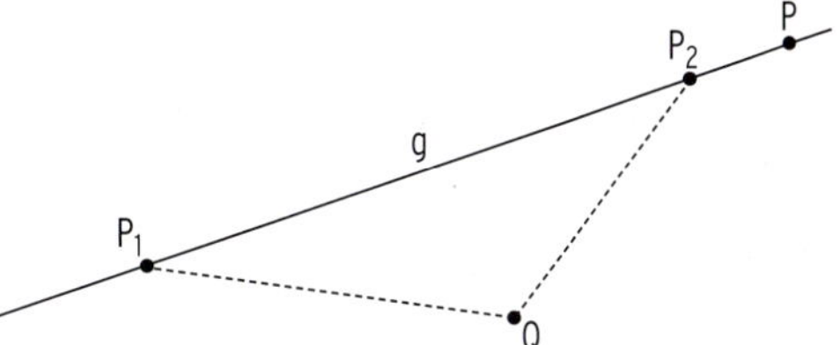

Die Punkte P_1 und P_2 haben von Q den Abstand $3\sqrt{21}$.

Aufgaben

1 Gegeben sind die Punkte A und B. Berechnen Sie den Abstand der Punkte A und B.

a) A(1 | −5 | 1), B(−3 | 0 | 6) b) A(−3 | −1 | 1), B(3 | 0 | −2)

2 Die Abbildung zeigt einen Quader.
S ist der Schnittpunkt der Raumdiagonalen.
Welchen Abstand hat S von den Eckpunkten des Quaders?

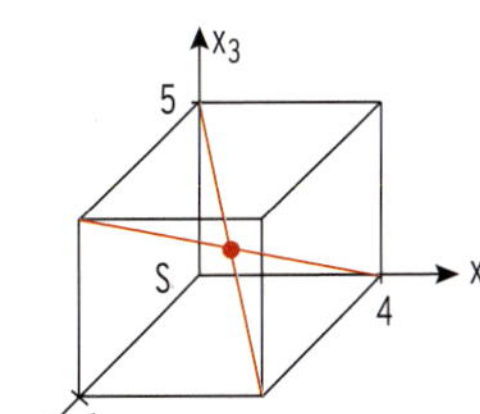

3 Zeigen Sie, dass die Punkte A(9 | 2 | 3), B(1 | 8 | 1) und C (1 | 2 | 1) ein rechtwinkliges Dreieck bilden.
Berechnen Sie den Flächeninhalt des Dreiecks ABC.

4 Die Punkte A(3|− 1| 1), B(3|2| 2) und C(1|1|0) sind die Eckpunkte eines Dreiecks.
Zeigen Sie, dass das Dreieck ABC gleichschenklig ist, aber nicht gleichseitig.

5 In einem kartesischen Koordinatensystem sind die Eckpunkte eines Vierecks vorgegeben: $A(3 \mid -2 \mid 1)$, $B(2 \mid 5 \mid 2)$, $C(-2 \mid 8 \mid 6)$, $D(-1 \mid 1 \mid 5)$.
Zeigen Sie, dass das Viereck ABCD ein Parallelogramm ist. Berechnen Sie die Seitenlängen, die Innenwinkel und den Flächeninhalt des Parallelogramms.

6 Das ebene Viereck ABCD mit $A(10 \mid 5 \mid 2)$, $B(3 \mid 6 \mid 4)$, $C(1 \mid 2 \mid 5)$ und $D(5 \mid 0 \mid 4)$ ist ein Drachen. Bestätigen Sie. Berechnen Sie den Flächeninhalt dieses Drachens.

7 Ein Maibaum auf einem ebenen Dorfplatz soll an drei Seilen in den Punkten $A(1 \mid 2 \mid 0)$, $B(-2 \mid -1 \mid 0)$ und C am Boden gesichert werden. Die Seile werden außerdem in einem Punkt $S(0 \mid 0 \mid h)$ in der Höhe h (h in m) über dem Dorfplatz am Baum befestigt. Der Baum steht senkrecht zum Dorfplatz in $O(0 \mid 0 \mid 0)$.

a) S liegt nun in 3 m Höhe. An dem Seil AS werden farbige Bändchen befestigt. Jeweils zwei benachbarte Bändchen sind an Stellen angebracht, die einen Abstand von 30 cm haben. Wie viele Bändchen können maximal angebracht werden?

b) In welcher Höhe h müssen die Seile AS und BS am Baum befestigt werden, damit sie einen rechten Winkel einschließen?

8 Im Anschauungsraum sind die Punkte $P(2 \mid 8 \mid 1)$, $Q(2 \mid 0 \mid -3)$ und $R(17 \mid 4 \mid -11)$ gegeben.
Weisen Sie nach, dass das Dreieck PQR rechtwinklig ist.
Bestimmen Sie einen weiteren Punkt T, sodass das Viereck PQRT ein Rechteck ist.
Zeigen Sie, dass dieses Rechteck kein Quadrat ist.

9 Die Punkte P_1 und P_2 liegen auf der Geraden g: $\vec{x} = \begin{pmatrix} -1 \\ 0 \\ 2 \end{pmatrix} + r\begin{pmatrix} 1 \\ -1 \\ -1 \end{pmatrix}$; $r \in \mathbb{R}$ und haben vom Punkt $Q(3 \mid 0 \mid -1)$ den Abstand $\sqrt{14}$.
Bestimmen Sie die Koordinaten der Punkte P_1 und P_2.

10 An einer 10 m breiten Hauswand ist mittig ein 9 m breites rechteckiges Vordach in 3 m Höhe angebracht. In der Mitte der Hauswand befindet sich 5 m über dem Boden ein Haken, von dem aus zwei Drahtseile zu den äußeren Ecken des Vordaches gespannt sind. Weitere Maßangaben können der Abbildung entnommen werden.
Die Hauswand befindet sich in der $x_1 x_3$-Ebene, der Erdboden in der $x_1 x_2$-Ebene des eingezeichneten Koordinatensystems.

a) Berechnen Sie die Länge der Drahtseile.

b) Das Vordach soll zusätzlich durch zwei Stangen mit der Richtung $\begin{pmatrix} 0 \\ 1 \\ 4 \end{pmatrix}$ abgestützt werden. Diese werden an den äußeren Ecken des Vordaches angebracht.
Bestimmen Sie die Verankerungspunkte der Stangen auf dem Erdboden.
Wie lang sind die Stangen?

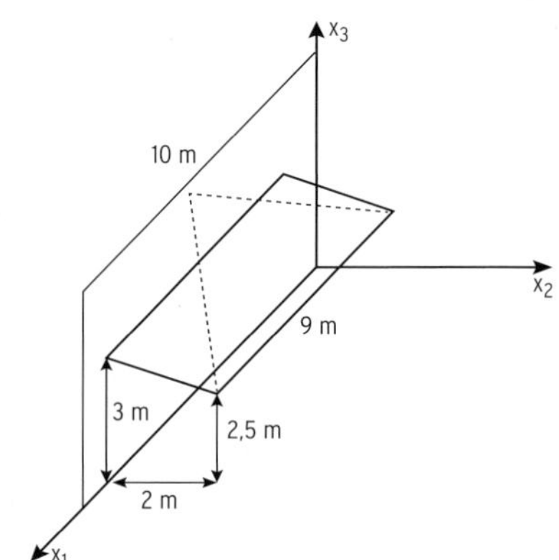

2.3.3 Abstand eines Punktes von einer Geraden

Ein Flugzeug muss aus Sicherheitsgründen einen bestimmten Abstand von der Mastspitze P haben. Dazu muss man den Abstand des Punktes P von der Flugbahn berechnen. Der **Abstand** eines Punktes P von einer Geraden ist die **kleinste Entfernung** von P zur Geraden.

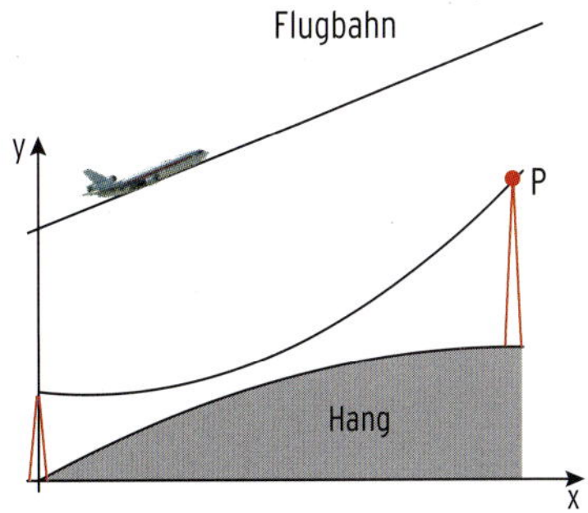

Beispiel

➲ Berechnen Sie den Abstand des Punktes P(3 | 3 | 4) von der Geraden
$g: \vec{x} = \begin{pmatrix} 1 \\ 1 \\ 1 \end{pmatrix} + t\begin{pmatrix} 1 \\ 2 \\ 1 \end{pmatrix}; t \in \mathbb{R}.$

Lösung

Man sucht den Punkt Q auf g mit der kleinsten Entfernung zu P. Der Abstand von P und Q ist der Abstand von P zur Geraden g.

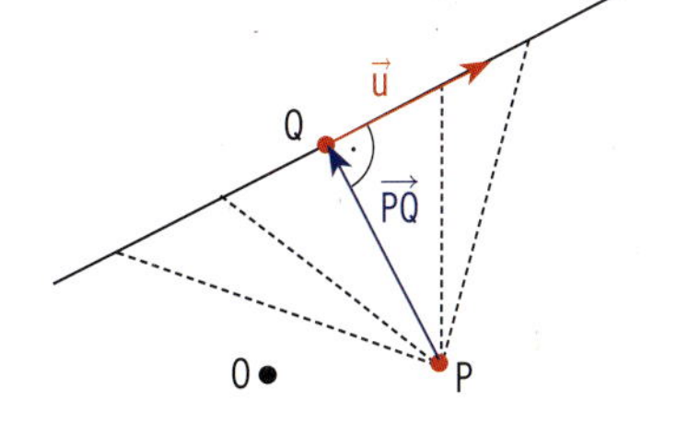

$\vec{x} = \overrightarrow{OQ} = \begin{pmatrix} 1 \\ 1 \\ 1 \end{pmatrix} + t\begin{pmatrix} 1 \\ 2 \\ 1 \end{pmatrix} = \begin{pmatrix} 1+t \\ 1+2t \\ 1+t \end{pmatrix}$

$\overrightarrow{PQ} = \overrightarrow{OQ} - \overrightarrow{OP} = \begin{pmatrix} 1+t \\ 1+2t \\ 1+t \end{pmatrix} - \begin{pmatrix} 3 \\ 3 \\ 4 \end{pmatrix} = \begin{pmatrix} t-2 \\ 2t-2 \\ t-3 \end{pmatrix}$

Der Vektor $\overrightarrow{PQ}$ steht senkrecht auf dem Richtungsvektor $\vec{u}$ der Geraden g.

Bedingung: $\overrightarrow{PQ} \cdot \vec{u} = 0$ $\qquad \begin{pmatrix} t-2 \\ 2t-2 \\ t-3 \end{pmatrix} \cdot \begin{pmatrix} 1 \\ 2 \\ 1 \end{pmatrix} = 0$

$t - 2 + 4t - 4 + t - 3 = 0$

Eine Gleichung in t: $\qquad 6t - 9 = 0 \Leftrightarrow t = 1{,}5$

Einsetzen von t = 1,5 in $\overrightarrow{PQ} = \begin{pmatrix} t-2 \\ 2t-2 \\ t-3 \end{pmatrix}$ ergibt: $\qquad \overrightarrow{PQ} = \begin{pmatrix} -0{,}5 \\ 1 \\ -1{,}5 \end{pmatrix}$

Abstand: $\qquad |\overrightarrow{PQ}| = \sqrt{(-0{,}5)^2 + 1^2 + (-1{,}5)^2} = \sqrt{3{,}5} = 1{,}87$

Vorgehensweise zur Berechnung des **Abstandes d eines Punktes P von der Geraden** $g: \vec{x} = \vec{a} + t\vec{u}; t \in \mathbb{R}$:
- Punkt Q auf der Geraden g in Abhängigkeit von t angeben.
- $\overrightarrow{PQ} \cdot \vec{u} = 0$ lösen, d. h. den t-Wert bestimmen.
- Für diesen t-Wert den Vektor $\overrightarrow{PQ}$ bestimmen.
- Abstand $d = |\overrightarrow{PQ}|$ berechnen.

Hinweis: Der Abstand zweier paralleler Geraden g und h ist der Abstand eines beliebigen Punktes auf g von der Geraden h.

Aufgaben

a) b)

mvurl.de/sxfe

1 Berechnen Sie den Abstand des Punktes P von der Geraden g.

a) P(2 | 3 | 0); g: $\vec{x} = \begin{pmatrix} 2 \\ 1 \\ 1 \end{pmatrix} + t\begin{pmatrix} 1 \\ -1 \\ 0 \end{pmatrix}$; $t \in \mathbb{R}$

b) P(0 | 0 | 0); g: $\vec{x} = \begin{pmatrix} 3 \\ 2 \\ 0 \end{pmatrix} + t\begin{pmatrix} 2 \\ -1 \\ 1 \end{pmatrix}$; $t \in \mathbb{R}$

c) P(2 | −3 | −1); g: $\vec{x} = \begin{pmatrix} 2 \\ -5 \\ 7 \end{pmatrix} + t\begin{pmatrix} 2 \\ -1 \\ 2 \end{pmatrix}$; $t \in \mathbb{R}$

d) P(9 | 0 | 17); g: $\vec{x} = \begin{pmatrix} -4 \\ 5 \\ 8 \end{pmatrix} + t\begin{pmatrix} 0 \\ 1 \\ 0 \end{pmatrix}$; $t \in \mathbb{R}$

2 Berechnen Sie den Abstand der parallelen Geraden g und h.

a) g: $\vec{x} = \begin{pmatrix} 8 \\ 1 \\ 2 \end{pmatrix} + r\begin{pmatrix} 1 \\ 0 \\ 1 \end{pmatrix}$; $r \in \mathbb{R}$ h: $\vec{x} = \begin{pmatrix} 2 \\ 5 \\ 3 \end{pmatrix} + s\begin{pmatrix} 1 \\ 0 \\ 1 \end{pmatrix}$; $s \in \mathbb{R}$

b) g: $\vec{x} = \begin{pmatrix} 1 \\ -2 \\ 5{,}5 \end{pmatrix} + r\begin{pmatrix} -3 \\ -1 \\ 2 \end{pmatrix}$; $r \in \mathbb{R}$ h: $\vec{x} = \begin{pmatrix} 2 \\ 4 \\ 3 \end{pmatrix} + s\begin{pmatrix} 3 \\ 1 \\ -2 \end{pmatrix}$; $s \in \mathbb{R}$

c) g: $\vec{x} = \begin{pmatrix} 0 \\ -2 \\ -1 \end{pmatrix} + r\begin{pmatrix} -1 \\ 3 \\ 1 \end{pmatrix}$; $r \in \mathbb{R}$ h: $\vec{x} = \begin{pmatrix} 1 \\ -2 \\ 0 \end{pmatrix} + s\begin{pmatrix} 1 \\ -3 \\ -1 \end{pmatrix}$; $s \in \mathbb{R}$.

3 Die Gerade g verläuft durch die Punkte A und B. Bestimmen Sie den Punkt F auf g so, dass der Vektor $\overrightarrow{FP}$ senkrecht auf g steht.
Der Punkt F heißt Lotfußpunkt.
Berechnen Sie die kleinste Entfernung des Punktes P von g.

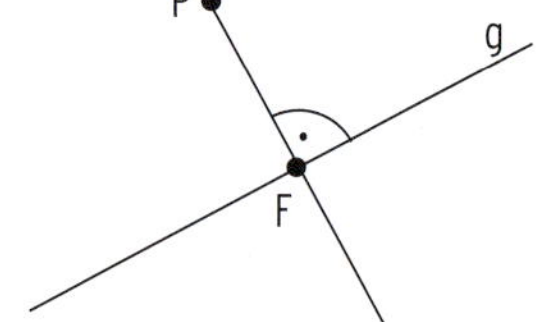

a) A(3 | 5 | 4), B(1 | 3 | 4), P(2 | 0 | 3)

b) A(3 | 0 | 0), B(4 | 0 | 2), P(0 | 2 | −1)

4 Gegeben ist die Gerade g mit $\vec{x} = \begin{pmatrix} 1 \\ 4 \\ 3 \end{pmatrix} + r\begin{pmatrix} 0 \\ 2 \\ 0 \end{pmatrix}$; $r \in \mathbb{R}$. Der Punkt S liegt auf g.
Bestimmen Sie S so, dass der Abstand zum Punkt A(9 | 0| − 3) 10 LE beträgt. Ist S der Lotfußpunkt der Lotgeraden von A auf die Gerade g? Interpretieren Sie Ihr Ergebnis.

5 Eine Flugbahn wird durch die Gerade g: $\vec{x} = \begin{pmatrix} 0{,}2 \\ 2 \\ 0 \end{pmatrix} + t\begin{pmatrix} 1 \\ 2 \\ 1 \end{pmatrix}$; $t \geq 0$, modelliert.
Der Punkt P(2 | 3 | 0,4) beschreibt die Spitze eines Berges (Angaben im km). Ein Flugzeug muss einen Sicherheitsabstand von mindestens 1100 m einhalten. Überprüfen Sie, ob dieser Abstand eingehalten wird. Eine zu g parallele Flugbahn h hat von P den doppelten Abstand wie g von P. Geben Sie die Gleichung von h an.

6 Eine Radarstation mit einer Reichweite von 40 km befindet sich im Punkt R(−9 | 100 | 1). Ein Flugzeug fliegt geradlinig von A(6 | 5 | 4) nach B(3 | 9 | 4) (Angaben in km).
Wird das Flugzug vom Radar erfasst?
Begründen Sie Ihre Antwort.

2.4 Volumenberechnungen

Beispiel 1

➲ Die Vektoren $\vec{a} = \begin{pmatrix} 1 \\ 2 \\ -3 \end{pmatrix}$, $\vec{b} = \begin{pmatrix} 1 \\ 1 \\ 1 \end{pmatrix}$ und $\vec{c} = \begin{pmatrix} 5 \\ -4 \\ -1 \end{pmatrix}$ spannen einen Quader auf.

Überprüfen Sie und berechnen Sie das Volumen des Quaders.

Lösung

Die Vektoren stehen senkrecht aufeinander.

$\vec{a} \cdot \vec{b} = \begin{pmatrix} 1 \\ 2 \\ -3 \end{pmatrix} \cdot \begin{pmatrix} 1 \\ 1 \\ 1 \end{pmatrix} = 0;\ \vec{b} \cdot \vec{c} = 0;\ \vec{a} \cdot \vec{c} = 0$

Mit $|\vec{a}| = \left|\begin{pmatrix} 1 \\ 2 \\ -3 \end{pmatrix}\right| = \sqrt{14};\ |\vec{b}| = \left|\begin{pmatrix} 1 \\ 1 \\ 1 \end{pmatrix}\right| = \sqrt{3};\ |\vec{c}| = \left|\begin{pmatrix} 5 \\ -4 \\ -1 \end{pmatrix}\right| = \sqrt{42}$

ergibt sich das Volumen $V = |\vec{a}| \cdot |\vec{b}| \cdot |\vec{c}| = \sqrt{14 \cdot 3 \cdot 42} = 42$

Beispiel 2

➲ Das Rechteck mit den Eckpunkten A(4|− 2|0), B(4|2 |0), C(− 4| 2| 0) und D ist die Grundfläche einer Pyramide mit Spitze S(0|0| 8).
Ermitteln Sie das Volumen der Pyramide.

Lösung

Mit $|\overrightarrow{AB}| = 4$ und $|\overrightarrow{BC}| = 8$ ergibt sich der Flächeninhalt des Rechtecks ABCD: $G = 8 \cdot 4 = 32$
(Grundfläche der Pyramide)

Pyramide
$V = \frac{1}{3} \cdot G \cdot h$

Mit der Höhe $h = |\overrightarrow{OS}| = 8$ ergibt sich das Volumen der Pyramide: $V = \frac{1}{3} \cdot 32 \cdot 8$

$V = \frac{256}{3}$

Skizze:

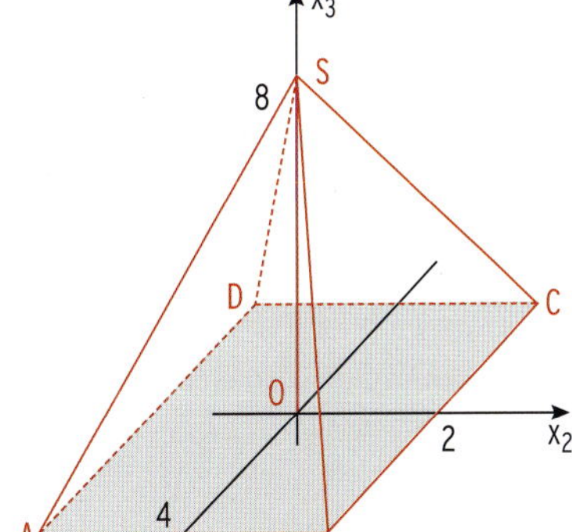

Beispiel 3

➲ Ermitteln Sie das Volumen der Pyramide OABC mit A(5|0|0), B(0|4 |0) und C(0| 0| 9).

Lösung

Die Grundfläche der Pyramide ist das rechtwinklige Dreieck OAB.
Die Seiten des Dreiecks OA und OB stehen aufeinander senkrecht.

Mit $|\overrightarrow{OA}| = 5$ und $|\overrightarrow{OB}| = 4$ ergibt sich der Flächeninhalt des rechtwinkligen Dreiecks OAB: $G = \frac{1}{2} \cdot 5 \cdot 4 = 10$
(Grundfläche der Pyramide)

Mit der Höhe $h = |\overrightarrow{OC}| = 9$ ergibt sich das Volumen der Pyramide: $V = \frac{1}{3} \cdot G \cdot h$

$V = \frac{1}{3} \cdot 10 \cdot 9 = 30$

Skizze:

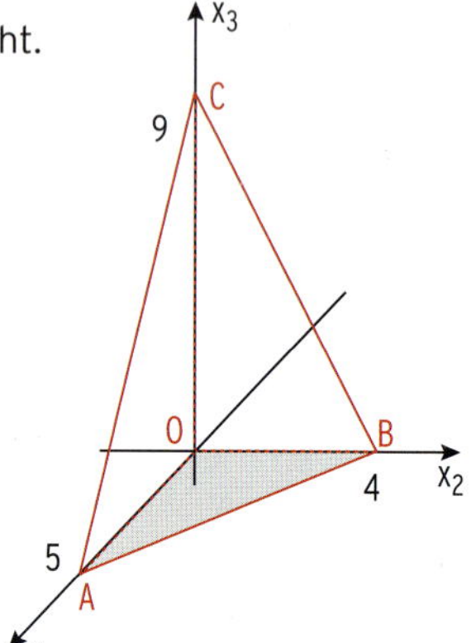

Beispiel 4

➲ Eine Pyramide mit der Grundfläche OAB mit A(4 | 2 | 0) , B(− 3 | 1 | 0) und der Spitze in S(1 | 1 | 8) hat das Volumen V. Berechnen Sie V.

Lösung

Die Grundfläche ist ein Dreieck, das von den Vektoren $\overrightarrow{OA}$ und $\overrightarrow{OB}$ aufgespannt wird.
Die Vektoren schließen den Winkel α ein.

Mit $\vec{a} = \overrightarrow{OA} = \begin{pmatrix} 4 \\ 2 \\ 0 \end{pmatrix}$; $|\vec{a}| = \sqrt{20}$ und $\vec{b} = \overrightarrow{OB} = \begin{pmatrix} -3 \\ 1 \\ 0 \end{pmatrix}$; $|\vec{b}| = \sqrt{10}$

$\cos(\alpha) = \frac{\vec{a} \cdot \vec{b}}{|\vec{a}| \cdot |\vec{b}|}$

ergibt sich: $\cos(\alpha) = \frac{\begin{pmatrix} 4 \\ 2 \\ 0 \end{pmatrix} \cdot \begin{pmatrix} -3 \\ 1 \\ 0 \end{pmatrix}}{\left|\begin{pmatrix} 4 \\ 2 \\ 0 \end{pmatrix}\right| \cdot \left|\begin{pmatrix} -3 \\ 1 \\ 0 \end{pmatrix}\right|} = \frac{-10}{\sqrt{20} \cdot \sqrt{10}} \Rightarrow \alpha = 135°$

Berechnung der Grundfläche: $A = \frac{1}{2} \cdot |\vec{a}| \cdot |\vec{b}| \cdot \sin(\alpha)$

$A = \frac{1}{2} \cdot \sqrt{20} \cdot \sqrt{10} \cdot \sin(135°) = 5$

Die Höhe der Pyramide ist 8,
da die Grundfläche in der x_1x_2-Ebene liegt.

Volumen: $V = \frac{1}{3} G \cdot h = \frac{5 \cdot 8}{3} = \frac{40}{3}$

Das Volumen der Pyramide beträgt $\frac{40}{3}$ VE.

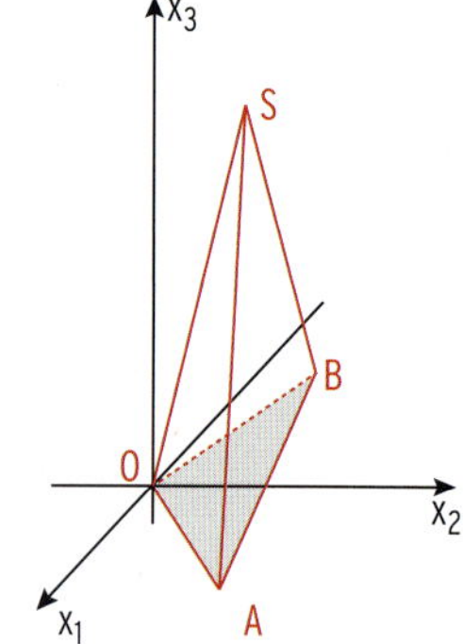

Aufgaben

1 Die Vektoren $\vec{a} = \begin{pmatrix} 1 \\ -2 \\ 0 \end{pmatrix}$, $\vec{b} = \begin{pmatrix} -2 \\ -1 \\ -5 \end{pmatrix}$ und $\vec{c} = \begin{pmatrix} 16 \\ 8 \\ -8 \end{pmatrix}$ spannen einen Quader auf.

Überprüfen Sie und berechnen Sie dessen Volumen.

2 Gegeben sind die Punkte A(3 | 0 | 0), B(3 | 0 | 4), C(0 | 0 | 4) und S(2 | 7 | 2).
Berechnen Sie das Volumen der Pyramide OABCS.

3 Das Rechteck mit den Eckpunkten A(2|6|0), B(− 3|6 |0), C(− 3| − 4| 0) und D ist die Grundfläche einer Pyramide mit der Spitze S(1|1| 12). Geben Sie den fehlenden Eckpunkt der Grundfläche an und ermitteln Sie das Volumen der Pyramide.

4 Ein Zelt hat die Form eines senkrechten Primas, sein Boden ist rechteckig (vgl. Skizze).
Gegeben sind vier seiner Eckpunkte: P_1(2 | - 1 | 0); P_2(2 | 1 | 0);
P_3(2 | 0 | 3) und P_5(- 3 | 1 | 0).
Alle Längen sind in der Einheit Meter angegeben.
Skizze:

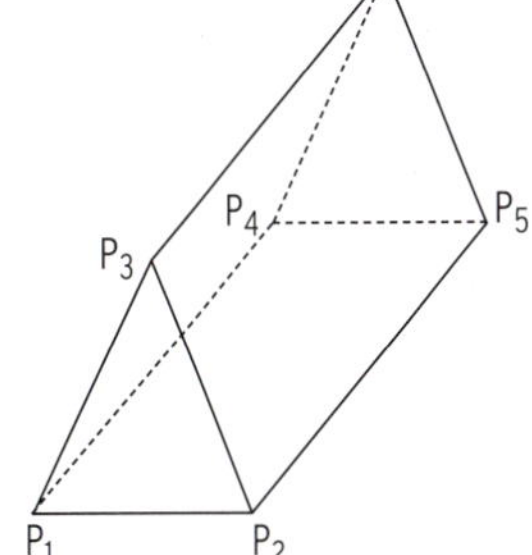

a) Bestimmen Sie die Koordinaten der restlichen Eckpunkte.

b) Zeigen Sie, dass das Dreieck $P_1P_2P_3$ gleichschenklig ist.

c) Wie groß ist das Volumen des Zeltes?

5 Gegeben sind die Punkte A (5 | 4 | 0), B (1 | 4 | 0), C (1 | 0 | 0) und S (3 | 2 | 5).

a) Zeigen Sie, das das Dreieck ABC rechtwinklig und gleichschenklig ist.
Berechnen Sie die Koordinaten des Punktes D so, dass das Viereck ABCD ein Quadrat ist.
Beschreiben Sie die besondere Lage des Quadrats im Koordinatensystem.

b) Das Quadrat ABCD bildet mit dem Punkt S eine senkrechte Pyramide.
Berechnen Sie das Volumen der Pyramide.
Geben Sie die Koordinaten eines Punktes S* mit negativem x_3 -Wert an, so dass das Volumen der Pyramide 64 VE beträgt.

6 Die Grundfläche eines Spielplatzes liegt in der x_1x_2-Ebene. Auf ihm steht eine innen begehbare, senkrechte Pyramide aus Holz mit den Eckpunkten A(3 | 8 | 0), B(12 | 11| 0), C(9|20|0), D(0|17|0) und der Spitze S(6|14|10).
Paralleles Sonnenlicht fällt in Richtung $\begin{pmatrix} 0 \\ -4 \\ -3 \end{pmatrix}$ auf den Spielplatz.

a) Der Schatten der Pyramidenspitze fällt auf den Punkt S'(6 | $\frac{2}{3}$ |0). Überprüfen Sie.

b) Zeigen Sie: Die Pyramide hat eine quadratische Grundfläche. Berechnen Sie den umbauten Raum.

c) Zum Bau werden zuerst die Seitenflächen der Pyramide vorbereitet. Berechnen Sie dazu die Länge einer Pyramidenkante und den Winkel α zwischen zwei Pyramidenkanten bei S.

Was man wissen sollte - über Abstände und Volumenberechnungen

Abstand d

- **eines Punktes $A(a_1 \mid a_2 \mid a_3)$ von der Koordinatenebene:**
  Die Koordinaten des Punktes geben den **Abstand** des Punktes von den Koordinatenebenen an.

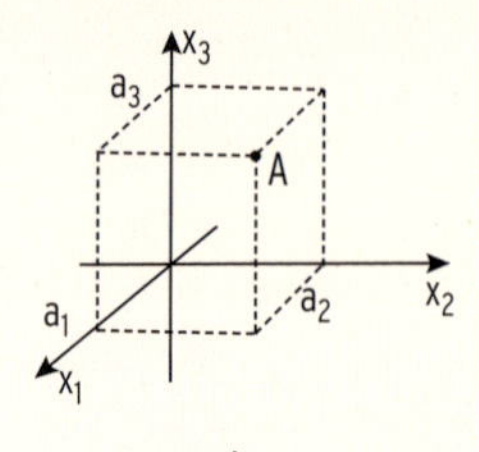

- **zwischen den Punkten $A(a_1 \mid a_2 \mid a_3)$ und $B(b_1 \mid b_2 \mid b_3)$:**

$$d = |\overrightarrow{AB}| = \left|\begin{pmatrix} b_1 - a_1 \\ b_2 - a_2 \\ b_3 - a_3 \end{pmatrix}\right| = \sqrt{(b_1 - a_1)^2 + (b_2 - a_2)^2 + (b_3 - a_3)^2}$$

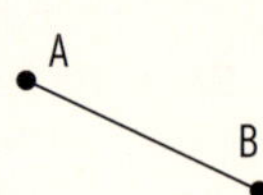

- **eines Punktes P von der Geraden g:**
  Mithilfe des Skalarprodukts $\overrightarrow{PQ} \cdot \vec{u} = 0$ oder einer Hilfsebene den Punkt auf der Geraden g bestimmen, der die kleinste Entfernung von P hat.

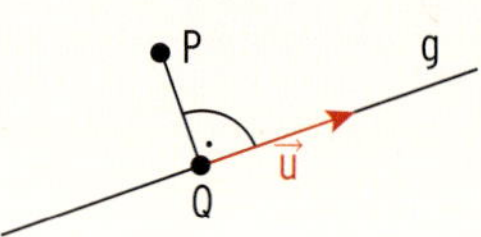

- **zweier paralleler Geraden g und h:**
  Einen Punkt P auf der Geraden h wählen und den Abstand des Punktes P von der Geraden g bestimmen.

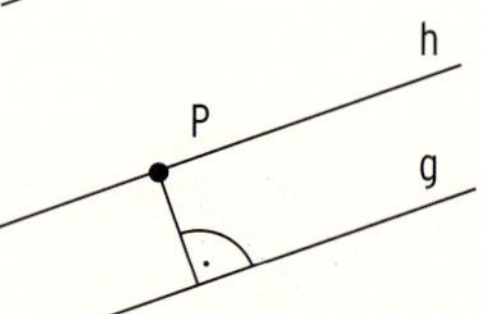

Volumen eines Quaders

$$V = |\vec{a}| \cdot |\vec{b}| \cdot |\vec{c}|$$

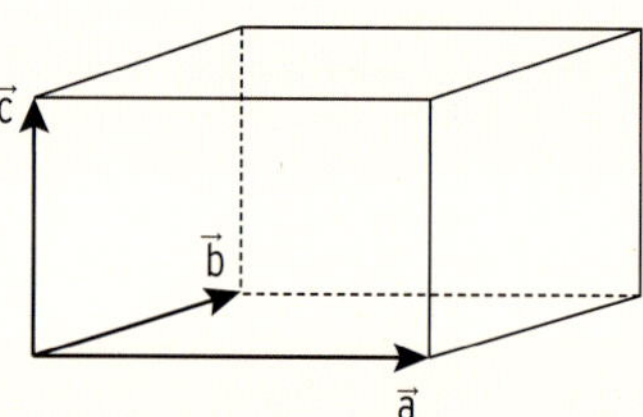

Volumen einer Pyramide

Grundfläche ist ein Parallelogramm

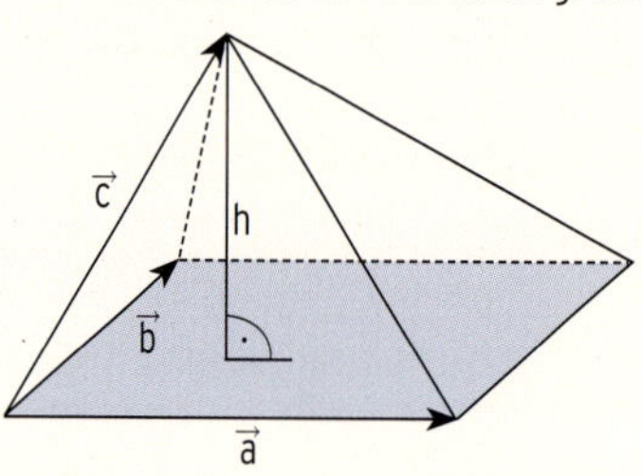

$$V = \frac{1}{3} \cdot G \cdot h$$

Grundfläche ist ein Dreieck

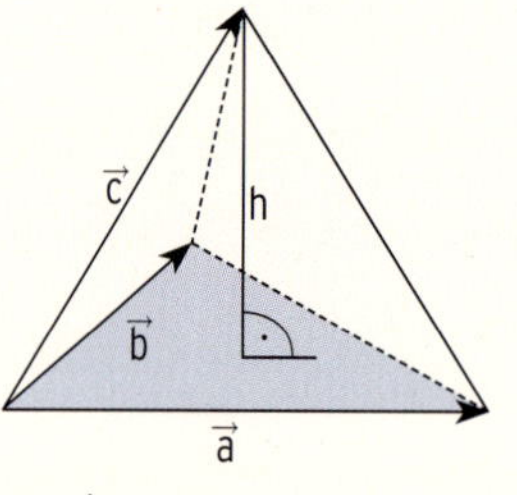

$$V = \frac{1}{3} \cdot G \cdot h$$

Test zur Überprüfung Ihrer Grundkenntnisse

1 Berechnen Sie den Abstand der Punkte A und B.

a) A(6 | –2 | –5), B(7 | –1 | –2) b) A(0 | –2 | 0), B(4 | –1 | 0)

2 Zeigen Sie: Der Abstand des Punktes P(3 | 0 | 1) von der Geraden g mit der Gleichung

$\vec{x} = \begin{pmatrix} 1 \\ 2 \\ 1 \end{pmatrix} + t\begin{pmatrix} -2 \\ 1 \\ 1 \end{pmatrix}$, $t \in \mathbb{R}$, beträgt $\sqrt{2}$.

3 Gegeben sind die Geraden g und h durch g: $\vec{x} = \begin{pmatrix} 9 \\ 5 \\ -6 \end{pmatrix} + r\begin{pmatrix} 2 \\ 2 \\ 4 \end{pmatrix}$; $r \in \mathbb{R}$

und h: $\vec{x} = \begin{pmatrix} -1 \\ 1 \\ -2 \end{pmatrix} + s\begin{pmatrix} 1 \\ 1 \\ 2 \end{pmatrix}$; $s \in \mathbb{R}$.

Berechnen Sie den Abstand von g und h.

4 Zeigen Sie: Die Vektoren $\vec{a} = \begin{pmatrix} 1 \\ 17 \\ -5 \end{pmatrix}$, $\vec{b} = \begin{pmatrix} -2 \\ 1 \\ 3 \end{pmatrix}$, $\vec{c} = \begin{pmatrix} -8 \\ -1 \\ -5 \end{pmatrix}$ spannen einen Quader auf.

Berechnen Sie dessen Volumen.

5 Die Punkte O(0 | 0 | 0), A(4 | 0 | 0), B(5 | 3 | 0) und C(–2 | 2 | 4) sind die Eckpunkte einer Pyramide.
Ermitteln Sie die Höhe und das Volumen dieser Pyramide.

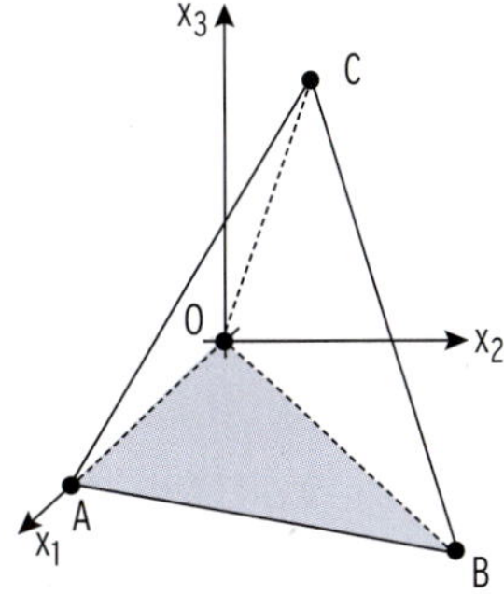

6 Im Anschauungsraum sind die Punkte A(6 | 0 | –2), B(1 | 0 | –2), C(1 | 0 | 3), D(6 | 0 | 3) und S(3,5 | 5 | 5,5) gegeben.

a) Zeigen Sie, dass die Punkte A, B, C, D und S eine Pyramide mit der quadratischen Grundfläche ABCD bilden.

b) Bestimmen Sie das Volumen der Pyramide ABCDS.

c) Bestimmen Sie einen Punkt S' als Spitze der Pyramide ABCDS' so, dass ihre Seitenflächen gleichseitige Dreiecke sind

III Stochastik

1 Umgang mit Zufall und Wahrscheinlichkeit

Mithilfe der Stochastik gelingt es, Vorhersagen von Wahrscheinlichkeiten für bestimmte Ausgänge eines Zufallsexperiments zu erstellen, z. B. Testverfahren oder Glücksspiele wie Lotto.

Qualifikationen & Kompetenzen

- Zufallsexperimente beschreiben
- Häufigkeiten berechnen
- Wahrscheinlichkeiten berechnen
- Zufallsvariable und deren Kennzahlen (Erwartungswert, Standardabweichung) zur Modellierung verwenden.

mvurl.de/k72v

Beispiel 1

Rubbellos

Gewinn oder Verlust

Gewinnplan bei 2 Mio. Rubbellosen (Auszug):

Gewinnplan je Losserie	
Gewinn EUR	Anzahl Gewinn
5.000,00	4
100,00	152
40,00	620
20,00	2000
10,00	20000

Kann Jonas darauf wetten beim Kauf eines Rubbelloses einen Gewinn zu erzielen? Die Wahrscheinlichkeitsrechnung liefert Grundlagen für die Antwort.

Beispiel 2

Testen von Antriebswellen

Erwartungswert der Folgekosten

Abweichungen von der Solllänge verursachen Folgekosten.
Mit welchen durchschnittlichen Folgekosten pro Tag ist zu rechnen?
Dafür hat die Stochastik den Begriff Erwartungswert.

1.1 Zufallsexperiment

Bei der Ziehung der Lottozahlen können wir nicht vorhersagen, welche Zahl gezogen wird. Ein mögliches Ergebnis ist die Zahl 10. Dass die Zahl 10 gezogen wird, hängt vom **Zufall** ab. Die Ziehung der Lottozahlen ist ein Zufallsexperiment, das folgende Eigenschaften erfüllt:

- Durchführung unter genau festgelegten Vorschriften;
- beliebig oft wiederholbar unter völlig gleichen Bedingungen;
- mindestens zwei mögliche Ergebnisse;
- Ergebnis nicht vorhersagbar.

Ein **Zufallsexperiment** hat verschiedene Ergebnisse.
Welches Ergebnis bei der Durchführung eintritt, kann nicht vorhergesagt werden.
Ein Zufallsexperiment kann unter gleichbleibenden Bedingungen beliebig oft durchgeführt werden.

1.1.1 Einstufiges Zufallsexperiment

Wird ein Zufallsexperiment einmal ausgeführt, so spricht man von einem einstufigen Zufallsexperiment.

Beispiel a)
Zufallsexperiment: „Verkehrszählung"
Bei einer Verkehrszählung soll die Anzahl der vorbeifahrenden Lkw, Pkw und sonstigen Fahrzeuge (SF) festgestellt werden.
Mögliche Ergebnisse: Lkw, Pkw, SF
Ergebnismenge: S = {Lkw; Pkw; SF}
Darstellung des Zufallsexperiments in einem **Baumdiagramm:**

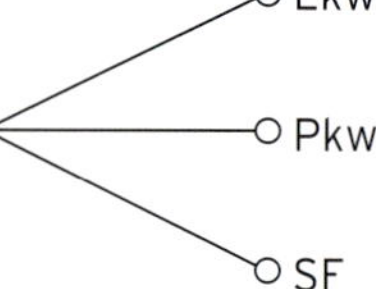

Beispiel b)
Zufallsexperiment: „Werfen einer Münze"
Mögliche Ergebnisse: Wappen; Zahl
Ergebnismenge: S = {W; Z}
Darstellung des Zufallsexperiments in einem Baumdiagramm:

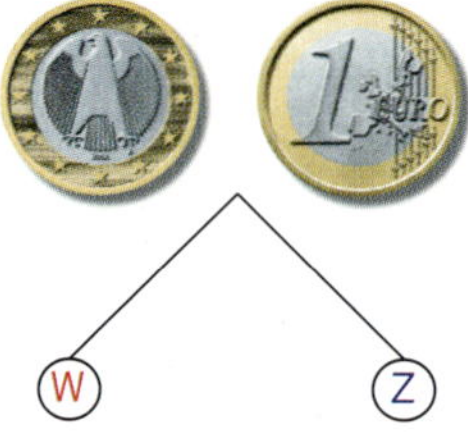

Beispiel c)

Zufallsexperiment: „Werfen eines Würfels und Feststellen, welche Augenzahl gefallen ist."

Mögliches Ergebnis: Augenzahl 2

Ergebnismenge: S = {1; 2; 3; 4; 5; 6}

Baumdiagramm:

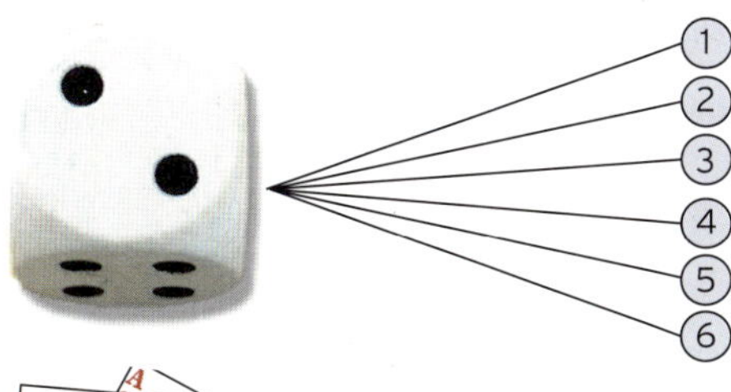

Beispiel d)

Zufallsexperiment: „Ziehen einer Skatkarte"

Mögliches Ergebnis: Kreuz-Dame

Ergebnismenge:

S = {Karo 7; Herz 7; ... ; Kreuz As}

Ein einzelner **Ausgang** von mehreren möglichen Ausgängen eines Zufallsexperiments heißt **Ergebnis**. Die **Ergebnismenge** S ist die Zusammenfassung aller möglichen **Ergebnisse.**
$S = \{e_1; e_2; ...; e_n\}$

Aufgaben

1 In einer Umfrage soll der Familienstand der befragten Person festgestellt werden. Geben Sie eine Ergebnismenge an, wenn die Befragung als Zufallsexperiment aufgefasst wird.

2 Ein Glücksrad mit acht Sektoren 1, 2, ..., 8 wird gedreht. Die Drehung stoppt und der Pfeil zeigt auf einen Sektor. Bestimmen Sie die Ergebnismenge.

3 Beim Werfen mit 2 Würfeln wird jeweils die Augensumme notiert. Geben Sie die Ergebnismenge an.

4 Aus einer Urne mit 3 roten, 2 blauen und einer weißen Kugel wird eine Kugel gezogen und deren Farbe notiert. Ermitteln Sie die Ergebnismenge für dieses Zufallsexperiment.

5 Bei einem Glücksspiel werden 2 Würfel auf einmal geworfen. Wer zwei Sechsen wirft, erhält den Hauptpreis von 50 €, wer einen anderen Pasch wirft, bekommt die Augensumme in € als Trostpreis.
Geben Sie eine Ergebnismenge für dieses Zufallsexperiment an.

1.1.2 Mehrstufiges Zufallsexperiment

Wird ein Zufallsexperiment **mehrmals hintereinander** ausgeführt, so liegt ein **mehrstufiges Zufallsexperiment** vor. Ein mehrstufiges Zufallsexperiment lässt sich mit einem **Baumdiagramm** übersichtlich darstellen.

Beispiel 1: Zufallsexperiment „Zweimaliges Werfen einer Münze"

➲ Bestimmen Sie mithilfe eines Baumdiagramms alle möglichen Ergebnisse.

Lösung

Baumdiagramm

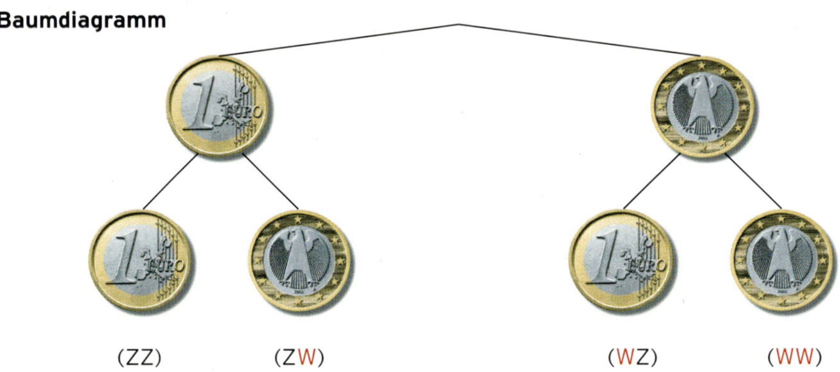

Aus dem Baumdiagramm liest man ab:
Jeder Pfad im Baumdiagramm führt zu einem Ergebnis, das als Paar geschrieben wird.
Es gibt 4 mögliche Ergebnisse.
Ergebnismenge: S = {(W W); (W Z); (Z W); (Z Z)}

Beispiel 2: Zufallsexperiment „Ziehen ohne Zurücklegen"

➲ In einer Urne befinden sich 2 schwarze und 1 rote Kugel. Es werden nacheinander zwei Kugeln ohne Zurücklegen aus der Urne gezogen.
Bestimmen Sie mithilfe eines Baumdiagramms die Ergebnismenge.

Lösung

Baumdiagramm

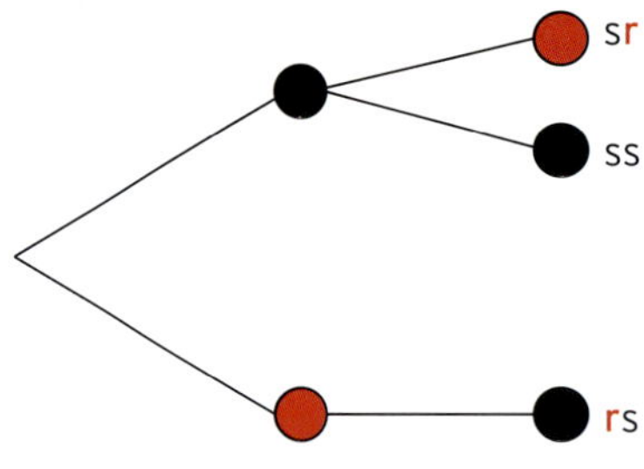

Das Baumdiagramm zeigt, es gibt drei Ergebnisse.
Ergebnismenge: S = {(s r); (s s); (r s)}

Beispiel 3: Zufallsexperiment „Ziehen mit Zurücklegen"

➲ Die chinesische Firma Guangzhoi stellt Billardkugeln her, die sich nur durch ihre Aufschrift einer Ziffer unterscheiden. Die zur Zeit produzierten Billardkugeln sind mit der Ziffer „5" oder mit „3" oder mit „2" beschriftet. Der laufenden Produktion werden nacheinander zwei Kugeln entnommen und jedes Mal die Ziffer notiert.
Bestimmen Sie mithilfe eines Baumdiagramms alle möglichen Ergebnisse.

Lösung

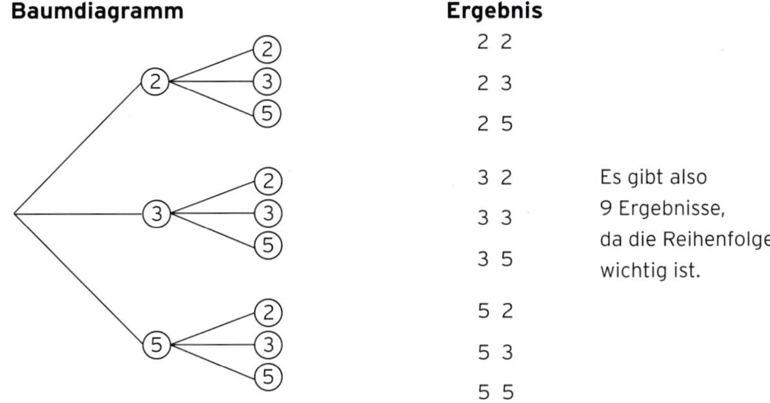

Ergebnismenge: S = {2 2; 2 3; 2 5; 3 2; 3 3; 3 5; 5 2; 5 3; 5 5}

Bemerkung: Der laufenden Produktion entnommen, entspricht dem Ziehen von Kugeln aus einer Urne mit Zurücklegen.

Beispiel 4: Zufallsexperiment „Verkehrszählung"

➲ Bei einer Verkehrszählung wird u. a. festgestellt, ob es sich um einen Lkw (L) oder um keinen Lkw ($\overline{L}$) handelt. Es wird dreimal hintereinander die Art des Fahrzeugs notiert.
Bestimmen Sie mithilfe eines Baumdiagramms alle möglichen Ergebnisse.

Lösung

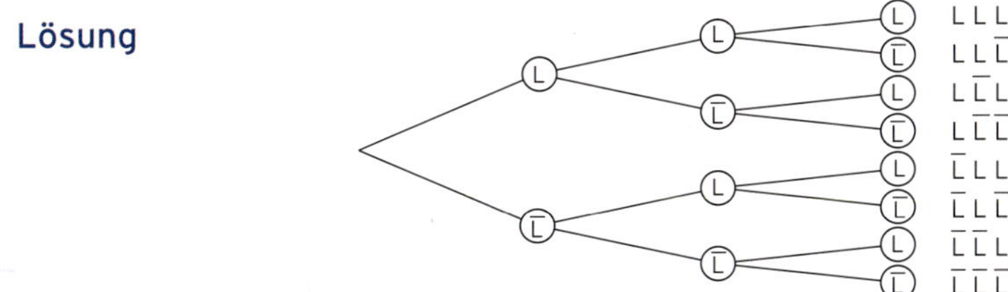

Aufgaben

1 Eine Urne enthält 3 schwarze und 2 rote Kugeln. Zeichnen Sie ein Baumdiagramm. Geben Sie für das Zufallsexperiment die Ergebnismenge an.

a) Aus der Urne werden nacheinander 2 Kugeln mit Zurücklegen gezogen.

b) Aus der Urne werden nacheinander 3 Kugeln ohne Zurücklegen gezogen.

1.2 Ereignisse

Beispiel 1

➲ Eine Münze wird dreimal geworfen und man beobachtet, in welcher Reihenfolge Zahl (Z) und Wappen (W) oben liegen.

a) Geben Sie die Ergebnismenge S an.

b) A ist das Ereignis: Es erscheint kein Wappen. Geben Sie A als Menge an.

c) Es sei B das Ereignis, dass zwei- oder dreimal hintereinander Zahl erscheint. Geben Sie die Menge B an.

d) Stellen Sie S und B mit dem Baumdiagramm dar.

Lösung

a) S = {ZZZ; ZZW; ZWZ; ZWW; WZZ; WZW; WWZ; WWW}

b) Kein Wappen bedeutet, es erscheint dreimal Zahl. A = {ZZZ}

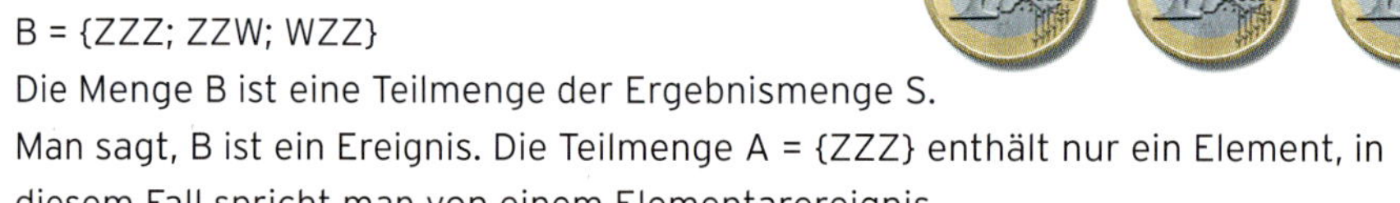

c) B = {ZZZ; ZZW; WZZ}
Die Menge B ist eine Teilmenge der Ergebnismenge S.
Man sagt, B ist ein Ereignis. Die Teilmenge A = {ZZZ} enthält nur ein Element, in diesem Fall spricht man von einem Elementarereignis.

Ein Zufallsexperiment habe die Ergebnismenge S. Jede **Teilmenge A** von S ist ein **Ereignis.** Endet die Durchführung des Zufallsexperiments mit einem Ergebnis aus A, so ist das Ereignis A eingetreten.

d) Baumdiagramm

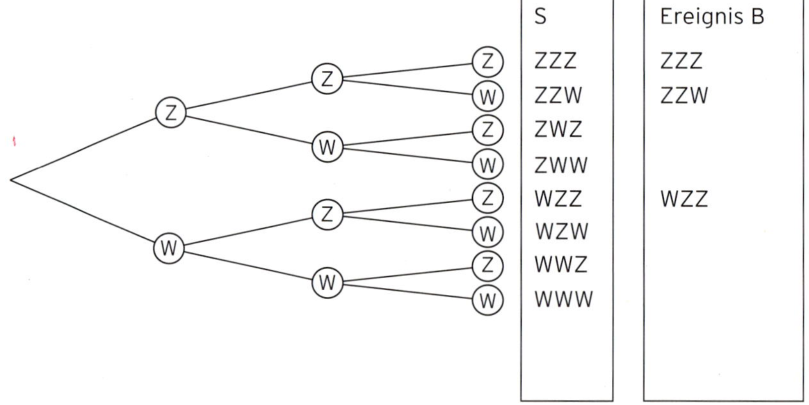

Hinweis: Man sagt: A ist eingetreten, wenn eines ihrer Ergebnisse (z. B. WZZ) bei der Durchführung des Experiments als Ergebnis aufgetreten ist.

Beispiel 2

➲ Ein Würfel wird geworfen und die Augenzahl notiert.

a) Geben Sie die Ergebnismenge S an.

b) Geben Sie die folgenden Ereignisse in Mengenschreibweise an.

A: Die Augenzahl ist gerade.
B: Die Augenzahl ist eine Primzahl
C: Die Augenzahl ist kleiner als 7
D: Die Augenzahl ist negativ
E: Die Augenzahl ist größer als 5
F: Die Augenzahl ist größer als 4
G: Die Augenzahl ist kleiner oder gleich 4

Lösung

a) Ergebnismenge des **Zufallsexperiments:** S = {1; 2; 3; 4; 5; 6}

b) **Ereignisse** (in **aufzählender Schreibweise)**

A = {2; 4; 6}

B = {2; 3; 5} **Hinweis:** Die Zahl 1 ist keine Primzahl.

C = {1; 2; 3; 4; 5; 6} C = S, das Ereignis C tritt bei jeder Durchführung ein und heißt daher **sicheres Ereignis**.

D = ∅ Das Ereignis D = ∅ tritt niemals ein. D = ∅ heißt das **unmögliche Ereignis**.

E = {6} Enthält ein Ereignis E = $\{e_1\}$ nur **ein Element**, so ist E ein **Elementarereignis**.

F = {5; 6}

G = {1; 2; 3; 4} = $\overline{F}$ $\overline{F}$ ist das **Gegenereignis** von F, d. h., $\overline{F}$ enthält diejenigen Ergebnisse der Ergebnismenge, die **nicht zu F** gehören. Es gilt: $\overline{F} = S \setminus F$; $F \cup \overline{F} = S$

Beispiele zum Gegenereignis

Die Farbe von 10 zufällig vorbeifahrenden Autos wird notiert.

Ereignis	**Gegenereignis**
A: kein Auto ist rot	$\overline{A}$: mindestens ein Auto ist rot
B: mindestens zwei Autos sind rot	$\overline{B}$: höchstens ein Auto ist rot, d. h., kein oder ein Auto ist rot
C: genau ein Auto von drei Autos ist rot	$\overline{C}$: kein Auto oder zwei oder drei Autos sind rot
D: höchstens 3 Autos sind rot	$\overline{D}$: mindestens 4 Autos sind rot

Hinweis: Das Gegenereignis zu „höchstens 3 rote Autos" heißt „mehr als 3 rote Autos" bzw. „mindestens 4 rote Autos".

Aufgaben

1 Erklären Sie den Begriff Zufallsexperiment. Geben Sie drei Zufallsexperimente an.

2 Die Firma Novyla stellt Dunstabzugshauben in verschiedenen Farben her. Eine Dunstabzugshaube wird auf Farbfehler und anschließend auf technische Fehler geprüft. Ein fehlerhaftes Gerät wird ausgetauscht.
Bestimmen Sie mithilfe eines Baumdiagramms alle möglichen Ergebnisse.

3 Die skizzierte Spielanordnung besteht aus zwei Glücksrädern, deren Einzelsektoren gleich groß sind. Ein Spiel besteht darin, dass beide Räder in eine unabhängige Drehung versetzt und zufällig gestoppt werden. Ein Spiel ist beendet, wenn jeder Pfeil auf die Mitte eines Sektors zeigt. Geben Sie für ein Spiel die Ergebnismenge in aufzählender Form an.

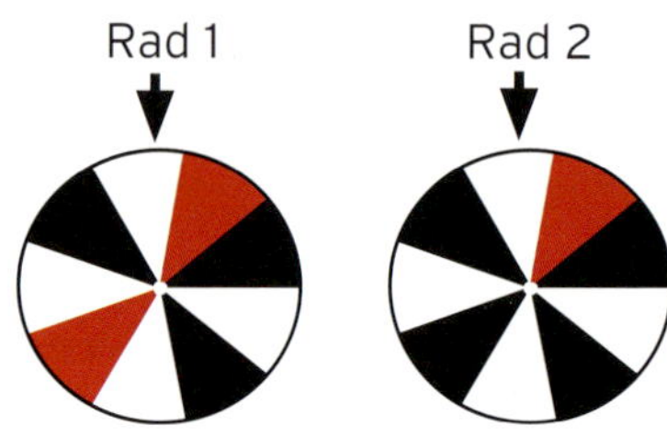

4 Ute und Alina spielen gegeneinander Tischfußball. Gewinner ist derjenige, der als erster zwei Spiele gewinnt. Geben Sie die Ergebnismenge mithilfe eines Baumdiagramms an.

5 Ein Zahlenschloss besteht aus drei Rädern mit den Zahlen 0 bis 9. Jemand kennt die Zahlen, die das Schloss öffnen, aber leider nicht die Reihenfolge. Bestimmen Sie die Anzahl der Möglichkeiten. Zeichnen Sie ein Baumdiagramm.

6 Die Ergebnismenge ist $S = \{4; 5; 6\}$. Bilden Sie alle möglichen Ereignisse.

7 Eine Urne enthält 4 weiße und 2 schwarze Kugeln.
Ihr werden nacheinander 3 Kugeln ohne Zurücklegen entnommen.

a) Geben Sie die Ergebnismenge S an, wenn nach jedem Zug die Kugelfarbe notiert wird.

b) Die Ereignisse A und B sind folgendermaßen definiert:
A: Die ersten beiden Kugeln haben die gleiche Farbe.
B: Spätestens nach dem 3. Zug sind alle schwarzen Kugeln gezogen worden.
Ermitteln Sie die Ereignisse A und B und ihre Gegenereignisse in aufzählender Form.

8 In einer Klasse kandidieren die Schüler Peter, Horst und Walter für das Amt des Kassenwartes der Juniorenfirma oder des Stellvertreters. Ermitteln Sie zu folgenden Ereignissen die Gegenereignisse:

a) Peter wird Kassenwart.

b) Walter wird Kassenwart oder Stellvertreter.

c) Horst wird nicht Kassenwart.

9 Eine Maschine produziert Spezialschrauben. In einer Qualitätskontrolle werden 4 Schrauben der Reihe nach darauf untersucht, ob sie brauchbar (b) oder unbrauchbar (u) sind. Geben Sie folgende Ereignisse in aufzählender Form an:

a) Die dritte Schraube ist unbrauchbar.

b) Mindestens drei sind brauchbar.

c) Genau drei sind brauchbar.

d) Die ersten beiden sind brauchbar.

Verknüpfung von Ereignissen

mvurl.de/dkqw

Aus der Mengenlehre: $\cup$ heißt „vereinigt"; $\cap$ heißt „geschnitten".
$A \cup B$ enthält alle Ergebnisse, die zu A oder B gehören.
$A \cap B$ enthält alle Ergebnisse, die zu A und B gehören.

Beispiel 3

Ein Würfel wird einmal geworfen. Die Ereignisse E_1, E_2 und E_3 sind folgendermaßen festgelegt: E_1: die Augenzahl ist kleiner als 4,
E_2: die Augenzahl ist eine ungerade Zahl,
$E_3 = \{4; 5\}$.
Beschreiben Sie folgende Ereignisse auf zwei Arten:

a) $E_1 \cup E_2$ b) $E_1 \cap E_2$ c) $\overline{E_1} \cap E_2$ d) $E_1 \cap E_3$

Lösung

Bestimmung der Ereignisse in **aufzählender Form:** $E_1 = \{1; 2; 3\}$; $E_2 = \{1; 3; 5\}$

a) **Aufzählende Form:** $E_1 \cup E_2 = \{1; 2; 3; 5\}$
Beschreibende Form: Die Augenzahl ist kleiner als 4 oder eine ungerade Zahl.

Hinweis: Sind E_1 und E_2 Ereignisse desselben Zufallsexperiments, so bezeichnet $E_1 \cup E_2$ das Ereignis E_1 **oder** E_2.

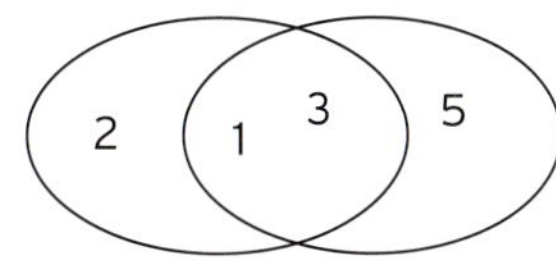

b) **Aufzählende Form:** $E_1 \cap E_2 = \{1; 3\}$
Beschreibende Form: Die Augenzahl ist kleiner als 4 und eine ungerade Zahl.

Hinweis: Sind E_1 und E_2 Ereignisse desselben Zufallsexperiments, so nennt man $E_1 \cap E_2$ auch das Ereignis E_1 **und** E_2.

c) $\overline{E_1} = \{4; 5; 6\}$ $\overline{E_1} \cap E_2 = \{5\}$
$\overline{E_1}$: Die Augenzahl ist größer als 3.
$\overline{E_1} \cap E_2$: Die Augenzahl ist größer als 3 und ungerade.

d) $E_1 \cap E_3 = \emptyset$. Solche Ereignisse nennt man **schnittfremd (disjunkt oder unvereinbar)**.
$E_1 \cap E_3$: Die Augenzahl ist kleiner als 4 und (4 oder 5).

Hinweis: Zwei Ereignisse A und B heißen **schnittfremd**, wenn gilt: $A \cap B = \emptyset$.
Ereignis A und Gegenereignis $\overline{A}$ sind stets schnittfremd: $A \cap \overline{A} = \emptyset$.

$A \cup \overline{A} = S$ $A \cap \overline{A} = \emptyset$
$A \cup S = S$ $A \cap S = A$

Aufgaben

1 Gegeben ist die Ergebnismenge $S = \{1; 2; 3; 4; 5; 6\}$.
Die Teilmengen A, B und C sind festgelegt durch: $A = \{1; 2; 4\}$, $B = \{1; 2; 5; 6\}$ und $C = \{2; 4\}$.

a) Bestimmen Sie $A \cap B$, $A \cap C$ und $B \cup C$.

b) Bestimmen Sie $\overline{A}$ und $\overline{A \cap C}$.

c) Geben Sie ein Ereignis D von S an, sodass die Ereignisse A und D schnittfremd sind.

2 Ein Würfel wird einmal geworfen.
E_1 ist das Ereignis „die Augenzahl ist kleiner als 4",
E_2 ist definiert durch „die Augenzahl ist ungerade".
Bestimmen Sie folgende Ereignisse:

a) $E_1 \cup E_2$ b) $E_1 \cap E_2$ c) $\overline{E_1}$

3 Eine Urne enthält enthält 2 schwarze und 1 rote Kugeln.
Aus der Urne werden nacheinander 3 Kugeln mit Zurücklegen entnommen.

a) Geben Sie die Ergebnismenge S an, wenn man nach jedem Zug die Kugelfarbe notiert.
Bestimmen Sie die Anzahl der Elemente von S.

b) Die Ereignisse A und B sind definiert durch:
A: Die ersten beiden Kugeln haben verschiedene Farben.
B: Die erste und die dritte Kugel haben dieselbe Farbe.
Geben Sie die folgenden Ereignisse in aufzählender Form an: $A \cap B$; $\overline{A}$; $A \cup \overline{B}$.

4 Die Firma Fischer stellt Kugellager her. In der Produktionshalle befinden sich 15 000 Kugellager, davon sind durchschnittlich 1 % defekt. Es werden drei Kugellager gezogen.
Geben Sie folgende Ereignisse in aufzählender Schreibweise an:
E_1: Es werden nur fehlerhafte Kugellager gezogen.
E_2: Genau ein Kugellager ohne Fehler wird gezogen.
E_3: Das zuletzt gezogene Kugellager ist fehlerhaft.

5 Von zwei Ereignissen A und B weiß man, dass $A \cup B = S$ und $A \cap B = \emptyset$.
Beschreiben Sie die Ereignisse A und B.

6 Nennen Sie einen Unterschied besteht zwischen „A und B sind schnittfremd" und „A ist das Gegenereignis von B".
Erklären Sie diesen Unterschied anhand eines Beispiels.

1.3 Wahrscheinlichkeit

1.3.1 Definition der Wahrscheinlichkeit

Beim Lotto otto wird zusätzlich eine Superzahl gezogen (vgl. Tabelle). Im Jahr 2022 (10 Ziehungen) kam z. B. die Zahl „2" nicht vor, die Zahl „4" kam jedoch zweimal vor. Bei vielen Ziehungen (seit 07.12.91) kommt die Zahl „2" etwa gleich häufig vor wie die anderen Zahlen. Lässt sich über die Häufigkeit der gezogenen Zahlen eine Aussage machen, wenn das Experiment sehr oft durchgeführt wird?

Superzahlen am Samstag										
	1	2	3	4	5	6	7	8	9	0
Treffer 2022	2	–	–	2	1	1	1	1	1	1
Gesamt	191	198	197	193	216	183	196	181	193	188

Diese Frage untersuchen wir an einem Würfel.
Ein Würfel wird 10-; 20-; ... ; 100-mal geworfen.
Es wird geprüft, wie oft das Ereignis E: „Augenzahl ist 2" aufgetreten ist.
Häufigkeitstabelle (n gibt die Anzahl der Würfe an)

n	10	20	30	40	50	60	70	80	90	100
$H_n(E)$	4	6	6	8	9	10	12	13	15	18
$h_n(E)$	0,4	0,3	0,2	0,2	0,18	0,17	0,17	0,16	0,17	0,18

Um einen Überblick zu bekommen, erstellen wir mit einem Tabellenprogramm ein Punktdiagramm. Das Diagramm zeigt, dass die Folge der relativen Häufigkeiten am Anfang schwankt. Mit wachsendem n werden die Schwankungen geringer. Nach vielen Durchführungen des Zufallsexperiments **stabilisieren** sich die **relativen Häufigkeiten** um den Wert 0,17. Diese Zahl wird als **statistische Wahrscheinlichkeit** für das Ereignis E angesehen.

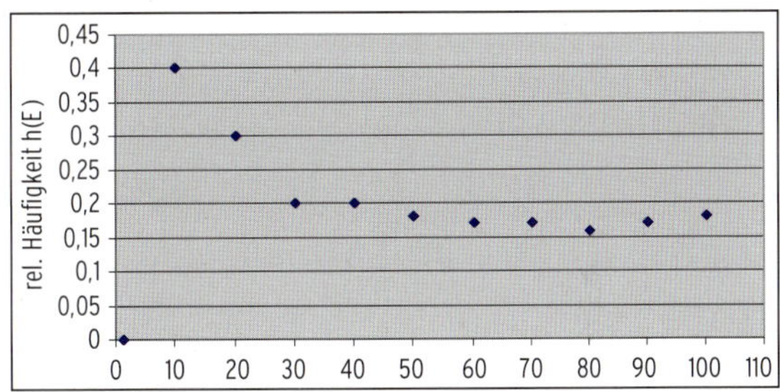

Das empirische Gesetz der großen Zahlen: Wird ein Zufallsexperiment sehr oft durchgeführt, so stabilisieren sich die relativen Häufigkeiten um einen festen Wert.

Bestimmung der Wahrscheinlichkeit P(E) **ohne Häufigkeitstabelle**

Beim (idealen) Würfel wird aufgrund seiner Symmetrie die Annahme gemacht, dass die Augenzahlen 1, 2, 3, 4, 5 und 6 etwa gleich häufig auftreten, wenn man „oft genug" würfelt. Für das Ereignis A: „Augenzahl ist 2" wird die Wahrscheinlichkeit P festgesetzt durch
$P(A) = \frac{1}{6}$ ($\approx$ 0,17).

Beispiel a)

Zufallsexperiment: Werfen eines idealen Würfels

Ergebnismenge $S = \{1; 2; 3; 4; 5; 6\}$

Wahrscheinlichkeit P für das Ereignis

A: Augenzahl ist 2 $P(A) = \frac{1}{6}$

A ={2} ist ein **Elementarereignis.**

Wahrscheinlichkeit für das Ereignis

E: „Augenzahl ist kleiner als 3"

Ereignis E: $E = \{1; 2\}$

Wahrscheinlichkeit für E: $P(E) = P(AZ = 1) + P(AZ = 2)$

$P(E) = \frac{1}{6} + \frac{1}{6} = \frac{1}{3}$

Beispiel b)

Zufallsexperiment: Zweimaliges Werfen eines idealen Würfels

Ergebnismenge $S = \{1\,1; 1\,2; 1\,3; ...; 6\,6\}$

Wahrscheinlichkeit P für das Ereignis

E_1: Pasch 2 $P(E_1) = \frac{1}{36}$

$E_1 = \{2\,2\}$ ist ein Elementarereignis (von 36 möglichen).

Wahrscheinlichkeit für das Ereignis

E_2: Pasch $E_2 = \{1\,1; 2\,2; 3\,3; 4\,4; 5\,5; 6\,6\}$

Ereignis E_2 besteht aus 6 Elementarereignissen.

Wahrscheinlichkeit für E_2: $P(E_2) = P(1\,1) + P(2\,2) + ... + P(6\,6)$

$P(E_2) = \frac{6}{36} = \frac{1}{6}$

Axiome von Kolmogorov

Ein Zufallsexperiment besitzt die Ergebnismenge S.

Eine Funktion P, die jedem Ereignis E eine reelle Zahl P(E) zuordnet, heißt **Wahrscheinlichkeitsverteilung,** wenn gilt:

(1) $P(E) \geq 0$ **Nichtnegativität**

(2) $P(S) = 1$ **Normiertheit**

(3) $P(A \cup B) = P(A) + P(B)$; $A, B \subseteq S$ und $A \cap B = \emptyset$ **Additivität**

Der Funktionswert P(E) heißt **Wahrscheinlichkeit von E.**

Beispiel c)

Eine Statistik belegt, dass bei Mäusen von 100 Nachkommen 47 weiblich sind.

Ergebnismenge S = {Männchen, Weibchen}

Die statistische Wahrscheinlichkeit, dass eine Maus weibliche Nachkommen hat, liegt also bei 0,47.

Die Wahrscheinlichkeit, dass eine Maus männliche Nachkommen hat, ist $1 - 0{,}47 = 0{,}53$.

Ist A das Ereignis „Weibchen", so ist das **Gegenereignis** $\overline{A}$ das Ereignis „Männchen".

Für die Wahrscheinlichkeit gilt: $P(\overline{A}) + P(A) = 1 \Rightarrow P(\overline{A}) = 1 - P(A)$

Für ein **Ereignis** A und sein **Gegenereignis** $\overline{A}$ gilt: $P(A) = 1 - P(\overline{A})$.

Beispiel d)

Zufallsexperiment: Kontrolle an einer bestimmten Zollstation

Ergebnismenge $S = \{\text{Schmuggler; Nichtschmuggler}\}$

Wahrscheinlichkeit P für das Ereignis

A: Schmuggler $P(A) = 0{,}15$

(Unter 100 kontrollierten Personen waren 15 Schmuggler.)

$\overline{A}$: Nichtschmuggler $P(\overline{A}) = 1 - P(A) = 0{,}85$

Beispiel e)

Die Firma Ven & Söhne fertigt Ventile auf den Anlagen A_1, A_2 und A_3.

Die Wahrscheinlichkeit, dass ein Ventil von der Anlage A_1 produziert wird, beträgt $P(A_1) = 0{,}7$, entsprechend ist $P(A_2) = 0{,}2$ und $P(A_3) = 0{,}1$.

$\overline{A_1}$: Ventil ist nicht von der Anlage A_1 $P(\overline{A_1}) = 1 - P(A_1) = 1 - 0{,}7 = 0{,}3$

oder

$\overline{A_1}$: Ventil ist von der Anlage A_2 oder A_3 $P(\overline{A_1}) = P(A_2 \cup A_3) = 0{,}2 + 0{,}1 = 0{,}3$

Beispiel f)

Eine 24-stündige Verkehrszählung von Fahrzeugen am Stadtrand von Ulm ergab folgende Daten.

Fahrzeugart	Pkw	Lkw	Sonstige
absolute Häufigkeit H	138 000	18 500	6500
relative Häufigkeit h	0,85	0,11	0,04
Wahrscheinlichkeit	0,85	0,11	0,04

Die Summe der relativen Häufigkeiten muss 1 ergeben.

Die relativen Häufigkeiten werden als Wahrscheinlichkeiten verwendet.

Wahrscheinlichkeitsverteilung

Ergebnis	Pkw	Lkw	Sonstige
Wahrscheinlichkeit	0,85	0,11	0,04

Wahrscheinlichkeit P für das Ereignis

A: kein Lkw $P(A) = 0{,}85 + 0{,}04 = 0{,}89$

oder mithilfe des Gegenereignisses von A:

$\overline{A}$: Lkw $P(A) = 1 - P(\overline{A}) = 1 - 0{,}11 = 0{,}89$

Beispiel g)

Die Firma Super Univers stellt Sticks her. Erfahrungsgemäß haben 5 % der Sticks eine Funktionsstörung (F) und 8 % sind falsch verpackt (V). Beide Mängel sollen jedoch bei einem Stick nicht gleichzeitig auftreten.

Wahrscheinlichkeit P für das Ereignis: Stick hat einen Mangel $F \cup V$: $P(F \cup V) = P(F) + P(V) = 0{,}08 + 0{,}05 = 0{,}13$

Hinweis: $F \cap V = \emptyset$

Wahrscheinlichkeit P für das Ereignis: Stick ist mängelfrei $\overline{F \cup V}$:

$P(\overline{F \cup V}) = 1 - P(F \cup V) = 1 - 0{,}13 = 0{,}87$

Aufgaben

1 Die Wahrscheinlichkeit für eine Jungengeburt ist 0,514.
Mit welcher Wahrscheinlichkeit ist das Neugeborene ein Mädchen?

2 Bei einem Tag der offenen Tür des Beruflichen Schulzentrums besteht die Möglichkeit, auf eine Torwand zu schießen. Ein Spiel besteht aus sechs Schüssen. Für jeden Teilnehmer wird die Anzahl der Treffer notiert. Die Auswertung ergab folgende Tabelle:

Anzahl der Treffer	0	1	2	3	4	5	6
Anzahl der Teilnehmer	28	40	25	12	10	4	1

a) Stellen Sie eine Wahrscheinlichkeitsverteilung auf und stellen Sie diese grafisch dar.
b) Berechnen Sie, wie viel Prozent der Schüsse ins Tor gingen.

3 Eine Scheibe in einem Spielautomaten ist in fünf Sektoren aufgeteilt. Die nebenstehende Abbildung zeigt die Aufteilung. Die Scheibe wird in Drehung versetzt. Nach Stillstand der Scheibe zeigt ein Pfeil auf genau einen Sektor. Die zugehörige Zahl wird notiert. Damit ist ein Durchgang beendet. Geben Sie die Wahrscheinlichkeitsverteilung für einen Durchgang an.

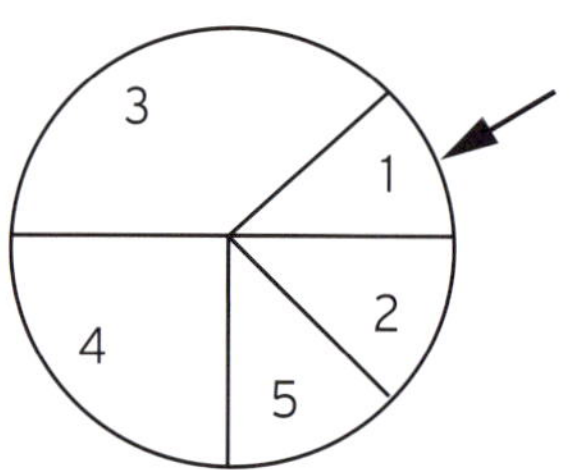

4 Eine TÜV-Station hat die häufigsten Mängel an fünf Jahre alten Pkws erfasst.
Es wurden 2000 Pkws untersucht.

Mangel	A: Handbremse	B: Ölverlust	C: Auspuffanlage	D: Scheinwerfer
h in %	7,8	7,5	5,0	4,3

Es wird davon ausgegangen, dass die Mängel A bis D unabhängig voneinander auftreten.
Begründen Sie, dass die angegebenen relativen Häufigkeiten als Wahrscheinlichkeiten für das Auftreten der Mängel A bis D angesehen werden können.

Ermitteln Sie die Wahrscheinlichkeit der folgenden Ereignisse:
E1: Ein Pkw hat den Mangel B. E2: Ein Pkw hat die Mängel A oder B.
Hinweis: Die Mängel A und B sollen bei einem Pkw nicht gleichzeitig auftreten.
E3: Ein Pkw hat keinen dieser Mängel.

5 Eine Umfrage ergab, dass jeder 3. Befragte seinen Urlaub in Spanien verbringen möchte. 40 % der übrigen Befragten gaben Italien, 25 % aller Befragten gaben die Türkei als Reiseziel an. 90 Befragte machten keine Angaben.
a) Geben Sie die Anzahl der befragten Personen an. (Kontrollergebnis: n = 600)
b) Ermitteln Sie eine Wahrscheinlichkeitsverteilung und stellen Sie diese grafisch dar.

1.3.2 Wahrscheinlichkeit bei Gleichverteilung (Laplace-Experiment)

Bei einem idealen Würfel wird man die Wahrscheinlichkeit für das Ereignis E: „Augenzahl 4" wohl kaum über die relative Häufigkeit bestimmen, sondern man wird annehmen, dass alle Augenzahlen bei vielen Durchführungen etwa gleich oft fallen werden.
Man kann somit jeder Augenzahl die gleiche Wahrscheinlichkeit $\frac{1}{6}$ zuordnen. Die einzelnen Wahrscheinlichkeiten der Elementarereignisse fasst man in einer Tabelle zusammen, die man auch **Wahrscheinlichkeitsverteilung** nennt.

Wahrscheinlichkeitsverteilung für das Werfen eines Würfels

e_i	1	2	3	4	5	6
$P(e_i)$	$\frac{1}{6}$	$\frac{1}{6}$	$\frac{1}{6}$	$\frac{1}{6}$	$\frac{1}{6}$	$\frac{1}{6}$

In diesem Fall spricht man von einem Laplace-Experiment.

Wenn für alle Ergebnisse eines Zufallsexperiments **die gleiche Wahrscheinlichkeit** angenommen werden kann (Gleichverteilung), dann heißt dieses Experiment **Laplace-Experiment.** Ein idealer Würfel heißt auch Laplace-Würfel oder L-Würfel.

Berechnung der Wahrscheinlichkeit für ein Laplace-Experiment

Beispiel a)

Zufallsexperiment: Werfen eines idealen Würfels
Ergebnismenge $S = \{1; 2; 3; 4; 5; 6\}$
Wahrscheinlichkeit P für das Ereignis

A: Augenzahl ist 1: $P(A) = \frac{1}{6}$

B: Augenzahl ist 2: $P(B) = \frac{1}{6}$

C: Augenzahl ist 1 oder 2: $P(C) = P(A) + P(B)$
$= \frac{1}{6} + \frac{1}{6} = \frac{1}{3}$

S: Ergebnismenge $P(S) = 1$ sicheres Ereignis
E: Augenzahl ist ungerade
Ereignis E: $E = \{1; 3; 5\}$
Wahrscheinlichkeit für E $P(E) = \frac{1}{6} + \frac{1}{6} + \frac{1}{6} = \frac{1}{2}$

Es gilt auch $P(E) = 3 \cdot \frac{1}{6} = \frac{3}{6}$
Interpretation:
Das Ereignis E tritt ein, wenn der Würfel 1, 3 oder 5 zeigt.
E hat 3 Ergebnisse (Ausgänge) von insgesamt 6 möglichen **gleichwahrscheinlichen Ergebnissen.**
P(E) ist die Anzahl der zu E gehörenden Ergebnisse (3 günstige Ergebnisse), dividiert durch die Gesamtzahl aller Ergebnisse (6 mögliche Ergebnisse). Es gilt: $P(E) = \frac{g}{m}$.

Beispiel b)

Zufallsexperiment: Drehen eines Glücksrades

Nach jedem Stillstand des Rades zeigt der Pfeil auf die Mitte eines Sektors.

Ergebnismenge S = {grün; rot; weiß; blau}

grün | rot
weiß | blau

Wahrscheinlichkeit P für das Ereignis A: grün $P(A) = \frac{1}{4}$

Gegenereignis $\overline{A}$ von A

$\overline{A}$: nicht grün bzw. $\overline{A}$ = {rot; weiß; blau} $P(\overline{A}) = \frac{3}{4}$

Weitere Lösungsmöglichkeit
für das Gegenereignis $\overline{A}$ von A

$P(\overline{A}) = 1 - P(A)$

$P(\overline{A}) = 1 - \frac{1}{4} = \frac{3}{4}$

Laplace-Formel:

Liegt ein **Laplace-Experiment** vor, so gilt für die Wahrscheinlichkeit P(E) eines

Ereignisses E: $P(E) = \frac{\text{Anzahl der Ergebnisse, bei denen E eintritt}}{\text{Anzahl aller möglichen Ergebnisse}}$

Kurzschreibweise $P(E) = \frac{g}{m} = \frac{\text{günstig}}{\text{möglich}}$

Beispiel

➲ Die Firma Buchmann feiert ihr 20-jähriges Jubiläum. Unter anderem findet auch eine Verlosung statt. In der Lostrommel befinden sich 3000 Lose, die von 1 bis 3000 durchnummeriert sind.
Mit welcher Wahrscheinlichkeit ist das erste Los ein Gewinn, wenn

a) jedes Los, dessen Nummer mit einer 1 beginnt, gewinnt?

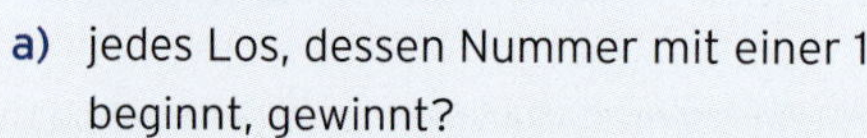

b) nur jedes Los mit der Endziffer 2 gewinnt?

Lösung

Anzahl der möglichen Ergebnisse: m = 3000

a) A: Losnummer beginnt mit einer 1

Anzahl der Nummern, die mit einer 1 beginnen
(einer, zehner, hunderter, tausender): $g = 1 + 10 + 100 + 1000 = 1111$

Wahrscheinlichkeit: $P(A) = \frac{g}{m} = \frac{1111}{3000}$

$P(A) = 0{,}37$

b) B: Losnummer mit der Endziffer 2

Unter je 10 aufeinanderfolgenden Zahlen gibt es genau eine Zahl
mit der Endziffer 2 $g = 300$

Wahrscheinlichkeit: $P(B) = \frac{g}{m} = \frac{300}{3000}$

$P(B) = 0{,}1$

Beispiele für Nicht-Laplace-Experimente

a) Geburt eines Kindes: S = {männlich; weiblich}
P (männlich) = 0,514; P (weiblich) = 0,486

b) Werfen von Reißnägeln
Reißnägel nehmen (in der Regel) zwei Lagen ein: und

Diese beiden Lagen sind im Allgemeinen nicht gleich wahrscheinlich.
In diesem Fall muss die relative Häufigkeit der beiden Lagen von „vielen" Reißnägeln bestimmt werden, dann kann die Wahrscheinlichkeit festgelegt werden.

Aufgaben

1 Im Schulzentrum besuchen 1340 Schüler/-innen das Berufliche Gymnasium, davon sind 240 in einem Sportverein. Wie groß ist die Wahrscheinlichkeit, dass ein Schüler/eine Schülerin dieser Schulart, den/die man auf dem Pausenhof sieht, in keinem Sportverein ist?

2 Ein Kartenspiel besteht aus 4 Farben (Kreuz, Pik, Herz, Karo) mit je 8 Karten. Peter zieht blind eine Karte aus dem Kartenspiel. Geben Sie die Wahrscheinlichkeit an, dass Peter
A: eine Pik-Karte, B: keine Herz-Karte, C: eine Pik- oder eine Karo-Karte, zieht.

3 In einer Lostrommel befinden sich 500 Lose. Jedes 10. Los ist ein Gewinn.
a) Mit welcher Wahrscheinlichkeit ist das erste gezogene Los ein Gewinn?
b) Man hat bereits 20 Lose gezogen und alle 20 Lose waren Nieten.
Wie groß ist die Wahrscheinlichkeit, beim nächsten Los einen Gewinn zu ziehen?

4 Zwei Spieler werfen nacheinander einen Würfel. Wie groß ist die Wahrscheinlichkeit dafür, dass sie verschiedene Augenzahlen werfen?

5 Eine Urne enthält weiße und schwarze Kugeln.
Eine weiße Kugel wird mit der Wahrscheinlichkeit $\frac{1}{6}$ gezogen.
a) Geben Sie ein Beispiel dafür an, wie viele weiße und schwarze Kugeln in der Urne sein könnten.
b) Wie viele Kugeln sind in der Urne, wenn man weiß, dass in der Urne 12 schwarze Kugeln mehr als weiße liegen?

6 Nach einem Betriebsfest der Firma Waldner sind noch Preise von der Tombola übrig. Es gibt noch 3 kleine, 5 mittelgroße und 4 große Preise. Der Lehrling darf einen Preis (blind) ziehen. Die Ereignisse A und B sind definiert durch:
A: Er zieht einen mittelgroßen Preis.
B: Er zieht einen kleinen oder einen großen Preis.
Berechnen Sie die Wahrscheinlichkeiten $P(A)$, $P(B)$, $P(\overline{A})$ und $P(\overline{B})$.

1.3.3 Wahrscheinlichkeit bei mehrstufigen Zufallsexperimenten

Beispiel 1

➲ Eine Urne enthält 2 weiße und 1 rote Kugel. Es wird zweimal mit Zurücklegen gezogen und die Farbe der gezogenen Kugeln nacheinander notiert.

a) Bestimmen Sie die Wahrscheinlichkeitsverteilung.

b) Berechnen Sie die Wahrscheinlichkeit für das Ereignis E: „die gezogenen Kugeln haben die gleiche Farbe".

Lösung

a) Baumdiagramm (2-mal Ziehen mit Zurücklegen)
Das Experiment hat 9 Ergebnisse.
Das Ergebnis ww kommt 4-mal vor, somit ist $P(ww) = \frac{4}{9}$.
Wahrscheinlichkeitsverteilung

Ausgang	ww	wr	rw	rr
P	$\frac{4}{9}$	$\frac{2}{9}$	$\frac{2}{9}$	$\frac{1}{9}$

Vereinfachung des Baumdiagramms:
Bei diesem Baumdiagramm beachtet man nur die verschiedenen Kugelfarben. Die Wahrscheinlichkeit, eine weiße Kugel zu ziehen, ist bei jeder Ziehung $\frac{2}{3}$, eine rote zu ziehen $\frac{1}{3}$. Diese Wahrscheinlichkeiten werden an die jeweiligen Pfade geschrieben. Man erkennt, dass z. B. P(ww) das Produkt der Wahrscheinlichkeiten auf den Teilstrecken des Pfades ist.
Es gilt allgemein die **Pfadmultiplikationsregel.**

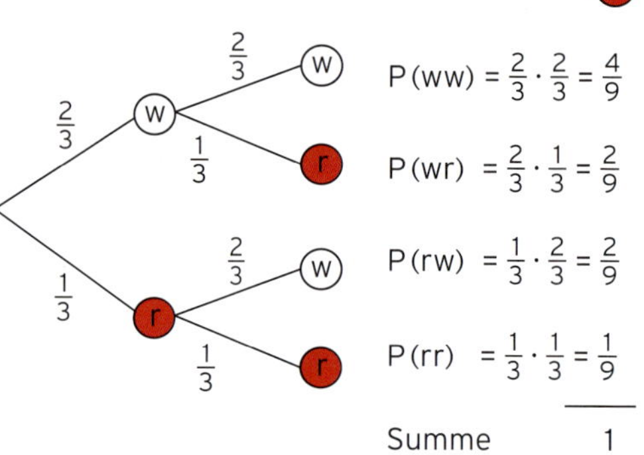

Pfadmultiplikationsregel:
Im Baumdiagramm ist die Wahrscheinlichkeit eines Pfades gleich dem **Produkt der Wahrscheinlichkeiten** auf den Teilstrecken des Pfades.

b) Ereignis E: gleiche Farbe $\quad E = \{ww; rr\}$
Oder-Zeichen ∨: $\quad P(E) = P(ww \lor rr) = P(ww) + P(rr) = \frac{4}{9} + \frac{1}{9} = \frac{5}{9}$

Pfadadditionsregel:
In einem Baumdiagramm ist die Wahrscheinlichkeit eines Ereignisses gleich der **Summe der Wahrscheinlichkeiten** der in diesem Ereignis enthaltenen Ergebnisse.

Beispiel 2

➲ Die Firma Kolb stellt Microchips her. Erfahrungsgemäß sind 10 % der produzierten Chips defekt. Der laufenden Produktion werden drei Chips entnommen.
Berechnen Sie die Wahrscheinlichkeit folgender Ereignisse:
A: Genau zwei Chips sind defekt.
B: Mindestens ein Chip ist defekt.
C: Der zweite entnommene Chip ist nicht defekt.

Lösung

Baumdiagramm
d: defekt
$\overline{d}$: nicht defekt

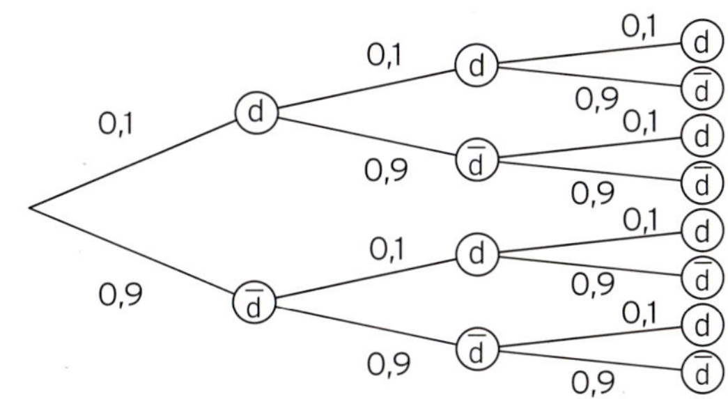

Wahrscheinlichkeit von A

Ereignis A: $A = \{d\,d\,\overline{d};\ d\,\overline{d}\,d;\ \overline{d}\,d\,d\}$

$P(A) = 0{,}1 \cdot 0{,}1 \cdot 0{,}9 + 0{,}1 \cdot 0{,}9 \cdot 0{,}1 + 0{,}9 \cdot 0{,}1 \cdot 0{,}1 = 3 \cdot 0{,}1^2 \cdot 0{,}9 = 0{,}027$

Hinweis: Da es **nicht** auf die **Reihenfolge** ankommt, gilt $P(C) = \mathbf{3} \cdot 0{,}1^2 \cdot 0{,}9$

Wahrscheinlichkeit von B

Ereignis B: $B = \{d\,\overline{d}\,\overline{d};\ \overline{d}\,d\,\overline{d};\ \overline{d}\,\overline{d}\,d;\ d\,d\,\overline{d};\ d\,\overline{d}\,d;\ \overline{d}\,d\,d;\ d\,d\,d\}$

$P(B) = 0{,}1 \cdot 0{,}9 \cdot 0{,}9 + 0{,}9 \cdot 0{,}1 \cdot 0{,}9 + 0{,}9 \cdot 0{,}9 \cdot 0{,}1 + 3 \cdot 0{,}1^2 \cdot 0{,}9 + 0{,}1^3$

$P(B) = 3 \cdot 0{,}1 \cdot 0{,}9^2 + 3 \cdot 0{,}1^2 \cdot 0{,}9 + 0{,}1^3 = 0{,}271$

Berechnung mit dem Gegenereignis $\overline{B} = \{\overline{d}\,\overline{d}\,\overline{d}\}$

Wahrscheinlichkeit $\overline{B}$: $P(\overline{B}) = 0{,}9^3 = 0{,}729$

Wahrscheinlichkeit von B: $P(B) = 1 - P(\overline{B})$

$P(B) = 1 - 0{,}729 = 0{,}271$

Wahrscheinlichkeit von C

Der 1. und der 3. entnommene Chip sind für das Ereignis C ohne Bedeutung, also $P(C) = 0{,}9$.

Beispiel 3

➲ Die Firma Würth stellt Schrauben auf zwei Anlagen I und II her. Die Schrauben werden in 10er-Schachteln zu 7 Schrauben aus Anlage I und 3 Schrauben aus Anlage II verpackt. Aus einer Schachtel werden wahllos 2 Schrauben hintereinander entnommen (ohne Zurücklegen).

Bestimmen Sie die Wahrscheinlichkeiten folgender Ereignisse:

E_1: Die erste Schraube stammt von Anlage I und die zweite von Anlage II.

E_2: Die zwei gezogenen Schrauben stammen von der gleichen Anlage.

E_3: Die zweite Schraube ist von der Anlage I.

Lösung

A_1: Die gezogene Schraube ist von Anlage I.

A_2: Die gezogene Schraube ist von Anlage II.

Hinweis: $A_1\,A_2$ bedeutet: 1. Schraube aus Anlage I **und** 2. Schraube aus Anlage II

Baumdiagramm mit den jeweiligen Wahrscheinlichkeiten auf den Teilstrecken.

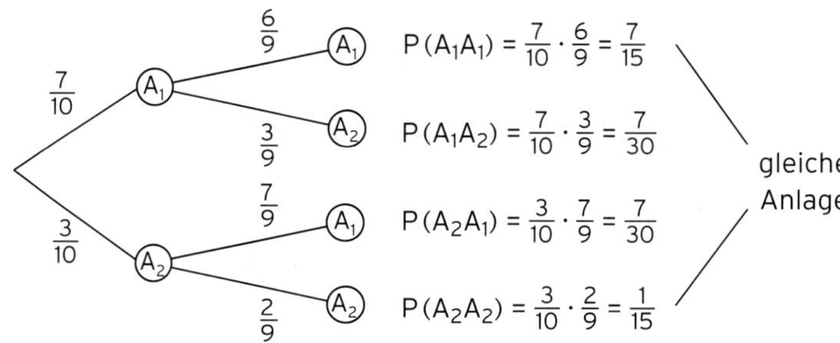

$P(E_1) = \frac{7}{10} \cdot \frac{3}{9} = \frac{7}{30}$

$P(E_2) = P(\text{gleiche Anlage}) = \frac{7}{15} + \frac{1}{15} = \frac{8}{15}$

$P(E_3) = P(A_1A_1) + P(A_2A_1) = \frac{7}{15} + \frac{7}{30} = \frac{7}{10}$

Berechnungen von Wahrscheinlichkeiten mit dem Baumdiagramm

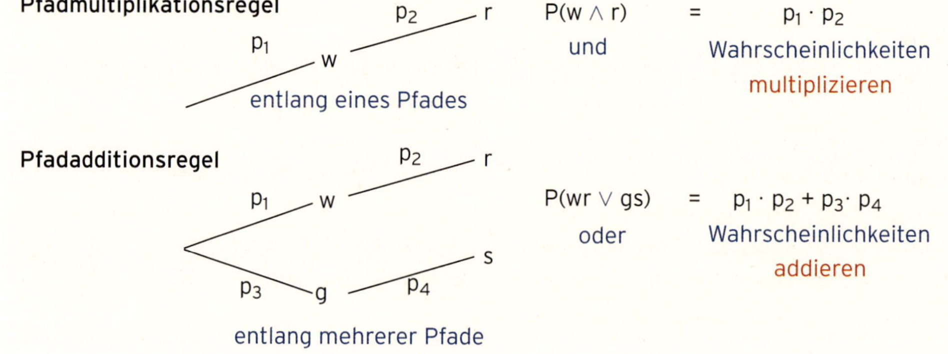

Zufallsexperiment - Urnenmodell

Die Durchführung vieler Zufallsexperimente lässt sich mit dem Ziehen von Kugeln aus einer Urne modellieren (Urnenmodell). Dabei stellt man sich eine Urne mit farbigen oder nummerierten Kugeln vor, die je nach Problemstellung mit oder ohne Zurücklegen gezogen werden.

Zufallsexperiment	**Urnenmodell**
Beispiel a) In einer Gruppe von 10 Touristen schmuggeln 4. Ein Zöllner wählt zufällig einen Touristen aus dieser Gruppe heraus. Mit welcher Wahrscheinlichkeit ist es kein Schmuggler?	Urne mit 10 Kugeln, 6 weiße und 4 schwarze. Einmal ziehen. Gesuchte Wahrscheinlichkeit: $P(w) = \frac{6}{10} = 0{,}6$
Beispiel b) Von 30 Monitoren einer Sendung sind 10 % defekt. Zwei Monitore dieser Sendung werden entnommen. Mit welcher Wahrscheinlichkeit sind beide Monitore defekt?	Urne mit 30 Kugeln, 27 weiße und 3 schwarze. Zweimal **Ziehen ohne Zurücklegen.** Gesuchte Wahrscheinlichkeit: $P(ss) = \frac{3}{30} \cdot \frac{2}{29} = \frac{1}{145} = 0{,}0069$
Beispiel c) Bei der Produktion von Tongefäßen hat man erfahrungsgemäß 10 % Ausschuss. Wie groß ist die Wahrscheinlichkeit, dass bei der Herstellung von zwei Gefäßen beide brauchbar sind?	Urne mit z. B. 10 Kugeln, 9 weiße und 1 schwarze. Zweimal **Ziehen mit Zurücklegen.** Gesuchte Wahrscheinlichkeit: $P(ww) = \frac{9}{10} \cdot \frac{9}{10} = 0{,}81$

Hinweis: Da die Produktion immer 10 % Ausschuss liefert, unabhängig von der Entnahme, wird das Experiment bei der Urne durch Ziehen mit Zurücklegen simuliert.

Beispiel d) Bei einer Verkehrszählung wurde festgestellt, dass 25 % der vorbeifahrenden Fahrzeuge Lkw waren, 70 % Pkw und 5 % sonstige Fahrzeuge. Wie groß ist die Wahrscheinlichkeit, dass unter drei vorbeifahrenden Fahrzeugen das erste ein Lkw, das zweite ein Pkw und das dritte ein sonstiges Fahrzeug ist?	Urne mit z. B. 100 Kugeln, 25 weiße, 70 schwarze und 5 grüne. Dreimal **Ziehen mit Zurücklegen.** Gesuchte Wahrscheinlichkeit: $P(wsg) = \frac{25}{100} \cdot \frac{70}{100} \cdot \frac{5}{100} = 0{,}009$

Aufgaben

1 Aus einer Urne mit 5 weißen, 3 schwarzen und 2 roten Kugeln werden nacheinander zwei Kugeln mit Zurücklegen entnommen.

a) Geben Sie die Wahrscheinlichkeitsverteilung an.

b) Mit welcher Wahrscheinlichkeit zieht man zwei gleichfarbige Kugeln?

c) Berechnen Sie die Wahrscheinlichkeit für das Ereignis A: „1. Zug weiße Kugel und 2. Zug rote Kugel".

d) Beantworten Sie die Teilaufgaben a), b) und c), wenn zwei Kugeln ohne Zurücklegen entnommen werden.

2 Im Labor eines Forschungsinstitutes steht ein Korb mit Mäusen. Im Korb sind drei Weibchen und ein Männchen. Es werden (blind) nacheinander drei Mäuse ohne Zurücklegen aus dem Korb herausgenommen. Mit welcher Wahrscheinlichkeit hat man

a) kein Männchen,

b) genau zwei Weibchen,

c) mindestens 2 Weibchen,

d) höchstens zwei Weibchen?

3 In einer Gruppe von sechs Personen schmuggeln vier. Ein Zöllner wählt zufällig nacheinander drei Personen aus. Mit welcher Wahrscheinlichkeit wählt er drei (zwei, einen) Schmuggler aus?

4 Bei einer Verkehrszählung wurde festgestellt, dass 23 % der vorbeifahrenden Fahrzeuge Lkw waren, 55 % Pkw, 10 % Mopeds und 12 % sonstige Fahrzeuge. Bestimmen Sie die Wahrscheinlichkeit dafür, dass unter drei vorbeifahrenden Fahrzeugen folgende Fahrzeuge sind:

a) drei Lkws,

b) drei Pkws oder drei Mopeds,

c) die ersten beiden jeweils ein Pkw und das dritte ein Lkw,

d) zwei Pkws und ein Lkw.

Welcher Unterschied besteht zwischen Teilaufgabe c) und d)?

5 Die Firma Hirscher stellt Dichtungen her. Die Erfahrung zeigt, dass 5 % der hergestellten Dichtungen Mängel aufweisen. Das Qualitätsmanagement entscheidet, ein Testgerät anzuschaffen. Dieses Gerät erkennt mit einer Wahrscheinlichkeit von 96 % eine mangelhafte Dichtung. Eine Dichtung ohne Mängel wird von diesem Gerät mit einer Wahrscheinlichkeit von 2 % als mangelhaft eingestuft.
Mit welcher Wahrscheinlichkeit zeigt das Gerät einen Mangel an?

6 Ein Test besteht aus drei Fragen und jeweils vier möglichen Antworten.
Jede Frage hat nur eine richtige Antwort. Ein unvorbereiteter Prüfling kann nur raten.
Wie groß ist die Wahrscheinlichkeit, dass dieser Prüfling bei diesem Test

a) alle Antworten b) keine Antwort c) genau zwei Antworten richtig ankreuzt?

7 Ein Gerät wird aus drei Bauteilen zusammengesetzt, die unabhängig voneinander arbeiten. Jedes Bauteil arbeitet mit einer Wahrscheinlichkeit von 0,93 einwandfrei.
Fällt ein Bauteil aus, so funktioniert das Gerät nicht mehr.
Berechnen Sie die Wahrscheinlichkeit für einen Ausfall des Gerätes.

Aufgabentyp: Wie oft muss man mindestens ...

Beispiel

➲ Wie oft muss man einen idealen Würfel mindestens werfen, damit mit mindestens 96 % Wahrscheinlichkeit mindestens einmal die 6 fällt?

Lösung

Vorüberlegung bei z. B. 4-mal werfen

Ereignis A: Mindestens eine 6 bei 4-mal werfen eines Würfels.

A: $6\,\overline{6}\,\overline{6}\,\overline{6}$; $\overline{6}\,6\,\overline{6}\,\overline{6}$; $6\,\overline{6}\,\overline{6}\,6$; $6\,\overline{6}\,6\,6$; $6\,\overline{6}\,6\,\overline{6}$ usw.

Hinweis: $\overline{6}$ bedeutet: keine 6

Das Ereignis A enthält alle Ergebnisse außer $\overline{6}\,\overline{6}\,\overline{6}\,\overline{6}$.

Das **Gegenereignis** $\overline{A}$ hat nur dieses Ergebnis. Man berechnet P(A) mithilfe von $P(\overline{A})$.

verkürztes **Baumdiagramm**

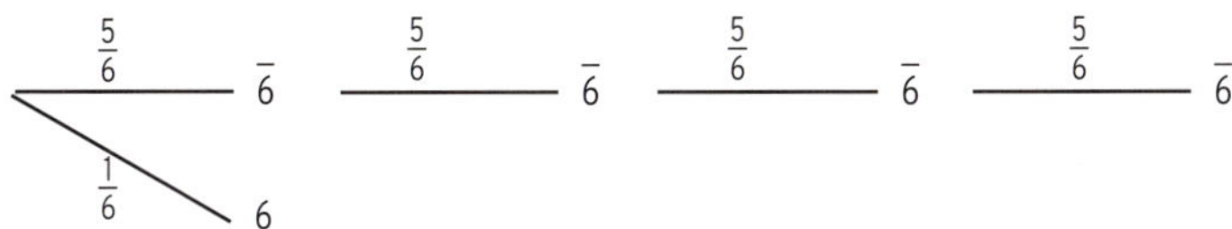

Mit $P(\overline{A}) = \left(\frac{5}{6}\right)^4$ gilt:

$$P(A) = 1 - P(\overline{A})$$

$$P(A) = 1 - \left(\frac{5}{6}\right)^4 \approx 0{,}52 = 52\,\%$$

Die Wahrscheinlichkeit, dass bei 4-mal werfen mindestens eine 6 fällt, ist 0,52.

Allgemein bei n-mal werfen

Ereignis E: **Mindestens eine 6** bei n-mal werfen;

Gegenereignis $\overline{E}$: **keine** 6 bei n-mal werfen

Mit $P(\overline{E}) = \left(\frac{5}{6}\right)^n$ und $P(E) = 1 - P(\overline{E})$ gilt: $P(E) = 1 - \left(\frac{5}{6}\right)^n$

Ansatz: $P(E) \geq 0{,}96$ $\quad 1 - \left(\frac{5}{6}\right)^n \geq 0{,}96$

$$\left(\frac{5}{6}\right)^n \leq 0{,}04$$

Beide Seiten logarithmieren $\quad n \cdot \ln\left(\frac{5}{6}\right) \leq \ln 0{,}04 \quad | : \ln\left(\frac{5}{6}\right) < 0$

Nach n auflösen $\quad n \geq 17{,}65$

Hinweis: Wegen $\ln\left(\frac{5}{6}\right) < 0$ muss das Ungleichheitszeichen umgedreht werden.

Z. B. $\quad 2 < 3 \quad | \cdot (-1)$

$$-2 > -3$$

Man muss den Würfel mindestens 18-mal werfen, um mit einer Sicherheit von mindestens 96 % mindestens einmal die 6 zu erhalten.

Aufgaben

1 In einer Urne befinden sich 6 weiße und 4 rote Kugeln.
Aus der Urne wird dreimal nacheinander eine Kugel mit Zurücklegen gezogen.
Mit welcher Wahrscheinlichkeit ist keine der gezogenen Kugeln rot?
Wie oft muss man mindestens eine Kugel mit Zurücklegen ziehen, damit die Wahrscheinlichkeit, dass wenigstens eine rote Kugel gezogen wird, größer als 0,98 ist?

2 Die Firma Halux stellt Halogenbirnen für Autoscheinwerfer in großen Mengen her.
Dabei beträgt der Ausschussanteil an der Produktion 5 %.
Die Halogenbirnen werden in Kartons mit je 50 Birnen an den Handel geliefert.

a) Mit welcher Wahrscheinlichkeit ist in einem Karton mindestens eine defekte Birne?

b) Wie viele Birnen muss ein Kontrolleur der Produktion entnehmen, damit er mit einer Wahrscheinlichkeit von mindestens 99 % wenigstens eine defekte Birne erhält?

3 Ein Glücksrad mit vier Sektoren der Farben grün, rot, weiß und blau wird in Drehung versetzt.
Ein Spiel ist beendet, wenn das Rad stillsteht.
Dann zeigt ein fester Pfeil auf die Mitte eines der vier Sektoren.
Eine Spielfolge besteht aus 3 Spielen.

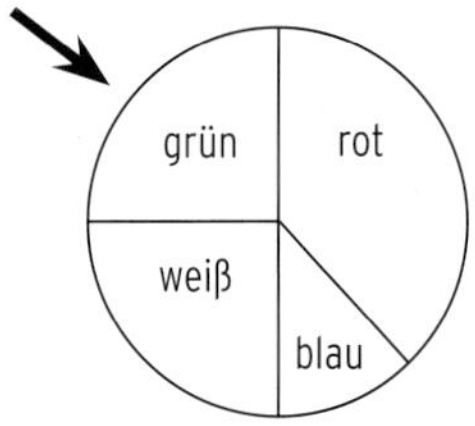

a) Berechnen Sie die Wahrscheinlichkeiten folgender Ereignisse für eine Spielfolge:
E_1: Das Glücksrad bleibt nicht auf grün stehen.
E_2: Es kommt mindestens zweimal grün.
E_3: Erst im 3. Spiel zeigt der Pfeil auf grün.
Zeichnen Sie dazu ein geeignetes Baumdiagramm.

b) Wie viele Spielfolgen muss man mindestens durchführen, um mit mehr als 60 % Wahrscheinlichkeit wenigstens eine Spielfolge mit dreimal grün zu erhalten?

4 Jana fährt mit dem Auto zur Schule. Unterwegs muss sie zwei unabhängig voneinander geschaltete Verkehrsampeln sowie einen Bahnübergang passieren. Die Wahrscheinlichkeit, dass die Ampel Rot zeigt, beträgt bei der 1. Ampel 0,4 und bei der 2. Ampel 0,5. Die Bahnschranke ist mit der Wahrscheinlichkeit 0,3 geschlossen.

a) Berechnen Sie die Wahrscheinlichkeiten folgender Ereignisse:
E1: Jana muss an keiner der drei Stellen anhalten.
E2: Jana muss an genau einer der drei Stellen anhalten.

b) Wie oft muss Jana mindestens zur Schule fahren, damit die Wahrscheinlichkeit wenigstens einmal ohne Verzögerung anzukommen größer als 90 % ist?

1.3.4 Additionssatz

Beispiel 1

➲ Eine Befragung von 100 Haushalten ergab folgendes Ergebnis:

a) Wie viele Haushalte haben Radio (R) oder Fernseher (F)?

b) Ein Haushalt wird zufällig ausgewählt. Berechnen Sie die Wahrscheinlichkeit dafür, dass er Radio oder Fernseher hat.

Von 100 Haushalten haben	
Radio	87
Fernseher	75
Radio und Fernseher	70

Lösung

a) **Hinweis:** Es können nicht 87 + 75 = 162 Haushalte sein, da nur 100 Haushalte befragt wurden.

87 Haushalte mit Radio
davon **70 mit Radio und Fernseher**
17 nur mit Radio

75 Haushalte mit Fernseher
davon **70 mit Radio und Fernseher**
5 nur mit Fernseher

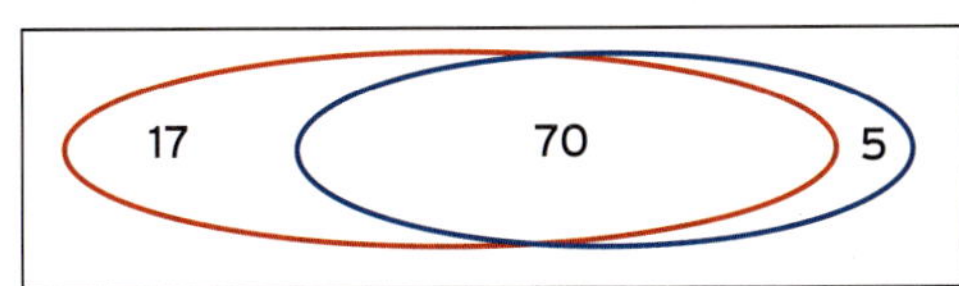

Die 70 Haushalte mit Radio und Fernseher sind sowohl in den 87 Haushalten mit Radio als auch bei den 75 Haushalten mit Fernseher enthalten.
Addiert man die Anzahl der Haushalte mit Radio (87) und die Anzahl der Haushalte mit Fernseher (75), so hat man die Anzahl der Haushalte mit Radio und Fernseher doppelt gezählt. Daher muss man 70 von der Summe (162) subtrahieren.

Anzahl der Haushalte mit Radio oder Fernseher $87 + 75 - 70 = 92$ bzw. $17 + 70 + 5 = 92$

b) Wahrscheinlichkeit $P = \frac{g}{m}$

$P(R \text{ **oder** } F) = \frac{87 + 75 - 70}{100} = \frac{92}{100} = 0{,}92$

mit einer Termumformung

$P(R \text{ **oder** } F) = \frac{87}{100} + \frac{75}{100} - \frac{70}{100}$

$P(R \cup F) = P(R) + P(F) - P(R \cap F)$

Additionssatz:
Für zwei Ereignisse A und B gilt:
$P(A \cup B) = P(A) + P(B) - P(A \cap B)$ (allgemeine Form)
$P(A \cup B) = P(A) + P(B)$, wenn $A \cap B = \emptyset$ (spezielle Form)
Die Wahrscheinlichkeit eines **Oder**-Ereignisses ist die Summe der Wahrscheinlichkeiten der beiden Ereignisse vermindert um die Wahrscheinlichkeit des **Und**-Ereignisses.

Beispiel 2

Hans spielt in zwei Lotterien. In der Lotterie I gewinnt jedes 3. Los.
In der Lotterie II sind von 170 Losen 90 Gewinne.
Hans kauft von jeder Lotterie ein Los.

a) Wie groß ist die Wahrscheinlichkeit, dass Hans in beiden Lotterien gewinnt?
b) Mit welcher Wahrscheinlichkeit gewinnt Hans?
c) Berechnen Sie die Wahrscheinlichkeit dafür, dass Hans nicht gewinnt.

Lösung

Festlegung der Ereignisse

A: Gewinn in der Lotterie I B: Gewinn in der Lotterie II C: kein Gewinn

a) Gesucht ist die Wahrscheinlichkeit P von A und B d.h. von $A \cap B$ (Und-Ereignis)

Baumdiagramm
g: Gewinn

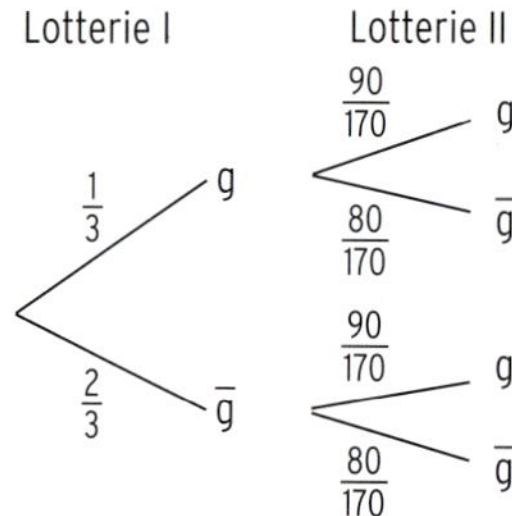

Pfadmultiplikationsregel $P(A \cap B) = P(g \wedge g)$

$P(A \cap B) = \frac{1}{3} \cdot \frac{90}{170} = 0{,}176$

Die Wahrscheinlichkeit, dass Hans in beiden Lotterien gewinnt, ist 17,6 %.

b) Gesucht ist P von A oder B d.h. von $A \cup B$ (Oder-Ereignis)

Additionssatz $P(A \cup B) = P(A) + P(B) - P(A \cap B)$

$P(A \cup B) = \frac{1}{3} + \frac{90}{170} - \frac{1}{3} \cdot \frac{90}{170}$

Wahrscheinlichkeit $P(A \cup B) = 0{,}686$

Alternativer Lösungsweg mit Pfadmultiplikationsregel und Pfadadditionsregel

$P(A \cup B) = P(g\, g) + P(g\, \overline{g}) + P(\overline{g}\, g) = \frac{1}{3} \cdot \frac{90}{170} + \frac{1}{3} \cdot \frac{80}{170} + \frac{2}{3} \cdot \frac{90}{170} = 0{,}686$

Die Wahrscheinlichkeit, dass er in I oder II gewinnt ist 68,6 %.

c) C: kein Gewinn in Lotterie I und kein Gewinn in Lotterie II

Wahrscheinlichkeit $P(C) = P(\overline{g}\, \overline{g}) = \frac{2}{3} \cdot \frac{80}{170} = 0{,}314$

Alternativer Lösungsweg mit dem Gegenereignis $\overline{C}$

$\overline{C}$: Gewinn in Lotterie I oder in Lotterie II d. h. $\overline{C} = A \cup B$

$P(\overline{C}) = P(A \cup B) = 0{,}686$ $P(C) = 1 - P(\overline{C}) = 1 - 0{,}686 = 0{,}314$

Zusammenhang von Pfadadditionsregel und Additionssatz

Pfadadditionsregel: $P(A \cup B) = P(A) + P(B)$
Aus dem Baumdiagramm lässt sich ablesen: A und B können nicht gemeinsam auftreten, d. h. $A \cap B = \emptyset$ und damit $P(A \cap B) = 0$.
Die Pfadadditionsregel ist ein Sonderfall des Additionssatzes.

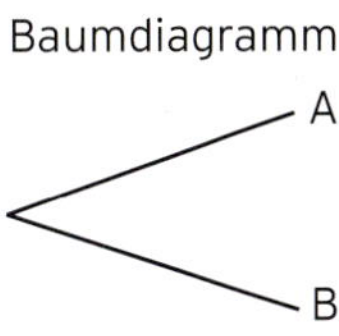

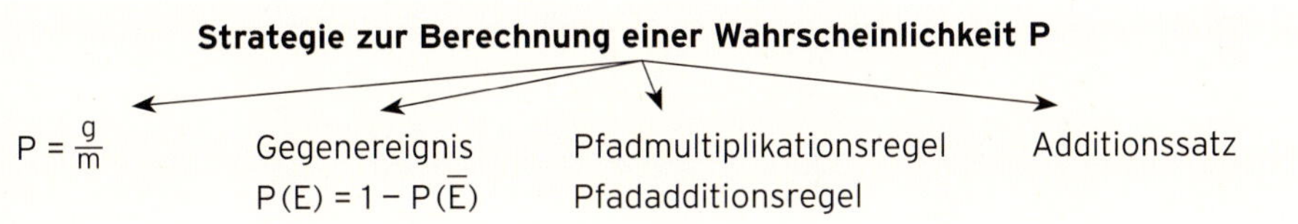

Aufgaben

1 In einer Dose befinden sich fünf weiße, sieben blaue und sechs rote Kugeln. Herbert zieht eine Kugel. Mit welcher Wahrscheinlichkeit ist diese Kugel weiß oder blau? Lösen Sie diese Aufgabe mit und ohne Additionssatz.

2 Die Ereignisse $A = \{1; 3; 4\}$ und $B = \{4; 5; 6\}$ sind Teilmengen der Ergebnismenge $S = \{1; 2; 3; 4; 5; 6\}$ eines Laplace-Experiments.
Berechnen Sie $P(A)$; $P(B)$; $P(A \cap B)$; $P(A \cup B)$.

3 Herr Huber kommt auf seinem Weg zur Firma Waldner an zwei Ampeln vorbei, die unabhängig voneinander arbeiten. Er stellt fest, dass die erste Ampel in 60 % und die zweite Ampel in 45 % seiner Fahrten grün zeigt.
Berechnen Sie die Wahrscheinlichkeit der folgenden Ereignisse:

a) Beide Ampeln zeigen grün.
b) Die 1. oder die 2. Ampel zeigt grün.
c) Mindestens eine Ampel zeigt grün.
d) Höchstens eine Ampel zeigt grün.

4 In Evas Klasse belegen 60 % der Schüler den Englischkurs und 40 % der Schüler den Französischkurs. 80 % der Schüler haben entweder Französisch oder Englisch oder beide Fremdsprachen gewählt. Berechnen Sie die Wahrscheinlichkeit, zufällig einen Schüler auszuwählen, der Französisch und Englisch belegt hat.

5 Bei einem Multiple-Choice-Test sind zu einer Testaufgabe vier Antwortmöglichkeiten angegeben, von denen eine richtig ist. 30 % der Schüler haben sich gut vorbereitet und wissen die richtige Antwort. Der Rest der Schüler muss raten, d. h., diese Schüler wählen zufällig eine Antwortmöglichkeit aus.
Erstellen Sie ein Baumdiagramm. Bestimmen Sie die Wahrscheinlichkeit dafür, dass ein zufällig ausgewählter Schüler

- die richtige Antwort nicht weiß, sie aber durch Raten findet,
- die richtige Antwort angekreuzt hat.

Welches ist kein Organ der Aktiengesellschaft?
- ☐ Vorstand
- ☐ Aufsichtsrat
- ☐ Hauptversammlung
- ☐ Gesellschafterversammlung

1.3.5 Bedingte Wahrscheinlichkeit und stochastische Unabhängigkeit

Bedingte Wahrscheinlichkeit

Die Wahrscheinlichkeit, mit einem idealen Würfel eine 6 zu werfen, ist $\frac{1}{6}$.
Ein Spieler würfelt mit geschlossenen Augen und möchte eine 6 würfeln. Ein Mitspieler sagt, dass die geworfene Augenzahl größer als 3 ist. Da das Ereignis Augenzahl größer als 3 schon eingetreten ist, sind nur noch die Ergebnisse 4, 5 und 6 (mit gleicher Wahrscheinlichkeit) möglich. Die Wahrscheinlichkeit für eine 6 beträgt in diesem Fall $\frac{1}{3}$ und nicht mehr $\frac{1}{6}$.

Man muss die **Voraussetzung bzw. Bedingung** (Augenzahl größer als 3) beachten, unter der nach einer Wahrscheinlichkeit gefragt wird.

Beispiel 1

➲ In einer Urne befinden sich drei rote Kugeln und eine weiße Kugel.
Man zieht zweimal ohne Zurücklegen.

a) Berechnen Sie die Wahrscheinlichkeit für rot im 1. Zug und rot im 2. Zug.

b) Wie groß ist die Wahrscheinlichkeit für rot im 2. Zug, wenn schon im 1. Zug rot gezogen wurde?

Lösung

Festlegung der Ereignisse A: Rot im 1. Zug B: Rot im 2. Zug

a) Gesucht ist $P(A \cap B)$.

Baumdiagramm

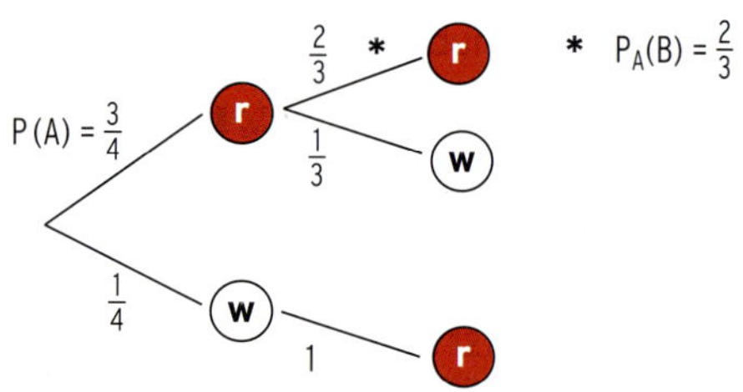

Mit der Pfadmultiplikationsregel: $P(A \cap B) = \frac{3}{4} \cdot \frac{2}{3} = \frac{1}{2}$

Hinweis: $P(B) = \frac{1}{2} + \frac{1}{4} = \frac{3}{4}$ $\quad P(A) \cdot P(B) = \frac{3}{4} \cdot \frac{3}{4} = \frac{9}{16} \neq P(A \cap B)$

b) Unter der Voraussetzung (Bedingung), dass im 1. Zug rot gezogen wurde, weiß man, dass noch 2 rote Kugeln und 1 weiße Kugel in der Urne sind.
Die Wahrscheinlichkeit für rot im 2. Zug ist dann $\frac{2}{3}$ (vgl. Baumdiagramm).
Für die Wahrscheinlichkeit von B (Rot im 2. Zug) unter der Voraussetzung dass A (Rot im 1. Zug) schon eingetreten ist, wählt man die Bezeichnung $P_A(B)$.
In diesem Fall gilt: $P_A(B) = \frac{2}{3} \neq P(B)$

Zusammenhang von $P(A \cap B)$ und $P_A(B)$

Vgl. Baumdiagramm von Beispiel Seite 346.

$P(A) = \frac{3}{4}$ —— $P_A(B) = \frac{2}{3}$ ——  $P(A \cap B) = \frac{1}{2}$

Pfadmultiplikationsregel: $P(A \cap B) = P(A) \cdot P_A(B)$

In diesem Fall spricht man vom allgemeinen Multiplikationssatz.

Allgemeiner Multiplikationssatz: $P(A \cap B) = P(A) \cdot P_A(B)$

Ist nach der Wahrscheinlichkeit $P_A(B)$ gefragt, so formt man diese Gleichung um.

$P_A(B)$ ist die durch A **bedingte Wahrscheinlichkeit** von B.

$$P_A(B) = \frac{P(A \cap B)}{P(A)} \quad \text{mit } P(A) \neq 0$$

Formulierung: $P_A(B)$ ist die Wahrscheinlichkeit von B unter der Bedingung, dass A schon eingetreten ist.

Beispiel 2

➲ In einem beruflichen Gymnasium sind 70 % der zu unterrichtenden Personen männlich, davon besitzen 20 % ein Auto.
Bestimmen Sie die Wahrscheinlichkeit, dass eine zufällig befragte Person dieser Schule männlich ist und ein Auto besitzt.

Lösung

Festlegung von Ereignissen

A: Person ist männlich — B: Person besitzt ein Auto

Gesuchte Wahrscheinlichkeit: $P(A \cap B)$

Bekannt sind die Wahrscheinlichkeiten $P(A) = 0{,}7$; $P_A(B) = 0{,}2$

Hinweis: $P_A(B)$ ist die Wahrscheinlichkeit dafür, dass eine Person ein Auto besitzt, wenn man weiß, dass es sich um eine männliche Person handelt.

$$P(A \cap B) = P(A) \cdot P_A(B) = 0{,}7 \cdot 0{,}2 = 0{,}14$$

Mit einer Wahrscheinlichkeit von 14 % ist eine zufällig ausgewählte Person männlich und besitzt ein Auto.

Weiterer Lösungsweg (Plausibilitätsbetrachtung)

Von z. B. 100 Personen sind 70 männlich. 20 % von 70 Personen besitzen ein Auto, d. h., 14 männliche Personen besitzen ein Auto.
14 Personen von 100 Personen entspricht 14 %.

Beispiel 3

➲ In einer Gruppe von 300 Personen haben sich 200 Personen prophylaktisch gegen Grippe impfen lassen. Nach einer bestimmten Zeit wurde jedes Gruppenmitglied danach befragt, wer an einer Grippe erkrankte. Die Ergebnisse werden in einer sogenannten **Vierfeldertafel** (2 Merkmale mit jeweils 2 Ausprägungen) dargestellt.

Gruppe	B (erkrankt)	$\overline{B}$ (nicht erkrankt)	Summe
A (mit Impfung)	20	180	200
$\overline{A}$ (ohne Impfung)	40	60	100
Summe	60	240	300

Das Ereignis A sei „Person ist geimpft" und das Ereignis B: „Person erkrankt".
Berechnen Sie $P_A(B)$ und $P_B(A)$. Interpretieren Sie Ihre Ergebnisse.

Lösung

$P(A) = \frac{200}{300} = \frac{2}{3} = 0{,}67$

Hinweis: Hier wurde die relative Häufigkeit berechnet.
Diese relative Häufigkeit fasst man als Wahrscheinlichkeit für die zufällige Auswahl irgend einer Person auf.

$P(B) = \frac{60}{300} = 0{,}2$

$A \cap B$: „Eine geimpfte Person ist erkrankt."

$P(A \cap B) = \frac{20}{300} = \frac{1}{15} = 0{,}067$

$P_A(B) = \frac{P(A \cap B)}{P(A)} = \frac{\frac{1}{15}}{\frac{2}{3}} = 0{,}1$

	B	$\overline{B}$	Summe
A	$\frac{1}{15}$	$\frac{3}{5}$	$\frac{2}{3}$
$\overline{A}$	$\frac{2}{15}$	$\frac{1}{5}$	$\frac{1}{3}$
Summe	$\frac{1}{5}$	$\frac{4}{5}$	1

Interpretation: Wenn man weiß, dass die Person geimpft wurde, kommen nur noch 200 Personen in Frage. 20 geimpfte Personen von 200 geimpften entsprechen einer Wahrscheinlichkeit von 0,1.

$P_B(A) = \frac{P(A \cap B)}{P(B)} = \frac{0{,}067}{0{,}2} = 0{,}33$

Interpretation: Man weiß, dass die Person erkrankt ist, somit kommen nur noch 60 Personen in Frage. 20 geimpfte und erkrankte Personen von 60 Personen entsprechen einer Wahrscheinlichkeit von 0,33.

Vierfeldertafel für Wahrscheinlichkeiten
Zwei Merkmale mit jeweils zwei Ausprägungen

	B	$\overline{B}$	Summe
A	$P(A \cap B)$	$P(A \cap \overline{B})$	$P(A)$
$\overline{A}$	$P(\overline{A} \cap B)$	$P(\overline{A} \cap \overline{B})$	$P(\overline{A})$
Summe	$P(B)$	$P(\overline{B})$	1

Beispiel 4

mvurl.de/k9dt

➲ Eine Statistik zeigt, dass eine von fünfzig Personen unter einer bestimmten Krankheit leidet. Ein einfacher Test liefert bei Kranken mit einer Wahrscheinlichkeit von 99 % ein positives Ergebnis. Aber auch bei Gesunden ergibt der Test mit einer Wahrscheinlichkeitvon 3 % fälschlicherweise ein positives Ergebnis. Eine Testperson erhält ein positives Testergebnis.
Berechnen Sie die Wahrscheinlichkeit dafür, dass diese Person tatsächlich erkrankt ist.

Lösung

Ereignis k: Die Person ist tatsächlich erkrankt.
Ereignis pos: Der Test zeigt ein positives Ergebnis.
Gesucht ist die (bedingte) Wahrscheinlichkeit, dass eine Person erkrankt ist, wenn der Test positiv ausgefallen ist, d. h. $P_{pos}(k)$.

$$P_{pos}(k) = \frac{P(k) \cdot P_k(pos)}{P(pos)}$$

Wahrscheinlichkeit P(pos):

$$P(pos) = P(k) \cdot P_k(pos) + P(\overline{k}) \cdot P_{\overline{k}}(pos)$$
$$= 0{,}02 \cdot 0{,}99 + 0{,}98 \cdot 0{,}03 = 0{,}0492$$

(vgl. Baumdiagramm)

$$P_{pos}(k) = \frac{0{,}02 \cdot 0{,}99}{0{,}0492} = 0{,}402$$

Ergebnis: Die Person ist mit einer Wahrscheinlichkeit von 40,2 % tatsächlich erkrankt.

Aufgaben

1 Für zwei Ereignisse A und B gelte: $P(A) = 0{,}3$; $P(B) = 0{,}6$ und $P(A \cap B) = 0{,}2$.
Berechnen Sie folgende Wahrscheinlichkeiten.

a) $P_A(B)$ b) $P_B(A)$ c) $P(A \cup B)$

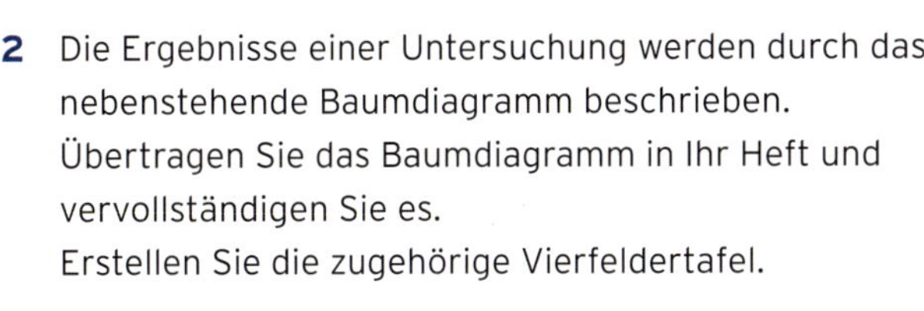

2 Die Ergebnisse einer Untersuchung werden durch das nebenstehende Baumdiagramm beschrieben.
Übertragen Sie das Baumdiagramm in Ihr Heft und vervollständigen Sie es.
Erstellen Sie die zugehörige Vierfeldertafel.

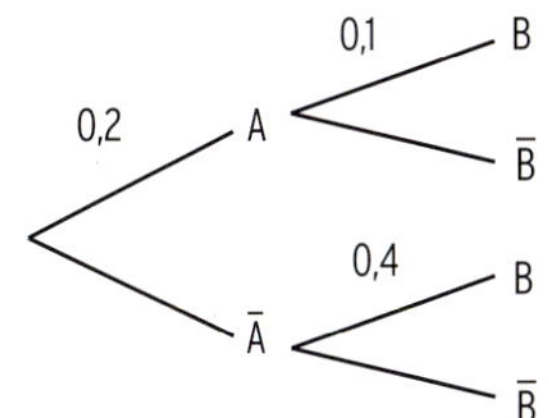

3 Aus einem Skatspiel (32 Karten mit 4 Königen) werden nacheinander ohne Zurücklegen zwei Karten gezogen. Bestimmen Sie die Wahrscheinlichkeit dafür, dass die zweite Karte ein König ist, wenn man weiß, dass die erste Karte auch ein König war.

4 Man wählt zufällig eine Zahl von 1 bis 50. Diese ist durch 3 teilbar.
Berechnen Sie die Wahrscheinlichkeit, dass diese Zahl durch 5 teilbar ist.

5 Im öffentlichen Busverkehr einer Stadt sind 8 % aller Fahrgäste Schwarzfahrer. Es werden die zwei Personengruppen betrachtet: Fahrgäste ohne Fahrschein (S) und Fahrgäste mit gültigem Fahrschein (F). Von den Schwarzfahrern sind 60 % unter 30 Jahren und von den Fahrgästen mit gültigem Fahrschein sind 50% unter 30 Jahren. Bestimmen Sie die Wahrscheinlichkeit, dass

- ein unter 30-Jähriger ein Schwarzfahrer ist,
- ein über 30-Jähriger ein Schwarzfahrer ist,
- ein über 30-Jähriger kein Schwarzfahrer ist.

6 Bei der Herstellung der Leiterplatten kommt es immer wieder zu Fehlern. Bei einer Tagesproduktion von 1300 Platten müssen durchschnittlich 80 aussortiert werden. Beanstandet werden hier sowohl Fehler in der Form als auch Risse. Die Qualitätskontrolle stellt fest, dass bei 2 % aller Platten ein Formfehler vorliegt. Bei der Hälfte aller Teile mit Formfehler sind zusätzlich Risse zu entdecken.

a) Berechnen Sie die Wahrscheinlichkeit für eine Platte mit Riss.

b) Es wird eine Platte mit einem Riss aussortiert. Bestimmen Sie die Wahrscheinlichkeit, dass diese Platte auch einen Formfehler hat.

7 Bei einer Abschlussprüfung sind erfahrungsgemäß 20 % der angemeldeten Studierenden Wiederholer. Von diesen treten 12 % von der Prüfung zurück. Insgesamt treten 83,2 % der angemeldeten Studierenden zur Prüfung an. Einer der angemeldeten Studierenden wird zufällig ausgewählt.

a) Der Studierende ist ein Wiederholer und tritt von der Prüfung zurück.
Der Studierende ist kein Wiederholer und nimmt an der Prüfung teil.
Bestimmen Sie jeweils die Wahrscheinlichkeit.

b) Der Studierende nimmt an der Prüfung teil. Berechnen Sie die Wahrscheinlichkeit, dass er Wiederholer ist.

8 Ein Drogentest liefert ein korrektes Ergebnis mit einer Wahrscheinlichkeit von 99 %, wenn die gestestete Person drogenabhängig ist. Ist die gestestete Person nicht drogenabhängig, so ist das Ergebnis korrekt mit einer Wahrscheinlichkeit von 98,5 %.
Aus Erfahrung geht man davon aus, dass 0,5 % der getesteten Personen Drogen genommen haben.
Bestimmen Sie die Wahrscheinlichkeit, dass eine zufällig ausgewählte Person, die positiv getestet wurde, auch tatsächlich die Droge konsumiert hat.

9 Dem Einkäufer eines Einzelhandelsunternehmen ist aus früheren Einkäufen bekannt, dass die Ausschusswahrscheinlichkeit für Elektroartikel 5 % beträgt.
Trotz der Endkontrolle der Elektrogeräte beim Einzelhändler kommt es vor, dass 0,5 % der defekten Geräte in den Verkauf geraten. Außerdem kommen von den einwandfreien Geräten 0,3 % aus verschiedenen Gründen nicht in den Verkauf.

Zeichnen Sie ein entsprechendes Baumdiagramm. Ermitteln Sie die Wahrscheinlichkeit dafür, dass sich unter den verkauften Geräten fehlerhafte Elektroartikel befinden.

Unabhängigkeit von Ereignissen

mvurl.de/5ha4

Beispiel 1

Ein Würfel wird zweimal nacheinander geworfen.
Es sei A: Im 1. Wurf ist die Augenzahl 6 und B: Im 2. Wurf ist die Augenzahl 6.
Berechnen Sie $P(B)$; $P_A(B)$ und $P(A \cap B)$.

Lösung

Wahrscheinlichkeit von B: $P(B) = \frac{1}{6}$

Die unter A bedingte Wahrscheinlichkeit von B: $P_A(B) = P(B) = \frac{1}{6}$

Hinweis: $P_A(B)$ ist die Wahrscheinlichkeit von B, unter der Voraussetzung, dass im 1. Wurf die Augenzahl 6 war.

Da der 1. Wurf den 2. Wurf nicht beeinflusst, gilt: $P_A(B) = P(B) = \frac{1}{6}$.

Allgemeiner Multiplikationssatz: $P(A \cap B) = P(A) \cdot P_A(B)$

Mit $P_A(B) = P(B)$: $P(A \cap B) = P(A) \cdot P(B)$

$$P(A \cap B) = \frac{1}{6} \cdot \frac{1}{6} = \frac{1}{36}$$

Gilt $P_A(B) = P(B)$, so beeinflusst das Eintreten des Ereignisses A die Wahrscheinlichkeit von B nicht. Man sagt, die Ereignisse A und B sind **unabhängig.**

Zwei Ereignisse A und B heißen (stochastisch)
unabhängig, wenn gilt: $P(A \cap B) = P(A) \cdot P(B)$
Andernfalls heißen die Ereignisse **abhängig.**

Allgemeiner Multiplikationssatz $P(A \cap B) = P(A) \cdot P_A(B)$

Sonderfall mit $P_A(B) = P(B)$:
Spezieller Multiplikationssatz $P(A \cap B) = P(A) \cdot P(B)$

Für den Nachweis der Unabhängigkeit zweier Ereignisse A und B berechnet man $P(A)$, $P(B)$ und $P(A \cap B)$.
Gilt $P(A \cap B) = P(A) \cdot P(B)$, so sind die Ereignisse A und B voneinander unabhängig.

Beispiel 2

➲ Zwei Seitenflächen eines idealen Würfels tragen die Augenzahl 3, zwei die Augenzahl 4, eine Seitenfläche die Augenzahl 5 und eine die Augenzahl 6. Der Würfel wird zweimal geworfen. Die Ereignisse A und B sind folgendermaßen definiert:
A: Beim ersten Wurf erscheint die Augenzahl 3 oder 5.
B: Beim zweiten Wurf erscheint die Augenzahl 4 oder 6.

a) Untersuchen Sie, ob die Ereignisse A und B unabhängig sind.

b) Berechnen Sie $P(A \cup B)$.

Lösung

a) Berechnung von $P(A)$ und $P(B)$: $P(A) = \frac{2}{6} + \frac{1}{6} = \frac{1}{2}$; $P(B) = \frac{2}{6} + \frac{1}{6} = \frac{1}{2}$

Ergebnisse des Ereignisses $A \cap B$: (3 4); (3 6); (5 4); (5 6)

Berechnung von $P(A \cap B)$: $P(A \cap B) = \frac{1}{3} \cdot \frac{1}{3} + \frac{1}{3} \cdot \frac{1}{6} + \frac{1}{6} \cdot \frac{1}{3} + \frac{1}{6} \cdot \frac{1}{6} = \frac{1}{4}$

$P(A) \cdot P(B) = \frac{1}{4} = P(A \cap B)$.

Die Ereignisse A und B sind voneinander **unabhängig.**

b) Additionssatz $P(A \cup B) = P(A) + P(B) - P(A \cap B) = \frac{1}{2} + \frac{1}{2} - \frac{1}{4} = \frac{3}{4}$

Beispiel 3

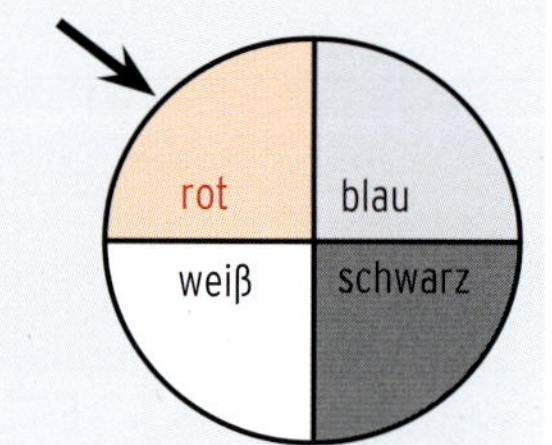

➲ Ein Glücksrad mit 4 gleich großen Sektoren der Farben rot, blau, schwarz und weiß wird in Drehung versetzt. Ein Spiel ist beendet, wenn das Rad stillsteht, wobei ein fester Pfeil genau auf einen Sektor zeigt. Das Rad wird zweimal gedreht.
Es werden folgende Ereignisse definiert:
A: Der Pfeil zeigt bei der ersten Drehung auf rot oder blau und bei der zweiten Drehung nicht auf weiß.
B: Der Pfeil zeigt bei der zweiten Drehung auf eine andere Farbe als bei der ersten Drehung.

a) Sind A und B abhängige Ereignisse?

b) Berechnen Sie die unter A bedingte Wahrscheinlichkeit von B.

Lösung

a) Berechnung von $P(A)$ und $P(B)$: $P(A) = P((r \vee b) \wedge \overline{w}) = \frac{1}{2} \cdot \frac{3}{4} = \frac{3}{8}$

Für die zweite Drehung bleiben 3 von 4 Farben übrig: $P(B) = \frac{3}{4}$

Ergebnisse des Ereignisses $A \cap B$: (r b); (r s); (b r); (b s)

Berechnung von $P(A \cap B)$: $P(A \cap B) = 4 \cdot \frac{1}{4} \cdot \frac{1}{4} = \frac{1}{4}$

$P(A) \cdot P(B) = \frac{9}{32} \neq P(A \cap B)$

Die Ereignisse A und B sind **abhängig.**

b) Unter A bedingte Wahrscheinlichkeit von B: $P_A(B) = \frac{P(A \cap B)}{P(A)} = \frac{2}{3}$

Beispiel 4

An einer beruflichen Schule wurden die Schüler/innen befragt, ob sie rauchen oder nicht rauchen.
Das Ergebnis wurde in einer Vierfeldertafel (2 Merkmale mit jeweils 2 Ausprägungen) dargestellt.

	raucht	raucht nicht
männlich	82	211
weiblich	131	250

a) Untersuchen Sie, ob das Ereignis „männlich" und das Ereignis „raucht" abhängige Ereignisse sind.

b) Wie groß ist die Wahrscheinlichkeit für das Ereignis „Frau und raucht nicht"?

c) Der Schulleiter sieht eine Schülerin im Aufenthaltsraum.
Mit welcher Wahrscheinlichkeit ist diese Schülerin Nichtraucherin?

Lösung

a) Festlegung der Ereignisse: A: männlich; B: raucht
Gegenereignisse: $\overline{A}$: weiblich; $\overline{B}$: raucht nicht

Vierfeldertafel für absolute Häufigkeiten

	B	$\overline{B}$	Summe
A	82	211	293
$\overline{A}$	131	250	381
Summe	213	461	674

Vierfeldertafel für Wahrscheinlichkeiten

	B	$\overline{B}$	Summe
A	0,12	0,31	0,43
$\overline{A}$	0,20	0,37	0,57
Summe	0,32	0,68	1

$P(A) = \frac{293}{674} = 0{,}43$

$P(B) = \frac{213}{674} = 0{,}32$

$P(A \cap B) = \frac{82}{674} = 0{,}12$

$P(A) \cdot P(B) = 0{,}14 \neq P(A \cap B)$

Die Ereignisse A: „männlich" und B: „raucht" sind voneinander abhängig.

b) $P(\overline{A} \cap \overline{B}) = \frac{250}{674} = 0{,}37$

c) Man weiß, dass es eine Schülerin ist.
Somit handelt es sich um eine **bedingte Wahrscheinlichkeit.**

Gesuchte Wahrscheinlichkeit: $P_{\overline{A}}(\overline{B})$

Mit $P(\overline{A}) = \frac{381}{674} = 0{,}57$

$$P_{\overline{A}}(\overline{B}) = \frac{P(\overline{A} \cap \overline{B})}{P(\overline{A})} = \frac{0{,}37}{0{,}57} = 0{,}65$$

Mit einer Wahrscheinlichkeit von 65 % ist die Schülerin Nichtraucherin.

Weitere Lösungsmöglichkeit

Da man weiß, dass es sich um eine Schülerin handelt, kommen nur 381 Personen in Frage. Insgesamt gibt es 250 Nichtraucherinnen.

Wahrscheinlichkeit $P = \frac{g}{m}$ $\qquad P = \frac{250}{381} = 0{,}65$

mvurl.de/f2i8

Aufgaben

1 Ein Skatspiel enthält 32 Karten in 4 Farben (Karo, Pik, Herz, Kreuz) mit jeweils 8 Karten, darunter ein König. Es wird blind eine Karte gezogen.
Sind die Ereignisse A: Karokarte und B: König abhängig oder unabhängig?

2 In einem Korb befinden sich ein roter Ball, drei schwarze, drei gelbe und zwei weiße Bälle. Es werden drei Bälle nacheinander und ohne Zurücklegen entnommen.
Die Ereignisse A: „Genau ein schwarzer Ball wird entnommen" und
B: „Mindestens zwei gelbe Bälle werden entnommen" werden definiert.

a) Beweisen Sie: Die Ereignisse A und B sind abhängig.
b) Berechnen Sie $P_B(A)$. Interpretieren Sie Ihr Ergebnis.

3 Die Ereignisse A und B seien unabhängige Ereignisse. Übertragen Sie die Tabelle in Ihr Heft. Füllen Sie die freien Plätze der Vierfeldertafel für Wahrscheinlichkeiten aus.

	B	$\overline{B}$	Summe
A			0,2
$\overline{A}$			
Summe	0,7		

4 In einer bestimmten Sportart sind 12 % aller Sportler in einem Wettkampf gedopt. Ein Institut hat ein Verfahren entwickelt, mit dem man einen gedopten Sportler mit Sicherheit erkennt. Leider werden jedoch 7 % derjenigen Sportler, die nicht gedopt sind, auch positiv getestet.
Die Ereignisse A und B sind definiert durch
A: Sportler ist gedopt.
B: Sportler wird positiv getestet.

a) Zeigen Sie, dass die Ereignisse A und B abhängig sind.
b) Bestimmen Sie die Wahrscheinlichkeit dafür, dass ein zufällig ausgewählter Sportler dieses Wettkampfes gedopt ist, wenn die Untersuchung positiv ausfällt.

5 Bei der Fertigung von Keramikteilen treten unabhängig voneinander Formfehler und Farbfehler auf. Bei 10 % aller Teile treten die beiden Fehler einzeln oder gemeinsam auf. Berechnen Sie die Wahrscheinlichkeit für einen Formfehler, wenn ein Farbfehler mit einer Wahrscheinlichkeit von 8 % auftritt.
Ermitteln Sie, mit welcher Wahrscheinlichkeit nur einer der Fehler auftritt.

6 Die Firma Uhl stellt Haushaltsgeräte her. Der Anteil der fehlerhaften Geräte ist 1,0 %. In der Fertigungskontrolle werden 1,2 % der einwandfreien Geräte irrtümlich als fehlerhaft aussortiert, während 97,0 % der fehlerhaften Geräte auch als solche erkannt und aussortiert werden.

a) Erstellen Sie ein Baumdiagramm. Geben Sie den Anteil der aussortierten Geräte an.
b) Ein Gerät ist nicht aussortiert worden. Bestimmen Sie die Wahrscheinlichkeit, dass es fehlerhaft ist.

Test zur Überprüfung Ihrer Grundkenntnisse

1 Eine Urne enthält 5 rote, 3 weiße und 2 gelbe Kugeln.

a) Es werden 3 Kugeln mit Zurücklegen gezogen.
Mit welcher Wahrscheinlichkeit erhält man keine gelbe Kugel?

b) Nun werden 2 Kugeln ohne Zurücklegen gezogen.
Mit welcher Wahrscheinlichkeit haben die beiden Kugeln die gleiche Farbe?

2 Die Firma Alpha GmbH stellt Ventile her. Ein Test ergab, dass 3,1 % der produzierten Ventile defekt sind. Herr Spiegel entnimmt 3 Ventile aus der Produktion.
Berechnen Sie die Wahrscheinlichkeiten der folgenden Ereignisse:
A: Kein Ventil ist defekt.
B: Genau ein Ventil ist defekt.

3 Eine Firma produziert Computerchips. Erfahrungsgemäß sind 3 % der Chips defekt.

a) Der laufenden Produktion werden nacheinander drei Chips entnommen.
Berechnen Sie für die folgenden Ereignisse jeweils die Wahrscheinlichkeit.
A: Alle drei Chips sind einwandfrei.
B: Genau zwei von den drei Chips sind defekt.
C: Nur der zweite Chip ist defekt.

b) Wie viele Chips müsste man der laufenden Produktion entnehmen, damit man mit einer Wahrscheinlichkeit von mehr als 99 % mindestens einen defekten Chip erhält?

4 Die Firma Argoline stellt verschiedenfarbige Platten für ein Stecksystem her. In einem Beutel befinden sich zehn rote, fünzehn weiße und fünf blaue Platten. Ein Bastler greift nacheinander drei Platten heraus.

a) Beurteilen Sie, ob eines der beiden Ereignisse wahrscheinlicher als das andere ist:
A: Die erste gezogene Platte ist blau.
B: Die zweite gezogene Platte ist blau.

b) Die ersten beiden Platten sind nicht rot.
Ermitteln Sie die Wahrscheinlichkeit dafür, dass die dritte Platte rot ist.

5 In einer bestimmten Sportart sind 12 % aller Sportler in einem Wettkampf gedopt. Ein Institut entwickelt ein Verfahren, mit dem man einen gedopten Sportler mit 98 % Sicherheit erkennt. Leider werden jedoch 4 % derjenigen Sportler, die nicht gedopt sind, auch positiv getestet.

a) Stellen Sie die Zusammenhänge in einem Baumdiagramm dar.

b) Bestimmen Sie die Wahrscheinlichkeiten der folgenden Ereignisse:
E_1: Der Sportler ist gedopt und wird positiv getestet.
E_2: Der Sportler ist nicht gedopt und wird positiv getestet.
E_3: Die Untersuchung fällt negativ aus.

1.4 Kombinatorik

Bei einem Laplace-Experiment gilt für die Wahrscheinlichkeit P(E) eines Ereignisses E:

$$P(E) = \frac{\text{Anzahl der Ergebnisse, bei denen E eintritt}}{\text{Anzahl der möglichen Ergebnisse}}$$

Wird die Anzahl der Ergebnisse sehr groß, ist das Aufschreiben der Ergebnismenge oder das Zeichnen eines Baumdiagramms sehr umständlich. Die Anzahl der Ergebnisse lässt sich dann mit Hilfsmitteln aus der **Kombinatorik** berechnen.

1.4.1 Produktregel

Beispiel

➲ Auf einer Baustelle arbeiten drei deutsche, zwei türkische und zwei polnische Bauarbeiter. Der Meister möchte ein Team aus drei Bauarbeitern unterschiedlicher Nationalität zusammenstellen. Wie viele Möglichkeiten hat er, eine Dreiergruppe zu bilden?

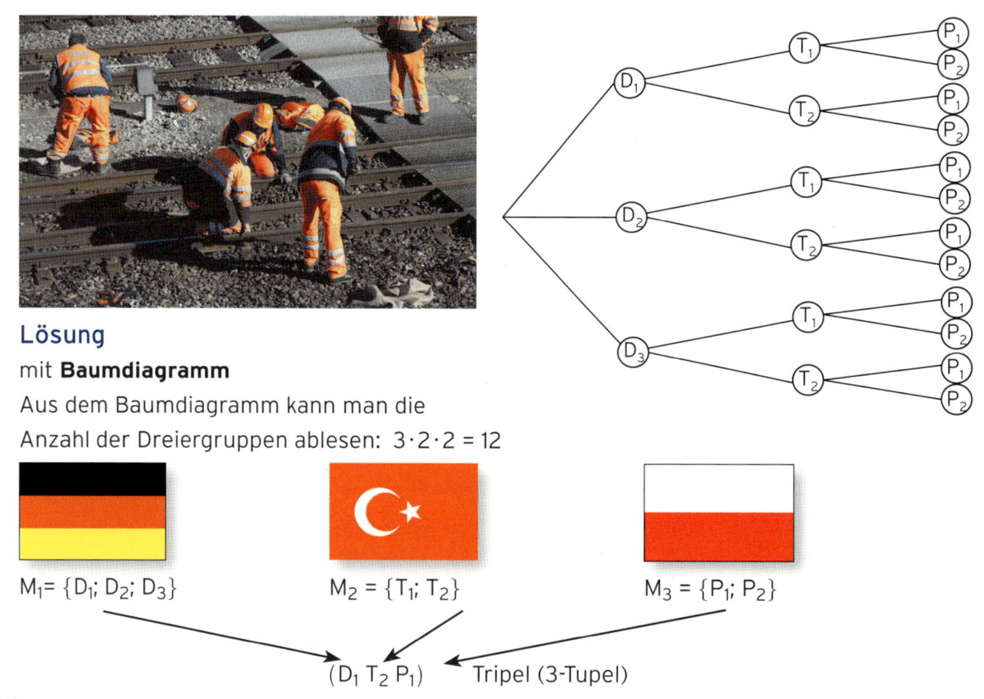

Lösung

mit **Baumdiagramm**

Aus dem Baumdiagramm kann man die Anzahl der Dreiergruppen ablesen: $3 \cdot 2 \cdot 2 = 12$

$M_1 = \{D_1; D_2; D_3\}$ $M_2 = \{T_1; T_2\}$ $M_3 = \{P_1; P_2\}$

$(D_1\ T_2\ P_1)$ Tripel (3-Tupel)

Bemerkung:

Aus k Mengen $M_1; \dots; M_k$ mit $n_1, \dots, n_k$ Elementen lassen sich $n_1 \cdot n_2 \cdot \dots \cdot n_k$ verschiedene k-Tupel bilden.

Aufgaben

1 Eine Aufnahmeprüfung besteht aus sechs Fragen mit je drei Antworten. Wie viele Möglichkeiten gibt es, den Testbogen auszufüllen, wenn jeweils eine Antwort richtig ist?
Wie groß ist die Wahrscheinlichkeit, dass ein Prüfling alles falsch ankreuzt?

2 Ein Fahrradhändler bietet seinen Kunden die Möglichkeit, sich ihr Fahrrad aus 6 verschiedenen Rahmen, 2 unterschiedlichen Bremsen und 3 Lenkerformen zusammenzustellen. Unter wie viel verschiedenen Fahrrädern kann der Kunde in diesem Fall wählen?

3 In Deutschland sind etwa 100 Millionen Mobiltelefone im Einsatz.
Eine Handynummer besteht aus den Ziffern 0 bis 9 (die erste Ziffer ist keine Null).
Wie viele Stellen muss eine Handynummer mindestens haben, wenn 4 Mobilfunkanbieter etwa den gleichen Marktanteil haben?

4 Berechnen Sie die Anzahl der dreiziffrigen Zahlen, aus den Ziffern 1 bis 9, in denen keine Ziffer doppelt vorkommt.

5 Ein Landkreis hat ca. $6 \cdot 10^6$ Einwohner. Ein Autokennzeichen besteht nach dem Landkreiskennzeichen aus zwei Buchstaben und einer Zahlenfolge, die nicht mit null beginnt und mindestens aus zwei Ziffern besteht. Aus wie vielen Ziffern muss die Zahlenfolge bestehen, damit im Extremfall jeder Einwohner mit einem Autokennzeichen versorgt werden kann?

6 In Frankreich lässt sich die 100-fache Anzahl von Pkw wie in Deutschland zulassen.
Nehmen Sie Stellung.

7 Torstens kleine Schwester besitzt für ihre Puppe 6 Pullover, 4 Hosen und 2 Paar Schuhe. Wie viele Möglichkeiten gibt es, der Puppe einen Pullover, eine Hose und Schuhe anzuziehen?

1.4.2 Stichproben

In der Wahrscheinlichkeitsrechnung werden Teilmengen einer Grundmenge als Ereignisse oder als Stichproben bezeichnet. Beim Ziehen von Stichproben unterscheiden wir drei Fälle:

1. **Geordnete Stichprobe mit** Zurücklegen
2. **Geordnete Stichprobe ohne** Zurücklegen

} Die **Reihenfolge** ist wichtig.

3. **Ungeordnete Stichprobe** ohne Zurücklegen **(Ziehung mit einem Griff)**

Geordnete Stichprobe mit Zurücklegen

Beispiel

In einer Urne befinden sich sechs gleichartige Kugeln mit den Nummern 1 bis 6. Man zieht blind eine Kugel, notiert ihre Nummer und legt sie in die Urne zurück.
Dieser Vorgang wird einmal wiederholt.

a) Wie viele Ergebnisse gibt es?

b) Berechnen Sie die Wahrscheinlichkeit für die Ereignisse
A_1: Man erhält zweimal eine Sechs; A_2: Man erhält genau eine Sechs.

Hinweis: Man unterscheidet bei der geordneten Stichprobe zwischen den Ergebnissen (2 3) und (3 2).

Lösung

a) Die Produktregel liefert $6 \cdot 6 = 6^2$ Ergebnisse.
Verallgemeinerung: k Ziehungen mit n Kugeln

n	k	Möglichkeiten
6	4	6^4
6	k	6^k
n	k	n^k

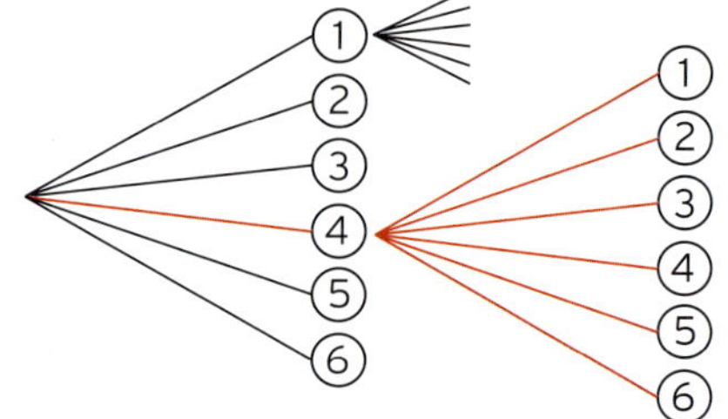

b) Es gibt 36 mögliche Ergebnisse, nur ein Ergebnis ist für A_1 günstig.

Wahrscheinlichkeit für A_1: $P(A_1) = \frac{1}{36}$

Anzahl der für A_2 günstigen Ergebnisse: $1 \cdot 5 + 5 \cdot 1 = 10$ (vgl. Baumdiagramm)

Wahrscheinlichkeit für A_2: $P(A_2) = \frac{10}{36}$

Beim Ziehen mit Zurücklegen gibt es $n \cdot n \cdot \ldots \cdot n = n^k$ $(n, k \in \mathbb{N}^*)$ Möglichkeiten, eine **geordnete Stichprobe** vom Umfang k aus n Elementen mit Zurücklegen zu ziehen.

Aufgaben

1 Ein Aktenkofferschloss besitzt drei drehbare Rädchen mit jeweils 10 Ziffern.
Wie groß ist die Wahrscheinlichkeit, das Schloss mit der ersten Zahlenkombination zu öffnen?

2 Um beim Fußballtoto zu gewinnen, muss man den Spielausgang von 13 Spielen voraussagen.
Wie groß ist die Wahrscheinlichkeit für 13 Richtige?

Geordnete Stichprobe ohne Zurücklegen

Beispiel

Bei einem Fahrradrennen kämpfen vier Fahrer A, B, C und D um den 1. und 2. Platz.

a) Wie viel Möglichkeiten gibt es, den ersten und den zweiten Platz zu belegen?

b) Bestimmen Sie die Anzahl der Möglichkeiten, bei 4 Fahrern die ersten 3 Plätze zu belegen.

Lösung

a) Baumdiagramm

Die Produktregel liefert

$4 \cdot 3 = 12$ Möglichkeiten.

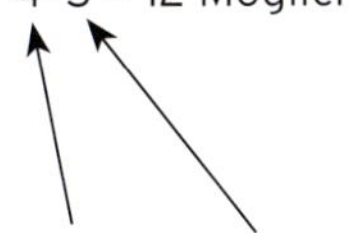

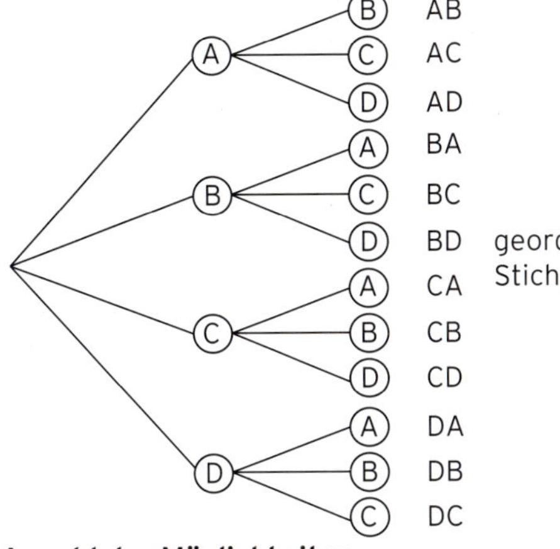

b)

Fahrer	Spitzenplätze	Anzahl der Möglichkeiten
4	3	$4 \cdot 3 \cdot 2 = 24$

Verallgemeinerung auf n Fahrer und 3 bzw. k Spitzenplätzen

Fahrer	Spitzenplätze	Anzahl der Möglichkeiten
n	3	$n \cdot (n-1) \cdot (n-2)$
n	k	$n \cdot (n-1) \cdot (n-2) \cdot \ldots \cdot (n-k+1)$

Bei n Fahrern und k Spitzenplätzen gibt es $n \cdot (n-1) \cdot (n-2) \cdot \ldots \cdot (n-k+1)$ Möglichkeiten.

Berechnung der Anzahl mithilfe der Fakultät: $6 \cdot 5 \cdot 4 = \frac{6 \cdot 5 \cdot 4 \cdot \mathbf{3 \cdot 2 \cdot 1}}{\mathbf{3 \cdot 2 \cdot 1}} = \frac{6!}{3!}$

Festlegung:

$6! = 6 \cdot 5 \cdot 4 \cdot 3 \cdot 2 \cdot 1$ (6! lies 6-Fakultät)

$3! = 3 \cdot 2 \cdot 1$ (3! lies 3-Fakultät)

$n! = n \cdot (n-1) \cdot (n-2) \cdot \ldots \cdot 3 \cdot 2 \cdot 1$

$(n-k)! = (n-k) \cdot (n-k-1) \cdot \ldots \cdot 3 \cdot 2 \cdot 1$

$$n \cdot (n-1) \cdot (n-2) \cdot \ldots \cdot (n-k+1) = \frac{n \cdot (n-1) \cdot (n-2) \cdot \ldots \cdot (n-k+1) \cdot \mathbf{(n-k) \cdot \ldots \cdot 3 \cdot 2 \cdot 1}}{\mathbf{(n-k) \cdot \ldots \cdot 3 \cdot 2 \cdot 1}} = \frac{n!}{(n-k)!}$$

Aus einer Menge (Gesamtheit) von n Elementen erhält man durch k-faches Ziehen

$n \cdot (n-1) \cdot (n-2) \cdot \ldots \cdot (n-k+1) = \frac{n!}{(n-k)!}$ **geordnete Stichproben ohne Zurücklegen.**

Man legt fest: **$0! = 1$** und **$1! = 1$**

Für n verschiedene Objekte gibt es $n \cdot (n-1) \cdot \ldots \cdot 4 \cdot 3 \cdot 2 \cdot 1 = n!$, $n \in \mathbb{N}^*$

Vertauschungen oder Permutationen.

Aufgaben

1 Berechnen Sie.

a) $7!$ b) $\frac{10!}{8!}$ c) $\frac{18!}{9!}$ d) $20 \cdot 19 \cdot 18 \cdot \ldots \cdot 7$

2 Wie viele Wörter (auch unsinnige) kann man aus dem Wort MATHE durch Vertauschen der Buchstaben erhalten?

3 Wie viele siebenstellige Zahlen kann man aus den Zahlen 1 bis 9 bilden, wenn jede Zahl nur einmal vorkommen darf?

4 In einer Urne liegen 7 Kugeln mit den Nummern 1 bis 7. Man zieht nacheinander drei Kugeln ohne Zurücklegen. Wie viele solcher 3-Tupel gibt es?

5 In einer Klasse mit 20 Schülern werden drei Gutscheine im Wert von 10 €, 20 € und 5 € verlost. Auf wie viele Arten ist dies möglich?

6 Das Besprechungszimmer des Personalrats hat einen Tisch mit 6 Stühlen.
Der 6-köpfige Personalrat möchte eine Sitzung abhalten.
Wie viele Sitzmöglichkeiten gibt es?

7 Bei einem Pferderennen starten zehn Pferde.
Geben Sie die Anzahl der möglichen Reihenfolgen an, in der

a) alle Pferde im Ziel ankommen,
b) die ersten drei Pferde ankommen,
c) die letzten drei am Ziel ankommen.

8 Bei einem Preisausschreiben werden unter den 968 eingegangenen richtigen Lösungen drei verschiedene Preise verlost. Wie groß ist die Wahrscheinlichkeit, einen Preis zu gewinnen?

9 In der Firma Waldner gab es einen Kabelbrand.
Der Auszubildende Huber soll den Schaden beheben. Dazu muss er 12 Drähte mit 12 Anschlüssen verbinden.
Wie oft muss Herr Huber im ungünstigsten Fall probieren?
Wie lange würde Herr Huber dann ungefähr brauchen, wenn er für die Verbindung aller 12 Drähte im Durchschnitt 20 Sekunden benötigt?

Ungeordnete Stichprobe ohne Zurücklegen

Beispiel 1

➲ Bei einem Fahrradrennen kämpfen vier Fahrer A, B, C und D um den Etappensieg. Für die ersten zwei Plätze gibt es je einen Preis. Wie viele Möglichkeiten gibt es, die Preise auf die vier Fahrer zu verteilen?

Lösung

Da nur nach den ersten zwei Plätzen gefragt wird, ist deren Reihenfolge egal (ungeordnete Stichprobe). Auf das Urnenmodell übertragen bedeutet dies: Ziehung von zwei Kugeln **mit einem Griff.**

Baum		geordnete Stichprobe	ungeordnete Stichprobe
A	B	(A B); (B A)	(A B) = (B A)
	C	(A C); (C A)	(A C) = (C A)
	D	(A D); (D A)	(A D) = (D A)
B	A		
	C	(B C); (C B)	(B C) = (C B)
	D	(B D); (D B)	(B D) = (D B)
C	A		
	B		
	D	(C D); (D C)	(C D) = (D C)
D	A		
	B		
	C		

Es gibt $4 \cdot 3 = 12$ Möglichkeiten (geordnete Stichproben). Da es auf die Reihenfolge nicht ankommt, kann man zwischen (A B) und (B A) nicht unterscheiden, d.h., je zwei geordnete Stichproben ergeben eine ungeordnete Stichprobe.

Somit gibt es nur noch $\frac{4 \cdot 3}{2} = 6$ Möglichkeiten, dass von den vier Fahrern zwei die ersten zwei Plätze erreichen und damit einen Preis erhalten.

Beispiel 2

➲ Aus einer Urne mit $n = 5$ unterscheidbaren Kugeln werden mit einem Griff $k = 3$ Kugeln entnommen. Wie viele Möglichkeiten gibt es?

Lösung

Die Produktregel liefert $5 \cdot 4 \cdot 3 = 60$ Möglichkeiten.

Auf die Reihenfolge kommt es nicht an. Je $6 = 3!$ geordnete Stichproben ergeben eine ungeordnete Stichprobe: $\frac{5 \cdot 4 \cdot 3}{3!} = 10$ Möglichkeiten

Andere Schreibweise: $\frac{5 \cdot 4 \cdot 3}{3!} = \frac{5 \cdot 4 \cdot 3}{1 \cdot 2 \cdot 3} = \binom{5}{3}$ **Binomialkoeffizient**

Der Ausdruck $\binom{5}{3}$ (gelesen 5 über 3) bedeutet, dass man aus 5 Elementen 3 Elemente mit einem Griff entnimmt.

Hinweis: WTR: $\binom{5}{3}$: 5 **nCr** 3 oder

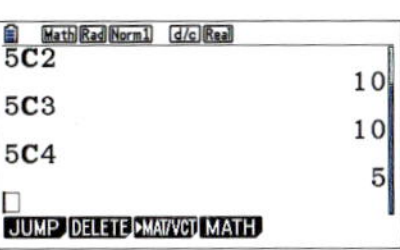

mvurl.de/mf6o

Beispiel 3

➲ Lotto „6 aus 49"
Beim Lotto werden 6 Zahlen aus einer Trommel (Urne) mit 49 Zahlen ohne Zurücklegen gezogen.

a) Wie viele mögliche Ziehungen gibt es?

b) Wie groß ist die Wahrscheinlichkeit für „6 Richtige"?

Lösung

a) Die Ergebnismenge S besteht aus allen möglichen Ziehungen. Dabei spielt die Reihenfolge keine Rolle und jede Zahl darf nur einmal vorkommen.
Es handelt sich also um eine **ungeordnete Stichprobe ohne Zurücklegen.**
Ungeordnete Stichprobe von $k = 6$ aus $n = 49$
Anzahl der möglichen Ziehungen: $\binom{49}{6} = 13\,983\,816$

b) Wahrscheinlichkeit für „6 Richtige":
$$P(\text{„6 Richtige"}) = \frac{1}{\binom{49}{6}} = \frac{1}{139\,813\,816} = 0{,}000\,000\,0715$$
Die Wahrscheinlichkeit für „6 Richtige" beträgt etwa 1 : 14 Millionen.
Lösung ohne Binomialkoeffizient:
$$P(\text{„6 Richtige"}) = \frac{6}{49} \cdot \frac{5}{48} \cdot \frac{4}{47} \cdot \frac{3}{46} \cdot \frac{2}{45} \cdot \frac{1}{44} = 0{,}000\,000\,0715$$

Entnimmt man k Elemente aus einer Menge von n Elementen, so gibt es
$\frac{n \cdot (n-1) \cdot (n-2) \cdot \ldots \cdot (n-k+1)}{k!} = \frac{n!}{k! \cdot (n-k)!} = \binom{n}{k}$ **ungeordnete Stichproben ohne Zurücklegen.**

Die Zahl $\binom{n}{k}$ heißt **Binomialkoeffizient** (gelesen: n über k).

Hinweis: $\binom{n}{0} = 1$; $\binom{n}{n} = 1$

Aufgaben

1 Beim Lotto 6 aus 45 werden aus 45 Kugeln, die von 1 bis 45 beschriftet sind, 6 Kugeln gezogen. Wie groß ist die Wahrscheinlichkeit für 6 „Richtige"?

2 Die Firma AGT GmbH stellt Ventile her. Ein Test ergab, dass 10 % der produzierten Ventile defekt sind. Der laufenden Produktion werden 7 Ventile entnommen.
Mit welcher Wahrscheinlichkeit sind genau 2 Ventile defekt?

Zusammenfassung

Aus einer Menge von n Elementen entnimmt man k Elemente.

Berechnung der Anzahl der Möglichkeiten (Stichproben)

	geordnete Stichprobe Beachtung der Reihenfolge (Variation)	ungeordnete Stichprobe ohne Beachtung der Reihenfolge (Kombination)
mit Zurücklegen	n^k Beispiel: Toto	
ohne Zurücklegen	$\frac{n!}{(n-k)!}$	$\frac{n!}{k! \cdot (n-k)!} = \binom{n}{k}$ Beispiel: Lotto

Beispiele zur Kombinatorik im Überblick

Beispiel a)

Aus 5 (verschiedenen) Buchstaben des Alphabets werden nacheinander blind drei Buchstaben mit Zurücklegen entnommen. Wie viele Möglichkeiten gibt es?

Ziehungsart: **Geordnete Stichprobe mit Zurücklegen:**

$n = 5;\ k = 3$

Anzahl: $5 \cdot 5 \cdot 5 = 5^3 = 125$

Anzahl: n^k

Beispiel b)

Die Firma AGT GmbH stellt Ventile auf 5 Anlagen her. Der laufenden Produktion werden 3 Ventile entnommen. Wie viele Anordnungsmöglichkeiten gibt es, wenn die 3 Ventile von verschiedenen Anlagen hergestellt wurden?

Ziehungsart: **Geordnete Stichprobe ohne Zurücklegen:**

$n = 5;\ k = 3$

Anzahl: $5 \cdot 4 \cdot 3 = 60 = \frac{5!}{(5-3)!}$

Anzahl: $\frac{n!}{(n-k)!}$

Der laufenden Produktion werden 5 Ventile entnommen.

Wie viele Anordnungsmöglichkeiten gibt es, wenn die 5 Ventile von verschiedenen Anlagen hergestellt wurden?

Ziehungsart: **Geordnete Stichprobe ohne Zurücklegen:**

$n = 5;\ k = 5$

Anzahl: $5 \cdot 4 \cdot 3 \cdot 2 \cdot 1 = 5! = 120$

Anzahl: $n!$

Beispiel c)

In einer Box befinden sich 5 unterschiedliche Ventile. Es werden 2 Ventile mit einem Griff gezogen. Wie viele Möglichkeiten gibt es?

Ziehungsart: **Ungeordnete Stichprobe ohne Zurücklegen:**

$n = 5;\ k = 2$

Anzahl: $\frac{5 \cdot 4}{2} = \binom{5}{2} = 10$

Anzahl: $\binom{n}{k}$

Aufgaben

1 In einer Urne befinden sich vier Kugeln mit den Buchstaben A, B, C und D.
Wie viele Buchstabenfolgen mit zwei Buchstaben sind ohne Zurücklegen möglich? Wie groß ist die Wahrscheinlichkeit, die Buchstabenfolge BA ohne Zurücklegen zu ziehen?

2 Die Firma E. & U. Metzel stellt Dichtungsringe her. Ein Test ergab, dass 4,2 % der produzierten Dichtungsringe defekt sind.
Herr Hemper entnimmt 5 Dichtungsringe aus der Produktion.
Berechnen Sie die Wahrscheinlichkeit der folgenden Ereignisse:
A: Kein Dichtungsring ist defekt.
B: Genau ein Dichtungsring ist defekt
C: Höchstens zwei Dichtungsringe sind defekt.

3 Die Sekretärin der Firma Akulup hat fünf Briefe zufällig in fünf adressierte Kuverts gesteckt.
Mit welcher Wahrscheinlichkeit sind vier Briefe in den richtigen Kuverts?
Berechnen Sie die Wahrscheinlichkeit, dass nicht alle Briefe in den richtigen Kuverts sind.

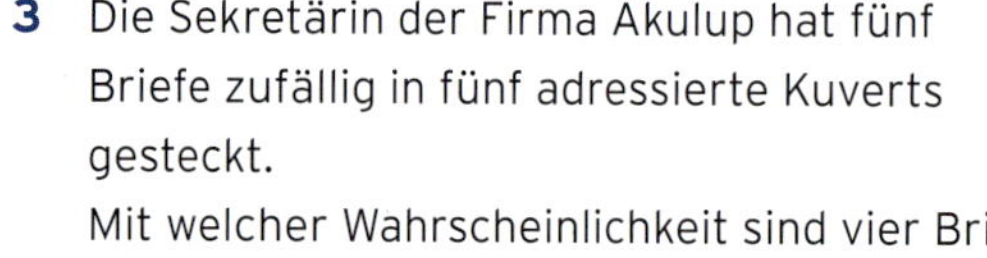

4 Die Firma Merkel & Söhne stellt eine neue Salbe her. Aus Kostengründen werden von 6 möglichen (verschiedenen) Wirkstoffen jedoch nur 3 beigemischt.
Wie viele Kombinationen sind möglich?

5 Gegen Ende des Novembermarktes im Schulzentrum sind von der Tombola noch zehn Lose übrig. Davon ist ein Los ein Hauptgewinn, vier Lose enthalten einen Trostpreis und fünf Lose sind Nieten. Der Mathelehrer zieht drei Lose mit einem Griff.
Berechnen Sie die Wahrscheinlichkeiten der Ereignisse.
A: Alle drei Lose sind Nieten.
B: Alle drei Lose sind verschieden.
C: Genau zwei Lose sind Nieten.

6 In einer Urne befinden sich drei weiße, drei rote und drei schwarze Kugeln. Es werden drei Kugeln nacheinander ohne Zurücklegen gezogen.
Berechnen Sie die Wahrscheinlichkeit für das Ereignis:
A: Drei gleichfarbige Kugeln werden gezogen.
B: Es werden drei verschiedenfarbige Kugeln gezogen.
Mit welcher Wahrscheinlichkeit werden beim 20-maligen Ziehen mit Zurücklegen keine bzw. genau eine schwarze Kugel gezogen?

1.5 Zufallsvariable

1.5.1 Einführung

Bei einer Qualitätskontrolle werden der Produktion nacheinander Waren entnommen und geprüft, ob sie schadhaft oder einwandfrei sind. Hierbei spielt z. B. die Reihenfolge der schadhaften und einwandfreien Produkte keine Rolle, während die Anzahl der schadhaften Produkte von Interesse ist.

Beispiel

➲ Ein Automat produziert Stifte. Es werden zwei Stück aus der Produktion zufällig entnommen und geprüft, ob sie schadhaft (s) oder einwandfrei ($\bar{s}$) sind. Zeichnen Sie das zugehörige Baumdiagramm und ordnen Sie jedem Ergebnis die Anzahl der schadhaften Stifte zu.

Lösung

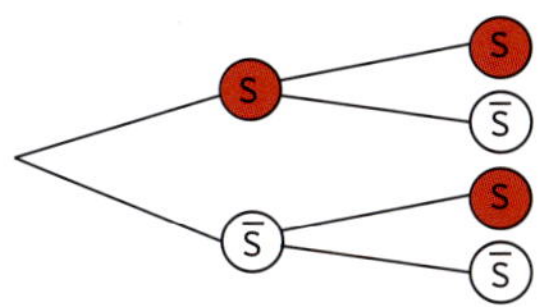

Ergebnis $e_i \rightarrow$ Anzahl der schadhaften Stifte

Zuordnung

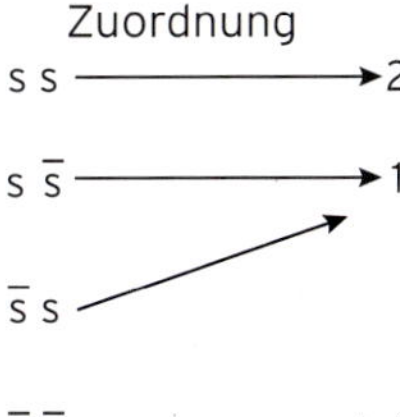

Jedem Ergebnis wird genau eine Zahl zugeordnet, d. h., diese Zuordnung ist eine Funktion, die man oft (aus historischen Gründen) mit großen Buchstaben bezeichnet wie z. B. X, Y oder Z. **Die Funktion X heißt Zufallsvariable.**

Erläuterung:

Zuordnung: Ergebnisraum $\mapsto$ reelle Zahl	Funktionswert
z. B. s s $\mapsto$ 2	$X(s\,s) = 2$
Weitere Funktionswerte:	$X(s\,\bar{s}) = X(\bar{s}\,s) = 1$; $X(\bar{s}\,\bar{s}) = 0$
Wertemenge von X:	$W = \{0; 1; 2\}$

Schreibweise:

$X = 2$ steht für das Ergebnis: zwei schadhafte Stifte, d. h. für das Ergebnis ss.

$X = 1$ steht für $\{s\,\bar{s}; \bar{s}\,s\}$.

Unter einer **Zufallsvariablen X** eines Zufallsexperiments versteht man eine Funktion, die jedem Ergebnis e_i eine Zahl zuordnet.

$X: e_i \mapsto X(e_i)$ (in Analogie zur Funktion $f: x \mapsto f(x)$)

Beispiel a)

Beim „Mensch ärgere dich nicht"-Spiel darf zu Beginn ein Spieler einen Würfel solange werfen, bis die Zahl Sechs erscheint, jedoch höchstens dreimal.

Die Zufallsvariable X soll die Anzahl der notwendigen Würfe beschreiben.

Ergebnis e_i		Funktionswert x_i
6	⟶	1
$\overline{6}\,6$	⟶	2
$\overline{6}\,\overline{6}\,6$	⟶	3

Tabelle

Ergebnis e_i	6	$\overline{6}\,6$	$\overline{6}\,\overline{6}\,6$
$X(e_i) = x_i$	1	2	3

Hinweis: Die Funktionswerte $X(e_i)$ werden auch mit kleinen Buchstaben x_i bezeichnet: $X(e_i) = x_i$.

Beispiel b)

Werfen von zwei Würfeln

Zufallsvariable X: Augensumme der beiden Würfel

Wertemenge von X: {2; 3; 4; ..., 12}

Mit z. B. $X = 6$ werden die Ergebnisse beschrieben, die zur Augensumme 6 führen.

Es sind dies die Ergebnisse (1 5); (2 4); (3 3); (4 2); (5 1).

Beispiel c)

Eine Urne enthält eine rote, eine schwarze und eine weiße Kugel. Es wird nacheinander eine Kugel nach der anderen ohne Zurücklegen gezogen, bis die weiße Kugel erscheint.

- X sei die Zufallsvariable, welche die Anzahl der benötigten Züge angibt.
  Die Wertemenge von X kann auch als Tabelle angegeben werden.

Ergebnis e_i	w	rw; sw	srw	rsw
$X(e_i) = x_i$	1	2	3	3

- Peter schlägt Maria ein Spiel vor.
  Ist die erste gezogene Kugel weiß, erhält Peter von Maria 3 €, ist die zweite weiß, erhält er 1 €. Wenn die dritte Kugel weiß ist, muss er 7 € an Maria zahlen.
  Zufallsvariable X: Gewinn in € für Peter
  Hinweis: −7 bedeutet: Peter muss an Maria 7 € bezahlen; er macht einen Verlust von 7 €.

Ergebnis e_i	w	rw; sw	srw; rsw
$X(e_i) = x_i$	3	1	−7

Beispiel d)

Ein Förderband transportiert Flaschen.
Bei einer Stichprobe werden 3 Flaschen entnommen.

d: defekte Flasche; $\overline{d}$: nicht defekte Flasche

X sei die Zufallsvariable, die die Anzahl der defekten Flaschen angibt.

Ergebnis e_i	$\overline{d}\,\overline{d}\,\overline{d}$	$d\,\overline{d}\,\overline{d}$	$d\,d\,\overline{d}$	$d\,d\,d$
$X(e_i) = x_i$	0	1	2	3

Aufgaben

1 Geben Sie an, welche Werte die Zufallsvariable X annehmen kann (Wertemenge).

a) X: Anzahl der Wappen beim viermaligen Werfen einer Münze.

b) X: Die kleinere der beiden Augenzahlen beim Wurf zweier Würfel.

c) In einer Schachtel sind 4 defekte und 2 nicht defekt Bolzen.
Der Schachtel werden zufällig 5 Bolzen entnommen.
X sei die Zufallsvariable, die die Anzahl der nicht defekten Bolzen angibt.

2 Die Zufallsvariable X und ein Wert für X sind festgelegt. Geben Sie die zugehörige Ergebnismenge an.

a) X: Augensumme beim Wurf zweier Würfel: X = 4

b) Ein Schraubensortiment enthält drei Arten von Schrauben. Eine kleine Schraube kostet 10 ct, eine mittelgroße 15 ct und eine große 20 ct. Dem Schraubensortiment werden Schrauben mit einem Griff entnommen.
X: Kosten der Schrauben in ct: X = 40

3 Aus einer Sendung mit Batterien werden zwei Batterien entnommen und auf ihre Funktionsfähigkeit überprüft. Eine Batterie ist entweder brauchbar (b) oder unbrauchbar (u).

a) Bestimmen Sie die Ergebnismenge S.

b) Legen Sie eine sinnvolle Zufallsvariable X fest. Bestimmen Sie die Wertemenge von X.

4 Ein Käfer beginnt zur Zeit t = 0 im Ursprung eines Koordinatensystems zu laufen. In jeder Minute ändert er seine Position um eine Einheit nach rechts, links, oben oder unten (mit der gleichen Wahrscheinlichkeit). Die Zufallsvariable X beschreibt den Abstand des Käfers vom Ursprung nach drei Minuten.
Welche Werte kann X annehmen?

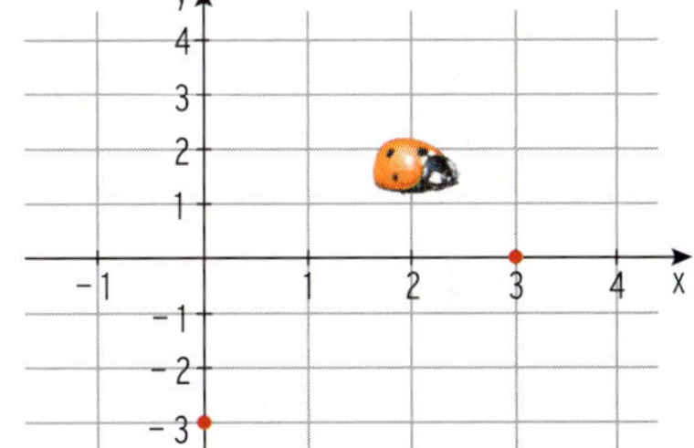

5 Beim Schulfest dürfen die Gäste auf eine Torwand schießen. Bernhard und Christian versuchen ihr Glück. Sie vereinbaren ein Spiel: Bernhard schießt dreimal auf die Torwand. Er zahlt pro Spiel an Christian 4 €. Er erhält von Christian bei 1 Treffer 2 €, bei 2 Treffern 6 € und bei 3 Treffern 14 €. Die Zufallsvariable X beschreibt Bernhards Gewinn (bzw. Verlust).

a) Stellen Sie X in Form einer Tabelle dar.

b) Interpretieren Sie X (3).

6 Eine Urne enthält vier Kugeln, die mit den Ziffern 1, 2, 2, 3 beschriftet sind.
Es werden zwei Kugeln ohne Zurücklegen gezogen.

a) Zeichnen Sie ein Baumdiagramm und ermitteln Sie die Ergebnismenge.

b) Die Zufallsvariable X ordnet jedem Ergebnis die Summe der gezogenen Zahlen zu.
Stellen Sie X in Form einer Tabelle dar.

1.5.2 Wahrscheinlichkeitsverteilung

Beispiel 1

Ein Automat produziert Stifte. Erfahrungsgemäß ist ein Stift mit der Wahrscheinlichkeit $p = 0{,}2$ schadhaft. Es werden zwei Stifte aus der Produktion zufällig entnommen und geprüft, ob sie defekt (d) oder einwandfrei ($\overline{d}$) sind.

Die Variable X wird hierbei durch die Anzahl der schadhaften Stifte definiert. Geben Sie die zugehörigen Wahrscheinlichkeiten an.

Lösung

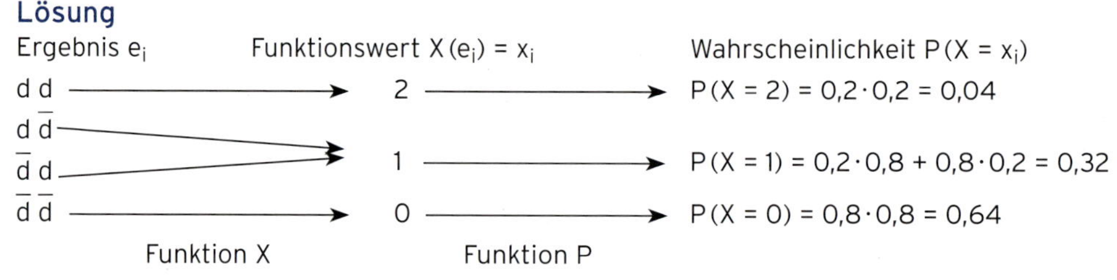

Erläuterung

Hierbei handelt es sich um zwei Funktionen. Die erste Funktion X (Zufallsvariable) ordnet jedem Ergebnis e_i den Wert $X(e_i) = x_i$ zu. Die zweite Funktion ordnet jedem Wert $X(e_i)$ der Zufallsvariablen seine Wahrscheinlichkeit $P(X = x_i)$ zu. Diese Funktion heißt **Wahrscheinlichkeitsfunktion** bzw. **Wahrscheinlichkeitsverteilung.**

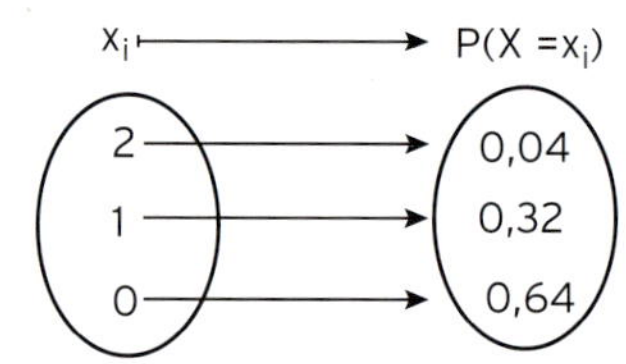

Darstellung der Wahrscheinlichkeitsverteilung in Form einer Tabelle.

x_i	0	1	2
$P(X = x_i)$	0,64	0,32	0,04

Unter einer **Wahrscheinlichkeitsverteilung der Zufallsvariablen X** versteht man die Funktion: $x_i \mapsto P(X = x_i)$.
Der Funktionswert $P(X = x_i)$ gibt die Wahrscheinlichkeit dafür an, dass X den Wert x_i annimmt.

Beispiel 2

Eine Box enthält drei große und zwei kleine Schrauben.
Man entnimmt drei Schrauben mit einem Griff. Mit welcher Wahrscheinlichkeit sind unter den drei gezogenen Schrauben 0, 1 oder 2 kleine Schrauben?
Stellen Sie die Wahrscheinlichkeitsfunktion in einer Wahrscheinlichkeitstabelle dar.

Lösung

Festlegung der Zufallsvariablen X:
Anzahl der kleinen Schrauben.
X kann die Werte 0, 1 oder 2 annehmen.
Baumdiagramm mit Wahrscheinlichkeiten

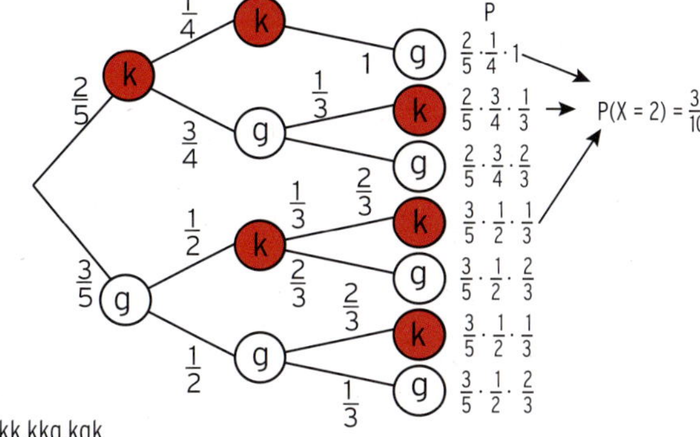

Wahrscheinlichkeitsverteilung

Ergebnis	ggg	ggk, gkg, kgg	gkk, kkg, kgk
x_i	0	1	2
$P(X = x_i)$	$\frac{3}{5} \cdot \frac{2}{4} \cdot \frac{1}{3} = \frac{1}{10}$	$\frac{2}{5} \cdot \frac{3}{4} \cdot \frac{2}{3} \cdot 3 = \frac{3}{5}$	$1 - \frac{1}{10} - \frac{6}{10} = \frac{3}{10}$

Beispiel 3

Ein Schütze trifft die Scheibe mit der Wahrscheinlichkeit 0,7. Er hat höchstens drei Versuche und hört nach dem ersten Treffer auf.
Berechnen Sie die Wahrscheinlichkeit für 0, 1, 2 oder 3 Fehlschüsse.

Lösung

Festlegung der Zufallsvariablen X: Anzahl der Fehlversuche bis zum ersten Treffer bzw. bis zum Ende des Schießens. X kann die Werte 0; 1; 2 oder 3 annehmen.
Berechnung der Wahrscheinlichkeit mithilfe des **Multiplikationssatzes** bzw. der **Pfadmultiplikationsregel**.

Wahrscheinlichkeitsverteilung

Ergebnisse	T	$\bar{T}$ T	$\bar{T}$ $\bar{T}$ T	$\bar{T}$ $\bar{T}$ $\bar{T}$
x_i	0	1	2	3
$P(X = x_i)$	0,7	$0{,}3 \cdot 0{,}7 = 0{,}21$	$0{,}3^2 \cdot 0{,}7 = 0{,}063$	$0{,}3^3 = 0{,}027$

Lösungsstrategie zur Bestimmung einer Wahrscheinlichkeitsverteilung

1. Festlegung der Zufallsvariablen X
2. Bestimmung der Werte $X(e_i) = x_i$
3. Berechnung der Wahrscheinlichkeiten $P(X = x_i)$ mithilfe

der Kombinatorik — des Additions- und Multiplikationssatzes.

Aufgaben

1 Ein Automat produziert 15 % Ausschuss. Es werden 3 produzierte Stücke zufällig entnommen. Geben Sie die Wahrscheinlichkeitsverteilung für die Anzahl der defekten Stücke in dieser Stichprobe als Tabelle an.

2 Bei der Abi-Abschlussfeier werden 100 Lose für jeweils 5 € verkauft.
Zu gewinnen gibt es den 1. Preis im Wert von 100 €, zwei Preise im Wert von jeweils 25 € und 4 Preise im Wert von jeweils 10 €.
Jeder, der keinen dieser Gewinne bekommt, erhält einen Trostpreis in Höhe von 1 €.
Frau Jung kauft sich ein Los. Die Zufallsvariable X beschreibt den Gewinn von Frau Jung.
Stellen Sie die zugehörige Wahrscheinlichkeitsfunktion durch eine Wertetabelle dar.

3 Die Wahrscheinlichkeit für die Geburt eines Jungen ist 0,514.
Eine Familie mit 3 Kindern wird zufällig ausgewählt. Die Zufallsvariable X legt die Anzahl der Jungen fest. Mit welcher Wahrscheinlichkeit ist $X = 0$; $X = 1$; $X = 2$; $X = 3$?

4 Herbert und Susi vereinbaren ein Würfelspiel.
Zeigt der Würfel von Herbert eine kleinere Augenzahl als der Würfel von Susi, muss Herbert an Susi 1 € zahlen und umgekehrt. Wenn beide Würfel die gleiche Augenzahl haben, dann muss keiner etwas bezahlen. Die Zufallsvariable X beschreibt den Gewinn (bzw. den Verlust) von Herbert in einer Spielrunde.
Bestimmen Sie die Wahrscheinlichkeitsverteilung.

5 Eine Box enthält 7 Schrauben, zwei von ihnen sind defekt. Man entnimmt nacheinander 3 Schrauben aus der Box. Mit welcher Wahrscheinlichkeit sind unter den drei gezogenen Schrauben 0, 1 oder 2 defekt?
Stellen Sie die Wahrscheinlichkeitsfunktion in einer Wahrscheinlichkeitstabelle dar.
Ändert sich etwas, wenn man die Schrauben mit einem Griff entnimmt? Begründen Sie.

6 An einem Lotteriestand werden Rubbelkarten angeboten. Eine Rubbelkarte besteht aus 16 Feldern, zwei Felder tragen den Buchstaben A und vier Felder den Buchstaben B. Die restlichen Felder sind Leerfelder.
Die Lage der einzelnen Buchstaben- bzw. Leerfelder ist zufällig. Die nebenstehende Skizze zeigt ein (mögliches) Beispiel. Die Karte ist mit einer undurchsichtigen Schicht überzogen.

	A		
		A	B
B			B
B			

Für ein Spiel werden zwei Felder einer Karte freigerubbelt. Für jeden freigerubbelten Buchstaben A werden 6 €, für jeden freigerubbelten Buchstaben B werden 2 € ausgezahlt. Für die Leerfelder gibt es keine Auszahlung. Die Zufallsvariable X beschreibt den Auszahlungsbetrag in €. Geben Sie die Ergebnisse für ein Spiel an.
Bestimmen Sie die Wahrscheinlichkeitsverteilung von X.

1.5.3 Erwartungswert einer Zufallsvariablen

Mithilfe von Wahrscheinlichkeiten möchte man z. B. bei Glücksspielautomaten Aussagen über den zu erwartenden Gewinn bzw. Verlust machen. Es stellt sich die Frage: Welchen Gewinn pro Spiel kann man bei häufiger Durchführung erwarten?

Beispiel 1

➲ Hans schlägt Lucia ein Spiel mit einem Würfel vor.
Die Tabelle zeigt die Gewinne für Hans und die absoluten Häufigkeiten der geworfenen Augenzahlen.

Augenzahl	gerade	1 oder 3	5
Gewinn in €	3	−2	−2,5
absolute Häufigkeit	33	22	15

a) Berechnen Sie den durchschnittlichen Gewinn pro Spiel für Hans auf zwei Arten.
b) Mit welchem durchschnittlichen Gewinn pro Spiel kann Hans bei sehr vielen Durchführungen dieses Spiels rechnen?

Lösung

a) Gewinn pro Spiel: $\overline{x} = \frac{3 \cdot 33 - 2 \cdot 22 - 2{,}5 \cdot 15}{70} = 0{,}25$

Mithilfe der relativen Häufigkeiten: $\overline{x} = 3 \cdot \frac{33}{70} - 2 \cdot \frac{22}{70} - 2{,}5 \cdot \frac{15}{70}$

$\overline{x} = 0{,}25$

b) Bei sehr vielen Durchführungen **stabilisieren** sich die **relativen Häufigkeiten** in der Nähe der entsprechenden Wahrscheinlichkeiten:
$P(\text{gerade}) = \frac{1}{2}$; $P(1 \text{ oder } 3) = \frac{1}{3}$; $P(5) = \frac{1}{6}$

Durchschnittlicher Gewinn: $\overline{x} = 3 \cdot \frac{1}{2} - 2 \cdot \frac{1}{3} - 2{,}5 \cdot \frac{1}{6}$

$\overline{x} = 0{,}42$

Dieser Wert 0,42 besagt, dass Hans bei sehr vielen Durchführungen einen durchnittlichen Gewinn pro Spiel von 0,42 € erwarten kann.
Man nennt diese Zahl Erwartungswert $E = 0{,}42$.

Erwartungswert der Zufallsvariablen X
X: Gewinn/Verlust in € für Hans
Tabelle mit x_i und $P(X = x_i)$:

x_i	3	−2	−2,5
$P(X = x_i)$	$\frac{1}{2}$	$\frac{1}{3}$	$\frac{1}{6}$

Erwartungswert: $E(X) = 3 \cdot \frac{1}{2} - 2 \cdot \frac{1}{3} - 2{,}5 \cdot \frac{1}{6} = 0{,}42$

$E(X) = x_1 \cdot P(X=x_1) + x_2 \cdot P(X=x_2) + x_3 \cdot P(X=x_3)$

Ist X eine Zufallsvariable, die die Werte $x_1, x_2, \ldots, x_n$ annehmen kann, so heißt die Zahl

$$E(X) = x_1 \cdot P(X = x_1) + x_2 \cdot P(X = x_2) + \ldots + x_n \cdot P(X = x_n) = \sum_{i=1}^{n} x_i \cdot P(X = x_i)$$

Erwartungswert der Zufallsvariablen X.

Bemerkung: Der Erwartungswert E(X) ist der zu erwartende Mittelwert von X, wobei jeder Wert x_i mit seiner Wahrscheinlichkeit $P(X = x_i)$ gewichtet wird.

Bei einem Spiel ist der **Erwartungswert des Gewinns E(X)** für jeden Spieler von großem Interesse. Ist $E(X) > 0$, so nennt man das Spiel **günstig** für den Spieler, ist $E(X) < 0$, so heißt es ungünstig und im Fall $E(X) = 0$ nennt man das **Spiel fair.** Bei einem fairen Spiel macht der Spieler pro Spiel weder Gewinn noch Verlust.

Beispiel 2

In einer Lotterie gewinnen 5 % der Lose 15 €, 10 % der Lose 10 € und 15 % der Lose 1 €.

a) Bestimmen Sie den Preis für ein Los, wenn das Spiel fair ist.

b) Ein Los kostet 2,50 €. Verändern Sie den Höchstgewinn, so dass das Spiel fair ist.

Lösung

a) Die Zufallsvariable X beschreibt den Betrag, der von der Lotterie ausgezahlt wird.
Tabelle mit x_i und $P(X = x_i)$

Auszahlungsbetrag x_i	15	10	1	0
$P(X = x_i)$	5 % = 0,05	10 % = 0,1	15 % = 0,15	70 % = 0,7

Erwartungswert: $E(X) = 15 \cdot 0{,}05 + 10 \cdot 0{,}1 + 1 \cdot 0{,}15 + 0 \cdot 0{,}7 = 1{,}9$
Der durchschnittliche Auszahlungsbetrag beträgt 1,90 €.
Das Spiel ist fair, wenn ein Los 1,90 € kostet.

b) Der Höchstgewinn beträgt x €.
Durchschnittlicher Auszahlungsbetrag $E(X) = x \cdot 0{,}05 + 10 \cdot 0{,}1 + 1 \cdot 0{,}15 + 0 \cdot 0{,}7$
$= 0{,}05x + 1{,}15$
Bedingung für ein faires Spiel: $0{,}05x + 1{,}15 = 2{,}50$ für $x = 27$
Der Höchstgewinn müsste 27 € betragen.

Beispiel 3

Die Firma Aiglo Bekleidung GmbH stellt Hosen her. In der Qualitätskontrolle fällt auf, dass 5 % der Hosen einen Farbfehler und 7 % einen Nahtfehler haben. Beide Fehler treten bei einer Hose nicht auf. Bei einem Farbfehler entstehen Folgekosten von 20 €, bei einem Nahtfehler von 15 €.
Berechnen Sie die durchschnittlich zu erwartenden Folgekosten.

Lösung

Die Zufallsvariable X beschreibt die Folgekosten in €.
Tabelle mit x_i und $P(X = x_i)$:

	Farbfehler	Nahtfehler	ohne Fehler
Folgekosten in €: x_i	20	15	0
$P(X = x_i)$	0,05	0,07	0,88

Erwartungswert: $E(X) = 20 \cdot 0{,}05 + 15 \cdot 0{,}07 + 0 \cdot 0{,}88 = 2{,}05$
Die zu erwartenden Folgekosten betragen 2,05 € pro verkaufter Hose.

Beispiel 4

➲ Die Firma M & S stellt Fensterdichtungen her. Erfahrungsgemäß sind 13 % der Dichtungen defekt. Um Kosten zu sparen, sollen die Dichtungen vor dem Einbau in das Fenster mit einem Gerät geprüft werden. Das Prüfgerät zeigt bei 95 % der defekten Dichtungen einen Fehler an, es zeigt jedoch mit eine Wahrscheinlichkeit von 2 % auch einwandfreie Dichtungen als fehlerhaft an. Der Austausch einer defekten Dichtung verursacht Kosten von 4 €.
Wird jedoch eine defekte Dichtung in den Rahmen eingebaut und muss dann ausgetauscht werden, betragen die Kosten 6,50 €.
Der Einsatz des Gerätes kostet je Prüfung 15 Cent.
Entscheiden Sie begründet, ob sich das Prüfgerät lohnt.

Lösung

Baumdiagramm

d: Dichtung ist defekt

F: Prüfgerät zeigt einen Fehler an.

$\overline{d}$: Dichtung ist einwandfrei

$\overline{F}$: Prüfgerät zeigt keinen Fehler

Dichtung ist → Gerät zeigt:

- 0,13 → d
  - 0,95 → F
  - 0,05 → $\overline{F}$
- 0,87 → $\overline{d}$
  - 0,02 → F
  - 0,98 → $\overline{F}$

Ereignis	P	X (Kosten)
d F	0,13 · 0,95 = 0,1235	4,00
d $\overline{F}$	0,13 · 0,05 = 0,0065	6,50
$\overline{d}$ F	0,87 · 0,02 = 0,0174	4,00
$\overline{d}$ $\overline{F}$	0,87 · 0,98 = 0,8526	0,00

Durchschnittliche Kosten mit Prüfgerät

$$K_{Vor} = \underbrace{4\,€ \cdot 0{,}1235}_{P(d\,F)} + \underbrace{4\,€ \cdot 0{,}0174}_{P(\overline{d}\,F)} + \underbrace{6{,}50\,€ \cdot 0{,}0065}_{P(d\,\overline{F})} + \underbrace{0{,}15\,€}_{\text{Fixe Kosten}}$$

$K_{Vor} = 0{,}76\,€$

Durchschnittliche Kosten ohne Prüfgerät nach dem Einbau:

$K_{Nach} = 6{,}50\,€ \cdot 0{,}13 = 0{,}85\,€$

Kostenersparnis: $0{,}85\,€ - 0{,}76\,€ = 0{,}09\,€$

Das Prüfgerät lohnt sich..

mvurl.de/nh2m

Aufgaben

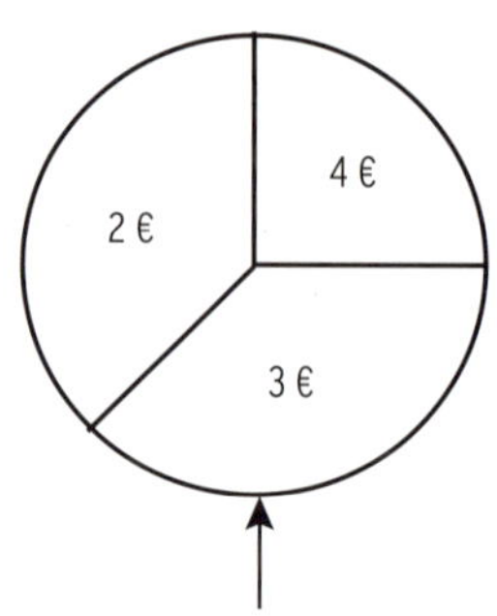

1 Bei einem Glücksspiel wird das abgebildete Glücksrad benutzt. Als Einsatz bezahlt man 3 €. Das Glücksrad wird einmal gedreht. Man erhält den Betrag ausbezahlt, dessen Sektor über dem Pfeil zu stehen kommt.
Bestimmen Sie den Erwartungswert für den Gewinn.

2 Heike und Daniela vereinbaren, eine Münze zu werfen, bis Zahl erscheint.
Sie wollen jedoch maximal viermal werfen. Daniela setzt 2 € ein. Heike zahlt an Daniela für jeden Wurf 1,50 €. Ist nach dem 4. Wurf keine Zahl gefallen, muss Heike zusätzlich 4 € bezahlen. Ist das Spiel fair?

3 Die Firma Mithuber stellt Antriebswellen her.
Bei einer Abweichung von der Solllänge entstehen Folgekosten. Die Folgekosten und die zugehörigen Wahrscheinlichkeiten können der Tabelle entnommen werden. Ermitteln Sie die durchschnittlichen Folgekosten.

Abweichung	bis 0,5 mm	bis 0,8 mm	bis 1 mm
Folgekosten in €	20	30	150
Wahrscheinlichkeit	5 %	2 %	0,5 %

4 Ein 30-jähriger Mann schließt für ein Jahr eine Lebensversicherung über 100 000 € ab. Der Mann überlebt dieses Jahr mit einer Wahrscheinlichkeit von 0,985.
Wie hoch ist die Versicherungsprämie, wenn die Versicherung 500 € Gewinn erzielt?

5 Bei der Produktion der Handcreme Eubis in Tuben treten erfahrungsgemäß folgende Mängel mit den angegebenen Prozentzahlen auf:

	Füllmenge zu gering und angenehmer Geruch	Unangenehmer Geruch
Anteil	4 %	5 %

Die Tuben mit zu geringer Füllmenge und angenehmen Geruch können im Fabrikverkauf noch als Mangelware zu 10,50 € verkauft werden. Für die Tuben ohne Mängel wird ein Preis von 15 € erzielt. Die Tuben, deren Inhalt unangenehm riecht, müssen entsorgt werden. Dabei fallen Entsorgungskosten in Höhe von 1 € je Tube an. Die gesamten Produktionskosten betragen für 1000 Tuben 8000 €.

a) Berechnen Sie den zu erwartenden Gewinn für eine Produktion von 1000 Tuben, wenn die Qualitätskontrolle 850 € kostet.

b) Die Kontrolle des Geruchs ist aufwendig. Von den 850 € für die Qualitätskontrolle entfallen auf die Kontrolle des Geruchs 600 €. Ein Mitarbeiter der Controllingabteilung macht den Vorschlag zur Kostensenkung, die Kontrolle des Geruchs zu unterlassen und die späteren Reklamationskosten in Kauf zu nehmen. Eine Reklamation nach dem Verkauf verursacht Kosten in Höhe von 25 € je Tube. Beurteilen Sie den Vorschlag des Mitarbeiters.

6 Die Handelskette Aldo lässt Hemden herstellen. In der Qualitätskontrolle fällt auf, dass 4 % der Hemden einen Farbfehler und 8 % einen Nahtfehler haben. Beide Fehler treten bei einem Hemd nicht auf. Bei einem Farbfehler entstehen Folgekosten von 25 €, bei einem Nahtfehler von 20 €. Berechnen Sie die zu erwartenden Folgekosten.

7 Die Firma Hirscher & Söhne stellt Spezialbetonfertigteile her.
Die Tabelle gibt die Anzahl X der täglich verkauften Bauteile und die zugehörigen Wahrscheinlichkeiten (unvollständig) an.

Anzahl x_i	0	1	2	3	4
$P(X = x_i)$	10 %	20 %	45 %	?	?

Geben Sie eine passende Wahrscheinlichkeitsverteilung an, sodass $E(X) = 2$.

8 Bei der Produktion eines Schnellkochtopfes treten prozentual erfahrungsgemäß Materialfehler, Farbfehler und Fehler, die die Betriebssicherheit beeinträchtigen, auf.

Materialfehler und Farbfehler	Nur Materialfehler	Nur Farbfehler	mangelnde Betriebssicherheit
1 %	2 %	6 %	0,5 %

Schnellkochtöpfe mit mangelnder Betriebssicherheit werden als Ausschuss entsorgt. Liegen ein Materialfehler und ein Farbfehler vor, so kann das Modell mit einem Preisnachlass von 40 % verkauft werden. Liegt nur ein Materialfehler vor, beträgt der Preisnachlass 30 %. Liegt nur ein Farbfehler vor, wird ein Preisnachlass von 20 % gewährt. Der Verkaufpreis beträgt 90 €.

a) Ermitteln Sie den durchschnittlich zu erwartenden Erlös je produziertem Kochtopf.

b) Bestimmen Sie den Verkaufspreis des Kochtopfs, wenn der durchschnittliche Erlös je produziertem Kochtopf bei 85 € liegen soll.

9 Die Firma Bruder in Bamberg produziert Zündkerzen. Erfahrungsgemäß sind 3 % der Zündkerzen defekt. Das Qualitätsmanagement will nun die Kosten mithilfe eines Prüfgeräts senken. Das Prüfgerät zeigt bei 96 % der defekten Zündkerzen einen Fehler an, es stuft aber mit eine Wahrscheinlichkeit von 2 % auch einwandfreie Zündkerzen als fehlerhaft ein. Der Austausch einer vom Prüfgerät als fehlerhaft eingestuften Zündkerze vor dem Einbau kostet 50 Ct.
Wird jedoch eine defekte Zündkerze in den Motor eingebaut und muss dann ausgetauscht werden, betragen die Kosten 4 €. Dieses Prüfgerät kostet 25 000 €. Am Tag können mit diesem Gerät 4000 Zündkerzen geprüft werden.
Nach wie viel Tagen hat sich das Prüfgerät bezahlt gemacht?

mvurl.de/tnkl

1.5.4 Varianz und Standardabweichung einer Zufallsvariablen

Der Erwartungswert E(X) ist der Mittelwert einer Zufallsgröße X, mit dem auf lange Sicht zu rechnen ist. Er sagt nichts aus über die Streuung der x_i-Werte der Zufallsvariablen X um den Erwartungswert.
Gebräuchliche **Streuungsmaße** einer Häufigkeitsverteilung sind die **Varianz** und die **Standardabweichung.**

Beispiel 1

➲ Für die Produktion von Schrauben ist eine Kontrolle notwendig. Eine Maschine produziert Schrauben mit dem Soll-Durchmesser d = 8,5 mm.
Eine Stichprobe ergab folgende Tabelle, wobei die Zufallsvariable X den Durchmesser einer Schraube in mm beschreibt.

Durchmesser x_i	8,2	8,3	8,4	8,5	8,6	8,7	8,8
relative Häufigkeit h_i	0,02	0,08	0,15	0,60	0,10	0,03	0,02

Berechnen Sie die Varianz und die Standardabweichung.

Lösung

X: Durchmesser einer Schraube in mm

Mittelwert

$E(X) = 8{,}2 \cdot 0{,}02 + 8{,}3 \cdot 0{,}08 + 8{,}4 \cdot 0{,}15 + 8{,}5 \cdot 0{,}6 + 8{,}6 \cdot 0{,}1 + 8{,}7 \cdot 0{,}03 + 8{,}8 \cdot 0{,}02$

$E(X) = 8{,}485$

Varianz

$\sigma^2 = \sum_{i=1}^{7} (x_i - \overline{x})^2 \cdot h_i = (8{,}2 - 8{,}485)^2 \cdot 0{,}02 + \ldots + (8{,}8 - 8{,}485)^2 \cdot 0{,}02$

$\sigma^2 = 0{,}010\,275$

Standardabweichung

$\sigma = \sqrt{0{,}010\,275} = 0{,}1014$ (gelesen: Sigma)

Die Standardabweichung beträgt etwa 0,10 mm.

Da sich die relativen Häufigkeiten bei einer großen Anzahl von Durchführungen stabilisieren, überträgt man die Begriffe Varianz und Standardabweichung auf die Zufallsvariable X.

Ist X eine Zufallsvariable, welche die Werte $x_1, \ldots, x_n$ annehmen kann und die den **Erwartungswert E(X)** hat, so heißt die reelle Zahl σ^2 mit

$\sigma^2 = (x_1 - E(X))^2 \cdot P(X = x_1) + \ldots + (x_n - E(X))^2 \cdot P(X = x_n)$

$\sigma^2 = \sum_{i=1}^{n} (x_i - E(X))^2 \cdot P(X = x_i)$

die **Varianz** der Zufallsvariablen X.
Für die **Standardabweichung** σ gilt: $\sigma = \sqrt{\text{Varianz}}$.

Bedeutung der Standardabweichung

Gegeben sind die Schaubilder von zwei Wahrscheinlichkeitsfunktionen.

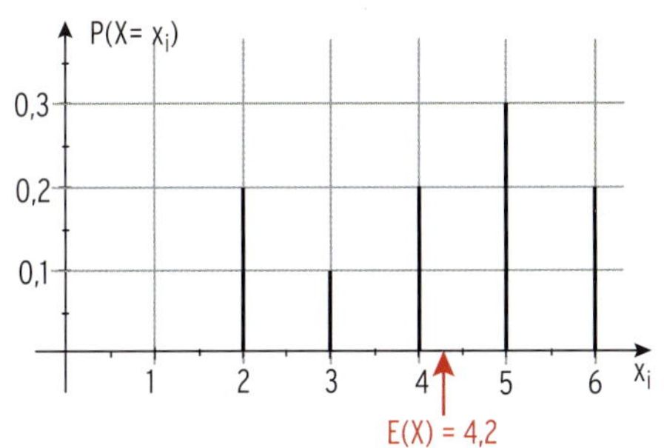

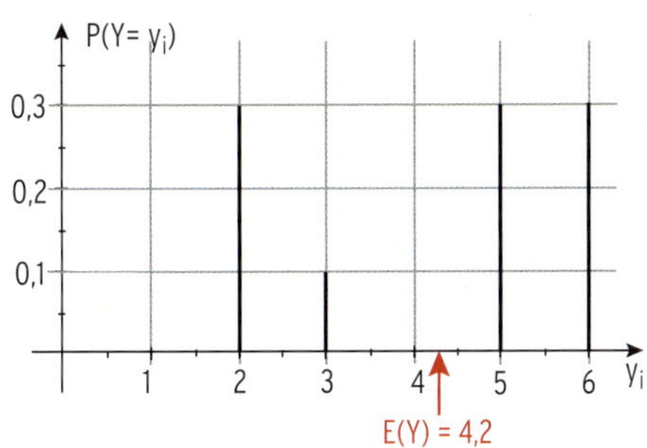

Erwartungswert

$E(X) = 2 \cdot 0{,}2 + 3 \cdot 0{,}1 + 4 \cdot 0{,}2 + 5 \cdot 0{,}3 + 6 \cdot 0{,}2$

$E(X) = 4{,}2$

Man erkennt, dass die Werte x_i „nicht so stark“ vom Erwartungswert E(X) abweichen.

Varianz

$\sigma^2 = \sum_{i=1}^{5} (x_i - E(X))^2 \cdot P(X = x_i)$

$\sigma^2 = 1{,}96$

Standardabweichung

$\sigma = \sqrt{1{,}96} = 1{,}40$

Erwartungswert

$E(Y) = 2 \cdot 0{,}3 + 3 \cdot 0{,}1 + 5 \cdot 0{,}3 + 6 \cdot 0{,}3$

$E(Y) = 4{,}2$

Man erkennt, dass die Werte y_i „stark“ vom Erwartungswert E(Y) abweichen.

Varianz

$\sigma^2 = \sum_{i=1}^{4} (y_i - E(Y))^2 \cdot P(Y = y_i)$

$\sigma^2 = 2{,}76$

Standardabweichung

$\sigma = \sqrt{2{,}76} = 1{,}66$

Trotz des gleichen Erwartungswertes sind die Verteilungen sehr unterschiedlich.
Der Erwartungswert kann somit nicht als Streuungsmaß dienen.
Die Standardabweichung von X ist kleiner (Streuung geringer) als die Standardabweichung von Y (Streuung größer). Daher kann man die **Standardabweichung** als ein **Maß für die Streuung** ansehen.

Bemerkung:
Die Standardabweichung ist groß, wenn stark vom Erwartungswert E(X) abweichende Werte x_i mit großen Wahrscheinlichkeiten auftreten.
Die Standardabweichung wird mit σ (gelesen: sigma) oder s bezeichnet.

Lösung mit WTR:

Dateneingabe

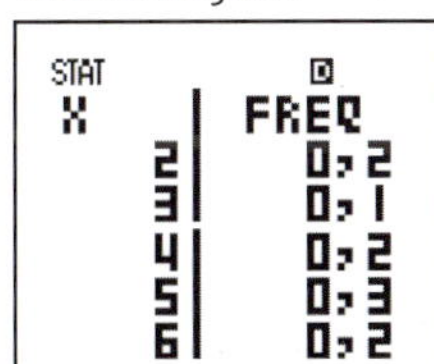

Mittelwert

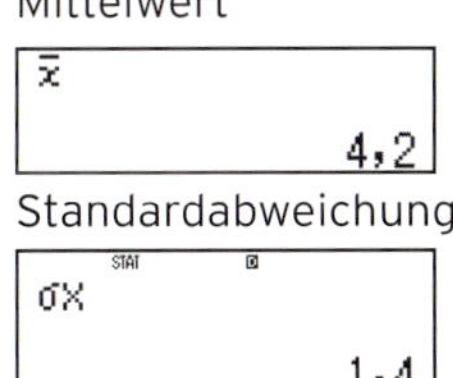

Dateneingabe

Mittelwert

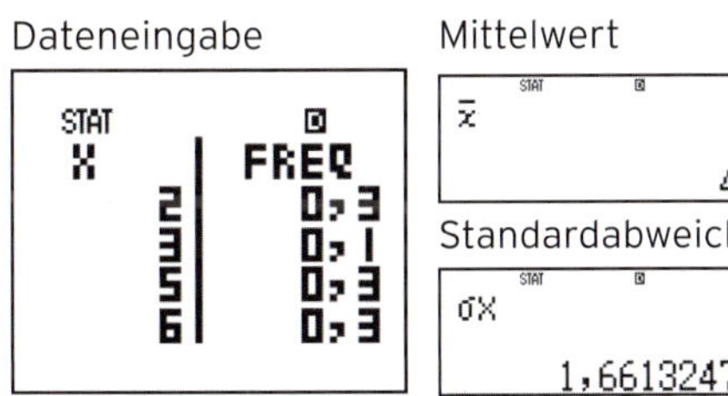

Beispiel 2

➲ Die Firma Kuhnert fertigt Spezialbolzen auf zwei Maschinen I und II.
Die Abweichungen vom Sollmaß mit den zugehörigen Wahrscheinlichkeiten und die Folgekosten können den Tabellen entnommen werden.

Maschine I

X: Folgekosten in €

Abweichung in mm	1	2	3
Folgekosten x_i in €	20	40	80
$P(X = x_i)$	0,2	0,1	0,05

Maschine II

Y: Folgekosten in €

Abweichung in mm	1	2	3
Folgekosten y_i in €	20	30	40
$P(Y = y_i)$	0,25	0,1	0,1

Vergleichen Sie die Folgekosten bei Produktionsfehlern der beiden Maschinen.
Für welche Maschine wird sich der Firmenchef entscheiden?

Lösung

Die Wahrscheinlichkeit für keine Abweichung (0 mm) bzw. keine Folgekosten (0 €) beträgt 0,65 für Maschine I und 0,55 für Maschine II.

Erwartungswert der Folgekosten

$E(X) = 20 \cdot 0{,}2 + 40 \cdot 0{,}1 + 80 \cdot 0{,}05 + 0 \cdot 0{,}65$

$E(X) = 12$

Erwartungswert der Folgekosten

$E(Y) = 20 \cdot 0{,}25 + 30 \cdot 0{,}1 + 40 \cdot 0{,}1 + 0 \cdot 0{,}55$

$E(Y) = 12$

Die Erwartungswerte sind gleich, sind also nicht als Entscheidungsgrundlage geeignet.

Um ein Streumaß zu erhalten, berechnet man die Varianz bzw. die Standardabweichung.

Varianz

$\sigma^2 = (20 - 12)^2 \cdot 0{,}2 + (40 - 12)^2 \cdot 0{,}1 + (80 - 12)^2 \cdot 0{,}05 + (0 - 12)^2 \cdot 0{,}65$

$\sigma^2 = 416$

Varianz

$\sigma^2 = (20 - 12)^2 \cdot 0{,}25 + (30 - 12)^2 \cdot 0{,}1 + (40 - 12)^2 \cdot 0{,}1 + (0 - 12)^2 \cdot 0{,}55$

$\sigma^2 = 206$

Standardabweichung

$\sigma = \sqrt{416} = 20{,}40$

Standardabweichung

$\sigma = \sqrt{206} = 14{,}35$

Die Standardabweichung von Y ist kleiner (Die Streuung um den Mittelwert ist geringer.) als die von X.

Der Firmenchef wird sich wohl für die Maschine II entscheiden, da die Streuung der Folgekosten geringer ist als bei der Maschine I. Die Folgekosten sind langfristig bei der Maschine II wohl besser zu kalkulieren.

Beispiel 3

Beim Herbstfest des Schulzentrums bietet die SMV zwei Glücksspiele an. Die Tabellen geben die Gewinne/Verluste der SMV und die zugehörigen Wahrscheinlichkeiten an.

Glücksspiel I

Gewinn/Verlust in €	10	−2	−6
Wahrscheinlichkeit	0,5	0,25	0,25

Glücksspiel II

Gewinn/Verlust in €	5	−1	3
Wahrscheinlichkeit	0,4	0,2	0,4

Berechnen Sie jeweils den Mittelwert und die Standardabweichung.
Vergleichen Sie diese Werte. Interpretieren Sie.

Lösung

Glücksspiel I (X: Gewinn/Verlust in €)

$E(X) = 10 \cdot 0{,}5 - 2 \cdot 0{,}25 - 6 \cdot 0{,}25 = 3$

$\sigma^2 = 51$

Standardabweichung $\sigma = 7{,}14$

Glücksspiel II (Y: Gewinn/Verlust in €)

$E(Y) = 5 \cdot 0{,}4 - 1 \cdot 0{,}2 + 3 \cdot 0{,}4 = 3$

$\sigma^2 = 4{,}8$

Standardabweichung $\sigma = 2{,}19$

Die Mittelwerte sind gleich, die Standardabweichungen sind unterschiedlich.
Die Streuung der Gewinne um den Mittelwert ist beim Glücksspiel I größer als beim Glücksspiel II. Die Gewinnspanne (von 10 € Gewinn bis 6 € Verlust) ist größer als beim Glücksspiel II und liefert einen Hinweis auf das größere σ.

Beispiel 4

Der Firma Emich GmbH stellt Schmierstoffe her und verkauft ein mängelfreies Produkt mit einem Gewinn von 8 €. Die Produkte mit kleinen bzw. geringen Mängeln können zu einem reduzierten Preis verkauft werden. Bei erheblichen Mängeln kann das Produkt nicht mehr verkauft werden und es muss entsorgt werden.
Anhand von Erfahrungswerten kann die kaufmännische Abteilung folgende Wahrscheinlichkeitsverteilung angeben:

Gewinn/Verlust in €	8	7	5	−1
Wahrscheinlichkeit	0,842	0,092	0,061	0,005

E(X) ist der durchschnittliche Gewinn. Überprüfen Sie, ob für 90 % der verkauften Schmierstoffe ein Gewinn im Bereich von $E(X) - \sigma$ bis $E(X) + \sigma$ erzielt wird.

Lösung

X: Gewinn/Verlust in €.

Erwartungwert: $E(X) = \sum_{i=1}^{4} x_i \cdot P(X = x_i) = 8 \cdot 0{,}842 + 7 \cdot 0{,}092 + 5 \cdot 0{,}061 - 1 \cdot 0{,}005 = 7{,}68$

Der Erwartungswert des Gewinns beträgt 7,68 €.

Varianz: $\sigma^2 = (8 - 7{,}68)^2 \cdot 0{,}842 + (7 - 7{,}68)^2 \cdot 0{,}092 + (5 - 7{,}68)^2 \cdot 0{,}061 + (-1 - 7{,}68)^2 \cdot 0{,}005$

$\sigma^2 = 0{,}944$

Standardabweichung: $\sigma = 0{,}971$

Im Intervall [6,709; 8,651] liegen die Gewinne von 7 € und 8 €.

Für 93,4 %, also für mehr als 90 % der verkauften Schmierstoffe liegt der Gewinn im angegebenen Bereich.

mvurl.de/uz26

Aufgaben

1 Berechnen Sie für folgende Wahrscheinlichkeitsverteilung den Erwartungswert und die Standardabweichung der Zufallsvariablen X.

a)

x_i	1	2	5
$P(X = x_i)$	0,5	0,3	0,2

b)

x_i	−2	5	7
$P(X = x_i)$	30 %	45 %	25 %

2 Einem Karton, der 6 ganze und 2 defekte Transistoren enthält, werden zufällig drei Transistoren nacheinander entnommen. Wie groß ist die erwartete Anzahl defekter Transistoren und die zugehörige Standardabweichung?

3 Auf einem CNC-Automaten werden Teile eines Motorblocks gefräst. Dabei treten Abweichungen zum Sollmaß auf.
Die Tabelle gibt die Wahrscheinlichkeiten und die Folgekosten an außer bei einer Abweichung von 20 μm (20 Mikrometer).

Abweichung in μm	10	15	20
Wahrscheinlichkeit	5 %	3 %	4 %
Folgekosten in €	220	320	?

a) Wie hoch sind die Folgekosten bei eine Abweichung von 20 μm, wenn die durchschnittlichen Folgekosten 50 € betragen?

b) Berechnen Sie die zugehörige Standardabweichung.

4 Ein Würfel wird zweimal geworfen. Die Zufallsvariable X beschreibt den Betrag der Differenz der Augenzahlen. Bestimmen Sie die Wahrscheinlichkeitsverteilung, den Erwartungswert, die Varianz und die Standardabweichung dieser Zufallsvariablen.

5 Die Firma Huber stellt unter anderem Dübel her. Diese werden in Schachteln zu je 800 Stück verpackt. Aufgrund von Reklamationen möchte die Firmenleitung eine Materialkontrolle durchführen. Hierzu werden nacheinander 10 Dübel einer Schachtel entnommen und geprüft, ob sie einen Materialfehler haben. Anschließend untersucht man die nächste Schachtel. Die Zufallsvariable X sei die Anzahl der schadhaften Dübel. Die Kontrolle (Ziehung) wurde zwölfmal durchgeführt.

Ziehung	1	2	3	4	5	6	7	8	9	10	11	12
Anzahl schadhafter Dübel	4	2	3	4	5	3	3	4	3	6	3	2

Geben Sie eine begründete Prognose für die Anzahl der schadhaften Dübel in einer Schachtel an.

6 Ein Hausmeister hat einen Schlüsselbund mit vier (ähnlichen) Schlüsseln. Er möchte am Abend bei schlechter Sicht eine Türe abschließen und probiert einen Schlüssel nach dem anderen aus. Hierbei benützt er keinen Schlüssel zweimal. Die Zufallsvariable X sei die Anzahl der Schlüssel, die er ausprobieren muss, bis die Türe abgeschlossen ist.
Geben Sie die Wahrscheinlichkeitsverteilung von X an und berechnen Sie die Standardabweichung von X.

7 Die Metall & Mehr KG hat sich auf die Herstellung von Unterlegscheiben für Schraubensysteme spezialisiert.

a) Bestimmen Sie den mittleren Innendurchmesser und die Standardabweichung für die Messung im Januar, wenn sich folgende Wahrscheinlichkeitsverteilung ergibt:

Durchmesser d in mm	3,18	3,19	3,20	3,21	3,22
Wahrscheinlichkeit	0,03	0,21	0,43	0,29	0,04

Liegt der Innendurchmesser außerhalb des Bereichs $3{,}19 \leq d \leq 3{,}21$, eignet sich eine Unterlegscheibe nicht mehr zum Verkauf.
Bestimmen Sie den Ausschussanteil.

b) Die Messung im Februar ergibt für die Unterlegscheiben einen durchschnittlichen Innendurchmesser von $\mu = 3{,}201$ mm und eine Standardabweichung von $\sigma = 0{,}007$ mm. Vergleichen Sie.

8 Die für die Rasenmäher benötigten Schrauben werden firmenintern auf einer alten und auf einer neuen Maschine hergestellt. Durch Stichprobenkontrollen ergeben sich für die Verteilung der Schraubendurchmesser folgende Daten:

Maschine	Mittelwert	Standardabweichung
A	10,0 mm	0,05 mm
B	10,0 mm	0,065 mm

Auf einer dritten Maschine C werden 1000 Schrauben als Stichprobe entnommen. Die Messwerte werden in einer Tabelle aufgenommen. Vergleichen Sie diese Maschine mit den Maschinen A und B.
Entscheiden Sie, ob die Produktion auf Maschine C weiter betrieben werden soll.

Durchmesser in mm	9,55	9,65	9,75	9,85	9,95	10,05	10,15	10,25	10,35	10,45
Anzahl	1	2	40	67	338	379	133	35	3	2

9 Die Brauerei Ott hat zwei Abfüllautomaten A und B.
Hierbei gibt es Abweichungen in der Abfüllmenge. Aufgrund langjähriger Erfahrung kann die Firma die Wahrscheinlichkeiten für die jeweiligen Abweichungen angeben.
Weiterhin entstehen bei falscher Abfüllmenge Folgekosten.
Die Tabelle gibt die Wahrscheinlichkeiten und die Folgekosten an.

Automat A

Abweichung in ml	10	20	30
Wahrscheinlichkeit	9 %	3 %	2 %
Folgekosten in €	2,10	3,70	5,00

Automat B

Abweichung in ml	10	20	30
Wahrscheinlichkeit	7 %	4 %	3 %
Folgekosten in €	1,20	2,90	7,00

Aufgrund guter Absatzzahlen möchte die Firma einen zusätzlichen Automaten vom Typ A oder B kaufen.
Beurteilen Sie die Situation für die Brauerei Ott.

Test zur Überprüfung Ihrer Grundkenntnisse

1 Marc hat 9 Freunde aus seinem Hockeyverein. Aus Platzgründen kann er aber nur 5 auf einmal zum Grillen einladen

a) Wie viele Möglichkeiten der Einladung hat Marc?

b) Zwei seiner Freunde wollen nicht zusammentreffen. Wie viele Möglichkeiten bleiben Marc?

c) Auf wie viele Arten können die 5 Freunde an einem langen Tisch Platz nehmen?

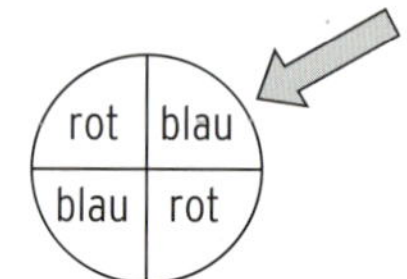

2 Marc und Jannik haben sich folgendes Glücksspiel mit dem nebenstehend skizzierten Glücksrad ausgedacht: Sie drehen abwechselnd je zweimal das Glücksrad.

- Marc gewinnt (und Jannik verliert), wenn insgesamt zweimal „rot" erscheint und die anderen beiden Male „blau".
- Jannik gewinnt (und Marc verliert), wenn genau dreimal „rot" erscheint und nur einmal „blau" oder umgekehrt genau dreimal „blau" erscheint und nur einmal „rot".
- In den übrigen Fällen endet das Spiel unentschieden.

a) Bestimmen Sie die Gewinnwahrscheinlichkeit für Marc und die für Jannik.

b) Am ersten Ferientag spielen die beiden um Geld. Jannik setzt pro Spiel 1 € und Marc 80 Cent. Der Gewinner erhält beide Einsätze, im unentschiedenen Fall erhält jeder seinen Einsatz zurück. Berechnen Sie Janniks mittleren Gewinn pro Spiel.

3 Zur Qualitätskontrolle wird eine Längenmessung bei Rohren durchgeführt. Dabei ergibt sich die folgende Wahrscheinlichkeitsverteilung:

x_i (Länge in cm)	3,0	3,1	3,2
$P(X = x_i)$	0,2	0,3	0,5

Berechnen Sie die Standardabweichung.

4 Die Firma Hofmann stellt gehärtete Wellen her.
Bei der Produktion der Wellen treten erfahrungsgemäß folgende Fehler auf:

	Welle ist zu lang ohne Härtefehler	Härtefehler
Wahrscheinlichkeit	3 %	4 %

Für die Wellen ohne Mängel wird ein Preis von 95 € erzielt. Für die Wellen, die zu lang und ohne Härtefehler sind, kann noch ein Preis von 35 € erzielt werden. Die Wellen mit Härtefehler müssen entsorgt werden. Dabei entstehen Kosten von 55 €.
Berechnen Sie den durchschnittlich zu erwartenden Erlös.

Was man wissen sollte – über Zufall und Wahrscheinlichkeit

Ergebnismenge eines Zufallsexperiments: $S = \{e_1; e_2; \dots; e_n\}$

Ereignis A: Teilmenge A der Ergebnismenge S

$A \cup \overline{A} = S \qquad A \cap \overline{A} = \emptyset$

$A \cup S = S \qquad A \cap S = A$

Wahrscheinlichkeit P eines Ereignisses A: $0 \leq P(A) \leq 1$

Gegenereignis $\overline{A}$: $P(A) = 1 - P(\overline{A})$

Laplace-Formel: $P(E) = \frac{\text{Anzahl der Ergebnisse, bei denen E eintritt}}{\text{Anzahl aller möglichen Ergebnisse}}$

Kurzschreibweise $P(E) = \frac{g}{m} = \frac{\text{günstig}}{\text{möglich}}$

Berechnungen von Wahrscheinlichkeiten mit dem Baumdiagramm

Pfadmultiplikationsregel

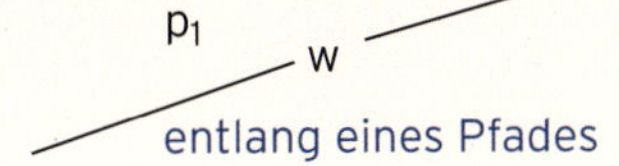

entlang eines Pfades

$P(w \wedge r) = p_1 \cdot p_2$

und Wahrscheinlichkeiten multiplizieren

Pfadadditionsregel

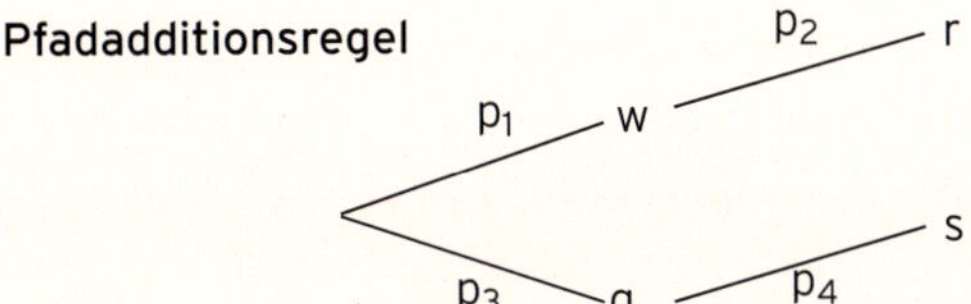

entlang mehrerer Pfade

$P(wr \vee gs) = p_1 \cdot p_2 + p_3 \cdot p_4$

oder Wahrscheinlichkeiten addieren

Zusammengesetzte Ereignisse

Additionssatz: $P(A \cup B) = P(A) + P(B) - P(A \cap B)$

wenn $A \cap B = \emptyset$ $P(A \cup B) = P(A) + P(B)$

Bedingte Wahrscheinlichkeit: $P_A(B) = \frac{P(A \cap B)}{P(A)} \Leftrightarrow P(A \cap B) = P(A) \cdot P_A(B)$

A und B stochastisch **unabhängig**: $P(A \cap B) = P(A) \cdot P(B)$

Zufallsvariable X mit den Werten $x_1, x_2, x_3, \dots, x_n \in \mathbb{R}$

Wahrscheinlichkeitsverteilung von X: $x_i \mapsto P(X = x_i)$

Erwartungswert von X: $E(X) = x_1 \cdot P(X = x_1) + x_2 \cdot P(X = x_2) + \dots + x_n \cdot P(X = x_n)$

Varianz von X: $\sigma^2 = (x_1 - E(X))^2 \cdot P(X = x_1) + \dots + (x_n - E(X))^2 \cdot P(X = x_n)$

Standardabweichung von X: $\sigma = \sqrt{\text{Varianz}}$

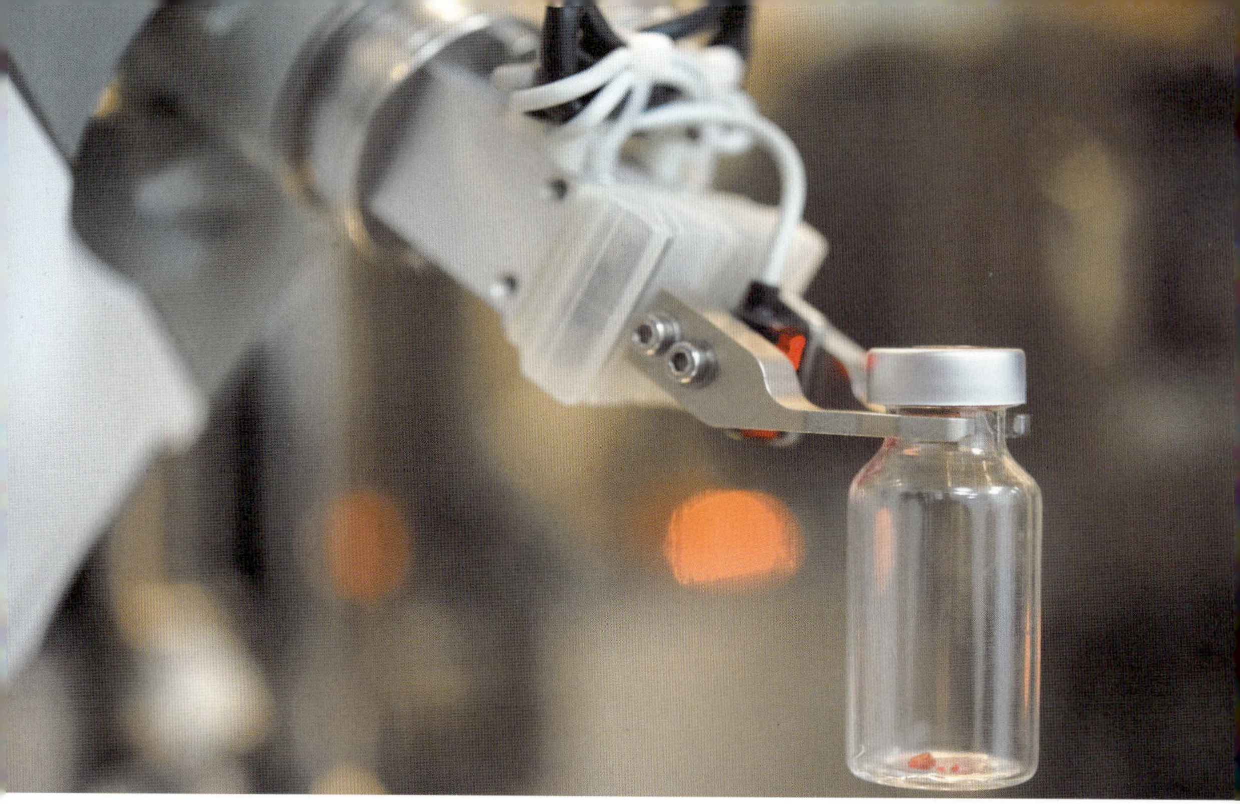

2 Binomialverteilung

Die Binomialverteilung ist eine der wichtigsten Wahrscheinlichkeitsverteilungen. Bernoulli-Experimente, Versuche, die jeweils genau zwei mögliche Ergebnisse haben, (Erfolg oder Misserfolg) sind im Alltag weit verbreitet. Bei der Materialprüfung entscheidet man defekt oder nicht defekt, bei der Verlosung gibt es einen Gewinn oder eine Niete.

Qualifikationen & Kompetenzen

- Binomialverteilungen untersuchen und interpretieren
- Erwartungswert und Standardabweichung berechnen
- Erwartungswert interpretieren

mvurl.de/1mou

Beispiel 1

Produktion von Vasen

Qualitätskontrolle

Vasen werden nach dem Brennen kontrolliert. Man entnimmt eine Stichprobe, um die Verteilung der Anzahl der defekten Vasen zu bestimmen.
Die Auswertung der Stichprobe erfolgt mit der Binomialverteilung.

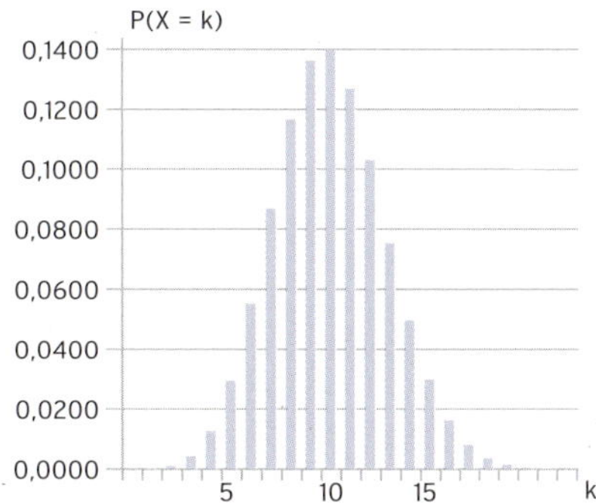

Beispiel 2

Transistorenherstellung

Stichprobe

Wieviele defekte Transistoren befinden sich voraussichtlich auf der Platine?

2.1 Bernoulli-Experiment, Bernoulli-Ketten

Im Folgenden werden Zufallsexperimente betrachtet, die nur **zwei Ergebnisse** haben. Die beiden Ergebnisse werden häufig „Treffer" oder „Erfolg" (E) und „Niete" oder „Fehlschlag" ($\overline{E}$) genannt. Ein solches Experiment wird als **Bernoulli-Experiment** bezeichnet.

Beispiele für **Bernoulli-Experimente**

- Münzwurf: Wappen (E) – Zahl ($\overline{E}$)
- Materialprüfung: defekt (E) – nicht defekt ($\overline{E}$)
- Qualitätsprüfung: maßhaltig (E) – nicht maßhaltig ($\overline{E}$)
- Tombola: Gewinn (E) – Niete ($\overline{E}$)

Bernoulli, Jakob, 1655 bis 1705

Ein Zufallsexperiment, bei dem nur zwei Ergebnisse (E und $\overline{E}$) betrachtet werden, heißt

Bernoulli-Experiment.

Eine Münze wird dreimal hintereinander geworfen. Jeder Wurf ist ein Bernoulli-Experiment mit den Ergebnissen Wappen (W) oder Zahl (Z). Die einzelnen Würfe (Durchführungen des Experiments) beeinflussen sich nicht gegenseitig, sie sind **voneinander unabhängig,** d. h., die Trefferwahrscheinlichkeit ändert sich nicht.

Das dreimalige Werfen wird als ein Zufallsexperiment aufgefasst, man spricht in diesem Fall von einer **Bernoulli-Kette der Länge 3.**

Baumdiagramm

Ein Ergebnis lässt sich darstellen als Tripel, z. B. (WWZ).

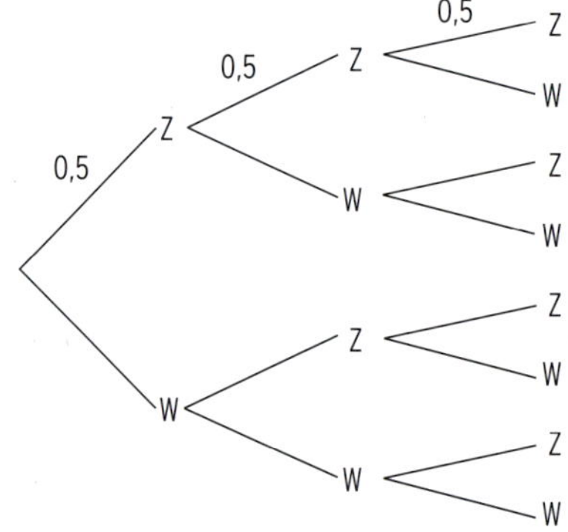

Ein Zufallsexperiment, das aus n unabhängigen Durchführungen eines

Bernoulli-Experiments besteht, heißt **Bernoulli-Kette** der Länge n.

Bemerkung: Ziehungen **ohne Zurücklegen** bilden **keine Bernoulli-Kette,** da sich die Wahrscheinlichkeit nach jedem Zug ändert.

Beispiel

➲ Ein Unternehmen produziert Ventile. 4 % der Ventile sind defekt.
Berechnen Sie die Wahrscheinlichkeit, dass genau 2 defekte Ventile entnommen werden.

a) Die Qualitätskontrolle entnimmt 4 Ventile aus einem Behälter mit 100 Ventilen.

b) Aus der laufenden Produktion werden 4 Ventile entnommen.

Lösung

X: Anzahl der defekten Ventile

a) Nach jeder Ziehung ändert sich die Wahrscheinlichkeit für ein defektes Ventil.
Es wird **ohne Zurücklegen** gezogen.
$P(X = 2) = \frac{4\cdot 3}{2}\cdot\frac{4}{100}\cdot\frac{3}{99}\cdot\frac{96}{98}\cdot\frac{95}{97} = 0{,}0070$

b) Nach jeder Ziehung bleibt die Wahrscheinlichkeit für ein defektes Ventil erhalten.
Die Ziehung entspricht einer Ziehung **mit Zurücklegen**.
Es liegt eine Bernoulli-Kette der Länge 4 vor:
$P(X = 2) = 6\cdot 0{,}04^2\cdot 0{,}96^2 = 0{,}0088$

Aufgaben

1 Überprüfen Sie, ob es sich bei den genannten Zufallsexperimenten um ein Bernoulli-Experiment handelt. Sollte dies zutreffen, bestimmen Sie die Parameter n und p.

a) Ein idealer Würfel wird viermal geworfen.
Die Zufallsvariable X beschreibt die Anzahl der Fünfen.

b) In einer Urne liegen vier rote, drei schwarze und eine gelbe Kugel. Es werden zwei Kugeln ohne Zurücklegen gezogen. X beschreibt die Anzahl der gezogenen roten Kugeln.

c) Zu einer Ausfahrt in die Berge mit historischen Pkw treffen sich sieben Oldtimerfreunde. Ein Oldtimer fällt mit einer Wahrscheinlichkeit von $p = 0{,}2$ aus.
Die Zufallsvariable X beschreibt die Anzahl der ausgefallenen Oldtimer auf der Tour.

d) Ein Glücksrad mit 3 gleichgroßen Feldern in den Farben rot, grün und blau wird sechsmal gedreht. X beschreibt, wie oft der Zeiger auf rot stehen bleibt.

e) Der laufenden Produktion werden 25 Schrauben entnommen.
X ist die Anzahl der defekten Schrauben.
Aus Erfahrung weiß man, dass 2 % der Schrauben defekt sind.

2 In einer Urne liegen 6 rote und 2 gelbe Kugeln. Es werden drei Kugeln mit Zurücklegen bzw. ohne Zurücklegen gezogen.
Berechnen Sie jeweils die Wahrscheinlichkeit dafür, dass genau 2 rote Kugeln gezogen werden. Liegt eine Bernoulli-Kette vor?

mvurl.de/szg2

mvurl.de/uiqo

2.2 Die Bernoulli-Formel

Beispiel 1

In einer Urne befinden sich 5 weiße und 3 Kugeln anderer Farbe. Es wird viermal eine Kugel **mit Zurücklegen** gezogen und jedesmal die Farbe notiert.
Die Zufallsvariable X gibt die Anzahl der gezogenen weißen Kugeln an.
Bestimmen Sie die Wahrscheinlichkeitsverteilung.

Lösung

Die Ziehungen sind unabhängig. Es handelt sich um eine Bernoulli-Kette der Länge 4.

Die Wahrscheinlichkeit für „Weiße Kugel" (Treffer) beträgt jedesmal $p = 0{,}625$ und für „Nichtweiße Kugel" $q = 1 - p = 0{,}375$.
Die Wahrscheinlichkeit für z. B. $(w\ \overline{w}\ \overline{w}\ \overline{w})$ beträgt $P = 0{,}625^1 \cdot 0{,}375^3$.

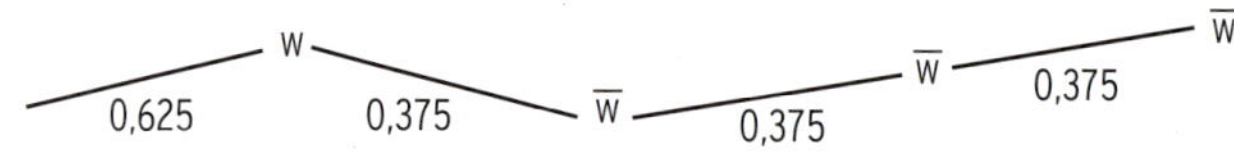

Das Ergebnis $(\overline{w}\ w\ \overline{w}\ \overline{w})$ hat dieselbe Wahrscheinlichkeit.
Die weiße Kugel kann an 4 verschiedenen Stellen notiert werden. Die Wahrscheinlichkeit **für eine weiße Kugel** beträgt somit: $P(X = 1) = 4 \cdot 0{,}625^1 \cdot 0{,}375^3 \approx 0{,}132$

Wahrscheinlichkeit für zwei weiße Kugeln
Die Wahrscheinlichkeit für z. B. $(w\ w\ \overline{w}\ \overline{w})$ beträgt $P = 0{,}625^2 \cdot 0{,}375^2$.
Das Ergebnis $(w\ \overline{w}\ w\ \overline{w})$ hat dieselbe Wahrscheinlichkeit.
Mit zwei weißen Kugeln gibt es $\frac{4 \cdot 3}{2} = 6 = \binom{4}{2}$ Ergebnisse.
(4 über 2; **Binomialkoeffizient)**
Die Wahrscheinlichkeit **für zwei weiße Kugeln** beträgt somit
$P(X = 2) = \binom{4}{2} \cdot 0{,}625^2 \cdot 0{,}375^2 \approx 0{,}330$.

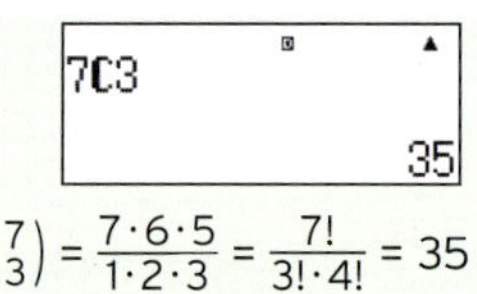

$\binom{7}{3} = \frac{7 \cdot 6 \cdot 5}{1 \cdot 2 \cdot 3} = \frac{7!}{3! \cdot 4!} = 35$

Weitere Wahrscheinlichkeiten
mithilfe des Binomialkoeffizienten:
$P(X = 3) = \binom{4}{3} \cdot 0{,}625^3 \cdot 0{,}375^1 = 4 \cdot 0{,}625^3 \cdot 0{,}375^1 \approx 0{,}366$
$P(X = 4) = \binom{4}{4} \cdot 0{,}625^4 \cdot 0{,}375^0 = 1 \cdot 0{,}625^4 \cdot 0{,}375^0 \approx 0{,}152$
$P(X = 0) = \binom{4}{0} \cdot 0{,}625^0 \cdot 0{,}375^4 = 1 \cdot 0{,}625^0 \cdot 0{,}375^4 \approx 0{,}020$ mit $\binom{4}{0} = 1$

Binomialkoeffizient $\binom{n}{k} = \frac{n \cdot (n-1) \cdot (n-2) \cdot \ldots \cdot (n-k+1)}{1 \cdot 2 \cdot \ldots \cdot k} = \frac{n!}{k! \cdot (n-k)!}$ (gelesen: n über k)

mit $n! = n \cdot (n-1) \cdot \ldots \cdot 1$ (gelesen: n Fakultät)

Festlegung: $0! = 1$

Hinweis: $\binom{n}{0} = 1$; $\binom{n}{n} = 1$

Beispiele: $\binom{20}{2} = \frac{20 \cdot 19}{1 \cdot 2} = 190$; $\binom{50}{0} = 1$

Wahrscheinlichkeitsverteilung

k	0	1	2	3	4
P(X = k)	$\binom{4}{0}\cdot\left(\frac{5}{8}\right)^0\cdot\left(\frac{3}{8}\right)^4$ $\approx 0{,}020$	$\binom{4}{1}\cdot\left(\frac{5}{8}\right)^1\cdot\left(\frac{3}{8}\right)^3$ $\approx 0{,}132$	$\binom{4}{2}\cdot\left(\frac{5}{8}\right)^2\cdot\left(\frac{3}{8}\right)^2$ $\approx 0{,}330$	$\binom{4}{3}\cdot\left(\frac{5}{8}\right)^3\cdot\left(\frac{3}{8}\right)^1$ $\approx 0{,}366$	$\binom{4}{4}\cdot\left(\frac{5}{8}\right)^4\cdot\left(\frac{3}{8}\right)^0$ $\approx 0{,}152$

Grafische Darstellung der Wahrscheinlichkeitsverteilung:
x-Achse: Anzahl der Treffer k
y-Achse: Wahrscheinlichkeit P(X = k)

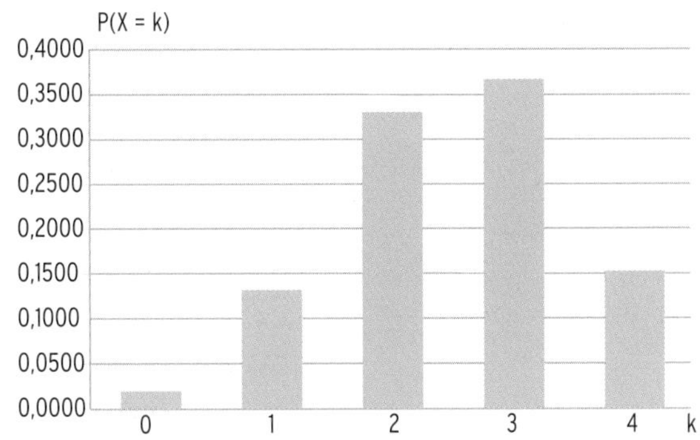

Formel von Bernoulli
Die Wahrscheinlichkeit, dass bei n Durchführungen eines Bernoulli-Experiments genau k-mal das Ereignis E (der Treffer E mit P(E) = p) eintritt, ist gegeben durch:
$P(X = k) = \binom{n}{k}\cdot p^k\cdot(1-p)^{n-k}$
Die Zufallsvariable X beschreibt die Anzahl der Treffer.

Schreibweise: $P(X = 3) = B_{4;\frac{5}{8}}(3)$

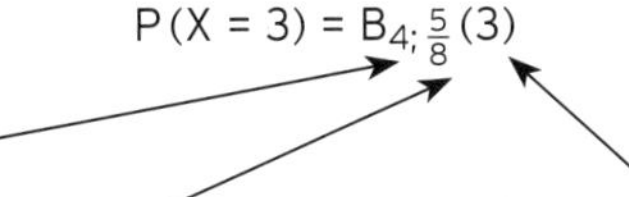

Anzahl der Ziehungen Wahrscheinlichkeit für Treffer Anzahl der Treffer

Wahrscheinlichkeitsverteilung für die Trefferwahrscheinlichkeit p bei 4 Ziehungen

k	0	1	2	3	4
P(X = k)	$\binom{4}{0}\cdot p^0(1-p)^4$	$\binom{4}{1}\cdot p^1(1-p)^3$	$\binom{4}{2}\cdot p^2(1-p)^2$	$\binom{4}{3}\cdot p^3(1-p)^1$	$\binom{4}{4}\cdot p^4(1-p)^0$

Gegeben ist eine **Bernoulli-Kette** der Länge n für die Trefferwahrscheinlichkeit p.
Ist X die Anzahl der Treffer, so heißt die **Wahrscheinlichkeitsverteilung der Zufallsvariable X Binomialverteilung.**
Diese Verteilung kann in Tabellenform angegeben werden.

Bemerkung: Für P(X = k) schreibt man auch $\mathbf{B_{n;p}(k)}$.
Die Zufallsvariable X ist **binomialverteilt. X ist $\mathbf{B_{n;p}}$-verteilt.**
Da X nur ganzzahlige Werte annimmt, ist die Binomialverteilung eine **diskrete** Wahrscheinlichkeitsverteilung.

Beispiel 2

Die Zufallsvariable X ist binomialverteilt mit $n = 4$ und $p = 0{,}6$.
Berechnen Sie $P(X = 0)$ bis $P(X = 4)$ mithilfe der Bernoulli-Formel.
Vergleichen Sie die Werte.

Lösung

X ist $B_{4;\,0,6}$-verteilt.

$P(X = 0) = \binom{4}{0} \cdot 0{,}6^0 \cdot 0{,}4^4 = 1 \cdot 0{,}4^4 = 0{,}0256$

$P(X = 1) = \binom{4}{1} \cdot 0{,}6^1 \cdot 0{,}4^3 = 4 \cdot 0{,}6 \cdot 0{,}064 = 0{,}1536$

$P(X = 2) = \binom{4}{2} \cdot 0{,}6^2 \cdot 0{,}4^2 = 6 \cdot 0{,}36 \cdot 0{,}16 = 0{,}3456$

$P(X = 3) = \binom{4}{3} \cdot 0{,}6^3 \cdot 0{,}4^1 = 4 \cdot 0{,}216 \cdot 0{,}4 = 0{,}3456$

$P(X = 4) = \binom{4}{4} \cdot 0{,}6^4 \cdot 0{,}4^0 = 1 \cdot 0{,}1296 \cdot 1 = 0{,}1296$

Die Wahrscheinlichkeiten für $X = 2$ und $X = 3$ sind gleich groß.

Beispiel 3

Die Zufallsvariable X ist binomialverteilt mit $n = 10$ und $p = 0{,}2$.
Berechnen Sie $P(X = 1)$, $P(X = 2)$ und $P(X = 3)$.
Stellen Sie die Binomialverteilung grafisch dar. Vergleichen Sie.

Lösung

X ist $B_{10;\,0,2}$-verteilt.

$P(X = 1) = B_{10;\,0,2}(1) = 0{,}2684$

$P(X = 2) = B_{10;\,0,2}(2) = 0{,}3020$

$P(X = 3) = B_{10;\,0,2}(3) = 0{,}2013$

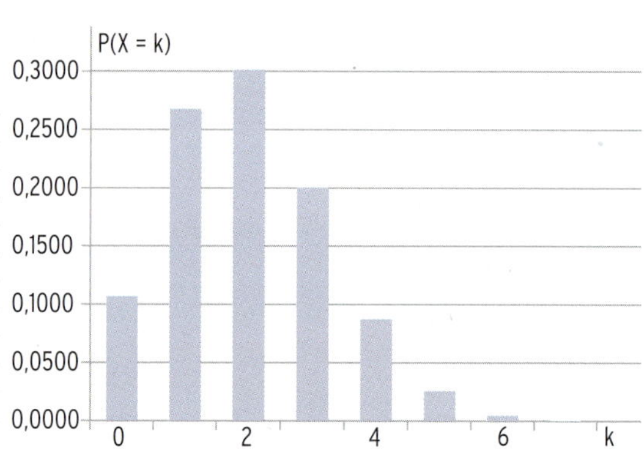

Der Vergleich ergibt: $P(X = 2)$ ist der größte Wahrscheinlichkeitswert.

Berechnung mit dem WTR

$P(X = 1)$

Eingabe von $x = 1$ bzw. $k = 1$, $n = 10$ und $p = 0{,}2$
im Binomial-PD-Menü bzw. im Binomialpdf-Menü:

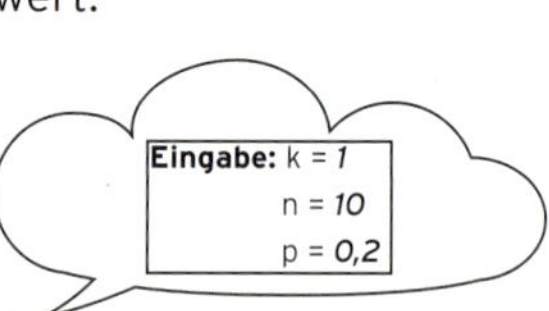

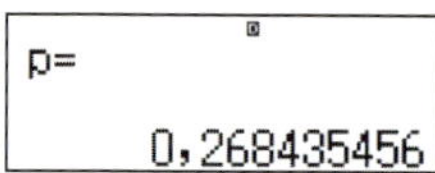

Binomialpdf
VALUE=0.268435456
STORE: xyztabcd
SOLVE AGAIN QUIT

Aufgaben

1 Die Zufallsvariable X ist $B_{n,p}$-verteilt. Berechnen Sie $P(X = 0)$ und $P(X = 1)$.

a) $n = 4;\ p = 0{,}5$ b) $n = 3;\ p = 0{,}3$ c) $n = 4;\ p = \frac{1}{6}$

2 Berechnen Sie folgende Wahrscheinlichkeiten $B_{n,p}(k)$:

a) $n = 8;\ k = 2;\ p = 0{,}5$ b) $n = 20;\ k = 5;\ p = 0{,}8$ c) $n = 50;\ k = 9;\ p = 0{,}1$

3 Die Zufallsvariable X ist $B_{n,p}$-verteilt. Berechnen Sie folgende Wahrscheinlichkeiten: Stellen Sie die Verteilung grafisch dar und vergleichen Sie die Werte.

a) $n = 5;\ p = 0{,}4$: $P(X = 1);\ P(X = 2);\ P(X = 3)$

b) $n = 8;\ p = 0{,}7$: $P(X = 5);\ P(X = 6);\ P(X = 7)$

4 Es gibt zwei Schreibweisen für die Wahrscheinlichkeit bei einer binomialverteilten Zufallsgröße X: $P(X = k) = B_{n,p}(k)$. Schreiben Sie in der anderen Form und berechnen Sie.

a) $n = 12;\ p = 0{,}85;\ P(X = 9)$ b) $B_{25,\,0{,}15}(6)$

c) $n = 120;\ p = 0{,}99;\ P(X = 0)$ d) $B_{200,\,0{,}65}(130)$

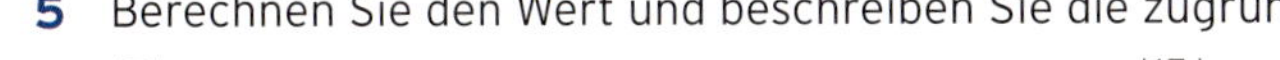

5 Berechnen Sie den Wert und beschreiben Sie die zugrundeliegende Binomialverteilung.

a) $\binom{5}{4} \cdot 0{,}4^4 \cdot 0{,}6^1$ b) $\binom{15}{4} \cdot 0{,}3^4 \cdot 0{,}7^{11}$

c) $\binom{50}{10} \cdot 0{,}1^{10} \cdot 0{,}9^{40}$ d) $\binom{100}{44} \cdot 0{,}2^{44} \cdot 0{,}8^{56}$

6 Vervollständigen Sie den Term und beschreiben Sie die zugrundeliegende Binomialverteilung.

a) $\binom{50}{\dots} \cdot 0{,}7^{\triangle} \cdot 0{,}\square^{10}$ b) $\binom{\dots}{8} \cdot 0{,}\square^{\triangle} \cdot 0{,}7^{52}$

7 Die Abbildung zeigt die Binomialverteilung mit den Parametern $n = 10$ und $p = 0{,}5$.
Bestimmen Sie folgende Wahrscheinlichkeiten mithilfe der Abbildung: $P(X = 3);\ P(X = 5);\ P(X = 8)$.
Welche Eigenschaften hat der Graph dieser Binomialverteilung?

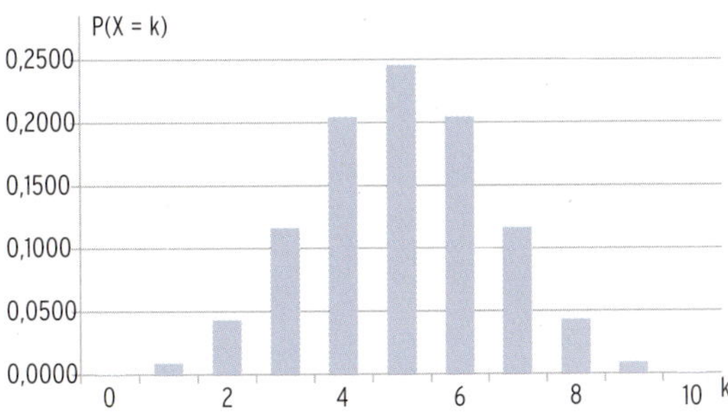

8 Ein Korb enthält 25 Bälle, die sich durch das aufgedruckte Muster unterscheiden. 15 Bälle sind mit Punkten, 10 mit Sternen gemustert.
Aus dem Korb wird ein Ball „blind" entnommen. Es wird festgestellt, ob er Sterne trägt oder nicht, dann wird er wieder in den Korb zurückgelegt.
Wie groß ist die Wahrscheinlichkeit, beim 10-maligen Ziehen genau drei Bälle mit Sternen zu ziehen?

Summierte (kumulierte) Wahrscheinlichkeiten

Beispiel 1

Die Zufallsvariable X ist binomialverteilt mit $n = 4$ und $p = 0{,}6$.
Berechnen Sie $P(X \leq 1)$ und $P(X \geq 2)$ ohne Verwendung des WTR.

Lösung

X ist $B_{4;\,0,6}$-verteilt.

$P(X \leq 1) = P(X = 0) + P(X = 1) = \binom{4}{0} \cdot 0{,}6^0 \cdot 0{,}4^4 + \binom{4}{1} \cdot 0{,}6^1 \cdot 0{,}4^3 = 0{,}0256 + 0{,}1536$

$P(X \leq 1) = 0{,}1792$ Summierte (kumulierte) Wahrscheinlichkeit

$P(X \geq 2) = 1 - P(X \leq 1) = 1 - 0{,}1792 = 0{,}8208$ Gegenereignis

Hinweis: $P(X \geq 2) = P(X = 2) + P(X = 3) + P(X = 4)$
$= 0{,}3456 + 0{,}3456 + 0{,}1296 = 0{,}8208$

Beispiel 2

Die Zufallsvariable X ist binomialverteilt mit $n = 10$ und $p = 0{,}2$.
Berechnen Sie $P(X \leq 2)$ und stellen Sie den Wert grafisch dar.
Berechnen Sie $P(2 \leq X \leq 5)$ und $P(X > 3)$.

Lösung

X ist $B_{10;\,0,2}$-verteilt.

$P(X \leq 2) = P(X = 0) + P(X = 1) + P(X = 2)$
$= 0{,}6778$

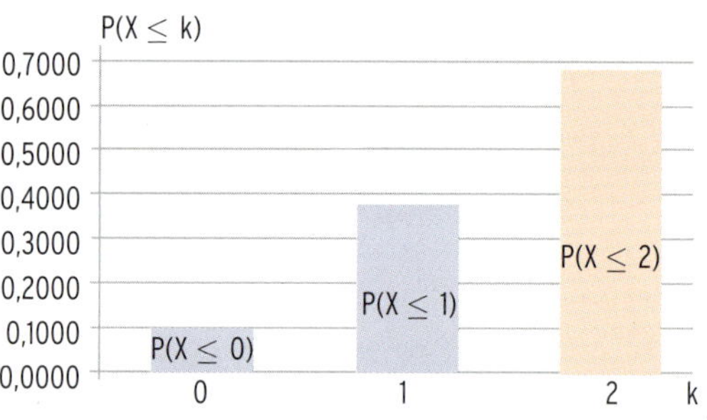

$P(2 \leq X \leq 5) = P(X = 2) + P(X = 3) + P(X = 4) + P(X = 5) = P(X \leq 5) - P(X < 2)$
$= P(X \leq 5) - P(X \leq 1) = 0{,}9936 - 0{,}3758 = 0{,}6178$

$P(X > 3) = 1 - P(X \leq 3) = 1 - 0{,}8791 = 0{,}1209$
Berechnung mit dem Gegenereignis

Berechnung mit dem WTR

$P(X \leq 2)$:

Eingabe von $x = 2$ bzw. $k = 2$, $n = 10$ und $p = 0{,}2$

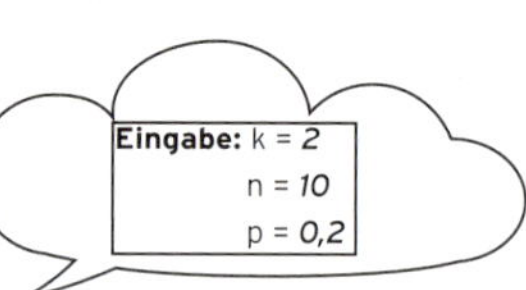

im Binomial-CD-Menü bzw. im Binomialcdf-Menü:

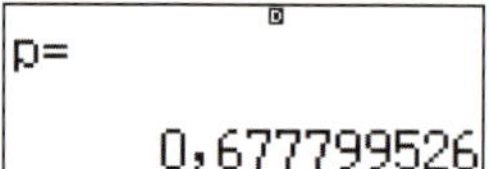

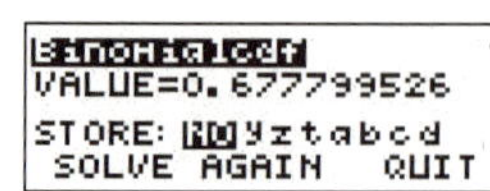

Beispiel 3

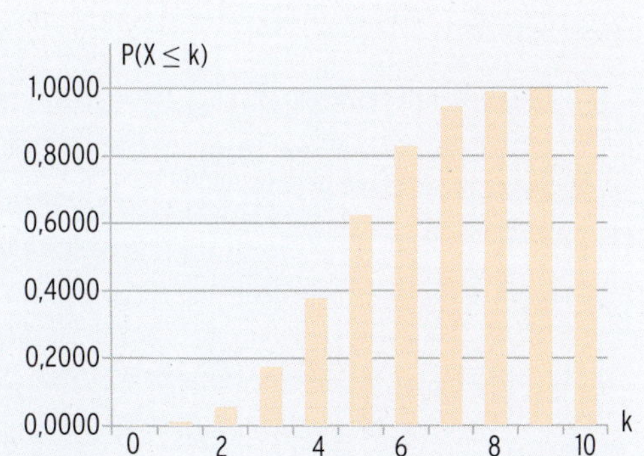

➲ Die Abbildung zeigt die kumulierte Binomialverteilung für $n = 10$ und $p = 0{,}5$.

a) Welche besondere Eigenschaft hat diese Verteilung?

b) Bestimmen Sie die Wahrscheinlichkeiten mithilfe der Abbildung:
- $P(X \leq 5)$
- $P(X = 5)$
- $P(X > 5)$
- $P(3 \leq X \leq 5)$

c) Bestimmen Sie das kleinste k, sodass gilt: $P(X \leq k) > 0{,}90$

Lösung

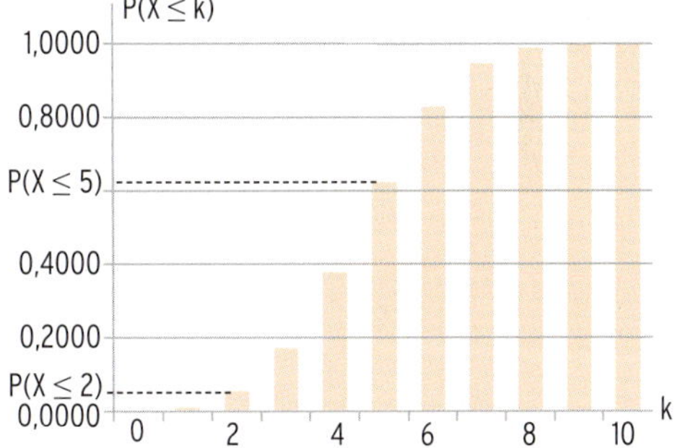

a) Die Wahrscheinlichkeitswerte wachsen und $P(X \leq 10) = 1 = 100\,\%$

b) Wahrscheinlichkeiten:
- $P(X \leq 5) = 0{,}62$
- $P(X = 5) = P(X \leq 5) - P(X \leq 4)$
  $= 0{,}62 - 0{,}38 = 0{,}24$
- $P(X > 5) = 1 - P(X \leq 5) = 0{,}38$
  Berechnung mit dem Gegenereignis
- $P(3 \leq X \leq 5)$
  $= P(X \leq 5) - P(X \leq 2)$
  $\approx 0{,}62 - 0{,}05$
  $= 0{,}57$

c) $P(X \leq k) > 0{,}90$ für $k \geq 7$
Die Wahrscheinlichkeit $P(X \leq k)$ ist für $k = 7$ erstmals größer als 0,9.
$P(X \leq k)$ strebt gegen 1 für k gegen 10.
$k = 7$ ist das kleinste k, sodass gilt: $P(X \leq k) > 0{,}90$.

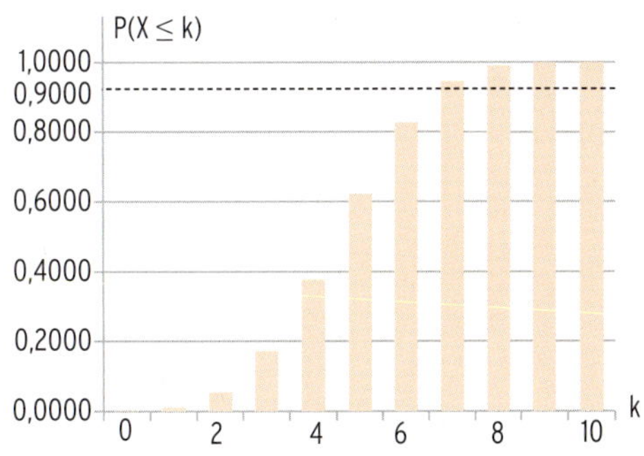

Beispiel 4

Ein Unternehmen produziert Tonvasen. Beim Brennen derVasen sind erfahrungsgemäß 20 % defekt. Der Produktion wird eine Stichprobe von 50 Vasen entnommen.
Ermitteln Sie die Wahrscheinlichkeiten der folgenden Ereignisse:
A: Die Stichprobe enthält genau 10 defekte Vasen.
B: Die Stichprobe enthält höchstens 10 defekte Vasen.
C: Man stellt mindestens 10 und höchstens 15 defekte Vasen fest.
D: Die Stichprobe enthält mehr als eine defekte Vase.

Lösung

X ist die Anzahl defekter Vasen. Es handelt sich um eine Bernoulli-Kette der Länge n = 50 mit der Trefferwahrscheinlichkeit p = 0,2; X ist $B_{50;\,0,2}$-verteilt.

$P(A) = P(X = 10) = 0{,}1398$ kann mit dem WTR berechnet werden.

$P(B) = P(X \leq 10) = 0{,}5836$ kann mit dem WTR berechnet werden.

$P(C) = P(10 \leq X \leq 15) = P(X \leq 15) - P(X \leq 9)$
$P(C) = 0{,}9692 - 0{,}4437 = 0{,}5255$

$P(D) = P(X > 1) = 1 - P(X \leq 1) = 1 - 0{,}0002$
$P(D) = 0{,}9998 = 99{,}98\,\%$

Binomialverteilung: P(X = k)
n = 50; p = 0,2

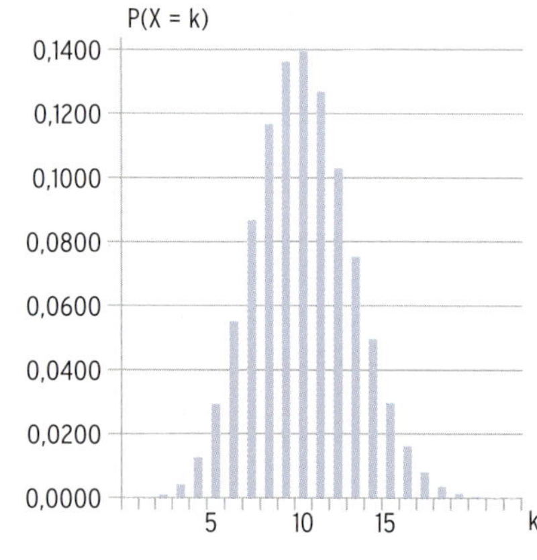

Schaubild der Wahrscheinlichkeitsfunktion: $k \rightarrow P(X = k)$

summierte Binomialverteilung: P(X ≤ k)
n = 50; p = 0,2

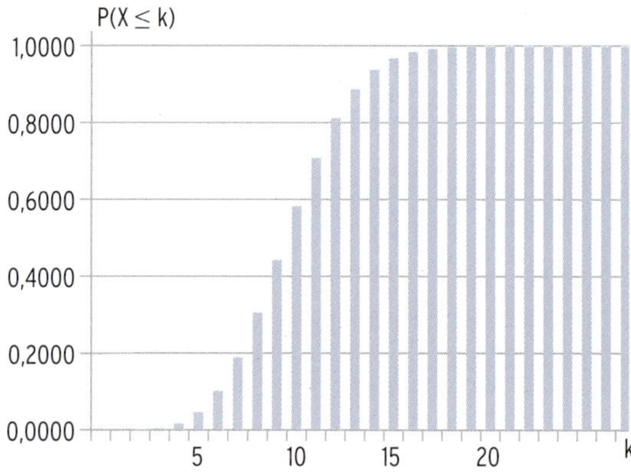

Schaubild der Verteilungsfunktion: $k \rightarrow P(X \leq k)$

Summenschreibweise der kumulierten Binomialverteilung

$$P(X \leq 3) = P(X = 0) + P(X = 1) + P(X = 2) + P(X = 3) = \sum_{i=0}^{3} \binom{50}{i} 0{,}2^i \cdot 0{,}8^{50-i} = \sum_{i=0}^{3} B_{50;\,0,2}(i)$$

$$P(X \leq k) = P(X = 0) + P(X = 1) + P(X = 2) + \ldots + P(X = k)$$

$$P(X \leq k) = \sum_{i=0}^{k} \binom{n}{i} p^i \cdot (1-p)^{n-i} = \sum_{i=0}^{k} B_{n;\,p}(i)$$ **Summierte Binomialverteilung**

Beispiel 5

➲ Eine Box der Firma Fabert enthält 25 Bleistifte, die sich durch das aufgedruckte Muster unterscheiden. 15 Bleistifte sind mit Punkten, 10 mit Sternen gemustert.
Aus der Box wird ein Bleistift „blind“ entnommen. Es wird festgestellt, ob er Sterne trägt oder nicht, dann wird er wieder in die Box zurückgelegt.

a) Wie groß ist die Wahrscheinlichkeit, beim fünfmaligen Ziehen weniger als 4 Bleistifte mit Sternen zu ziehen?
b) Die Wahrscheinlichkeit, dass beim fünfmaligen Ziehen wenigstens ein Bleistift mit Sternen gezogen wird, ist größer als 90 %. Überprüfen Sie.
c) Berechnen Sie die Wahrscheinlichkeit, dass beim fünfmaligen Ziehen mindestens zwei Bleistifte und höchstens vier Bleistifte einen Stern haben.
d) Wie groß ist die Wahrscheinlichkeit, beim 20-maligen Ziehen mindestens 8 Bleistifte mit Sternen zu ziehen?

Lösung

Die Zufallsvariable X beschreibt die Anzahl der gezogenen Bleistifte mit Sternmuster. Das Experiment ist ein **Bernoulli-Experiment**, da es nur **zwei Ergebnisse** gibt (Stern oder nicht Stern) und **mit Zurücklegen** gezogen wird (Bernoulli-Kette der Länge 5).

a) X ist $B_{5;\,0,4}$-verteilt.
Mit $p = 0{,}4$; $n = 5$ und $k = 3$ erhält man für die Wahrscheinlichkeit, dass weniger als 4 Bleistifte mit Sternmuster gezogen werden:
$P(X < 4) = P(X \leq 3) = 0{,}9130$

b) $P(X \geq 1) = 1 - P(X = 0) = 1 - 0{,}0778 = 0{,}9222$
oder $P(X \geq 1) = 1 - 0{,}6^5 \approx 0{,}9222$
Die Wahrscheinlichkeit ist also größer als 90 %.

c) $P(2 \leq X \leq 4) = P(X \leq 4) - P(X \leq 1) = 0{,}9898 - 0{,}3370 = 0{,}6528$

d) X ist $B_{20;\,0,4}$-verteilt.
$P(X \geq 8) = 1 - P(X \leq 7) = 1 - 0{,}4159 = 0{,}5841$

Bernoulli-Formel $P(X = k) = \binom{n}{k} \cdot p^k \cdot (1-p)^{n-k} = B_{n;\,p}(k)$

Summierte Binomialverteilung: $P(X \leq k) = \sum_{i=0}^{k} \binom{n}{i}\, p^i \cdot (1-p)^{n-i}$

$P(X \leq k) = \sum_{i=0}^{k} B_{n;\,p}(i)$

$P(X \geq 1) = 1 - P(X = 0)$

$P(a \leq X \leq b) = P(X \leq b) - P(X < a)$

Beispiel 6

➲ Jan spielt in seiner Freizeit Basketball. Er trifft den Basketballkorb bei einem Freiwurf mit der Wahrscheinlichkeit von $p = 0{,}35$.

a) Wie oft muss er mindestens werfen, damit er den Basketballkorb mit einer Wahrscheinlichkeit von wenigstens 0,995 mindestens ein Mal trifft?

b) Mit welcher Wahrscheinlichkeit trifft er bei 13 Versuchen genau ein Mal?

Lösung

a) X: Anzahl der Treffer; X ist $B_{n;\,0,35}$-verteilt.

$X \geq 1$: Mindestens ein Treffer

Bei $n = 3$ Versuchen: $P(X \geq 1) = 1 - P(X = 0) = 1 - 0{,}2746 = 0{,}7254$

Bei $n = 6$ Versuchen: $P(X \geq 1) = 1 - P(X = 0) = 1 - 0{,}0754 = 0{,}9246$

Bei $n = 8$ Versuchen: $P(X \geq 1) = 1 - P(X = 0) = 1 - 0{,}0319 = 0{,}9681$

Steigt die Anzahl n der Versuche, so steigt auch die Wahrscheinlichkeit für mindestens einen Treffer.

Bei n Versuchen:

Bedingung: $P(X \geq 1) \geq 0{,}995$ $\quad P(X \geq 1) = 1 - P(X = 0) \geq 0{,}995$

Mit $\quad P(X = 0) = \binom{n}{0} \cdot 0{,}35^0 \cdot 0{,}65^n$

$P(X = 0) = 0{,}65^n$

erhält man $\quad P(X \geq 1) = 1 - 0{,}65^n \geq 0{,}995$

Daraus folgt die Bedingung für n: $\quad 0{,}65^n \leq 0{,}005$

Auflösung der Gleichung $\quad 0{,}65^n = 0{,}005$

durch Logarithmieren: $\quad \ln(0{,}65^n) = \ln(0{,}005)$

Mit $\ln(a^r) = r \cdot \ln(a)$; $a > 0$: $\quad n \cdot \ln(0{,}65) = \ln(0{,}005)$

$$n = \frac{\ln(0{,}005)}{\ln(0{,}65)} = 12{,}30$$

oder

WTR mit der $\log_a b$- Taste: $\quad n = \log_{0,65}(0{,}005) = 12{,}30$

Er muss mindestens 13-mal werfen.

b) X: Anzahl der Treffer; X ist $B_{13;\,0,35}$-verteilt.

$P(X = 1) = 0{,}0259$

Die Wahrscheinlichkeit für genau einen Treffer bei 13 Versuchen liegt bei 0,0259.

Aufgaben

mvurl.de/9hy7

1 Die Zufallsvariable X ist $B_{n,p}$-verteilt. Berechnen Sie $P(X \leq k)$.

a) $n = 8;\ k = 2;\ p = 0{,}5$ **b)** $n = 20;\ k = 5;\ p = 0{,}8$ **c)** $n = 50;\ k = 20;\ p = 0{,}1$

2 Die Zufallsvariable X ist $B_{n,p}$-verteilt. Berechnen Sie folgende Wahrscheinlichkeiten:

a) $n = 5;\ p = 0{,}5$: $P(X = 3)$; $P(X \leq 1)$; $P(X \geq 1)$

b) $n = 20;\ p = 0{,}2$: $P(X = 4)$; $P(X \leq 1)$; $P(X \geq 2)$; $P(2 \leq X \leq 6)$

c) $n = 200;\ p = 0{,}05$: $P(X = 25)$; $P(X \leq 1)$; $P(20 < X < 45)$; $P(10 \leq X < 15)$

3 Die Abbildung zeigt die kumulierte Binomialverteilung mit n = 20 und p = 0,5.

a) Welche Eigenschaft hat diese Verteilung?

b) Berechnen Sie die Wahrscheinlichkeiten:

- $P(X \leq 10)$
- $P(X = 10)$
- $P(6 \leq X \leq 12)$
- $P(X > 12)$

Vergleichen Sie mit der Abbildung.

c) Ermitteln Sie den kleinsten k-Wert, sodass gilt: $P(X \leq k) > 0{,}90$.

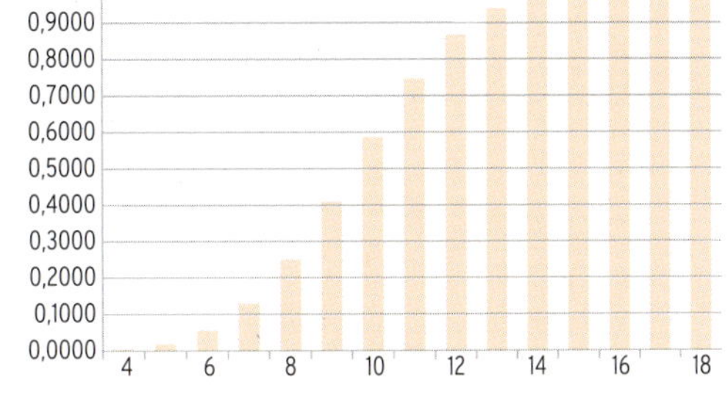

4 Das nebenstehende Diagramm zeigt die summierten Wahrscheinlichkeiten für die Zufallsvariable X. X ist $B_{20;\,0{,}1}$-verteilt. Beurteilen Sie folgende Aussage anhand des Diagramms.

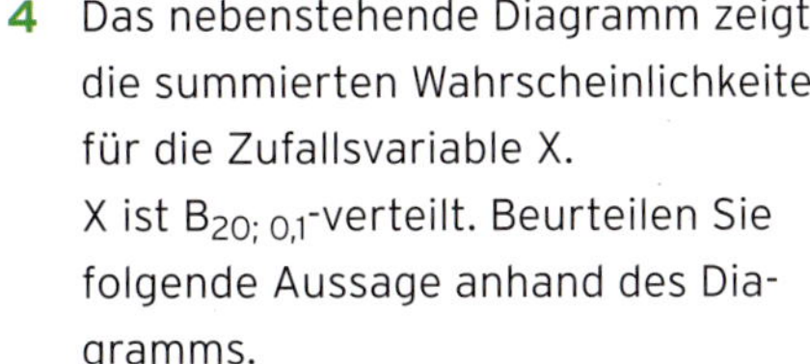

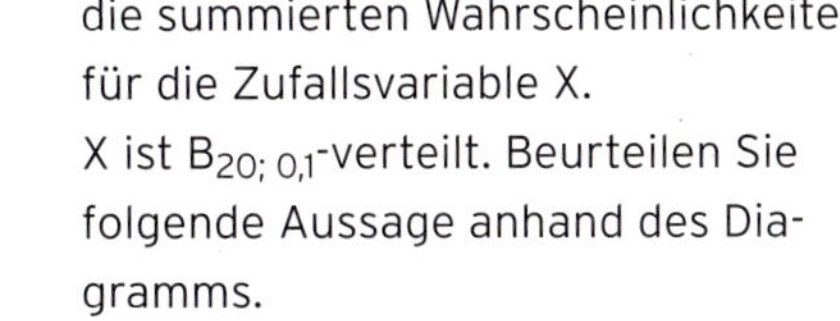

a) $P(X = 2) \approx 0{,}68$

b) $P(X \leq 3) \approx 0{,}87$

c) $P(2 \leq X \leq 6) \approx 0{,}60$

d) $P(X \geq 1) \approx 0{,}88$

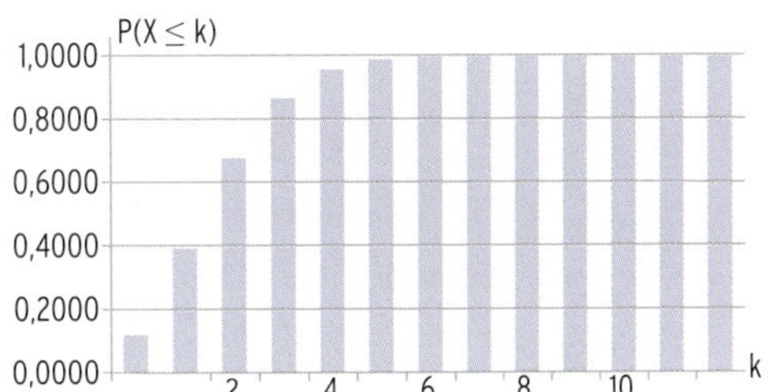

5 Die Druckfix GmbH stellt Walzen her. Es werden 100 Walzen einer Qualitätsanalyse unterzogen. Die Wahrscheinlichkeit für einen Defekt beträgt $p = 0{,}05$.
Ermitteln Sie die Wahrscheinlichkeiten der folgenden Ereignisse:

A: Höchstens 2 Walzen sind defekt.

B: Es gibt mindestens 3 defekte Walzen.

C: Es befinden sich mindestens 4 und höchstens 7 defekte Walzen in der Stichprobe.

D: In der Stichprobe befinden sich 95 intakte Walzen.

E: Alle Walzen sind intakt.

6 Begründen Sie, welche der Verteilungen zu einer Binomialverteilung gehört.

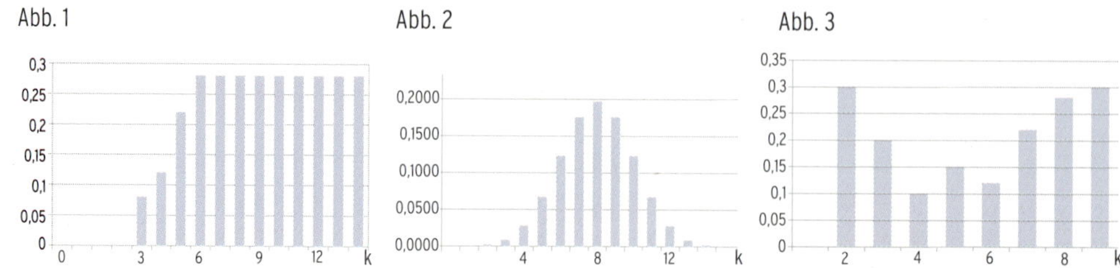

7 Das Galton-Brett besteht aus einer regelmäßigen Anordnung von Hindernissen (z. B. Nagelreihen). Eine von oben herunterfallende Kugel prallt am Hindernis nach links oder nach rechts ab. Nach dem Passieren der Hindernisse werden die Kugeln in Fächern aufgefangen, um dort abgezählt zu werden. Die Abbildung zeigt ein vierstufiges, symmetrisches Galton-Brett.

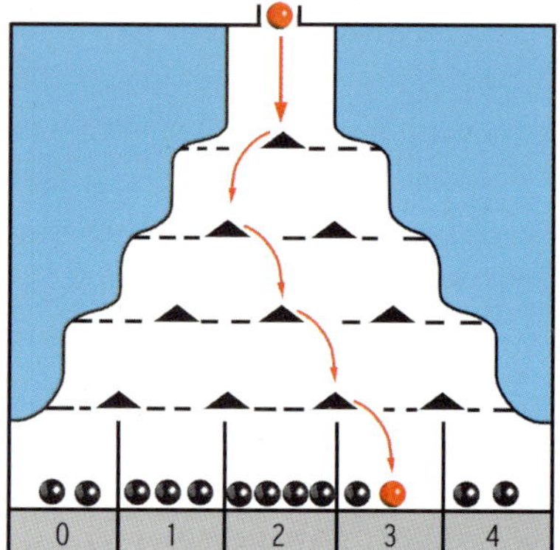

a) Begründen Sie, dass das Galton-Brett ein Modell für eine Bernoulli-Kette ist.

b) Wieviel % der Kugeln fallen in Fach „3"?

8 Für die Produktion eines Elektro-Autos werden unter anderem Scheinwerfer benötigt. Zunächst wird die Lux AG mit der Produktion beauftragt. Diese garantiert, dass der Anteil an defekten Einheiten etwa 10 % betragen.
Unter der Voraussetzung p = 0,1 sollen die jeweiligen Wahrscheinlichkeiten für folgende Ereignisse untersucht werden.

a) Es werden 10 Scheinwerfereinheiten geprüft.
Berechnen Sie die Wahrscheinlichkeiten für folgende Ereignisse.
E_1: Genau eine Scheinwerfereinheit ist defekt.
E_2: Die erste Scheinwerfereinheit ist defekt, aber alle anderen sind einwandfrei.

b) Erklären Sie den Unterschied zwischen den beiden Ereignissen E_1 und E_2 aus Teilaufgabe a).

c) Berechnen Sie die Wahrscheinlichkeit dafür, dass bei einem Stichprobenumfang von 100 mehr als 15 defekt sind.

9 BEL FRUTI produziert Papaya- und Ananaskonserven. Nachdem die Etikettiermaschine ausgefallen ist, befinden sich mehrere Tausend Dosen, davon zwei Drittel Papaya und ein Drittel Ananas, im Lager. Für die Qualitätskontrolle werden fünfzig Dosen an verschiedenen Stellen des Lagers zufällig ausgewählt. Die Anzahl der Ananas- bzw. Papayakonserven unter den fünfzig ausgewählten Dosen sei eine binomialverteilte Zufallsgröße. Berechnen Sie die folgenden Wahrscheinlichkeiten.

a) Es werden genau 16 Ananaskonserven gefunden.

b) Es werden mindestens 25 Papayakonserven gefunden.

10 Eine Laplace-Münze wird fünfmal geworfen.

a) Wie groß ist die Wahrscheinlichkeit, dass genau dreimal Wappen fällt?

b) Wie groß ist die Wahrscheinlichkeit, dass keinmal Wappen fällt?

c) Wie groß ist die Wahrscheinlichkeit, dass wenigstens einmal Wappen fällt?

11 Es ist bekannt, dass 2 % der Bevölkerung eine Extremsportart betreiben. Bestimmen Sie die Wahrscheinlichkeit, dass in einer Gruppe von 50 Personen genau ein Extremsportler ist bzw. höchstens zwei Extremsportler sind.

12 Ein Batteriehersteller geht davon aus, dass die Wahrscheinlichkeit für einen vorzeitigen Ausfall einer Batterie 20 % beträgt.

a) Ermitteln Sie die Wahrscheinlichkeiten der folgenden Ereignisse:

A: Von 100 Batterien fallen weniger als ein Viertel vorzeitig aus.

B: Von 50 Batterien fallen höchstens 10 vorzeitig aus.

C: Von 5 Batterien fallen mindestens zwei vorzeitig aus.

b) Wie hoch muss der Anteil der vorzeitig ausfallenden Batterien mindestens sein, damit mit einer Wahrscheinlichkeit von mindestens 99 % unter 100 Batterien mindestens eine vorzeitig ausfällt?

c) Das Produktionsverfahren wird umgestellt. Damit sinkt die Ausfallwahrscheinlichkeit auf 5 %. Berechnen Sie die Wahrscheinlichkeit, dass in einer Stichprobe von 100 Batterien mindestens vier, höchstens aber acht Batterien vorzeitig ausfallen.

13 Ein Unternehmen produziert täglich eine große Anzahl von Lüsterklemmen. Diese werden unabhängig voneinander hergestellt. Die Wahrscheinlichkeit für eine fehlerhafte Lüsterklemme liegt bei 5 %.

a) Der Produktion wird eine Stichprobe von 50 Lüsterklemmen entnommen.

Berechnen Sie $B_{50;0,05}(2)$ und interpretieren Sie Ihr Ergebnis.

Berechnen Sie die Wahrscheinlichkeit, dass

- mehr als drei Lüsterklemmen fehlerhaft sind,
- höchstens sechs Lüsterklemmen fehlerhaft sind.

b) Berechnen Sie den Umfang einer Stichprobe, wenn in dieser mit einer Wahrscheinlichkeit von mindestens 90 % mindestens eine fehlerhafte Lüsterklemme enthalten sein soll.

14 Ein Pharmaunternehmen hat ein neues Medikament entwickelt. Die Einnahme führt bei 10 % der Patienten zu Herzrasen.

In einer Studie nehmen 100 Patienten das Medikament ein.

Berechnen Sie die Wahrscheinlichkeiten der folgenden Ereignisse.

A: Genau 20 Patienten bekommen Herzrasen.

B: Höchstens 15 Patienten bekommen Herzrasen.

C: Mindestens 16 Patienten bekommen Herzrasen.

D: Mindestens 20, aber höchstens 30 Patienten bekommen Herzrasen.

2.3 Erwartungswert und Standardabweichung einer Binomialverteilung

Erwartungswert

Beispiel 1

➲ An einer Schule in Köln gibt es hitzefrei, wenn die Quecksilbersäule des Thermometers im Schatten mehr als 25 °C anzeigt. Der deutsche Wetterdienst meldet für den Zeitraum vom 20. Juni bis 22. Juni eine Wahrscheinlichkeit von 30 % für Temperaturen, die höher als 25 °C sind.
Die Zufallsvariable X beschreibt die Anzahl der hitzefreien Tage im genannten Zeitraum.
Erstellen Sie eine Wahrscheinlichkeitsverteilung für die Zufallsvariable X.
Mit wie vielen hitzefreien Tagen kann während des angegebenen Zeitraums durchschnittlich gerechnet werden?

Lösung

Jedes einzelne Experiment hat zwei Ausgänge (mehr als 25 °C; weniger oder gleich 25 °C) mit einer Trefferwahrscheinlichkeit von $p = 0{,}3$.
Es liegt eine Bernoulli-Kette der Länge $n = 3$ vor. X ist eine $B_{3;\,0,3}$-verteilte Zufallsvariable.

Wahrscheinlichkeitsverteilung

k	0	1	2	3
$B_{3;0,3}(k)$	$\binom{3}{0} 0{,}3^0\, 0{,}7^3 = 0{,}343$	$\binom{3}{1} 0{,}3^1\, 0{,}7^2 = 0{,}441$	$\binom{3}{2} 0{,}3^2\, 0{,}7^1 = 0{,}189$	$\binom{3}{3} 0{,}3^3\, 0{,}7^0 = 0{,}027$

Gesucht ist die Anzahl der zu erwartenden hitzefreien Tage, d. h. E (X).

Berechnung des Erwartungswerts E (X) mit $E(X) = \sum_{i=0}^{n} x_i \cdot P(X = x_i)$.

$E(X) = \sum_{k=0}^{3} k \cdot B_{3;0,3}(k) = 0 \cdot 0{,}343 + 1 \cdot 0{,}441 + 2 \cdot 0{,}189 + 3 \cdot 0{,}027$

$E(X) = 0{,}9$

Voraussichtlich kann man während des Zeitraums mit 0,9 hitzefreien Tagen rechnen.

Plausibilitätsbetrachtung

Wenn die Wahrscheinlichkeit für jeden hitzefreien Tag $p = 0{,}3$ ist und man drei Tage $(n = 3)$ betrachtet, so ergibt sich die Anzahl der zu erwartenden hitzefreien Tage mit
$E(X) = 3 \cdot 0{,}3 = 0{,}9$
Allgemein: $E(X) = n \cdot p$

Eine $B_{n;p}$-verteilte Zufallsvariable X hat den **Erwartungswert**

$$E(X) = n \cdot p$$

Für E (X) schreibt man auch μ.

Binomialverteilungen für p = 0,3 und verschiedene n-Werte

n = 10	n = 50	n = 100
$\mu = 3$	$\mu = 15$	$\mu = 30$

Der **Erwartungswert** μ ist ganzzahlig.

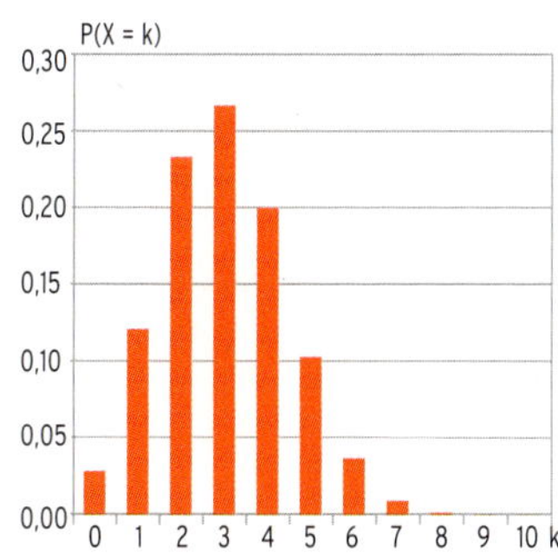

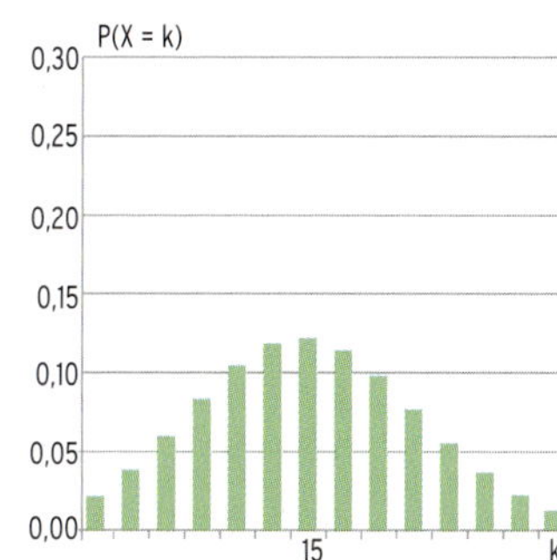

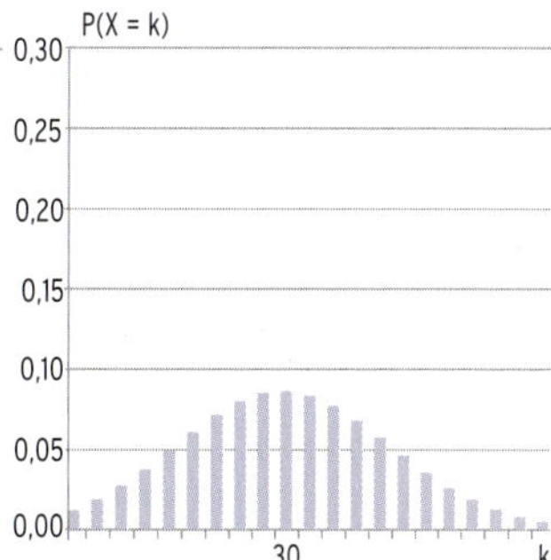

Mithilfe der Abbildung ergibt sich:

Die **größte Wahrscheinlichkeit** liegt im Erwartungswert.

z. B. für $n = 10$ und $p = 0,3$: $B_{10;\,0,3}(3) = 0,2668$

zum Vergleich: $B_{10;\,0,3}(2) = 0,2335$; $B_{10;\,0,3}(4) = 0,2001$

Beispiel 2

➲ Die Zufallsvariable X ist binomialverteilt mit $n = 30$ und $p = 0,15$.
Bestimmen Sie den Erwartungswert und die größte Wahrscheinlichkeit.

Lösung

Für den Erwartungswert gilt: $\mu = n \cdot p = 30 \cdot 0,15 = 4,5$

Dies ist kein Wert der Zufallsvariablen $X\,(X = x_i \in \mathbb{N})$.

Mithilfe der Abbildung stellt man fest:

Die größte Wahrscheinlichkeit liegt bei einem der benachbarten ganzzahligen Werte:

P(X = k)
0,1500
0,1000
0,0500
0,0000
0 2 4 6 8 10 12 k

$P(X = 4) = B_{30;\,0,15}(4) = 0,2028$; $P(X = 5) = 0,1861$

Die größte Wahrscheinlichkeit beträgt 0,2028.

Varianz und Standardabweichung

Formel für die Varianz: $\sigma^2 = \sum_{k=0}^{n} (k - E(X))^2 \cdot B_{n;p}(k)$

Man betrachtet ein einzelnes Bernoulli-Experiment einer Bernoulli-Kette.

Wahrscheinlichkeitsverteilung	k	0	1
$n = 1;\ E(X) = p$	$B_{n;p}(k)$	$\binom{1}{0} p^0 (1-p)^1 = 1 - p$	$\binom{1}{1} p^1 (1-p)^0 = p$

Varianz für ein einziges Bernoulli-Experiment

$$\sigma^2 = \sum_{k=0}^{1} (k - p)^2 \cdot B_{1;p}(k) = (0 - p)^2 (1 - p) + (1 - p)^2 p$$

$$\sigma^2 = p^2 (1 - p) + (1 - 2p + p^2) p = p^2 - p^3 + p - 2p^2 + p^3 = p - p^2 = p(1 - p)$$

Varianz für ein Bernoulli-Experiment: $\sigma^2 = p \cdot (1 - p)$

Varianz für n Bernoulli-Experimente (ohne Beweis): $\sigma^2 = n \cdot p \cdot (1 - p)$

Eine $B_{n;p}$-verteilte Zufallsvariable X hat die **Varianz** $\sigma^2 = n \cdot p \cdot (1 - p)$

und die **Standardabweichung** $\sigma = \sqrt{n \cdot p \cdot (1 - p)}$.

Binomialverteilungen für p = 0,3 und verschiedene n-Werte

$n = 10;\ \mu = 3;\ \sigma = 1{,}45$ $n = 50;\ \mu = 15;\ \sigma = 3{,}24$ $n = 100;\ \mu = 30;\ \sigma = 4{,}58$

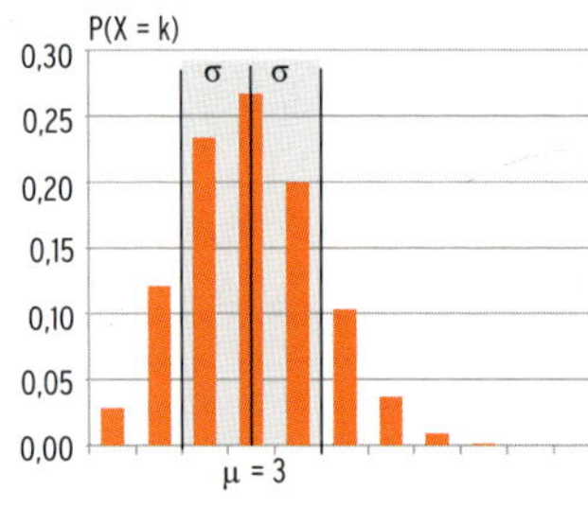

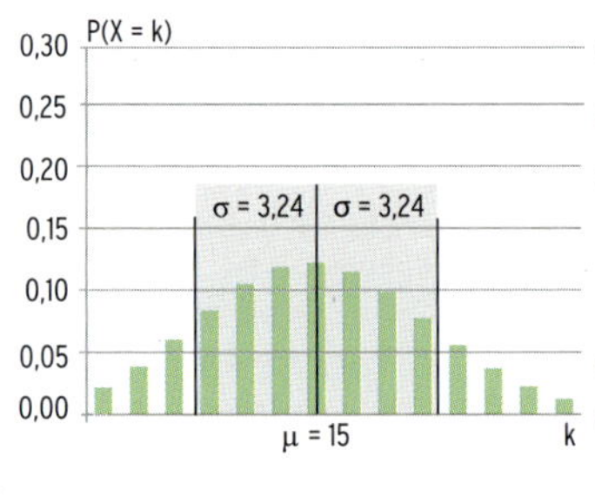

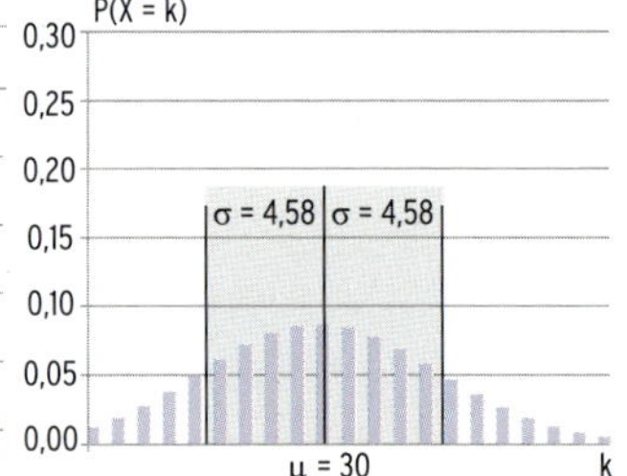

Man stellt fest:

Für wachsendes n wird der Graph immer breiter und flacher (bei gleicher Wahrscheinlichkeit p).

Der maximale Wert wird beim Erwartungswert angenommen.

σ ist ein Maß für die Breite der Verteilung.

Beispiel

➲ Bei der Produktion von Zündkerzen sind erfahrungsgemäß 2 % defekt. Bei einer Kontrolle werden bei einer Stichprobe 200 Zündkerzen aus der laufenden Produktion entnommen.
Bestimmen Sie die Wahrscheinlichkeit, dass die Anzahl der defekten Zündkerzen im Intervall $I = [\mu - \sigma; \mu + \sigma]$ mit $\mu = E(X)$ liegt.
Interpretieren Sie Ihr Ergebnis.

Lösung

Die Zufallsvariable X gibt die Anzahl der defekten Zündkerzen an. X ist $B_{200;0,02}$-verteilt.

Zu erwartende defekte Zündkerzen:	$\mu = n \cdot p$
	$\mu = 200 \cdot 0{,}02 = 4$
Varianz:	$\sigma^2 = n \cdot p \cdot (1 - p)$
	$\sigma^2 = 200 \cdot 0{,}02 \cdot 0{,}98 = 3{,}92$
Standardabweichung:	$\sigma = \sqrt{\text{Varianz}}$
	$\sigma = \sqrt{3{,}92} = 1{,}98$
σ-Intervall	$[\mu - \sigma;\ \mu + \sigma] = [2{,}02;\ 5{,}98]$

Die **ganzzahligen k-Werte** 3, 4 und 5 liegen in diesem Intervall.

Zu berechnen ist die Wahrscheinlichkeit: $P(3 \le X \le 5) = P(X \le 5) - P(X \le 2)$
$P(3 \le X \le 5) = 0{,}551$

Mit einer Wahrscheinlichkeit von 0,551 enthält die Stichprobe 3 bis 5 defekte Zündkerzen.

Grafische Veranschaulichung

k	Binomialverteilung
0	0,0176
1	0,0718
2	0,1458
3	0,1963
4	0,1973
5	0,1579
6	0,1047
7	0,0592
8	0,0292
9	0,0127
10	0,0049
11	0,0017
12	0,0006
13	0,0002
14	0,0000

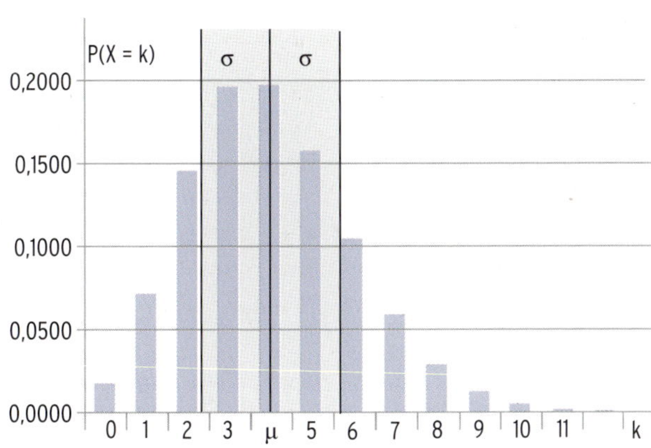

Hinweis: Die größte Wahrscheinlichkeit liegt beim Erwartungswert $\mu = 4$:
$P(X = 4) = 0{,}197$

Zusammenfassung Binomialverteilung

Formel von Bernoulli: $P(X = k) = B_{n;\,p}(k) = \binom{n}{k} \cdot p^k \cdot (1 - p)^{n-k}$

Eigenschaften: $P(X \leq k) = \sum_{i=0}^{k} \binom{n}{i} p^i \cdot (1 - p)^{n-i}$

$P(X \leq k) = \sum_{i=0}^{k} B_{n;p}(i)$

$P(X \geq 1) = 1 - P(X = 0)$

$P(a \leq X \leq b) = P(X \leq b) - P(X < a)$

Erwartungswert: $E(X) = \mu = n \cdot p$

Varianz: $\sigma^2 = n \cdot p \cdot (1 - p)$

Standardabweichung: $\sigma = \sqrt{n \cdot p \cdot (1 - p)}$

Aufgaben

1 Skizzieren Sie den Graphen der Binomialverteilung und bestimmen Sie jeweils den Erwartungswert und die Standardabweichung.

a) $n = 12$; $p = 0{,}5$
Geben Sie die größte Wahrscheinlichkeit an.

b) $n = 50$; $p = 0{,}25$

2 Die Abbildung zeigt eine Binomialverteilung.
Bestimmen Sie den ganzzahligen Erwartungswert und die zugehörige Wahrscheinlichkeit p.

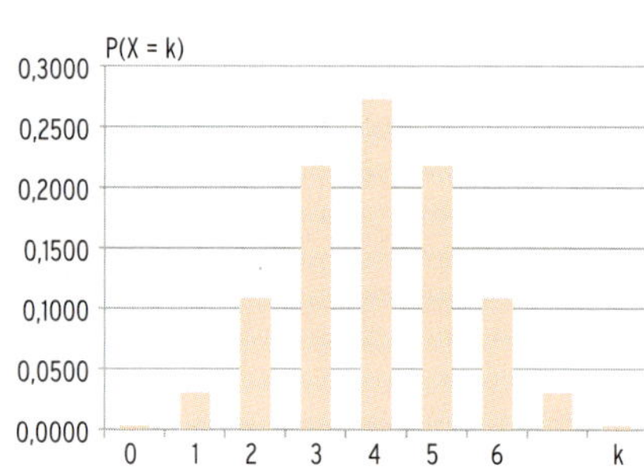

3 Eine binomialverteilte Zufallsgröße X hat den Erwartungswert $\mu = 5$ und die Standardabweichung $\sigma = 2$. Berechnen Sie n und p.

4 Es ist bekannt, dass 2 % der Bevölkerung eine Extremsportart betreiben.

a) In einer Gruppe von 100 Personen kann man 3 Extremsportler erwarten. Prüfen Sie.

b) Berechnen Sie die Standardabweichung.

c) Bestimmen Sie $P(\mu - \sigma \leq X \leq \mu + \sigma)$.

5 Die LION GmbH fertigt große Mengen von Fahrradtrikots. Die Wahrscheinlichkeit, dass von einer Tagesproduktion von 2350 Stück mindestens 2000 fehlerfrei sind, beträgt 0,90. Bestimmen Sie die Wahrscheinlichkeit, dass ein zufällig ausgewähltes Trikot fehlerfrei ist.

6 Das Unternehmen Agrema AG fertigt und verkauft Fanfahnen in 40er-Paketen an Shops. Untersuchungen der Qualität der Fahnen ergeben eine Ausschusswahrscheinlichkeit von 12,5%. Die Paketgröße soll aufgestockt werden. Es wird festgelegt, dass ein Paket nicht bezahlt werden muss, wenn sich darin mehr als 8 minderwertige Fahnen befinden. Ein verkauftes Paket wird mit der Wahrscheinlichkeit 0,1661 nicht berechnet.
Bestimmen Sie die Paketgröße.

7 Ein Hersteller fertigt auf einer Maschine Dichtungen als Massenware.
Die Ausschussquote beträgt 5 %.

a) Berechnen Sie, wie viele defekte Dichtungen man bei einer Produktion von 500 Dichtungen erwarten kann.

b) Berechnen Sie die Wahrscheinlichkeit dafür, dass die Anzahl der defekten Dichtungen im Intervall $I = [\mu - \sigma; \mu + \sigma]$ liegt.

c) Der laufenden Produktion werden nacheinander 50 Dichtungen entnommen.
Berechnen Sie die Wahrscheinlichkeiten der folgenden Ereignisse.
Gehen Sie dabei vereinfacht von dem Modell „Ziehen mit Zurücklegen" aus.
A: Alle Dichtungen sind einwandfrei.
B: Höchstens drei Dichtungen sind defekt.
C: Mehr als 35 Dichtungen sind defekt.
D: Es sind mindestens 4, aber höchstens 6 Dichtungen defekt.

8 In einer Bienenpopulation ist jede zwölfte Biene mit Milben befallen. Die Zufallsvariable X beschreibt die Anzahl der befallenen Bienen.

a) Wie viele Bienen muss der Imker mindestens aus dem Stock fangen, um mit einer Wahrscheinlichkeit von mindestens 95 % mindestens eine befallene Biene zu erhalten?

b) Der Imker fängt 35 Bienen aus seinem Stock. Mit welcher Wahrscheinlichkeit hat er keine befallene Biene gefangen?

c) n = 35 gibt die Länge der Bernoulli-Kette des Zufallsexperiments an. Bestimmen Sie den Erwartungswert μ und die Standardabweichung σ von X.

9 An einer Ortsdurchfahrt wird eine Verkehrszählung durchgeführt. Von den Fahrzeugen, welche die Ortsdurchfahrt benutzen, sind erfahrungsgemäß 65 % Pkw, 20 % Lkw, 10 % Busse und 5 % Motorräder.

a) Berechnen Sie die Wahrscheinlichkeit, dass unter 12 vorbeikommenden Fahrzeugen
- weder Busse noch Motorräder?
- genau drei Lkw?
- höchstens ein Motorrad?
- mindestens zehn Pkw sind.

b) Durch die Anzahl der Pkw bei 20 vorbeikommenden Fahr zeugen ist die Zufallsvariable X definiert. Berechnen Sie die Wahrscheinlichkeit, dass X höchstens um die Standardabweichung vom Erwartungswert abweicht.

10 Eine Gärtnerei bietet Tulpenzwiebeln an. Sie sichert ihren Kunden zu, dass es bei 90 % der Zwiebeln im nächsten Frühjahr zur Blüte kommen wird. Herr Kahn kauft 20 Tulpenzwiebeln. Berechnen Sie die Wahrscheinlichkeit folgender Ereignisse:

A: Alle 20 Tulpen werden blühen.
B: Mindestens 15 Tulpen werden blühen.
C: Es werden weniger Tulpen blühen, als nach der Angabe der Gärtnerei erwartet wird.

Test zur Überprüfung Ihrer Grundkenntnisse

1 In der Töpferei Nordstrander werden Vasen produziert. Erfährungsgemäß haben 10 % der produzierten Vasen einen Fehler. Es werden 50 Vasen der laufenden Produktion entnommen. Bestimmen Sie die Wahrscheinlichkeiten folgender Ereignisse:
A: Alle Vasen sind einwandfrei.
B: Es sind genau 6 Vasen defekt.
C: Es sind höchstens 6 Vasen defekt.
D: Es werden mehr als 6 defekte Vasen gefunden.
E: Es werden mehr als 6 defekte Vasen, aber weniger als 10 defekte Vasen gefunden.

2 Die Firma Candela stellt Leuchtdioden her. 5 % der produzierten Leuchten sind defekt.
Es werden 200 Leuchten untersucht.
Berechnen Sie den Mittelwert μ und die Standardabweichung σ.
Bestimmen Sie $P(\mu - \sigma \leq X \leq \mu + \sigma)$.
Interpretieren Sie diese Wahrscheinlichkeit.

3 Die Fluggesellschaft Star Flug geht davon aus, dass jeder einzelne Passagier mit einer Wahrscheinlichkeit von 96 % einen gebuchten Flug tatsächlich antritt.
Das Erscheinen der Passagiere zum Flug soll voneinander unabhängig sein.

a) Am Check-In liegt eine Passagierliste vor.
Berechnen Sie die Wahrscheinlichkeit der folgenden Ereignisse:
A: Von den ersten drei Passagieren auf der Liste treten genau zwei den Flug an.
B: Von den ersten fünf Passagieren tritt mindestens einer den Flug nicht an.

b) Ein Flug wurde von 300 Passagieren gebucht.
Berechnen Sie die Wahrscheinlichkeit dafür, dass mindestens 290 und höchstens 296 Passagiere den Flug antreten.

4 Zum Muttertag bringt die Firma BioKosmetics das beliebte Parfum „Mabelle" in einer Sondergröße heraus. Bei dessen Herstellung entsteht 5 % mangelhafte Ware.
Die Qualitätskontrolle entnimmt der laufenden Produktion 50 Prüfstücke.
Die Zufallsgröße X gibt die Anzahl der mangelhaften Prüfstücke an.

a) Begründen Sie, warum davon ausgegangen werden kann, dass die Zufallsgröße X binomialverteilt ist.

b) Berechnen Sie den Erwartungswert μ und die Standardabweichung σ der Zufallsgröße X.

c) Bestimmen Sie die Wahrscheinlichkeiten zu den folgenden Ereignissen:
A: Genau 3 Prüfstücke sind mangelhaft.
B: Höchstens 3 Prüfstücke sind mangelhaft.
C: Es sind mindestens $\mu - \sigma$, aber höchstens $\mu + \sigma$ Prüfstücke mangelhaft.

d) Leiten Sie den kleinsten Stichprobenumfang her, der entnommen werden müsste, sodass in der Stichprobe mit einer Wahrscheinlichkeit von mehr als 90 % mindestens ein Prüfstück mangelhaft ist.

Anhang

1 Lösungen der Tests

Test zur Überprüfung Ihrer Grundkenntnisse

Lehrbuch Seite 53

1

a) Bedingung für die Nullstellen: $f(x) = 0$

$3\sin(\pi x) = 0 \quad | :3$
$\sin(\pi x) = 0$
$\pi x = 0;\ \pm\pi;\ \pm 2\pi;\ \pm 3\pi;\ \ldots \quad | :\pi$
$x = 0;\ \pm 1;\ \pm 2;\ \pm 3;\ \ldots$

Nullstellen auf [−3; 3]: $0;\ \pm 1;\ \pm 2;\ \pm 3$

b) Bedingung für die Nullstellen: $f(x) = 0$

$\cos(4x) = 0$
$4x = \pm\frac{\pi}{2};\ \pm\frac{3}{2}\pi;\ \pm\frac{5}{2}\pi;\ \pm\frac{7}{2}\pi;\ \ldots \quad | :4$
$x = \pm\frac{\pi}{8};\ \pm\frac{3}{8}\pi;\ \pm\frac{5}{8}\pi;\ \pm\frac{7}{8}\pi;\ \ldots\ldots$

Nullstellen auf [−3; 3]: $\pm\frac{\pi}{8};\ \pm\frac{3}{8}\pi;\ \pm\frac{5}{8}\pi;\ \pm\frac{7}{8}\pi$

c) Bedingung für die Nullstellen: $f(x) = 0$

$\sin(x) + \frac{1}{2} = 0 \quad | -\frac{1}{2}$
$\sin(x) = -\frac{1}{2}$
$x_1 = -\frac{\pi}{6};\ x_2 = -\pi + \frac{\pi}{6} = -\frac{5}{6}\pi$

Nullstellen auf [−3; 3]: $-\frac{\pi}{6};\ -\frac{5}{6}\pi$

Keine weiteren Lösungen auf [−3; 3].

2

Amplitude 4, Periode $p = \frac{2\pi}{\frac{2}{3}} = 3\pi$

Wertebereich von f: Mittellinie: $d = 3$; Amplitude: $a = 4$

$d - a = 3 - 4 = -1;\ d + a = 3 + 4 = 7$

$[-1; 7]$

Das Schaubild von f entsteht aus der Kosinuskurve durch Streckung in y-Richtung mit Faktor 4; Spiegelung an der x-Achse; Streckung in x-Richtung mit Faktor $\frac{3}{2}$; Verschiebung um 3 nach oben.

3

a) $\cos(x) = -1$: $x = \pm\pi; \pm 3\pi; \pm 5\pi; \ldots$

Für $x \in [0; 10]$: $x = \pi; 3\pi$

b) $\sin(2x) = \frac{1}{2}$ $\sin(z) = \frac{1}{2}$

Lösungen in z: $z_1 = \frac{\pi}{6}$ $z_2 = \pi - \frac{\pi}{6} = \frac{5}{6}\pi$

Lösungen in x: Mit $z = 2x$ $2x = \frac{\pi}{6}$ $|:2$ $2x = = \frac{5}{6}\pi$ $|:2$

$x_1 = \frac{\pi}{12}$ $x_2 = \frac{5}{12}\pi$

Weitere Lösungen erhält man durch **Addition** von Vielfachen der **Periode** von f mit $f(x) = \sin(2x)$: $p = \frac{2\pi}{2} = \pi$ $x_3 = \frac{\pi}{12} + \pi = \frac{13}{12}\pi$ $x_4 = \frac{5\pi}{12} + \pi = \frac{17}{12}\pi > 4$

Für $x \in [0; 4]$: $x = \frac{\pi}{12}; \frac{5}{12}\pi; \frac{13}{12}\pi$

c) $4\cos\left(\frac{x}{2}\right) = 0$ $\frac{x}{2} = \pm\frac{\pi}{2}; \pm\frac{3}{2}\pi; \pm\frac{5}{2}\pi; \ldots$

$x = \pm\pi; \pm 3\pi; \pm 5\pi; \ldots$

Für $x \in [-2\pi; 2\pi]$: $x = \pm\pi$

4

Amplitude $\frac{5+2}{2} = 3{,}5$

Mittellinie $y = \frac{5-2}{2} = 1{,}5$

Periode $p = 4 \Rightarrow b = \frac{\pi}{2}$

$a = 3{,}5$; $d = 1{,}5$ und $b = \frac{\pi}{2}$

Funktionsterm: $g(x) = 3{,}5\sin\left(\frac{\pi}{2}x\right) + 1{,}5$

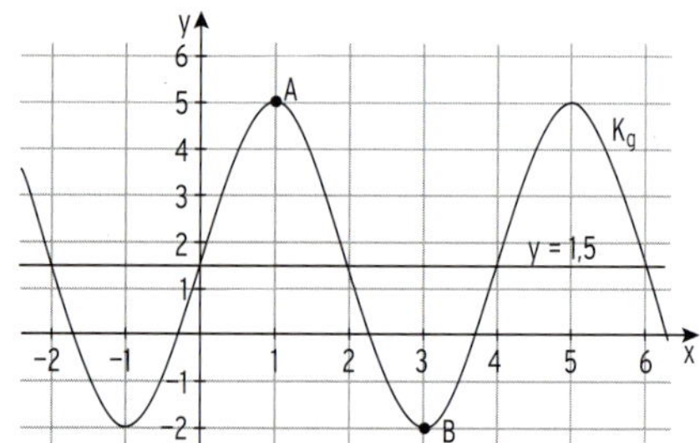

5

Ansatz: $f(x) = a\cos(bx) + d$

Gleichung der Mittellinie: $y = -1$, d. h., $d = -1$.

Amplitude $a = 2$

Periode $p = 4\pi$; $b = \frac{2\pi}{p} = \frac{2\pi}{4\pi} = \frac{1}{2}$

Funktionsterm: $f(x) = 2\cos\left(\frac{1}{2}x\right) - 1$

6 $K_f: f(x) = -2\sin(3x)$

Wertebereich von f: $W_f = [-2; 2]$

Verschiebung nach rechts ändert den Wertebereich nicht.

Streckung in y-Richtung mit Faktor 4: $W_1 = [-8; 8]$

Verschiebung um 2 nach unten: $W_g = [-10; 6]$

7 Periode $p = 12$; $t = 0$: 21. März

Amplitude $a = \frac{16{,}5 - 8}{2} = 4{,}25$

Mittellinie $y = \frac{16{,}5 + 8}{2} = 12{,}25$

$a = 4{,}25$; $d = 12{,}5$

Funktionsterm: $f(t) = 4{,}25\sin\left(\frac{\pi}{6}t\right) + 12{,}5$

21. April: $t = 1$, $f(1) = 4{,}25\sin\left(\frac{\pi}{6}\right) + 12{,}25 = 14{,}375$

6. Juli: $t = 3{,}5$, $f(3{,}5) = 4{,}25\sin\left(\frac{\pi}{6}\cdot 3{,}5\right) + 12{,}25 = 16{,}355$

Tageslängen am 21. April 14,38 Stunden und am 6. Juli 16,36 Stunden.

Test zur Überprüfung Ihrer Grundkenntnisse
Lehrbuch Seite 83

1

a) $f(x) = 5x^3 - \frac{3}{2}x^2 + 2x + 1$ $\quad f'(x) = 15x^2 - 3x + 2$

b) $f(x) = 6e^x - 5\sin(x)$ $\quad f'(x) = 6e^x - 5\cos(x)$

c) $f(x) = 7e^{2x-3} + 4$ $\quad f'(x) = 14e^{2x-3}$

d) $f(x) = 5\cos(4x - 3) + \sin(1{,}5)$ $\quad f'(x) = -20\sin(4x - 3)$

e) $f(x) = \frac{1}{2}e^4 - 3x - 5\cos(\pi(x - 3))$ $\quad f'(x) = -3 + 5\pi\sin(\pi(x - 3))$

f) $f(x) = (x - 3)e^{2x}$ $\quad f'(x) = (1 + (x - 3)\cdot 2)e^{2x} = (2x - 5)e^{2x}$

g) $f(x) = 8x\sin(3x)$ $\quad f'(x) = 8\cdot\sin(3x) + 8x\cdot 3\cos(3x)$

$= 8(\sin(3x) + 3x\cos(3x))$

h) $f(x) = \cos(x)e^{4x}$ $\quad f'(x) = -\sin(x)\cdot e^{4x} + \cos(x)\cdot 4e^{4x}$

$= (4\cos(x) - \sin(x))e^{4x}$

2

a) $f(x) = x^3 - 2x^2$; $f(2) = 0$ $\qquad$ $P(2|0)$

$f'(x) = 3x^2 - 4x$; $\qquad$ $f'(2) = 4$

Gleichung der Tangente in P: $\qquad$ 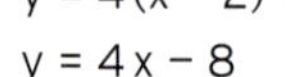 $y = 4(x - 2) + 0$

Tangentengleichung: $\qquad$ $y = 4x - 8$

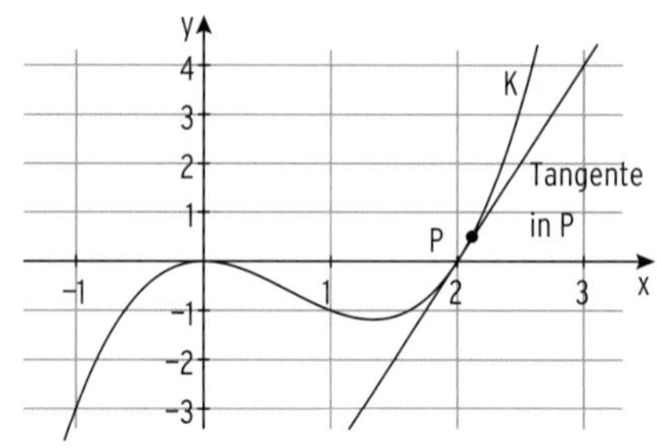

b) Ansatz: $f'(x) = 0$ $\qquad$ $3x^2 - 4x = 0$

$x(3x - 4) = 0$

Stellen mit waagrechter Tangente: $\qquad$ $x_1 = 0$; $x_2 = \frac{4}{3}$

y-Werte: $\qquad$ $y = f(0) = 0$; $y = f\left(\frac{4}{3}\right) = -\frac{32}{27}$

Gleichung der Parallelen: $\qquad$ $y = -\frac{32}{27}$

c) Ansatz: $f'(x) = 7$ $\qquad$ $3x^2 - 4x = 7$

Stellen mit Steigung 7: $\qquad$ $x_1 = -1$; $x_2 = \frac{7}{3}$

y-Werte: $\qquad$ $f(-1) = -3$; $f\left(\frac{7}{3}\right) = \frac{49}{27}$

$y = 7\cdot(-1) + 4 = -3$; $y = 7\cdot\frac{49}{27} + 4 = \frac{451}{27}$

Der Punkt $B(-1|-3)$ liegt auf K und G.
G ist eine Tangente an K.

d) Ansatz: $f(x) = f'(x)$ $\qquad$ $x^3 - 2x^2 = 3x^2 - 4x$

$x^3 - 5x^2 + 4x = 0$

Ausklammern: $\qquad$ $x(x^2 - 5x + 4) = 0$

Satz vom Nullprodukt: $\qquad$ $x = 0$ oder $x^2 - 5x + 4 = 0$

Gesuchte Stellen: $\qquad$ $x_1 = 0$; $x_2 = 1$; $x_3 = 4$

3

$f(x) = 2\sin(x) + 1$; $f'(x) = 2\cos(x)$

Schnittpunkt von K mit der y-Achse: $S(0|1)$

Steigung in S: $f'(0) = 2$

$m = \tan(\alpha) = 2 \Rightarrow \alpha = 63{,}43°$

Winkel zwischen Tangente und y-Achse:

$\beta = 90° - 63{,}43° = 26{,}57°$

Steigung der 2. Winkelhalbierenden: $\qquad$ $m = -1$

Parallel: $f'(x) = -1$ $\qquad$ $2\cos(x) = -1$

$\cos(x) = -\frac{1}{2}$

Mithilfe des WTR: $\qquad$ $x_0 = \frac{2}{3}\pi$

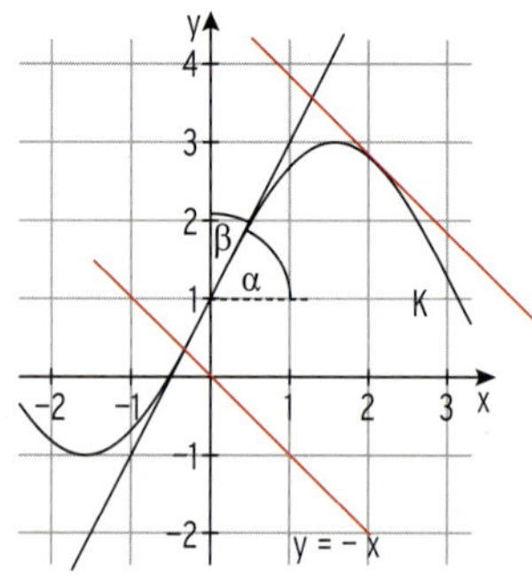

4

Mithilfe der Zeichnung

Die Gerade g und die Parallele t zu g zeichnen.

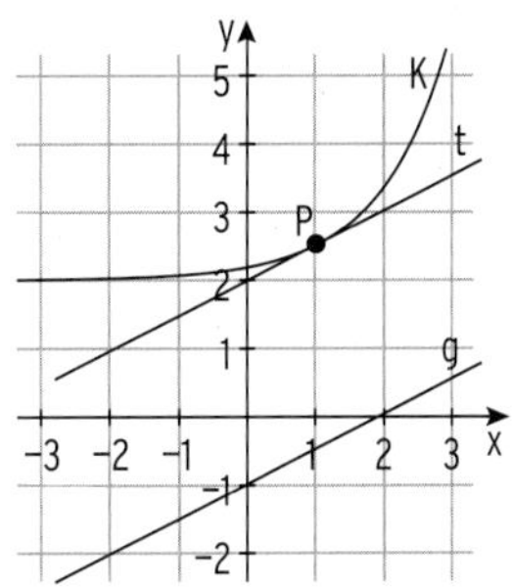

Punkt: $P(1|2{,}5)$

Gleichung der Tangente t: $y = \frac{1}{2}x + 2$

Mit einer Berechnung

$f(x) = \frac{1}{2}e^{x-1} + 2;\ f'(x) = \frac{1}{2}e^{x-1}$

Ansatz: $f'(x) = \frac{1}{2}$ $\quad \frac{1}{2}e^{x-1} = \frac{1}{2}$

$e^{x-1} = 1$

Berührstelle: $x = 1$

Berührpunkt: $P(1|2{,}5)$

Gleichung der Tangente: $y = \frac{1}{2}(x - 1) + 2{,}5$

Hauptform: $y = \frac{1}{2}x + 2$

5 $f(x) = -(x-1)^2(2+x) = -x^3 + 3x - 2;\ f'(x) = -3x^2 + 3$

a) Die Gerade g durch $A(-2 \mid 0)$; $B(0 \mid -2)$: $y = -x - 2$

Bedingung für parallel: $f'(x) = -1$ $\quad -3x^2 + 3 = -1$

$x_{1|2} = \pm 1{,}15$

Auf zwei Dezimalen gerundet: $B_1(1{,}15 \mid -0{,}07)$; $B_2(-1{,}15 \mid -3{,}93)$

b) $f'(-2) = -9$

$\tan(\alpha) = -9 \Rightarrow \alpha = -83{,}7°$

K schneidet die x-Achse unter dem Winkel $-83{,}7°$.

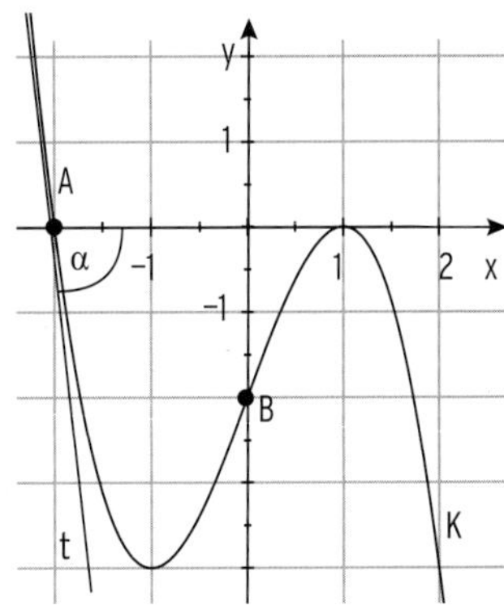

Test zur Überprüfung Ihrer Grundkenntnisse

Lehrbuch Seite 118

1

a) $f(x) = x^3 - \frac{9}{2}x^2 + 6x + 3$; $f'(x) = 3x^2 - 9x + 6$; $f''(x) = 6x - 9$
$H(1|5{,}5)$; $T(2|5)$

b) $f(x) = (x - 3)\,e^x$; $f'(x) = (x - 2)\,e^x$; $f''(x) = (x - 1)\,e^x$
$f'(x) = 0$ für $x = 2$ Nachweis mit $f''(2) = e^2 > 0$
Tiefpunkt $T(2|-e^2)$

c) $f(x) = \sin(\pi x - 2)$; $f'(x) = \pi\cos(\pi x - 2)$; $f''(x) = -\pi^2\sin(\pi x - 2)$
$f'(x) = 0$ für $\pi x - 2 = \pm\frac{\pi}{2}$; $\pm\frac{3}{2}\pi$
$x_1 = -\frac{1}{2} + \frac{2}{\pi}$; $x_2 = \frac{1}{2} + \frac{2}{\pi}$; $x_3 = \frac{3}{2} + \frac{2}{\pi}$
$T_1(0{,}137|-1)$; $H(1{,}137|1)$; $T_2(2{,}137|-1)$

d) $f(x) = e^{2x} - e^x$; $f'(x) = 2e^{2x} - e^x$; $f''(x) = 4e^{2x} - e^x$
$f'(x) = 0$

$$e^x(2e^x - 1) = 0$$
$$2e^x - 1 = 0$$
$$e^x = 0{,}5$$
$$x = \ln(0{,}5)$$

Nachweis mit $f''(\ln(0{,}5)) = \frac{1}{2} > 0$
Tiefpunkt $T(\ln(0{,}5)|-0{,}25)$

2

a) $f(x) = -x^3 + 3x^2$; $f'(x) = -3x^2 + 6x$; $f''(x) = -6x + 6$
Wendepunkt $W(1|1)$
$f'(1) = 3$ Gleichung der Wendetangente: $y = 3x - 2$

b) $f(x) = e^x - \frac{1}{2}x^2 + 3$; $f'(x) = e^x - x$; $f''(x) = e^x - 1$
Wendepunkt $W(0|4)$
$f'(0) = 1$ Gleichung der Wendetangente: $y = x + 4$

3

a) $f(x) = \frac{3}{2}x - \frac{3}{8}x^3$; $f'(x) = \frac{3}{2} - \frac{9}{8}x^2$; $f''(x) = -\frac{9}{4}x$
Wendepunkt $W(0|0)$
Aus der Abbildung:
K ist linksgekrümmt für $x < 0$,
K ist rechtsgekrümmt für $x > 0$.

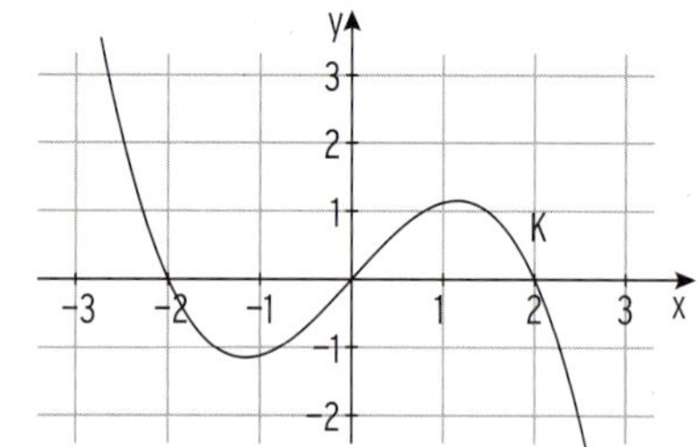

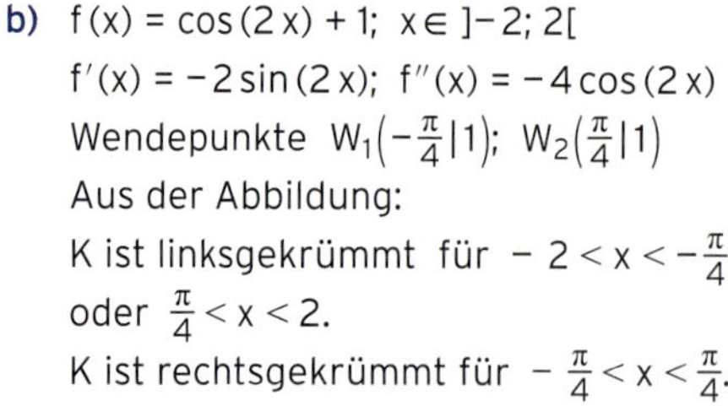

b) $f(x) = \cos(2x) + 1$; $x \in\,]-2; 2[$
$f'(x) = -2\sin(2x)$; $f''(x) = -4\cos(2x)$
Wendepunkte $W_1\left(-\frac{\pi}{4}|1\right)$; $W_2\left(\frac{\pi}{4}|1\right)$
Aus der Abbildung:
K ist linksgekrümmt für $-2 < x < -\frac{\pi}{4}$
oder $\frac{\pi}{4} < x < 2$.
K ist rechtsgekrümmt für $-\frac{\pi}{4} < x < \frac{\pi}{4}$.

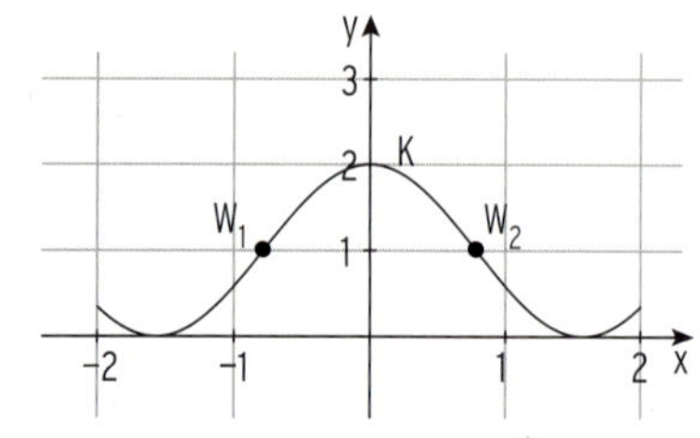

4 (1) Falsch, K hat nur einen Wendepunkt in $x = 4$.

(2) Falsch, die Steigung nimmt für $x \in [4; 8]$ ab.

(3) Falsch, $f''(2) > 0$ da K linksgekrümmt ist; $f''(8) < 0$ da K rechtsgekrümmt ist.

(4) Falsch, die maximale momentane Änderungsrate von f ist die maximale Steigung des Graphen von f. Sie liegt in $x = 4$.

5 Ansatz wegen der Symmetrie zum Ursprung: $f(x) = a\,x^3 + c\,x$; $f'(x) = 3\,a\,x^2 + c$

$E(2\,|\,8)$ ist Kurvenpunkt: $f(2) = 8$ $\quad 8\,a + 2\,c = 8$

$E(2\,|\,8)$ ist Extrempunkt: $f'(2) = 0$ $\quad 12\,a + c = 0$

Lösung des Gleichungssystems: $a = -\frac{1}{2}$; $c = 6$

Funktionsterm: $f'(x) = -\frac{1}{2}x^3 + 6\,x$

6 $f(x) = \frac{1}{3}x^3 + \frac{1}{2}x^2 - 2\,x$; $f'(x) = x^2 + x - 2$

Stellen mit waagrechter Tangente: $f'(x) = 0$

$x_1 = -2$; $x_2 = 1$

Z.B.: $f'(0) = -2 < 0$

f ist monoton fallend für $-2 \leq x \leq 1$.

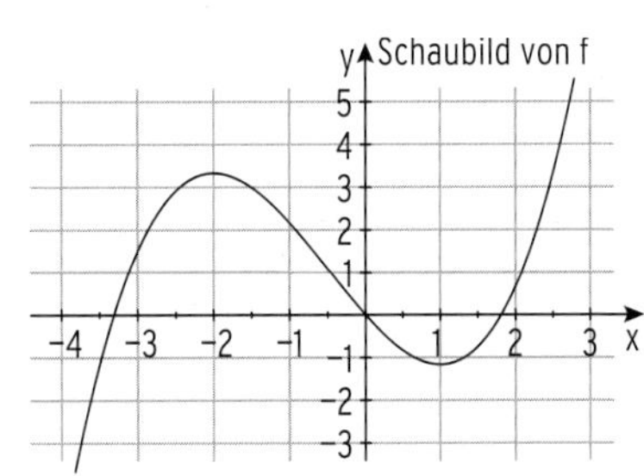

Test zur Überprüfung Ihrer Grundkenntnisse
Lehrbuch Seite 174

1 Stammfunktion von f

a) $f(x) = \frac{1}{7}(x^3 + 3\,x^2 + 4)$; $F(x) = \frac{1}{7}\left(\frac{1}{4}x^4 + x^3 + 4\,x\right)$

b) $f(x) = -\frac{3}{2}x + 4\,e^{1-2x}$; $F(x) = -\frac{3}{4}x^2 - 2\,e^{1-2x}$

2 Stammfunktion F von f mit $f(x) = 1 + 5\sin(3\,x)$ und $F(0) = 3{,}5$

$f(x) = 1 + 5\sin(3\,x)$; $F(x) = x - \frac{5}{3}\cos(3\,x) + c$

$F(0) = -\frac{5}{3}\cos(0) + c = 3{,}5$

$c = 3{,}5 + \frac{5}{3} = \frac{31}{6}$

und damit $F(x) = x - \frac{5}{3}\cos(3\,x) + \frac{31}{6}$

3 K: $f(x) = -0{,}25\,(x-1)(x-2) = -0{,}25\,(x^2 - 3x + 2)$

Zwei Flächenstücke:

$$\int_0^1 f(x)\,dx = \left[-0{,}25\left(\tfrac{1}{3}x^3 - \tfrac{3}{2}x^2 + 2x\right)\right]_0^1 = -0{,}21$$

$$\int_1^2 f(x)\,dx = 0{,}04$$

Gesamtinhalt $A = 0{,}21 + 0{,}04 = 0{,}25$

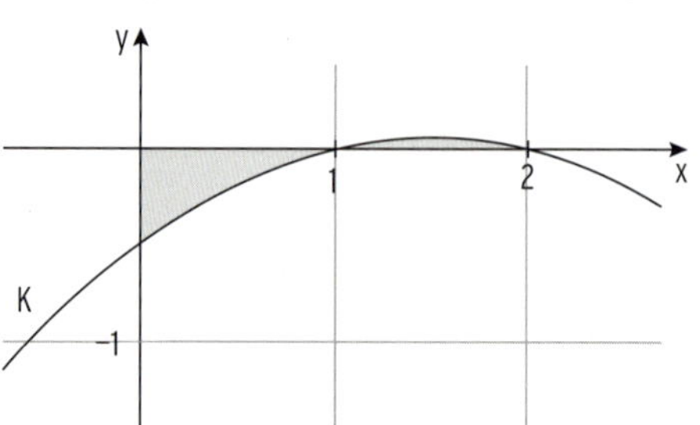

4 Schnittstellen von K und G: $f(x) = g(x)$

$x^3 + 4x^2 = x^2$

$x^2(x+3) = 0$

$x_{1|2} = 0;\ x_3 = -3$

$$\int_{-3}^{0} (f(x) - g(x))dx = \int_{-3}^{0} (x^3 + 4x^2 - x^2)dx$$

$$= \int_{-3}^{0} (x^3 + 3x^2)dx = \left[\tfrac{1}{4}x^4 + x^3\right]_{-3}^{0} = \frac{27}{4}$$

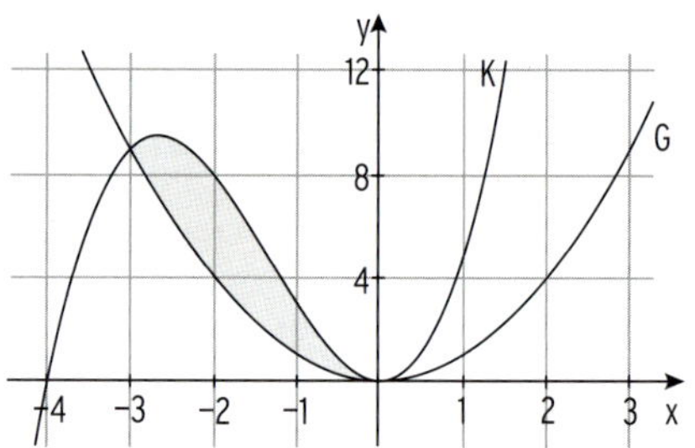

$A = \frac{27}{4}$

5 K: $f(x) = e^{-0{,}5x}$

$$\int_0^3 f(x)\,dx = \int_0^3 (e^{-0{,}5x})\,dx = \left[-2\,e^{-0{,}5x}\right]_0^3 = 1{,}55; \qquad A_{Dreieck} = 1$$

Gesamtinhalt der grau unterlegten Fläche: $A = 0{,}55$

6 (1) falsch, $m \approx -0{,}5$

(2) falsch, $F'(0) = f(0) = 1$.

(3) wahr,
f hat fünf Extremstellen.

(4) wahr; mehr als 10 Kästchen mit $1\,\text{cm}^2$ lassen sich vollständig einbeschreiben.

(5) $\int_0^4 f'(x)\,dx = f(4) - f(0) = 0$ wahr

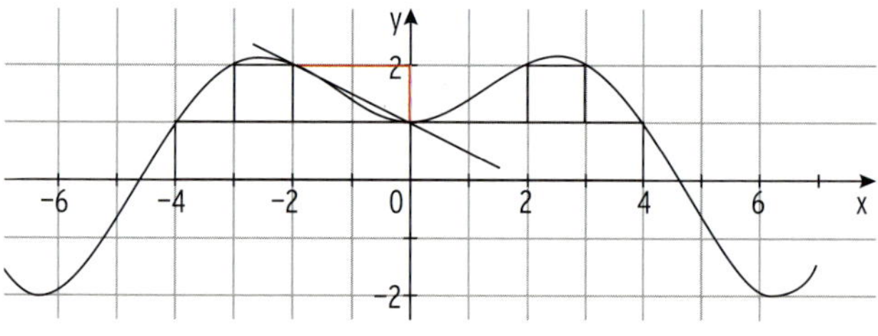

Test zur Überprüfung Ihrer Grundkenntnisse

Lehrbuch Seite 197

1

a) $\left(\begin{array}{ccc|c} 3 & 2 & -1 & -2 \\ 2 & -3 & 1 & 9 \\ 0 & 4 & 1 & -7 \end{array}\right) \sim \left(\begin{array}{ccc|c} 3 & 2 & -1 & -2 \\ 0 & -13 & 5 & 31 \\ 0 & 0 & 33 & 33 \end{array}\right)$. Das LGS ist eindeutig lösbar. $\vec{x} = \begin{pmatrix} 1 \\ -2 \\ 1 \end{pmatrix}$

b) $\left(\begin{array}{ccc|c} 2 & 1 & 1 & -2 \\ 0 & 2 & -1 & 0 \\ 4 & 4 & 1 & -4 \end{array}\right) \sim \left(\begin{array}{ccc|c} 2 & 1 & 1 & -2 \\ 0 & 2 & -1 & 0 \\ 0 & 0 & 0 & 0 \end{array}\right)$. Das LGS ist mehrdeutig lösbar. $\vec{x} = \begin{pmatrix} -1 - 0{,}75r \\ 0{,}5r \\ r \end{pmatrix}$; $r \in \mathbb{R}$

c) $\left(\begin{array}{ccc|c} 1 & 2 & 0 & -3 \\ 1 & 3 & 4 & -2 \\ 0 & 1 & 4 & 5 \end{array}\right) \sim \left(\begin{array}{ccc|c} 1 & 2 & 0 & -3 \\ 0 & 1 & 4 & 1 \\ 0 & 0 & 0 & 4 \end{array}\right)$. Das LGS ist unlösbar.

2 $\left(\begin{array}{ccc|c} 1 & 4 & 1 & 10 \\ 1 & 2 & 1 & 8 \\ 1 & 1 & 1 & 7 \end{array}\right) \sim \left(\begin{array}{ccc|c} 1 & 4 & 1 & 10 \\ 0 & 2 & 0 & 2 \\ 0 & 3 & 0 & 3 \end{array}\right) \sim \left(\begin{array}{ccc|c} 1 & 4 & 1 & 10 \\ 0 & 2 & 0 & 2 \\ 0 & 0 & 0 & 0 \end{array}\right)$.

Das LGS ist mehrdeutig lösbar.

Hinweis: Lösungsvektor: $\vec{x} = \begin{pmatrix} 6 - r \\ 1 \\ r \end{pmatrix}$; $r \in \mathbb{R}$

3

a) $\left(\begin{array}{cc|c} 1 & 8 & -1 \\ 1 & 2 & 2 \\ 2 & 6 & 3 \end{array}\right) \sim \left(\begin{array}{cc|c} 1 & 8 & -1 \\ 0 & 6 & -3 \\ 0 & -10 & 5 \end{array}\right) \sim \left(\begin{array}{cc|c} 1 & 8 & -1 \\ 0 & 6 & -3 \\ 0 & 0 & 0 \end{array}\right)$

Das LGS ist eindeutig lösbar. Lösungsvektor: $\vec{x} = \begin{pmatrix} 3 \\ -0{,}5 \end{pmatrix}$

b) $\left(\begin{array}{ccc|c} 2 & 3 & -5 & -1 \\ -1 & -1 & 3 & 1 \end{array}\right) \sim \left(\begin{array}{ccc|c} 2 & 3 & -5 & -1 \\ 0 & 1 & 1 & 1 \end{array}\right)$

Das LGS ist mehrdeutig lösbar. Lösungsvektor: $\vec{x} = \begin{pmatrix} -2+4r \\ 1 - r \\ r \end{pmatrix}$; $r \in \mathbb{R}$

4 $x_3 = 0$ einsetzen: $\left(\begin{array}{cc|c} 2 & 1 & 3 \\ 1 & -1 & 3 \\ 4 & 3 & 5 \end{array}\right) \sim \left(\begin{array}{cc|c} 2 & 1 & 3 \\ 0 & 3 & -3 \\ 0 & 1 & -1 \end{array}\right) \sim \left(\begin{array}{cc|c} 2 & 1 & 3 \\ 0 & 3 & -3 \\ 0 & 0 & 0 \end{array}\right)$. $x_2 = -1$; $x_1 = 2$

Lösungsvektor mit $x_3 = 0$: $\vec{x} = \begin{pmatrix} 2 \\ -1 \\ 0 \end{pmatrix}$

5 x_1 ist der Preis für ein Gebinde M, x_2 für ein Gebinde S und x_3 für ein Gebinde C.

LGS: $\left(\begin{array}{ccc|c} 2 & 4 & 5 & 80 \\ 3 & 2 & 6 & 75 \\ 2 & 5 & 5 & 89 \end{array}\right) \sim \left(\begin{array}{ccc|c} 2 & 4 & 5 & 80 \\ 0 & -8 & -3 & -90 \\ 0 & 1 & 0 & 9 \end{array}\right)$. $x_1 = 7$; $x_2 = 9$; $x_3 = 6$

1 Gebinde M kostet 7 €, 1 Gebinde S kostet 9 € und 1 Gebinde C kostet 6 €.

Gewinn: $7 \cdot 0{,}2 \cdot 7\,€ + 11 \cdot 0{,}3 \cdot 9\,€ + 16 \cdot 0{,}25 \cdot 6\,€ = 63{,}50\,€$

Test zur Überprüfung Ihrer Grundkenntnisse

Lehrbuch Seite 216

1 g: $\vec{x} = \overrightarrow{OA} + r\overrightarrow{AB}$ g: $\vec{x} = \begin{pmatrix} -2 \\ 4 \\ 5 \end{pmatrix} + r\begin{pmatrix} 6 \\ 2 \\ 2 \end{pmatrix}$; $r \in \mathbb{R}$

a) Der Punkt C liegt zwischen A und B, wenn $0 < r < 1$.

Punktprobe mit C(1 | 5 | 6): $\begin{pmatrix} 1 \\ 5 \\ 6 \end{pmatrix} = \begin{pmatrix} -2 \\ 4 \\ 5 \end{pmatrix} + r\begin{pmatrix} 6 \\ 2 \\ 2 \end{pmatrix} \Leftrightarrow r = 0{,}5$

Der Punkt C liegt zwischen A und B.

b) g geschnitten mit der x_1x_2-Ebene

Bedingung: $x_3 = 0$ $0 = 5 + 2r \Leftrightarrow r = -2{,}5$

Spurpunkt S_{12}: $S_{12}(-17 \mid -1 \mid 0)$

2

a) Die Gerade verläuft parallel zur x_3-Achse und geht durch den Punkt P(1| 0 | 1).

b) Die Gerade liegt in der x_1x_3-Ebene und verläuft durch den Ursprung.

3 Schnittpunkt S(4|1|6); $\begin{pmatrix} 1 \\ 0 \\ 3 \end{pmatrix} \cdot \begin{pmatrix} -6 \\ 1 \\ 2 \end{pmatrix} = 0$

4

a) Schnittpunkt S(4|1|− 1); Schnittwinkel: $\cos(\alpha) = \frac{|\vec{u} \cdot \vec{v}|}{|\vec{u}| \cdot |\vec{v}|}$ Einsetzen ergibt $\alpha = 17{,}5°$

b) Schnittpunkt S(4|2|0); Schnittwinkel $\alpha = 35{,}3°$

5 g: $\vec{x} = \begin{pmatrix} 1 \\ -2 \\ 1 \end{pmatrix} + r\begin{pmatrix} -2 \\ 1 \\ 1 \end{pmatrix}$; $r \in \mathbb{R}$ h: $\vec{x} = \begin{pmatrix} 2 \\ 0 \\ 3 \end{pmatrix} + s\begin{pmatrix} -5 \\ 2 \\ -2 \end{pmatrix}$; $s \in \mathbb{R}$

Die Richungsvektoren von g und h sind nicht kollinear. g und h sind nicht parallel.

Untersuchung auf Schnittpunkte: $\left(\begin{array}{cc|c} -2 & 5 & 1 \\ 1 & -2 & 2 \\ 1 & 2 & 2 \end{array}\right) \sim \left(\begin{array}{cc|c} -2 & 5 & 1 \\ 0 & 1 & 5 \\ 0 & 0 & -40 \end{array}\right)$

Das LGS ist unlösbar. g und h schneiden sich nicht. g und h sind windschief.

6 h: $\vec{x} = \begin{pmatrix} 1 \\ 2 \\ 1 \end{pmatrix} + s\begin{pmatrix} 3 \\ 9 \\ 3 \end{pmatrix}$; $s \in \mathbb{R}$ oder $\vec{x} = \begin{pmatrix} 1 \\ 2 \\ 1 \end{pmatrix} + k\begin{pmatrix} 1 \\ 3 \\ 1 \end{pmatrix}$; $k \in \mathbb{R}$

Gleichsetzen ergibt ein lineares Gleichungssystem: $\left(\begin{array}{cc|c} 1 & -2 & 4 \\ 3 & -t & 0 \\ 1 & -2 & -8 \end{array}\right) \sim \left(\begin{array}{cc|c} 1 & -2 & 4 \\ 0 & 6-t & -12 \\ 0 & 0 & -12 \end{array}\right)$

Für $t \in \mathbb{R}$ ist das Gleichungssystem unlösbar, g und h sind echt parallel oder windschief.

$6 - t = 0 \Leftrightarrow t = 6$ Die Richtungsvektoren sind kollinear.

oder: $k\begin{pmatrix} 1 \\ 3 \\ 1 \end{pmatrix} = \begin{pmatrix} 2 \\ t \\ 2 \end{pmatrix} \Rightarrow k = 2$ und damit $t = 6$: g und h sind echt parallel.

Für $t \neq 6$: g und h sind windschief.

7 Die Länge d der Strecke des Schattenpunktes ist die Länge des Richtungsvektors (t = 1).

$$d = |\overrightarrow{AB}| = \left|\begin{pmatrix} -5 \\ 1{,}5 \\ 0 \end{pmatrix}\right| = \sqrt{27{,}25} = 5{,}22$$

In dieser Stunde legt der Schattenpunkt 5,22 m zurück.

Test zur Überprüfung Ihrer Grundkenntnisse

Lehrbuch Seite 225

1 Parameterform von E: $\vec{x} = \begin{pmatrix} -5 \\ 2 \\ 1 \end{pmatrix} + r\begin{pmatrix} 3 \\ 1 \\ -2 \end{pmatrix} + s\begin{pmatrix} 4 \\ 1 \\ -3 \end{pmatrix}$; r, s ∈ ℝ

2

a) Punktprobe durch Einsetzen ergibt eine wahre Aussage für s = 1 und t = 2.

b) $g_1 : \vec{x} = \begin{pmatrix} 1 \\ 2 \\ 3 \end{pmatrix} + t \cdot \begin{pmatrix} 0 \\ 2 \\ 1 \end{pmatrix}$; t ∈ ℝ

$g_2 : \vec{x} = \begin{pmatrix} 4 \\ 6 \\ 4 \end{pmatrix} + t \cdot \begin{pmatrix} 0 \\ 2 \\ 0 \end{pmatrix}$; t ∈ ℝ

3

a) Punktprobe mit C: $\begin{pmatrix} 6 \\ 3 \\ -1 \end{pmatrix} + r \cdot \begin{pmatrix} 1 \\ 1 \\ 0 \end{pmatrix} = \begin{pmatrix} 2 \\ 3 \\ 3 \end{pmatrix}$ $\begin{matrix} \Rightarrow r = -4 \\ \Rightarrow r = 0 \\ \Rightarrow -1 = 3 \text{ f. A.} \end{matrix}$

Es gibt kein r, sodass alle drei Gleichungen erfüllt sind.

b) E: $\vec{x} = \begin{pmatrix} 6 \\ 3 \\ -1 \end{pmatrix} + r \cdot \begin{pmatrix} 1 \\ 1 \\ 0 \end{pmatrix} + s \cdot \left(\begin{pmatrix} 6 \\ 3 \\ -1 \end{pmatrix} - \begin{pmatrix} 2 \\ 3 \\ 3 \end{pmatrix}\right)$ $\quad \vec{x} = \begin{pmatrix} 6 \\ 3 \\ -1 \end{pmatrix} + r \cdot \begin{pmatrix} 1 \\ 1 \\ 0 \end{pmatrix} + s \cdot \begin{pmatrix} 4 \\ 0 \\ -4 \end{pmatrix}$ mit r, s ∈ ℝ

4 Spurpunkte: $S_1(1|\,0|\,0)$; $S_2(0|\,2|\,0)$; $S_3(0|\,0|\,0{,}5)$

Skizze

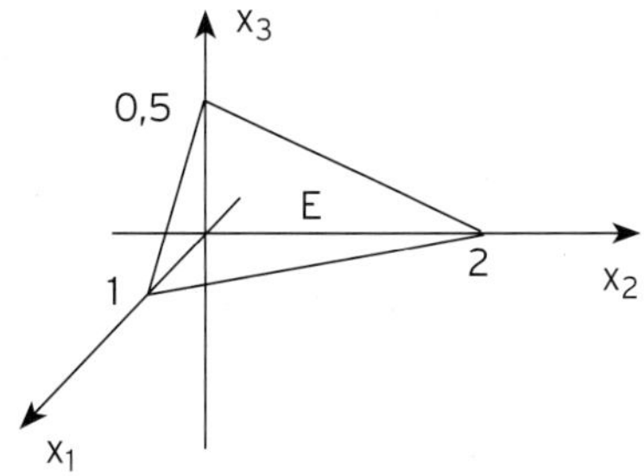

5 g und h schneiden sich im Aufpunkt, sie spannen dadurch eine Ebene auf.

E: $\vec{x} = \begin{pmatrix} 1 \\ 0 \\ -2 \end{pmatrix} + r\begin{pmatrix} 1 \\ 1 \\ 1 \end{pmatrix} + s\begin{pmatrix} 2 \\ 1 \\ 0 \end{pmatrix}$ mit r, s ∈ ℝ

Schnittpunkt der Ebene mit der x_1-Achse: $S_1(-1|\,0|\,0)$

6 Spurpunkte: $S_1(5|\,0|\,0)$; $S_2(0|\,5|\,0)$; $S_3(0|\,0|\,\frac{5}{3})$

Spurgerade von E mit der x_2x_3-Ebene: $s_{23} = (S_2\,S_3)$

$$s_{23} : \vec{x} = \begin{pmatrix} 0 \\ 5 \\ 0 \end{pmatrix} + r\begin{pmatrix} 0 \\ 5 \\ -\frac{5}{3} \end{pmatrix}; r \in \mathbb{R}$$

7 Die Ebene verläuft parallel zur x_3-Achse. E: $\vec{x} = \begin{pmatrix} 5 \\ 0 \\ 0 \end{pmatrix} + r\begin{pmatrix} 5 \\ 3 \\ 0 \end{pmatrix} + s\begin{pmatrix} 0 \\ 0 \\ 1 \end{pmatrix}$ mit r, s ∈ ℝ

Test zur Überprüfung Ihrer Grundkenntnisse

Lehrbuch Seite 237

1

a) $d = |\overrightarrow{AB}| = \left|\begin{pmatrix}1\\1\\3\end{pmatrix}\right| = \sqrt{11}$

b) $d = |\overrightarrow{AB}| = \left|\begin{pmatrix}4\\1\\0\end{pmatrix}\right| = \sqrt{17}$

2 $\overrightarrow{OQ} = \begin{pmatrix}1\\2\\1\end{pmatrix} + t\begin{pmatrix}-2\\1\\1\end{pmatrix} = \begin{pmatrix}1-2t\\2+t\\1+t\end{pmatrix}$; $\overrightarrow{PQ} = \begin{pmatrix}-2-2t\\2+t\\t\end{pmatrix}$ $\quad \begin{pmatrix}-2-2t\\2+t\\t\end{pmatrix} \cdot \begin{pmatrix}-2\\1\\1\end{pmatrix} = 0$ für $t = -1$

Für $t = -1$: $d = |\overrightarrow{PQ}| = \left|\begin{pmatrix}0\\1\\-1\end{pmatrix}\right| = \sqrt{2}$

3 g und h verlaufen parallel (Richtungsvektoren sind kollinear).
Abstand des Punktes $P(-1|1|-2)$ von g:

$\overrightarrow{OQ} = \begin{pmatrix}9\\5\\-6\end{pmatrix} + r\begin{pmatrix}2\\2\\4\end{pmatrix} = \begin{pmatrix}9+2r\\5+2r\\-6+4r\end{pmatrix}$; $\overrightarrow{PQ} = \begin{pmatrix}10+2r\\4+2r\\-4+4r\end{pmatrix}$; $\begin{pmatrix}10+2r\\4+2r\\-4+4r\end{pmatrix} \cdot \begin{pmatrix}2\\2\\4\end{pmatrix} = 0$ für $r = -0{,}5$

Abstand der beiden Geraden: $|\overrightarrow{PQ}| = \left|\begin{pmatrix}9\\3\\-6\end{pmatrix}\right| = \sqrt{126}$

4 $\vec{a} \cdot \vec{b} = 0; \quad \vec{a} \cdot \vec{c} = 0; \quad \vec{b} \cdot \vec{c} = 0$

$V = |\vec{a}| \cdot |\vec{b}| \cdot |\vec{c}| = \left|\begin{pmatrix}1\\17\\-5\end{pmatrix}\right| \cdot \left|\begin{pmatrix}-2\\1\\3\end{pmatrix}\right| \cdot \left|\begin{pmatrix}-8\\-1\\-5\end{pmatrix}\right| = \sqrt{315 \cdot 14 \cdot 90} = \sqrt{396900} = 630$

5 Die Grundfläche ist ein Dreieck, das von den Vektoren $\overrightarrow{OA}$ und $\overrightarrow{OB}$ aufgespannt wird. Die Vektoren schließen den Winkel α ein.

Mit $\vec{a} = \overrightarrow{OA} = \begin{pmatrix}4\\0\\0\end{pmatrix}$; $|\vec{a}| = 4$ und $\vec{b} = \overrightarrow{OB} = \begin{pmatrix}5\\3\\0\end{pmatrix}$; $|\vec{b}| = \sqrt{34}$

$\cos(\alpha) = \dfrac{\vec{a} \cdot \vec{b}}{|\vec{a}| \cdot |\vec{b}|}$

ergibt sich: $\cos(\alpha) = \dfrac{\begin{pmatrix}4\\0\\0\end{pmatrix} \cdot \begin{pmatrix}5\\3\\0\end{pmatrix}}{\left|\begin{pmatrix}4\\0\\0\end{pmatrix}\right| \cdot \left|\begin{pmatrix}5\\3\\0\end{pmatrix}\right|} = \dfrac{20}{4 \cdot \sqrt{34}} \Rightarrow \alpha = 30{,}96°$

Berechnung der Grundfläche: $G = A = \frac{1}{2} \cdot |\vec{a}| \cdot |\vec{b}| \cdot \sin(\alpha)$

$G = \frac{1}{2} \cdot 4 \cdot \sqrt{34} \cdot \sin(30{,}96°) = 6{,}0$

Die Höhe der Pyramide ist 4,
da die Grundfläche in der x_1x_2-Ebene liegt.
Volumen:

$V = \frac{1}{3} G \cdot h = \frac{1}{3} \cdot 6 \cdot 4 = 8$

Das Volumen der Pyramide beträgt 8 VE.

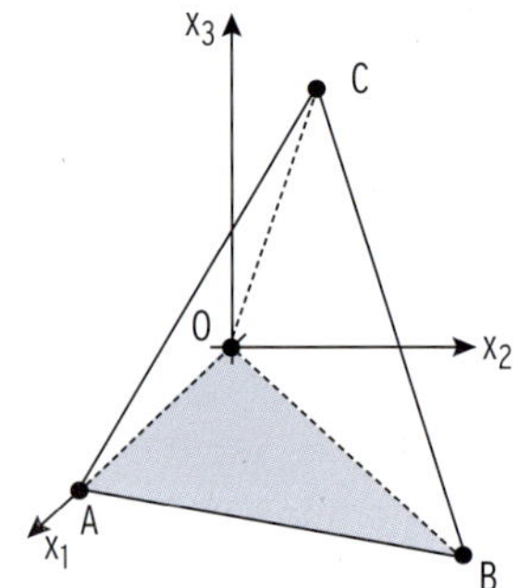

6

a) $\overrightarrow{AB} = \begin{pmatrix} -5 \\ 0 \\ 0 \end{pmatrix}$; $\overrightarrow{DC} = \begin{pmatrix} -5 \\ 0 \\ 0 \end{pmatrix}$; $\overrightarrow{BC} = \begin{pmatrix} 0 \\ 0 \\ 5 \end{pmatrix}$; $\overrightarrow{AD} = \begin{pmatrix} 0 \\ 0 \\ 5 \end{pmatrix}$

$\overrightarrow{AB} = \overrightarrow{DC}$; $\overrightarrow{BC} = \overrightarrow{AD}$; $|\overrightarrow{AB}| = |\overrightarrow{BC}| = 5$ und $\overrightarrow{AB} \cdot \overrightarrow{AD} = 0$

Die Grundfläche ABCD ist ein Quadrat.

Skizze

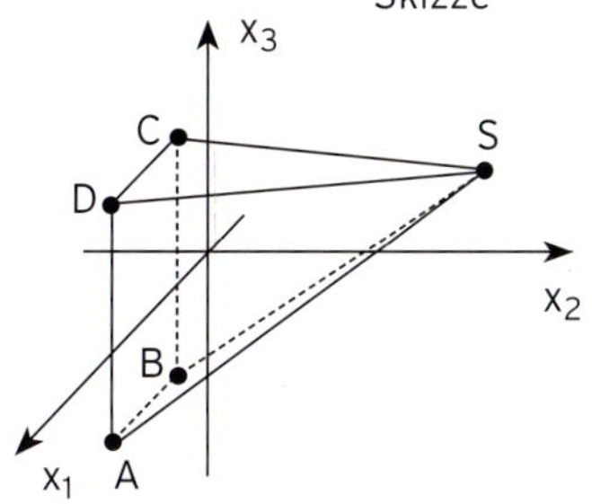

b) Die Höhe der Pyramide ist 5.

$V = \frac{1}{3} G \cdot h = \frac{1}{3} \cdot |\overrightarrow{AB}| \cdot |\overrightarrow{AD}| = \frac{1}{3} \cdot 5 \cdot 5 \cdot 5 = \frac{125}{3}$

Das Volumen der Pyramide beträgt $\frac{125}{3}$ VE.

c) $x_1 = \frac{6+1}{2} = 3{,}5$; $x_3 = \frac{3+(-2)}{2} = 0{,}5$ (Mittelwert)

$S'(3{,}5 \mid x_2 \mid 0{,}5)$; $|\overrightarrow{AB}| = 5$

$|\overrightarrow{AS'}| = 5$ bzw. $(|\overrightarrow{AS'}|)^2 = 25$: $(3{,}5-6)^2 + x_2^2 + (0{,}5+2)^2 = 25$

$2{,}5^2 + x_2^2 + 2{,}5^2 = 25$

$x_2^2 = 12{,}5$

$x_2 = 3{,}54$ bzw. $x_2 = -3{,}54$

Punkt S': $S'(3{,}5 \mid 3{,}54 \mid 0{,}5)$ bzw. $S'(3{,}5 \mid -3{,}54 \mid 0{,}5)$

Test zur Überprüfung Ihrer Grundkenntnisse

Lehrbuch Seite 275

1

a) 3 Kugeln mit Zurücklegen gezogen.

P(keine gelbe Kugel) = $(\frac{8}{10})^3 = \frac{64}{125} = 0{,}512$

b) 2 Kugeln ohne Zurücklegen gezogen

P(gleiche Farbe) = P(rr) + P(ww) + P(gg) = $\frac{5}{10} \cdot \frac{4}{9} + \frac{3}{10} \cdot \frac{2}{9} + \frac{2}{10} \cdot \frac{1}{9} = \frac{14}{45}$

2 $p = 3{,}1\,\%$; X: Anzahl der defekten Ventile unter 3 Ventilen

$P(A) = P(X = 0) = 0{,}969^3 = 0{,}9099$

$P(B) = P(X = 1) = 3 \cdot 0{,}031 \cdot 0{,}969^2 = 0{,}0873$

3

a) Ein Chip ist mit einer Wahrscheinlichkeit von 0,03 defekt.

Ein Chip ist mit einer Wahrscheinlichkeit von $1 - 0{,}03 = 0{,}97$ einwandfrei.

Drei Chips werden nacheinander entnommen (Ziehen mit Zurücklegen).

$P(A) = 0{,}97^3 = 0{,}91$

$P(B) = 3 \cdot 0{,}97 \cdot 0{,}03^2 = 0{,}0026$

$P(C) = 0{,}97 \cdot 0{,}03 \cdot 0{,}97 = 0{,}028$

b) Mindestens einer der n entnommenen Chips ist defekt, ist das Gegenereignis von: Alle n Chips sind einwandfrei.

Bedingung für n: $1 - 0{,}97^n > 0{,}99$

Lösung der Gleichung $1 - 0{,}97^n = 0{,}99$ ergibt $0{,}97^n = 0{,}01$

$$n \cdot \ln(0{,}97) = \ln(0{,}01)$$

$$n = \frac{\ln(0{,}01)}{\ln(0{,}97)} = 151{,}2$$

Man müsste der Produktion mindestens 152 Chips entnehmen, um mit einer Wahrscheinlichkeit von mehr als 99% mindestens einen defekten Chip zu erhalten.

4

a) $P(A) = \frac{5}{30} = \frac{1}{6}$

B: b b oder $\bar{b}$ b

$P(B) = \frac{5}{30} \cdot \frac{4}{29} + \frac{25}{30} \cdot \frac{5}{29} = \frac{1}{6}$

Die Ereignisse sind gleich wahrscheinlich.

b) Man weiß, dass die ersten beiden Platten nicht rot sind (bedingte Wahrscheinlichkeit).

Dann sind 10 von 28 Platten rot.

$P = \frac{10}{28} = \frac{5}{14}$

Alternative: $P_{\bar{r}\bar{r}}(\bar{r}\,\bar{r}\,r) = \dfrac{\frac{20}{30} \cdot \frac{19}{29} \cdot \frac{10}{28}}{\frac{20}{30} \cdot \frac{19}{29}} = \frac{10}{28} = \frac{5}{14}$

5

a) Baumdiagramm

d: gedopt

p: Testergebis ist positiv

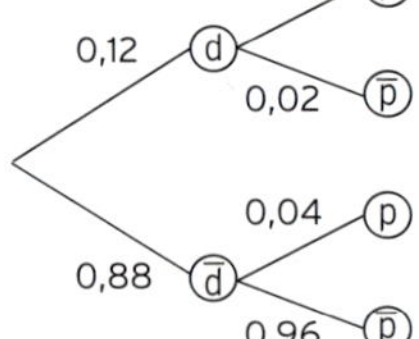

b) $P(E_1) = 0{,}12 \cdot 0{,}98 = 0{,}1176$

$P(E_2) = 0{,}88 \cdot 0{,}04 = 0{,}0352$

$P(E_3) = 0{,}12 \cdot 0{,}02 + 0{,}88 \cdot 0{,}96 = 0{,}8472$

Test zur Überprüfung Ihrer Grundkenntnisse

Lehrbuch Seite 302

1

a) $\binom{9}{5} = 126$

b) $\binom{2}{0}\binom{7}{5} + 2 \cdot \binom{2}{1}\binom{7}{4} = 21 + 35 + 35 = 91$

Alternativen: $\binom{7}{5} + \binom{7}{4} + \binom{7}{4} = 91$ oder $\binom{9}{5} - \binom{7}{3} = 91$

c) $5! = 120$

2

a) Marc gewinnt, wenn genau zweimal rot erscheint:

$P(M) = \binom{4}{2} \cdot (\frac{1}{2})^2 \cdot (\frac{1}{2})^2 = 0{,}375$

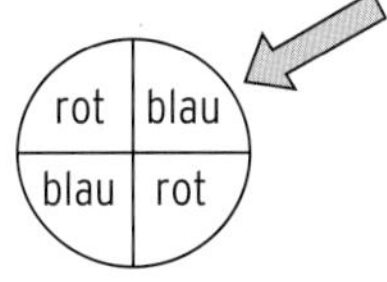

Jannik gewinnt, wenn genau dreimal rot oder dreimal blau erscheint:

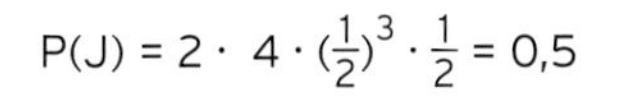

$P(J) = 2 \cdot 4 \cdot (\frac{1}{2})^3 \cdot \frac{1}{2} = 0{,}5$

b) X: Gewinn oder Verlust von Jannik

	J gewinnt (M verliert)	J verliert (M gewinnt)	unentschieden
x_i	0,80	−1	0
$P(X = x_i)$	0,5	0,375	1 − 0,375 − 0,5 = 0,125

Erwartungswert: $E(X) = 0{,}80 \cdot 0{,}5 - 1 \cdot 0{,}375 + 0 \cdot 0{,}125 = 0{,}025$

Janniks mittlerer Gewinn pro Spiel: 0,025 € = 2,5 ct

3 $E(X) = 3{,}13$; $\sigma = 0{,}0781$

4 X: Preis in €

	Welle ist zu lang ohne Härtefehler	Härtefehler	ohne Fehler
$P(X = x_i)$	3 %	4 %	93 %
Preis in €: x_i	35	−55	95

$E(X) = 35\,€ \cdot 0{,}03 - 55 \cdot 0{,}04 + 95\,€ \cdot 0{,}93 = 87{,}20$

Der durchschnittliche Preis (Erlös) beträgt 87,20 €.

Test zur Überprüfung Ihrer Grundkenntnisse

Lehrbuch Seite 326

1 X: Anzahl der fehlerhaften Vasen; X ist $B_{50;\,0,1}$-verteilt

$P(A) = P(X = 0) = 0{,}9^{50} = 0{,}0052$

$P(B) = P(X = 6) = 0{,}1541$

$P(C) = P(X \leq 6) = 0{,}7702$

$P(D) = P(X > 6) = 1 - P(X \leq 6) = 0{,}2298$

$P(E) = P(6 < X < 10) = P(X \leq 9) - P(X \leq 6) = 0{,}9755 - 0{,}7702 = 0{,}2053$

2 Die Zufallsvariable X beschreibt die Anzahl der defekten Diodenleuchten.
X ist $B_{200;\,0,05}$-verteilt.

Mittelwert: $\mu = n \cdot p = 200 \cdot 0{,}05 = 10$

Standardabweichung: $\sigma = \sqrt{n \cdot p \cdot (1 - p)} = \sqrt{200 \cdot 0{,}05 \cdot 0{,}95} = 3{,}08$

$P(\mu - \sigma \leq X \leq \mu + \sigma) = P(6{,}92 \leq X \leq 13{,}08) = P(7 \leq X \leq 13)$

$= P(X \leq 13) - P(X \leq 6) = 0{,}8701 - 0{,}1237 = 0{,}7464 = 74{,}64\,\%$

Mit einer Wahrscheinlichkeit von 74,64 % sind unter den 200 Leuchten 7 bis 13 defekte Leuchten.

3

a) $P(A) = 3 \cdot 0{,}96^2 \cdot 0{,}04 = 0{,}1106 = 11{,}06\ \%$

Alternative

X: Anzahl der Passagiere, die den Flug antreten. X ist $B_{3;\,0,96}$-verteilt.

$P(X = 2) = 0{,}1106$

$\overline{B}$: alle 5 Passagiere treten den Flug an.

$P(B) = 1 - P(\overline{B}) = 1 - 0{,}96^5 = 1 - 0{,}8154 = 0{,}1846$

Alternative

X: Anzahl der Passagiere, die den Flug nicht antreten. X ist $B_{5;\,0,04}$-verteilt.

$P(1 \leq X \leq 5) = 1 - P(X = 0) = 1 - P(X = 0) = 1 - 0{,}8154 = 0{,}1846$

b) X: Anzahl der Passagiere, die den Flug antreten. X ist $B_{300;\,0,96}$-verteilt.

$P(290 \leq X \leq 296) = P(X \leq 296) - P(X \leq 289) = 0{,}9980 - 0{,}6571 = 0{,}3409$

4 p = 5 % für mangelhafte Ware; n = 50; X: Anzahl der mangelhaften Prüfstücke

a) X ist binomialverteilt, da es nur zwei mögliche Ergebnisse gibt und man vom Experiment: Ziehen mit Zurücklegen ausgehen kann.

b) Erwartungswert $\mu = 2{,}5$ Standardabweichung $\sigma = 1{,}54$

c) $P(A) = P(X = 3) = 0{,}2199$ $P(B) = P(X \leq 3) = 0{,}7604$

$\mu - \sigma = 0{,}96$; $\mu + \sigma = 4{,}04$

$P(C) = P(1 \leq X \leq 4) = P(X \leq 4) - P(X = 0) = 0{,}8964 - 0{,}0769 = 0{,}8195$

d) Bedingung für den kleinsten Stichprobenumfang n:

$P(X \geq 1) \geq 0{,}90$ ergibt $P(X = 0) \leq 0{,}1$

$0{,}95^n \leq 0{,}1$ für $n \geq 45$

Der kleinste Stichprobenumfang beträgt 45.

2 Einführung in Geogebra, Geogebra- und Videolisten

Einführung in die Geogebra

www.geogebra.org
oder
https://www.geogebra.org/m/U6BVhW53

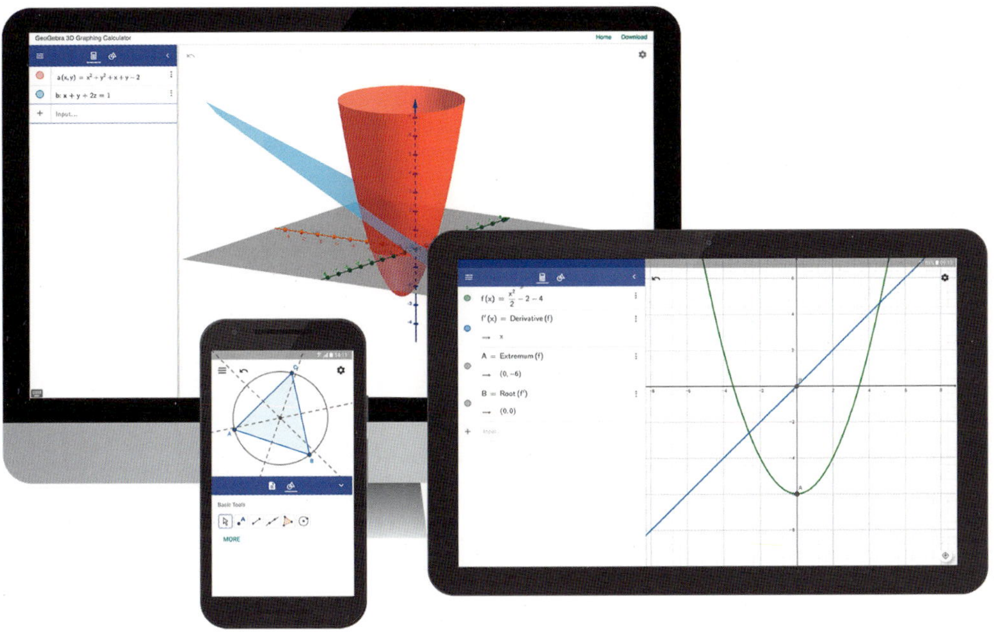

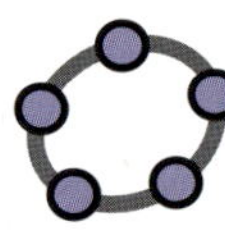

Liste der Geogebra-Arbeitsblätter und der Videos

Liste der Geogebra-Arbeitsblätter

Thema	Adresse	QR-Code	Seitenzahl
Motivation: Trigonometrische Funktionen	mvurl.de/mab9		10
sin und cos am Einheitskreis	mvurl.de/bnq2		21
Trigonometrische Funktionen mit a,d	mvurl.de/wuii		23
Trigonometrische Funktionen mit a,b,d	mvurl.de/iiyk		27
Trigonometrische Funktionen mit a,b,c,d	mvurl.de/7n8d		31
Trigonometrische Gleichungen sin(x)=u	mvurl.de/36r5		40
Trigonometrische Gleichungen cos(x)=u	mvurl.de/re6q		42
Überlagerung von Funktionen	mvurl.de/jxdd		54
Verkettung	mvurl.de/h1mq		60
Motivation: Polynomfunktionen	mvurl.de/xzhc		62
Differenzialquotient	mvurl.de/7p1h		64
Potenz-, Faktor-, Summenregel	mvurl.de/ix5s		71
Grafisches Ableiten mit Term	mvurl.de/1cbq		77
Grafisches Ableiten	mvurl.de/pt3t		77
Krümmung intuitiv	mvurl.de/l5e1		96
Krümmung von K_f	mvurl.de/sz4h		97
Extrem- und Wendestellen	mvurl.de/5rwq		102

Thema	Adresse	QR-Code	Seitenzahl
Zusammenhang Ableitungsfunktionen	mvurl.de/nlj1		102
Zusammenhang: Kosten, Erlös und Gewinn	mvurl.de/wf28		124
Einbeschriebenes Dreieck	mvurl.de/ndy5		128
Karton falten (Aufgabe 3)	mvurl.de/7exa		131
Blechdose (Aufgabe 6)	mvurl.de/kbpu		131
Motivation: Flächenberechnung	mvurl.de/3wjk		132
Stammfunktion rechnerisch	mvurl.de/ah52		136
Grafisches Integrieren	mvurl.de/rszu		142
Stammfunktion, Funktion, Ableitung	mvurl.de/q219		143
Übung: Stammfunktion rechnerisch und grafisch	mvurl.de/zceg		144
Das bestimmte Integral	mvurl.de/t5os		146
Ober- und Untersumme	mvurl.de/q99u		147
Fläche zwischen Kurve und x-Achse	mvurl.de/azu1		158
Fläche zwischen zwei Kurven	mvurl.de/znap		167
Motivation: LGS	mvurl.de/nbgj		180
Motivation: Vektorgeometrie	mvurl.de/p18d		198
Punkt-Richtungs-Form und Zwei-Punkte-Form	mvurl.de/5mz7		200
Geraden definieren in Parameterform	mvurl.de/dr85		200

Thema	Adresse	QR-Code	Seitenzahl
Spurpunkte einer Geraden	mvurl.de/3xgi		206
Gegenseitige Lage zweier Geraden	mvurl.de/9j64		209
Uebung: Gegenseitige Lage zweier Geraden	mvurl.de/bivd		214
Parameterform der Ebenengleichung	mvurl.de/zg2q		217
Parameterform einer Ebene, variable Punkte	mvurl.de/x5t8		218
Uebung: Abstand eines Punktes zu einer Geraden	mvurl.de/sxfe		232
Motivation: Glücksrad und Erwartungswert	mvurl.de/k72v		238
Würfeln-Simulation	mvurl.de/293t		249
Erweiterung zu Beispiel 4	mvurl.de/k9dt		269
Übung: Abhängig oder unabhängig?	mvurl.de/jqqt		273
Baumdiagramm und Vierfeldertafel	mvurl.de/f2i8		274
Übung: Binomialkoeffizient	mvurl.de/mf6o		282
Erweiterung: Glücksrad und Erwartungswert	mvurl.de/nh2m		294
Übung: Erwartungswert und Standardabweichung	mvurl.de/uz26		300
Motivation: Binomial- und Normalverteilung	mvurl.de/1mou		304
Übung: Bernoulli-Formel	mvurl.de/uiqo		308
Binomialverteilung	mvurl.de/hgyt		311
Binomialverteilung und kumuliert	mvurl.de/9hy7		317
Galton-Brett	mvurl.de/m2ub		318

Liste aller Videos

Thema	Adresse	QR-Code	Seitenzahl
Sinus- und Kosinusfunktion	mvurl.de/2rqq		21
Transformationen trigonometrischer Funktionen	mvurl.de/zod2		34
Trigonometrische Gleichungen	mvurl.de/mwyr		38
Trigonometrische Funktionen	mvurl.de/nxr4		49
Ableitungsregeln	mvurl.de/u5u6		71
Kettenregel	mvurl.de/of6n		74
Produktregel	mvurl.de/7m3a		76
Extrempunkte	mvurl.de/aglf		89
Wendepunkte	mvurl.de/zg6a		96
Kurvenuntersuchung	mvurl.de/39nw		108
Aufstellen von Kurvengleichungen	mvurl.de/hnxe		111
Optimieren	mvurl.de/wx9l		128
Stammfunktion	mvurl.de/5pjk		136
Stammfunktionen weiterer Funktionen	mvurl.de/lwvi		139
Integrationsregeln	mvurl.de/9b9w		152
Flächen zwischen zwei Kurven	mvurl.de/qmdj		167
LGS ist eindeutig lösbar	mvurl.de/yqq1		184

Thema	Adresse	QR-Code	Seitenzahl
LGS ist mehrdeutig lösbar	mvurl.de/mtrk		189
LGS mit Parameter	mvurl.de/nzps		192
Umgehen mit Gerade in Parameterform	mvurl.de/ijvy		201
Gegenseitige Lage von Geraden	mvurl.de/gyyw		209
Umgehen mit Ebene in Parameterform	mvurl.de/kbmv		220
Abstand Punkt zu Gerade	mvurl.de/l9ts		231
Abstände Zusammenfassung	mvurl.de/rqgx		236
Verknüpfung von Ereignissen	mvurl.de/dkqw		247
Pfadregeln	mvurl.de/4imz		256
Unabhängigkeit von Ereignissen	mvurl.de/5ha4		271
Varianz und Standardabweichung	mvurl.de/tnkl		296
Bernoulliformel	mvurl.de/szg2		308
Binomialverteilung und kumuliert	mvurl.de/eqkq		314

Mathematische Zeichen

Vergleiche

$a = b$	a ist gleich b
$a \neq b$	a ist ungleich b
$a < b$	a ist kleiner als b
$a \leq b$	a ist kleiner oder gleich b
$a > b$	a ist größer als b
$a \geq b$	a ist größer oder gleich b
$a \approx b$	a ist ungefähr gleich b
$a \triangleq b$	entspricht, z. B. $1\,\text{LE} \triangleq 1\,\text{cm}$

Logische Zeichen

$a \wedge b$	a und b
$a \vee b$	a oder b
$a \Leftrightarrow b$	a gleichwertig (äquivalent) b
$a \Rightarrow b$	aus a folgt b

Mengen und Zahlen

$\mathbb{N}$	Menge der natürlichen Zahlen mit Null
$\mathbb{N}^*$	Menge der natürlichen Zahlen ohne Null
$\mathbb{Z}$	Menge der ganzen Zahlen
$\mathbb{Q}$	Menge der rationalen Zahlen
$\mathbb{R}$	Menge der reellen Zahlen
$\mathbb{R}^*$	Menge der reellen Zahlen ohne Null
$\mathbb{R}_+$	Menge der positiven reellen Zahlen mit Null
$\mathbb{R}_+^*$	Menge der positiven reellen Zahlen ohne Null
$x \in M$	x ist Element von M
$x \notin M$	x ist nicht Element von M
$\{x \in M \mid \ldots\}$	Menge aller x aus M, für die gilt ...
$\{a, b, c, d\}$	Menge mit den Elementen a, b, c, d
$A \subseteq B$	A ist Teilmenge von B
$A \cap B$	Schnittmenge von A und B
$A \cup B$	Vereinigungsmenge von A und B
$A \setminus B$	Differenzmenge von A und B
$\varnothing$	leere Menge
∞	unendlich
$[a; b] = \{x \in \mathbb{R} \mid a \leq x \leq b\}$	
$[a ; b[= \{x \in \mathbb{R} \mid a \leq x < b\}$	
$[a; \infty [= \{x \in \mathbb{R} \mid a \leq x < \infty\}$	
$\lvert a \rvert$	Betrag von a
a^n	a hoch n; n-te Potenz von a
$\sqrt{a}$	Quadratwurzel aus a; $a \geq 0$
$\sqrt[3]{a}$	3. Wurzel aus a; $a \geq 0$
$n!$	n-Fakultät
$n!$	$= n \cdot (n-1) \cdot \ldots \cdot 2 \cdot 1$

Funktionen

f	Funktion
$f(x)$	Funktionswert an der Stelle x
D	Definitionsbereich
W	Wertebereich

Geometrie

$P(x \mid y)$	Punkt P mit den Koordinaten x und y
(AB)	Gerade durch A und B
AB	Strecke mit den den Endpunkten A und B
$\overline{AB}$	Länge der Strecke AB
ABC	Dreieck mit den Endpunkten A, B und C
$g \parallel h$	g ist parallel zu h
$g \perp h$	g steht senkrecht auf h

Stichwortverzeichnis

Abbildungsverzeichnis

S. 3: frhuynh - Fotolia • **S. 55:** Anja Kaiser - stock.adobe.com • **S. 63:** rainbow33 - stock.adobe.com • **S. 63:** Aleksander - stock.adobe.com • **S. 74:** #1584 - www.colourbox.de • **S. 89:** #6886 - www.colourbox.de • **S. 93:** #2408 - www.colourbox.de • **S. 95:** #81043 - www.colourbox.de • **S. 96:** Brastock Images - stock.adobe.com • **S. 101:** gfs.khmeyberg.de • **S. 104:** coco194 - Fotolia.com • **S. 104:** san4art - www.colourbox.de • **S. 110:** Rokas - stock.adobe.com • **S. 110:** www.colourbox.de • **S. 114:** #221861 - www.colourbox.de • **S. 117:** #1104 - www.colourbox.de • **S. 119:** Graphies.thèque - Fotolia.com • **S. 119:** sauletas - Fotolia.com • **S. 119:** industrieblick - Fotolia.com • **S. 120:** beawolf - Fotolia.com • **S. 122:** Igor Stramyk - www.colourbox.de • **S. 124:** Nataliya Hora - www.colourbox.de • **S. 125:** www.colourbox.de • **S. 126:** Valeriy Velikov - Fotolia.com • **S. 127:** www.colourbox.de • **S. 131:** www.colourbox.de • **S. 132:** Fotoo - stock.adobe.com • **S. 133:** Peter Hermus - www.istockphoto.com • **S. 175:** welcomia - www.colourbox.de • **S. 176:** Yuri Gubin - www.colourbox.de • **S. 180:** f9photos - www.colourbox.de • **S. 181:** Manfred Steinbach • **S. 182:** www.colourbox.com • **S. 187:** www.colourbox.de • **S. 189:** www.colourbox.de • **S. 198:** Paul Fleet - stock.adobe.com • **S. 199:** www.istock.com - wacomka • **S. 199:** #41318 - www.colourbox.de • **S. 208:** AigarsR - www.colourbox.de • **S. 215:** Kudrin Ruslan - www.colourbox.de • **S. 216:** www.colourbox.de • **S. 232:** Christa Eder - Fotolia.com • **S. 235:** Ziegler Spielplätze • **S. 238:** jaschin - stock.adobe.com • **S. 239:** istock.com - UYGAR OZEL • **S. 240:** V. Petö - adpic.de • **S. 249:** goldencow_images - stock.adobe.com • **S. 251:** Bombaert Patrick - Fotolia.com • **S. 267:** Alexander Raths - stock.adobe.com • **S. 280:** photo 5000 - Fotolia.com • **S. 284:** Picture-Factory - Fotolia.com • **S. 286:** popov48 - Fotolia.com • **S. 293:** RioPatuca Images - Fotolia.com • **S. 295:** #79801 - www.colourbox.de • **S. 300:** djama - Fotolia.com • **S. 304:** istock.com - zilli • **S. 305:** #1014 - www.colourbox.de • **S. 316:** Iurii Konoval - www.colourbox.de • **S. 319:** Frank Boston - Fotolia.com • **S. 325:** LianeM - Fotolia.com • **S. 326:** Witold Krasowski - Fotolia.com

Es war leider nicht möglich, alle Rechteinhaber ausfindig zu machen.

Nicht aufgeführte Abbildungen wurden vom Autor erstellt.